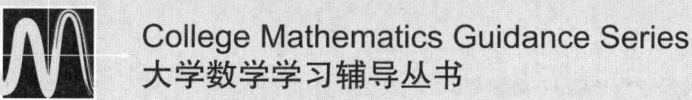
大学数学学习辅导丛书

工科数学分析
学习指导与习题解答

Gongke Shuxue Fenxi
Xuexi Zhidao yu Xiti Jieda

上 册

哈尔滨工业大学数学系分析教研室

高等教育出版社·北京

内容简介

本书是哈尔滨工业大学数学系分析教研室编写的《工科数学分析（第五版）》的配套学习指导用书，分上下两册出版，上册分为七章：函数，极限与连续，导数与微分，微分中值定理与导数的应用，不定积分，定积分，微分方程；下册分为四章：多元函数微分学，多元函数积分学，第二型曲线积分与第二型曲面积分、向量场，无穷级数。每章又包括教学基本要求、内容总结、思考与讨论、典型错误纠正、释疑解惑、例题分析、习题解答七部分。

本书既可作为本科生工科数学分析课程学习的同步辅导用书，也可作为考研参考用书。同时，也可作为任课教师的参考书。

图书在版编目（CIP）数据

工科数学分析学习指导与习题解答.上册/哈尔滨工业大学数学系分析教研室编.--北京：高等教育出版社，2015.9（2024.7重印）

（大学数学学习辅导丛书）

ISBN 978-7-04-043740-9

Ⅰ.①工… Ⅱ.①哈… Ⅲ.①数学分析-高等学校-教学参考资料 Ⅳ.①O17

中国版本图书馆 CIP 数据核字（2015）第 190193 号

策划编辑	张晓丽	责任编辑	张晓丽	特约编辑	张 卫	封面设计	李树龙
版式设计	马 云	插图绘制	邓 超	责任校对	刘 莉	责任印制	赵义民

出版发行	高等教育出版社	咨询电话	400-810-0598
社　　址	北京市西城区德外大街4号	网　　址	http://www.hep.edu.cn
邮政编码	100120		http://www.hep.com.cn
印　　刷	北京市白帆印务有限公司	网上订购	http://www.landraco.com
开　　本	787mm×1092mm 1/16		http://www.landraco.com.cn
印　　张	25.5	版　　次	2015年9月第1版
字　　数	600千字	印　　次	2024年7月第13次印刷
购书热线	010-58581118	定　　价	49.80元

本书如有缺页、倒页、脱页等质量问题，请到所购图书销售部门联系调换
版权所有　侵权必究
物　料　号　43740-00

前言

本书是哈尔滨工业大学数学系分析教研室编写的《工科数学分析(第五版)》的配套学习指导用书,是依据工科类本科数学基础课程教学基本要求,及研究生入学考试的基本内容与要求编写而成。

本书共十一章,其中上册七章,下册四章,与教材目录同步。每章包括如下七部分:

1.教学基本要求:根据本科教学及考研内容给出的基本要求,使学生了解学习的具体目标;2.内容总结:主要对各章涉及的基本概念、基本定理进行系统梳理;3.思考与讨论:通过对基本概念、基本理论及基本方法的深入剖析,提高学生的数学思维能力和数学素养;4.典型错误纠正:对典型错误加以分析,找出错误根源,给出正确答案;5.释疑解惑:提出深入理解基本概念和定理需要注意的问题,解答学生在学习中可能出现的疑难问题;6.例题分析:按知识点划分为几个基本题型,对每个基本题型精选不同难度的例题,有些题目选自历年全国研究生入学统一考试试题,通过例题讲解,探索主要解题思路,帮助学生掌握基本解题方法与技巧,提高应试能力;7.习题解答:给出了教材中全部习题的详细解答。

工科数学分析是高等学校理工类院校一门重要的基础课程,也是硕士研究生入学考试的重点科目。本书是我系分析教研室工科数学分析教学团队集体智慧的结晶,是哈工大几代工科数学教学老师心血的凝练,是教学一线教师长期教学积累成果的体现,也同时体现了近些年哈工大工科数学老师教学改革成果。本次编写中上册主要由雷强、王爱平完成;下册由任雪昆、张超完成。

限于编者水平,书中难免会有疏漏和不足之处,恳请读者批评指正。

编者
2015年3月

目 录

第一章　函数 …………… 1
　1.1　教学基本要求 ………… 1
　1.2　内容总结 …………… 1
　1.3　思考与讨论 ………… 4
　1.4　典型错误纠正 ……… 4
　1.5　释疑解惑 …………… 5
　1.6　例题分析 …………… 7
　1.7　习题解答 …………… 12

第二章　极限与连续 ……… 24
　2.1　教学基本要求 ………… 24
　2.2　内容总结 …………… 24
　2.3　思考与讨论 ………… 27
　2.4　典型错误纠正 ……… 31
　2.5　释疑解惑 …………… 34
　2.6　例题分析 …………… 39
　2.7　习题解答 …………… 51

第三章　导数与微分 ……… 76
　3.1　教学基本要求 ………… 76
　3.2　内容总结 …………… 76
　3.3　思考与讨论 ………… 80
　3.4　典型错误纠正 ……… 84
　3.5　释疑解惑 …………… 89
　3.6　例题分析 …………… 92
　3.7　习题解答 …………… 102

**第四章　微分中值定理与
　　　　　导数的应用** …… 132
　4.1　教学基本要求 ………… 132
　4.2　内容总结 …………… 132
　4.3　思考与讨论 ………… 136
　4.4　典型错误纠正 ……… 141
　4.5　释疑解惑 …………… 145
　4.6　例题分析 …………… 150
　4.7　习题解答 …………… 166

第五章　不定积分 ………… 205
　5.1　教学基本要求 ………… 205
　5.2　内容总结 …………… 205
　5.3　思考与讨论 ………… 209
　5.4　典型错误纠正 ……… 211
　5.5　释疑解惑 …………… 214
　5.6　例题分析 …………… 217
　5.7　习题解答 …………… 228

第六章　定积分 …………… 251
　6.1　教学基本要求 ………… 251
　6.2　内容总结 …………… 251
　6.3　思考与讨论 ………… 256
　6.4　典型错误纠正 ……… 261
　6.5　释疑解惑 …………… 268
　6.6　例题分析 …………… 272
　6.7　习题解答 …………… 297

第七章　微分方程 ………… 333
　7.1　教学基本要求 ………… 333
　7.2　内容总结 …………… 333
　7.3　思考与讨论 ………… 337
　7.4　典型错误纠正 ……… 339
　7.5　释疑解惑 …………… 340
　7.6　例题分析 …………… 343
　7.7　习题解答 …………… 359

**附录　一元函数微积分
　　　　总结** ……………… 396

第一章 函 数

1.1 教学基本要求

1. 理解函数的概念以及函数的奇偶性、周期性、单调性和有界性,掌握函数的表示方法.
2. 理解复合函数及反函数的概念,了解隐函数的概念.
3. 掌握基本初等函数的性质及其图形.
4. 掌握极坐标的概念以及直角坐标与极坐标的关系.
5. 会建立简单应用问题中的函数关系.

在中学数学课程中,我们对函数已经有了初步的认识,但由于函数是大学数学分析课程的研究对象,因而本章中有必要对其基本内容进行简要的复习和适当的补充.

1.2 内 容 总 结

1.2.1 基本概念

1. **邻域** 实数轴上到点 x_0 的距离小于 $\delta(\delta>0)$ 的所有点构成的集合,即开区间 $(x_0-\delta, x_0+\delta)$,称为点 x_0 的 δ-邻域,记为 $U_\delta(x_0)$.

称集合 $U_\delta(x_0)\setminus x_0$ 为点 x_0 的去心 δ-邻域,记为 $\mathring{U}_\delta(x_0)$.

2. **函数** 如果两个变量 x 和 y 之间有一个数值对应规律,使得变量 x 在其可取值的数集 X 内每取得一个值时,变量 y 就依照这个规律确定对应值,则称 **y 是 x 的函数**,记作

$$y=f(x), \quad x\in X,$$

其中 x 叫做**自变量**,y 叫做**因变量**.

自变量 x 可取值的数集 X 称为函数的**定义域**.所有函数值 y 构成的集合 Y 称为函数的**值域**.

函数定义中的两个基本要素:定义域和对应规律.

函数的表示方法主要有:公式法(解析法)、图形法和表格法.

分段函数 在定义域的不同部分上,用不同的公式表达的一个函数,叫做**分段函数**.
例如:当 G 是实数域 **R** 的子集时,函数

$$T_G(x)=\begin{cases}1, & x\in G,\\ 0, & x\notin G\end{cases}$$

就是一个分段函数,此函数称为集合 G 的特征函数.

3. **函数的图形** 对函数 $y=f(x),x\in X$,将每个 $x\in X$ 和它对应的函数值 y,作为 xOy 平面上点的坐标 (x,y),则 xOy 平面上,点集 $G=\{(x,y)\mid x\in X,且\ y=f(x)\}$ 称为函数 $y=f(x)$ 的图形.

【例】 $y = x\sin\dfrac{1}{x}$ 的图形，见图 1.1. 曲线在 $x=0$ 附近剧烈摆动.

4. 复合函数 如果 y 是 u 的函数 $y=f(u)$, $u \in U$, 而 u 又是 x 的函数 $u=\varphi(x)$, $x \in X$, 且 $D=\{x \mid x \in X,\text{且 } \varphi(x) \in U\} \neq \varnothing$, 则函数

$$y=f[\varphi(x)], \quad x \in D$$

称为由 $y=f(u)$ 和 $u=\varphi(x)$ 复合成的**复合函数**.

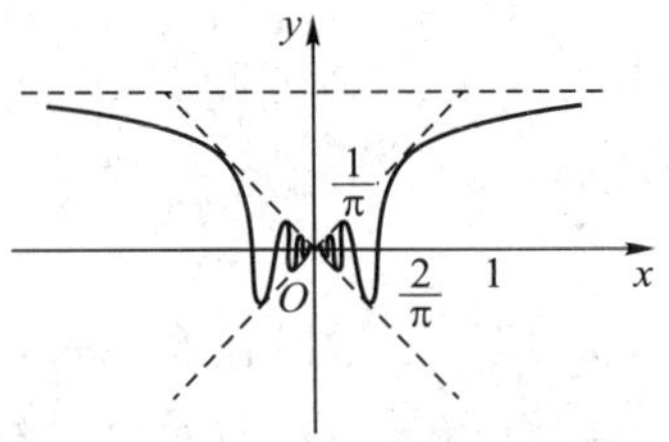

隐函数 若变量 x、y 之间的函数关系可由方程 $F(x,y)=0$ 给出，则称由这种方式表达的函数叫做**隐函数**.

图 1.1

参数式函数 通过参数方程

$$\begin{cases} x=\varphi(t), \\ y=\psi(t), \end{cases} t \in T$$

给出的函数，叫做**参数式函数**，t 叫做**参数**或**参变量**.

反函数 对函数 $y=f(x)$，$x \in X$，若将 y 看作自变量，x 看作因变量，则由 $y=f(x)$ 所确定的函数 $x=\varphi(y)$ 称为 $y=f(x)$ 的**反函数**，记为 $x=f^{-1}(y)$. 纯数学地，常说 $y=f(x)$ 和 $y=f^{-1}(x)$ **互为反函数**.

5. 基本初等函数 幂函数 $y=x^{\mu}$，指数函数 $y=a^x$，对数函数 $y=\log_a x$，三角函数 $y=\sin x$，$y=\cos x$，$y=\tan x$，$y=\cot x$，…，反三角函数 $y=\arcsin x$，$y=\arccos x$，$y=\arctan x$，… 以及常函数 $y=C$ 统称为**基本初等函数**.

初等函数 由基本初等函数经过有限次四则运算和有限次复合所得到的，并能用一个式子表示的函数叫做**初等函数**.

1.2.2 函数的几种特性

1. 奇偶性 设函数 $y=f(x)$ 的定义域 X 关于原点对称，若对任何 $x \in X$，都有

$$f(-x)=-f(x) \quad (f(-x)=f(x)),$$

则称此函数为**奇函数**(**偶函数**).

2. 周期性 对函数 $y=f(x)$，$x \in X$，如果有常数 $T \neq 0$，使得当 $x \in X$ 时，必有 $x \pm T \in X$，且

$$f(x \pm T)=f(x),$$

则称此函数为**周期函数**，称常数 T 为它的一个周期.

3. 单调性 设 $x_1 < x_2$ 是区间 I 内任意两点，如果恒有

$$f(x_1) < f(x_2) \quad (f(x_1) > f(x_2)),$$

则称函数 $f(x)$ 在区间 I 上**单调增加**(**单调减少**)，如果上式中出现等号，说 $f(x)$ 在 I 上**单调不减**(**单调不增**).

4. 有界性 设函数 $y=f(x)$ 在数集 X 上有定义，如果存在常数 $A(B)$，使得

$$f(x) \leq A \quad (f(x) \geq B), \quad \forall x \in X,$$

则称函数 $f(x)$ 在 X 上有**上界**(有**下界**). 既有上界，又有下界的函数，称为**有界函数**. 此时，必有常数 $M>0$，使得

$$|f(x)| \leq M, \quad \forall x \in X.$$

否则称 $f(x)$ 在 X 上**无界**.

1.2.3 极坐标

1. 在平面上,取定一点 O,称为**极点**,过极点作射线 Ox,称为**极轴**,取定长度单位,就构成了平面**极坐标系**.

平面上任何一点 M(不在极点),到极点的距离 $r=|OM|$,称为点 M 的**极径**,$0<r<+\infty$,由极轴 Ox 绕点 O 逆时针第一次转到 OM 的转角 θ,称为点 M 的**极角**,$0\leq\theta<2\pi$,称数组 (r,θ) 为点 M 的**极坐标**.当点 M 为极点时,$r=0$,而极角 θ 的值可任意.在极坐标实际应用中,往往取消上述对 r 和 θ 的限制.

2. 当直角坐标系的原点与极坐标系的极点重合,Ox 轴一致时,平面上点的直角坐标与极坐标的关系是(参见图 1.2)

$$x=r\cos\theta, \quad y=r\sin\theta$$

或

$$r=\sqrt{x^2+y^2}, \quad \tan\theta=\frac{y}{x}(x\neq 0),$$

θ 的值由 $\tan\theta$ 以及点 M 所在的象限共同确定.当 $x=0$ 时,$\theta=\frac{\pi}{2}$ 或 $\frac{3\pi}{2}$.

3. 极坐标系下,几条常用的曲线的方程:

极点为圆心,半径为 r_0 的圆的方程:$r=r_0$,见图 1.3.

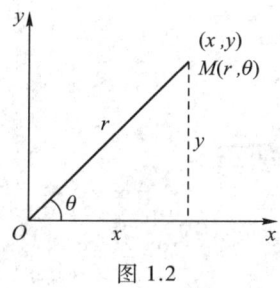

图 1.2

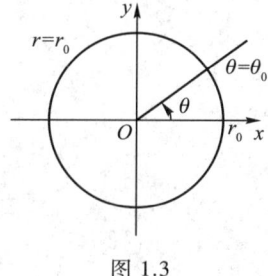

图 1.3

极角为 θ_0 的射线(半直线):$\theta=\theta_0$,见图 1.3.

圆心在 x 轴上,圆周过极点,半径为 R 的圆:$r=2R\cos\theta$,见图 1.4.

圆心在 y 轴上,圆周过极点,半径为 R 的圆:$r=2R\sin\theta$,见图 1.5.

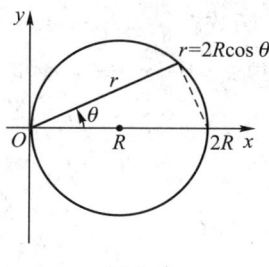

图 1.4

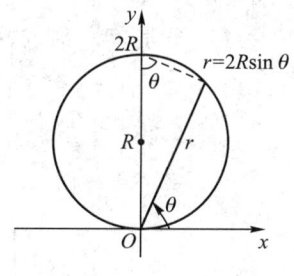

图 1.5

1.3 思考与讨论

1. 函数 $y=f(x)$, $x\in X$ 无界的定义是对任意给定的常数 $M>0$,总有 $x\in X$,使得(   ).
(A) $|x|>M$　　(B) $f(x)>M$　　(C) $f(x)<-M$　　(D) $|f(x)|>M$

分析 函数无界是指其值域无界.(A)是说 $f(x)$ 的定义域 X 无界;(B)是说 $f(x)$ 无上界;(C)说明 $f(x)$ 无下界;(D)是 $f(x)$, $x\in X$ 无界的定义.

应选 D.

2. 用肯定的语气,给出"函数 $f(x)$ 在区间 I 上不单调"的定义.

答 如果在 I 内,存在三点 $x_1<x_2<x_3$,使得 $[f(x_1)-f(x_2)][f(x_2)-f(x_3)]<0$,则说 $f(x)$ 在 I 上不单调.

3. 设函数 $f(x)$, $g(x)$ 在 $(-\infty,+\infty)$ 上都是单增的,则下列函数中一定单增的是(   ).
(A) $f(x)-g(x)$　　(B) $f(x)g(x)$　　(C) $\dfrac{f(x)}{g(x)}$　　(D) $f(g(x))$

应选 D.

4. 设函数 $f(x)$, $x\in(-\infty,+\infty)$ 有界,而 $g(x)$, $x\in(-\infty,+\infty)$ 无界,则下列函数:① $f[g(x)]$;② $g[f(x)]$;③ $f(x)\pm g(x)$;④ $f(x)g(x)$ 中,关于有界性有确定结论的是(   ).
(A) ①②　　(B) ③④　　(C) ①③　　(D) ②④

分析 ① $f[g(x)]$ 有界,② $g[f(x)]$ 有界性不能确定,③ $f(x)\pm g(x)$ 肯定无界,④ $f(x)g(x)$ 有界性不能确定.

应选 C.

1.4 典型错误纠正

1. 设函数

$$y=f(x)=\begin{cases}(x-1)^2, & x\leq 1,\\ \dfrac{1}{1-x}, & x>1,\end{cases}$$

求其反函数 $f^{-1}(x)$ 及其定义域.

解法 1 因为 $y=f(x)$ 不是单调函数,所以没有反函数.

解法 2 当 $x\leq 1$ 时,$0\leq y<+\infty$,由 $y=(x-1)^2$ 解得 $x=1+\sqrt{y}$;当 $x>1$ 时,$-\infty<y<0$,由 $y=\dfrac{1}{1-x}$ 解得 $x=1-\dfrac{1}{y}$.故

$$f^{-1}(x)=\begin{cases}1-\dfrac{1}{x}, & -\infty<x<0,\\ 1+\sqrt{x}, & 0\leq x<+\infty.\end{cases}$$

问题分析 解法 1 是错误的.因为"单调函数有反函数"中的条件是充分条件.一个函数 $y=f(x)$ 有单值的反函数的充要条件是它确定的映射为一对一的.而单调函数是最容易检验映射为一对一的一个条件,它不是必要条件.

例如函数

$$y=\begin{cases}\sqrt{1-x^2}, & 0\leq x\leq 1,\\ x, & 1<x\leq 2\end{cases}$$

不是单调函数,但它有反函数,就是它本身,见图 1.6.

又如函数

$$y=\begin{cases}x, & x \text{ 为有理数},\\ 2x, & x \text{ 为无理数}\end{cases}$$

不单调,而且任何区间上都不单调,但由于映射是一对一的,所以有反函数为

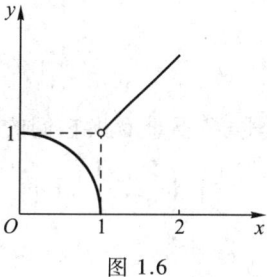

图 1.6

$$y=\begin{cases}x, & x \text{ 为有理数},\\ \dfrac{1}{2}x, & x \text{ 为无理数}.\end{cases}$$

解法 2 中也有错误.求反函数时,一定要将反函数的定义域和值域,以及函数关系分析清楚.在本题中,当 $x\leq 1$ 时,$0\leq y<+\infty$,由 $y=(x-1)^2$ 导出 x 来,一定要符合这两个不等式的要求,故从导出的结果 $x=1\pm\sqrt{y}$ 中,应舍去 $x=1+\sqrt{y}$.解法 2 在此处出了问题,正确的结果应为 $x=1-\sqrt{y}$.当 $x>1$ 时,计算是正确的,故所求的反函数应为

$$f^{-1}(x)=\begin{cases}1-\dfrac{1}{x}, & x<0,\\ 1-\sqrt{x}, & x\geq 0.\end{cases}$$

【注】(1)学习一个定理或命题时,应注意区分开充分条件和必要条件,否则将会出现错误.

(2)一个分段单调的函数,如果各单调区间上对应的值域部分的交集为空集,则此函数必有反函数.求其反函数时,应分单调区间分段求出反函数.

(3)若由方程 $y=f(x)$ 解出的 x 不唯一时,应根据原函数 $f(x)$ 的定义域来确定其中的一个函数.

1.5 释 疑 解 惑

1. 函数 $y=f(x)$ 与其反函数 $y=f^{-1}(x)$ 的图形(曲线)关于直线 $y=x$ 对称,那么这两条曲线如果有交点,交点必在直线 $y=x$ 上吗?

答 这个说法是错误的,例如函数

$$y = \begin{cases} 1-x, & 0 < x \leq \dfrac{1}{2}, \\ \dfrac{1}{2}x, & \dfrac{1}{2} < x < 1 \end{cases}$$

的反函数为

$$y = \begin{cases} 2x, & \dfrac{1}{4} < x < \dfrac{1}{2}, \\ 1-x, & \dfrac{1}{2} \leq x < 1. \end{cases}$$

由图 1.7 不难看出它们的图形有三个交点：
$\left(\dfrac{1}{2}, \dfrac{1}{2}\right)$、$\left(\dfrac{2}{3}, \dfrac{1}{3}\right)$ 和 $\left(\dfrac{1}{3}, \dfrac{2}{3}\right)$，后两个交点不在直线 $y = x$ 上．

关于函数 $y = f(x)$ 及反函数 $y = f^{-1}(x)$ 的图形交点问题，下列说法是正确的：

(1) 如果有交点，必关于直线 $y = x$ 对称；

(2) 如果曲线 $y = f(x)$ 上有关于直线 $y = x$ 的对称点，则这两个点必是 $y = f(x), y = f^{-1}(x)$ 的交点；

(3) 如果曲线 $y = f(x)$ 与 $y = x$ 有交点，它必是 $y = f(x)$ 与 $y = f^{-1}(x)$ 的交点；

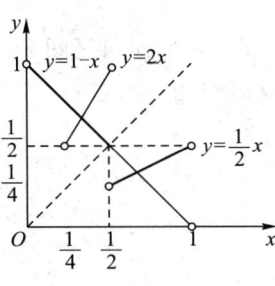

图 1.7

(4) 如果 $y = f(x)$ 与 $y = f^{-1}(x)$ 的图形有唯一的交点，它必在 $y = x$ 直线上．

2. 两个函数都在同一点附近无界，它们的乘积在该点附近也无界吗？

答 不一定，例如函数

$$f(x) = \begin{cases} x, & x \text{ 为有理数}, \\ \dfrac{1}{x}, & x \text{ 为无理数}, \end{cases}$$

$$g(x) = \begin{cases} \dfrac{1}{x}, & x \text{ 为有理数}, \text{且 } x \neq 0, \\ 0, & x = 0, \\ x, & x \text{ 为无理数} \end{cases}$$

在点 $x = 0$ 附近都无界，但

$$f(x) \cdot g(x) = \begin{cases} 1, & x \neq 0, \\ 0, & x = 0 \end{cases}$$

在点 $x = 0$ 附近有界．而

$$f^2(x) = f(x)f(x) = \begin{cases} x^2, & x \text{ 为有理数}, \\ \dfrac{1}{x^2}, & x \text{ 为无理数} \end{cases}$$

在点 $x=0$ 附近无界.

【注】 这里说的"函数在一点附近无界",是指在该点的任意小的邻域上,函数都无界.

3. 下面两个说法正确吗?

(1) $f(x)$ 在闭区间 $[a,b]$ 上处处有定义,则 $f(x)$ 必有界;

(2) 在开区间 (a,b) 的每个点处都有一个小邻域,使 $f(x)$ 在该邻域上有界,则 $f(x)$ 在 (a,b) 上必有界.

答 都不正确.例如函数

$$f(x) = \begin{cases} \dfrac{1}{x}, & x \neq 0, \\ 0, & x = 0 \end{cases}$$

在闭区间 $[0,1]$ 上处处有定义,但无界;在开区间 $(0,1)$ 内任何一点 x_0 处,取正数 $\delta = \min\left\{\dfrac{x_0}{2}, \dfrac{1-x_0}{2}\right\}$,则 $f(x)$ 在 $U_\delta(x_0)$ 上有界 $(0 < f(x) \leq f(x_0 - \delta))$,但 $f(x)$ 在开区间 $(0,1)$ 内无界.

出现上述错误想法的原因就是把有限个量的性质用到无限个量上了.

4. 如何建立函数关系?

答 对一个具有实际意义的问题要建立函数关系,首先要深入理解问题所服从的客观规律,了解它所涉及的变量与常量,并用适当的英文字母表示,然后用这些字母的算式表达出问题所服从的客观规律(几何的、物理的或相关专业),建立起函数关系,在此过程中要注意函数的定义域的确定.

例如,图 1.8 是点 A 绕点 O 的转动到活塞 B 的往复直线运动相互转换的机构,试确定 AO 的转角与活塞 B 的位移间的函数关系.

解 记 AO 的长为 a,转角为 θ,B 的位移为 x.

设 AO 水平放置时,转角为 0,此时 B 的位移为 0.

不难从图上看出位移 x 等于 AD.由三角形关系,得到所求的函数关系为

$$x = a\sin\theta,$$

θ 的取值范围,即此函数的定义域为 $-\infty < \theta < +\infty$.

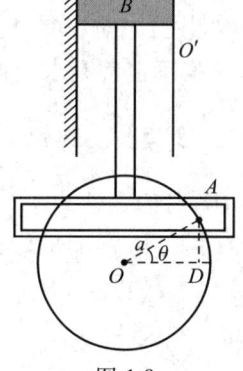

图 1.8

1.6 例题分析

【例 1】 求函数 $y = \arcsin\ln\dfrac{x+5}{3} + \dfrac{\sqrt{4x-x^2}}{\lg(x+3)}$ 的定义域.

解 这是一个初等函数,因为 $\arcsin\ln\dfrac{x+5}{3}$ 是由 $\arcsin u, u=\ln v, v=\dfrac{x+5}{3}$ 复合成,而 $\arcsin u$ 的定义域为 $|u|\le 1$,故限定 $|\ln v|\le 1$.因此,$\dfrac{1}{e}\le v\le e$,即要求 $\dfrac{1}{e}\le\dfrac{x+5}{3}\le e$,亦即

$$\dfrac{3}{e}-5\le x\le 3e-5.$$

要使函数 $\dfrac{\sqrt{4x-x^2}}{\lg(x+3)}$ 有意义,只需 $\begin{cases}4x-x^2\ge 0,\\ x+3>0,\\ x+3\ne 1,\end{cases}$ 即得 $0\le x\le 4$.因此,函数 $y=\arcsin\ln\dfrac{x+5}{3}+\dfrac{\sqrt{4x-x^2}}{\lg(x+3)}$ 的定义域为 $\{x\mid 0\le x\le 3e-5\}$.

【注】 求复合函数定义域时,应先求外层函数的定义域,再以此定义域作为对内层函数值域的一个限制,求出内层函数自变量的取值范围,最终得到复合函数的定义域.

【例 2】 设复合函数 $f(g(x))=1-x$,(1) 已知 $f(x)=10^{x^2}$,求 $g(x)$;(2) 已知 $g(x)=\dfrac{3^x}{3^x+1}$,求 $f(x)$.

解 (1) 由 $f(x)=10^{x^2}$ 可知,$f(g(x))=10^{g^2(x)}=1-x$,故 $g^2(x)=\lg(1-x)$.因此,$g(x)=\sqrt{\lg(1-x)}$ 或 $g(x)=-\sqrt{\lg(1-x)}, x\le 0$.

(2) 令 $u=\dfrac{3^x}{3^x+1}$,则 $x=\log_3\dfrac{u}{1-u}$.于是 $f(u)=1-x=1-\log_3\dfrac{u}{1-u}$,故

$$f(x)=1-\log_3\dfrac{x}{1-x},\quad 0<x<1.$$

【注】 对于复合函数 $f(g(x))=\varphi(x)$,其中 $\varphi(x)$ 为已知函数,通常已知 f 求 g,或已知 g 求 f,实际上都是求反函数问题.

【例 3】 设 $f(x)=\begin{cases}x, & |x|\le 1,\\ 1-2x, & |x|>1,\end{cases} g(x)=\begin{cases}x^2, & x\ge 0,\\ e^x, & x<0,\end{cases}$ 求复合函数 $f(g(x))$ 与 $g(f(x))$ 的表达式.

解 由 $f(x)$ 的定义知

$$f(g(x))=\begin{cases}g(x), & |g(x)|\le 1,\\ 1-2g(x), & |g(x)|>1.\end{cases}$$

由 $g(x)$ 的定义知,当 $0\le x\le 1$ 时,$|g(x)|=x^2\le 1$;当 $x>1$ 时,$|g(x)|=x^2>1$;当 $x<0$ 时,$|g(x)|=e^x\le 1$.因此,

$$f(g(x))=\begin{cases}x^2, & 0\le x\le 1,\\ 1-2x^2, & x>1,\\ e^x, & x<0.\end{cases}$$

类似地,

$$g(f(x)) = \begin{cases} (f(x))^2, & f(x) \geqslant 0, \\ e^{f(x)}, & f(x) < 0 \end{cases} = \begin{cases} x^2, & 0 \leqslant x \leqslant 1, \\ e^x, & -1 \leqslant x < 0, \\ (1-2x)^2, & x < -1, \\ e^{1-2x}, & x > 1. \end{cases}$$

【注】 对于分段函数的复合,以 $f(g(x))$ 为例来说明.第一步应根据外层函数 $f(x)$ 的定义,通过 $g(x)$ 的值的不等式分段表达出 $f(g(x))$,即将 $f(x)$ 中的 x 及其自变量取值范围中的 x 都用 $g(x)$ 代换.第二步根据内层函数 $g(x)$ 的定义,由上面 $g(x)$ 值的不等式,分析其自变量 x 的取值范围,以及 $g(x)$ 的表达式,最后根据自变量 x 的分段(范围),写出复合函数 $f(g(x))$.

【例 4】 设函数 $f(x)$ 满足 $f\left(\dfrac{1-x}{1+x}\right) = af(x) + g(x)$,其中 $a^2 \neq 1$,$g(x)$ 为已知函数,在 $x \neq -1$ 时有定义,求 $f(x)$ 的表达式.

解 令 $t = \dfrac{1-x}{1+x}$,则 $x = \dfrac{1-t}{1+t}$,代入原式得

$$f(t) = af\left(\dfrac{1-t}{1+t}\right) + g\left(\dfrac{1-t}{1+t}\right),$$

从而得到下面方程组

$$\begin{cases} f\left(\dfrac{1-x}{1+x}\right) = af(x) + g(x), \\ f(x) = af\left(\dfrac{1-x}{1+x}\right) + g\left(\dfrac{1-x}{1+x}\right), \end{cases}$$

解得

$$f(x) = \dfrac{ag(x) + g\left(\dfrac{1-x}{1+x}\right)}{1-a^2}.$$

【注】 题目中给出了关于 $f(x)$ 及其一个复合函数的等式,对于这种题型,通常利用变量代换得到一个方程组,从中解出 $f(x)$.如下的一类函数方程都可用此方法求出函数 $f(x)$,

$$af(x) + bf(\varphi(x)) = g(x),$$

其中 a,b 为已知常数,$g(x)$ 为已知函数,$\varphi(x)$ 的反函数是它本身.

【例 5】 设 $f_1(x) = \dfrac{x}{\sqrt{1+x^2}}$,$f_2(x) = f_1(f_1(x))$,$\cdots$,$f_{n+1}(x) = f_1(f_n(x))$,求 $f_n(x)$.

解 由 $f_1(x)$ 的表达式知

$$f_2(x) = f_1(f_1(x)) = \dfrac{f_1(x)}{\sqrt{1+f_1^2(x)}} = \dfrac{x}{\sqrt{1+2x^2}},$$

$$f_3(x)=f_1(f_2(x))=\frac{f_2(x)}{\sqrt{1+f_2^2(x)}}=\frac{x}{\sqrt{1+3x^2}}.$$

由上推测 $f_n(x)=\dfrac{x}{\sqrt{1+nx^2}}$,下面用数学归纳法证明此结论.

假设 $n=k$ 时结论成立,即有

$$f_k(x)=\frac{x}{\sqrt{1+kx^2}},$$

则有

$$f_{k+1}(x)=f_1(f_k(x))=\frac{f_k(x)}{\sqrt{1+f_k^2(x)}}=\frac{\dfrac{x}{\sqrt{1+kx^2}}}{\sqrt{1+\dfrac{x^2}{1+kx^2}}}=\frac{x}{\sqrt{1+(k+1)x^2}},$$

故 $n=k+1$ 时结论也成立,因而由数学归纳法知,对任何正整数 n,$f_n(x)=\dfrac{x}{\sqrt{1+nx^2}}$.

【例 6】 设 $f(x)$ 是奇函数,且其图形关于直线 $x=2$ 对称,问 $f(x)$ 是否为周期函数.

解 由 $f(x)$ 为奇函数且其图形关于直线 $x=2$ 对称,可知

$$\begin{cases} f(-x)=-f(x), \\ f(2-x)=f(2+x). \end{cases}$$

于是

$$f(x)=-f(-x)=-f(2-(2+x))=-f(2+(2+x))=-f(4+x)$$
$$=f(-4-x)=f(2-(6+x))=f(2+(6+x))=f(8+x).$$

由此可见,$f(x)$ 是周期函数,且 8 为它的一个周期.

【例 7】 证明定义在以原点为对称的数集上的函数都能唯一地表示成一个奇函数和一个偶函数之和.

证明 设 $f(x)$ 为奇函数,$g(x)$ 为偶函数,且 $\varphi(x)=f(x)+g(x)$,则

$$\varphi(-x)=-f(x)+g(x).$$

由以上两式,可得

$$g(x)=\frac{\varphi(x)+\varphi(-x)}{2},\quad f(x)=\frac{\varphi(x)-\varphi(-x)}{2}.$$

可见,在以原点为对称的数集上的函数 $\varphi(x)$ 可表示成一个奇函数和一个偶函数之和.

下证唯一性:

假设 $\varphi(x)=f_1(x)+g_1(x)$,其中 $f_1(x)$ 为奇函数,$g_1(x)$ 为偶函数.从而

$$f(x)+g(x)=f_1(x)+g_1(x),$$

$$-f(x)+g(x)=-f_1(x)+g_1(x).$$

由上两式,可知 $f(x)=f_1(x)$, $g(x)=g_1(x)$. 唯一性得证.

【例8】 设 $f_1(x)$, $f_2(x)$ 分别是以 T_1, T_2 为周期的周期函数,且 $\dfrac{T_1}{T_2}=\dfrac{m}{n}$, m, n 为互质的自然数. 证明: $f_1(x) \pm f_2(x)$, $f_1(x)f_2(x)$ 及 $\dfrac{f_1(x)}{f_2(x)}$ 均为周期函数.

证明 取 T 为 T_1, T_2 的最小公倍数

$$T=nT_1=mT_2,$$

则有

$$f_1(x+T) \pm f_2(x+T) = f_1(x+nT_1) \pm f_2(x+mT_2) = f_1(x) \pm f_2(x),$$

$$f_1(x+T)f_2(x+T) = f_1(x+nT_1)f_2(x+mT_2) = f_1(x)f_2(x),$$

$$\frac{f_1(x+T)}{f_2(x+T)} = \frac{f_1(x+nT_1)}{f_2(x+mT_2)} = \frac{f_1(x)}{f_2(x)}.$$

【例9】 考察函数 $f(x)=x\sin x$ 的有界性.

分析 函数 $f(x)$ 在数集 X 上有界的定义:存在常数 $M>0$,使得对任一 $x \in X$,有 $|f(x)| \leqslant M$;无界的定义:对任意常数 $M>0$,总存在 $x_0 \in X$,使得 $|f(x_0)|>M$.

解 $\sin x$ 是周期函数,其函数图像在 -1 和 1 之间来回摆动. 当 $x_n=2n\pi+\dfrac{\pi}{2}$, $n \in \mathbf{Z}$ 时,

$f(x_n) = \left(2n\pi+\dfrac{\pi}{2}\right)\sin\left(2n\pi+\dfrac{\pi}{2}\right) = 2n\pi+\dfrac{\pi}{2}$. 因而,对任意常数 $M>0$,总存在 x_{n_0},使得 $|f(x_{n_0})| = \left|2n_0\pi+\dfrac{\pi}{2}\right|>M$,故 $x\sin x$ 是无界的.

【例10】 画出隐函数 $(x^2+y^2)^2=a^2(x^2-y^2)$ 的图形.

讨论 现在我们知道的画函数图形的基本方法是描点法. 在描点之前对函数作适当的分析,会减少工作量,增加图形的准确度.

(1) 由这个函数的表达式,变量 x, y 均以其平方形式出现,所以,若 (x,y) 满足方程,则 $(-x,y)$, $(x,-y)$, $(-x,-y)$ 均满足方程,说明图形关于 x 轴和 y 轴均对称. 这样,我们将重点画第一象限内的图形.

(2) 由图形的这个方程来寻找图形上的点(即给一个 x 值找对应的 y 值)比较困难,但在极坐标系下,这个图形的方程就简单多了,

$$r^2 = a^2\cos 2\theta.$$

当 $0 \leqslant \theta \leqslant \dfrac{\pi}{4}$ 时,$\cos 2\theta$ 从 1 单调下降到 0,所以,极半径 r 从 a 单调下降到 0.

当 $\dfrac{\pi}{4} < \theta \leqslant \dfrac{\pi}{2}$ 时,$\cos 2\theta < 0$,由极坐标方程知,函数在此区域内无图形.

根据上述分析及下面表格中的点,就可画出 $r^2=a^2\cos 2\theta$,即 $(x^2+y^2)^2=a^2(x^2-y^2)$ 的大致

图形(见图 1.9),通常称此曲线为**伯努利双纽线**.

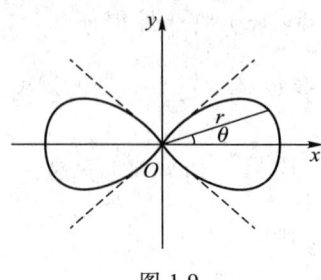

图 1.9

θ	0	$\dfrac{\pi}{6}$	$\dfrac{\pi}{4}$
r	a	$\dfrac{a}{\sqrt{2}}$	0

1.7 习题解答

1.1

1. 用区间表示下列不等式中的 x 的取值范围.

(1) $|x-2|<0.1$；　　(2) $0<|x-1|<0.01$；　　(3) $|x|\geqslant 100$.

解 (1) $|x-2|<0.1 \Leftrightarrow -0.1<x-2<0.1 \Leftrightarrow 1.9<x<2.1$,即 $x\in(1.9,2.1)$.

(2) $0<|x-1|<0.01 \Leftrightarrow \begin{cases} x\neq 1, \\ -0.01<x-1<0.01, \end{cases} \Leftrightarrow \begin{cases} x\neq 1, \\ 0.99<x<1.01, \end{cases}$

即 $x\in(0.99,1)\cup(1,1.01)$.

(3) $|x|\geqslant 100 \Leftrightarrow x\geqslant 100$ 或 $x\leqslant -100$,故 $x\in(-\infty,-100]\cup[100,+\infty)$.

2. 求下列函数的定义域.

(1) $y=\dfrac{1}{|x|-x}$；

(2) $y=\sqrt{\sin x}+\sqrt{16-x^2}$；

(3) $y=\sqrt{x^2-x}\arcsin x$；

(4) $y=\dfrac{\lg(3-x)}{\sqrt{|x|-1}}$.

解 (1) $|x|-x\neq 0 \Leftrightarrow x\neq |x| \Leftrightarrow x<0$,即定义域为 $(-\infty,0)$.

(2) $\begin{cases} \sin x\geqslant 0, \\ 16-x^2\geqslant 0, \end{cases} \Leftrightarrow \begin{cases} 2k\pi\leqslant x\leqslant 2k\pi+\pi, k\in\mathbf{Z}, \\ -4\leqslant x\leqslant 4, \end{cases}$

即 $-4\leqslant x\leqslant -\pi$ 或 $0\leqslant x\leqslant \pi$.故定义域为 $[-4,-\pi]\cup[0,\pi]$.

(3) $\begin{cases} x^2-x\geqslant 0, \\ -1\leqslant x\leqslant 1, \end{cases} \Leftrightarrow \begin{cases} x(x-1)\geqslant 0, \\ -1\leqslant x\leqslant 1, \end{cases} \Leftrightarrow \begin{cases} x\geqslant 1 \text{ 或 } x\leqslant 0, \\ -1\leqslant x\leqslant 1, \end{cases}$

即定义域为 $[-1,0]\cup\{1\}$.

(4) $\begin{cases} 3-x>0, \\ |x|-1>0, \end{cases} \Leftrightarrow \begin{cases} x<3, \\ x>1 \text{ 或 } x<-1, \end{cases} \Leftrightarrow 1<x<3 \text{ 或 } x<-1,$

即定义域为 $(-\infty, -1) \cup (1, 3)$.

3. 求函数值.

(1) 设 $f(x) = \dfrac{|x-2|}{x+1}$,求 $f(2), f(-2), f(0), f(a+b), a+b \neq -1$;

(2) 设 $f(x) = \begin{cases} |\sin x|, & |x|<1, \\ 0, & |x| \geq 1, \end{cases}$ 求 $f(1), f\left(\dfrac{\pi}{4}\right), f(-2), f\left(-\dfrac{\pi}{4}\right)$;

(3) 设 $f(x) = 2x-3$,求 $f(a^2), [f(a)]^2$.

解 (1) $f(2) = \dfrac{|2-2|}{2+1} = 0$, $f(-2) = \dfrac{|-2-2|}{-2+1} = \dfrac{4}{-1} = -4$,

$$f(0) = \dfrac{|0-2|}{0+1} = \dfrac{2}{1} = 2, \quad f(a+b) = \dfrac{|a+b-2|}{a+b+1}.$$

(2) $f(1) = 0, f\left(\dfrac{\pi}{4}\right) = \left|\sin \dfrac{\pi}{4}\right| = \dfrac{\sqrt{2}}{2}$,

$$f(-2) = 0, f\left(-\dfrac{\pi}{4}\right) = \left|\sin\left(-\dfrac{\pi}{4}\right)\right| = \left|-\dfrac{\sqrt{2}}{2}\right| = \dfrac{\sqrt{2}}{2}.$$

(3) $f(a^2) = 2a^2 - 3, [f(a)]^2 = (2a-3)^2$.

4. 下列函数 $f(x), g(x)$ 是否相等?为什么?

(1) $f(x) = x, g(x) = (\sqrt{x})^2$; (2) $f(x) = \sin(\arcsin x), g(x) = \arcsin(\sin x)$.

解 (1) $f(x) \neq g(x), f(x)$ 的定义域为 $(-\infty, +\infty)$,而 $g(x)$ 的定义域为 $[0, +\infty)$.

(2) $f(x) \neq g(x), f(x)$ 的定义域为 $[-1, 1]$,而 $g(x)$ 的定义域为 $(-\infty, +\infty)$.

5. 已知 $f(x)$ 是线性函数,即 $f(x) = ax+b$,且 $f(-1) = 2, f(2) = -3$,求 $f(x), f(5)$.

解 由 $f(-1) = 2, f(2) = -3$,得 $\begin{cases} -a+b=2, \\ 2a+b=-3, \end{cases}$ 解得 $\begin{cases} a = -\dfrac{5}{3}, \\ b = \dfrac{1}{3}. \end{cases}$

故 $f(x) = -\dfrac{5}{3}x + \dfrac{1}{3}, f(5) = -\dfrac{5}{3} \times 5 + \dfrac{1}{3} = -8.$

6. 作下列函数的图形.

(1) $y = x\sin\dfrac{1}{x}$; (2) $f(x) = \begin{cases} 2-x^2, & |x| \leq 1, \\ \dfrac{1}{x}, & |x| > 1; \end{cases}$

(3) $(x^2+y^2)^2 = x^2-y^2$; (4) $|\lg x| + |\lg y| = 1$.

解 (1) $y = x\sin\dfrac{1}{x}$ 是偶函数,当 $x = \dfrac{1}{k\pi}(k \in \mathbf{Z}, k \neq 0)$ 时,$y \equiv 0$;

当 $x = \dfrac{1}{2k\pi + \dfrac{\pi}{2}}$ 时,$y = \dfrac{1}{2k\pi + \dfrac{\pi}{2}}$;当 $x = \dfrac{1}{2k\pi - \dfrac{\pi}{2}}$ 时,$y = -\dfrac{1}{2k\pi - \dfrac{\pi}{2}}$.

在 $x=0$ 处函数无意义，当 $x \to 0$ 时曲线在 $y = \pm x$ 之间剧烈振荡.

函数图形参见"1.2 内容总结"中图 1.1.

(2) $f(x) = \begin{cases} 2-x^2, & |x| \leq 1, \\ \dfrac{1}{x}, & |x| > 1. \end{cases}$

函数图形见图 1.10.

(3) $(x^2+y^2)^2 = x^2-y^2$.

设 $x = r\cos\theta$, $y = r\sin\theta$, 则 $r^4 = r^2\cos 2\theta$, 即 $r^2 = \cos 2\theta$, 定义域为 $-\dfrac{\pi}{4} \leq \theta \leq \dfrac{\pi}{4}$, $\dfrac{3\pi}{4} \leq \theta \leq \dfrac{5\pi}{4}$.

函数图形见图 1.11.

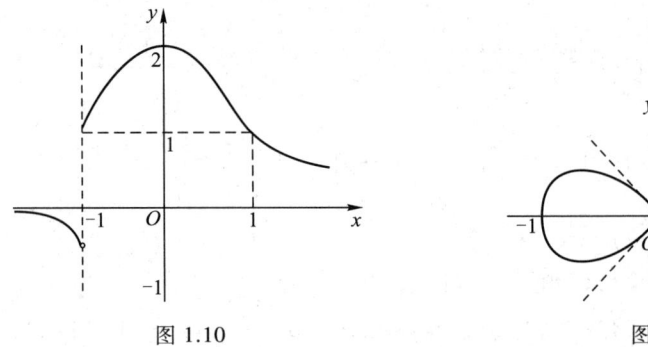

图 1.10　　　　　　　　　图 1.11

(4) $|\lg x| + |\lg y| = 1$. 当 $\lg x \geq 0$, $\lg y \geq 0$ 时, $\lg x + \lg y = 1$, $xy = 10$, 此时 $1 \leq x \leq 10$, $1 \leq y \leq 10$; 当 $\lg x \geq 0$, $\lg y \leq 0$ 时, $\lg x - \lg y = 1$, $x = 10y$, 此时 $1 \leq x \leq 10$, $\dfrac{1}{10} \leq y \leq 1$; 当 $\lg x \leq 0$, $\lg y \geq 0$ 时, $-\lg x + \lg y = 1$, $y = 10x$, 此时 $\dfrac{1}{10} \leq x \leq 1$, $1 \leq y \leq 10$; 当 $\lg x \leq 0$, $\lg y \leq 0$ 时, $-\lg x - \lg y = 1$, $xy = \dfrac{1}{10}$, 此时 $\dfrac{1}{10} \leq x \leq 1$, $\dfrac{1}{10} \leq y \leq 1$.

函数图形见图 1.12.

7. 建立函数关系.

(1) 在一个半径为 r 的球内，嵌入一内接圆柱，试求圆柱体的体积 V 与圆柱高 h 的函数关系，并求出此函数的定义域；

(2) 底 $AC = b$, 高 $BD = h$ 的三角形 ABC 中（如图 1.13）内接矩形 $KLMN$, 其高记为 x, 将矩形周长 P 和面积 S 表为 x 的函数；

(3) 有三个矩形，其高分别等于 3 m, 2 m, 1 m, 而底皆为 1 m, 彼此相距 1 m 放着（如图 1.14），假定 $x \in (-\infty, +\infty)$ 连续变动（即直线 AB 连续地平行移动），试将阴影部分的面积 S 表为 x 的函数；

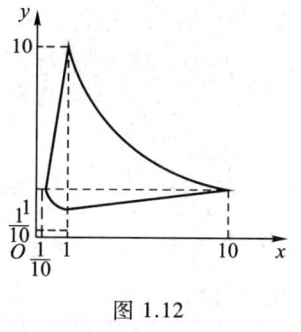

图 1.12

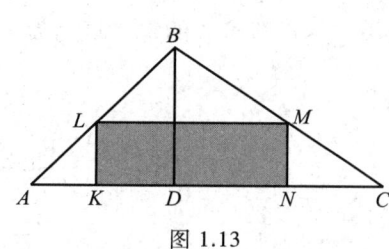

图 1.13

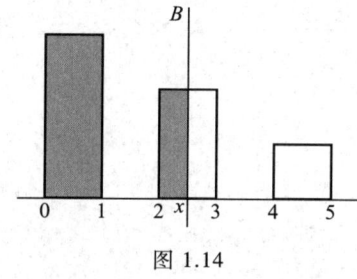

图 1.14

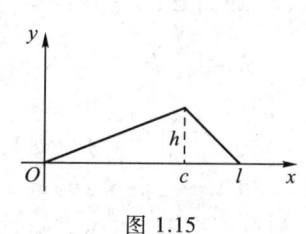

图 1.15

（4）长为 l 的弦两端固定，在 c 点处将弦提高 h 后呈图 1.15 中形状，设提高时弦上各点仅沿着垂直于两端点连接线方向移动，以 x 表示弦上点的位置，y 表示 x 点处升高的高度，试建立 x 与 y 间的函数关系；

（5）图 1.16 是机械中常用的一种既可改变运动方向又可调整运动速度的滑块机构，现设滑块 A，B 与点 O 的距离分别为 x 与 y，OA 与 OB 的夹角为 α（定值），连接滑块 A 与 B 之间的杆长为 l（定值），试建立 x 与 y 之间的函数关系；

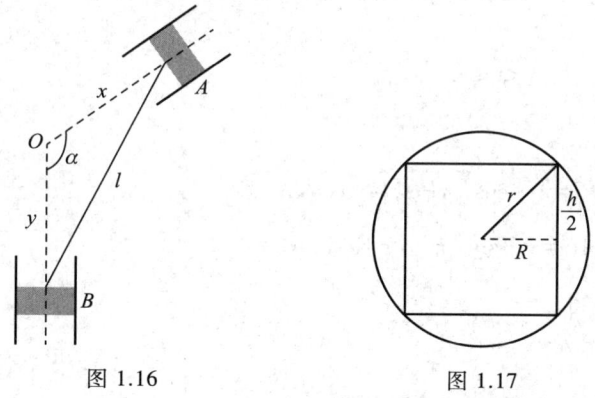

图 1.16　　　　　图 1.17

（6）某运输公司规定货物的吨千米运价为：在 a 千米以内每千米 k 元；超过 a 千米时，超过部分每千米为 $0.8k$ 元，求运价 m 和里程 x 的函数关系.

解　（1）设圆柱体的底面半径为 R，如图 1.17 可知，
$$R^2 = r^2 - \left(\frac{h}{2}\right)^2,$$

$$V = \pi R^2 h = \pi \left(r^2 - \left(\frac{h}{2} \right)^2 \right) h,$$

其中 h 应满足 $0 < \frac{h}{2} < r$,即函数的定义域为 $h \in (0, 2r)$.

（2）由图可知，

$$MN = LK = x, \quad \frac{LM}{AC} = \frac{BD - MN}{BD}, \quad LM = b \frac{h-x}{h}.$$

因此，周长 $P = 2(LM + MN) = 2\left(b - \frac{x}{h}b + x \right) = \frac{2}{h}[hb + (h-b)x], x \in (0, h)$,面积 $S = LM \cdot MN = \frac{h-x}{h} \cdot b \cdot x = \frac{bx}{h}(h-x), x \in (0, h)$.

（3）$S(x) = \begin{cases} 0, & x \leq 0, \\ 3x, & 0 < x \leq 1, \\ 3, & 1 < x \leq 2, \\ 3 + 2(x-2), & 2 < x \leq 3, \\ 5, & 3 < x \leq 4, \\ 5 + (x-4), & 4 < x \leq 5, \\ 6, & x > 5. \end{cases}$

（4）易见，当 $0 \leq x \leq c$ 时，$\frac{y}{h} = \frac{x}{c}$,即 $y = \frac{h}{c}x$；

当 $c < x \leq l$ 时，$\frac{y}{h} = \frac{l-x}{l-c}$,即 $y = \frac{h}{l-c}(l-x)$.

因此，$y = \begin{cases} \frac{h}{c}x, & 0 \leq x \leq c, \\ \frac{h}{l-c}(l-x), & c < x \leq l. \end{cases}$

（5）如图 1.18,

$$OC = x \cdot \cos(\pi - \alpha) = -x\cos\alpha,$$

$$AC = x \cdot \sin(\pi - \alpha) = x\sin\alpha,$$

由 $(y + OC)^2 + AC^2 = l^2$ 可得:

$$(y - x\cos\alpha)^2 + x^2\sin^2\alpha = l^2,$$

即 $\qquad x^2 + y^2 - 2xy\cos\alpha = l^2.$

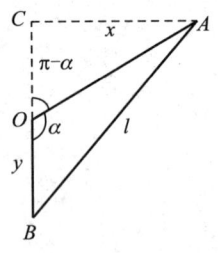

图 1.18

（6）当 $0 < x \leq a$ 时，$m = kx$；

当 $x > a$ 时，$m = ak + 0.8k(x-a)$.

故 $m = \begin{cases} kx, & 0 < x \leq a, \\ ka + 0.8k(x-a), & x > a. \end{cases}$

1.2

1. 指出下列函数中的奇偶函数和周期函数.

(1) $y=|\sin x|$； (2) $y=2+\tan \pi x$；

(3) $y=\log_a(x+\sqrt{x^2+1})$； (4) $y=3^{-x}(1+3^x)^2$.

解 (1) $f(-x)=|\sin(-x)|=|-\sin x|=|\sin x|=f(x)$，故 $f(x)=|\sin x|$ 是偶函数. 又 $f(x)=\sin x$ 是以 2π 为周期的奇函数，故 $y=|\sin x|$ 以 π 为周期.

(2) $y=2+\tan \pi x$ 既不是奇函数也不是偶函数. 由于 $\tan x$ 的周期为 π，故 $y=\tan \pi x$ 以 1 为周期，即 $y=2+\tan \pi x$ 是以 1 为周期的函数.

(3) $f(-x)=\log_a(-x+\sqrt{(-x)^2+1})=\log_a(\sqrt{x^2+1}-x)$
$=\log_a\dfrac{1}{\sqrt{x^2+1}+x}=-\log_a(x+\sqrt{x^2+1})=-f(x)$，

故 $f(x)$ 为奇函数.

(4) $f(-x)=3^x(1+3^{-x})^2=3^x\cdot 3^{-2x}(3^x+1)^2=3^{-x}(1+3^x)^2=f(x)$，

故 $f(x)=3^{-x}(1+3^x)^2$ 为偶函数.

2. 指出下列函数的单调区间及有界性.

(1) $y=\dfrac{1}{x}$； (2) $y=\arctan x$； (3) $y=|x|-x$； (4) $y=\sqrt{a^2-x^2}$ ($a>0$).

解 (1) 当 $x\in(-\infty,0)$ 时，$f(x)$ 单调下降；$x\in(0,+\infty)$ 时，$f(x)$ 单调下降.
$y=\dfrac{1}{x}$ 是无界函数.

(2) $|\arctan x|<\dfrac{\pi}{2}$，所以 $y=\arctan x$ 为有界函数.

当 $x\in(-\infty,+\infty)$ 时，$y=\arctan x$ 单调上升.

(3) $y=|x|-x=\begin{cases}-2x, & x<0,\\ 0, & x\geq 0.\end{cases}$

当 $x\in(-\infty,0)$ 时，$f(x)$ 单调下降；当 $x\in[0,+\infty)$ 时，$f(x)$ 为常数.
$f(x)=|x|-x$ 为无界函数.

(4) $f(x)$ 的定义域为 $|x|\leq a$，此时 $0\leq\sqrt{a^2-x^2}\leq a$，故 $\sqrt{a^2-x^2}$ 为有界函数.
当 $x\in[-a,0)$ 时，$f(x)$ 单调上升；当 $x\in[0,a]$ 时，$f(x)$ 单调下降.

3. 求下列函数的反函数及其定义域.

(1) $y=\dfrac{2^x}{1+2^x}$； (2) $y=\log_x 2$ ($x>0, x\neq 1$)；

(3) $y=\arccos\dfrac{1-x^2}{1+x^2}$； (4) $y=\begin{cases}-x, & -1\leq x\leq 0,\\ 1+x, & 0<x\leq 1.\end{cases}$

解 (1) 由原式得，$2^x=\dfrac{y}{1-y}$，即 $x=\log_2\dfrac{y}{1-y}$. 因此，$y=\dfrac{2^x}{1+2^x}$ 的反函数为 $y=\log_2\dfrac{x}{1-x}$，其定义域为 $0<x<1$.

(2) 由已知得 $y = \dfrac{1}{\log_2 x}$,即 $\log_2 x = \dfrac{1}{y}$,$x = 2^{\frac{1}{y}}$,故反函数为 $y = 2^{\frac{1}{x}}$,其定义域为 $x \neq 0$.

(3) 由已知得 $\cos y = \dfrac{1-x^2}{1+x^2}$,即 $(1+\cos y)x^2 = 1-\cos y$,故

$$x = \pm\sqrt{\dfrac{1-\cos y}{1+\cos y}} = \pm\tan\dfrac{y}{2}.$$

因此,所求反函数为 $y = \pm\tan\dfrac{x}{2}$,由原题知 $x \in [0, \pi)$.

(4) 当 $-1 \leq x \leq 0$ 时,$0 \leq y \leq 1$,$x = -y$;当 $0 < x \leq 1$ 时,$1 < y \leq 2$,$x = y-1$.故所求反函数为
$y = \begin{cases} -x, & 0 \leq x \leq 1 \\ x-1, & 1 < x \leq 2 \end{cases}$,定义域为 $[0, 2]$.

4. 设 $y = f(x)$ 是以 2π 为周期的函数,当 $-\pi \leq x < \pi$ 时,$f(x) = x$,试求函数 $f(x)$.

解 由于 $f(x)$ 以 2π 为周期,且 $x \in [-\pi, \pi)$ 时,$f(x) = x$,故对任意整数 k,当 $x \in [(2k-1)\pi, (2k+1)\pi)$ 时,$f(x) = x - 2k\pi$.

5. 若 $f(x)$ 对一切 x 都满足:(1) $f(a-x) = f(x)$ 及 $f(b-x) = f(x)$,$a \neq b$,试证 $f(x)$ 是周期函数;(2) $f(x) = f(x+1) + f(x-1)$,试证 $f(x)$ 是周期为 6 的周期函数.

证明 (1) $f(x+a-b) = f(a-(b-x)) = f(b-x) = f(x)$,故 $f(x)$ 是周期函数,且 $a-b$ 是它的一个周期.

(2) 由于对于任意 x,有 $f(x+1) = f(x) - f(x-1)$,因此,

$$f(x+6) = f(x+5) - f(x+4) = f(x+4) - f(x+3) - f(x+4)$$
$$= -[f(x+2) - f(x+1)] = f(x+1) - [f(x+1) - f(x)] = f(x).$$

这表明 $f(x)$ 是周期为 6 的周期函数.

6. 将一物体以初速 v_0 与水平方向成 α 角向上斜抛出,试将它的运动轨迹表示为时间 t 的参数式函数(不计空气阻力).

解 设 x 表示该物体的水平位移,y 表示该物体的垂直位移.由已知条件可知,此物体水平方向上的初速度为 $v_0\cos\alpha$,垂直方向上的初速为 $v_0\sin\alpha$.在任意时刻 t,水平方向上的位移 $x(t) = v_0\cos\alpha \cdot t$,垂直方向上的位移为 $y(t) = v_0\sin\alpha \cdot t - \dfrac{1}{2}gt^2$,所以其运动轨迹的参数方程为

$$\begin{cases} x = v_0 t\cos\alpha, \\ y = v_0 t\sin\alpha - \dfrac{1}{2}gt^2. \end{cases}$$

7. 设 $f(x)$ 是奇函数,当 $x > 0$ 时,$f(x) = x - x^2$,求 $x < 0$ 时,$f(x)$ 的表达式.

解 当 $x < 0$ 时,$-x > 0$,故 $f(-x) = -x - (-x)^2 = -x - x^2$,而 $f(x)$ 是奇函数,故 $f(x) = -f(-x) = -(-x-x^2) = x + x^2$.

1.3

1. 下列函数是由哪些基本初等函数复合的?

(1) $y = \sin^3 \dfrac{1}{x}$; (2) $y = 2^{\arcsin x^2}$; (3) $y = \lg\lg\lg\sqrt{x}$; (4) $y = \arctan e^{\cos x}$.

解 (1) $y = u^3, u = \sin v, v = \dfrac{1}{x}$;

(2) $y = 2^u, u = \arcsin v, v = x^2$;

(3) $y = \lg u, u = \lg v, v = \lg w, w = \sqrt{x}$;

(4) $y = \arctan u, u = e^v, v = \cos x$.

2. 设 $f(x) = x^3 - x$, $\varphi(x) = \sin 2x$, 求 $f(\varphi(x))$ 和 $\varphi(f(1))$.

解 $f(\varphi(x)) = [\varphi(x)]^3 - \varphi(x) = \sin^3 2x - \sin 2x = \sin 2x(\sin^2 2x - 1) = -\sin 2x \cdot \cos^2 2x$.

$\varphi(f(1)) = \sin[2(f(1))] = \sin[2(1^3 - 1)] = \sin 0 = 0$.

3. 设 $f(x) = \sin x$, $f(\varphi(x)) = 1 - x^2$, 且 $|\varphi(x)| \leq \dfrac{\pi}{2}$, 求 $\varphi(x)$ 及其定义域.

解 由 $f(\varphi(x)) = \sin(\varphi(x)) = 1 - x^2$ 可知, $\varphi(x) = \arcsin(1 - x^2)$. 由于 $-1 \leq 1 - x^2 \leq 1$, 即 $-\sqrt{2} \leq x \leq \sqrt{2}$, 所以 $\varphi(x)$ 的定义域为 $x \in [-\sqrt{2}, \sqrt{2}]$.

4. 设 $f\left(x + \dfrac{1}{x}\right) = \dfrac{x^2}{x^4 + 1}$, 求 $f(x)$.

解 $f\left(x + \dfrac{1}{x}\right) = \dfrac{x^2}{x^4 + 1} = \dfrac{1}{x^2 + \dfrac{1}{x^2}} = \dfrac{1}{x^2 + 2 + \dfrac{1}{x^2} - 2} = \dfrac{1}{\left(x + \dfrac{1}{x}\right)^2 - 2}$,

因此 $f(x) = \dfrac{1}{x^2 - 2}$.

5. 设 $f(x) = \begin{cases} x^2, & x \leq 4, \\ e^x, & x > 4, \end{cases}$ $\varphi(x) = \begin{cases} 1 + x, & x \leq 0, \\ \ln x, & x > 0, \end{cases}$ 求 $f(\varphi(x))$ 和 $\varphi(f(x))$.

解 由 $f(x)$ 定义知, 复合函数

$$f(\varphi(x)) = \begin{cases} \varphi^2(x), & \varphi(x) \leq 4, \\ e^{\varphi(x)}, & \varphi(x) > 4. \end{cases}$$

要使 $\varphi(x) \leq 4$, 应有 $x \leq 0$ 时, $\varphi(x) = 1 + x$ 或 $0 < x \leq e^4$ 时, $\varphi(x) = \ln x$;

要使 $\varphi(x) > 4$, 即 $\ln x > 4 \Leftrightarrow x > e^4$. 因此

$$f(\varphi(x)) = \begin{cases} (1 + x)^2, & x \leq 0, \\ \ln^2 x, & 0 < x \leq e^4, \\ x, & e^4 < x, \end{cases}$$

复合函数 $\varphi(f(x)) = \begin{cases} 1 + f(x), & f(x) \leq 0, \\ \ln f(x), & f(x) > 0. \end{cases}$ 由 $f(x)$ 的定义, 仅在 $x = 0$ 时, $f(x) = 0$, 当 $x \neq 0$

时, $f(x)>0$. 所以

$$\varphi(f(x))=\begin{cases}1, & x=0,\\ \ln x^2, & x\leq 4 \quad 且 \quad x\neq 0,\\ x, & x>4.\end{cases}$$

6. 若函数 $f(x)$ 的定义域为 $[0,1]$, 分别求 $f(\lg x)$ 和 $f(x+a)+f(x-a)$ ($a>0$) 的定义域.

解 $f(\lg x)$ 的定义域为 $0\leq \lg x\leq 1$, 即 $1\leq x\leq 10$.

$f(x+a)+f(x-a)$ 的定义域为

$$\begin{cases}0\leq x+a\leq 1,\\ 0\leq x-a\leq 1,\end{cases}\Leftrightarrow \begin{cases}-a\leq x\leq 1-a,\\ a\leq x\leq 1+a.\end{cases}$$

当 $a>\dfrac{1}{2}$ 时, 函数无意义; 当 $0<a\leq \dfrac{1}{2}$ 时, 定义域为 $[a, 1-a]$.

7. 求下列函数的定义域.

(1) $y=\arccos\sqrt{\lg(x^2-1)}$； (2) $y=\sqrt{\cos x-1}$.

解 (1) $\begin{cases}0\leq \lg(x^2-1)\leq 1,\\ x^2-1>0,\end{cases}\Leftrightarrow \begin{cases}1\leq x^2-1\leq 10,\\ x^2-1>0,\end{cases}\Leftrightarrow 2\leq x^2\leq 11.$

所以, 定义域为 $[-\sqrt{11},-\sqrt{2}]\cup[\sqrt{2},\sqrt{11}]$.

(2) 要使函数表达式有意义, 只需 $\cos x-1\geq 0$, 即 $\cos x\geq 1$, 而 $\cos x\leq 1$, 所以 $\cos x=1$, 故定义域为 $x=2k\pi, k=0,\pm 1,\pm 2,\cdots$.

8. 设 $f(x), \varphi(x)$ 互为反函数, 求下列函数的反函数.

(1) $f\left(1-\dfrac{1}{x}\right)$; (2) $f(2^x)$.

解 (1) $y=f\left(1-\dfrac{1}{x}\right)\Rightarrow 1-\dfrac{1}{x}=\varphi(y)\Rightarrow x=\dfrac{1}{1-\varphi(y)}$,

所以 $f\left(1-\dfrac{1}{x}\right)$ 的反函数为 $y=\dfrac{1}{1-\varphi(x)}$.

(2) $y=f(2^x)\Rightarrow 2^x=\varphi(y)\Rightarrow x=\log_2\varphi(y)$, 所以 $f(2^x)$ 的反函数为 $y=\log_2\varphi(x)$.

1.4

1. 说明下列极坐标方程表示什么曲线, 并画图.

(1) $r=2$； (2) $\theta=\dfrac{2}{3}\pi$； (3) $r=2\sin\theta$.

解 (1) 圆; (2) 射线; (3) 圆. 图略.

2. 把下列直角坐标方程化为极坐标方程:

(1) $x=3$； (2) $y-1=0$； (3) $3x+2y+1=0$； (4) $x^2-y^2=9$.

解 利用直角坐标与极坐标的关系, 可得

(1) $r\cos\theta=3$； (2) $r\sin\theta=1$； (3) $3r\cos\theta+2r\sin\theta+1=0$；

(4) $r^2\cos 2\theta = 9$.

3. 把下列极坐标方程化为直角坐标方程：

(1) $r\sin\theta = 1$; (2) $r(2\cos\theta + 3\sin\theta) - 4 = 0$;
(3) $r = -10\cos\theta$; (4) $r = 2\cos\theta - \sin\theta$.

解 利用直角坐标与极坐标的关系，可得

(1) $y = 1$; (2) $2x + 3y - 4 = 0$;
(3) $x^2 + y^2 + 10x = 0$; (4) $x^2 + y^2 - 2x + y = 0$.

1.5

1. 在极坐标系下，作双纽线 $r^2 = \cos 2\theta$ 的图形.

解 参见教材附图.

2. 已知 $f(x) = \dfrac{1}{1+x}$，求 $f(f(x))$ 的定义域.

解 $f(f(x)) = \dfrac{1}{1+f(x)} = \dfrac{1}{1+\dfrac{1}{1+x}}$，其定义域满足

$$\begin{cases} 1+x \neq 0, \\ 1+\dfrac{1}{1+x} \neq 0, \end{cases} \Leftrightarrow \begin{cases} x \neq -1, \\ \dfrac{1}{1+x} \neq -1, \end{cases} \Leftrightarrow \begin{cases} x \neq -1, \\ x \neq -2. \end{cases}$$

所以，$f(f(x))$ 的定义域为 $(-\infty, -2) \cup (-2, -1) \cup (-1, +\infty)$.

3. 已知 $f(x)$ 是以 1 为周期的函数，当 $0 \leq x < 1$ 时，$f(x) = x^2$，试写出 $f(x)$ 在 $(-\infty, +\infty)$ 上的表达式.

解 由于 $f(x)$ 以 1 为周期，所以对于任意整数 k，当 $k \leq x < k+1$ 时，$f(x) = (x-k)^2$，$k = 0, \pm 1, \pm 2, \cdots$，即对于任给的 x，$f(x) = (x - [x])^2$.

4. 延拓函数 $f(x) = x + 1\ (x > 0)$ 到整个数轴上去，使它分别为偶函数与奇函数.

解 当 $x < 0$ 时，$-x > 0$，此时 $f(-x) = -x + 1$. 为使延拓函数为偶函数，$f(x) = f(-x) = -x + 1$，而不论 $f(0)$ 取值如何，均有 $f(-0) = f(0)$. 因此，偶延拓后的函数为

$$f(x) = \begin{cases} -x+1, & x < 0, \\ \text{任意实数}, & x = 0, \\ x+1, & x > 0. \end{cases}$$

为使延拓函数为奇函数，$f(x) = -f(-x) = -(-x+1) = x - 1$. 当 $x = 0$ 时，亦有 $f(0) = -f(-0) = -f(0)$，故 $f(0) = 0$. 所以奇延拓后的函数为

$$f(x) = \begin{cases} x-1, & x < 0, \\ 0, & x = 0, \\ x+1, & x > 0. \end{cases}$$

5. 若 $f(x)$ 满足关系 $f(x+y)=f(x)+f(y)$，试证：

(1) $f(0)=0$；　　　(2) $f(nx)=nf(x)$，其中 n 为自然数．

证明　(1) 由已知 $f(0+0)=f(0)+f(0)=2f(0)$，故 $f(0)=0$．

(2) $f(1 \cdot x)=f(x)=1 \cdot f(x)$ 显然成立．设 $f((n-1)x)=(n-1)f(x)$ 成立，则
$$f(nx)=f((n-1)x+x)=f((n-1)x)+f(x)=(n-1)f(x)+f(x)=nf(x).$$

因此，对任意自然数 n 有 $f(nx)=nf(x)$．

6. 设 $f(x)=\sqrt{x^2-1}$，$g(x)=\dfrac{1}{x-1}$，$h(x)=\lg x$，求 $f(g(h(x)))$ 的定义域．

解
$$g(h(x))=\frac{1}{h(x)-1}=\frac{1}{\lg x-1},$$

$$f(g(h(x)))=\sqrt{g^2(h(x))-1}=\sqrt{\left(\frac{1}{\lg x-1}\right)^2-1},$$

其定义域满足 $\begin{cases} x>0, \\ \lg x \neq 1, \\ \left(\dfrac{1}{\lg x-1}\right)^2-1 \geq 0, \end{cases}$ 即 $\begin{cases} x>0, \\ x \neq 10, \\ 1 \leq x \leq 100. \end{cases}$

因此，定义域为 $[1,10) \cup (10,100]$．

7. 设 $\varphi(x)$，$\psi(x)$，$f(x)$ 均为单调上升函数，且 $\varphi(x) \leq \psi(x) \leq f(x)$，若三个函数之间的复合都有意义，证明：$\varphi(\varphi(x)) \leq \psi(\psi(x)) \leq f(f(x))$．

证明　$\varphi(\varphi(x)) \leq \varphi(\psi(x)) \leq \psi(\psi(x)) \leq \psi(f(x)) \leq f(f(x))$．

8. 设函数 $y=f(g(x))$ 由 $y=f(u)$，$u=g(x)$ 复合而成，试证：

(1) 若 $g(x)$ 为偶函数，则 $f(g(x))$ 也是偶函数；

(2) 若 $g(x)$ 为奇函数，则当 $f(u)$ 是奇函数时，$f(g(x))$ 为奇函数，当 $f(u)$ 为偶函数时，$f(g(x))$ 为偶函数；

(3) 若 $g(x)$ 为周期函数，则 $f(g(x))$ 也是周期函数；

(4) 若 $f(u)$，$g(x)$ 同是单调增加或减少的，则 $f(g(x))$ 是单调增加的；

(5) 若 $f(u)$，$g(x)$ 一个单调增加，一个单调减少，则 $f(g(x))$ 是单调减少的；

(6) 若 $f(u)$ 是有界函数，则 $f(g(x))$ 也是有界函数．

证明　(1) 已知 $g(-x)=g(x)$，所以 $f(g(-x))=f(g(x))$，即 $f(g(x))$ 为偶函数．

(2) 由于 $g(-x)=-g(x)$，当 $f(-u)=-f(u)$ 时，
$$f(g(-x))=f(-g(x))=-f(g(x)),$$

故 $f(g(x))$ 为奇函数；当 $f(-u)=f(u)$ 时，
$$f(g(-x))=f(-g(x))=f(g(x)),$$

故 $f(g(x))$ 为偶函数．

(3) 设 T 为 $g(x)$ 的周期，即 $g(x+T)=g(x)$，于是
$$f(g(x+T))=f(g(x)),$$

可见 $f(g(x))$ 为周期函数.

（4）若 $f(u)$ 与 $g(x)$ 同是单调增加的,即当 $u_1<u_2$ 时, $f(u_1)<f(u_2)$ ；当 $x_1<x_2$ 时, $g(x_1)<g(x_2)$. 故 $f(g(x_1))<f(g(x_2))$, 所以 $f(g(x))$ 是单调增加的.

若 $f(u)$ 与 $g(x)$ 同是单调减少的,即当 $u_1<u_2$ 时, $f(u_1)>f(u_2)$ ；当 $x_1<x_2$ 时, $g(x_1)>g(x_2)$. 故 $f(g(x_1))<f(g(x_2))$, 所以 $f(g(x))$ 单调增加的.

（5）设 $f(u)$ 单调增加, $g(x)$ 单调减少,即当 $u_1<u_2$ 时, $f(u_1)<f(u_2)$ ；当 $x_1<x_2$ 时, $g(x_1)>g(x_2)$. 故 $f(g(x_1))>f(g(x_2))$, 所以 $f(g(x))$ 是单调减少的.

若 $f(u)$ 单调减少, $g(x)$ 单调增加,即当 $u_1<u_2$ 时, $f(u_1)>f(u_2)$ ；当 $x_1<x_2$ 时, $g(x_1)<g(x_2)$. 故 $f(g(x_1))>f(g(x_2))$, 所以 $f(g(x))$ 单调减少.

（6）由于 $f(u)$ 是有界函数,故存在 $M>0$, 使得 $|f(u)|\leq M$, 即 $|f(g(x))|\leq M$, 所以 $f(g(x))$ 有界.

9. 设 $f(x)$ 在 $(-\infty,+\infty)$ 上有定义,且有常数 $T, B>0$, 使 $f(x+T)=Bf(x)$. 证明 $f(x)$ 可表示为一个指数函数 a^x 和一个以 T 为周期的函数 $\varphi(x)$ 之积, $f(x)=a^x\varphi(x)$.

证明 设 $\varphi(x)=\dfrac{f(x)}{a^x}, a$ 待定,则

$$\varphi(x+T)=\frac{f(x+T)}{a^{x+T}}=\frac{Bf(x)}{a^T a^x}=\frac{B}{a^T}\varphi(x),$$

取 a 满足 $\dfrac{B}{a^T}=1$, 即 $a^T=B$ 就有 $\varphi(x+T)=\varphi(x)$.

说明 $\varphi(x)$ 是以 T 为周期的函数,常数 $a=B^{\frac{1}{T}}, f(x)=a^x\varphi(x)$.

第二章 极限与连续

2.1 教学基本要求

1. 理解极限的概念、函数左、右极限的概念以及极限存在与左、右极限之间的关系.
2. 掌握极限的性质及四则运算法则,了解复合函数求极限的法则.
3. 掌握极限存在的两个准则,并会利用它们求极限,掌握利用两个重要极限求极限的方法.
4. 理解无穷小、无穷大以及无穷小的阶的概念,会用等价无穷小求极限,了解极限与无穷小的关系,无穷大与无穷小的关系.
5. 理解函数连续性的概念,了解间断点的概念,会判别函数间断点的类型.
6. 了解连续函数的性质,了解初等函数的连续性和闭区间上连续函数的性质(有界性、最大(小)值存在性和介值定理、零点存在定理),并会应用这些性质.

微积分理论(包括微分学与积分学)是数学分析的主要研究内容,而极限是研究变量的一种基本方法,是研究微积分的重要工具,其基本理论为微积分奠定了坚实的基础.本章中介绍了极限的定义、性质和计算方法等,同时以极限为工具定义了一类非常重要的函数,即连续函数,它是微积分讨论的主要对象.

2.2 内容总结

2.2.1 基本概念

1. 极限概念

(1) 极限概念的本质是描述在自变量的某一变化过程下函数的变化趋势.以数列 $\{x_n\}$ 为例,如果随着 n 的无限增大,x_n 无限地接近于某一个常数 a,则说数列 $\{x_n\}$ 有**极限**(或**收敛**),极限值为 a.

(2) 严格的定义

极限的类型	$\forall$	$\exists$	使得当	恒有
$\lim\limits_{n \to \infty} x_n = a$	$\varepsilon>0$	自然数 N	$n>N$ 时	$\lvert x_n - a \rvert < \varepsilon$
$\lim\limits_{x \to +\infty} f(x) = A$	$\varepsilon>0$	$X>0$	$x>X$ 时	$\lvert f(x) - A \rvert < \varepsilon$
$\lim\limits_{x \to -\infty} f(x) = A$	$\varepsilon>0$	$X>0$	$x<-X$ 时	$\lvert f(x) - A \rvert < \varepsilon$
$\lim\limits_{x \to \infty} f(x) = A$	$\varepsilon>0$	$X>0$	$\lvert x \rvert >X$ 时	$\lvert f(x) - A \rvert < \varepsilon$
$\lim\limits_{x \to x_0} f(x) = A$	$\varepsilon>0$	$\delta>0$	$0<\lvert x - x_0 \rvert <\delta$ 时	$\lvert f(x) - A \rvert < \varepsilon$
$\lim\limits_{x \to x_0^-} f(x) = A$ 左极限 $f(x_0^-)$	$\varepsilon>0$	$\delta>0$	$x_0-\delta<x<x_0$ 时	$\lvert f(x) - A \rvert < \varepsilon$

极限的类型	∀	∃	使得当	恒有
$\lim\limits_{x \to x_0^+} f(x) = A$ 右极限 $f(x_0^+)$	$\varepsilon > 0$	$\delta > 0$	$x_0 < x < x_0 + \delta$ 时	$|f(x) - A| < \varepsilon$

(3) **无穷小** 在一个极限过程中,以零为极限的变量叫做这个极限过程中的无穷小.例如,若 $\forall \varepsilon > 0, \exists \delta > 0$ 使得当 $0 < |x - x_0| < \delta$ 时,恒有 $|f(x)| < \varepsilon$,则说函数 $f(x)$ 是 $x \to x_0$ 时的**无穷小**.

(4) **无穷大** 在一个极限过程中,若函数的绝对值无限变大,则称此函数为这个极限过程中的无穷大.例如,若 $\forall M > 0, \exists \delta > 0$,使得当 $0 < |x - x_0| < \delta$ 时,恒有 $|f(x)| > M$,则说函数 $f(x)$ 是 $x \to x_0$ 时的**无穷大**.

(5) **无穷小的阶** 设在同一个极限过程中,$\lim \alpha = 0$, $\lim \beta = 0$.

① 如果 $\lim \dfrac{\beta}{\alpha} = 0$,则称 β 是 α 的**高阶无穷小**,记为 $\beta = o(\alpha)$.

② 如果 $\lim \dfrac{\beta}{\alpha} = \infty$,则称 β 是 α 的**低阶无穷小**.

③ 如果 $\lim \dfrac{\beta}{\alpha} = c \neq 0$,则称 α 与 β 为**同阶无穷小**.特别地,当 $c = 1$ 时,称 α 与 β 是**等价无穷小**,记为 $\alpha \sim \beta$.

④ 如果 $\lim \dfrac{\beta}{\alpha^k} = c \neq 0$,其中 k 为正的实常数,则称 β 是 α 的 **k 阶无穷小**.

2. 连续概念

(1) 设函数 $y = f(x)$ 在 x_0 的某去心邻域上有定义,如果 $f(x)$ 在 x_0 处也有定义,且

$$\lim_{\Delta x \to 0} \Delta y = 0, \tag{2.1}$$

则称函数 $y = f(x)$ 在 x_0 处**连续**,并称 x_0 是 $f(x)$ 的**连续点**.否则,称 x_0 是函数 $f(x)$ 的**间断点**(其中 Δx 是自变量在 x_0 处的增量,$\Delta y = f(x_0 + \Delta x) - f(x_0)$ 是函数在 x_0 的对应增量).

定义中,式(2.1)等价于

$$\lim_{x \to x_0} f(x) = f(x_0), \tag{2.2}$$

又等价于

$$f(x_0^-) = f(x_0^+) = f(x_0). \tag{2.3}$$

(2) 若 $f(x_0^-) = f(x_0)$,则称 $f(x)$ 在 x_0 处**左连续**;若 $f(x_0^+) = f(x)$,则称 $f(x_0)$ 在 x_0 处**右连续**.

(3) 如果 $f(x)$ 在开区间 (a, b) 内每一点处都连续,则说 $f(x)$ 在开区间 (a, b) 内连续,记为 $f(x) \in C(a, b)$;如果 $f(x) \in C(a, b)$,且 $f(a^+) = f(a), f(b^-) = f(b)$,则称 $f(x)$ 在闭区间 $[a, b]$ 上连续,记为 $f(x) \in C[a, b]$.在定义域上连续的函数称为**连续函数**.

(4) 间断点类型.左、右极限 $f(x_0^-)$ 和 $f(x_0^+)$ 都存在的间断点 x_0,称为函数 $f(x)$ 的**第一类**

间断点.它包括:**跳跃间断点**($f(x_0^-) \neq f(x_0^+)$)和**可去间断点**($f(x_0^-) = f(x_0^+)$,但不等于$f(x_0)$或$f(x_0)$无意义).

左、右极限$f(x_0^-)$和$f(x_0^+)$至少有一个不存在的点x_0,称为函数$f(x)$的**第二类间断点**.

2.2.2 基本理论

1. 极限的唯一性、局部保序性和局部有界性

(1) 唯一性　如果极限$\lim\limits_{x\to\square}f(x)$存在,则极限必唯一.

(2) 局部保序性　设$\lim\limits_{x\to\square}f(x)=A,\lim\limits_{x\to\square}g(x)=B$.

① 若$A<B$,则在极限点附近恒有$f(x)<g(x)$;

② 若在极限点附近,恒有$f(x) \leq g(x)$,则必有$A \leq B$.

(3) 局部有界性　若$\lim\limits_{x\to\square}f(x)=A$,则在极限点附近函数$f(x)$有界.

特别地,数列有极限必有界.

2. 关系

(1) 数列与其子列的极限关系:

$\lim\limits_{n\to\infty}x_n=a \Leftrightarrow$ 所有子列$\{x_{n_k}\}$均收敛于a. $\Leftrightarrow$ 一个子列和它的余子列都收敛于a.

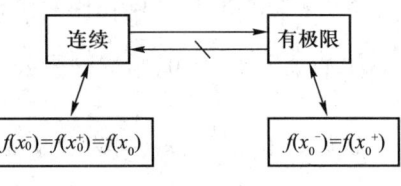

图 2.1

(2) 极限与无穷小的关系: $\lim\limits_{x\to\square}f(x)=A \Leftrightarrow f(x)=A+\alpha$,其中$\alpha$为$x\to\square$时的无穷小.

(3) 无穷小与无穷大的关系:无穷大的倒数是无穷小,非零无穷小的倒数是无穷大.

(4) 极限与连续的关系:函数$f(x)$在点x_0处连续.则$f(x)$在x_0存在极限,反之不然.

3. 连续性判定定理

(1) 如果$f(x)$和$g(x)$都在点x_0处连续,则

$$f(x) \pm g(x), \quad f(x)g(x), \quad \frac{f(x)}{g(x)} \quad (g(x_0) \neq 0)$$

都在x_0处连续.

(2) 如果$u=\varphi(x)$在点x_0处连续,$u_0=\varphi(x_0)$,又$y=f(u)$在点u_0处连续,则复合函数$y=f(\varphi(x))$在点x_0处也连续.

(3) 单调的连续函数的反函数是单调的连续函数.

(4) 初等函数在其有定义的区间内处处连续.

4. 闭区间上连续函数的性质

(1) 有界性　闭区间上连续函数必有界.

(2) 最大(小)值存在性　闭区间上连续函数必有最大(小)值.

(3) 介值定理　闭区间上连续函数一定能取得介于最小值和最大值之间的任何值.

(4) 零点存在定理　设$f(x) \in C[a,b]$,且$f(a) \cdot f(b)<0$,则至少存在一点$\xi \in (a,b)$,使得$f(\xi)=0$.

2.2.3 基本方法

1. 求极限的方法

(1) 函数四则运算求极限法则(注意函数恒等变形).

(2) 复合函数求极限法则(求极限的变量代换法,幂指函数求极限法).

(3) 极限存在的两个准则:夹挤准则和单调有界准则,利用它们求极限.

(4) 利用两个重要极限: $\lim\limits_{x\to 0}\dfrac{\sin x}{x}=1$ 和 $\lim\limits_{x\to\infty}\left(1+\dfrac{1}{x}\right)^x=e$,求极限.

(5) 利用等价无穷小代换法求极限.

(6) 利用函数的连续性求极限.

以上为本章介绍的求极限的方法,后面章节中还会出现求极限的新方法,要不断地积累总结.

2. 求等价无穷小的方法

(1) (用定义) $\lim\alpha=0$, $\lim\beta=0$,且 $\lim\dfrac{\alpha}{\beta}=1$,则 $\alpha\sim\beta$.

(2) (用高阶无穷小) $\alpha+o(\alpha)\sim\alpha$.

(3) 牢记,当 $x\to 0$ 时,

$$\sin x\sim x,\tan x\sim x,\quad \arcsin x\sim x,\arctan x\sim x,\quad \ln(1+x)\sim x,\quad (e^x-1)\sim x,$$

$$(1-\cos x)\sim\dfrac{1}{2}x^2,\ [(1+x)^\mu-1]\sim\mu x\ (\mu\text{ 为实常数}),\ (\tan x-\sin x)\sim\dfrac{1}{2}x^3.$$

3. 函数 $f(x)$ 的间断点 x_0 类型的判定:考察 $f(x_0^-)$ 和 $f(x_0^+)$,按定义分类.

2.3 思考与讨论

1. 在下列条件中,不能确定数列 $\{x_n\}$ 敛散性的是( ).

(A) 已知一个子列 $\{x_{n_k}\}$ 发散

(B) 已知 $\{x_n\}$ 单调,且有一子列 $\{x_{n_k}\}$ 收敛

(C) 已知两个子列收敛,但极限值不同

(D) 已知一个子列及其余子列均收敛

分析 因为数列收敛的充要条件是其所有子列均收敛于同一值.所以,(A)数列发散,(C)发散,(D)不能确定,子列和余子列收敛于同一值原数列就收敛,否则发散.(B)因收敛数列必有界,所以子列 $\{x_{n_k}\}$ 单调有界.由于数列 $\{x_n\}$ 单调,且它的任一项 x_n,必夹在子列中某两项 x_{n_k}, $x_{n_{k+1}}$ 之间,因此 $\{x_n\}$ 有界,根据单调有界准则,知 $\{x_n\}$ 收敛.

应选 D.

【注】 (A)、(C)是判定数列发散的两个重要方法.

2. 数列 $\{x_n\}$ 不收敛于 a 的充要条件为( ).

(A) 对任给的 $\varepsilon>0$,找不到使 $|x_n-a|<\varepsilon$ 的 n

(B) 对任给的 $\varepsilon>0$,存在一个正整数 N,使得当 $n>N$ 时,恒有 $|x_n-a|\geqslant\varepsilon$

(C) 有个 $\varepsilon_0>0$,有个子列 $\{x_{n_k}\}$,使得 $|x_{n_k}-a|\geqslant\varepsilon_0$

(D) 有个 $\varepsilon_0>0$,存在一个正整数 N,使得当 $n<N$ 时,恒有 $|x_n-a|\geqslant\varepsilon_0$

分析 由 $\lim\limits_{n\to\infty}x_n=a$ 的定义:"$\forall\varepsilon>0$,$\exists N>0$,使得当 $n>N$ 时,恒有 $|x_n-a|<\varepsilon$",可得到

$\lim\limits_{n\to\infty} x_n \neq a$ 的定义:"$\exists \varepsilon_0>0, \forall N>0, \exists n_N>N$,使得 $|x_{n_N}-a| \geq \varepsilon_0$",它等价于(C).

应选 C.

关键在于,把数列极限为 a 的定义中的每一字每一词,以及语句的逻辑关系搞清楚,深刻理解极限概念的本质.这里(A)、(B)的要求是过分的.(D)的要求,违背了看变化趋势的极限思想.

3. 与 $\lim\limits_{x\to x_0} f(x) = A$ 的定义不等价的是( ).

(A) "$\forall \varepsilon>0, \exists \delta>0$,使得 $x \in \overset{\circ}{U}_\delta(x_0)$ 时,$f(x) \in U_{2\varepsilon}(A)$"

(B) "$\forall \varepsilon>0, \exists \delta>0$,使得 $x \in \overset{\circ}{U}_{\frac{\delta}{2}}(x_0)$ 时,$f(x) \in U_\varepsilon(A)$"

(C) "$\forall \varepsilon>0, \exists \delta>0$,使得 $x \in U_\delta(x_0)$ 时,$f(x) \in U_\varepsilon(A)$"

(D) "$\forall n$(正整数),$\exists \delta>0$,使得 $x \in \overset{\circ}{U}_\delta(x_0)$ 时,$f(x) \in U_{\frac{1}{n}}(A)$"

分析 $\lim\limits_{x\to x_0} f(x) = A$ 的定义用邻域叙述应是:$\forall \varepsilon>0, \exists \delta>0$,使得 $x \in \overset{\circ}{U}_\delta(x_0)$ 时,$f(x) \in U_\varepsilon(A)$,即 x 一旦进入 x_0 的去心 δ-邻域内,$f(x)$ 就进入 A 的 ε 邻域内.此定义与 $f(x)$ 在 x_0 处有无定义,或者有定义且取什么样的值都是没有关系的,只关心的是函数 $f(x)$ 在 x 趋于 x_0 过程中,函数值的变化趋势.显然(C)是错误的,它要求 $f(x)$ 在 x_0 处有定义.并且如果 $f(x_0)=A$ 时,那么(C)是 $f(x)$ 在 x_0 处连续的等价条件.

(A)、(B)、(D)都是与 $\lim\limits_{x\to x_0} f(x) = A$ 的定义等价的.(A)针对给定的 ε 的二分之一,去找 δ,按条件就可推出,当 $x \in \overset{\circ}{U}_\delta(x_0)$ 时,$f(x) \in U_{2\cdot\frac{\varepsilon}{2}}(A) = U_\varepsilon(A)$.(B)只要把 δ 的二分之一视为新的 δ 即可.(D)对给定的 $\varepsilon>0$,找个足够大的自然数 n,使 $\frac{1}{n} \leq \varepsilon$,则 $x \in \overset{\circ}{U}_\delta(x_0)$ 时,$f(x) \in U_{\frac{1}{n}}(A) = U_\varepsilon(A)$.

应选 C.

4. 已知 $\lim\limits_{x\to+\infty} f(x) = A$,则下列论断中正确的为( ).

(A) $f(x)$ 有界

(B) 当 $A>0$ 时,对充分大的 x,$f(x)$ 非负、有界

(C) 当 $f(x)>0$ 时,$A>0$

(D) 当 $A \leq 0$ 时,对充分大的 x,$f(x) \leq 0$

分析 根据函数极限的局部保号性和局部有界性知:(A)是错误的;(D)中当 $A=0$ 时,$f(x)$ 可正可负,所以(D)也是错误的;(C)$f(x)>0$ 时,极限也可能等于零,所以(C)也是错误的.(B)正确,因 $f(x)$ 取正值有界,说成非负有界也是对的.

应选 B.

5. $\lim\limits_{n\to\infty} x_n = a$ 是 $\lim\limits_{n\to\infty} |x_n| = |a|$ 的( ).

(A) 充分条件

(B) 必要条件

(C) 充要条件

(D) 不充分,也不必要的条件

分析 由不等式
$$||x_n|-|a||\leq|x_n-a|$$
知,条件是充分的.但不是必要条件,例如数列 $\{x_n\}=\{(-1)^n\}$ 发散,而 $\{|x_n|\}=\{1\}$ 收敛.

应选 A.

6. 若数列 $\{a_n\}$ 收敛于 a,数列 $\{b_n\}$ 发散,则能确定乘积数列 $\{a_nb_n\}$ 敛散性的条件是( ).

(A) $a=0$　　　　　　　　　　　(B) $a\neq 0$
(C) b_n 有界　　　　　　　　　　(D) b_n 无界

分析 当 $a=0$,$\{b_n\}$ 为无穷大时,$\{a_nb_n\}$ 是"$0\cdot\infty$"未定式,否定了(A)和(D).当 $\{b_n\}$ 有界时,若 $a=0$,则 $\{a_nb_n\}$ 收敛;若 $a\neq 0$ 时,$\{a_nb_n\}$ 发散,否定了(C).当 $a\neq 0$ 时,$\{a_nb_n\}$ 肯定发散,若不然,假设 $\{a_nb_n\}$ 收敛,则由商的极限法则知 $b_n=\dfrac{a_nb_n}{a_n}$ 必收敛,矛盾.

应选 B.

7. 设 $f(x)=\dfrac{3+e^x}{1+e^x}$,$g(x)=|x|\sin\dfrac{1}{x}$,$s(x)=f(x)+g(x)$,当 $x\to\infty$ 时,三个函数的极限依次是(　)

(A) 1,1,2　　　　　　　　　　　(B) 3,-1,2
(C) 不存在,不存在,不存在　　　　(D) 不存在,不存在,2

分析 需要分 $x\to+\infty$ 和 $x\to-\infty$ 两种情况分别讨论.注意两个函数无极限,它们的和差未必无极限.

应选 D.

8. 当 $x\to 0$ 时,$\dfrac{1}{x^2}\sin\dfrac{1}{x}$ 是( ).

(A) 无穷小　　　　　　　　　　　(B) 无穷大
(C) 有界的,非无穷小　　　　　　(D) 无界的,非无穷大

分析 因为 $x\to 0$ 时,$\dfrac{1}{x^2}\to+\infty$,而 $\sin\dfrac{1}{x}$ 在 -1 到 1 之间不断地摆动,且不断地取到零值,由此不难排除(A)、(B)、(C).关键要区分开函数无界与无穷大的概念.

应选 D.

9. 已知 $x\to 0$ 时,$(1-\cos x)\ln(1+x^2)=o(x\sin x^n)$,$x\sin x^n=o(e^{x^2}-1)$,则正整数 $n=($).

(A) 1　　　　　　　　　　　　　(B) 2
(C) 3　　　　　　　　　　　　　(D) 4

分析 当 $x\to 0$ 时,x 是最简单最基本的无穷小,通过等价无穷小,考察每个给定的无穷小是 x 的几阶无穷小,从而容易把各无穷小按阶排序.由于
$$(1-\cos x)\ln(1+x^2)\sim\dfrac{1}{2}x^4,$$
$$x\sin x^n\sim x^{n+1},\quad(e^{x^2}-1)\sim x^2,$$
故有

$$2 < n+1 < 4,$$

即 $n = 2$.

应选 B.

10. 当 $x \to 0(0^+)$ 时,下列无穷小中,最高阶的无穷小是( ).

(A) $\sqrt{x} + \sin x$ (B) $\tan x - \sin x$

(C) $x \tan x$ (D) $\dfrac{1-\cos x}{x}$

分析 根据无穷小的运算知,低阶无穷小与高阶无穷小的和差,与低阶无穷小等价,所以

$$\sqrt{x} + \sin x \sim x^{\frac{1}{2}}.$$

两个同阶无穷小的和差,无定论,只能说不比它们的阶数低,要具体问题具体分析.两个无穷小之积的阶数等于每个无穷小阶数的和

$$\tan x - \sin x = \tan x(1-\cos x) \sim \frac{1}{2}x^3.$$

$$x \tan x \sim x^2.$$

两个无穷小的商如果还是无穷小,其阶数等于分子的阶数减去分母的阶数,

$$\frac{1-\cos x}{x} \sim \frac{1}{2}x.$$

应选 B.

11. 设 $f(x)$ 和 $\varphi(x)$ 在 $(-\infty, +\infty)$ 上有定义,$f(x)$ 为连续函数,且 $f(x) > 0$,$\varphi(x)$ 有间断点,则下列四个函数

$$F_1(x) = f(\varphi(x)), \quad F_2(x) = \varphi(f(x)), \quad F_3(x) = \frac{\varphi(x)}{f(x)}, \quad F_4(x) = f(x)^{\varphi(x)}$$

中必有间断点的函数的个数为( ).

(A) 0   (B) 1

(C) 2   (D) 3

分析 考察一个问题时,肯定的结论,需要证明;否定结论,只需举出反例.

设 $x = a$ 是 $\varphi(x)$ 的间断点,则 a 也是 $F_3(x)$ 的间断点.若不然,设 a 为 $F_3(x)$ 的连续点,由连续函数的乘积是连续的,推得 $\varphi(x) = F_3(x)f(x)$ 必在 a 处连续,矛盾.

下面说明,在一定条件下,$F_1(x)$,$F_2(x)$,$F_4(x)$ 都可能没有间断点.设 a 是 $\varphi(x)$ 唯一的间断点,是第一类间断点,且 $\varphi(a)$ 有意义,容易想到:

只要 $f(u)$ 在 $u_1 = \varphi(a)$,$u_2 = \varphi(a^-)$,$u_3 = \varphi(a^+)$ 处函数值相同(例如 $f(u)$ 为常函数),$F_1(x) = f(\varphi(x))$ 就连续.

只要 $f(x)$ 的值域为不含 a 的区间(或者 $f(x)$ 为常函数),则 $F_2(x) = \varphi(f(x))$ 连续.

因为 $f(x)^{\varphi(x)} = e^{\varphi(x)\ln f(x)}$,只要 $f(a) = 1$,根据极限运算可取进连续函数内,分左、右极限

计算,知 $\lim\limits_{x\to a} f(x)^{\varphi(x)} = 1 = f(a)^{\varphi(a)}$,此时,$F_4(x) = f(x)^{\varphi(x)}$ 连续.

仅有上面的分析,还不能做肯定的回答,下面我们找出使 $F_1(x)$,$F_2(x)$,$F_4(x)$ 同时连续的例子.

【例】 $f(x) \equiv 1$ 时,$F_1(x) = 1$,$F_2(x) = \varphi(1)$,$F_4(x) = 1$ 是连续函数,$F_3(x) = \varphi(x)$ 有间断点 a.

【例】 $f(x) = x^2 + 1$,$\varphi(x) = \begin{cases} -1, & x \leq 0 \text{ 时}, \\ 1, & x > 0 \text{ 时}, \end{cases}$ 则 $F_1(x) = 2$,$F_2(x) = 1$,

$$F_3(x) = \begin{cases} \dfrac{-1}{x^2+1}, & x \leq 0, \\ \dfrac{1}{x^2+1}, & x > 0, \end{cases} \qquad F_4(x) = \begin{cases} \dfrac{1}{x^2+1}, & x \leq 0, \\ x^2+1, & x > 0. \end{cases}$$

只有 $F_3(x)$ 有间断点 $x = 0$,$F_1(x)$,$F_2(x)$,$F_4(x)$ 均无间断点.

应选 B.

12. 设 $f(x)$ 在 $[a,b]$ 上有定义,除有有限个第一类间断点外处处连续,则 $f(x)$ 在 $[a,b]$ 上( ).

(A) 有界

(B) 有最大(小)值

(C) 能取到两个函数值之间的任何值

(D) 当 $f(a)f(b) < 0$ 时,$f(x)$ 必有零点

分析 假设 c 是 $f(x)$ 唯一的间断点,在 $[a,c]$ 上,定义 $f(c) = f(c^-)$,则 $f(x)$ 在 $[a,c]$ 上连续,所以 $f(x)$ 有界,在 $[c,b]$ 区间上也有同样结论,从而 $f(x)$ 在 $[a,b]$ 上有界.由反例

$$f(x) = \begin{cases} x+2, & -1 \leq x < 0, \\ 1, & x = 0, \\ x-2, & 0 < x \leq 1 \end{cases}$$

否定了 B、C、D 项.

应选 A.

2.4 典型错误纠正

1. 讨论极限(1) $\lim\limits_{x\to 0^-} \dfrac{\tan 3x}{\sqrt{1-\cos 2x}}$,(2) $\lim\limits_{x\to \infty} x(x+\sqrt{x^2+2})$.

解 (1)

$$\lim_{x\to 0^-} \frac{\tan 3x}{\sqrt{1-\cos 2x}} = \lim_{x\to 0^-} \frac{\tan 3x}{\sqrt{2}\sin x} = \frac{3}{\sqrt{2}}.$$

(2)
$$\lim_{x\to\infty} x(x+\sqrt{x^2+2}) = \lim_{x\to\infty}\frac{-2x}{x-\sqrt{x^2+2}} = \lim_{x\to\infty}\frac{-2}{1-\sqrt{1+\frac{2}{x^2}}} = +\infty.$$

问题分析 计算中有一个共同的错误,就是一个量的平方再开方,本应等于该量的绝对值,而误等于该量.在(1)中,$x\to 0^-$,所以 $\sin x<0$,
$$\sqrt{1-\cos 2x} = \sqrt{2\sin^2 x} = \sqrt{2}|\sin x| = -\sqrt{2}\sin x,$$
正确的结果就为 $-\frac{3}{\sqrt{2}}$.(2)中,$x\to\infty$ 包含 $x\to-\infty$ 和 $x\to+\infty$ 两种情况,所以 $x>0$ 和 $x<0$ 两种情况都要考虑.当 $x\to+\infty$ 时,上面的计算是正确的.而当 $x\to-\infty$ 时,正确解法应为
$$\lim_{x\to-\infty}\frac{-2x}{x-\sqrt{x^2+2}} = \lim_{x\to-\infty}\frac{-2}{1+\sqrt{1+\frac{2}{x^2}}} = -1,$$
可见(2)中极限不存在.

【注】 一般地说,在分段函数的分段点处(包含带绝对值的函数)的极限;含有 a^x,$\arctan x$ 等的函数 $x\to\infty$ 的极限;含 $\tan x$ 的函数 $x\to\frac{\pi}{2}$ 的极限等,都要注意两个单侧极限是否一致.

2. 求极限 $\lim\limits_{x\to 2}(x^2-4)\cos\dfrac{1}{x-2}$.

解
$$\lim_{x\to 2}(x^2-4)\cos\frac{1}{x-2} = \lim_{x\to 2}(x^2-4)\lim_{x\to 2}\cos\frac{1}{x-2} = 0.$$

问题分析 "乘积的极限等于极限的乘积"这一法则是有条件的,条件是每个因式的极限都存在.这里 $\lim\limits_{x\to 2}\cos\dfrac{1}{x-2}$ 是不存在的,所以第一步运算是错误的,第二步在运算观念上也是错的.

正确的解法应是:根据有界变量与无穷小之积仍为无穷小,故
$$\lim_{x\to 2}(x^2-4)\cos\frac{1}{x-2} = 0.$$

3. 求极限 $\lim\limits_{n\to\infty}\left[\dfrac{1}{n+\sqrt{1}}+\dfrac{1}{n+\sqrt{2}}+\cdots+\dfrac{1}{n+\sqrt{n}}\right]$.

解
$$\lim_{n\to\infty}\left[\frac{1}{n+\sqrt{1}}+\frac{1}{n+\sqrt{2}}+\cdots+\frac{1}{n+\sqrt{n}}\right]$$
$$= \lim_{n\to\infty}\frac{1}{n+\sqrt{1}}+\lim_{n\to\infty}\frac{1}{n+\sqrt{2}}+\cdots+\lim_{n\to\infty}\frac{1}{n+\sqrt{n}} = 0.$$

问题分析 注意到:"和差的极限等于极限的和差"法则不能应用到这里,因为此法则要求每一项的极限存在,且项数固定不变,而这里相加的项数随着 n 的增大趋于无穷.对于这种极限,通常采用的方法有:(1)先求和,再求极限;(2)用夹挤准则;(3)对其一类特殊情况,将来会介绍积分的方法.

本题,先求和较困难,我们用夹挤准则,由

$$\frac{n}{n+\sqrt{n}} < \frac{1}{n+\sqrt{1}} + \frac{1}{n+\sqrt{2}} + \cdots + \frac{1}{n+\sqrt{n}} < \frac{n}{n} = 1$$

及 $\lim\limits_{n\to\infty}\dfrac{n}{n+\sqrt{n}}=1$ 知本题的结果为 1.

4. 求极限 $\lim\limits_{x\to 0}\dfrac{x\sin^2 x+2\sin x-\sin 2x}{x^3}$.

解 因为 $x\to 0$ 时,$\sin x \sim x$,所以

$$\lim_{x\to 0}\frac{x\sin^2 x+2\sin x-\sin 2x}{x^3}=\lim_{x\to 0}\left(\frac{\sin^2 x}{x^2}+\frac{2\sin x}{x^3}-\frac{\sin 2x}{x^3}\right)$$

$$=1+\lim_{x\to 0}\left(\frac{2x}{x^3}-\frac{2x}{x^3}\right)=1.$$

问题分析 上述解法中,使用了等价无穷小替换,但没有注意到使用条件.我们有结论:两个无穷小之商的极限等于其等价无穷小之商的极限.而上面的解法中,本质上是在和差运算中用了等价无穷小替换.所以,第二步运算是错误的,这里不是对 $\dfrac{2\sin x}{x^3}$ 与 $\dfrac{\sin 2x}{x^3}$ 分别取极限,而是对它们的差 $\dfrac{2\sin x}{x^3}-\dfrac{\sin 2x}{x^3}=\dfrac{2\sin x-\sin 2x}{x^3}$ 取极限.正确解法为

$$\lim_{x\to 0}\frac{x\sin^2 x+2\sin x-\sin 2x}{x^3}=\lim_{x\to 0}\left[\frac{\sin^2 x}{x^2}+\frac{2\sin x(1-\cos x)}{x^3}\right]$$

$$=1+\lim_{x\to 0}\frac{2x\cdot\dfrac{x^2}{2}}{x^3}=2.$$

5. 求极限 $\lim\limits_{x\to\pi}\dfrac{e^{\tan x}-1}{\sin x}$.

解

$$\lim_{x\to\pi}\frac{e^{\tan x}-1}{\sin x}=\lim_{x\to\pi}\frac{\tan x}{\sin x}=\lim_{x\to\pi}\frac{\tan x}{x}\cdot\frac{x}{\sin x}=1.$$

问题分析 第一步的等价无穷小替换是正确的,但最后一步是错误的,因为重要极限 $\lim\limits_{x\to 0}\dfrac{\sin x}{x}=1$ 是说无穷小和它的正弦比的极限为 1.题中 $x\to\pi$ 时,x 不是无穷小,所以 $\lim\limits_{x\to\pi}\dfrac{x}{\sin x}\neq 1$,同样 $\lim\limits_{x\to\pi}\dfrac{\tan x}{x}\neq 1$.正确的解法为

$$原式 = \lim_{x \to \pi} \frac{\tan x}{\sin x} = \lim_{x \to \pi} \frac{1}{\cos x} = -1.$$

6. 设 $x_1 = 1$，$x_{n+1} = 1 + 2x_n (n = 1, 2, \cdots)$，讨论 $\lim_{n \to \infty} x_n$.

解 设 $\lim_{n \to \infty} x_n = A$，在等式 $x_{n+1} = 1 + 2x_n$ 两边取极限得：$A = 1 + 2A$，解得 $A = -1$，于是有

$$\lim_{x \to \infty} x_n = -1.$$

问题分析 由于

$$x_{n+1} = 1 + 2x_n > 2x_n > \cdots > 2^n x_1 = 2^n,$$

所以 x_n 单调上升，无上界，极限 $\lim_{n \to \infty} x_n = +\infty$（不存在）. 因而上述解法中假设 $\lim_{n \to \infty} x_n = A$ 是错误的，这个假设包含两层意思，其一极限存在，其二极限值为 A. 解题中没有证明极限的存在性，产生了错误.

给定了递推关系的数列，求极限问题，首先会考虑到采用单调有界准则. 通常先证明数列是单调有界的（保证极限存在），然后在递推关系式两边求极限，得到极限值 A 满足的方程，再解出 A 来，解的过程中有时还要用到极限的保序性，以确定唯一的极限值.

当然，先形式地求出极限的可能值 A，然后再论证极限的存在性（如用定义），也是一个途径. 如果能证明极限不等于 A，也就说明极限不存在.

2.5 释疑解惑

1. "$\forall \varepsilon > 0, \exists N > 0$，使得当 $n > N$ 时，恒有 $|x_n - a| < M\varepsilon (M > 0$ 为常数$)$" 与 $\lim_{n \to \infty} x_n = a$ 等价，那么，"$\forall \varepsilon > 0, \exists N > 0$，使得当 $n > N$ 时，恒有 $|x_n - a| < n\varepsilon$" 是否与 $\lim_{n \to \infty} x_n = a$ 等价？

答 不等价. 因为 M 是常数，$M\varepsilon$ 可反映出 x_n 接近 a 的程度，而 $n\varepsilon$ 随着 n 在变化，当 n 趋于无穷大时，它也趋于无穷大，所以，$n\varepsilon$ 不能表达 x_n 是否接近于 a. 例如，数列 $\{\sqrt{n}\}$ 发散，但对 $\forall \varepsilon > 0$，若要

$$|\sqrt{n} - 0| < n\varepsilon,$$

只需 $n > \frac{1}{\varepsilon^2}$，故取 $N = \left[\frac{1}{\varepsilon^2}\right] + 1$，当 $n > N$ 时，上式即成立. 可见 "$\forall \varepsilon > 0, \exists N > 0$，使得当 $n > N$ 时，恒有 $|x_n - a| < n\varepsilon$" 与 $\lim_{n \to \infty} x_n = a$ 不等价.

2. (1) 已知 $\lim_{n \to \infty} x_n = a$，能否断定 $\lim_{n \to \infty} \frac{x_{n+1}}{x_n} = 1$；(2) 已知 $\lim_{n \to \infty} \frac{x_{n+1}}{x_n} = 1$，能否断定 $\lim_{n \to \infty} x_n$ 存在.

答 (1) 不能. 虽然有 $\lim_{n \to \infty} x_{n+1} = a$，但由于 "商的极限等于极限的商"，需要有分母的极限不为零的条件. 因此，当 $a \neq 0$ 时，结果成立，当 $a = 0$ 时，结果不一定成立. 例如，数列 $x_n = \frac{1}{2^n}$，显然 $\lim_{n \to \infty} \frac{1}{2^n} = 0$，但是

$$\lim_{n\to\infty}\frac{x_{n+1}}{x_n}=\lim_{n\to\infty}\frac{\frac{1}{2^{n+1}}}{\frac{1}{2^n}}=\frac{1}{2}\neq 1.$$

（2）不能. 例如数列 $x_n=\sqrt{n}$，显然 $\lim\limits_{n\to\infty}\dfrac{x_{n+1}}{x_n}=1$，但 $\{\sqrt{n}\}$ 是发散的.

3. 如果 $\lim\limits_{x\to x_0}\varphi(x)=u_0$，且 $\lim\limits_{u\to u_0}f(u)=A$，则复合函数 $f(\varphi(x))$ 的极限

$$\lim_{x\to x_0}f(\varphi(x))=A,$$

对吗？

答 一般来讲，这个结论不正确.

【例】 设 $\varphi(x)=1+x\sin\dfrac{1}{x}$, $f(u)=\begin{cases}2, & u\neq 1,\\ 3, & u=1,\end{cases}$ 则

$$f(\varphi(x))=\begin{cases}3, & \text{当 }x=\dfrac{1}{k\pi},\ k=\pm 1,\ \pm 2,\cdots,\\ 2, & \text{其他.}\end{cases}$$

这里

$$\lim_{x\to 0}\varphi(x)=1=u_0,\quad \lim_{u\to 1}f(u)=2,$$

但由于

$$\lim_{\substack{x\to 0\\ x\neq\frac{1}{k\pi}}}f(\varphi(x))=2,\quad \lim_{\substack{x\to 0\\ x=\frac{1}{k\pi}}}f(\varphi(x))=3,$$

所以，当 $x\to 0$ 时，复合函数 $f(\varphi(x))$ 发散（无极限）.

【例】 设 $\varphi(x)=\begin{cases}1, & x\neq 0,\\ 2, & x=0,\end{cases}$ $f(u)=\begin{cases}3, & u\neq 1,\\ 4, & u=1,\end{cases}$ 则

$$f(\varphi(x))=\begin{cases}3, & x=0,\\ 4, & x\neq 0,\end{cases}$$

因为

$$\lim_{x\to 0}\varphi(x)=1=u_0,\quad \lim_{u\to 1}f(u)=3,$$

而

$$\lim_{x\to 0}f(\varphi(x))=4.$$

所以

$$\lim_{x\to 0}f(\varphi(x))\neq\lim_{u\to 1}f(u).$$

上述两个例子中有两个共同的特点：(1)外层函数 $f(u)$ 在 u_0 处不连续；(2)内层函数 $\varphi(x)$ 在 x_0 附近有无穷多个点取到函数值 u_0.如果没有这两条中的任何一条,本题的结论都是正确的,可参看书中复合函数求极限法则的证明.

4. 两个无穷小之积比它们中的任何一个都是更高阶的无穷小,为什么无穷小的乘法法则："有限个无穷小之积仍为无穷小"中要限定"有限个",难道无穷个无穷小之积有可能不是无穷小吗?

答 是的,先看个例题,考虑下列每行的数列

$$1, \frac{1}{2}, \frac{1}{3}, \frac{1}{4}, \cdots, \frac{1}{n}, \cdots$$

$$1, 2, \frac{1}{3}, \frac{1}{4}, \cdots, \frac{1}{n}, \cdots$$

$$1, 1, 3^2, \frac{1}{4}, \cdots, \frac{1}{n}, \cdots$$

$$\vdots$$

$$1, 1, 1, 1, \cdots, \frac{1}{n+1}, \cdots$$

$$\vdots$$

因为数列的极限是由数列中无穷个数确定一个数(看变化趋势)的运算,它与前有限项无关.所以上面每行的数列均以零为极限,即都是无穷小.其中有限个无穷小之积仍为无穷小,如依序取前有限个无穷小,在它们的乘积中,只有前有限项为 1,而后各项是 $\frac{1}{n}$ 的若干次幂,当 $n\to\infty$ 时,很快趋于零.但这无穷多个无穷小之积为 $\{1\}$ 就不是无穷小了.这是有限运算和无限运算的一个差别,我们不能无条件地把有限项的运算法则推广到无限运算中去.

5. 关于无穷小的阶,有何运算规律?

答 无穷小的阶分为定性和定量的两种,下面的叙述中,未标明极限过程的表示对任何一种极限过程都适用,但在每条中,前后的极限过程是同一的.

定义 设 $\lim \alpha = 0$, $\lim \beta = 0$,且

(1) 如果 $\lim \dfrac{\beta}{\alpha} = 0$,则称 β 是 α 的高阶无穷小,记为 $\beta = o(\alpha)$.

(2) 如果 $\lim \dfrac{\beta}{\alpha} = \infty$,则称 β 是 α 的低阶无穷小.

(3) 如果 $\lim \dfrac{\beta}{\alpha} = c \neq 0$,则称 α 与 β 为同阶无穷小,特别地,当 $c=1$ 时,称 α 与 β 是等价无穷小,记为 $\alpha \sim \beta$.

以上对无穷小 β 与 α 进行了比较,通过它们商的极限比较阶的高低或相同,反映了它们趋于零的"快慢"程度.更精细的定量的比较:

(4) 如果 $\lim \dfrac{\beta}{\alpha^k} = c \neq 0$，其中 k 为正的实常数，则称 β 是 α 的 k 阶无穷小.

显然，$k=1$ 时，β 与 α 同阶，$k>1$ 时，β 是 α 的高阶无穷小；$k<1$ 时，β 是 α 的低阶无穷小.

当 $x \to x_0$ 时，$\alpha = x - x_0$ 是最简单的无穷小，当 $x \to \infty$ 时，$\alpha = \dfrac{1}{x}$ 是最简单的无穷小等，无穷小的阶，常常是以它们为基本无穷小进行比较的，例如：

在 $x \to 0$ 时，$(10^x - 1)$ 是 x 的 1 阶无穷小，即同阶无穷小.

在 $x \to \infty$ 时，$\ln\left(1 + \dfrac{1}{x^2}\right)$ 是 $\dfrac{1}{x}$ 的二阶无穷小，笼统地说，它是 $\dfrac{1}{x}$ 的高阶无穷小.

在 $x \to 0$ 时，$[(1+x^5)^\mu - 1]$（μ 实常数）是 x 的五阶无穷小，笼统地说，它是 x 的高阶无穷小.

$\sqrt{\sin x}$ 在 $x \to 0^+$ 时，是 x 的 $\dfrac{1}{2}$ 阶无穷小，在 $x \to \pi^-$ 时，是 $(\pi - x)$ 的 $\dfrac{1}{2}$ 阶无穷小.

高阶无穷小的运算，有如下规律（这里仅对 $x \to 0$ 时的高阶无穷小表述）：

(1) $o(x^n) \pm o(x^n) = o(x^n)$；

(2) 当 $m > n$ 时，$o(x^m) + o(x^n) = o(x^n)$；

(3) $o(x^m) \cdot o(x^n) = o(x^{m+n})$；

(4) 当 $B(x)$ 在 $\overset{\circ}{U}(0)$ 内有界时，$B(x) o(x^n) = o(x^n)$.

以上四条，通过高阶无穷小的定义不难验证. 特别强调指出的，初学者容易犯如下两条错误：

(1) $o(x^n) - o(x^n) = 0$，作为一般结论是错的，例如 $x^2 = o(x)$，$x^3 = o(x)$，但 $x^2 - x^3 \neq 0$.

(2) 当 $m > n$ 时，$\dfrac{o(x^m)}{o(x^n)} = o(x^{m-n})$ 作为一般结论也是错的，例如 $x^3 = o(x^2)$，$x^4 = o(x)$，但 $\dfrac{x^3}{x^4} = \dfrac{1}{x}$ 是无穷大，不是无穷小.

由于比一个确定的无穷小高阶的无穷小量有无穷多个，且高阶无穷小具有传递性，这就容易理解上述两条是错误的了.

关于无穷小的阶，有如下运算规律：

设自变量同一变化过程下的无穷小 $\alpha(x)$，$\beta(x)$ 依次是同一无穷小的 m 阶无穷小和 n 阶无穷小，则

(1) 当 $m > n$ 时，$\alpha(x) \pm \beta(x)$ 为 n 阶无穷小；

(2) 当 $m = n$ 时，$\alpha(x) \pm \beta(x)$ 为不低于 n 阶的无穷小；

(3) $\alpha(x)\beta(x)$ 为 $m+n$ 阶无穷小；

(4) 当 $m > n$ 时，$\alpha(x)/\beta(x)$ 为 $m-n$ 阶无穷小.

6. 如何论证一个数列 $\{x_n\}$ 无界？如何论证数列 $\{x_n\}$ 不是无穷大？

答 根据数列有界和无界的定义，要论证数列 $\{x_n\}$ 无界，只需寻找出它的一个子列 $\{x_{n_k}\}$，使其为无穷大数列.

根据无穷大的定义，要论证数列 $\{x_n\}$ 不是无穷大，只需寻找出它的一个子列 $\{x_{n_k}\}$，使其有界. 当然，子列 $\{x_{n_k}\}$ 收敛也可.

【例】 证明数列 $\{x_n\} = \left\{n\sin\dfrac{n-1}{2}\pi\right\}$ 无界,但不是无穷大.

证明 因为 $x_{4k} = 4k\sin\left(2k - \dfrac{1}{2}\right)\pi = -4k$,所以子列 $\{x_{4k}\}$ 为无穷大,因此,$\{x_n\}$ 无界.又因为 $x_{2k-1} = (2k-1)\sin(k-1)\pi = 0$,所以子列 $\{x_{2k-1}\}$ 收敛,因此,数列 $\{x_n\}$ 不是无穷大.

7. 函数 $f(x)$ 在点 x_0 处的极限,何时要分左、右极限讨论?

答 (1) 当 $f(x)$ 在 x_0 点左、右表达式不一致(如分段函数)时,必须讨论左、右极限,最后才能确定 $\lim\limits_{x\to x_0}f(x)$ 是否存在,存在时,极限值为多少.

(2) 当 $x\to x_0$ 时,若 $f(x)$ 在 x_0 的两侧变化趋势有差别,也必须分左、右极限来讨论,例如

$$\lim_{x\to\pi/2}\tan x,\quad \lim_{x\to\pi}\cot x,\quad \lim_{x\to 0}\arctan\dfrac{1}{x},\quad \lim_{x\to 1}\mathrm{e}^{\tfrac{1}{x-1}}$$

等,都需讨论左、右极限.

【例】 求极限 $\lim\limits_{x\to 0}\left(\dfrac{2+\mathrm{e}^{\tfrac{1}{x}}}{1+\mathrm{e}^{\tfrac{2}{x}}} + \dfrac{x}{|x|}\right).$

解 由于 $\lim\limits_{x\to 0^-}\dfrac{2+\mathrm{e}^{\tfrac{1}{x}}}{1+\mathrm{e}^{\tfrac{2}{x}}} = 2$,$\lim\limits_{x\to 0^-}\dfrac{x}{|x|} = -1$,所以

$$\lim_{x\to 0^-}\left(\dfrac{2+\mathrm{e}^{\tfrac{1}{x}}}{1+\mathrm{e}^{\tfrac{2}{x}}} + \dfrac{x}{|x|}\right) = 1.$$

又因 $\lim\limits_{x\to 0^+}\dfrac{2+\mathrm{e}^{\tfrac{1}{x}}}{1+\mathrm{e}^{\tfrac{2}{x}}} = 0$,$\lim\limits_{x\to 0^+}\dfrac{x}{|x|} = 1$,所以

$$\lim_{x\to 0^+}\left(\dfrac{1+\mathrm{e}^{\tfrac{1}{x}}}{1+\mathrm{e}^{\tfrac{2}{x}}} + \dfrac{x}{|x|}\right) = 1.$$

因此

$$\lim_{x\to 0}\left(\dfrac{1+\mathrm{e}^{\tfrac{1}{x}}}{1+\mathrm{e}^{\tfrac{2}{x}}} + \dfrac{x}{|x|}\right) = 1.$$

【注】 这个例子让我们注意到,$x\to 0$ 时,$\dfrac{1+\mathrm{e}^{\tfrac{1}{x}}}{1+\mathrm{e}^{\tfrac{2}{x}}}$ 及 $\dfrac{x}{|x|}$ 的极限都不存在,但它们的和的极限还是存在的.说明两个极限都不存在的函数,其和差的极限有可能存在.

8. 要证明某一函数 $f(x)$ 在 $x\to x_0$ 时无极限,现在有哪些思路?

答 有下列思路:

(1) $f(x_0^-)$ 和 $f(x_0^+)$ 至少有一个不存在,或者它们存在但不相等;

(2) 寻找一个趋于 x_0 的数列 $\{x_n\}$,使数列 $\{f(x_n)\}$ 发散;

(3) 寻找两个趋于 x_0 的数列 $\{x_n\}$,$\{y_k\}$,使数列 $\{f(x_n)\}$,$\{f(y_k)\}$ 的极限不相等;

(4) 证明 $f(x)$ 在 x_0 附近无界;

（5）证明当 $x \to x_0$ 时，$f(x)$ 为无穷大（比如用夹挤的思想，寻找一个函数 $g(x)$，使 $g(x) \leq f(x)$，且 $g(x)$ 为 $x \to x_0$ 时的正无穷大；或者寻找一个函数 $h(x)$，使 $f(x) \leq h(x)$，且 $h(x)$ 为 $x \to x_0$ 时的负无穷大）；

（6）将 $f(x)$ 表为两项和，$f(x) = f_1(x) + f_2(x)$，使 $x \to x_0$ 时，$f_1(x)$ 收敛，$f_2(x)$ 发散.

总之，说明 $\lim\limits_{x \to x_0} f(x)$ 不存在的思路有很多，用什么方法，要具体问题具体分析.

9. 设 $f_n(x) \in C[a, b]$，$n = 1, 2, \cdots$，且 $\lim\limits_{n \to \infty} f_n(x) = f(x)$，问函数在区间 $[a, b]$ 上不一定连续吗？

答 不一定.

例如，$f_n(x) = x^n \in C[0, 1]$，$n = 1, 2, \cdots$，但

$$\lim_{n \to \infty} x^n = \begin{cases} 0, & 0 \leq x < 1, \\ 1, & x = 1. \end{cases}$$

此极限函数在 $x = 1$ 处不连续.

与四则运算不同，极限是无限运算，一个极限函数是否连续，对工科学生来说只能是先求出极限函数，再回答问题（还有一个思路，就是提高 $f_n(x)$ 连续的要求，请查阅理科数学分析书籍）.

10. 若 x_0 是 $u = \varphi(x)$ 的第二类间断点，$f(u)$ 连续，则 x_0 必是复合函数 $f(\varphi(x))$ 的第二类间断点吗？

答 不一定，各种可能都会出现. 例如 $x = 0$ 是

$$u = \varphi(x) = \begin{cases} \dfrac{1}{x}, & x \neq 0, \\ 0, & x = 0 \end{cases}$$

的第二类间断点.

若 $f(u) = u^2$，则 $x = 0$ 是 $f(\varphi(x)) = \begin{cases} \dfrac{1}{x^2}, & x \neq 0, \\ 0, & x = 0 \end{cases}$ 的第二类间断点.

若 $f(u) = \arctan u$，则 $x = 0$ 是 $f(\varphi(x)) = \begin{cases} \arctan \dfrac{1}{x}, & x \neq 0, \\ 0, & x = 0 \end{cases}$ 的跳跃间断点.

若 $f(u) = \arctan u^2$，则 $x = 0$ 是 $f(\varphi(x)) = \begin{cases} \arctan \dfrac{1}{x^2}, & x \neq 0, \\ 0, & x = 0 \end{cases}$ 的可去间断点.

若 $f(u) \equiv 1$，则 $x = 0$ 是 $f(\varphi(x)) \equiv 0$ 的连续点.

2.6 例题分析

【例 1】 求极限 $\lim\limits_{n \to \infty} \left(\dfrac{3}{2} \cdot \dfrac{5}{4} \cdot \dfrac{17}{16} \cdot \cdots \cdot \dfrac{2^{2^n} + 1}{2^{2^n}} \right)$.

解
$$\lim_{n\to\infty}\left(\frac{3}{2}\cdot\frac{5}{4}\cdot\frac{17}{16}\cdot\cdots\cdot\frac{2^{2^n}+1}{2^{2^n}}\right)$$
$$=\lim_{n\to\infty}\left[\left(1+\frac{1}{2}\right)\left(1+\frac{1}{2^2}\right)\left(1+\frac{1}{2^4}\right)\cdots\left(1+\frac{1}{2^{2^n}}\right)\right]$$
$$=\lim_{n\to\infty}\frac{1}{1-\frac{1}{2}}\left[\left(1-\frac{1}{2}\right)\left(1+\frac{1}{2}\right)\left(1+\frac{1}{2^2}\right)\left(1+\frac{1}{2^4}\right)\cdots\left(1+\frac{1}{2^{2^n}}\right)\right]$$
$$=\lim_{n\to\infty}2\left(1-\frac{1}{2^{2^{n+1}}}\right)=2.$$

【注】 数列的各项所含因式个数随着 n 在变化,要先作恒等变形,使因式个数固定,再求极限.

【例 2】 $\lim\limits_{n\to\infty}\left[\dfrac{1}{1\cdot2\cdot3}+\dfrac{1}{2\cdot3\cdot4}+\cdots+\dfrac{1}{n(n+1)(n+2)}\right]$.

解 利用裂项相消法,则有
$$\lim_{n\to\infty}\left[\frac{1}{1\cdot2\cdot3}+\frac{1}{2\cdot3\cdot4}+\cdots+\frac{1}{n(n+1)(n+2)}\right]$$
$$=\lim_{n\to\infty}\frac{1}{2}\left[\left(\frac{1}{1\cdot2}-\frac{1}{2\cdot3}\right)+\left(\frac{1}{2\cdot3}-\frac{1}{3\cdot4}\right)+\cdots+\left(\frac{1}{n(n+1)}-\frac{1}{(n+1)(n+2)}\right)\right]$$
$$=\lim_{n\to\infty}\frac{1}{2}\left(\frac{1}{1\cdot2}-\frac{1}{(n+1)(n+2)}\right)=\frac{1}{4}.$$

【例 3】 求极限 $\lim\limits_{n\to\infty}(-1)^n\cos(\pi\sqrt{n^2+2n})$.

解 (利用初等变换进行恒等变形)
$$\lim_{n\to\infty}(-1)^n\cos(\pi\sqrt{n^2+2n})$$
$$=\lim_{n\to\infty}(-1)^n\cos[(\pi\sqrt{n^2+2n}-n\pi)+n\pi]$$
$$=\lim_{n\to\infty}\cos(\sqrt{n^2+2n}-n)\pi$$
$$=\lim_{n\to\infty}\cos\frac{2n}{\sqrt{n^2+2n}+n}\pi=-1.$$

【例 4】 求极限 $\lim\limits_{x\to-\infty}\dfrac{\sqrt{3x^2+x-1}+x+1}{\sqrt{x^2+\cos x}}$.

解
$$\lim_{x\to-\infty}\frac{\sqrt{3x^2+x-1}+x+1}{\sqrt{x^2+\cos x}}$$
$$=\lim_{x\to-\infty}\frac{2x^2-x-2}{\sqrt{x^2+\cos x}(\sqrt{3x^2+x-1}-x-1)}$$

$$= \lim_{x \to -\infty} \frac{2 - \frac{1}{x} - \frac{2}{x^2}}{\sqrt{1 + \frac{\cos x}{x^2}} \left(\sqrt{3 + \frac{1}{x} - \frac{1}{x^2}} - 1 + \frac{1}{x} \right)} = \sqrt{3} + 1.$$

【例 5】 求极限 $\lim\limits_{x \to 0} \dfrac{(e^{\sin x^2} - 1) \ln(1 + \tan^2 x)}{(x^4 + \sin 2x)(\sqrt[5]{1 + x^2 + x^4} - 1)}$.

解 因为 $x \to 0$ 时,$e^x - 1 \sim x$,$\ln(1+x) \sim x$,$(1+x)^\mu - 1 \sim \mu x$,$x^4 + \sin 2x \sim \sin 2x$,$\frac{1}{5}(x^2 + x^4) \sim \frac{1}{5}x^2$,所以

$$\lim_{x \to 0} \frac{(e^{\sin x^2} - 1)\ln(1 + \tan^2 x)}{(x^4 + \sin 2x)(\sqrt[5]{1 + x^2 + x^4} - 1)}$$

$$= \lim_{x \to 0} \frac{\sin x^2 \cdot \tan^2 x}{\sin 2x \cdot \frac{1}{5}(x^2 + x^4)} = \lim_{x \to 0} \frac{x^2 \cdot x^2}{2x \cdot \frac{1}{5}x^2} = 0.$$

【例 6】 求极限 $\lim\limits_{x \to 1} \dfrac{(x^x - 1) \cot \frac{\pi}{2} x}{x \ln x - x^3 \ln x}$.

解

$$\lim_{x \to 1} \frac{(x^x - 1) \cot \frac{\pi}{2} x}{x \ln x - x^3 \ln x}$$

$$= \lim_{x \to 1} \frac{(e^{x \ln x} - 1) \cos \frac{\pi}{2} x}{(x \ln x)(1 - x^2) \sin \frac{\pi}{2} x} = \lim_{x \to 1} \frac{x \ln x \cos \frac{\pi}{2} x}{(x \ln x)(1 - x^2)}$$

$$= \lim_{x \to 1} \frac{\cos \frac{\pi}{2} x}{(1 - x)(1 + x)} \xlongequal{\diamondsuit \, x - 1 = t} \lim_{t \to 0} \frac{\cos\left(\frac{\pi}{2} t + \frac{\pi}{2}\right)}{-t^2 - 2t}$$

$$= \lim_{t \to 0} \frac{-\sin \frac{\pi}{2} t}{-2t} = \lim_{t \to 0} \frac{\sin \frac{\pi}{2} t}{\frac{\pi}{2} t} \cdot \frac{\pi}{4} = \frac{\pi}{4}.$$

【注】 计算极限时,可先利用代数、三角恒等变形,将既非无穷大也非无穷小的因式分离出来,简化计算.利用等价无穷小因子替换和变量代换是求函数极限的重要方法.

【例 7】 求极限 $\lim\limits_{n \to \infty} n(1 - x^{\frac{1}{n}})$ $(x > 0)$.

解 利用变量代换法.设 $1 - x^{\frac{1}{n}} = t$,则 $n = \dfrac{\ln x}{\ln(1-t)}$.于是

$$\lim_{n \to \infty} n(1 - x^{\frac{1}{n}}) = \lim_{t \to 0} \frac{t \ln x}{\ln(1-t)} = \lim_{t \to 0} \frac{\ln x}{\ln(1-t)^{\frac{1}{t}}} = -\ln x.$$

【例 8】 求极限 $\lim\limits_{x\to 0}(\cos ax+\sin bx)^{\cot cx}$，其中 a、b、c 为非零常数.

解 此为 1^∞ 型未定式，由于

$$(\cos ax+\sin bx)^{\cot cx}=[1+(\cos ax-1+\sin bx)]^{\cot cx},$$

而

$$\lim_{x\to 0}(\cos ax-1+\sin bx)\cot cx=\lim_{x\to 0}\frac{(\cos ax-1+\sin bx)\cos cx}{\sin cx}$$

$$=\lim_{x\to 0}\left(\frac{\cos ax-1}{cx}+\frac{\sin bx}{cx}\right)=\frac{b}{c},$$

故

$$\lim_{x\to 0}(\cos ax+\sin bx)^{\cot cx}=e^{\frac{b}{c}}.$$

【注】 如果注意到 $1-\cos x$ 是 x 的二阶无穷小，$\sin x$ 是一阶无穷小，则 $(\cos ax-1+\sin bx)\sim \sin bx\sim bx$ 用在上面的极限运算中，会更简单.

【例 9】 求极限 $\lim\limits_{x\to\infty}\left(\sin\dfrac{1}{x}+\cos\dfrac{1}{x}\right)^x$.

解 这是 1^∞ 型未定式，

$$\lim_{x\to\infty}\left(\sin\frac{1}{x}+\cos\frac{1}{x}\right)^x=\lim_{x\to\infty}\left[1+\left(\sin\frac{1}{x}+\cos\frac{1}{x}-1\right)\right]^{\frac{1}{\sin\frac{1}{x}+\cos\frac{1}{x}-1}\cdot x\left(\sin\frac{1}{x}+\cos\frac{1}{x}-1\right)},$$

而

$$\lim_{x\to\infty}x\left(\sin\frac{1}{x}+\cos\frac{1}{x}-1\right)=\lim_{x\to\infty}\frac{\sin\frac{1}{x}}{\frac{1}{x}}+x\left(\cos\frac{1}{x}-1\right)=1+\lim_{x\to\infty}x\left(-\frac{1}{2x^2}\right)=1.$$

因此，原式 $=e$.

也可采用如下求幂指函数极限的一般方法：

$$\lim_{x\to\infty}\left(\sin\frac{1}{x}+\cos\frac{1}{x}\right)^x=\lim_{x\to\infty}e^{x\ln\left(\sin\frac{1}{x}+\cos\frac{1}{x}\right)},$$

而

$$\lim_{x\to\infty}x\ln\left(\sin\frac{1}{x}+\cos\frac{1}{x}\right)=\lim_{x\to\infty}x\ln\left[1+\left(\sin\frac{1}{x}+\cos\frac{1}{x}-1\right)\right]$$

$$=\lim_{x\to\infty}x\left(\sin\frac{1}{x}+\cos\frac{1}{x}-1\right)=1.$$

故 $\lim\limits_{x\to\infty}\left(\sin\dfrac{1}{x}+\cos\dfrac{1}{x}\right)^x=e.$

【例 10】 设 $x_n=\left(1-\dfrac{1}{2^2}\right)\left(1-\dfrac{1}{3^2}\right)\cdots\left(1-\dfrac{1}{n^2}\right)$，问极限 $\lim\limits_{n\to\infty}x_n$ 是否存在.

解法 1 由递推关系

$$x_{n+1}=x_n\left[1-\frac{1}{(n+1)^2}\right],$$

易知 $\{x_n\}$ 单调下降,且有下界 $x_n>0$.根据单调有界准则知,极限 $\lim\limits_{x\to\infty}x_n$ 存在.

解法 2 因

$$x_n = \frac{2^2-1}{2^2}\frac{3^2-1}{3^2}\cdots\frac{n^2-1}{n^2}$$

$$= \frac{1\cdot 3}{2^2}\frac{2\cdot 4}{3^2}\frac{3\cdot 5}{4^2}\cdots\frac{(n-1)(n+1)}{n^2} = \frac{1}{2}\frac{n+1}{n},$$

故

$$\lim_{n\to\infty}x_n = \frac{1}{2}.$$

【注】 单调有界准则可以确定数列极限的存在性,但要求出极限值,还要另想办法.由递推关系式取极限只是一种考虑,像本题解法 1 中那样递推关系就求不出极限值.

【例 11】 设 $x_1=1, x_{n+1}=\dfrac{x_n+3}{x_n+1}$,求 $\lim\limits_{n\to\infty}x_n$.

思路 可先假设 $\lim\limits_{n\to\infty}x_n=A$,对所给式子两边取极限得:$A=\dfrac{A+3}{A+1}$,解得 $A=\sqrt{3}$(由 $x_n>0$,据数列极限的保号性,$A=-\sqrt{3}$ 舍去).可令 $y_n=x_n-\sqrt{3}$,只需证明 $\lim\limits_{n\to\infty}y_n=0$,即可说明 $\{x_n\}$ 极限存在且为 $\sqrt{3}$.

解 设 $y_n=x_n-\sqrt{3}$,则

$$\left|\frac{y_{n+1}}{y_n}\right| = \left|\frac{x_{n+1}-\sqrt{3}}{x_n-\sqrt{3}}\right| = \left|\frac{\frac{x_n+3}{x_n+1}-\sqrt{3}}{x_n-\sqrt{3}}\right| = \left|\frac{(x_n-\sqrt{3})(1-\sqrt{3})}{(x_n+1)(x_n-\sqrt{3})}\right| = \frac{\sqrt{3}-1}{x_n+1} < \sqrt{3}-1. (x_n>0)$$

从而,

$$0\leq |y_{n+1}| < (\sqrt{3}-1)|y_n| < (\sqrt{3}-1)^n |y_1|.$$

因 $\lim\limits_{n\to\infty}(\sqrt{3}-1)^n |y_1|=0$,由夹挤准则可得,$\lim\limits_{n\to\infty}|y_n|=0$.因此,$\lim\limits_{n\to\infty}y_n=0$,进而可得 $\lim\limits_{n\to\infty}x_n=\sqrt{3}$.

【例 12】 设 $\{x_n\}$ 为一个数列,讨论 $\lim\limits_{n\to\infty}(2+\sin x_n)^{\frac{1}{n}}$.

解 由于

$$1 \leq 2+\sin x_n \leq 3,$$

从而

$$1 = 1^{\frac{1}{n}} \leq (2+\sin x_n)^{\frac{1}{n}} \leq 3^{\frac{1}{n}}.$$

又因 $\lim\limits_{n\to\infty}3^{\frac{1}{n}}=1$,故由夹挤准则知

$$\lim_{n\to\infty}(2+\sin x_n)^{\frac{1}{n}} = 1.$$

【例 13】 假设 $\lim\limits_{n\to\infty} x_n = a$，证明：

(1) $\lim\limits_{n\to\infty} \dfrac{x_1 + x_2 + \cdots + x_n}{n} = a$；

(2) 当 $x_n > 0$ 时，$\lim\limits_{n\to\infty} \sqrt[n]{x_1 x_2 \cdots x_n} = a$.

思路 显然，无法用极限的运算法则计算，我们采用极限定义来证明.

证明 (1) 当 $a = 0$ 时，对 $\forall \varepsilon > 0$，由 $\lim\limits_{n\to\infty} x_n = 0$，存在正整数 N_1，使得当 $n > N_1$ 时，恒有

$$|x_n| < \frac{\varepsilon}{2}.$$

从而

$$\left|\frac{1}{n}\sum_{i=1}^{n} x_i\right| \leq \left|\frac{1}{n}\sum_{i=1}^{N_1} x_i\right| + \frac{1}{n}\sum_{i=N_1+1}^{n} |x_i| < \frac{1}{n}\left|\sum_{i=1}^{N_1} x_i\right| + \frac{\varepsilon}{2}.$$

由于 $\sum\limits_{i=1}^{N_1} x_i$ 为常数，故 $\exists N_2 > N_1$，使得当 $n > N_2$ 时，恒有

$$\frac{1}{n}\left|\sum_{i=1}^{N_1} x_i\right| < \frac{\varepsilon}{2},$$

综上可知，当 $n > N_2$ 时，恒有

$$\left|\frac{1}{n}\sum_{i=1}^{n} x_i\right| < \varepsilon,$$

即有

$$\lim_{n\to\infty} \frac{1}{n}\sum_{i=1}^{n} x_n = 0.$$

当 $a \neq 0$ 时，只需作变换，令 $X_n = x_n - a$，利用上面证得的结果知

$$\lim_{n\to\infty} \frac{1}{n}\sum_{i=1}^{n} x_n = a.$$

(2) 当 $a = 0$ 时，由不等式

$$0 \leq \sqrt[n]{x_1 x_2 \cdots x_n} \leq \frac{x_1 + x_2 + \cdots + x_n}{n}$$

及夹挤准则得

$$\lim_{n\to\infty} \sqrt[n]{x_1 x_2 \cdots x_n} = 0.$$

当 $a > 0$ 时，由已知条件知

$$\lim_{n\to\infty} \ln x_n = \ln a,$$

利用(1)的结果可得

$$\lim_{n\to\infty}\sqrt[n]{x_1 x_2 \cdots x_n} = a.$$

【例 14】 设 $x_n > 0$，且 $\lim\limits_{n\to\infty}\dfrac{x_{n+1}}{x_n} = \rho$，证明：

(1) $\lim\limits_{n\to\infty}\sqrt[n]{x_n} = \rho$；

(2) 当 $\rho < 1$ 时，$\lim\limits_{n\to\infty} x_n = 0$.

证明 (1) 作变换，令 $X_1 = x_1$，$X_2 = \dfrac{x_2}{x_1}$，$\cdots$，$X_n = \dfrac{x_n}{x_{n-1}}$，$\cdots$，由条件得

$$\lim_{n\to\infty} X_n = \rho,$$

利用上面例 13(2) 的结果可知

$$\lim_{n\to\infty}\sqrt[n]{x_n} = \lim_{n\to\infty}\sqrt[n]{X_1 X_2 \cdots X_n} = \rho.$$

(2) (证法 1) 由极限的保序性，当 n 充分大时，$\dfrac{x_{n+1}}{x_n} < 1$，此时数列 $\{x_n\}$ 单调下降，零是它的一个下界，据单调有界准则知，极限 $\lim\limits_{n\to\infty} x_n$ 存在.

假设 $\lim\limits_{n\to\infty} x_n \neq 0$，则由商的极限法则得

$$\lim_{n\to\infty}\frac{x_{n+1}}{x_n} = \frac{\lim\limits_{n\to\infty} x_{n+1}}{\lim\limits_{n\to\infty} x_n} = 1,$$

矛盾，可见必有

$$\lim_{n\to\infty} x_n = 0.$$

(证法 2) 取数 $r: \rho < r < 1$，由极限的保序性，$\exists N > 0$，使得当 $n > N$ 时，恒有 $\dfrac{x_{n+1}}{x_n} < r$. 于是

$$0 < x_{n+1} < r x_n < \cdots < r^{n-N+1} x_N.$$

由 $\lim\limits_{n\to\infty} r^{n-N+1} x_N = 0$，以及夹挤准则知

$$\lim_{n\to\infty} x_n = 0.$$

【注】 (1) 两种证法中都用到数列的极限与前有限项无关性质.

(2) 例 14 是一个很有用的命题.

【例 15】 设 $f(x) = \dfrac{(e^{\frac{1}{x}} + e)\sin x}{x(e^{\frac{1}{x}} - e)} + \dfrac{\ln(1+ax)}{|x|}$，若极限 $\lim\limits_{x\to 0} f(x)$ 存在，求常数 a.

解 $\lim\limits_{x\to 0^+} f(x) = \lim\limits_{x\to 0^+}\left(\dfrac{\sin x}{x} \cdot \dfrac{1 + e e^{-\frac{1}{x}}}{1 - e^{-\frac{1}{x}} e}\right) + \lim\limits_{x\to 0^+}\dfrac{ax}{x} = 1 + a$，

$\lim\limits_{x\to 0^-} f(x) = \lim\limits_{x\to 0^-}\left(\dfrac{\sin x}{x} \cdot \dfrac{e^{\frac{1}{x}} + e}{e^{\frac{1}{x}} - e}\right) + \lim\limits_{x\to 0^-}\dfrac{ax}{-x} = -1 - a$.

由于极限 $\lim\limits_{x\to 0}f(x)$ 存在, 故 $\lim\limits_{x\to 0^+}f(x)=\lim\limits_{x\to 0^-}f(x)$, 即 $1+a=-1-a$, 得 $a=-1$.

【例 16】 已知 $\lim\limits_{n\to\infty}\dfrac{n^a-(n-1)^a}{n^b}=2015$, 求常数 a、b 的值.

思路 由所给的极限知 $a\neq 0$, 再将此极限变形来讨论.

解 由于

$$\lim_{n\to\infty}\frac{n^a-(n-1)^a}{n^b}=\lim_{n\to\infty}\frac{1-\left(1-\dfrac{1}{n}\right)^a}{n^{b-a}}=2015,$$

分子为无穷小, 分母必为无穷小, 否则极限值不会是非零常数. $1-\left(1-\dfrac{1}{n}\right)^a\sim\dfrac{a}{n}$, 故有

$$\lim_{n\to\infty}\frac{n^a-(n-1)^a}{n^b}=\lim_{n\to\infty}\frac{\dfrac{a}{n}}{n^{b-a}}=\lim_{n\to\infty}\frac{a}{n^{b-a+1}}=2015.$$

由此可见, 只有 $b-a+1=0$, 且 $a=2015$, $b=2014$ 时, 所给的极限是成立的.

【例 17】 确定常数 a 和 b 使得等式 $\lim\limits_{x\to+\infty}[(x^6+3x^5+5)^a-x]=b\neq 0$ 成立.

解 由 $\lim\limits_{x\to+\infty}[(x^6+3x^5+5)^a-x]=\lim\limits_{x\to+\infty}x\left[\dfrac{(x^6+3x^5+5)^a}{x}-1\right]$

$$=\lim_{x\to+\infty}x\left[x^{6a-1}\left(1+\frac{3}{x}+\frac{5}{x^6}\right)^a-1\right]$$

$$=b\neq 0,$$

可知, $\lim\limits_{x\to+\infty}\left[x^{6a-1}\left(1+\dfrac{3}{x}+\dfrac{5}{x^6}\right)^a-1\right]=0$. 从而有 $6a-1=0$, 即 $a=\dfrac{1}{6}$.

于是

$$b=\lim_{x\to+\infty}x\left[x^{6a-1}\left(1+\frac{3}{x}+\frac{5}{x^6}\right)^a-1\right]$$

$$=\lim_{x\to+\infty}x\left[\left(1+\frac{3}{x}+\frac{5}{x^6}\right)^{\frac{1}{6}}-1\right]$$

$$=\lim_{x\to+\infty}x\cdot\frac{1}{6}\left(\frac{3}{x}+\frac{5}{x^6}\right)=\frac{1}{2}.$$

【例 18】 当 $x\to 1^+$ 时, $(e^{x-1}-1)\sqrt{2x^2+x-3}\ln x$ 与 $(x-1)^\alpha$ 为同阶无穷小, 求 α.

解 由于

$$\lim_{x\to 1^+}\frac{(e^{x-1}-1)\sqrt{2x^2+x-3}\ln x}{(x-1)^\alpha}$$

$$=\lim_{x\to 1^+}\frac{(x-1)\sqrt{2x+3}\sqrt{x-1}\ln(1+(x-1))}{(x-1)^\alpha}$$

$$= \lim_{t \to 0^+} \frac{t\sqrt{2t+5} \cdot \sqrt{t}\ln(1+t)}{t^\alpha}$$
$$= \sqrt{5} \lim_{t \to 0^+} t^{\frac{5}{2}-\alpha},$$

因此,当 $\alpha = \frac{5}{2}$ 时,上述极限为 $\sqrt{5}$,这时 $(e^{x-1}-1)\sqrt{2x^2+x-3}\ln x$ 与 $(x-1)^\alpha$ 为同阶无穷小.

【注】 这里利用了同阶无穷小的定义,且在极限计算过程中采用了等价无穷小替换和变量代换方法.

【例 19】 已知 $\lim\limits_{x \to 0}\left(1+x+\dfrac{f(x)}{x}\right)^{\frac{1}{x}} = e^3$,求 $\lim\limits_{x \to 0}\left(1+\dfrac{f(x)}{x}\right)^{\frac{1}{x}}$.

思路 由 $\left(1+\dfrac{f(x)}{x}\right)^{\frac{1}{x}} = \left[\left(1+\dfrac{f(x)}{x}\right)^{\frac{x}{f(x)}}\right]^{\frac{f(x)}{x^2}}$,问题在于 $\dfrac{f(x)}{x}$ 是否为 $x \to 0$ 时的无穷小及 $\dfrac{f(x)}{x^2}$ 的极限如何,这些信息都要从条件中挖掘.

解 由条件得

$$\lim_{x \to 0} \ln\left(1+x+\frac{f(x)}{x}\right)^{\frac{1}{x}} = \lim_{x \to 0} \frac{\ln\left(1+x+\dfrac{f(x)}{x}\right)}{x} = 3,$$

可见,$x \to 0$ 时,$x+\dfrac{f(x)}{x}$ 为无穷小,且上式化为

$$\lim_{x \to 0} \frac{x+\dfrac{f(x)}{x}}{x} = \lim_{x \to 0}\left(1+\frac{f(x)}{x^2}\right) = 3.$$

于是 $f(x) \sim 2x^2$(当 $x \to 0$).因此

$$\lim_{x \to 0}\left(1+\frac{f(x)}{x}\right)^{\frac{1}{x}} = e^2.$$

【例 20】 设函数 $f(x) = \lim\limits_{n \to \infty} \dfrac{x^{2n-1}+ax^2+bx}{x^{2n}+1}$,若 $f(x)$ 在 $(-\infty, +\infty)$ 内连续,求 a, b.

解 当 $|x| < 1$ 时,$f(x) = ax^2+bx$;当 $x = 1$ 时,$f(x) = \dfrac{1}{2}(a+b+1)$;当 $x = -1$ 时,$f(x) = \dfrac{1}{2}(a-b-1)$;当 $|x| > 1$ 时,

$$f(x) = \lim_{n \to \infty} \frac{1+ax^{3-2n}+bx^{2-2n}}{x+x^{-(2n-1)}} = \frac{1}{x}.$$

要使 $f(x)$ 在 $(-\infty, +\infty)$ 内连续,只需 $f(x)$ 在 $x = \pm 1$ 处连续即可.由

$$f(1^+) = \lim_{x \to 1^+} \frac{1}{x} = 1, \quad f(1^-) = \lim_{x \to 1^-}(ax^2+bx) = a+b,$$

$$f(-1^+) = \lim_{x \to -1^+}(ax^2+bx) = a-b, \quad f(-1^-) = \lim_{x \to -1^-} \frac{1}{x} = -1,$$

只需 $\begin{cases} a-b=-1=\dfrac{1}{2}(a-b-1), \\ a+b=1=\dfrac{1}{2}(a+b+1). \end{cases}$ 解得 $a=0, b=1$.

【例 21】 求函数 $f(x)=\dfrac{x^2-x}{(x^2-1)}\sqrt{1+\dfrac{1}{x^2}}$ 的间断点,并指出其类型.

解 这是个初等函数,它的间断点有三个,是 $x=0, x=\pm 1$.

$$f(x)=\dfrac{x(x-1)\sqrt{x^2+1}}{|x|(x-1)(x+1)}=\dfrac{x\sqrt{x^2+1}}{|x|(x+1)}.$$

由于 $f(0^-)=-1, f(0^+)=1$,所以,$x=0$ 是 $f(x)$ 的跳跃间断点.

由于 $\lim\limits_{x\to 1}f(x)=\dfrac{\sqrt{2}}{2}$,所以,$x=1$ 是 $f(x)$ 的可去间断点.

由于 $\lim\limits_{x\to -1}f(x)=\infty$,所以,$x=-1$ 是 $f(x)$ 的无穷间断点.

【例 22】 函数 $f(x)=\begin{cases} \dfrac{ax^2-be^{\frac{1}{x-1}}}{1+e^{\frac{1}{x-1}}}, & x\neq 1, \\ 2, & x=1, \end{cases}$ 讨论 $f(x)$ 在 $x=1$ 处连续与间断性.

解 由于 $f(1^-)=a, f(1^+)=-b, f(1)=2$,故

当 $a=-b=2$ 时,$x=1$ 为连续点($a=2$ 左连续,$b=-2$ 右连续).

当 $a=-b\neq 2$ 时,$x=1$ 为可去间断点.

当 $a\neq -b$ 时,$x=1$ 为跳跃间断点.

【例 23】 求函数 $f(x)=\lim\limits_{t\to x}\left(\dfrac{\sin t}{\sin x}\right)^{\frac{x}{\sin t-\sin x}}$ 的间断点,并指出其类型.

解 函数

$$f(x)=\lim_{t\to x}\left(1+\dfrac{\sin t-\sin x}{\sin x}\right)^{\frac{x}{\sin t-\sin x}}=e^{\frac{x}{\sin x}}.$$

显然,$x=0$ 和 $x=k\pi(k=\pm 1, \pm 2, \cdots)$ 是 $f(x)$ 的间断点,在其他点处连续.

因为 $x\to 0$ 时,$f(x)\to e$,所以 $x=0$ 是 $f(x)$ 的可去间断点.

因为 k 为正整数时,$x\to(2k-1)\pi^-$,或 $x\to 2k\pi^+$,都有 $f(x)\to +\infty$;k 为负整数时,$x\to (2k+1)\pi^+$,或 $x\to 2k\pi^-$,都有 $f(x)\to +\infty$,所以,$x=k\pi(k=\pm 1, \pm 2,\cdots)$ 都是 $f(x)$ 的第二类间断点.

【例 24】 设 $f(x)=\lim\limits_{n\to\infty}\sqrt[n]{1+x^n+\left(\dfrac{x^2}{2}\right)^n}, x\geq 0$,问 $f(x)$ 是否为连续函数.

思路 首先应给出 $f(x)$ 的表达式,为此需要求数列的极限,x 为参数,这里要看 $1, x, \dfrac{x^2}{2}$ 哪项最大,通过夹挤准则求极限.

解

$$\max\left\{1, x, \frac{x^2}{2}\right\} = \begin{cases} 1, & 0 \leq x \leq 1, \\ x, & 1 < x \leq 2, \\ \dfrac{x^2}{2}, & 2 < x < +\infty. \end{cases}$$

按 x 所在的区间求极限. 记 $f_n(x) = \sqrt[n]{1 + x^n + \left(\dfrac{x^2}{2}\right)^n}$, 则当 $0 \leq x \leq 1$ 时, $1 \leq f_n(x) \leq \sqrt[n]{3}$; 当 $1 < x \leq 2$ 时, $x \leq f_n(x) \leq \sqrt[n]{3} x$; 当 $2 < x < +\infty$ 时, $\dfrac{x^2}{2} \leq f_n(x) \leq \sqrt[n]{3}\dfrac{x^2}{2}$. 由夹挤准则知

$$f(x) = \lim_{n \to \infty} f_n(x) = \begin{cases} 1, & 0 \leq x \leq 1, \\ x, & 1 < x \leq 2, \\ \dfrac{x^2}{2}, & 2 < x < +\infty. \end{cases}$$

易见 $f(x)$ 为 $[0, +\infty)$ 上的连续函数.

【例 25】 设对于一切实数 x_1, x_2, 函数 $f(x)$ 满足 $f(x_1 + x_2) = f(x_1) + f(x_2) + 2x_1 x_2$, 并且 $f(x)$ 在 $x = 0$ 连续, 证明 $f(x)$ 在 $(-\infty, +\infty)$ 上连续.

证明 取 $x_1 = x_2 = 0$, 由 $f(x_1 + x_2) = f(x_1) + f(x_2) + 2x_1 x_2$, 可得 $f(0) = 0$. 由 $f(x)$ 在 $x = 0$ 连续, 则有 $\lim\limits_{\Delta x \to 0} f(\Delta x) = 0$. 对任意的实数 x,

$$\lim_{\Delta x \to 0} [f(x + \Delta x) - f(x)] = \lim_{\Delta x \to 0} [f(x) + f(\Delta x) + 2x\Delta x - f(x)] = \lim_{\Delta x \to 0} f(\Delta x) = 0.$$

这表明 $f(x)$ 在 $x = 0$ 连续, 由 x 的任意性可知 $f(x)$ 在 $(-\infty, +\infty)$ 上连续.

【例 26】 设 $f(x) \in C[0, 1]$, 非负, $f(0) = f(1) = 0$, 试证 $\forall a \in (0, 1)$, $\exists x_0 \in [0, 1]$ 使

$$f(x_0 + a) = f(x_0).$$

思路 转化为函数 $F(x) = f(x + a) - f(x)$ 零点存在性问题.

证明 设辅助函数 $F(x) = f(x + a) - f(x)$, 则 $F(x) \in C[0, 1 - a]$, 且

$$F(0) = f(a) - f(0) = f(a) \geq 0,$$
$$F(1 - a) = f(1) - f(1 - a) = -f(1 - a) \leq 0.$$

由连续函数零点存在定理知, $\exists x_0 \in [0, 1 - a] \subseteq [0, 1]$, 使

$$F(x_0) = 0,$$

即

$$f(x_0 + a) = f(x_0).$$

【例 27】 设 a, b, c 均为正数, $\lambda_1 < \lambda_2 < \lambda_3$, 证明方程

$$\frac{a}{x - \lambda_1} + \frac{b}{x - \lambda_2} + \frac{c}{x - \lambda_3} = 0$$

在区间(λ_1,λ_2)与(λ_2,λ_3)内各有一个根.

思路 将问题转化为函数的零点存在性问题.

证明 只需证明方程

$$a(x-\lambda_2)(x-\lambda_3)+b(x-\lambda_1)(x-\lambda_3)+c(x-\lambda_1)(x-\lambda_2)=0$$

在(λ_1,λ_2)与(λ_2,λ_3)内各有一个根.

设

$$f(x)=a(x-\lambda_2)(x-\lambda_3)+b(x-\lambda_1)(x-\lambda_3)+c(x-\lambda_1)(x-\lambda_2),$$

则

$$f(\lambda_1)=a(\lambda_1-\lambda_2)(\lambda_1-\lambda_3)>0,$$
$$f(\lambda_2)=b(\lambda_2-\lambda_1)(\lambda_2-\lambda_3)<0,$$
$$f(\lambda_3)=c(\lambda_3-\lambda_1)(\lambda_3-\lambda_2)>0.$$

由连续函数的零点定理知,$f(x)$在(λ_1,λ_2)与(λ_2,λ_3)内分别至少有一个根.注意到$f(x)=0$在实数范围内至多有两个根.因此,所给方程在这两个区间内各有一个根.

【例 28】 试证当$n\geq 2$时,方程

$$x^n+x^{n-1}+\cdots+x^2+x-1=0$$

有唯一的正实根ξ_n,且$\xi_n\in(0,1)$,并求$\lim\limits_{n\to\infty}\xi_n$.

证明 设$P_n(x)=x^n+x^{n-1}+\cdots+x^2+x-1$,由于$x\geq 1$时,$P_n(x)>0$,所以$x\geq 1$时方程无根.

$P_n(x)$连续,且$P_n(0)=-1$,$P_n(1)=n-1>0$,由零点存在定理知$\exists\xi_n\in(0,1)$,使得$P_n(\xi_n)=0$.

对区间$(0,1)$内任意两个点x_1,x_2,设$x_1<x_2$,由

$$P_n(x_2)-P_n(x_1)=(x_2^n-x_1^n)+\cdots+(x_2-x_1)>0,$$

知$P_n(x)$是单调增加的函数,所以,上述的ξ_n是唯一的.因为

$$\xi_n^n+\xi_n^{n-1}+\cdots+\xi_n=1,$$
$$\xi_{n+1}^{n+1}+\xi_{n+1}^n+\xi_{n+1}^{n-1}+\cdots+\xi_{n+1}=1.$$

比较两式知$\xi_{n+1}<\xi_n$,于是$\{\xi_n\}$单调下降且有下界0,因此$\lim\limits_{n\to\infty}\xi_n$存在,记为$a$.将

$$1=\xi_n^n+\xi_n^{n-1}+\cdots+\xi_n=\frac{\xi_n(1-\xi_n^n)}{1-\xi_n},$$

两边取极限得$\dfrac{a}{1-a}=1$,解得$a=\dfrac{1}{2}$,即有$\lim\limits_{n\to\infty}\xi_n=\dfrac{1}{2}$.

2.7 习题解答

2.1

1. 观察下列数列,指出变化趋势——极限.

(1) $x_n = 2 + \dfrac{1}{n^2}$; (2) $x_n = (-1)^n n$; (3) $x_n = \dfrac{n-1}{n+1}$; (4) $x_n = \dfrac{1}{n}\sin\dfrac{\pi}{n}$.

解 (1) $x_n \to 2$.

(2) 当 n 为奇数时,$x_n \to -\infty$,当 n 为偶数时,$x_n \to +\infty$,故 x_n 无极限.

(3) $x_n \to 1$.

(4) $x_n \to 0$.

2. 预测下列数列的极限 a,指出从哪一项开始能使 $|x_n - a|$ 永远小于 0.01,0.001.

(1) $x_n = \dfrac{n}{n+1}$; (2) $x_n = \dfrac{1}{n}\cos\dfrac{n\pi}{2}$.

解 (1) 极限为 1.

要使 $\left|\dfrac{n}{n+1} - 1\right| = \dfrac{1}{n+1} < 0.01$,只需 $n+1 > 100$,即 $n > 99$.故从第 100 项起 $|x_n - 1| < 0.01$.

要使 $\left|\dfrac{1}{n+1} - 1\right| = \dfrac{1}{n+1} < 0.001$,只需 $n+1 > 1\,000$,即 $n > 999$.故从第 $1\,000$ 项起 $|x_n - 1| < 0.001$.

(2) 极限为 0.

要使 $\left|\dfrac{1}{n}\cos\dfrac{n\pi}{2} - 0\right| \leqslant \dfrac{1}{n} < 0.01$,应有 $n > 100$.故从第 101 项起 $|x_n - 0| < 0.01$.

若使 $|x_n - a| = \left|\dfrac{1}{n}\cos\dfrac{n\pi}{2} - 0\right| \leqslant \dfrac{1}{n} < 0.001$,应有 $n > 1\,000$.故从第 $1\,001$ 项起 $|x_n - 0| < 0.001$.

3. 用数列极限定义证明:

(1) $\lim\limits_{n\to\infty}(\sqrt{n+1} - \sqrt{n}) = 0$; (2) $\lim\limits_{n\to\infty}\dfrac{n!}{n^n} = 0$.

证明 (1) $\forall \varepsilon > 0$,要使 $|\sqrt{n+1} - \sqrt{n} - 0| < \varepsilon$,只需

$$\dfrac{1}{\sqrt{n+1} + \sqrt{n}} < \dfrac{1}{2\sqrt{n}} < \varepsilon,$$

即 $n > \dfrac{1}{4\varepsilon^2}$.取 $N = \left[\dfrac{1}{4\varepsilon^2}\right]$,则当 $n > N$ 时,$|\sqrt{n+1} - \sqrt{n} - 0| < \varepsilon$,由极限定义知 $\lim\limits_{n\to\infty}(\sqrt{n+1} - \sqrt{n}) = 0$.

(2) $\forall \varepsilon > 0$,要使 $\left|\dfrac{n!}{n^n} - 0\right| = \dfrac{n!}{n^n} < \varepsilon$,只需

$$\dfrac{n!}{n^n} = \dfrac{1 \cdot 2 \cdot 3 \cdots n}{n \cdot n \cdot n \cdots n} \leqslant \dfrac{1}{n} \cdot \dfrac{n}{n} \cdots \dfrac{n}{n} = \dfrac{1}{n} < \varepsilon,$$

即 $n>\dfrac{1}{\varepsilon}$. 取 $N=\left[\dfrac{1}{\varepsilon}\right]$, 则当 $n>N$ 时, $\left|\dfrac{n!}{n^n}\right|<\varepsilon$, 由极限定义知 $\lim\limits_{n\to\infty}\dfrac{n!}{n^n}=0$.

4. 设数列 $\{x_n\}$ 有界, 又 $\lim\limits_{n\to\infty}y_n=0$, 试证 $\lim\limits_{n\to\infty}x_ny_n=0$.

证明 由数列 $\{x_n\}$ 有界, 则 $\exists M>0$, 使得对一切 $n\in\mathbf{N}$, 有 $|x_n|\leq M$.

$\forall \varepsilon>0$, 对于 $\dfrac{\varepsilon}{M}>0$, 由 $\lim\limits_{n\to+\infty}y_n=0$ 则存在正整数 N, 当 $n>N$ 时,

$$|y_n-0|=|y_n|<\dfrac{\varepsilon}{M}.$$

此时, $|x_ny_n-0|=|x_n|\cdot|y_n|<M\cdot\dfrac{\varepsilon}{M}=\varepsilon$, 所以 $\lim\limits_{n\to\infty}x_ny_n=0$.

2.2

1. 用极限定义证明:

（1） $\lim\limits_{x\to+\infty}\dfrac{\sin x}{\sqrt{x}}=0$;   （2） $\lim\limits_{x\to\infty}\dfrac{2x+3}{x}=2$;

（3） $\lim\limits_{x\to 1}\dfrac{x^2-1}{x-1}=2$;   （4） $\lim\limits_{x\to x_0}\cos x=\cos x_0$.

证明 （1）$\forall \varepsilon>0$, 要使

$$\left|\dfrac{\sin x}{\sqrt{x}}-0\right|=\dfrac{1}{\sqrt{x}}|\sin x|\leq\dfrac{1}{\sqrt{x}}<\varepsilon,$$

只需 $x>\dfrac{1}{\varepsilon^2}$. 取 $X=\dfrac{1}{\varepsilon^2}$, 则当 $x>X$ 时, 有 $\left|\dfrac{\sin x}{\sqrt{x}}-0\right|<\varepsilon$. 由极限定义知, $\lim\limits_{x\to+\infty}\dfrac{\sin x}{\sqrt{x}}=0$.

（2）$\forall \varepsilon>0$, 要使

$$\left|\dfrac{2x+3}{x}-2\right|=\left|\dfrac{3}{x}\right|=\dfrac{3}{|x|}<\varepsilon,$$

只要 $|x|>\dfrac{3}{\varepsilon}$. 取 $X=\dfrac{3}{\varepsilon}$, 则当 $|x|>X$ 时, 有 $\left|\dfrac{2x+3}{x}-2\right|<\varepsilon$. 由极限定义知, $\lim\limits_{x\to\infty}\dfrac{2x+3}{x}=2$.

（3）$\forall \varepsilon>0$, 取 $\delta=\varepsilon$, 当 $0<|x-1|<\delta$ 时, 恒有 $\left|\dfrac{x^2-1}{x-1}-2\right|=|x-1|<\varepsilon$, 故 $\lim\limits_{x\to 1}\dfrac{x^2-1}{x-1}=2$.

（4）$\forall \varepsilon>0$, 要使

$$|\cos x-\cos x_0|=\left|-2\sin\dfrac{x-x_0}{2}\sin\dfrac{x+x_0}{2}\right|\leq 2\left|\sin\dfrac{x-x_0}{2}\right|$$

$$\leq 2\cdot\left|\dfrac{x-x_0}{2}\right|=|x-x_0|<\varepsilon,$$

只需取 $\delta=\varepsilon$, 则当 $0<|x-x_0|<\delta$ 时, 恒有 $|\cos x-\cos x_0|<\varepsilon$, 故 $\lim\limits_{x\to x_0}\cos x=\cos x_0$.

2. 用左、右极限证明 $\lim\limits_{x\to x_0}\ln x=\ln x_0\,(x_0>0)$.

证明 先证 $\lim\limits_{x \to x_0^+} \ln x = \ln x_0$.

$\forall \varepsilon > 0$, 要使 $|\ln x - \ln x_0| = \ln\dfrac{x}{x_0} < \varepsilon$, 即 $\dfrac{x}{x_0} < e^\varepsilon$, 又即 $x - x_0 < (e^\varepsilon - 1)x_0$, 只需取 $\delta = (e^\varepsilon - 1)x_0$, 则当 $0 < x - x_0 < \delta$ 时, 有 $|\ln x - \ln x_0| < \varepsilon$, 故 $\lim\limits_{x \to x_0^+} \ln x = \ln x_0$.

现证 $\lim\limits_{x \to x_0^-} \ln x = \ln x_0$. 当 $0 < x < x_0$ 时, $\forall \varepsilon > 0$, 要使 $|\ln x - \ln x_0| = \ln\dfrac{x_0}{x} < \varepsilon$, 只要 $\dfrac{x_0}{x} < e^\varepsilon$, 即 $\left(1 - \dfrac{1}{e^\varepsilon}\right)x_0 > x_0 - x$. 取 $\delta = \left(1 - \dfrac{1}{e^\varepsilon}\right)x_0$, 则当 $0 < x_0 - x < \delta$ 时, 有 $|\ln x - \ln x_0| < \varepsilon$, 故 $\lim\limits_{x \to x_0^-} \ln x = \ln x_0$.

综上可知, $\lim\limits_{x \to x_0} \ln x = \ln x_0$.

3. 证明 $\lim\limits_{x \to 0} \dfrac{x}{|x|}$ 不存在.

证明 $f(0^+) = \lim\limits_{x \to 0^+} \dfrac{x}{|x|} = \lim\limits_{x \to 0^+} \dfrac{x}{x} = 1$, $f(0^-) = \lim\limits_{x \to 0^-} \dfrac{x}{|x|} = \lim\limits_{x \to 0^-} \dfrac{x}{-x} = -1$, 由于 $f(0^+) \neq f(0^-)$, 所以 $\lim\limits_{x \to 0} \dfrac{x}{|x|}$ 不存在.

4. 在函数极限定义中

(1) 将 "$0 < |x - x_0| < \delta$" 换为 "$0 < |x - x_0| \leq \delta$" 或 "$0 \leq |x - x_0| < \delta$";

(2) 将 "$|f(x) - A| < \varepsilon$" 换为 "$|f(x) - A| \leq \varepsilon$" 或 "$|f(x) - A| < 2\varepsilon$" 与原定义是否等价, 为什么?

解 (1) 将 "$0 < |x - x_0| < \delta$" 换为 "$0 < |x - x_0| \leq \delta$" 与原定义等价, 一方面, 由于当 $0 < |x - x_0| \leq \delta$ 时, 有 $0 < |x - x_0| < \delta$. 反之, 由 $0 < |x - x_0| < \delta$, 必有 $0 < |x - x_0| \leq \dfrac{\delta}{2} = \delta_0$.

将 "$0 < |x - x_0| < \delta$" 换为 "$0 \leq |x - x_0| < \delta$" 时与原定义不等价. 根据极限定义, $f(x)$ 在 x_0 点处的极限与 $f(x_0)$ 无关, 甚至 $f(x_0)$ 可无定义. 而改为 "$0 \leq |x - x_0| < \delta$" 时则要求 $f(x_0)$ 存在, 且 $|f(x_0) - a| < \varepsilon$, 这与极限的定义不符.

(2) 将 "$|f(x) - A| < \varepsilon$" 换为 "$|f(x) - A| \leq \varepsilon$" 或 "$|f(x) - A| < 2\varepsilon$" 均与原定义等价. 一方面, 由 $|f(x) - A| < \varepsilon$, 可保证 $|f(x) - A| \leq \varepsilon$ 及 $|f(x) - A| < 2\varepsilon$, 即可由原定义推出新定义.

反之, $|f(x) - A| \leq \varepsilon < 2\varepsilon$, 由 ε 的任意性, 取 $\overline{\varepsilon} = 2\varepsilon$, 则新定义可写为, $\forall \overline{\varepsilon} > 0$, $\exists \delta > 0$, 当 $0 < |x - x_0| < \delta$ 时, $|f(x) - a| < \overline{\varepsilon}$, 此即为原定义.

5. 深刻理解极限的定义, 用精确的数学语言给出数列 $\{x_n\}$ 不以 a 为极限的定义.

解 若 $\exists \varepsilon_0 > 0$, $\forall N$, 总存在某个 $n > N$, 使得 $|x_n - a| \geq \varepsilon_0$, 则数列 $\{x_n\}$ 不以 a 为极限.

2.3

1. 指出下列各题中的无穷小与无穷大.

(1) 2^{-x}, 当 $x \to +\infty$ 时; (2) $\ln x$, 当 $x \to 0^+$ 时;

(3) $\dfrac{1+x}{x^2 - 9}$, 当 $x \to 3$ 时; (4) $\dfrac{\sin x}{1 + \sec x}$, 当 $x \to 0$ 时.

解 (1) $\lim\limits_{x\to+\infty}2^{-x}=\lim\limits_{x\to+\infty}\dfrac{1}{2^x}=0$,故当 $x\to+\infty$ 时,2^{-x} 为无穷小.

(2) $\lim\limits_{x\to0^+}\ln x=-\infty$,故当 $x\to0^+$ 时,$\ln x$ 为无穷大.

(3) $\lim\limits_{x\to3}\dfrac{1+x}{x^2-9}=\infty$,故当 $x\to3$ 时,$\dfrac{1+x}{x^2-9}$ 为无穷大.

(4) $\lim\limits_{x\to0}\dfrac{\sin x}{1+\sec x}=0$,故当 $x\to0$ 时,$\dfrac{\sin x}{1+\sec x}$ 为无穷小.

2. 设 $\lim\limits_{x\to x_0}f(x)=A$,用极限定义证明:

(1) 若 $A>0$,则有 $\delta>0$,使得当 $0<|x-x_0|<\delta$ 时,$f(x)>0$.

(2) 若有 $\delta>0$,使得当 $0<|x-x_0|<\delta$ 时,$f(x)\geq0$,则 $A\geq0$.

解 (1) 取 $\varepsilon=\dfrac{A}{2}>0$,由 $\lim\limits_{x\to x_0}f(x)=A$,则存在 $\delta>0$,当 $0<|x-x_0|<\delta$ 时,有 $|f(x)-A|<\varepsilon=\dfrac{A}{2}$,即 $0<\dfrac{A}{2}<f(x)<\dfrac{3}{2}A$,可见 $f(x)>0$.

(2) 反证法.假设 $A<0$.取 $\varepsilon=-\dfrac{A}{2}>0$,由 $\lim\limits_{x\to x_0}f(x)=A$,则存在 $\delta_1>0$,使得当 $0<|x-x_0|<\delta_1$ 时,有 $|f(x)-A|<-\dfrac{A}{2}$,即 $\dfrac{3A}{2}<f(x)<\dfrac{A}{2}<0$,取 $\delta_2=\min\{\delta,\delta_1\}$,则当 $0<|x-x_0|<\delta_2$ 时,$f(x)<0$.而由已知,此时 $f(x)\geq0$,二者矛盾,故假设不成立,因此必有 $A\geq0$.

3. 根据无穷小、无穷大的定义证明:

(1) $y=x\sin\dfrac{1}{x}$,当 $x\to0$ 时为无穷小;

(2) $x_n=\dfrac{n^2}{2n+1}$,当 $n\to\infty$ 时为无穷大.

证明 (1) $\forall\varepsilon>0$,若使 $\left|x\sin\dfrac{1}{x}-0\right|\leq|x|<\varepsilon$,取 $\delta=\varepsilon$,则当 $0<|x-0|<\delta$,有 $\left|x\sin\dfrac{1}{x}-0\right|<\varepsilon$,即 $\lim\limits_{x\to0}x\sin\dfrac{1}{x}=0$.故当 $x\to0$ 时,$x\sin\dfrac{1}{x}$ 为无穷小.

(2) $\forall M>0$,要使

$$\left|\dfrac{n^2}{2n+1}\right|>\dfrac{n^2-1}{2n+2}=\dfrac{n-1}{2}>M,$$

应有 $n>2M+1$,取 $N=[2M]+1$,则当 $n>N$ 时,$\left|\dfrac{n^2}{2n+1}\right|>M$.因此,$\{x_n\}$ 为无穷大.

4. 函数 $f(x)=x\cos x$ 在 $(-\infty,+\infty)$ 内是否有界?而当 $x\to\infty$ 时,$f(x)$ 是否为无穷大?为什么?

解 $\forall M>0$,取适当大的 n,使得 $x=2n\pi>M$,此时

$$f(x)=x\cos x=2n\pi\cdot\cos(2n\pi)=2n\pi>M,$$

因此 $f(x)=x\cos x$ 在 $(-\infty,+\infty)$ 内无界.

$\forall M>0$,选取适当大的 n,使得 $x=2n\pi+\dfrac{\pi}{2}>M$,此时

$$f(x) = \left(2n\pi + \frac{\pi}{2}\right)\cos\left(2n\pi + \frac{\pi}{2}\right) = 0,$$

因此,当 $x \to \infty$ 时,$f(x)$ 不是无穷大.

5. 下列函数当 $x \to \infty$ 时均有极限,把它分别表示为一个常数与一个当 $x \to \infty$ 时的无穷小之和的形式.

(1) $y = \dfrac{x^3}{x^3-1}$;   (2) $y = \dfrac{x^2}{2x^2+1}$;   (3) $y = \dfrac{1-x^2}{1+x^2}$.

解 (1) $y = \dfrac{x^3}{x^3-1} = \dfrac{x^3-1+1}{x^3-1} = 1 + \dfrac{1}{x^3-1}$.

(2) $y = \dfrac{x^2}{2x^2+1} = \dfrac{x^2+\frac{1}{2}-\frac{1}{2}}{2\left(x^2+\frac{1}{2}\right)} = \dfrac{1}{2} - \dfrac{1}{4x^2+2}$.

(3) $y = \dfrac{1-x^2}{1+x^2} = \dfrac{-x^2-1+2}{1+x^2} = -1 + \dfrac{2}{1+x^2}$.

6. 怎样证明一个数列不是无穷大? 论证你的方法.

解 $\{x_n\}$ 不是无穷大的定义为: $\exists M > 0$, $\forall N$, 都存在 $n > N$, 使得 $|x_n| \leq M$. 具体来说, 取 $N = 1$, 有 $n_1 > 1$, 使 $|x_{n_1}| \leq M$; 取 $N = 2$, 有 $n_2 > 2$, 使 $|x_{n_2}| \leq M$, $\cdots$, 取 $N = k$, 有 $n_k > k$, 使得 $|x_{n_k}| \leq M$, $\cdots$. 因此, 若要论证 $\{x_n\}$ 不是无穷大, 只需找到 $\{x_n\}$ 的一个有界子列 $\{x_{n_k}\}$ 即可.

2.4

1. 计算下列极限.

(1) $\lim\limits_{x \to -1} \dfrac{x^2+2x+5}{x^2+1}$;   (2) $\lim\limits_{x \to 1} \dfrac{x^2-2x+1}{x^2-1}$;

(3) $\lim\limits_{h \to 0} \dfrac{(x+h)^2-x^2}{h}$;   (4) $\lim\limits_{x \to \infty} \dfrac{x^2-1}{2x^2-x-1}$;

(5) $\lim\limits_{n \to \infty} \left(1 + \dfrac{1}{2} + \dfrac{1}{4} + \cdots + \dfrac{1}{2^n}\right)$;   (6) $\lim\limits_{n \to \infty} \dfrac{1+2+3+\cdots+(n-1)}{n^2}$;

(7) $\lim\limits_{x \to \infty} \dfrac{(3x-1)^{25}(2x-1)^{20}}{(2x+1)^{45}}$;   (8) $\lim\limits_{x \to 1} \left(\dfrac{1}{1-x} - \dfrac{3}{1-x^3}\right)$.

解 (1) $\lim\limits_{x \to -1} \dfrac{x^2+2x+5}{x^2+1} = \dfrac{(-1)^2+2(-1)+5}{(-1)^2+1} = \dfrac{4}{2} = 2$.

(2) $\lim\limits_{x \to 1} \dfrac{x^2-2x+1}{x^2-1} = \lim\limits_{x \to 1} \dfrac{(x-1)^2}{(x-1)(x+1)} = \lim\limits_{x \to 1} \dfrac{x-1}{x+1} = \dfrac{1-1}{1+1} = 0$.

(3) $\lim\limits_{h \to 0} \dfrac{(x+h)^2-x^2}{h} = \lim\limits_{h \to 0} \dfrac{(2x+h) \cdot h}{h} = \lim\limits_{h \to 0} (2x+h) = 2x$.

(4) $\lim\limits_{x \to \infty} \dfrac{x^2-1}{2x^2-x-1} = \lim\limits_{x \to \infty} \dfrac{1-\frac{1}{x^2}}{2-\frac{1}{x}-\frac{1}{x^2}} = \dfrac{1-0}{2-0-0} = \dfrac{1}{2}$.

(5) $\lim\limits_{n\to\infty}\left(1+\dfrac{1}{2}+\dfrac{1}{4}+\cdots+\dfrac{1}{2^n}\right)=\lim\limits_{n\to\infty}\dfrac{1-\dfrac{1}{2^n}}{1-\dfrac{1}{2}}=\dfrac{1}{\dfrac{1}{2}}=2.$

(6) $\lim\limits_{n\to\infty}\dfrac{1+2+\cdots+(n-1)}{n^2}=\lim\limits_{n\to\infty}\dfrac{\dfrac{1}{2}n\cdot(n-1)}{n^2}=\lim\limits_{n\to\infty}\dfrac{1}{2}\left(1-\dfrac{1}{n}\right)=\dfrac{1}{2}.$

(7) $\lim\limits_{x\to\infty}\dfrac{(3x-1)^{25}(2x-1)^{20}}{(2x+1)^{45}}=\lim\limits_{x\to\infty}\dfrac{\left(3-\dfrac{1}{x}\right)^{25}\left(2-\dfrac{1}{x}\right)^{20}}{\left(2+\dfrac{1}{x}\right)^{45}}=\dfrac{3^{25}\cdot 2^{20}}{2^{45}}=\left(\dfrac{3}{2}\right)^{25}.$

(8) $\lim\limits_{x\to 1}\left(\dfrac{1}{1-x}-\dfrac{3}{1-x^3}\right)=\lim\limits_{x\to 1}\dfrac{1+x+x^2-3}{(1-x)(1+x+x^2)}=\lim\limits_{x\to 1}\dfrac{(x+2)(x-1)}{(1-x)(1+x+x^2)}$

$=\lim\limits_{x\to 1}\dfrac{-(x+2)}{1+x+x^2}=\dfrac{-(1+2)}{1+1+1}=-1.$

2. 计算下列极限.

(1) $\lim\limits_{x\to 4}\dfrac{\sqrt{2x+1}-3}{\sqrt{x-2}-\sqrt{2}};$

(2) $\lim\limits_{x\to 0}\dfrac{\sqrt{x^2+p^2}-p}{\sqrt{x^2+q^2}-q}\,(p>0,q>0);$

(3) $\lim\limits_{x\to\infty}(\sqrt{x^2+1}-\sqrt{x^2-1});$

(4) $\lim\limits_{x\to -8}\dfrac{\sqrt{1-x}-3}{2+\sqrt[3]{x}};$

(5) $\lim\limits_{n\to\infty}\left[\dfrac{1}{1\cdot 2}+\dfrac{1}{2\cdot 3}+\cdots+\dfrac{1}{n(n+1)}\right];$

(6) $\lim\limits_{n\to\infty}(\sqrt{2}\cdot\sqrt[4]{2}\cdot\sqrt[8]{2}\cdots\sqrt[2^n]{2}).$

解 (1) $\lim\limits_{x\to 4}\dfrac{\sqrt{2x+1}-3}{\sqrt{x-2}-\sqrt{2}}=\lim\limits_{x\to 4}\dfrac{(\sqrt{2x+1}-3)(\sqrt{2x+1}+3)}{(\sqrt{x-2}-\sqrt{2})(\sqrt{x-2}+\sqrt{2})}\cdot\dfrac{\sqrt{x-2}+\sqrt{2}}{\sqrt{2x+1}+3}$

$=\lim\limits_{x\to 4}\dfrac{(2x+1-9)(\sqrt{x-2}+\sqrt{2})}{(x-2-2)(\sqrt{2x+1}+3)}$

$=\lim\limits_{x\to 4}\dfrac{2(\sqrt{x-2}+\sqrt{2})}{\sqrt{2x+1}+3}=\dfrac{2}{3}\sqrt{2}.$

(2) $\lim\limits_{x\to 0}\dfrac{\sqrt{x^2+p^2}-p}{\sqrt{x^2+q^2}-q}=\lim\limits_{x\to 0}\dfrac{(\sqrt{x^2+p^2}-p)(\sqrt{x^2+p^2}+p)}{(\sqrt{x^2+q^2}-q)(\sqrt{x^2+q^2}+q)}\cdot\dfrac{\sqrt{x^2+q^2}+q}{\sqrt{x^2+p^2}+p}$

$=\lim\limits_{x\to 0}\dfrac{\sqrt{x^2+q^2}+q}{\sqrt{x^2+p^2}+p}=\dfrac{q}{p}.$

(3) $\lim\limits_{x\to\infty}(\sqrt{x^2+1}-\sqrt{x^2-1})=\lim\limits_{x\to\infty}\dfrac{x^2+1-(x^2-1)}{\sqrt{x^2+1}+\sqrt{x^2-1}}=0.$

(4) $\lim\limits_{x\to -8}\dfrac{\sqrt{1-x}-3}{2+\sqrt[3]{x}}=\lim\limits_{x\to -8}\dfrac{(\sqrt{1-x}-3)(\sqrt{1-x}+3)}{(2+\sqrt[3]{x})(4-2\sqrt[3]{x}+\sqrt[3]{x^2})}\cdot\dfrac{4-2\sqrt[3]{x}+\sqrt[3]{x^2}}{\sqrt{1-x}+3}$

$$= \lim_{x \to -8} \frac{1-x-9}{8+x} \cdot \frac{4-2\sqrt[3]{x}+\sqrt[3]{x^2}}{\sqrt{1-x}+3} = -2.$$

(5) $\lim\limits_{n \to \infty}\left[\dfrac{1}{1 \cdot 2}+\dfrac{1}{2 \cdot 3}+\cdots+\dfrac{1}{n \cdot (n+1)}\right]$

$= \lim\limits_{n \to \infty}\left(1-\dfrac{1}{2}+\dfrac{1}{2}-\dfrac{1}{3}+\cdots+\dfrac{1}{n}-\dfrac{1}{n+1}\right) = \lim\limits_{n \to \infty}\left(1-\dfrac{1}{n+1}\right) = 1.$

(6) $\lim\limits_{n \to \infty}(\sqrt{2} \cdot \sqrt[4]{2} \cdot \sqrt[8]{2} \cdot \cdots \cdot \sqrt[2^n]{2}) = \lim\limits_{n \to \infty} 2^{\frac{1}{2}+\frac{1}{4}+\cdots+\frac{1}{2^n}} = \lim\limits_{n \to \infty} 2^{\frac{\frac{1}{2}\left(1-\left(\frac{1}{2}\right)^n\right)}{1-\frac{1}{2}}} = 2.$

3. 计算下列极限.

(1) $\lim\limits_{x \to a}\dfrac{\sqrt[m]{x}-\sqrt[m]{a}}{x-a}$ ($a>0, m \geq 2$ 且 m 为整数);

(2) $\lim\limits_{x \to a^+}\dfrac{\sqrt{x}-\sqrt{a}+\sqrt{x-a}}{\sqrt{x^2-a^2}}$ ($a>0$);

(3) $\lim\limits_{n \to \infty}\left[\left(1-\dfrac{1}{2^2}\right)\left(1-\dfrac{1}{3^2}\right)\cdots\left(1-\dfrac{1}{n^2}\right)\right]$;

(4) $\lim\limits_{n \to \infty}(1+x)(1+x^2)\cdots(1+x^{2^n})$ ($|x|<1$);

(5) $\lim\limits_{x \to +\infty}(\sin\sqrt{x+1}-\sin\sqrt{x})$;

(6) $\lim\limits_{x \to 0}\dfrac{\sqrt{\cos x}-\sqrt[3]{\cos x}}{\sin^2 x}.$

解 (1) $\lim\limits_{x \to a}\dfrac{\sqrt[m]{x}-\sqrt[m]{a}}{x-a} = \lim\limits_{x \to a}\dfrac{\sqrt[m]{x}-\sqrt[m]{a}}{(\sqrt[m]{x}-\sqrt[m]{a})((\sqrt[m]{x})^{m-1}+(\sqrt[m]{x})^{m-2}\sqrt[m]{a}+\cdots+(\sqrt[m]{a})^{m-1})}$

$= \dfrac{1}{m \cdot \sqrt[m]{a^{m-1}}} = \dfrac{\sqrt[m]{a}}{ma}.$

(2) $\lim\limits_{x \to a^+}\dfrac{\sqrt{x}-\sqrt{a}+\sqrt{x-a}}{\sqrt{x^2-a^2}} = \lim\limits_{x \to a^+}\left(\dfrac{\sqrt{x}-\sqrt{a}}{\sqrt{(x+a)(x-a)}}+\dfrac{1}{\sqrt{x+a}}\right)$

$= \lim\limits_{x \to a^+}\left(\dfrac{(\sqrt{x}-\sqrt{a})(\sqrt{x}+\sqrt{a})}{\sqrt{x+a} \cdot \sqrt{x-a} \cdot (\sqrt{x}+\sqrt{a})}+\dfrac{1}{\sqrt{x+a}}\right)$

$= \lim\limits_{x \to a^+}\left(\dfrac{\sqrt{x-a}}{\sqrt{x+a}(\sqrt{x}+\sqrt{a})}+\dfrac{1}{\sqrt{x+a}}\right) = \dfrac{1}{\sqrt{2a}}.$

(3) $\lim\limits_{n \to \infty}\left[\left(1-\dfrac{1}{2^2}\right)\left(1-\dfrac{1}{3^2}\right)\cdots\left(1-\dfrac{1}{n^2}\right)\right]$

$= \lim\limits_{n \to \infty}\left(1-\dfrac{1}{2}\right)\left(1+\dfrac{1}{2}\right)\left(1-\dfrac{1}{3}\right)\left(1+\dfrac{1}{3}\right)\cdots\left(1-\dfrac{1}{n}\right)\left(1+\dfrac{1}{n}\right)$

$= \lim\limits_{n \to \infty}\dfrac{1}{2} \cdot \dfrac{3}{2} \cdot \dfrac{2}{3} \cdot \dfrac{4}{3} \cdots \dfrac{n-1}{n} \cdot \dfrac{n+1}{n} = \dfrac{1}{2}.$

(4) $\lim\limits_{n \to \infty}(1+x)(1+x^2)\cdots(1+x^{2^n})$

$$= \lim_{n\to\infty} \frac{1}{1-x} \cdot (1-x)(1+x)\cdots(1+x^{2^n})$$

$$= \frac{1}{1-x}\lim_{n\to\infty}(1-x^2)(1+x^2)\cdots(1+x^{2^n})$$

$$= \frac{1}{1-x}\lim_{n\to\infty}(1-x^{2^{n+1}}) = \frac{1}{1-x}.$$

(5) $\lim\limits_{x\to+\infty}(\sin\sqrt{x+1}-\sin\sqrt{x}) = \lim\limits_{x\to+\infty}2\cos\dfrac{\sqrt{x+1}+\sqrt{x}}{2}\sin\dfrac{\sqrt{x+1}-\sqrt{x}}{2}$

$$= \lim_{x\to+\infty}2\cos\frac{\sqrt{x+1}+\sqrt{x}}{2}\sin\frac{1}{2(\sqrt{x+1}+\sqrt{x})} = 0.$$

(6) 令 $t = \cos^{\frac{1}{6}}x$,则

$$\lim_{x\to 0}\frac{\sqrt{\cos x}-\sqrt[3]{\cos x}}{\sin^2 x} = \lim_{t\to 1}\frac{t^3-t^2}{1-t^{12}} = \lim_{t\to 1}\frac{-t^2(1-t)}{1-t^{12}} = -\frac{1}{12}.$$

4. 已知 $\lim\limits_{x\to\infty}\left[\dfrac{x^2+1}{x+1}-(ax+b)\right]=0$,求常数 a,b.

解 由已知应有

$$0 = \lim_{x\to\infty}\frac{1}{x}\cdot\left[\frac{x^2+1}{x+1}-(ax+b)\right] = \lim_{x\to\infty}\frac{\dfrac{x^2+1}{x+1}-ax-b}{x}$$

$$= \lim_{x\to\infty}\left(\frac{1+\dfrac{1}{x^2}}{1+\dfrac{1}{x}}-a-\frac{b}{x}\right) = 1-a,$$

所以 $a=1$.于是

$$b = \lim_{x\to\infty}\left(\frac{x^2+1}{x+1}-x\right) = \lim_{x\to\infty}\frac{1-x}{1+x} = -1.$$

5. 若 $\lim\limits_{n\to\infty}x_n=a$, $x_n\neq 0 (n=1,2,\cdots)$,按 $a\neq 0$ 和 $a=0$ 两种情况讨论: $\lim\limits_{n\to\infty}\dfrac{x_{n+1}}{x_n}=1$ 是否成立.

解 当 $a\neq 0$ 时,结论成立,由极限的运算法则知: $\lim\limits_{n\to\infty}\dfrac{x_{n+1}}{x_n} = \dfrac{\lim\limits_{n\to\infty}x_{n+1}}{\lim\limits_{n\to\infty}x_n} = \dfrac{a}{a} = 1.$

当 $a=0$ 时,结论不一定成立,如:

1° 若 $\{x_n\} = \left\{\dfrac{1}{n}\right\}$,则 $\lim\limits_{n\to\infty}\dfrac{x_{n+1}}{x_n} = 1$;

2° 若 $\{x_n\} = \left\{(-1)^n\dfrac{1}{n}\right\}$,则 $\lim\limits_{n\to\infty}\dfrac{x_{n+1}}{x_n} = -1$;

3° 若 $\{x_n\} = \left\{\dfrac{1}{2^n}\right\}$,则 $\lim\limits_{n\to\infty}\dfrac{x_{n+1}}{x_n} = \dfrac{1}{2}$.

6. 已知 $\lim\limits_{x\to\pi}f(x)$ 存在,且 $f(x) = \cos x + 2\sin\dfrac{x}{2}\lim\limits_{x\to\pi}f(x)$,则 $f(x) =$ _____.

解 设 $\lim\limits_{x\to\pi}f(x) = A$,将题中等式两边取极限,令 $x\to\pi$,得 $A = -1+2A$,解得 $A=1$.所以 $f(x) = \cos x + 2\sin\dfrac{x}{2}$.

2.5

1. 求下列极限.

(1) $\lim\limits_{n\to\infty}\left[\dfrac{1}{n^2}+\dfrac{1}{(n+1)^2}+\cdots+\dfrac{1}{(2n)^2}\right]$;

(2) $\lim\limits_{n\to\infty}\left(\dfrac{1}{\sqrt{n^2+1}}+\dfrac{1}{\sqrt{n^2+2}}+\cdots+\dfrac{1}{\sqrt{n^2+n}}\right)$;

(3) $\lim\limits_{n\to\infty}\left[(n+1)^\alpha - n^\alpha\right]$,$0<\alpha<1$;

(4) $\lim\limits_{x\to 0^+}x\left[\dfrac{1}{x}\right]$.

解 (1) 由于

$$\dfrac{n+1}{4n^2} \leqslant \dfrac{1}{n^2}+\dfrac{1}{(n+1)^2}+\cdots+\dfrac{1}{(2n)^2} \leqslant \dfrac{n+1}{n^2},$$

且 $\lim\limits_{n\to\infty}\dfrac{n+1}{4n^2}=0$,$\lim\limits_{n\to\infty}\dfrac{n+1}{n^2}=0$,从而,由夹挤准则可知

$$\lim\limits_{n\to\infty}\left[\dfrac{1}{n^2}+\dfrac{1}{(n+1)^2}+\cdots+\dfrac{1}{(2n)^2}\right]=0.$$

(2) 由于

$$\dfrac{n}{\sqrt{n^2+n}} \leqslant \dfrac{1}{\sqrt{n^2+1}}+\dfrac{1}{\sqrt{n^2+2}}+\cdots+\dfrac{1}{\sqrt{n^2+n}} \leqslant \dfrac{n}{\sqrt{n^2+1}},$$

而且 $\lim\limits_{n\to+\infty}\dfrac{n}{\sqrt{n^2+n}}=\lim\limits_{n\to+\infty}\dfrac{1}{\sqrt{1+\dfrac{1}{n}}}=1$,$\lim\limits_{n\to+\infty}\dfrac{n}{\sqrt{n^2+1}}=\lim\limits_{n\to+\infty}\dfrac{1}{\sqrt{1+\dfrac{1}{n^2}}}=1$,

故由夹挤准则可知

$$\lim\limits_{n\to+\infty}\left(\dfrac{1}{\sqrt{n^2+1}}+\dfrac{1}{\sqrt{n^2+2}}+\cdots+\dfrac{1}{\sqrt{n^2+n}}\right)=1.$$

(3) $0 \leqslant (n+1)^\alpha - n^\alpha = n^\alpha\left[\left(1+\dfrac{1}{n}\right)^\alpha - 1\right] \leqslant n^\alpha\left(1+\dfrac{1}{n}-1\right)=n^{\alpha-1}.$

由于 $0<\alpha<1$,所以 $\lim\limits_{n\to+\infty}n^{\alpha-1}=0$,故 $\lim\limits_{n\to+\infty}\left[(n+1)^\alpha - n^\alpha\right]=0.$

(4) 当 $x>0$ 时,有不等式

$$x\left(\frac{1}{x}-1\right) \leqslant x\left[\frac{1}{x}\right] \leqslant x\left(\frac{1}{x}+1\right)$$

成立,又 $\lim\limits_{x\to 0^+}x\left(\frac{1}{x}-1\right)=1$, $\lim\limits_{x\to 0^+}x\left(\frac{1}{x}+1\right)=1$, 所以 $\lim\limits_{x\to 0^+}x\left[\frac{1}{x}\right]=1$.

2. 求下列极限.

(1) $\lim\limits_{x\to 0}\dfrac{\sin kx}{x}$;

(2) $\lim\limits_{x\to 0}\dfrac{x+x^2}{\tan 2x}$;

(3) $\lim\limits_{x\to 0^+}\dfrac{\sin^2\sqrt{x}}{x}$;

(4) $\lim\limits_{x\to n\pi}\dfrac{\sin x}{x-n\pi}$ (n 为正整数);

(5) $\lim\limits_{x\to\infty}x\arcsin\dfrac{1}{x}$;

(6) $\lim\limits_{x\to a}\dfrac{\sin x-\sin a}{x-a}$;

(7) $\lim\limits_{x\to 0}\dfrac{\tan x-\sin x}{x^2\sin x}$;

(8) $\lim\limits_{x\to\frac{\pi}{3}}\dfrac{1-2\cos x}{\sin\left(x-\frac{\pi}{3}\right)}$;

(9) $\lim\limits_{x\to 0}\dfrac{\sin 2x}{\sqrt{x+2}-\sqrt{2}}$;

(10) $\lim\limits_{x\to 0}\dfrac{\sqrt{1-\cos x}}{x}$;

(11) $\lim\limits_{x\to 0}\dfrac{\tan(a+x)\tan(a-x)-\tan^2 a}{x^2}$.

解 (1) 当 $k=0$ 时, $\lim\limits_{x\to 0}\dfrac{\sin kx}{x}=\lim\limits_{x\to 0}\dfrac{0}{x}=\lim\limits_{x\to 0}0=0$. 当 $k\neq 0$ 时, $\lim\limits_{x\to 0}\dfrac{\sin kx}{x}=\lim\limits_{x\to 0}\dfrac{\sin kx}{kx}\cdot k=1\cdot k=k$. 故 $\lim\limits_{x\to 0}\dfrac{\sin kx}{x}=k$.

(2) $\lim\limits_{x\to 0}\dfrac{x+x^2}{\tan 2x}=\lim\limits_{x\to 0}\dfrac{2x}{\sin 2x}\cdot\dfrac{(x+x^2)\cos 2x}{2x}=\dfrac{1}{2}$.

(3) $\lim\limits_{x\to 0^+}\dfrac{\sin^2\sqrt{x}}{x}=\lim\limits_{x\to 0^+}\dfrac{\sin^2\sqrt{x}}{(\sqrt{x})^2}=\lim\limits_{x\to 0^+}\left(\dfrac{\sin\sqrt{x}}{\sqrt{x}}\right)^2=1^2=1$.

(4) 设 $t=x-n\pi$, 则 $\lim\limits_{x\to n\pi}\dfrac{\sin x}{x-n\pi}=\lim\limits_{t\to 0}\dfrac{\sin(n\pi+t)}{t}=\lim\limits_{t\to 0}\dfrac{(-1)^n\sin t}{t}=(-1)^n$.

(5) 设 $t=\arcsin\dfrac{1}{x}$, 则 $x=\dfrac{1}{\sin t}$, 于是 $\lim\limits_{x\to\infty}x\cdot\arcsin\dfrac{1}{x}=\lim\limits_{t\to 0}\dfrac{t}{\sin t}=1$.

(6) $\lim\limits_{x\to a}\dfrac{\sin x-\sin a}{x-a}=\lim\limits_{x\to a}\dfrac{2\sin\dfrac{x-a}{2}\cos\dfrac{x+a}{2}}{x-a}$

$=\lim\limits_{x\to a}\dfrac{\sin\dfrac{x-a}{2}}{\dfrac{x-a}{2}}\cos\dfrac{x+a}{2}=\cos a$.

(7) $\lim\limits_{x\to 0}\dfrac{\tan x-\sin x}{x^2\sin x}=\lim\limits_{x\to 0}\dfrac{\sin x\left(\dfrac{1}{\cos x}-1\right)}{\sin^3 x}=\lim\limits_{x\to 0}\dfrac{1-\cos x}{\cos x\cdot \sin^2 x}=\dfrac{1}{2}.$

(8) 设 $t=x-\dfrac{\pi}{3}$，则 $x=t+\dfrac{\pi}{3}$，于是

$$\lim_{x\to \frac{\pi}{3}}\dfrac{1-2\cos x}{\sin\left(x-\dfrac{\pi}{3}\right)}=\lim_{t\to 0}\dfrac{1-2\cos\left(t+\dfrac{\pi}{3}\right)}{\sin t}$$

$$=\lim_{t\to 0}\dfrac{1-2\cos t\cdot \cos\dfrac{\pi}{3}+2\sin t\cdot \sin\dfrac{\pi}{3}}{t}$$

$$=\lim_{t\to 0}\left(\dfrac{1-\cos t}{t}+\dfrac{\sqrt{3}\sin t}{t}\right)=\sqrt{3}.$$

(9) $\lim\limits_{x\to 0}\dfrac{\sin 2x}{\sqrt{x+2}-\sqrt{2}}=\lim\limits_{x\to 0}\dfrac{\sin 2x(\sqrt{x+2}+\sqrt{2})}{x+2-2}$

$$=\lim_{x\to 0}\dfrac{\sin 2x}{2x}\cdot 2(\sqrt{x+2}+\sqrt{2})$$

$$=1\cdot 2(\sqrt{2}+\sqrt{2})=4\sqrt{2}.$$

(10) $\lim\limits_{x\to 0}\dfrac{\sqrt{1-\cos x}}{x}=\lim\limits_{x\to 0}\dfrac{\sqrt{2}\left|\sin\dfrac{x}{2}\right|}{x}.$ 由于

$$\lim_{x\to 0^-}\dfrac{\sqrt{2}\left|\sin\dfrac{x}{2}\right|}{x}=\sqrt{2}\lim_{x\to 0^-}-\dfrac{\sin\dfrac{x}{2}}{\dfrac{x}{2}\cdot 2}=-\dfrac{\sqrt{2}}{2},$$

$$\lim_{x\to 0^+}\dfrac{\sqrt{2}\left|\sin\dfrac{x}{2}\right|}{x}=\sqrt{2}\lim_{x\to 0^+}\dfrac{\sin\dfrac{x}{2}}{\dfrac{x}{2}\cdot 2}=\dfrac{\sqrt{2}}{2},$$

因此 $\lim\limits_{x\to 0}\dfrac{\sqrt{1-\cos x}}{x}$ 不存在.

(11) $\lim\limits_{x\to 0}\dfrac{\tan(a+x)\tan(a-x)-\tan^2 a}{x^2}$

$$=\lim_{x\to 0}\dfrac{1}{x^2}\left[\dfrac{\tan a+\tan x}{1-\tan a\cdot \tan x}\cdot \dfrac{\tan a-\tan x}{1+\tan a\cdot \tan x}-\tan^2 a\right]$$

$$= \lim_{x\to 0}\frac{1}{x^2}\left[\frac{\tan^2 a-\tan^2 x}{1-\tan^2 a\tan^2 x}-\tan^2 a\right]$$

$$= \lim_{x\to 0}\frac{\tan^2 x}{x^2}\cdot\frac{\tan^4 a-1}{1-\tan^2 a\tan^2 x}=\tan^4 a-1.$$

3. 通过圆的内接正多边形面积,求证圆的面积公式 $S=\pi R^2$.

解 记 S_n 表示圆内接正 n 边形面积.如图 2.2 所示：

设 $S_{\triangle OAB}$ 表示 $\triangle OAB$ 面积,则 $S_n=nS_{\triangle OAB}$,

$$OA=R,\quad OD=R\cos\alpha,\quad AB=2AD=2R\sin\alpha,$$

而 $\alpha=\frac{1}{2}\cdot\frac{2\pi}{n}=\frac{\pi}{n}$,故

$$S_{\triangle OAB}=\frac{1}{2}AB\cdot OD=R^2\sin\frac{\pi}{n}\cos\frac{\pi}{n}.$$

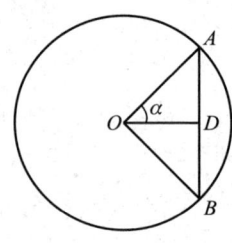

图 2.2

$$S=\lim_{n\to\infty}S_n=\lim_{n\to\infty}n\cdot R^2\sin\frac{\pi}{n}\cos\frac{\pi}{n}=R^2\lim_{n\to\infty}\frac{\sin\frac{\pi}{n}}{\frac{\pi}{n}}\cdot\pi=\pi R^2.$$

4. 求下列极限.

(1) $\lim\limits_{x\to 0}(1-3x)^{\frac{1}{x}}$;

(2) $\lim\limits_{x\to 0}(1+\tan x)^{\frac{1}{\sin x}}$;

(3) $\lim\limits_{x\to +\infty}\left(\frac{2x-1}{2x+1}\right)^x$;

(4) $\lim\limits_{x\to\infty}\left(\frac{x}{1+x}\right)^x$;

(5) $\lim\limits_{n\to\infty}\left(1+\frac{x}{n}+\frac{x^2}{2n^2}\right)^{-n}$;

(6) $\lim\limits_{x\to 0}(\cos x)^{\frac{1}{x^2}}$;

(7) $\lim\limits_{x\to 0}(2\sin x+\cos x)^{\frac{1}{x}}$;

(8) $\lim\limits_{x\to 1}(3-2x)^{\frac{1}{x-1}}$;

(9) $\lim\limits_{x\to 0^+}\left(e^{\frac{1}{x}}+\frac{1}{x}\right)^x$.

解 (1) $\lim\limits_{x\to 0}(1-3x)^{\frac{1}{x}}=\lim\limits_{x\to 0}(1+(-3x))^{-\frac{1}{3x}\cdot(-3)}=\lim\limits_{x\to 0}[1+(-3x)]^{-\frac{1}{3x}}\Big]^{-3}=e^{-3}.$

(2) $\lim\limits_{x\to 0}(1+\tan x)^{\frac{1}{\sin x}}=\lim\limits_{x\to 0}(1+\tan x)^{\frac{1}{\tan x}\cdot\frac{1}{\cos x}}=\lim\limits_{x\to 0}[(1+\tan x)^{\frac{1}{\tan x}}]^{\frac{1}{\cos x}}=e^1=e.$

(3) $\lim\limits_{x\to +\infty}\left(\frac{2x-1}{2x+1}\right)^x=\lim\limits_{x\to+\infty}\left(1+\left(-\frac{2}{2x+1}\right)\right)^{-\frac{2x+1}{2}\cdot\left(-\frac{2}{2x+1}\right)x}$

$$=\lim\limits_{x\to+\infty}\left[\left(1+\left(-\frac{2}{2x+1}\right)\right)^{-\frac{2x+1}{2}}\right]^{-\frac{2x}{2x+1}}=e^{-1}=\frac{1}{e}.$$

(4) $\lim\limits_{x\to+\infty}\left(\frac{x}{1+x}\right)^x=\lim\limits_{x\to+\infty}\left(1-\frac{1}{1+x}\right)^{-(1+x)\left(-\frac{1}{1+x}\right)x}=\lim\limits_{x\to+\infty}\left[\left(1-\frac{1}{1+x}\right)^{-(1+x)}\right]^{-\frac{x}{1+x}}=e^{-1}=\frac{1}{e}.$

(5) $\lim\limits_{n\to\infty}\left(1+\frac{x}{n}+\frac{x^2}{2n^2}\right)^{-n}=\lim\limits_{n\to\infty}\left[\left(1+\frac{x}{n}+\frac{x^2}{2n^2}\right)^{\frac{1}{\frac{x}{n}+\frac{x^2}{2n^2}}}\right]^{\left(\frac{x}{n}+\frac{x^2}{2n^2}\right)(-n)}$,而

$$\lim\limits_{n\to\infty}(-n)\left(\frac{x}{n}+\frac{x^2}{2n^2}\right)=-\lim\limits_{n\to\infty}\left(x+\frac{x^2}{2n}\right)=-x,$$

所以原式 $= e^{-x}$.

(6) $\lim_{x \to 0} (\cos x)^{\frac{1}{x^2}} = \lim_{x \to 0} [1 + (\cos x - 1)]^{\frac{1}{\cos x - 1} \cdot \frac{\cos x - 1}{x^2}}$, 而

$$\lim_{x \to 0} \frac{\cos x - 1}{x^2} = -\lim_{x \to 0} \frac{2\sin^2 \frac{x}{2}}{x^2} = -\lim_{x \to 0} \frac{\sin^2 \frac{x}{2}}{\left(\frac{x}{2}\right)^2 \cdot 2} = -\frac{1}{2},$$

所以原式 $= e^{-\frac{1}{2}}$.

(7) $\lim_{x \to 0} (2\sin x + \cos x)^{\frac{1}{x}} = \lim_{x \to 0} (1 + 2\sin x + \cos x - 1)^{\frac{1}{2\sin x + \cos x - 1} \cdot \frac{2\sin x + \cos x - 1}{x}}$, 而

$$\lim_{x \to 0} \frac{2\sin x + \cos x - 1}{x} = \lim_{x \to 0} \frac{2\sin x}{x} + \lim_{x \to 0} \frac{-2\sin^2 \frac{x}{2}}{x} = 2 - 0 = 2,$$

所以原式 $= e^2$.

(8) $\lim_{x \to 1} (3 - 2x)^{\frac{1}{x-1}} = \lim_{x \to 1} (1 + 2 - 2x)^{\frac{1}{2-2x} \cdot \frac{2-2x}{x-1}} = e^{-2}$.

(9) 令 $t = \frac{1}{x}$, 则原式 $= \lim_{t \to +\infty} (e^t + t)^{\frac{1}{t}} = e \lim_{t \to +\infty} \left(1 + \frac{t}{e^t}\right)^{\frac{1}{t}} = e \lim_{t \to +\infty} \left[\left(1 + \frac{t}{e^t}\right)^{\frac{e^t}{t}}\right]^{\frac{1}{e^t}} = e$.

5. 已知 $\lim_{x \to \infty} \left(\frac{x+a}{x-a}\right)^x = 9$, 求常数 a.

解 $\lim_{x \to \infty} \left(\frac{x+a}{x-a}\right)^x = \lim_{x \to \infty} \left(1 + \frac{2a}{x-a}\right)^{\frac{x-a}{2a} \cdot \frac{2a}{x-a} \cdot x}$, 而 $\lim_{x \to \infty} \frac{2ax}{x-a} = \lim_{x \to \infty} 2a \cdot \frac{1}{1 - \frac{a}{x}} = 2a$. 所以 $9 = \lim_{x \to \infty} \left[\left(1 + \frac{2a}{x-a}\right)^{\frac{x-a}{2a}}\right]^{\frac{2ax}{x-a}} = e^{2a}$, 即 $2a = \ln 9$, 故 $a = \frac{1}{2} \ln 3^2 = \ln 3$.

6. 若 $x_1 = a > 0$, $y_1 = b > 0$ ($a < b$) 且 $x_{n+1} = \sqrt{x_n y_n}$, $y_{n+1} = \frac{x_n + y_n}{2}$, 证明 $\lim_{n \to \infty} x_n = \lim_{n \to \infty} y_n$.

证明 由 $\sqrt{x_n y_n} \leq \frac{x_n + y_n}{2}$, 知当 $n \geq 2$ 时, $x_n \leq y_n$. 又由已知 $x_1 = a < b = y_1$, 知 $\forall n \geq 1$, $x_n \leq y_n$. 所以

$$x_{n+1} = \sqrt{x_n y_n} \geq \sqrt{x_n \cdot x_n} = x_n, \quad y_{n+1} = \frac{x_n + y_n}{2} \leq \frac{y_n + y_n}{2} = y_n,$$

即 $a = x_1 \leq x_2 \leq \cdots \leq x_n \leq y_n \leq y_{n-1} \leq \cdots \leq y_2 \leq y_1 = b$. 故 $\{x_n\}$, $\{y_n\}$ 均为有界数列, 且 $\{x_n\}$ 单调上升, $\{y_n\}$ 单调下降, 由单调有界极限定理知 $\lim_{n \to \infty} x_n$ 与 $\lim_{n \to \infty} y_n$ 均存在.

对于 $y_{n+1} = \frac{x_n + y_n}{2}$ 两端同时取极限,

$$\lim_{n \to \infty} y_{n+1} = \frac{1}{2} \left(\lim_{n \to \infty} x_n + \lim_{n \to \infty} y_n\right),$$

即 $\lim_{n \to \infty} y_n = \frac{1}{2} \lim_{n \to \infty} x_n + \frac{1}{2} \lim_{n \to \infty} y_n$. 因此 $\lim_{n \to +\infty} x_n = \lim_{n \to +\infty} y_n$.

7. 设 $x_1=\sqrt{2}$，$x_2=\sqrt{2+\sqrt{2}}$，$\cdots$，$x_n=\sqrt{2+x_{n-1}}$，求 $\lim\limits_{n\to\infty}x_n$.

解法 1 $x_1=\sqrt{2}<2$，设 $x_{n-1}\leqslant 2$，则 $x_n=\sqrt{2+x_{n-1}}\leqslant\sqrt{2+2}=2$.

因此，对所有正整数 n，$x_n\leqslant 2$ 有上界，又

$$x_{n+1}-x_n=\sqrt{2+x_n}-x_n=\frac{2+x_n-x_n^2}{\sqrt{2+x_n}+x_n}=\frac{(2-x_n)(1+x_n)}{\sqrt{2+x_n}+x_n}\geqslant 0,$$

故 $\{x_n\}$ 为单调递增数列，因此 $\lim\limits_{n\to\infty}x_n$ 存在. 记 $\lim\limits_{n\to\infty}x_n=A$，对 $x_n=\sqrt{2+x_{n-1}}$ 两边取极限，有 $A=\sqrt{2+A}$. 即 $A^2=2+A$，求得 $A=2$ 及 $A=-1$. 由 $x_n\geqslant 0$ 知，应有 $A\geqslant 0$，因此应有 $A=2$，即 $\lim\limits_{n\to\infty}x_n=2$.

解法 2 $x_1=\sqrt{2}=2\cos\dfrac{\pi}{4}=2\cos\dfrac{\pi}{2^2}$,

$$x_2=\sqrt{2+x_1}=\sqrt{2+2\cos\frac{\pi}{2^2}}=\sqrt{2\cdot 2\cos^2\frac{\pi}{2^3}}=2\cos\frac{\pi}{2^3},$$

设

$$x_{n-1}=2\cos\frac{\pi}{2^n},\quad x_n=\sqrt{2+x_{n-1}}=\sqrt{2+2\cos\frac{\pi}{2^n}}=\sqrt{2\cdot 2\cos^2\frac{\pi}{2^{n+1}}}=2\cos\frac{\pi}{2^{n+1}}.$$

因此 $\lim\limits_{n\to\infty}x_n=\lim\limits_{n\to\infty}2\cos\dfrac{\pi}{2^{n+1}}=2$.

8. 若 $|x_n|\leqslant q|x_{n-1}|$，$q<1$. 试证 $\lim\limits_{n\to\infty}x_n=0$.

证明 由已知条件可知

$$0\leqslant|x_n|\leqslant q|x_{n-1}|\leqslant q^2|x_{n-2}|\leqslant\cdots\leqslant q^{n-1}|x_1|.$$

由于 $q<1$，因此 $\lim\limits_{n\to\infty}q^{n-1}|x_1|=0$. 由两边夹挤准则知，$\lim\limits_{n\to\infty}|x_n|=0$. 故对 $\forall\varepsilon>0$，$\exists N$，当 $n>N$ 时，有 $||x_n|-0|=|x_n-0|<\varepsilon$，所以 $\lim\limits_{n\to+\infty}x_n=0$.

2.6

1. 当 $x\to 1$ 时，无穷小 $1-x$ 和（1）$1-\sqrt[3]{x}$；（2）$2(1-\sqrt{x})$ 是否是同阶的？是否是等价的？

解 （1）$\lim\limits_{x\to 1}\dfrac{1-x}{1-\sqrt[3]{x}}=\lim\limits_{x\to 1}(1+\sqrt[3]{x}+\sqrt[3]{x^2})=3$，故 $1-x$ 与 $1-\sqrt[3]{x}$ 是同阶的，但不等价.

（2）$\lim\limits_{x\to 1}\dfrac{1-x}{2(1-\sqrt{x})}=\lim\limits_{x\to 1}\dfrac{1}{2}(1+\sqrt{x})=1$，故 $1-x$ 与 $2(1-\sqrt{x})$ 是等价无穷小.

2. 当 $x\to 0$ 时，试确定下列各无穷小对于 x 的阶数，并写出其幂函数形式的主部.

(1) $\sqrt[3]{x^2}-\sqrt{x}$ $(x>0)$；

(2) $\sqrt{a+x^3}-\sqrt{a}$ $(a>0)$；

(3) $\ln(1+x)$；

(4) $\tan x-\sin x$.

解 （1）因为

$$\lim_{x\to 0^+}\frac{\sqrt[3]{x^2}-\sqrt{x}}{x^{\frac{1}{2}}}=\lim_{x\to 0^+}(x^{\frac{1}{6}}-1)=-1,$$

所以，$x\to 0^+$ 时，$\sqrt[3]{x^2}-\sqrt{x}$ 是 x 的 $\frac{1}{2}$ 阶无穷小，其幂函数形式主部为 $-x^{\frac{1}{2}}$.

（2）由于 $\sqrt{a+x^3}-\sqrt{a}=\dfrac{x^3}{\sqrt{a+x^3}+\sqrt{a}}$，故

$$\lim_{x\to 0}\frac{\sqrt{a+x^3}-\sqrt{a}}{x^3}=\lim_{x\to 0}\frac{1}{\sqrt{a+x^3}+\sqrt{a}}=\frac{1}{2\sqrt{a}}.$$

所以，当 $x\to 0$ 时，$\sqrt{a+x^3}-\sqrt{a}$ 为 x 的三阶无穷小，且其幂函数形式主部为 $\dfrac{x^3}{2\sqrt{a}}$.

（3）为使 $\lim\limits_{x\to 0}\dfrac{\ln(1+x)}{x^m}=\lim\limits_{x\to 0}x^{1-m}\cdot\ln(1+x)^{\frac{1}{x}}=\lim\limits_{x\to 0}x^{1-m}=k\ne 0$，只能有 $m=1$，此时 $k=1$. 因此，当 $x\to 0$ 时，$\ln(1+x)$ 为 x 的一阶无穷小，其幂函数形式主部为 x.

（4）要使

$$\lim_{x\to 0}\frac{\tan x-\sin x}{x^m}=\lim_{x\to 0}\frac{1}{x^m}\frac{\sin x}{\cos x}(1-\cos x)$$

$$=\lim_{x\to 0}\frac{1}{\cos x}\cdot\frac{\sin x}{x}\cdot\frac{1-\cos x}{x^2}\cdot x^{3-m}$$

$$=\frac{1}{2}\lim_{x\to 0}x^{3-m}=k\ne 0.$$

只能有 $m=3$，此时 $k=\dfrac{1}{2}$. 因此，当 $x\to 0$ 时，$\tan x-\sin x$ 是 x 的 3 阶无穷小，其幂函数形式主部为 $\dfrac{1}{2}x^3$.

3. 用等价无穷小代换法求下列极限.

（1）$\lim\limits_{x\to 0}\dfrac{1-\cos mx}{x^2}$；

（2）$\lim\limits_{x\to 0}\dfrac{\ln(1+x)}{\sqrt{1+x}-1}$；

（3）$\lim\limits_{x\to 0}\dfrac{\arctan 2x}{\arcsin 3x}$；

（4）$\lim\limits_{x\to 0^+}\dfrac{\sin x^3\tan x(1-\cos x)}{\sqrt{x+\sqrt[3]{x}}\,(\sqrt[6]{x^5}\sin^5 x)}$.

解 （1）$\lim\limits_{x\to 0}\dfrac{1-\cos mx}{x^2}=\lim\limits_{x\to 0}\dfrac{\frac{1}{2}(mx)^2}{x^2}=\dfrac{1}{2}m^2$.

（2）$\lim\limits_{x\to 0}\dfrac{\ln(1+x)}{\sqrt{1+x}-1}=\lim\limits_{x\to 0}\dfrac{x}{\frac{1}{2}x}=2$.

(3) $\lim\limits_{x\to 0}\dfrac{\arctan 2x}{\arcsin 3x}=\lim\limits_{x\to 0}\dfrac{2x}{3x}=\dfrac{2}{3}$.

(4) $\lim\limits_{x\to 0^+}\dfrac{\sin x^3 \tan x(1-\cos x)}{\sqrt{x+\sqrt[3]{x}}\,(\sqrt[6]{x^5}\sin^5 x)}=\lim\limits_{x\to 0^+}\dfrac{x^3\cdot x\cdot \dfrac{1}{2}x^2}{x^{\frac{1}{6}}\cdot x^{\frac{5}{6}}\cdot x^5}=\dfrac{1}{2}$.

4. 若 $\alpha\sim\hat{\alpha}$, $\beta\sim\hat{\beta}$, 试证：

(1) $\lim\alpha f(x)=\lim\hat{\alpha}f(x)$;　　　(2) $\lim(1+\alpha)^{\frac{1}{\beta}}=\lim(1+\hat{\alpha})^{\frac{1}{\hat{\beta}}}$.

解 由于 $\alpha\sim\hat{\alpha}$, $\beta\sim\hat{\beta}$, 故 $\lim\dfrac{\alpha}{\hat{\alpha}}=1$, $\lim\dfrac{\beta}{\hat{\beta}}=1$.

(1) $\lim\alpha f(x)=\lim\dfrac{\alpha}{\hat{\alpha}}\cdot\hat{\alpha}f(x)=\lim\hat{\alpha}f(x)$.

(2) $\lim(1+\alpha)^{\frac{1}{\beta}}=\lim e^{\frac{1}{\beta}\ln(1+\alpha)}=\lim e^{\frac{\alpha}{\beta}}=\lim e^{\frac{\hat{\alpha}}{\hat{\beta}}}=\lim e^{\frac{1}{\hat{\beta}}\ln(1+\hat{\alpha})}=\lim(1+\hat{\alpha})^{\frac{1}{\hat{\beta}}}$.

2.7

1. 求下列函数的连续区间、间断点及其类型，如果是可去间断点，如何补充或修改这一点处函数的定义使它连续.

(1) $f(x)=(1+x)^{\frac{1}{x}}$　$(x>-1)$;　　　(2) $f(x)=\dfrac{x}{\sin x}$;

(3) $f(x)=\dfrac{x^2-x}{|x|(x^2-1)}$;　　　(4) $f(x)=\begin{cases}\dfrac{\sin x}{x},&x<0,\\ x^2-1,&x\geq 0;\end{cases}$

(5) $f(x)=\dfrac{1+e^{\frac{1}{x}}}{2-3e^{\frac{1}{x}}}$.

解 (1) 当 $x=0$ 时, $f(x)$ 无定义, 因此 $x=0$ 是 $f(x)$ 的间断点, 其连续区间为 $(-1,0)$ 与 $(0,+\infty)$.

由于 $\lim\limits_{x\to 0}f(x)=\lim\limits_{x\to 0}(1+x)^{\frac{1}{x}}=e$, 因此 $x=0$ 是 $f(x)$ 的可去间断点. 补充定义 $f(0)=e$, $f(x)$ 在 $x>-1$ 时连续.

(2) $x=k\pi(k=0,\pm 1,\pm 2,\cdots)$ 是 $f(x)$ 的间断点, 连续区间为 $(k\pi,(k+1)\pi)$. 由于 $\lim\limits_{x\to 0}f(x)=\lim\limits_{x\to 0}\dfrac{x}{\sin x}=1$, 因此 $x=0$ 是 $f(x)$ 的可去间断点, 此时可补充定义 $f(0)=1$ 使之连续.

当 $k\neq 0$ 时, $\lim\limits_{x\to k\pi}f(x)=\lim\limits_{x\to k\pi}\dfrac{x}{\sin x}=\infty$, 因此 $x=k\pi(k=\pm 1,\pm 2,\cdots)$ 是 $f(x)$ 的第二类间断点.

(3) 连续区间为 $(-\infty,-1),(-1,0),(0,1),(1,+\infty)$. $x=0,\pm 1$ 是 $f(x)$ 的间断点, 由于

$$\lim_{x\to 1}f(x)=\lim_{x\to 1}\dfrac{x^2-x}{|x|(x^2-1)}=\lim_{x\to 1}\dfrac{x(x-1)}{x(x-1)(x+1)}=\dfrac{1}{2}.$$

因此 $x=1$ 是 $f(x)$ 的可去间断点,可补充定义 $f(1)=\dfrac{1}{2}$ 使之连续.

$$f(0^+)=\lim_{x\to 0^+}f(x)=\lim_{x\to 0^+}\dfrac{x(x-1)}{x(x^2-1)}=1,$$

$$f(0^-)=\lim_{x\to 0^-}f(x)=\lim_{x\to 0^-}\dfrac{x(x-1)}{-x(x^2-1)}=-1,$$

因此 $x=0$ 是 $f(x)$ 的跳跃间断点.

$$\lim_{x\to -1}f(x)=\lim_{x\to -1}\dfrac{x(x-1)}{-x(x-1)(x+1)}=\lim_{x\to -1}\dfrac{1}{x+1}=\infty,$$

因此 $x=-1$ 是 $f(x)$ 的第二类间断点.

(4) $f(0^-)=\lim\limits_{x\to 0^-}f(x)=\lim\limits_{x\to 0^-}\dfrac{\sin x}{x}=1$,$f(0^+)=\lim\limits_{x\to 0^+}f(x)=\lim\limits_{x\to 0^+}(x^2-1)=-1$,因此 $x=0$ 是 $f(x)$ 的跳跃间断点,连续区间为 $(-\infty,0)$,$(0,+\infty)$.

(5) $\qquad f(0^-)=\lim\limits_{x\to 0^-}f(x)=\lim\limits_{x\to 0^-}\dfrac{1+e^{\frac{1}{x}}}{2-3e^{\frac{1}{x}}}=\dfrac{1}{2}$,

$$f(0^+)=\lim_{x\to 0^+}f(x)=\lim_{x\to 0^+}\dfrac{1+e^{\frac{1}{x}}}{2-3e^{\frac{1}{x}}}=\dfrac{1}{3},$$

因此 $x=0$ 是 $f(x)$ 的跳跃间断点.又 $x_0=\left(\ln\dfrac{2}{3}\right)^{-1}$ 也是间断点,且 $\lim\limits_{x\to x_0}\dfrac{1+e^{\frac{1}{x}}}{2-3e^{\frac{1}{x}}}=\infty$,所以 x_0 是第二类间断点.连续区间为 $\left(-\infty,\left(\ln\dfrac{2}{3}\right)^{-1}\right)$,$\left(\left(\ln\dfrac{2}{3}\right)^{-1},0\right)$,$(0,+\infty)$.

2. 对函数 $f(x)=\arctan\dfrac{1}{x}$,能否在 $x=0$ 处补充定义函数值,使函数连续?为什么?

解 $f(0^-)=\lim\limits_{x\to 0^-}\arctan\dfrac{1}{x}=-\dfrac{\pi}{2}$,$f(0^+)=\lim\limits_{x\to 0^+}\arctan\dfrac{1}{x}=\dfrac{\pi}{2}$.

因此 $x=0$ 是 $f(x)$ 的跳跃间断点,故不能在 $x=0$ 处补充定义使函数连续.

3. 设 $f(x)=\begin{cases}1+x^2, & x<0,\\ a, & x=0,\\ \dfrac{\sin bx}{x}, & x>0,\end{cases}$

试问:(1) a,b 为何值时,$\lim\limits_{x\to 0}f(x)$ 存在?

(2) a,b 为何值时,$f(x)$ 在 $x=0$ 处连续?

解 (1) $f(0^-)=\lim\limits_{x\to 0^-}f(x)=\lim\limits_{x\to 0^-}(1+x^2)=1$,

$$f(0^+)=\lim_{x\to 0^+}f(x)=\lim_{x\to 0^+}\dfrac{\sin bx}{x}=b.$$

因此,要使 $\lim\limits_{x\to 0}f(x)$ 存在,应有 $b=1$,而 a 可为任意常数.

(2) 要使 $f(x)$ 在 $x=0$ 处连续,应有 $f(0)=\lim\limits_{x\to 0}f(x)$,即 $a=1$,$b=1$.

4. 计算下列极限.

(1) $\lim\limits_{x\to 0}\dfrac{\ln(x+a)-\ln a}{x}$;

(2) $\lim\limits_{x\to 0}\dfrac{\sqrt{1-x\sin x}-1}{e^{x^2}-1}$;

(3) $\lim\limits_{x\to 0}\dfrac{\sqrt[m]{1+\alpha x}\sqrt[n]{1+\beta x}-1}{x}$;

(4) $\lim\limits_{x\to 0}\left(\dfrac{a^x+b^x+c^x}{3}\right)^{\frac{1}{x}}$ (a,b,$c>0$).

解 (1) $\lim\limits_{x\to 0}\dfrac{\ln(x+a)-\ln a}{x}=\lim\limits_{x\to 0}\ln\left(1+\dfrac{x}{a}\right)^{\frac{1}{x}}=\lim\limits_{x\to 0}\ln\left(1+\dfrac{x}{a}\right)^{\frac{a}{x}\cdot\frac{1}{a}}=\ln e^{\frac{1}{a}}=\dfrac{1}{a}$.

(2) 由于 $\lim\limits_{x\to 0}\dfrac{e^{x^2}-1}{x^2}\xlongequal{t=x^2}\lim\limits_{t\to 0^+}\dfrac{e^t-1}{t}=1$,故当 $x\to 0$ 时,$e^{x^2}-1\sim x^2$.因此

$$\lim\limits_{x\to 0}\dfrac{\sqrt{1-x\sin x}-1}{e^{x^2}-1}=\lim\limits_{x\to 0}\dfrac{\frac{1}{2}(-x\sin x)}{x^2}=-\dfrac{1}{2}.$$

(3) $\lim\limits_{x\to 0}\dfrac{\sqrt[m]{1+\alpha x}-1}{x}=\lim\limits_{x\to 0}\dfrac{(1+\alpha x)^{\frac{1}{m}}-1}{\alpha x}\alpha=\dfrac{\alpha}{m}$,而 $\lim\limits_{x\to 0}\dfrac{\sqrt[n]{1+\beta x}-1}{x}=\dfrac{\beta}{n}$,因此

$$\lim\limits_{x\to 0}\dfrac{\sqrt[m]{1+\alpha x}\sqrt[n]{1+\beta x}-1}{x}$$

$$=\lim\limits_{x\to 0}\dfrac{\sqrt[m]{1+\alpha x}\cdot\sqrt[n]{1+\beta x}-\sqrt[m]{1+\alpha x}+\sqrt[m]{1+\alpha x}-1}{x}$$

$$=\lim\limits_{x\to 0}\left(\sqrt[m]{1+\alpha x}\cdot\dfrac{\sqrt[n]{1+\beta x}-1}{x}+\dfrac{\sqrt[m]{1+\alpha x}-1}{x}\right)=\dfrac{\beta}{n}+\dfrac{\alpha}{m}.$$

(4) 由于 $\lim\limits_{x\to 0}\dfrac{a^x-1}{x}=\ln a$,所以

$$\lim\limits_{x\to 0}\left(\dfrac{a^x+b^x+c^x}{3}\right)^{\frac{1}{x}}=\lim\limits_{x\to 0}\left(1+\dfrac{a^x+b^x+c^x-3}{3}\right)^{\frac{3}{a^x+b^x+c^x-3}\cdot\frac{a^x+b^x+c^x-3}{3x}}$$

$$=e^{\frac{1}{3}(\ln a+\ln b+\ln c)}=e^{\ln(abc)^{\frac{1}{3}}}=\sqrt[3]{abc}.$$

5. 若函数 $f(x)$,$g(x)$ 都在 $x=x_0$ 点处不连续,问 $f(x)+g(x)$,$f(x)\cdot g(x)$ 是否在 $x=x_0$ 点处也不连续?

解 都不一定.如

$$f(x)=\begin{cases}-1, & x<0,\\ 1, & x\geqslant 0,\end{cases}\quad g(x)=\begin{cases}1, & x<0,\\ -1, & x\geqslant 0,\end{cases}$$

在 $x=0$ 点均不连续,但 $f(x)+g(x)=0$,$f(x)\cdot g(x)=-1$ 均为连续函数.

6. 若 $f(x)$ 连续,$|f(x)|$,$f^2(x)$ 是否也连续?又若 $|f(x)|$,$f^2(x)$ 连续,$f(x)$ 是否也连续?

解 $f(x)$ 连续,则因 $|f(x)|=\sqrt{f^2(x)}$ 和 $f^2(x)=f(x)f(x)$,所以它们是连续的.

若 $|f(x)|$,$f^2(x)$ 连续,$f(x)$ 不一定连续.例如

$$f(x)=\begin{cases}-1, & x<0,\\ 1, & x\geq 0\end{cases}$$

在 $x=0$ 不连续. 而 $|f(x)|=1$, $f^2(x)=1$ 在 $x=0$ 点均连续.

7. 试证任何三次多项式至少有一个零点.

证明 设三次多项式 $f(x)=a_3x^3+a_2x^2+a_1x+a_0$, 不妨设 $a_3>0$, 则

$$\lim_{x\to-\infty}f(x)=\lim_{x\to-\infty}(a_3x^3+a_2x^2+a_1x+a_0)$$

$$=\lim_{x\to-\infty}x^3\left(a_3+\frac{a_2}{x}+\frac{a_1}{x^2}+\frac{a_0}{x^3}\right)=-\infty,$$

$$\lim_{x\to+\infty}f(x)=\lim_{x\to+\infty}(a_3x^3+a_2x^2+a_1x+a_0)$$

$$=\lim_{x\to+\infty}x^3\left(a_3+\frac{a_2}{x}+\frac{a_1}{x^2}+\frac{a_0}{x^3}\right)=+\infty.$$

由于多项式函数 $f(x)$ 是连续的, 故应用零点存在定理知: 任何三次多项式至少有一个零点.

8. 证明方程 $x2^x=1$ 至少有一个小于 1 的正根.

证明 设 $f(x)=x2^x-1$. 由于
$$f(0)=0\cdot 2^0-1=-1<0, \quad f(1)=1\cdot 2^1-1=1>0,$$

从而由零点存在定理知, 至少存在一点 $\xi\in(0,1)$, 使得 $f(\xi)=0$, 即 ξ 是方程 $x2^x=1$ 的根.

9. 试证方程 $x=a\sin x+b(a>0,b>0)$ 至少有一个正根并且它不超过 $a+b$.

证明 设 $f(x)=x-a\sin x-b$, 注意到
$$f(0)=-b<0, \quad f(a+b)=a+b-a\sin(a+b)-b=a(1-\sin(a+b))\geq 0.$$

若 $f(a+b)=0$, 则 $a+b$ 是 $f(x)$ 的零点.

若 $f(a+b)>0$, 则至少存在一点 $\xi\in(0,a+b)$, 使 $f(\xi)=0$.

故方程 $x=a\sin x+b$ 至少有一个不超过 $a+b$ 的正根.

10. 若 $f(x)$ 在 $[a,b]$ 上连续, $a<x_1<x_2<\cdots<x_n<b$, 则在 $[x_1,x_n]$ 中必有 ξ, 使

$$f(\xi)=\frac{f(x_1)+f(x_2)+\cdots+f(x_n)}{n}.$$

证明 由于 $f(x)$ 在 $[a,b]$ 上连续, 故在 $[x_1,x_n]$ 上连续且必有最大、最小值. 设 $m=\min_{x\in[x_1,x_n]}\{f(x)\}$, $M=\max_{x\in[x_1,x_n]}\{f(x)\}$, 于是

$$m\leq\frac{f(x_1)+f(x_2)+\cdots+f(x_n)}{n}\leq M.$$

由连续函数介值定理知, 存在 $\xi\in[x_1,x_n]$, 使得 $f(\xi)=\dfrac{f(x_1)+f(x_2)+\cdots+f(x_n)}{n}$.

11. 证明: 若 $f(x)$ 在 $(-\infty,+\infty)$ 内连续, 且 $\lim_{x\to\infty}f(x)$ 存在, 则 $f(x)$ 必有界.

证明 设 $\lim_{x\to\infty}f(x)=A$, 取 $\varepsilon=1$, 则存在 $X>0$, 使得当 $|x|>X$ 时, 有 $|f(x)-A|<1$, 即有 $|f(x)|<|A|+1$.

而 $f(x)\in C(-\infty,+\infty)$, 故 $f(x)\in C[-X,X]$, 由闭区间上连续函数的有界性知, 存在 $M_1>0$, 当 $x\in[-X,X]$ 时, $|f(x)|\leq M_1$, 取 $M=\max\{|A|+1,M_1\}$, 从而对于 $\forall x\in(-\infty,+\infty)$, $|f(x)|\leq M$ 成立. 即 $f(x)$ 有界.

12. 设 $f(x) \in C[0, 2a]$，且 $f(0)=f(2a)$，试证在区间 $[0, a]$ 内至少存在一点 ξ，使 $f(\xi)=f(\xi+a)$.

证明 设 $F(x)=f(x)-f(x+a)$，则 $F(x) \in C[0,a]$，又
$$F(0)=f(0)-f(0+a)=f(0)-f(a),$$
$$F(a)=f(a)-f(a+a)=f(a)-f(2a)=f(a)-f(0).$$

若 $f(0)=f(a)$，取 $\xi=0$ 或 $\xi=a$，则有 $F(\xi)=0$；

若 $f(0) \neq f(a)$，则 $F(0) \cdot F(a)=-(f(a)-f(0))^2<0$，由连续函数介值定理，至少存在一点 $\xi \in (0,a)$，使得 $F(\xi)=0$. 从而知在 $[0, a]$ 内至少有一点 ξ，使 $F(\xi)=0$，即 $f(\xi)=f(\xi+a)$.

13. 设 $|f(x)| \leqslant |g(x)|$，$g(x)$ 在 $x=0$ 处连续，且 $g(0)=0$，试证 $f(x)$ 在 $x=0$ 处连续.

证明 $|f(0)| \leqslant |g(0)|=0$，因此 $f(0)=0$. 由 $g(x)$ 在 $x=0$ 处连续，有 $\lim\limits_{x \to 0}|g(x)|=0$，由夹挤准则知 $\lim\limits_{x \to 0}|f(x)|=0$，所以 $f(x)$ 在 $x=0$ 处连续.

14. 设 $f(x) \in C[a,b]$，对 (a,b) 内任意两点 $x_1, x_2 (x_1 \neq x_2)$，恒有 $f(x_1) \neq f(x_2)$，证明 $f(x)$ 在 $[a, b]$ 上单调.

证明 (反证法)假设 $f(x)$ 在 $[a, b]$ 上不是单调的，则在 (a, b) 内存在 $x_1<x_2<x_3$，使得 $f(x_1)<f(x_2)$ 且 $f(x_2)>f(x_3)$（或者 $f(x_1)>f(x_2)$ 且 $f(x_2)<f(x_3)$）. 不妨设 $f(x_3)<f(x_1)$，则 $f(x_3)<f(x_1)<f(x_2)$.

由 $f(x)$ 在 $[a,b]$ 内连续及介值定理可知，$\exists x_4 \in (x_2, x_3)$，使得 $f(x_4)=f(x_1)$ 与已知矛盾. 所以假设不成立，原结论成立.

15. 证明：(1) $f(x)=\begin{cases}-1, & x<0 \\ 1, & x>0\end{cases}$ 是初等函数；

(2) 符号函数 $\text{sgn}x$ 不是初等函数.

证明 (1) 因为 $f(x)=\dfrac{x}{\sqrt{x^2}}$，故它是初等函数.

(2) 因为 $\text{sgn}x=\begin{cases}-1, & x<0, \\ 0, & x=0, \\ 1, & x>0,\end{cases}$ 在 $x=0$ 邻域内有定义，但在 $x=0$ 处不连续，

而初等函数在有定义的区间内处处连续，所以 $\text{sgn}x$ 不是初等函数.

16. 设函数 $f(x)$ 在区间 $[a,b]$ 上单调上升，且其值域为区间 $[f(a), f(b)]$. 证明：$f(x)$ 在 $[a,b]$ 上连续.

证明 由单调有界准则，$f(x)$ 在 $[a,b]$ 上每个点处都有单侧极限. 设 x_0 为 $[a,b]$ 上任意一点，由 $f(x)$ 的单调性和极限的保序性知
$$f(a) \leqslant f(x_0^-) \leqslant f(x_0^+) \leqslant f(b).$$
假如 $f(x_0^-)<f(x_0)$，由函数单调性知区间 $(f(x_0^-), f(x_0))$ 不在值域内，与 $f(x)$ 的值域是区间 $[f(a), f(b)]$ 矛盾. 同理可证明 $f(x_0^+)>f(x_0)$ 也是不可能的. 故必有 $f(x_0^-)=f(x_0)=f(x_0^+)$，即 $f(x)$ 在 $[a,b]$ 内任一点处都连续.

2.8

1. 求下列极限.

(1) $\lim\limits_{n \to \infty} \sin^2\left(\pi\sqrt{n^2+n}\right)$；

(2) $\lim\limits_{x \to \frac{\pi}{4}} \tan(2x) \tan\left(\dfrac{\pi}{4}-x\right)$；

(3) $\lim\limits_{n\to\infty}\left(\dfrac{3}{2}\cdot\dfrac{5}{4}\cdot\dfrac{17}{16}\cdot\cdots\cdot\dfrac{2^{2^n}+1}{2^{2^n}}\right)$;

(4) $\lim\limits_{n\to\infty}\left(\dfrac{2^3-1}{2^3+1}\cdot\dfrac{3^3-1}{3^3+1}\cdot\cdots\cdot\dfrac{n^3-1}{n^3+1}\right)$;

(5) $\lim\limits_{n\to\infty}(1+2x+3x^2+\cdots+nx^{n-1})\ (|x|<1)$;

(6) $\lim\limits_{n\to\infty}n(1-x^{\frac{1}{n}})\ (x>0)$;

(7) $\lim\limits_{x\to+\infty}\left[(x+2)\ln(x+2)-2(x+1)\ln(x+1)+x\ln x\right]x$;

(8) $\lim\limits_{n\to\infty}(n!)^{\frac{1}{n^2}}$;

(9) $\lim\limits_{x\to 0}\left(\dfrac{3-e^x}{2+x}\right)^{\frac{1}{\sin x}}$;

(10) $\lim\limits_{n\to\infty}\dfrac{\dfrac{1}{n}-\ln\left(\sin\dfrac{1}{n}+e^{\frac{1}{n}}\right)}{\arcsin\dfrac{1}{n}}$.

解 （1）因 $\sin^2 x$ 以 π 为周期，所以

$$\lim_{n\to\infty}\sin^2(\pi\sqrt{n^2+n})=\lim_{n\to\infty}\sin^2(\pi\sqrt{n^2+n}-n\pi)$$

$$=\lim_{n\to\infty}\sin^2\left(\dfrac{\pi(n^2+n-n^2)}{\sqrt{n^2+n}+n}\right)=\lim_{n\to\infty}\sin^2\left(\dfrac{\pi}{\sqrt{1+\dfrac{1}{n}}+1}\right)=1.$$

(2) $\lim\limits_{x\to\frac{\pi}{4}}\tan(2x)\tan\left(\dfrac{\pi}{4}-x\right)\xlongequal{t=\frac{\pi}{4}-x}\lim\limits_{t\to 0}\tan\left(\dfrac{\pi}{2}-2t\right)\tan t$

$=\lim\limits_{t\to 0}\dfrac{\sin\left(\dfrac{\pi}{2}-2t\right)}{\cos\left(\dfrac{\pi}{2}-2t\right)}\cdot\dfrac{\sin t}{\cos t}=\lim\limits_{t\to 0}\dfrac{\cos 2t}{\sin 2t}\cdot\dfrac{\sin t}{\cos t}=\dfrac{1}{2}$;

(3) $\lim\limits_{n\to\infty}\left(\dfrac{3}{2}\cdot\dfrac{5}{4}\cdot\dfrac{17}{16}\cdots\dfrac{2^{2^n}+1}{2^{2^n}}\right)=\lim\limits_{n\to\infty}\left(\dfrac{2^2-1}{2}\cdot\dfrac{2^2+1}{2^2}\cdot\dfrac{2^4+1}{2^4}\cdots\dfrac{2^{2^n}+1}{2^{2^n}}\right)$

$$=\lim_{n\to\infty}\dfrac{(2^4-1)(2^4+1)\cdots(2^{2^n}+1)}{2^{1+2+2^2+\cdots+2^n}}$$

$$=\lim_{n\to\infty}\dfrac{2^{2^{n+1}}-1}{2^{2^{n+1}-1}}$$

$$=\lim_{n\to\infty}2\left(1-\dfrac{1}{2^{2^{n+1}}}\right)=2.$$

(4) 由于 $(k-1)^2+(k-1)+1=k^2-2k+1+k-1+1=k^2-k+1$，所以

$$\lim_{n\to\infty}\left(\dfrac{2^3-1}{2^3+1}\cdot\dfrac{3^3-1}{3^3+1}\cdots\dfrac{n^3-1}{n^3+1}\right)$$

$$=\lim_{n\to\infty}\dfrac{(2-1)(3-1)\cdots(n-1)}{(2+1)(3+1)\cdots(n+1)}\cdot\dfrac{(2^2+2+1)(3^2+3+1)\cdots(n^2+n+1)}{(2^2-2+1)(3^2-3+1)\cdots(n^2-n+1)}$$

$$=\lim_{n\to\infty}\dfrac{(2-1)(3-1)(n^2+n+1)}{n(n+1)(2^2-2+1)}$$

$$=\dfrac{2}{3}\lim_{n\to\infty}\dfrac{n^2+n+1}{n^2+n}=\dfrac{2}{3}.$$

(5) 设 $s_n = 1+2x+\cdots+nx^{n-1}$, 则
$$s_n - xs_n = 1+x+x^2+\cdots x^{n-1} - nx^n = \frac{1-x^n}{1-x} - nx^n,$$
故 $s_n = \frac{1-x^n}{(1-x)^2} - \frac{nx^n}{1-x}$, 由于 $|nx^n| = \frac{n}{\left|\frac{1}{x}\right|^n} \to 0$, 因此 $\lim_{n\to\infty} s_n = \frac{1}{(1-x)^2}$.

(6) $\lim_{n\to\infty} n(1-x^{\frac{1}{n}}) = \lim_{n\to\infty} \frac{1-x^{\frac{1}{n}}}{\frac{1}{n}} = -\ln x$.

(7) $\lim_{x\to+\infty} [(x+2)\ln(x+2) - 2(x+1)\ln(x+1) + x\ln x] \cdot x$

$= \lim_{x\to+\infty} [\ln(x+2)^{x+2} - \ln(x+1)^{2(x+1)} + \ln x^x] \cdot x$

$= \lim_{x\to+\infty} x \cdot \ln \frac{(x+2)^{x+2} \cdot x^x}{(x+1)^{2(x+1)}}$

$= \lim_{x\to+\infty} x\ln\left[\left(\frac{x+2}{x+1}\right)^2 \left(\frac{x^2+2x}{x^2+2x+1}\right)^x\right]$

$= \lim_{x\to+\infty} \ln\left[\left(1+\frac{1}{x+1}\right)^{2x} \cdot \left(1+\frac{1}{x^2+2x}\right)^{-x^2}\right] = \ln(e^2 e^{-1}) = 1$.

(8) 方法 1: 由于 $1 \leqslant (n!)^{\frac{1}{n^2}} \leqslant (n^n)^{\frac{1}{n^2}} = n^{\frac{1}{n}} = \sqrt[n]{n}$, 而 $\lim_{n\to\infty} \sqrt[n]{n} = 1$, 所以 $\lim_{n\to\infty} (n!)^{\frac{1}{n^2}} = 1$.

方法 2: 原式 $= \lim_{n\to\infty} \exp\left\{\frac{1}{n^2}[\ln 1 + \ln 2 + \cdots + \ln n]\right\} = 1$.

(9) 由于 $x\to 0$ 时, $(2+x)\sin x \sim 2x$, 故
$$\lim_{x\to 0}\left(\frac{3-e^x}{2+x}\right)^{\frac{1}{\sin x}} = \lim_{x\to 0}\left(1+\frac{1-x-e^x}{2+x}\right)^{\frac{2+x}{1-x-e^x} \cdot \frac{1-x-e^x}{\sin x} \cdot \frac{1}{2+x}} = e^{-1}.$$

(10) $\lim_{n\to\infty} \frac{\frac{1}{n} - \ln\left(\sin\frac{1}{n} + e^{\frac{1}{n}}\right)}{\arcsin\frac{1}{n}} = \lim_{n\to\infty} \frac{\frac{1}{n} - \ln\left[e^{\frac{1}{n}}\left(1+e^{-\frac{1}{n}}\sin\frac{1}{n}\right)\right]}{\frac{1}{n}}$

$= \lim_{n\to\infty} \frac{-\ln\left(1+e^{-\frac{1}{n}}\sin\frac{1}{n}\right)}{\frac{1}{n}}$

$= \lim_{n\to\infty} \frac{-\sin\frac{1}{n}}{\frac{1}{n} \cdot e^{\frac{1}{n}}} = -1$.

2. (1) 设 $f(x)$ 在 $x=0$ 附近连续, 且 $\lim_{x\to 0}\left[1+x+\frac{f(x)}{x}\right]^{\frac{1}{x}} = e^3$, 求 $\lim_{x\to 0}\left[1+\frac{f(x)}{x}\right]^{\frac{1}{x}}$.

(2) 设 $\lim\limits_{x\to 0}\dfrac{\ln[1+f(x)\cot x]}{2^x-1}=2$,求 $\lim\limits_{x\to 0}\dfrac{f(x)}{x^2}$.

解 (1) 详细解答过程参见 2.6 节例题分析部分例 19.

(2) 由已知可知,$\lim\limits_{x\to 0}\ln(1+f(x)\cot x)=0$,进而有 $\lim\limits_{x\to 0}f(x)\cot x=0$.于是

$$\lim_{x\to 0}\frac{\ln(1+f(x)\cot x)}{2^x-1}=\lim_{x\to 0}\frac{f(x)\cot x}{x\ln 2}=\lim_{x\to 0}\frac{f(x)}{x^2\ln 2}=2.$$

故 $\lim\limits_{x\to 0}\dfrac{f(x)}{x^2}=2\ln 2$.

3. 已知 $x\to 0$ 时,$(1+ax^2)^{\frac{1}{3}}-1$ 与 $\cos x-1$ 是等价无穷小,求 a.

解 由于当 $x\to 0$ 时,$\cos x-1\sim -\dfrac{1}{2}x^2$,$(1+ax^2)^{\frac{1}{3}}-1\sim \dfrac{1}{3}ax^2$,故

$$\lim_{x\to 0}\frac{(1+ax^2)^{\frac{1}{3}}-1}{\cos x-1}=\lim_{x\to 0}\frac{\dfrac{1}{3}ax^2}{-\dfrac{x^2}{2}}=-\frac{2}{3}a=1,$$

所以 $a=-\dfrac{3}{2}$.

4. 已知 $x\to 0$ 时,$(1-\cos x)\ln(1+x^2)=o(x\sin^n x)$,$x\sin^n x=o(e^{x^2}-1)$,则正整数 n 等于( ).

(A) 1 (B) 2
(C) 3 (D) 4

解 B,详细解答过程参见 2.3 节思考与讨论部分第 9 题.

5. (1) 若 $\lim\limits_{n\to\infty}a_n=a$,证明 $\lim\limits_{n\to\infty}\dfrac{a_1+a_2+a_3+\cdots+a_n}{n}=a$;

(2) 若 $a_n>0$,且 $\lim\limits_{n\to\infty}\dfrac{a_{n+1}}{a_n}=l,l>0$,证明:$\lim\limits_{n\to\infty}\sqrt[n]{a_n}=l$.

证明 参见 2.6 例题分析部分例 13、例 14.

6. 指出函数 $y=\left[1-\exp\left(\dfrac{x}{x-1}\right)\right]^{-1}$ 的间断点,并说明其类型.

解 若使函数有意义,应有 $\begin{cases}x-1\neq 0,\\ 1-\exp\left(\dfrac{x}{x-1}\right)\neq 0,\end{cases}$ 即 $\begin{cases}x\neq 1,\\ x\neq 0,\end{cases}$

因此,$x=1$ 与 $x=0$ 是函数的间断点.

而 $\lim\limits_{x\to 0}\left(1-\exp\left(\dfrac{x}{x-1}\right)\right)^{-1}=\infty$,故 $x=0$ 是函数的第二类间断点.

又 $f(1^-)=\lim\limits_{x\to 1^-}\dfrac{1}{1-e^{\frac{x}{x-1}}}=\dfrac{1}{1-0}=1$,$f(1^+)=\lim\limits_{x\to 1^+}\dfrac{1}{1-e^{\frac{x}{x-1}}}=0$,故 $x=1$ 是该函数的第一类跳跃间断点.

7. 设 $f(x)=\dfrac{e^x-a}{x(x-1)}$，问 a 取何值时，$x=1$ 是可去间断点，此时 $x=0$ 是哪类间断点？

解 由于 $x=1$ 是 $f(x)$ 的可去间断点，因此

$$\lim_{x\to 1}f(x)=\lim_{x\to 1}\dfrac{e^x-a}{x(x-1)}=\lim_{x\to 1}\dfrac{e^x-a}{x-1}$$

存在. 故当 $x\to 1$ 时，e^x-a 应为无穷小量，即有 $a=e$.

由于 $\lim\limits_{x\to 0}f(x)=\lim\limits_{x\to 0}\dfrac{e^x-e}{x(x-1)}=(e-1)\lim\limits_{x\to 0}\dfrac{1}{x}=\infty$，故 $x=0$ 是 $f(x)$ 的第二类间断点.

8. 若 $\lim\limits_{n\to\infty}\dfrac{x_{n+1}}{x_n}=a$，$|a|<1$，证明 $\lim\limits_{n\to\infty}x_n=0$，并用此结果求极限

(1) $\lim\limits_{n\to\infty}\dfrac{n^n}{3^n\cdot n!}$； (2) $\lim\limits_{n\to\infty}\dfrac{n^n}{2^n\cdot n!}$.

证明 由题设条件知，$\lim\limits_{n\to\infty}\dfrac{|x_{n+1}|}{|x_n|}=|a|<r<1$，其中 r 是区间 $(|a|,1)$ 内任意取定的常数. 由极限的局部保序性知，存在正整数 N，当 $n>N$ 时恒有 $\dfrac{|x_{n+1}|}{|x_n|}<r$，即 $|x_{n+1}|<r|x_n|$. 于是，当 $n>N$ 时 $|x_n|<r|x_{n-1}|<\cdots<r^{n-N}|x_N|$，所以 $\lim\limits_{n\to\infty}x_n=0$.

(1) 因为 $\dfrac{x_{n+1}}{x_n}=\dfrac{1}{3}\left(1+\dfrac{1}{n}\right)^n\to\dfrac{e}{3}<1$，所以 $\lim\limits_{n\to\infty}\dfrac{n^n}{3^n n!}=0$.

(2) 因为 $\dfrac{x_{n+1}}{x_n}=\dfrac{1}{2}\left(1+\dfrac{1}{n}\right)^n\to\dfrac{e}{2}>1$，所以 $\lim\limits_{n\to\infty}\dfrac{2^n n!}{n^n}=0$，从而 $\lim\limits_{n\to\infty}\dfrac{n^n}{2^n n!}=\infty$.

9. 设 $f(x)$ 对任何实数 x_1，x_2 满足 $f(x_1+x_2)=f(x_1)+f(x_2)$，而且 $f(x)$ 在 $x=a$ 点处连续，证明 $f(x)$ 是连续函数.

证明 对 $\forall x\in(-\infty,+\infty)$，

$$\lim_{\Delta x\to 0}f(x+\Delta x)=\lim_{\Delta x\to 0}(f(x)+f(\Delta x))=\lim_{\Delta x\to 0}(f(x)+f(a)+f(\Delta x)-f(a))$$
$$=f(x)+\lim_{\Delta x\to 0}(f(a+\Delta x)-f(a))=f(x)+0=f(x),$$

所以 $f(x)$ 是连续函数.

10. 设 $f(x)\in C(-\infty,+\infty)$，且 $f[f(x)]=x$，证明必有一点 ξ，使 $f(\xi)=\xi$.

证明 若 $x_0=f(x_0)$，取 $\xi=x_0$ 即可. 若 $x_0\neq f(x_0)$，设 $F(x)=f(x)-x$，则 $F(x)\in C(-\infty,+\infty)$. 由于

$$F(x_0)=f(x_0)-x_0,\quad F(f(x_0))=f(f(x_0))-f(x_0)=x_0-f(x_0),$$
$$F(x_0)\cdot F(f(x_0))=-(x_0-f(x_0))^2<0,$$

即 $F(x)$ 在以 x_0 及 $f(x_0)$ 为端点的区间上满足零点存在定理，因此存在 ξ 介于 x_0 与 $f(x_0)$ 之间，使 $F(\xi)=0$，即 $f(\xi)=\xi$.

11. 如果 $f(x)$ 在区间 $[a,b]$ 内处处有定义，且除有有限个第一类间断点外处处连续，试证 $f(x)$ 在 $[a,b]$ 上有界.

证明 设 $x_1,x_2,\cdots,x_n$ 是 $f(x)$ 的 n 个第一类间断点，不妨设

$$a=x_0<x_1<x_2<x_3<\cdots<x_n<x_{n+1}=b.$$

令 $F_i(x) = \begin{cases} f(x_{i-1}^+), & x = x_{i-1}, \\ f(x), & x_{i-1} < x < x_i, \quad i = 1, 2, \cdots, n+1, \\ f(x_i^-), & x = x_i, \end{cases}$

则 $F_i(x) \in C[x_{i-1}, x_i]$ ($i = 1, 2, \cdots, n+1$),故有 $M_i > 0$,使当 $x \in [x_{i-1}, x_i]$ 时
$$|F_i(x)| \leq M_i, i = 1, 2, \cdots, n+1,$$
于是当 $x \in (x_{i-1}, x_i)$ 时,有 $|f(x)| \leq M_i, i = 1, 2, \cdots, n+1$,取
$$M = \max\{M_1, M_2, \cdots, M_{n+1}, |f(a)|, |f(x_1)|, |f(x_2)|, \cdots, |f(x_n)|, |f(b)|\},$$
则当 $x \in [a, b]$ 时,有 $|f(x)| \leq M$.

12. 单调有界函数的间断点是哪一类间断点,证明你的结论.

证明 是第一类间断点.设 x_0 是单调有界函数 $f(x)$ 的间断点,则由单调有界有极限定理知 $f(x_0^-)$ 和 $f(x_0^+)$ 均存在.因此,x_0 是 $f(x)$ 的第一类间断点.

13. 设函数 $f(x) \in C[0,1]$,且 $0 \leq f(x) \leq x$,任取一点 $x_1 \in (0,1)$,并令 $x_{n+1} = f(x_n)$ ($n = 1, 2, \cdots$),证明:(1) $\lim\limits_{n \to \infty} x_n$ 存在;(2) 设 $\lim\limits_{n \to \infty} x_n = a$,则 $f(a) = a$.

证明 (1) 因为 $0 \leq f(x) \leq x$,所以 $0 \leq x_{n+1} = f(x_n) \leq x_n$,即 $\{x_n\}$ 单调递减且有下界,故 $\lim\limits_{n \to \infty} x_n$ 存在.

(2) 因为 $f(x)$ 连续,又 $\lim\limits_{n \to \infty} x_n = a$,等式 $x_{n+1} = f(x_n)$ 两边取极限得
$$a = \lim_{n \to \infty} x_{n+1} = \lim_{n \to \infty} f(x_n) = f(\lim_{n \to \infty} x_n) = f(a).$$

14. 设点 P 为椭圆内任一点(不在边界线上),证明椭圆过 P 点的弦中至少有一条以 P 点为中点.

证明 过 P 点任意作椭圆的一个弦交椭圆上 M、N 两点,若 $MP = PN$,则此弦就是题目中所述的弦.若不然,让弦以 P 为轴心逆时针转动,设转角为 θ,则 $MP - PN$ 是 θ 的函数,记为 $MP - PN = f(\theta)$,且 $f(\theta)$ 是 θ 的连续函数.不妨设 $f(0) > 0$,则 $f(\pi) = -f(0) < 0$.由连续函数零点定理知,存在 $\xi \in (0, \pi)$ 使得 $f(\xi) = 0$,即转角 $\theta = \xi$ 时,得到以 P 为中点的弦.

第三章 导数与微分

3.1 教学基本要求

1. 理解导数与微分概念的本质,理解导数的几何意义,会求平面曲线的切线方程和法线方程.了解导数的物理意义,会用导数描述一些物理量,理解函数的可导性与连续性之间的关系.

2. 掌握导数的四则运算法则和复合函数的求导法,掌握基本初等函数的导数公式.了解微分的四则运算法则和一阶微分形式的不变性,了解微分在近似计算中的应用.

3. 了解高阶导数的概念,会求简单函数的 n 阶导数.

4. 会求分段函数的一阶、二阶导数.

5. 会求隐函数和参数方程确定的函数的一阶、二阶导数,会求反函数的导数.

导数与微分是一元函数微分学的两个重要概念,深刻理解这两个概念的本质,掌握导数和微分的各种求法以及导数的应用是本章的重点.

3.2 内 容 总 结

3.2.1 基本概念

1. 导数概念

(1)**导数** 设函数 $y=f(x)$ 在 x_0 的某邻域内有定义,当自变量从 x_0 变到 $x_0+\Delta x$ 时,函数 $y=f(x)$ 的增量

$$\Delta y = f(x_0+\Delta x)-f(x_0)$$

与自变量的增量 Δx 之比

$$\frac{\Delta y}{\Delta x}=\frac{f(x_0+\Delta x)-f(x_0)}{\Delta x}$$

称为 $f(x)$ 的平均变化率.如果 $\Delta x \to 0$ 时,平均变化率的极限

$$\lim_{\Delta x \to 0}\frac{\Delta y}{\Delta x}=\lim_{\Delta x \to 0}\frac{f(x_0+\Delta x)-f(x_0)}{\Delta x} \tag{3.1}$$

存在,则称函数 $f(x)$ 在 x_0 处**可导**或**有导数**,并称此极限值为函数 $f(x)$ 在 x_0 处的**导数**,可用下列记号

$$y'\big|_{x=x_0}, \quad f'(x_0), \quad \frac{\mathrm{d}y}{\mathrm{d}x}\bigg|_{x=x_0}, \quad \frac{\mathrm{d}f}{\mathrm{d}x}\bigg|_{x=x_0}$$

中的任何一个表示,如

$$f'(x_0) = \lim_{\Delta x \to 0} \frac{f(x_0 + \Delta x) - f(x_0)}{\Delta x}.$$

若记 $x_0 + \Delta x = x$,则

$$f'(x_0) = \lim_{x \to x_0} \frac{f(x) - f(x_0)}{x - x_0}.$$

当极限(3.1)不存在时,称函数 $f(x)$ 在 x_0 处不可导或导数不存在.

(2) **左(右)导数** 如果极限

$$\lim_{\Delta x \to 0^-} \frac{f(x_0 + \Delta x) - f(x_0)}{\Delta x} \left(\lim_{\Delta x \to 0^+} \frac{f(x_0 + \Delta x) - f(x_0)}{\Delta x} \right)$$

存在,则称此极限值为函数 $f(x)$ 在 x_0 处的**左导数**(**右导数**),记为 $f'_-(x_0)$ ($f'_+(x_0)$).

(3) **导函数** 如果函数 $y = f(x)$ 在区间 (a,b) 内每一点处都有导数,则称函数 $f(x)$ 在区间 (a,b) 内可导,记为 $f(x) \in D(a,b)$. $\forall x \in (a,b)$,

$$f'(x) = \lim_{\Delta x \to 0} \frac{f(x + \Delta x) - f(x)}{\Delta x},$$

称 $f'(x)$ 为 $f(x)$ 的**导函数**,简称为 $f(x)$ 的导数或 $f(x)$ 的**一阶导数**.

(4) **高阶导数** 函数 $y = f(x)$ 的一阶导数 $f'(x)$ 的导数

$$f''(x) = \lim_{\Delta x \to 0} \frac{f'(x + \Delta x) - f'(x)}{\Delta x},$$

称为 $f(x)$ 的**二阶导数**.

函数 $y = f(x)$ 的 $n-1$ 阶导数的导数,称为 $f(x)$ 的 n 阶导数

$$f^{(n)}(x) = \lim_{\Delta x \to 0} \frac{f^{(n-1)}(x + \Delta x) - f^{(n-1)}(x)}{\Delta x}.$$

2. 微分

设函数 $y = f(x)$ 在 x_0 的某邻域内有定义,如果自变量从 x_0 变到 $x_0 + \Delta x$ 时,函数的增量 $\Delta y = f(x_0 + \Delta x) - f(x_0)$ 恒可表为

$$\Delta y = A \Delta x + o(\Delta x)$$

的形式,其中 A 与 Δx 无关,则称函数 $f(x)$ 在 x_0 处**可微**,并把 $A \Delta x$ 称为 $f(x)$ 在 x_0 处**微分**,记为 $\mathrm{d}y|_{x=x_0}$,即

$$\mathrm{d}y|_{x=x_0} = A \Delta x.$$

实际上,微分是函数的增量的线性主部.

3.2.2 基本理论

1. 导数 $f'(x_0)$ 的几何意义:曲线 $y = f(x)$ 在点 $(x_0, f(x_0))$ 处的切线斜率.导数 $f'(x_0)$ 的物理意义:函数 $y = f(x)$ 在点 x_0 处随自变量变化的瞬时变化率.

2. 微分 $dy|_{x=x_0}$ 的几何意义：曲线 $y=f(x)$ 在点 $(x_0,f(x_0))$ 处的切线的纵坐标的增量.

3. 可导与左、右导数的关系：$\boxed{f'(x_0)\text{存在}} \Leftrightarrow \boxed{f'_-(x_0)=f'_+(x_0)}$.

4. 可导与连续的关系：函数 $y=f(x)$ 在 x_0 处，$\boxed{\text{可导}} \underset{\not\Leftarrow}{\Rightarrow} \boxed{\text{连续}} \underset{\not\Leftarrow}{\Rightarrow} \boxed{\text{有极限}}$.

5. 可导与可微的关系：函数 $y=f(x)$ 在 x_0 处，$\boxed{\text{可导}} \Leftrightarrow \boxed{\text{可微}}$，$dy=f'(x_0)dx$.

3.2.3 基本方法

1. 导数的基本公式：

(1) $(C)'=0$;　　　　　　　　　　(2) $(x^\mu)'=\mu x^{\mu-1}$;

(3) $(a^x)'=a^x\ln a$;　　　　　　　(4) $(e^x)'=e^x$;

(5) $(\log_a x)'=\dfrac{1}{x\ln a}$;　　　　　(6) $(\ln x)'=\dfrac{1}{x}$;

(7) $(\sin x)'=\cos x$;　　　　　　(8) $(\cos x)'=-\sin x$;

(9) $(\tan x)'=\dfrac{1}{\cos^2 x}=\sec^2 x$;　(10) $(\cot x)'=-\dfrac{1}{\sin^2 x}=-\csc^2 x$;

(11) $(\sec x)'=\sec x\tan x$;　　　(12) $(\csc x)'=-\csc x\cot x$;

(13) $(\arcsin x)'=\dfrac{1}{\sqrt{1-x^2}}$;　　(14) $(\arccos x)'=\dfrac{-1}{\sqrt{1-x^2}}$;

(15) $(\arctan x)'=\dfrac{1}{1+x^2}$;　　(16) $(\operatorname{arccot} x)'=\dfrac{-1}{1+x^2}$.

牢记导数的基本公式，注意下述特点：(1) 幂函数的导数是自封闭的（即未超出幂函数范围）；指数函数的导数是自封闭的；三角函数的导数自封闭，特别，正、余弦的导数自封闭. (2) 带"余"字的三角函数及反三角函数的导数公式中带负号. (3) 对数函数、反三角函数的导数是代数函数（比求导前的超越函数简单），这些对将来思考某些问题时是有益的.

由函数的微分与导数的关系：$dy=f'(x)dx$，容易得到微分的基本公式.

2. 四则运算的导数（微分）法则. 设 $u=u(x)$，$v=v(x)$ 在同一点 x 处均可导，则有

(1) $(u\pm v)'=u'\pm v'$;　　$d(u\pm v)=du\pm dv$;

(2) $(uv)'=u'v+uv'$;　　$d(uv)=udv+vdu$;

(3) $\left(\dfrac{u}{v}\right)'=\dfrac{u'v-v'u}{v^2}(v\neq 0)$;　　$d\left(\dfrac{u}{v}\right)=\dfrac{vdu-udv}{v^2}(v\neq 0)$.

3. 复合函数的导数（微分）法则. 设 $y=f(u)$，$u=\varphi(x)$ 在对应点处均可导，则有

$$\dfrac{dy}{dx}=\dfrac{dy}{du}\dfrac{du}{dx},$$

即

$$[f(\varphi(x))]'=f'_u(\varphi(x))\varphi'_x(x).$$

复合函数 $y=f(\varphi(x))$ 的微分，具有形式不变性

$$dy=f'(u)du=[f(\varphi(x))]'dx.$$

4. 由方程 $F(x,y)=0$ 确定的隐函数求导方法. 先将方程两边同时关于 x 求导(注意, y 是 x 的函数, y 的函数是 x 的复合函数), 然后从等式中解出 $y'(x)$.

取对数求导法: 对幂指函数 $y=u(x)^{v(x)}$ 或多个因式乘除的函数, 先取自然对数, 使之化为隐函数, 再用隐函数求导法求导, 这种方法叫取对数求导法.

5. 参数方程求导法. 设 $x=\varphi(t)$, $y=\psi(t)$ 都可导, 且 $\varphi'(t)\neq 0$, 则有

$$\frac{dy}{dx}=\frac{\dfrac{dy}{dt}}{\dfrac{dx}{dt}}=\frac{\psi'(t)}{\varphi'(t)}.$$

6. 反函数求导法. 设函数 $x=\varphi(y)$ 可导, 且 $\varphi'(y)\neq 0$, 则其反函数 $y=f(x)$ 在对应点 x 处可导, 且

$$\frac{dy}{dx}=\frac{1}{\dfrac{dx}{dy}}, \quad 即 \quad f'(x)=\frac{1}{\varphi'(y)}.$$

7. 高阶导数

(1) 几个常用的 n 阶导数公式

① $(e^{\lambda x})^{(n)}=\lambda^n e^{\lambda x}$ (λ 为常数);

② $(\sin x)^{(n)}=\sin\left(x+n\dfrac{\pi}{2}\right)$;

③ $(\cos x)^{(n)}=\cos\left(x+n\dfrac{\pi}{2}\right)$;

④ $(x^\mu)^{(n)}=\mu(\mu-1)\cdots(\mu-n+1)x^{\mu-n}$;

⑤ $\left(\dfrac{1}{x+a}\right)^{(n)}=(-1)^n\dfrac{n!}{(x+a)^{n+1}}$;

⑥ $[\ln(x+a)]^{(n)}=(-1)^{n-1}\dfrac{(n-1)!}{(x+a)^n}$.

(2) n 阶导数的几个法则. 设 u,v 均有 n 阶导数, 则有

① $(u\pm v)^{(n)}=u^{(n)}\pm v^{(n)}$;

② $(Cu)^{(n)}=Cu^{(n)}$;

③ $(uv)^{(n)}=\sum_{k=0}^{n}C_n^k u^{(n-k)}v^{(k)}=u^{(n)}v+nu^{(n-1)}v'+\dfrac{n(n-1)}{2!}u^{(n-2)}v''+\cdots+uv^{(n)}$,

其中③式称为**莱布尼茨公式**.

(3) 参数方程的二阶导数. 由参数方程 $x=\varphi(t)$, $y=\psi(t)$ 确定的函数 $y=y(x)$,

$$y'_x=\frac{y'_t}{x'_t}=\frac{\psi'(t)}{\varphi'(t)} \quad (\varphi'(t)\neq 0),$$

$$y''_{xx}=\frac{(y'_x)'_t}{x'_t}=\frac{\left[\dfrac{\psi'(t)}{\varphi'(t)}\right]'}{\varphi'(t)}=\frac{\psi''(t)\varphi'(t)-\varphi''(t)\psi'(t)}{[\varphi'(t)]^3}.$$

(4) 隐函数 $F(x,y)=0$ 确定的函数二阶导数求法. 将方程两边关于 x 求导, 所得到的式子再对 x 求导, 从得到的两个式子中, 解出 y'_x 和 y''_{xx}.

一般函数的高阶导数可逐级求导, 或用归纳法得到.

3.3 思考与讨论

1. 某物体的温度 τ 是时间 t 的函数 $\tau=\tau(t)$, 则 t_0 时刻温度的增长速度和冷却速度依次为 ____.

分析 因为函数的导数表示函数(因变量)随自变量变化的瞬时变化率, 是函数对自变量的增长速率, 故函数的增长速率应为导数, 而减少速度应为导数的负值.

应填 $\tau'(t_0)$ 和 $-\tau'(t_0)$.

2. 设函数 $F(x)=\begin{cases} \dfrac{f(x)}{x}, & x\neq 0 \\ f(0), & x=0, \end{cases}$ 其中 $f(0)=0$, $f'(0)$ 存在且不为零, 则 $x=0$ 是 $F(x)$ 的 ( ).

(A) 连续点　　　　(B) 可去间断点　　　(C) 跳跃间断点　　　(D) 第二类间断点

分析 由连续与间断的定义, 需考察极限

$$\lim_{x\to 0}F(x)=\lim_{x\to 0}\frac{f(x)}{x}=\lim_{x\to 0}\frac{f(x)-f(0)}{x}=f'(0)\neq 0=F(0).$$

应选 B.

3. 已知 $\lim\limits_{x\to 0}\dfrac{f(1)-f(1-x)}{2x}=-1$, 则曲线 $y=f(x)$ 在点 $(1, f(1))$ 处的切线斜率为 ( ).

(A) 2　　　　　(B) -1　　　　　(C) $\dfrac{1}{2}$　　　　　(D) -2

分析 由导数定义

$$\lim_{x\to 0}\frac{f(1)-f(1-x)}{2x}=\frac{1}{2}\lim_{x\to 0}\frac{f(1-x)-f(1)}{-x}=\frac{1}{2}f'(1)=-1$$

及导数的几何意义, 可得结论. 应选 D.

4. 设

$$f(x)=\begin{cases} \dfrac{1-\cos x}{\sqrt{x}}, & x>0, \\ x^2 g(x), & x\leq 0, \end{cases}$$

其中 $g(x)$ 是有界函数, 则 $f(x)$ 在 $x=0$ 处 ( ).

(A) 极限不存在　　　　　　　　　　(B) 极限存在, 但不连续
(C) 连续, 但不可导　　　　　　　　(D) 可导

分析 因 $x\to 0$ 时, $1-\cos x\sim\dfrac{1}{2}x^2$, 故 $f(0^+)=0$, 又 $f(0^-)=0$, $f(0)=0$, 故否定 (A)、(B).

按左右导数定义易知 $f'_+(0)=0$，$f'_-(0)=0$，故 $f'(0)$ 存在，否定(C)．

应选 D．

5. 设 $f(x)$ 在区间 $(-\delta,\delta)$ 内有定义，且 $|f(x)|\leqslant x^2$，则 $x=0$ 必是 $f(x)$ 的（　　）．

(A) 间断点

(B) 连续而不可导的点

(C) 可导的点，且 $f'(0)=0$

(D) 可导的点，且 $f'(0)\neq 0$

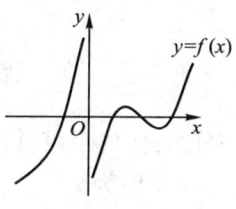

图 3.1

分析　由 $-x^2\leqslant f(x)\leqslant x^2$ 知，曲线 $y=f(x)$ 夹挤在抛物线 $y=\pm x^2$ 之间，借助几何易知 $f(x)$ 在 $x=0$ 处连续、可导，且导数为零．

应选 C．

6. 设函数在定义域内可导，$y=f(x)$ 的图形如图 3.1，则导函数 $y=f'(x)$ 的图形如图 3.2 中的（　　）．

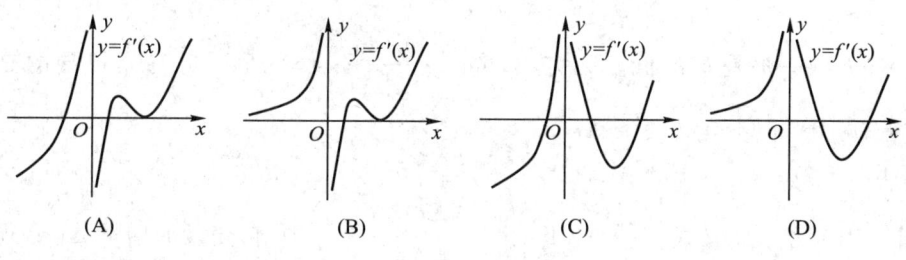

(A)　　　　(B)　　　　(C)　　　　(D)

图 3.2

分析　根据导数的几何意义为曲线的切线斜率，当 $x<0$ 时，$f'(x)>0$，否定(A)、(C)．当 $x>0$ 时，从零到 $f(x)$ 的峰值点前，$f'(x)>0$，从峰值点到谷值点之间 $f'(x)<0$，以后 $f'(x)>0$，否定了(B)．

应选 D．

7. 设 $f(0)=0$，则 $f(x)$ 在 $x=0$ 处可导的充要条件是（　　）．

(A) $\lim\limits_{h\to 0}\dfrac{1}{h}[f(2h)-f(h)]$ 存在

(B) $\lim\limits_{h\to 0}\dfrac{1}{2h}f(1-\mathrm{e}^h)$ 存在

(C) $\lim\limits_{h\to 0}\dfrac{1}{h^2}f(1-\cos h)$ 存在

(D) $\lim\limits_{h\to 0}\dfrac{1}{h^4}f(\tan h-\sin h)$ 存在

分析　要根据导数的定义 $f'(0)=\lim\limits_{h\to 0}\dfrac{f(h)-f(0)}{h}=\lim\limits_{h\to 0}\dfrac{f(h)}{h}$ 来讨论．

(A) 若 $f(x)$ 在点 $x=0$ 可导，则

$$\lim_{h\to 0}\dfrac{1}{h}[f(2h)-f(h)]=\lim_{h\to 0}\left[2\dfrac{f(2h)}{2h}-\dfrac{f(h)}{h}\right]=2f'(0)-f'(0).$$

这表明 $\lim\limits_{h\to 0}\dfrac{1}{h}[f(2h)-f(h)]$ 存在．

反之，若(A)成立，则 $\lim\limits_{h\to 0}[f(2h)-f(h)]=0$，但这不能保证 $f(x)$ 在点 $x=0$ 处的连续性，更不能保证其可导性．例如 $f(x)=\begin{cases}2x+1,&x\neq 0,\\ 0,&x=0.\end{cases}$

(B) 因为

$$\lim_{h \to 0} \frac{1}{2h} f(1-e^h) = \lim_{h \to 0} \frac{f(1-e^h)}{1-e^h} \cdot \frac{1-e^h}{2h} = -\frac{1}{2} f'(0),$$

其中自变量的增量 $\Delta x = 1-e^h$ 可正可负,所以(B)与可导等价,是可导的充要条件.

(C) 因为

$$\lim_{h \to 0} \frac{1}{h^2} f(1-\cos h) = \lim_{h \to 0} \frac{f(1-\cos h)}{1-\cos h} \cdot \frac{1-\cos h}{h^2} = \frac{1}{2} f'_+(0),$$

其中自变量的增量 $\Delta x = 1-\cos h$ 非负,故(C)是可导的必要条件,不是充分条件.

(D) 因为

$$\lim_{h \to 0} \frac{1}{h^4} f(\tan h - \sin h) = \lim_{h \to 0} \frac{f(\tan h - \sin h)}{\tan h - \sin h} \cdot \frac{\tan h - \sin h}{h^4},$$

又 $(\tan h - \sin h) \sim \frac{1}{2} h^3$ 是 h^4 的低阶无穷小,$\lim_{h \to 0} \frac{\tan h - \sin h}{h^4} = \infty$. 所以,(D)是可导的充分条件(此时,$f'(0) = 0$),但不是必要条件.

应选 B.

【注】 (1) 导数定义式 $f'(x_0) = \lim_{\Delta x \to 0} \frac{f(x_0 + \Delta x) - f(x_0)}{\Delta x}$ 中,自变量的增量 Δx 必须是可正可负的.(2) $f(x_0 + \Delta x)$ 中的 Δx 与分母中的 Δx,若换为 $\Delta x \to 0$ 时的两个等价无穷小与导数定义保持等价;若把它们换为两个同阶无穷小,仍能保持可导性,但极限值可能与导数值差一个非零常数因子,如(B).(3) 极限(A)称为 $f(x)$ 在 $x = 0$ 处的对称导数,可导保证有对称导数,但有对称导数推不出可导(对称导数不涉及 x_0 处的函数值).

8. 若 $f(x) = -f(-x)$,在区间 $(0, +\infty)$ 内,$f'(x) > 0$,$f''(x) > 0$,则在区间 $(-\infty, 0)$ 内( ).

(A) $f'(x) < 0$,$f''(x) < 0$ (B) $f'(x) < 0$,$f''(x) > 0$
(C) $f'(x) > 0$,$f''(x) < 0$ (D) $f'(x) > 0$,$f''(x) > 0$

分析 这里 $f(x)$ 是奇函数,因此由复合函数求导法知 $f'(x)$ 为偶函数,$f''(x)$ 为奇函数.

应选 C.

9. 设函数在某一区间上可导,则下列结论正确的是( ).

(A) 奇函数的导数是奇函数 (B) 周期函数的导数是周期函数
(C) 单调函数的导数是单调函数 (D) 有界函数的导数是有界函数

分析 因奇函数的导数是偶函数,否定了(A);若 $f(x) = f(x+T)$,由复合函数求导法有 $f'(x) = f'(x+T)$,(B)肯定正确;$y = x^3$ 在 $(-\infty, +\infty)$ 上单调上升,其导数 $y' = 3x^2$ 在 $(-\infty, +\infty)$ 上不单调,否定了(C);$y = x^{\frac{1}{3}}$ 在区间 $(0, 1)$ 内有界,但导函数 $y' = \frac{1}{3x^{\frac{2}{3}}}$ 在区间 $(0, 1)$ 内无界.

应选 B.

10. 设 $f(x)$ 在 $x = a$ 处连续,$F(x) = f(x)|x-a|$,则 $f(a) = 0$ 是 $F(x)$ 在 $x = a$ 处可导的( ).

(A) 充要条件 (B) 充分,但非必要条件
(C) 必要,但非充分条件 (D) 既不充分,又不必要条件

分析 因为

$$F(x)=\begin{cases}-(x-a)f(x),&x<a,\\0,&x=a,\\(x-a)f(x),&x>a.\end{cases}$$

由左、右导数的定义及 $f(x)$ 在 $x=a$ 处连续,有

$$F'_-(a)=\lim_{x\to a^-}\frac{-(x-a)f(x)}{x-a}=-f(a^-)=-f(a),$$

$$F'_+(a)=\lim_{x\to a^+}\frac{(x-a)f(x)}{x-a}=f(a^+)=f(a).$$

由此可见,$f(a)=0$ 是 $F(x)$ 在 $x=a$ 处可导的充要条件,且此时 $F'(a)=0$.

应选 A.

11. 函数 $f(x)=(x^2-x-2)|x^3-x|$ 不可导的点的个数为( ).

(A) 0   (B) 1   (C) 2   (D) 3

分析 因多项式函数是处处可导的,可导的函数带有绝对值号后,不可导的点只可能出现在绝对值号内的表达式为零值的点.可以考察这样点处的左、右导数来确定可导性,以这样的点为分段点,通过分段函数表达出所给的函数,对讨论问题是方便的.或者可直接利用 10 题的结论,将函数因式分解为

$$f(x)=(x-2)(x+1)|x||x-1||x+1|,$$

便知不可导的点仅有两个,$x=0$ 和 $x=1$.

应选 C.

12. 设函数 $f(x)=3x^3+x^2|x|$,则使 $f^{(n)}(0)$ 存在的最高阶数 $n=$( ).

(A) 0   (B) 1   (C) 2   (D) 3

分析 只需讨论

$$f_1(x)=x^2|x|=\begin{cases}-x^3,&x<0,\\x^3,&x\geqslant 0.\end{cases}$$

在 $x=0$ 处的高阶导数,可以逐阶求此分段函数的高阶导数,特别是在分段点处,通常按定义分左、右导数计算.如果我们借助幂函数的图形及导数的几何意义,可以较快地得到答案.

$$f'_1(x)=3x|x|=\begin{cases}-3x^2,&x<0,\\3x^2,&x\geqslant 0,\end{cases}$$

$$f''_1(x)=6|x|.$$

$f_1(x)$ 在 $x=0$ 处三阶导数不存在(注意,$f'_1(0)=0$,$f''_1(0)=0$ 都可以借助几何直接得到),故 $f(x)$ 在 $x=0$ 处最高阶导数是二阶的.

应选 C.

13. 设 $f(x)$ 可导，且 $f'(x_0)=\dfrac{1}{2}$，则 $\Delta x \to 0$ 时，$f(x)$ 在 x_0 处的微分 $\mathrm{d}y$ 是 Δx 的（　　）.

（A）等价无穷小　　　　　　　　（B）同阶，但不等价的无穷小
（C）低阶无穷小　　　　　　　　（D）高阶无穷小

分析　由微分与导数的关系

$$\mathrm{d}y = f'(x_0)\Delta x = \dfrac{1}{2}\Delta x,$$

可见 $\mathrm{d}y$ 是 Δx 的同阶无穷小，但不是等价的.

应选 B.

【注】　由 $\mathrm{d}y = f'(x_0)\Delta x$ 可知，当 $f'(x_0)=0$ 时，$\mathrm{d}y$ 是 Δx 的高阶无穷小；当 $f'(x_0)=1$ 时，$\mathrm{d}y$ 与 Δx 是等价无穷小；当 $f'(x_0)\neq 0$ 时，$\mathrm{d}y$ 是 Δx 的同阶无穷小.

3.4　典型错误纠正

1. 设

$$f(x) = \begin{cases} x^2 \sin\dfrac{1}{x}, & x \neq 0, \\ 0, & x = 0. \end{cases}$$

求 $f'(0)$.

解法 1　$f'(0) = [f(0)]' = 0' = 0.$

解法 2　因为

$$f'(x) = 2x\sin\dfrac{1}{x} - \cos\dfrac{1}{x}.$$

（1）导函数在 $x=0$ 处无意义，所以 $f'(0)$ 不存在.（2）$f'(x)$ 在 $x\to 0$ 时极限不存在，所以 $f'(0)$ 不存在.

问题分析　解法 1 是个严重的概念性的错误，照此想法，任何一点处函数的导数均为零了.函数 $f(x)$ 在 x_0 处的导数 $f'(x_0)$，不仅与 x_0 处的函数值有关，还与 x_0 附近的函数值有关

$$f'(x_0) = \lim_{\Delta x \to 0}\dfrac{f(x_0+\Delta x)-f(x_0)}{\Delta x},$$

它描述的是 x_0 点处函数的性态.

解法 2 中给出的 $f'(x)$ 是 $x\neq 0$ 时导函数的表达式，它不包括 $x=0$ 处的导数，所以（1）中由 $f'(x)$ 看 $f'(0)$ 是错误的.（2）中的错误是误认为 $f'(0) = \lim\limits_{x\to 0}f'(x)$.其实，导函数在 $x\to 0$ 时的极限和函数在 $x=0$ 处的导数不是一回事.只有导函数 $f'(x)$ 在 $x=0$ 处连续时，它们才相等.（由教材 4.7 节的例 1 知检验条件可放松些.）

这样的分段函数在分段点处的导数，一般要用导数定义来求

$$f'(0) = \lim_{x \to 0}\frac{f(x)-f(0)}{x-0} = \lim_{x \to 0}\frac{x^2\sin\frac{1}{x}-0}{x} = \lim_{x \to 0}x\sin\frac{1}{x} = 0.$$

2. 设 $f(x) = \begin{cases} \frac{1}{3}(x+1)^3, & x<0, \\ x+1, & x \geq 0, \end{cases}$ 求 $f'(x)$.

解 当 $x<0$ 时,$f'(x) = (x+1)^2$,当 $x>0$ 时,$f'(x) = 1$,故
$$f'_-(0) = (x+1)^2\Big|_{x=0} = 1, \quad f'_+(0) = 1,$$
因此,$f'(0) = 1$.于是
$$f'(x) = \begin{cases} (x+1)^2, & x<0, \\ 1, & x \geq 0. \end{cases}$$

问题分析 函数可导必连续.讨论函数的可导性时,首先应考察其连续性,不连续点处不可导.在分段点处,如果函数连续,再用左右导数判定可导性.本题中,$f(0) = 1$,$f(0^-) = \frac{1}{3}$,$f(0^+) = 1$,说明 $f(x)$ 在 $x = 0$ 处不连续,因此不可导.题(解)中缺少了连续性的判定.具体错误出现在左导数的计算上,如果用定义
$$f'_-(0) = \lim_{x \to 0^-}\frac{f(x)-f(0)}{x} = \lim_{x \to 0^-}\frac{\frac{1}{3}(x+1)^3-1}{x}$$
$$= \lim_{x \to 0^-}\left[\frac{x^2}{3}+x+1-\frac{2}{3x}\right] = \infty,$$
故左导数不存在,其原因就在于 $x = 0$ 处左不连续,增量 $\Delta y = f(x)-f(0)$ 不是无穷小.

3. 讨论函数 $f(x)$ 在 x_0 处的对称导数 $\lim\limits_{h \to 0}\frac{f(x_0+h)-f(x_0-h)}{2h}$ 与导数 $f'(x_0)$ 之间的关系.

解 当 $f'(x_0)$ 存在时,因为
$$\lim_{h \to 0}\frac{f(x_0+h)-f(x_0-h)}{2h} \xrightarrow{\diamondsuit t=x_0-h} \lim_{h \to 0}\frac{f(t+2h)-f(t)}{2h} = \lim_{t \to x_0}f'(t) = f'(x_0),$$
所以,函数在 x_0 处可导时,对称导数也存在,且等于 $f'(x_0)$.

当对称导数存在时,即 $\lim\limits_{h \to 0}\frac{f(x_0+h)-f(x_0-h)}{2h}$ 存在,因为
$$\lim_{h \to 0}\frac{f(x_0+h)-f(x_0-h)}{2h} = \lim_{h \to 0}\frac{[f(x_0+h)-f(x_0)]-[f(x_0-h)-f(x_0)]}{2h}$$
$$= \frac{1}{2}\lim_{h \to 0}\left[\frac{f(x_0+h)-f(x_0)}{h}+\frac{f(x_0-h)-f(x_0)}{-h}\right]$$
$$= \lim_{h \to 0}\frac{f(x_0+h)-f(x_0)}{h} = f'(x_0),$$
所以,在 x_0 处对称导数存在时,函数也可导,且等于对称导数.

问题分析 第一段中有三个错误,其一,在导数定义式 $f'(t) = \lim\limits_{h \to 0}\frac{f(t+h)-f(t)}{h}$ 中,当

$h\to 0$ 时, t 是固定不变的(与 h 无关),而题解中 $t=x_0-h$,随着 h 在变;其二,题目中未曾说 $f(x)$ 在 x_0 以外处处可导,所以 $f'(t)$ 存在性也有问题;其三,题目中没有导函数 $f'(x)$ 在 x_0 连续的条件,所以只看最后一步也是错的.

第二段中,第三个等号用到和差的极限等于极限的和差.这个法则是有条件的,其条件是每项的极限都存在,可这是无法保证的.此外,$f(x_0)$ 是否有意义也是未知的.

正确的解法是,如果 $f'(x_0)$ 存在,由第二段的推导知对称导数必存在,说明可导是有对称导数的充分条件.但从对称导数定义式中不含 $f(x_0)$,便知它不是必要条件.例如函数 $y=x\sin\dfrac{1}{x}$ 在 $x=0$ 处不可导,但对称导数存在且为零.甚至 $f(x)$ 在 x_0 处不连续,无定义,都可能有对称导数.

4. 求对数螺线 $r=e^{\theta}$ 在点 $\left(e^{\frac{\pi}{2}},\dfrac{\pi}{2}\right)$ 处的切线的直角坐标方程.

解 由导数的几何意义,切线斜率

$$k=r'_{\theta}\Big|_{\theta=\frac{\pi}{2}}=e^{\frac{\pi}{2}},$$

又切点的直角坐标为 $(0,e^{\frac{\pi}{2}})$,故所求的切线方程为

$$y-e^{\frac{\pi}{2}}=e^{\frac{\pi}{2}}(x-0),$$

即

$$y=e^{\frac{\pi}{2}}(1+x).$$

问题分析 切线斜率求错了,在直角坐标系下,曲线 $y=f(x)$ 在点 $(x_0,f(x_0))$ 处的切线的斜率是指切线对 x 轴的倾角的正切,它等于 $f'(x_0)$.极坐标系下,极半径对极角的导数 r'_{θ} 不等于曲线的切线斜率(可参看书中 3.3.3).

正确解法是,由直角坐标与极坐标的关系 $x=r\cos\theta,y=r\sin\theta$,将曲线方程化为直角坐标系下的方程

$$\begin{cases} x=e^{\theta}\cos\theta, \\ y=e^{\theta}\sin\theta, \end{cases}$$

视 θ 为参数.切点 $(e^{\frac{\pi}{2}},\pi/2)$ 的直角坐标为 $(0,e^{\frac{\pi}{2}})$.切线斜率

$$k=y'_x\Big|_{\theta=\frac{\pi}{2}}=\dfrac{e^{\theta}(\sin\theta+\cos\theta)}{e^{\theta}(\cos\theta-\sin\theta)}\Bigg|_{\theta=\frac{\pi}{2}}=-1,$$

故所求的切线方程为

$$x+y=e^{\frac{\pi}{2}}.$$

5. 讨论函数 $f(x)=|x|-\sin|x|$ 在 $x=0$ 处的可微性.

解 因为 $|x|$ 和 $\sin|x|$ 在 $x=0$ 处均不可导,所以 $f(x)$ 在 $x=0$ 处不可导,因此不可微.

问题分析 不可导的函数的和(差)未必不可导.

正确做法是,由于

$$f(x)=\begin{cases}-x+\sin x, & x<0,\\ x-\sin x, & x\geqslant 0,\end{cases}$$

所以
$$f'_-(0)=\lim_{x\to 0^-}\frac{-x+\sin x-0}{x}=0,$$
$$f'_+(0)=\lim_{x\to 0^+}\frac{x-\sin x-0}{x}=0.$$

因此，$f(x)$ 在 $x=0$ 处可导，且 $f'(0)=0$，从而可微，且 $\mathrm{d}y\big|_{x=0}=0\mathrm{d}x=0$。

6. 设 $\begin{cases}x=\arctan t,\\ y=\sqrt{1+t^2},\end{cases}$ 求 y''_{xx}。

解法 1 由参数方程求导法

$$y'_x=\frac{y'_t}{x'_t}=\frac{\dfrac{t}{\sqrt{1+t^2}}}{\dfrac{1}{1+t^2}}=t\sqrt{1+t^2},$$

$$y''_{xx}=\sqrt{1+t^2}+\frac{t^2}{\sqrt{1+t^2}}=\frac{1+2t^2}{\sqrt{1+t^2}}.$$

解法 2 消去参数 t，将 y 表为 x 的函数

$$y=\sqrt{1+\tan^2 x},\quad -\frac{\pi}{2}<x<\frac{\pi}{2},$$

故
$$y'_x=\frac{\tan x}{\sqrt{1+\tan^2 x}}=\sin x,$$
$$y''_{xx}=\cos x.$$

问题分析 解法 1 中，二阶导数求错了，误把 $(y'_x)'_t$ 视为 y''_{xx}。参数方程求二阶导数时，再用参数方程求导法

$$y''_{xx}=\frac{(y'_x)'_t}{x'_t}.$$

正确结果应为 $y''_{xx}=(1+2t^2)\sqrt{1+t^2}$。

解法 2 中，一阶导数求错了。这里 y 是 x 的复合函数，$y=\sqrt{1+u^2}$，$u=\tan x$。在计算一阶导数时，仅仅计算了 y 对 u 的导数，而漏掉了 u 对 x 的导数，就是犯了复合函数求导不到位（丢尾巴）的错误。

实际上，消去参数 t，y 可表为
$$y=\sec x,\quad -\frac{\pi}{2}<x<\frac{\pi}{2},$$

则
$$y'_x = \sec x\tan x, \quad y''_{xx} = \sec x\tan^2 x + \sec^3 x = 2\sec^3 x - \sec x.$$

7. 设 $f(x) = \varphi(a+bx) - \varphi(a-bx)$，其中 $\varphi'(a)$ 存在，求 $f'(0)$.

解 因为
$$f'(x) = b\varphi'(a+bx) + b\varphi'(a-bx),$$

令 $x=0$，得
$$f'(0) = 2b\varphi'(a).$$

问题分析 题目中仅说 $\varphi'(a)$ 存在，未说明其他点处可导，所以不能通过导函数来求点 0 处的导数.

正确解法是要用导数的定义式，因 $f(0) = 0$，故
$$f'(0) = \lim_{x\to 0}\frac{f(x)-f(0)}{x} = \lim_{x\to 0}\frac{[\varphi(a+bx)-\varphi(a-bx)]-0}{x}$$
$$= \lim_{x\to 0}\left[\frac{\varphi(a+bx)-\varphi(a)}{bx}\cdot b + \frac{\varphi(a-bx)-\varphi(a)}{-bx}\cdot b\right]$$
$$= 2b\varphi'(a).$$

8. 求通过点 $(2,0)$，且与曲线 $y=\dfrac{1}{x}$ 相切的直线方程.

解 因为曲线的切线斜率
$$k = f'(2) = -\frac{1}{x^2}\bigg|_{x=2} = -\frac{1}{4},$$

故所求的直线方程为
$$y = -\frac{1}{4}(x-2).$$

问题分析 过一点 (x_0, y_0) 作曲线 $y=f(x)$ 的切线，求切线方程问题，首先应判别点 (x_0, y_0) 是否在曲线上，只有在曲线上时 $(y_0 = f(x_0))$，切线方程才是
$$y - f(x_0) = f'(x_0)(x-x_0).$$

如果点 (x_0, y_0) 不在曲线上 $(y_0 \neq f(x_0))$，(1) 可先设切点为 $(x_1, f(x_1))$，写出切线方程
$$y - f(x_1) = f'(x_1)(x-x_1),$$
再利用点 (x_0, y_0) 在切线上，代入切线方程，确定出 $(x_1, f(x_1))$，最终得到所求的切线方程. (2) 也可先写出过点 (x_0, y_0) 的直线束方程
$$y - y_0 = k(x-x_0),$$
从中寻找一条与曲线相切的. 设切点为 (x_1, y_1)，由切点处切线与曲线的纵坐标相等，斜率相同（导数相等）建立方程组，求出切点与斜率，便可得到所求的切线方程.

下面是本题的一个正确解法.

由 $y' = -\dfrac{1}{x^2}$,曲线的切线方程为

$$Y - \dfrac{1}{x} = -\dfrac{1}{x^2}(X-x),$$

(X,Y) 为切线上点的坐标.因为点 $(2,0)$ 在切线上,将 $X=2$,$Y=0$ 代入,得

$$-\dfrac{1}{x} = -\dfrac{1}{x^2}(2-x),$$

解得 $x=1$,故所求的切线方程为 $Y-1 = -(X-1)$,即

$$y = 2-x.$$

3.5 释 疑 解 惑

1. 在区间 I 上,函数 $f(x)$ 的导函数的定义式

$$f'(x) = \lim_{\Delta x \to 0} \dfrac{f(x+\Delta x) - f(x)}{\Delta x}, \quad x \in I$$

中,x 和 Δx 哪一个是变量,导函数 $f'(x)$ 是 Δx 的函数吗?

答 对一个固定的点 $x \in I$,确定导数值的极限过程

$$\lim_{\Delta x \to 0} \dfrac{f(x+\Delta x) - f(x)}{\Delta x}$$

中,x 是不变的,Δx 是变量,这个极限结果与 Δx 无关.

区间 I 上每一个点 x 处,都有一个确定的导数值 $f'(x)$ 与之对应,这样得到的新函数,称为 $f(x)$ 的导函数,简称为导数.$f'(x)$ 是以 x 为自变量的函数,与 Δx 无关.

2. 如果函数 $f(x)$ 在 x_0 处可导,则 $f(x)$ 在 x_0 处必连续.问能否保证在 x_0 附近,$f(x)$ 连续、可导?

答 不能,例如函数

$$f(x) = \begin{cases} x, & \text{当 } x \text{ 为有理数时,} \\ \sin x, & \text{当 } x \text{ 为无理数时.} \end{cases}$$

当 Δx 为有理数时

$$\lim_{\Delta x \to 0} \dfrac{f(0+\Delta x) - f(0)}{\Delta x} = \lim_{\Delta x \to 0} \dfrac{\Delta x}{\Delta x} = 1,$$

当 Δx 为无理数时

$$\lim_{\Delta x \to 0} \dfrac{f(0+\Delta x) - f(0)}{\Delta x} = \lim_{\Delta x \to 0} \dfrac{\sin \Delta x}{\Delta x} = 1,$$

故 $f(x)$ 在 $x_0 = 0$ 处可导,且 $f'(0) = 1$.

但对于任何 x_0,由

$$\lim_{x_{\text{有}} \to x_0} f(x) = x_0, \quad \lim_{x_{\text{无}} \to x_0} f(x) = \sin x_0$$

知 $f(x)$ 仅在 $x=0$ 一点处连续.其他点都是 $f(x)$ 的第二类间断点,更不可能有导数.

3. (1) 函数 $f(x)$ 在点 x_0 处左、右导数都存在,但不相等. (2) 函数 $f(x)$ 在点 x_0 处连续,且 $\lim\limits_{x \to x_0} \dfrac{f(x)-f(x_0)}{x-x_0} = \infty$. 每条的几何意义是什么?

答 (1) 函数 $f(x)$ 在点 x_0 处的左导数

$$f'_-(x_0) = \lim_{\Delta x \to 0^-} \frac{f(x_0 + \Delta x) - f(x_0)}{\Delta x},$$

表示点 $M(x_0 + \Delta x, f(x_0 + \Delta x))$ 在点 $M_0(x_0, f(x_0))$ 左边沿曲线 $y = f(x)$ 趋于 M_0 时,割线 $M_0 M$ 的斜率的极限值,可称为左切线的斜率.同样右导数

$$f'_+(x_0) = \lim_{\Delta x \to 0^+} \frac{f(x_0 + \Delta x) - f(x_0)}{\Delta x},$$

可称为右切线的斜率.如果 $f'_-(x_0) \neq f'_+(x_0)$,说明曲线 $y = f(x)$ 在点 M_0 处没有切线,曲线在 M_0 处不光滑,出现尖点,见图 3.3(a).

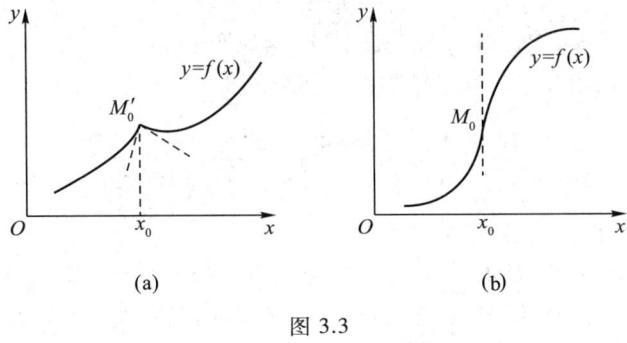

图 3.3

(2) $f(x)$ 连续,且

$$\lim_{x \to x_0} \frac{f(x) - f(x_0)}{x - x_0} = \infty,$$

说明曲线 $y = f(x)$ 上点 M 趋于 M_0 时,割线的极限位置是垂直于 x 轴的直线 $x = x_0$,就是说在点 M_0 处曲线的切线平行于 y 轴,见图 3.3(b).

4. 如果已知函数 $f(x)$ 在点 x_0 处有二阶导数,那么,在 x_0 附近,它还蕴含 $f(x)$,$f'(x)$ 的什么信息?

答 (1) 在 x_0 的某邻域内,$f'(x)$ 存在,且在点 x_0 处,$f'(x)$ 连续.

(2) 在 x_0 的某邻域内,$f(x)$ 连续.

5. 设函数 $f(x)$ 在有限开区间 (a,b) 内可导,则

(1) 当 $\lim\limits_{x \to a^+} f(x) = \infty$ 时,必有 $\lim\limits_{x \to a^+} f'(x) = \infty$ 吗?

(2) 当 $\lim\limits_{x \to a^+} f'(x) = \infty$ 时,必有 $\lim\limits_{x \to a^+} f(x) = \infty$ 吗?

答 (1) 不一定,例如,在开区间 $\left(0, \dfrac{2}{\pi}\right)$ 内,函数

$$f(x) = \dfrac{1}{x} + \sin \dfrac{1}{x}$$

可导,且

$$f'(x) = -\dfrac{1}{x^2}\left(1 + \cos \dfrac{1}{x}\right).$$

从而有 $\lim\limits_{x \to 0^+} f(x) = \infty$,而当 $x_n = \dfrac{1}{(2n+1)\pi}$ $(n = 1, 2, \cdots)$ 时,$f'(x_n) = 0$. 由于 $x_n \to 0^+ (n \to \infty)$,所以 $x \to 0^+$ 时,$f'(x)$ 不是无穷大.

(2) 不一定,条件 $\lim\limits_{x \to a^+} f'(x) = \infty$,几何上说明 $x \to a^+$ 时,曲线 $y = f(x)$ 的切线趋于铅直线,有了这个认识,就容易构造反例. 例如,在区间 $(0, 1)$ 内,函数

$$f(x) = \sqrt{x}$$

可导,且

$$f'(x) = \dfrac{1}{2\sqrt{x}}.$$

从而 $\lim\limits_{x \to 0^+} f'(x) = \infty$,但 $\lim\limits_{x \to 0^+} f(x) = 0$.

【注】 请从几何上想一想本例中函数的构造. 当 $\lim\limits_{x \to a^+} f(x) = \infty$ 时,虽然不能保证 $x \to a^+$ 时 $f'(x)$ 为无穷大,但它保证 $f'(x)$ 无界. 到下一章留心证明.

6. 可导的奇函数的导函数是偶函数,可导的偶函数的导函数是奇函数;可导的周期函数的导函数是周期函数. 问:

(1) 无奇偶性的函数的导数,一定无奇偶性吗?

(2) 非周期函数的导函数,一定是非周期函数吗?

答 (1) 注意到:常数的导数为零,奇函数与非零常数之和不是奇函数也不是偶函数,便可对(1)作否定回答. 例如,函数 $f(x) = 2 + \sin x$ 无奇偶性,但导函数 $f'(x) = \cos x$ 是偶函数.

(2) 注意到:线性函数的导数为常数(是周期函数),便可对(2)作否定回答. 例如,函数 $f(x) = ax + b + \cos x$ 为非周期函数,但导函数 $f'(x) = a - \sin x$ 是以 2π 为周期的函数.

7. 函数 $f(x)$ 与 $|f(x)|$ 在同一点 x_0 处可导性的关系是什么?

答 一般地说,由 $f(x)$ 的可导性不能推出 $|f(x)|$ 的可导性,反之亦然.

【例】 $f_1(x) = x$ 在 $x = 0$ 处可导,但 $|f_1(x)| = |x|$ 在 $x = 0$ 处不可导.

【例】 $f_2(x) = \begin{cases} 1, & x < 0, \\ -1, & x \geq 0 \end{cases}$ 在 $x = 0$ 处不可导,而 $|f_2(x)| = 1$ 在 $x = 0$ 处可导.

对于连续函数 $f(x)$,(1) 当 $f(x_0) \neq 0$ 时,在 x_0 处 $f(x)$ 与 $|f(x)|$ 的可导性是一致的(可导时,若 $f(x_0) > 0$,$f(x)$ 和 $|f(x)|$ 导数值相等;若 $f(x_0) < 0$,它们的导数值只相差一个负

号);(2) 当 $f(x_0)=0$,且 $f'(x_0)=0$ 时,$|f(x)|$ 在 x_0 处的导数也等于零;(3) 当 $f(x_0)=0$, $f'(x_0)\neq 0$ 时,$|f(x)|$ 在 x_0 处不可导.

8. 如果 $u=\varphi(x)$ 在 x_0 处可导,而 $y=f(u)$ 在 $u_0=\varphi(x_0)$ 处可导,则复合函数 $y=f[\varphi(x)]$ 在 x_0 处可导,问当条件不具备时,复合函数一定不可导吗?

答 不一定.

【例】 $u=\varphi(x)=x^{\frac{1}{3}}$ 在 $x=0$ 处不可导,而 $y=f(u)=u^3$ 在 $u=\varphi(0)=0$ 处可导,但复合函数 $y=f[\varphi(x)]=x$ 在 $x=0$ 处可导.

【例】 $u=\varphi(x)=x^2$ 在 $x=0$ 处可导,而 $y=f(u)=|u|$ 在 $u=0$ 处不可导,但复合函数 $y=f[\varphi(x)]=x^2$ 在 $x=0$ 处可导.

【例】 设 $u=\varphi(x)=\begin{cases} x, & \text{当 } x \text{ 为有理数时} \\ 2x, & \text{当 } x \text{ 为无理数时} \end{cases}$ 在 $x=0$ 处不可导;而 $y=f(u)=\begin{cases} 2u, & u \text{ 为有理数时} \\ u, & u \text{ 为无理数时} \end{cases}$ 在 $u=0$ 处不可导.但复合函数 $y=f[\varphi(x)]=2x$ 在 $x=0$ 处可导.

9. 说"当自变量的增量 Δx 充分小时,函数 $y=f(x)$ 的增量 Δy 的一个线性近似就是函数的微分 $\mathrm{d}y$"对吗?

答 不对,这是个严重的概念性的错误.回顾微分的定义,如果函数的增量可表示为

$$\Delta y=A\Delta x+o(\Delta x)$$

的形式(A 与 Δx 无关),则称 $A\Delta x$ 为函数的微分,记为 $\mathrm{d}y$,即微分 $\mathrm{d}y$ 是增量 Δy 的线性主部. 它包含两层意思:其一,微分 $\mathrm{d}y$ 与自变量增量 Δx 成比例(是线性关系);其二,微分 $\mathrm{d}y$ 是函数增量 Δy 的主部.特别要强调的是函数的增量与微分之差是 Δx 的高阶无穷小,$\Delta y-\mathrm{d}y=o(\Delta x)$.所以,这个"主部"不能粗糙地用"近似"来代替.

3.6 例题分析

【例1】 设 $x_n>0, y_n>0, \lim_{n\to\infty} x_n=\lim_{n\to\infty} y_n=0$, $f'(a)$ 存在,求

$$\lim_{n\to\infty}\frac{f(a+x_n)-f(a-y_n)}{x_n+y_n}.$$

思路 利用导数或微分的定义.

解法 1 由增量与微分的关系

$$f(a+x_n)-f(a-y_n)=[f(a+x_n)-f(a)]-[f(a-y_n)-f(a)]$$
$$=f'(a)x_n+o(x_n)-f'(a)(-y_n)+o(y_n)$$
$$=f'(a)(x_n+y_n)+o(x_n)+o(y_n),$$

故

$$\lim_{n\to\infty}\frac{f(a+x_n)-f(a-y_n)}{x_n+y_n}=\lim_{n\to\infty}\left[f'(a)+\frac{o(x_n)+o(y_n)}{x_n+y_n}\right]=f'(a).$$

最后一步用到 $x_n>0$, $y_n>0$.

解法 2 由导数定义和极限与无穷小的关系

$$\lim_{n\to\infty}\frac{f(a+x_n)-f(a-y_n)}{x_n+y_n}=\lim_{n\to\infty}\frac{\dfrac{f(a+x_n)-f(a)}{x_n}x_n+\dfrac{f(a-y_n)-f(a)}{-y_n}y_n}{x_n+y_n}$$

$$=\lim_{n\to\infty}\frac{1}{x_n+y_n}[(f'(a)+\alpha_n)x_n+(f'(a)+\beta_n)y_n]$$

$$=\lim_{n\to\infty}\left[f'(a)+\frac{\alpha_n x_n+\beta_n y_n}{x_n+y_n}\right]=f'(a).$$

其中 α_n、β_n 是 $n\to\infty$ 时的两个无穷小.

【**例 2**】 设函数 $f(x)=\lim\limits_{n\to\infty}\dfrac{x^3\mathrm{e}^{n(x-1)}+ax^2+b}{\mathrm{e}^{n(x-1)}+1}$,求 a,b 为何值时,$f(x)$ 连续,可导?并求出此时的 $f'(x)$.

解 当 $x>1$ 时,

$$\lim_{n\to\infty}\frac{x^3\mathrm{e}^{n(x-1)}+ax^2+b}{\mathrm{e}^{n(x-1)}+1}=\lim_{n\to\infty}\left[\frac{x^3\mathrm{e}^{n(x-1)}}{\mathrm{e}^{n(x-1)}+1}+\frac{ax^2+b}{\mathrm{e}^{n(x-1)}+1}\right]=x^3.$$

当 $x=1$ 时,

$$\lim_{n\to\infty}\frac{x^3\mathrm{e}^{n(x-1)}+ax^2+b}{\mathrm{e}^{n(x-1)}+1}=\frac{a+b+1}{2}.$$

当 $x<1$ 时,

$$\lim_{n\to\infty}\frac{x^3\mathrm{e}^{n(x-1)}+ax^2+b}{\mathrm{e}^{n(x-1)}+1}=ax^2+b.$$

因而

$$f(x)=\begin{cases}x^3, & x>1,\\ \dfrac{a+b+1}{2}, & x=1,\\ ax^2+b, & x<1.\end{cases}$$

要使 $f(x)$ 连续,只需 $\lim\limits_{x\to 1^+}f(x)=f(1)=\lim\limits_{x\to 1^-}f(x)$,即有

$$\frac{a+b+1}{2}=1=a+b.$$

从而得到 $a+b=1$. 当 $f(x)$ 在 $x=1$ 处连续时,

$$f'_+(1)=\lim_{\Delta x\to 0^+}\frac{f(1+\Delta x)-f(1)}{\Delta x}=\lim_{\Delta x\to 0^+}\frac{(1+\Delta x)^3-1}{\Delta x}=3,$$

$$f'_-(1) = \lim_{\Delta x \to 0^-} \frac{f(1+\Delta x) - f(1)}{\Delta x} = \lim_{\Delta x \to 0^-} \frac{a(1+\Delta x)^2 + b - 1}{\Delta x} = 2a.$$

要使 $f(x)$ 为可导的,只需在 $x = 1$ 处可导,即有 $2a = 3$.故当 $a = \dfrac{3}{2}, b = -\dfrac{1}{2}$ 时,$f(x)$ 连续、可导,并且

$$f'(x) = \begin{cases} 3x^2, & x > 1, \\ 3, & x = 1, \\ 3x, & x < 1. \end{cases}$$

【例 3】 设函数 $f(x)$ 在 $x = 1$ 的某邻域内连续,且

$$\lim_{x \to 0} \frac{\ln[f(x+1) + 1 + 2\arctan^2 x]}{\sqrt[3]{1+x^2} - 1} = 3,$$

求 $f(1), \lim\limits_{x \to 0} \dfrac{f(1+x)}{x^2}, f'(1)$.

解 由所给极限式可知,$\lim\limits_{x \to 0}[f(x+1) + 2\arctan^2 x] = 0$.再由 $f(x)$ 在 $x = 1$ 点的连续性得,$f(1) = 0$.于是

$$\lim_{x \to 0} \frac{\ln[f(x+1) + 1 + 2\arctan^2 x]}{\sqrt[3]{1+x^2} - 1} = \lim_{x \to 0} \frac{f(x+1) + 2\arctan^2 x}{\dfrac{1}{3}x^2} = 3.$$

因此 $\lim\limits_{x \to 0} \dfrac{f(1+x)}{x^2} = -1$,并且

$$f'(1) = \lim_{\Delta x \to 0} \frac{f(1+\Delta x) - f(1)}{\Delta x} = \lim_{\Delta x \to 0} \frac{f(1+\Delta x)}{(\Delta x)^2} \Delta x = 0.$$

【例 4】 设 $f(x)$ 是周期为 4 的连续函数,且在 $x = 0$ 的某个邻域内满足

$$f(1 - 2\sin x) + 4f(1 + 3\sin x) = 3\arctan 2x + \alpha,$$

其中 α 为当 $x \to 0$ 时较 x 高阶的无穷小,且 $f(x)$ 在 $x = 1$ 处可导,求曲线 $y = f(x)$ 在点 $(5, f(5))$ 处的法线方程.

分析 需求出 $f(x)$ 在 $x = 5$ 处的函数值与导数,由于 $f(x)$ 是周期为 4 的函数,只要求出 $f(1)$ 与 $f'(1)$ 即可.由已知条件 $f'(1)$ 只能通过定义来求.

解 由 $\lim\limits_{x \to 0}[f(1 - 2\sin x) + 4f(1 + 3\sin x)] = \lim\limits_{x \to 0}[3\arctan 2x + \alpha]$,可得 $f(1) = 0$.于是

$$\lim_{x \to 0} \frac{f(1 - 2\sin x) + 4f(1 + 3\sin x)}{\sin x} = \lim_{x \to 0} \frac{3\arctan 2x + \alpha}{\sin x} = \lim_{x \to 0} \frac{3\arctan 2x + \alpha}{x} = 6.$$

设 $\sin x = t$,则有

$$\lim_{x \to 0} \frac{f(1-2\sin x)+4f(1+3\sin x)}{\sin x}$$

$$=\lim_{t \to 0} \frac{f(1-2t)+4f(1+3t)}{t}$$

$$=\lim_{t \to 0} \frac{f(1-2t)-f(1)}{-2t} \cdot (-2) + 4\lim_{t \to 0} \frac{f(1+3t)-f(1)}{3t} \cdot 3$$

$$=10f'(1).$$

因此，$f'(1)=\dfrac{3}{5}$.

由于 $f(x)$ 是周期为 4 的函数，因此 $f(5)=f(1)=0$，$f'(5)=f'(1)=\dfrac{3}{5}$. 故所求曲线的法线方程为 $y=-\dfrac{5}{3}(x-5)$，即 $5x+3y-25=0$.

【例 5】 设 $y=f(x)$ 在 x_0 处可导，$f'(x_0)=-2$，Δy、dy、dx 是函数在 x_0 处的增量、微分、自变量的微分，则 $\lim\limits_{\Delta x \to 0}\dfrac{\Delta y+dx}{dy}=$ (   ).

(A) -2 (B) $\dfrac{1}{2}$ (C) 0 (D) 1

分析 因为 $dy=f'(x_0)dx=-2dx$，$\Delta y=dy+o(\Delta x)=-2dx+o(\Delta x)$，$dx=\Delta x$，所以

$$\lim_{\Delta x \to 0}\frac{\Delta y+dx}{dy}=\lim_{\Delta x \to 0}\frac{-\Delta x+o(\Delta x)}{-2\Delta x}=\frac{1}{2}.$$

应选 B.

【例 6】 设 $f(x)=\begin{cases} x^2\sin\dfrac{1}{x}, & x<0, \\ x^2+bx+c, & x\geqslant 0, \end{cases}$ 确定常数 b、c，使函数在 $x=0$ 处可导，此时，导函数在 $x=0$ 处连续吗？

思路 为使 $f(x)$ 在 $x=0$ 处可导，首先要求 $f(x)$ 在 $x=0$ 处连续，同时要求 $f(x)$ 在 $x=0$ 处的左、右导数相等.

解 因为 $f(0^-)=0$，$f(0^+)=c$，$f(0)=c$，要 $f'(0)$ 存在，$f(x)$ 在 $x=0$ 处必连续，所以 $c=0$.

$$f'_-(0)=\lim_{x \to 0^-}\frac{x^2\sin\dfrac{1}{x}-0}{x}=\lim_{x \to 0^-}x\sin\frac{1}{x}=0,$$

$$f'_+(0)=(x^2+bx)'\big|_{x=0}=(2x+b)\big|_{x=0}=b.$$

要 $f'(0)$ 存在，需其左、右导数存在，且相等，故 $b=0$. 总之，当 $b=0$、$c=0$ 时，$f'(0)$ 存在，且

$$f'(0)=0.$$

当 $x<0$ 时，

$$f'(x) = 2x\sin\frac{1}{x} - \cos\frac{1}{x}.$$

当 $x>0$ 时,
$$f'(x) = (x^2)' = 2x.$$

因为 $\lim\limits_{x\to 0^-} f'(x)$ 不存在,所以导函数在 $x=0$ 处不连续,且是第二类间断点(见图 3.4).

【注】 分段函数在分段点处的导数常常要考察左、右导数,它们有时要用定义计算,有时可用求导法则运算,对于后者,需要函数在分段点处连续,且表达式及导函数的表达式能延伸过分段点.

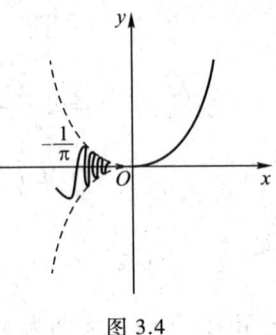

图 3.4

【例 7】 设 $f(x)=\begin{cases} x^5\sin\dfrac{1}{x}+\mathrm{e}^x, & x\neq 0, \\ 1, & x=0, \end{cases}$ 求 $f''(x)$.

解 当 $x\neq 0$ 时,
$$f'(x) = 5x^4\sin\frac{1}{x} - x^3\cos\frac{1}{x} + \mathrm{e}^x.$$

$$f'(0) = \lim_{x\to 0}\frac{f(x)-f(0)}{x} = \lim_{x\to 0}\frac{x^5\sin\dfrac{1}{x}+\mathrm{e}^x-1}{x}$$
$$= \lim_{x\to 0}x^4\sin\frac{1}{x} + \lim_{x\to 0}\frac{\mathrm{e}^x-1}{x} = 1.$$

当 $x\neq 0$ 时,
$$f''(x) = 20x^3\sin\frac{1}{x} - 5x^2\cos\frac{1}{x} - 3x^2\cos\frac{1}{x} - x\sin\frac{1}{x} + \mathrm{e}^x.$$

当 $x=0$ 时,
$$f''(0) = \lim_{x\to 0}\frac{f'(x)-f'(0)}{x} = \lim_{x\to 0}\left(5x^3\sin\frac{1}{x} - x^2\cos\frac{1}{x} + \frac{\mathrm{e}^x-1}{x}\right) = 1.$$

【例 8】 设函数 $y=y(x)$ 由方程 $\ln(x^2+y) = xy + \cos xy^2 - 1$ 确定,求曲线 $y=y(x)$ 在点 $(0,1)$ 处的切线方程与法线方程.

解 先求曲线在点 $(0,1)$ 处切线的斜率.由隐函数求导法则,将原方程两边关于 x 求导,得

$$\frac{2x+y'}{x^2+y} = y + xy' - (y^2+2xyy')\sin(xy^2).$$

将 $x=0, y=1$ 代入上式,得 $y'(0)=1$.

因此,所求切线方程为 $y=x+1$.法线方程为 $y=-x+1$.

【例 9】 设函数 $y=y(x)$ 由方程 $x\mathrm{e}^{f(y)} = \mathrm{e}^y$ 所确定,其中 f 具有二阶导数,且 $f'(y)\neq 1$,求 $\dfrac{\mathrm{d}^2 y}{\mathrm{d}x^2}$.

解 由隐函数求导法，对方程两边关于 x 求导得

$$e^{f(y)} + xe^{f(y)} f'(y) y' = e^y \cdot y',$$

再次对上式关于 x 求导，得

$$e^{f(y)} f'(y) y' + e^{f(y)} f'(y) y' + xe^{f(y)} (y')^2 (f'(y))^2 + xe^{f(y)} f''(y) (y')^2 + xe^{f(y)} f'(y) y''$$
$$= e^y (y')^2 + e^y y''.$$

由此解得

$$y' = \frac{e^{f(y)}}{e^y - xe^{f(y)} f'(y)},$$

$$y'' = -\frac{[1 - f'(y)]^2 - f''(y)}{x^2 [1 - f'(y)]^3}.$$

【例 10】 设 $f(x), g(x)$ 均为正值的可导函数，$g(x) \neq 1$，求函数 $y = \log_{g(x)} f(x)$ 的导数。

解 根据换底公式

$$y = \log_{g(x)} f(x) = \frac{\ln f(x)}{\ln g(x)},$$

故

$$y' = \frac{\dfrac{f'(x)}{f(x)} \ln g(x) - \dfrac{g'(x)}{g(x)} \ln f(x)}{[\ln g(x)]^2}.$$

【例 11】 设 $y = y(x)$ 由参数方程 $\begin{cases} x = \ln(1 + 2t), \\ e^y + t^2 y^2 + \arctan t = e \end{cases}$ 确定，求 $\dfrac{dy}{dx}\bigg|_{x=0}$。

解 $x'_t = \dfrac{2}{1 + 2t}$。利用隐函数求导法，对第二个方程两边关于 t 求导，得

$$y'_t = -\frac{1 + 2ty^2 + 2t^3 y^2}{(1 + t^2)(e^y + 2t^2 y)}.$$

因此，根据参数方程求导法得

$$\frac{dy}{dx} = \frac{y'_t}{x'_t} = -\frac{(1 + 2ty^2 + 2t^3 y^2)(1 + 2t)}{2(1 + t^2)(e^y + 2t^2 y)}.$$

由于 $x = 0$ 时，$t = 0$，$y = 1$，故

$$\frac{dy}{dx}\bigg|_{x=0} = -\frac{1}{2e}.$$

【例 12】 求曲线 $\begin{cases} x = \arctan t^2, \\ y = \ln\sqrt{1 + t^2} \end{cases}$ 上对应于 $t = 1$ 点处的法线方程，并求由此参数方程所确定的函数 $y = y(x)$ 的二阶导数。

解 $x'_t = \dfrac{2t}{1+t^4}, y'_t = \dfrac{t}{1+t^2}$. 于是

$$\frac{dy}{dx} = \frac{y'_t}{x'_t} = \frac{\dfrac{t}{1+t^2}}{\dfrac{2t}{1+t^4}} = \frac{1+t^4}{2(1+t^2)}.$$

当 $t=1$ 时，对应曲线上的点 $M\left(\dfrac{\pi}{4}, \dfrac{1}{2}\ln 2\right)$，该点处切线的斜率为 $\left.\dfrac{dy}{dx}\right|_M = \left.\dfrac{y'_t}{x'_t}\right|_{t=1} = \dfrac{1}{2}$. 因此曲线在点 M 处的法线方程为

$$y - \frac{1}{2}\ln 2 = -2\left(x - \frac{\pi}{4}\right), \quad \text{即}\ y + 2x - \frac{1}{2}\ln 2 - \frac{\pi}{2} = 0.$$

由参数方程确定的函数 $y = y(x)$ 的二阶导数

$$\frac{d^2 y}{dx^2} = \frac{(y'_x)'_t}{x'_t} = \frac{t^5 + 2t^3 - t}{(1+t^2)^2} \cdot \frac{1+t^4}{2t} = \frac{(t^4 + 2t^2 - 1)(1+t^4)}{2(1+t^2)^2}.$$

【例 13】 设函数

$$y = f(x) = \begin{cases} 1 - 2x^2, & x < -1, \\ x^3, & -1 \leq x \leq 2, \\ 12x - 16, & x > 2. \end{cases}$$

(1) 写出 $f(x)$ 的反函数 $g(x)$ 的表达式；

(2) $g(x)$ 是否有间断点、不可导的点，若有，指出它们.

解 (1) 当 $x < -1$ 时，$y < -1$；当 $-1 \leq x \leq 2$ 时，$-1 \leq y \leq 8$；当 $x > 2$ 时，$y > 8$，所以，$f(x)$ 的反函数为

$$g(x) = \begin{cases} -\sqrt{\dfrac{1-x}{2}}, & x < -1, \\ \sqrt[3]{x}, & -1 \leq x \leq 8, \\ \dfrac{x+16}{12}, & x > 8. \end{cases}$$

(2) 因为 $g(-1) = -1$，$g(-1^-) = -1$，$g(-1^+) = -1$；$g(8) = 2$，$g(8^-) = 2$，$g(8^+) = 2$ 及初等函数在有定义的区间内处处连续，所以这个分段函数 $g(x)$ 在 $(-\infty, +\infty)$ 上处处连续，没有间断点. 由于

$$g'(x) = \begin{cases} \dfrac{1}{2\sqrt{2}\sqrt{1-x}}, & x < -1, \\ \dfrac{1}{3\sqrt[3]{x^2}}, & -1 < x < 8, x \neq 0, \\ \dfrac{1}{12}, & x > 8. \end{cases}$$

又 $g'_-(-1) = \dfrac{1}{4}, g'_+(-1) = \dfrac{1}{3}; g'_-(8) = \dfrac{1}{12}, g'_+(8) = \dfrac{1}{12}; \lim\limits_{x \to 0} \dfrac{g(x) - g(0)}{x} = \lim\limits_{x \to 0} \dfrac{\sqrt[3]{x}}{x} = \infty$. 所以 $g(x)$ 不可导的点有两个: $x = -1$ 和 $x = 0$.

【注】$f(x)$ 的反函数 $g(x)$ 的导数可利用反函数求导法则分段来求.

【例 14】 设 $y = (1 + \sin x)^{x^2}$, 求函数 $y = y(x)$ 的微分 dy.

解法 1 采用求幂指函数导数的常用方法:对数求导法,先求 $y = y(x)$ 关于 x 的导数. 对 $y = (1 + \sin x)^{x^2}$ 两边取对数, 得隐函数

$$\ln y = x^2 \ln(1 + \sin x).$$

由隐函数求导法, 两边关于 x 求导, 得

$$\frac{y'}{y} = 2x \ln(1 + \sin x) + x^2 \cdot \frac{\cos x}{1 + \sin x}.$$

因此

$$y' = (1 + \sin x)^{x^2} \left(2x \ln(1 + \sin x) + x^2 \cdot \frac{\cos x}{1 + \sin x} \right).$$

于是

$$dy = \left[(1 + \sin x)^{x^2} \left(2x \ln(1 + \sin x) + x^2 \cdot \frac{\cos x}{1 + \sin x} \right) \right] dx.$$

解法 2 利用一阶微分形式不变性

$$\begin{aligned}
dy &= d e^{\ln(1 + \sin x)^{x^2}} = d e^{x^2 \ln(1 + \sin x)} = (1 + \sin x)^{x^2} d[x^2 \ln(1 + \sin x)] \\
&= (1 + \sin x)^{x^2} [x^2 d(\ln(1 + \sin x)) + \ln(1 + \sin x) \cdot dx^2] \\
&= (1 + \sin x)^{x^2} \left[\frac{x^2}{1 + \sin x} \cos x \, dx + 2x \ln(1 + \sin x) \cdot dx \right] \\
&= (1 + \sin x)^{x^2} \left[\frac{x^2 \cos x}{1 + \sin x} + 2x \ln(1 + \sin x) \right] dx.
\end{aligned}$$

【注】给定函数 $y = f(x)$, 求微分, 既可以先求导数, 再利用导数与微分的关系 $dy = f'(x) dx$ 计算, 又可以按微分法则直接算微分.

【例 15】 函数 $y = \cos^4 x + \sin^4 x$, 求 $y^{(n)}$.

解 由于

$$y = \cos^4 x + \sin^4 x = (\cos^2 x + \sin^2 x)^2 - 2\sin^2 x \cos^2 x$$

$$= 1 - \frac{1}{2} \sin^2 2x = \frac{3}{4} + \frac{1}{4} \cos 4x,$$

故

$$y' = -\sin 4x = \cos\left(4x + \frac{\pi}{2}\right),$$

$$y'' = -4\sin\left(4x+\frac{\pi}{2}\right) = 4\cos\left(4x+2\cdot\frac{\pi}{2}\right),$$

归纳地,有

$$y^{(n)} = 4^{n-1}\cos\left(4x+n\cdot\frac{\pi}{2}\right).$$

(利用数学归纳法证明略.)

【注】 (1) 利用三角公式,将三角函数若干次幂的幂指数降下来,再求高阶导数就简单多了. 一般如果能将函数化简,通过已知高阶导数的函数的线性组合表示给定的函数,就可以用和(差)的高阶导数公式,求高阶导数. 归纳法是求高阶导数的重要手段.

(2) 易证明:若函数 $f(x)$ 具有 n 阶导数,则 $[f(ax+b)]^{(n)} = a^n f^{(n)}(ax+b)$.

【例 16】 求函数 $f(x) = x^2\ln(1+x)$ 在 $x=0$ 处的 n 阶导数 $f^{(n)}(0)$ $(n\geq 3)$.

解 根据莱布尼茨公式

$$f^{(n)}(x) = x^2[\ln(1+x)]^{(n)} + n(x^2)'[\ln(1+x)]^{(n-1)} + \frac{n(n-1)}{2!}(x^2)''[\ln(1+x)]^{(n-2)}$$

$$= x^2\frac{(-1)^{n-1}(n-1)!}{(1+x)^n} + 2nx\frac{(-1)^{n-2}(n-2)!}{(1+x)^{n-1}} + n(n-1)\frac{(-1)^{n-3}(n-3)!}{(1+x)^{n-2}},$$

故

$$f^{(n)}(0) = (-1)^{n-3}\frac{n!}{n-2} \quad (n\geq 3).$$

【例 17】 设函数 $f(x) = (x-a)^n\varphi(x)$,其中 $\varphi(x)$ 在点 a 的邻域内具有 $n-1$ 阶连续导函数,求 $f^{(n)}(a)$.

解 由莱布尼茨公式,可得

$$f^{(n-1)}(x) = (x-a)^n\varphi^{(n-1)}(x) + C_{n-1}^1 n(x-a)^{n-1}\varphi^{(n-2)}(x) + \cdots$$
$$+ C_{n-1}^{n-2}n(n-1)\cdots 3(x-a)^2\varphi'(x) + n!(x-a)\varphi(x).$$

因此 $f^{(n-1)}(a) = 0$. 于是

$$f^{(n)}(a) = \lim_{x\to a}\frac{f^{(n-1)}(x) - f^{(n-1)}(a)}{x-a} = n!\,\varphi(a).$$

【注】 由于 $\varphi(x)$ 在点 a 的邻域内具有 $n-1$ 阶导数,未必具有 n 阶导数,因此不能直接求 $f(x)$ 的 n 阶导数,只能利用定义来求 $f^{(n)}(a)$.

【例 18】 验证函数 $y = (\arcsin x)^2$ 满足关系

$$(1-x^2)y^{(n+1)} - (2n-1)xy^{(n)} - (n-1)^2 y^{(n-1)} = 0.$$

解 因为 $y' = \dfrac{2}{\sqrt{1-x^2}}\arcsin x$,所以有

$$\sqrt{1-x^2}\,y' = 2\arcsin x,$$

等式两边关于 x 求导,得

$$\frac{-x}{\sqrt{1-x^2}}y' + \sqrt{1-x^2}\,y'' = \frac{2}{\sqrt{1-x^2}},$$

即有

$$(1-x^2)y'' = 2 + xy'.$$

将此等式两边关于 x 求 $(n-1)$ 阶导数,由 Leibniz 公式得

$$(1-x^2)y^{(n+1)} + (n-1)(-2x)y^{(n)} + \frac{(n-1)(n-2)}{2}(-2)y^{n-1} = xy^{(n)} + (n-1)y^{(n-1)}.$$

整理得

$$(1-x^2)y^{(n+1)} - (2n-1)xy^{(n)} - (n-1)^2 y^{(n-1)} = 0.$$

【注】 用数学归纳法,也可验证这个结果.

【例 19】 设 $f(x) = \ln(x + \sqrt{1+x^2})$,求 $f^{(n)}(0)$.

解 $f'(x) = \dfrac{1}{\sqrt{1+x^2}}$,于是 $[f'(x)]^2(1+x^2) = 1$.两边关于 x 求导,得

$$xf'(x) + (1+x^2)f''(x) = 0.$$

对上式两端取 $n-2$ 阶导数,得

$$xf^{(n-1)}(x) + (n-2)f^{(n-2)}(x) + (1+x^2)f^{(n)}(x) + 2x(n-2)f^{(n-1)}(x) + (n-2)(n-3)f^{(n-2)}(x) = 0.$$

将 $x=0$ 代入,得

$$f^{(n)}(0) = -(n-2)^2 f^{(n-2)}(0).$$

由 $f(0) = 0$,可知 $f^{(n)}(0) = 0, n = 2k$.
由 $f'(0) = 1$,可知 $f^{(3)}(0) = -1, f^{(5)}(0) = 3^2, f^{(7)}(0) = -(3\cdot 5)^2, \cdots$,

$$f^{(2k+1)}(0) = (-1)^k((2k-1)!!)^2.$$

因此

$$f^{(n)}(0) = \begin{cases} 0, & n = 2k, \\ (-1)^k((2k-1)!!)^2, & n = 2k+1. \end{cases}$$

【注】 本题利用隐函数求导法给出了高阶导数的递推关系式.

【例 20】 在左半平面 $(x<0)$ 上,求曲线 $y = x^2$ 和 $y = \dfrac{1}{x}$ 的公切线.

解法 1 设公切线在曲线 $y = \dfrac{1}{x}$ 上的切点为 $\left(x_1, \dfrac{1}{x_1}\right)$,其方程为

$$y = \frac{1}{x_1} - \frac{1}{x_1^2}(x - x_1). \tag{1}$$

公切线在曲线 $y = x^2$ 的切点为 (x_2, x_2^2),其方程为

$$y = x_2^2 + 2x_2(x - x_2). \tag{2}$$

式(1)和(2)为同一直线方程,比较 x 同次幂的系数得

$$2x_2 = -\frac{1}{x_1^2}, \quad -x_2^2 = \frac{2}{x_1},$$

又 $x_1<0, x_2<0$,解得 $x_1=-\frac{1}{2}, x_2=-2$,于是公切线的方程为

$$4x+y+4=0.$$

解法 2 设公切线在曲线 $y=\frac{1}{x}$ 上的切点为 $\left(x_1, \frac{1}{x_1}\right)$,其方程为

$$y = \frac{1}{x_1} - \frac{1}{x_1^2}(x-x_1),$$

因为它与曲线 $y=x^2$ 相切,它与曲线 $y=x^2$ 有唯一交点,所以 x 的一元二次方程

$$x^2 = \frac{1}{x_1} - \frac{1}{x_1^2}(x-x_1) = -\frac{1}{x_1^2}x + \frac{2}{x_1}$$

的两个根相等.所以它的判别式

$$b^2-4ac = \frac{1}{x_1^4} + 4\frac{2}{x_1} = 0,$$

因 $x_1<0$,解得 $x_1=-\frac{1}{2}$.故公切线方程为

$$4x+y+4=0.$$

3.7 习 题 解 答

3.1

1. 有一细杆,已知从杆的一端算起长度为 x 的一段的质量为 $m(x)$,给出细杆上距离此端点为 x_0 的点处线密度的定义.

解 距 x_0 取长为 Δx 的一小段,则在 $x_0+\Delta x$ 距杆端的细杆质量为 $m(x_0+\Delta x)$,而 Δx 小段细杆的质量为 $m(x_0+\Delta x)-m(x_0)$,这样 Δx 小段细杆的平均线密度为 $\frac{m(x_0+\Delta x)-m(x_0)}{\Delta x}$.因此,距离端点为 x_0 处的线密度为

$$m'(x_0) = \lim_{\Delta x \to 0} \frac{m(x_0+\Delta x)-m(x_0)}{\Delta x}.$$

2. 设物体绕定轴旋转,其转角 θ 与时间 t 的函数关系为 $\theta=\theta(t)$,如果旋转是匀速的,则称 $\omega=\Delta\theta/\Delta t$ 为旋转的角速度,如果旋转是非匀速的,如何定义 t_0 时的角速度?

解 物体非匀速旋转时,取非常小的时间 Δt,当 t 从 t_0 变化到 $t_0+\Delta t$ 时转角的改变量为 $\Delta\theta = \theta(t_0+\Delta t) - \theta(t_0)$,则平均角速度为 $\dfrac{\Delta\theta}{\Delta t}$. 当 $\Delta t \to 0$ 时,将平均角速度的极限定义为 t_0 时的角速度,即

$$\theta'(t_0) = \lim_{\Delta x \to 0} \frac{\Delta\theta}{\Delta t}.$$

3. 高温物体在低温介质中冷却,已知温度 θ 和时间 t 的关系为 $\theta = \theta(t)$,给出 t_0 时冷却速度的定义式.

解 从 t_0 到 $t_0+\Delta t$ 的平均冷却速度为 $\dfrac{\theta(t_0) - \theta(t_0+\Delta t)}{\Delta t}$. 因此,$t_0$ 时的冷却速度为

$$\lim_{\Delta t \to 0} \frac{\theta(t_0) - \theta(t_0+\Delta t)}{\Delta t} = -\lim_{\Delta t \to 0} \frac{\theta(t_0+\Delta t) - \theta(t_0)}{\Delta t} = -\theta'(t_0).$$

4. 如果一个轴的轴向热膨胀是均匀的,则当温度每升高 1℃ 时,其单位长的轴的增量称为该轴的线膨胀系数;如果膨胀过程是非均匀的,设轴长 l 与温度 t 的关系是 $l = l(t)$,指出 t_0 时轴的膨胀系数.

解 当温度升高 1℃ 时,线膨胀系数是 $\dfrac{\Delta l(t)}{l(t)}$,当温度升高 Δt 时,平均线膨胀系数近似是 $\dfrac{\Delta l(t)}{\Delta t \cdot l(t)}$,当 $\Delta t \to 0$ 时,极限

$$\lim_{\Delta t \to 0} \frac{\Delta l(t)}{\Delta t \cdot l(t)} = \lim_{\Delta t \to 0} \frac{1}{l(t)} \frac{l(t+\Delta t) - l(t)}{\Delta t} = \frac{l'(t)}{l(t)}.$$

$t = t_0$ 时,轴的线膨胀系数是 $\dfrac{l'(t_0)}{l(t_0)}$.

5. 太湖的水量(体积)是水面高度的函数 $V = V(h)$,则 $V'(h_0)$ 的实际意义是什么?

解 $V'(h_0)$ 表示水面高度为 h_0 时的水面面积.

6. 设 $P(t)$ 表示某油田在 t 年的蕴藏量,则 $P'(t_0)$ 表示什么? t_0 年采油量如何表示?

解 $P'(t_0)$ 表示 t_0 年蕴藏量的增长率;$-P'(t_0)$ 表示 t_0 年的采油量.

7. 已知 $y = f(x)$ 的图形如图 3.5 所示,画出它的导函数 $y = f'(x)$ 的图形.

解 如图 3.6 所示.

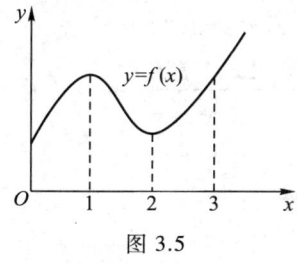

图 3.5

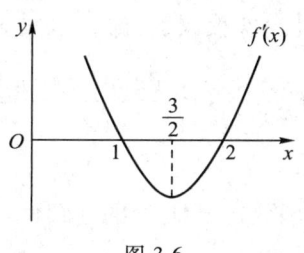

图 3.6

8. 若 $f'(a)$ 存在,求

(1) $\lim\limits_{h\to 0}\dfrac{f(a-h)-f(a)}{h}$; (2) $\lim\limits_{n\to\infty} n\left[f(a)-f\left(a+\dfrac{1}{n}\right)\right]$.

解 (1) 原式 $=-\lim\limits_{h\to 0}\dfrac{f[a+(-h)]-f(a)}{(-h)}=-f'(a)$.

(2) 原式 $=-\lim\limits_{n\to\infty}\dfrac{f\left(a+\dfrac{1}{n}\right)-f(a)}{\dfrac{1}{n}}=-f'(a)$.

9. 按导数定义,求下列函数在 $x=2$ 处的导数.

(1) $f(x)=x^3$; (2) $f(x)=x^2\sin(x-2)$.

解 (1) $\quad f'(2)=\lim\limits_{\Delta x\to 0}\dfrac{(2+\Delta x)^3-2^3}{\Delta x}$

$=\lim\limits_{\Delta x\to 0}\dfrac{(2+\Delta x-2)[(2+\Delta x)^2+(2+\Delta x)\cdot 2+2^2]}{\Delta x}$

$=\lim\limits_{\Delta x\to 0}[(2+\Delta x)^2+2(2+\Delta x)+2^2]$

$=2^2+2\cdot 2+2^2=12$.

(2) $f'(2)=\lim\limits_{\Delta x\to 0}\dfrac{(2+\Delta x)^2\sin\Delta x-0}{\Delta x}=2^2=4$.

10. 按导数定义,求下列函数的导数.

(1) $y=\sqrt{x}$; (2) $y=\cot x$.

解 (1) $\quad y'=\lim\limits_{\Delta x\to 0}\dfrac{\sqrt{x+\Delta x}-\sqrt{x}}{\Delta x}$

$=\lim\limits_{\Delta x\to 0}\dfrac{(x+\Delta x)-x}{\Delta x\cdot(\sqrt{x+\Delta x}+\sqrt{x})}=\dfrac{1}{\sqrt{x}+\sqrt{x}}=\dfrac{1}{2\sqrt{x}}$.

(2) $\quad y'=\lim\limits_{\Delta x\to 0}\dfrac{\cot(x+\Delta x)-\cot x}{\Delta x}=\lim\limits_{\Delta x\to 0}\dfrac{\dfrac{\cos(x+\Delta x)}{\sin(x+\Delta x)}-\dfrac{\cos x}{\sin x}}{\Delta x}$

$=\lim\limits_{\Delta x\to 0}\dfrac{\sin x\cos(x+\Delta x)-\cos x\sin(x+\Delta x)}{\Delta x\sin(x+\Delta x)\sin x}$

$=\lim\limits_{\Delta x\to 0}\dfrac{\sin(-\Delta x)}{\Delta x\sin(x+\Delta x)\sin x}=-\dfrac{1}{\sin^2 x}$.

11. 如果 $f(x)$ 为偶函数,且 $f'(0)$ 存在,试证 $f'(0)=0$.

证明 因为 $f(x)$ 为偶函数,即 $f(x)=f(-x)$,于是

$$f'(0)=\lim\limits_{\Delta x\to 0}\dfrac{f(\Delta x)-f(0)}{\Delta x}=-\lim\limits_{\Delta x\to 0}\dfrac{f(-\Delta x)-f(0)}{-\Delta x}=-f'(0),$$

所以 $f'(0)=0$.

12. 讨论下列函数在 $x=0$ 处的连续性与可导性.

(1) $f(x)=\begin{cases}x, & x<0, \\ \ln(1+x), & x\geqslant 0;\end{cases}$ (2) $f(x)=\begin{cases}\sqrt[3]{x}\sin\dfrac{1}{x}, & x\neq 0, \\ 0, & x=0;\end{cases}$

(3) $f(x) = \arctan \dfrac{1}{x}$.

解 (1) 由于
$$\lim_{x\to 0^+} f(x) = \lim_{x\to 0^+} \ln(1+x) = 0, \quad \lim_{x\to 0^-} f(x) = \lim_{x\to 0^-} x = 0,$$

即 $f(0) = f(0^+) = f(0^-)$，因此 $f(x)$ 在 $x = 0$ 处连续.

因为
$$f'_+(0) = \lim_{\Delta x \to 0^+} \dfrac{\ln(1+\Delta x)}{\Delta x} = 1, \quad f'_-(0) = \lim_{\Delta x \to 0^-} \dfrac{\Delta x}{\Delta x} = 1,$$

故 $f(x)$ 在 $x = 0$ 处可导且导数为 1.

(2) 因 $\lim\limits_{x\to 0} f(x) = \lim\limits_{x\to 0} \sqrt[3]{x} \sin \dfrac{1}{x} = 0 = f(0)$，即 $f(x)$ 在 $x = 0$ 处连续.

由于 $\lim\limits_{\Delta x \to 0} \dfrac{f(0+\Delta x) - f(0)}{\Delta x} = \lim\limits_{\Delta x \to 0} \dfrac{\sqrt[3]{\Delta x} \sin \dfrac{1}{\Delta x}}{\Delta x} = \lim\limits_{\Delta x \to 0} \dfrac{\sin \dfrac{1}{\Delta x}}{\sqrt[3]{\Delta x^2}}$ 极限不存在，所以 $f(x)$ 在 $x = 0$ 处不可导.

(3) 因 $f(x) = \arctan \dfrac{1}{x}$ 在 $x = 0$ 处无定义，故 $f(x)$ 在 $x = 0$ 处不连续，由可导必连续的结论知，$f(x)$ 在 $x = 0$ 处不可导.

13. 设 $F(x) = \begin{cases} f(x), & x \leq x_0, \\ ax+b, & x > x_0, \end{cases}$ 其中 $f(x)$ 在 x_0 处左导数 $f'_-(x_0)$ 存在，要使 $F(x)$ 在 x_0 处可导，问 a 和 b 应取何值？

解 要使 $F(x)$ 在 $x = x_0$ 处可导，必有 $F(x)$ 在 $x = x_0$ 处连续，即
$$F(x_0) = f(x_0) = \lim_{x\to x_0^+} F(x) = \lim_{x\to x_0^+} (ax+b) = ax_0 + b.$$

又
$$\lim_{x\to x_0^-} \dfrac{F(x) - F(x_0)}{x - x_0} = \lim_{x\to x_0^-} \dfrac{f(x) - f(x_0)}{x - x_0} = f'_-(x_0),$$

$$\lim_{x\to x_0^+} \dfrac{F(x) - F(x_0)}{x - x_0} = \lim_{x\to x_0^+} \dfrac{(ax+b) - (ax_0+b)}{x - x_0} = \lim_{x\to x_0^+} a = a,$$

即 $a = f'_-(x_0)$，于是 $b = f(x_0) - ax_0 = f(x_0) - x_0 f'_-(x_0)$.

14. 选择题.

(1) 设 $f(x)$ 可导，$F(x) = f(x)(1 + |\sin x|)$，则 $f(0) = 0$ 是 $F(x)$ 在 $x = 0$ 点处可导的 (　　).

(A) 充分必要条件　　　　　　　　　(B) 充分但非必要条件
(C) 必要但非充分条件　　　　　　　(D) 非充分又非必要条件

(2) 设 $f(x)$ 在区间 $(-\delta, \delta)$ 内有定义，且恒有 $|f(x)| \leq x^2$，则 $x = 0$ 必是 $f(x)$ 的 (　　).
(A) 间断点　　　　　　　　　　　　(B) 连续，但不可导点

(C) 可导的点,且 $f'(0) = 0$　　　　　　　　(D) 可导的点,但 $f'(0) \neq 0$

解 (1) $F(x)$ 在 $x = 0$ 处可导 $\Leftrightarrow \lim\limits_{x \to 0} \dfrac{F(x) - F(0)}{x}$ 存在

$$\Leftrightarrow \lim_{x \to 0} \frac{f(x)(1 + |\sin x|) - f(0)}{x} \text{ 存在}$$

$$\Leftrightarrow \lim_{x \to 0} \left(\frac{f(x) - f(0)}{x} + \frac{f(x)|\sin x|}{x} \right) \text{ 存在}$$

$$\Leftrightarrow \lim_{x \to 0} \frac{f(x)|\sin x|}{x} \text{ 存在}.$$

选 A.

(2) 由 $|f(x)| \leq x^2$,有 $\left| \dfrac{f(x)}{x} \right| \leq |x|$. 于是知

$$\lim_{x \to 0} f(x) = 0, \quad f(0) = 0, \quad \lim_{x \to 0} \frac{f(x)}{x} = 0,$$

即 $x = x_0$ 是 $f(x)$ 可导的点,且 $f'(0) = 0$.

选 C.

3.2

1. 求下列函数的导数.

(1) $y = \sqrt{x\sqrt{x\sqrt{x}}}$;　　　　　　　(2) $y = 2\lg x - 3\arctan x$;

(3) $y = x\tan x - \cot x$;　　　　　　(4) $y = 2^x e^x$;

(5) $y = x\sin x \ln x$;　　　　　　　(6) $y = (x-a)(x-b)(x-c)$;

(7) $y = \dfrac{e^x - 1}{e^x + 1}$;　　　　　　　　　(8) $y = \dfrac{1 + \sqrt{x}}{1 - \sqrt{x}} + \dfrac{3}{\sqrt[3]{x^2}}$.

解 (1) $y' = \left(x^{\frac{7}{8}} \right)' = \dfrac{7}{8} x^{-\frac{1}{8}} = \dfrac{7}{8} \dfrac{1}{\sqrt[8]{x}}$.

(2) $y' = \dfrac{2}{x \ln 10} - \dfrac{3}{1 + x^2}$.

(3) $y' = \tan x + x\sec^2 x + \csc^2 x$.

(4) $y' = (2^x \ln 2) e^x + 2^x e^x = (2e)^x (1 + \ln 2)$.

(5) $y' = (x\sin x)' \ln x + x\sin x \cdot \dfrac{1}{x} = (\sin x + x\cos x) \ln x + \sin x$.

(6) $y' = (x-b)(x-c) + (x-a)(x-c) + (x-a)(x-b)$.

(7) $y' = \dfrac{(e^x - 1)'(e^x + 1) - (e^x - 1)(e^x + 1)'}{(e^x + 1)^2} = \dfrac{2e^x}{(e^x + 1)^2}$.

(8) $y' = \dfrac{(1 + \sqrt{x})'(1 - \sqrt{x}) - (1 + \sqrt{x})(1 - \sqrt{x})'}{(1 - \sqrt{x})^2} + (3x^{-\frac{2}{3}})'$

$$= \frac{\frac{1}{2\sqrt{x}}(1-\sqrt{x})-(1+\sqrt{x})\left(-\frac{1}{2\sqrt{x}}\right)}{(1-\sqrt{x})^2}-2x^{-\frac{5}{3}}$$

$$= \frac{1}{\sqrt{x}(1-\sqrt{x})^2}-\frac{2}{\sqrt[3]{x^5}}.$$

2. 长方形的长为 $x(t)$，宽为 $y(t)$，都是时间 t 的可导函数，求长方形面积 S 的变化速度.

解 长方形的面积 $S=x(t)y(t)$，其变化速度为
$$S'=(x(t)y(t))'=x'(t)y(t)+x(t)y'(t).$$

3. 求曲线 $y=\dfrac{1}{\sqrt{x}}$ 在点 $\left(\dfrac{1}{4},2\right)$ 处的切线方程和法线方程.

解 $k=y'\Big|_{x=\frac{1}{4}}=\left(-\dfrac{1}{2}x^{-\frac{3}{2}}\right)\Big|_{x=\frac{1}{4}}=4$.

切线方程为 $y=2-4\left(x-\dfrac{1}{4}\right)$，即 $y=3-4x$.

法线方程为 $y=2+\dfrac{1}{4}\left(x-\dfrac{1}{4}\right)$，即 $y=\dfrac{1}{4}x+\dfrac{31}{16}$.

4. 求函数 $y=\dfrac{x^3}{3}+\dfrac{x^2}{2}-2x$ 在 $x=0$ 处的导数和导数为零的点.

解 $y'=x^2+x-2$，$y'|_{x=0}=-2$. 令 $y'=x^2+x-2=0$ 得 $(x+2)(x-1)=0$，即当 $x=-2$ 或 1 时，$y'=0$.

5. 当 a 取何值时，曲线 $y=a^x$ 和直线 $y=x$ 相切，并求出切点坐标.

解 由条件有：$\begin{cases}a^x=x,\\(a^x)'=x',\end{cases}$ 即 $\begin{cases}a^x=x,\\a^x\ln a=1.\end{cases}$

从而有 $x\ln a=1$，即 $a^x=\mathrm{e}$. 结合 $a^x=x$，知 $x=\mathrm{e}$. 故有 $\mathrm{e}\ln a=1$，解得 $a=\mathrm{e}^{\frac{1}{\mathrm{e}}}$. 因此，当 $a=\mathrm{e}^{\frac{1}{\mathrm{e}}}$ 时相切，其切点坐标为 (e,e).

6. 求双曲线 $y=\dfrac{1}{x}$ 与抛物线 $y=\sqrt{x}$ 的交角.

解 由 $y=\dfrac{1}{x}=\sqrt{x}$ 得 $x=1$，因此交点为 $(1,1)$.

又 $y'=\left(\dfrac{1}{x}\right)'=-\dfrac{1}{x^2}$，$y'=(\sqrt{x})'=\dfrac{1}{2\sqrt{x}}$，在交点 $(1,1)$ 处切线斜率分别为
$$\tan\varphi=k_{双}=-1,\quad \tan\theta=k_{抛}=\dfrac{1}{2}.$$

于是
$$\tan(\theta-\varphi)=\dfrac{\tan\theta-\tan\varphi}{1+\tan\theta\tan\varphi}=\dfrac{\dfrac{1}{2}-(-1)}{1-\dfrac{1}{2}}=3,$$

故交角为 $\theta-\varphi=\arctan 3$.

7. 证明双曲线 $xy = a^2$ 上任一点处的切线与两坐标轴构成的三角形的面积都等于 $2a^2$,且切点是斜边的中点.

证明 在双曲线 $xy = a^2$ 上任取一点 (x_0, y_0),则 $y'|_{x=x_0} = \left(\dfrac{a^2}{x}\right)'\Big|_{x=x_0} = -\dfrac{a^2}{x_0^2}$,切线方程为 $y = y_0 - \dfrac{a^2}{x_0^2}(x - x_0)$,写成截距式方程 $\dfrac{x}{2x_0} + \dfrac{y}{2y_0} = 1$.可见在 x 轴、y 轴上的截距分别为 $2x_0, 2y_0$,所以构成的三角形面积为

$$\frac{|2x_0 2y_0|}{2} = 2|x_0 y_0| = 2|a^2| = 2a^2.$$

因点 (x_0, y_0) 是 $(2x_0, 0)$ 与 $(0, 2y_0)$ 连线的中点,所以切点是斜边的中点.

3.3

1. 求下列函数的导数.

(1) $y = a^{\sin 3x}$;

(2) $y = \cos^2 x^3$;

(3) $y = \sin\cos\dfrac{1}{x}$;

(4) $y = \cot^3\sqrt{1+x^2}$;

(5) $y = \sec^2 \mathrm{e}^{x^2+1}$;

(6) $y = -\csc^2 \mathrm{e}^{8x}$;

(7) $y = \exp(\ln x)^{-1}$;

(8) $y = \exp\sqrt{\ln(ax^2 + bx + c)}$;

(9) $y = \left(\arcsin\dfrac{x}{a}\right)^2 \ (a > 0)$;

(10) $y = \mathrm{e}^{-x^2}\cos \mathrm{e}^{-x^2}$;

(11) $y = \dfrac{\sin^2 x}{\sin x^2}$;

(12) $y = \arccos\dfrac{b + a\cos x}{a + b\cos x} \ (a > b > 0)$;

(13) $y = \log_2 \log_3 \log_5 x$;

(14) $y = \ln(x + \sqrt{a^2 + x^2})$;

(15) $y = \sqrt{x + \sqrt{x + \sqrt{x}}}$;

(16) $y = \arctan \mathrm{e}^{2x} + \ln\sqrt{\dfrac{\mathrm{e}^{2x}}{\mathrm{e}^{2x}+1}}$;

(17) $y = \tan x - \dfrac{1}{3}\tan^3 x + \dfrac{1}{5}\tan^5 x$;

(18) $y = \ln\dfrac{1+\sqrt{\sin x}}{1-\sqrt{\sin x}} + 2\operatorname{arccot}\sqrt{\sin x}$.

解 (1) $y' = a^{\sin 3x}\ln a \cdot \cos 3x \cdot 3 = 3\cos 3x \, a^{\sin 3x}\ln a$.

(2) $y' = 2\cos x^3 \cdot (-\sin x^3) \cdot 3x^2 = -3x^2 \sin 2x^3$.

(3) $y' = \cos\left(\cos\dfrac{1}{x}\right) \cdot \left(-\sin\dfrac{1}{x}\right) \cdot \left(-\dfrac{1}{x^2}\right) = \dfrac{1}{x^2}\sin\dfrac{1}{x} \cdot \cos\left(\cos\dfrac{1}{x}\right)$.

(4) $y' = 3(\cot\sqrt{1+x^2})^2 \cdot \left(-\dfrac{1}{(\sin\sqrt{1+x^2})^2}\right) \cdot \dfrac{1}{2}(1+x^2)^{-\frac{1}{2}} \cdot 2x$

$= -\dfrac{3x \cdot (\cot\sqrt{1+x^2})^2}{\sqrt{1+x^2}(\sin\sqrt{1+x^2})^2}$.

(5) $y' = 2\sec \mathrm{e}^{x^2+1} \cdot (\sec \mathrm{e}^{x^2+1})' = 2\sec \mathrm{e}^{x^2+1}\sec \mathrm{e}^{x^2+1}\tan \mathrm{e}^{x^2+1} \cdot \mathrm{e}^{x^2+1} \cdot 2x$

$= 4x\mathrm{e}^{x^2+1}\sec^2 \mathrm{e}^{x^2+1} \cdot \tan \mathrm{e}^{x^2+1}$.

(6) $y' = -2\csc \mathrm{e}^{8x} \cdot (-\csc \mathrm{e}^{8x} \cdot \cot \mathrm{e}^{8x})\mathrm{e}^{8x} \cdot 8 = 16\mathrm{e}^{8x}(\csc \mathrm{e}^{8x})^2 \cdot \cot \mathrm{e}^{8x}$.

(7) $y' = (e^{(\ln x)^{-1}})' = e^{(\ln x)^{-1}} \cdot (-\ln x)^{-2} \cdot \frac{1}{x} = -\frac{e^{(\ln x)^{-1}}}{x\ln^2 x}.$

(8) $y' = (e^{\sqrt{\ln(ax^2+bx+c)}})' = e^{\sqrt{\ln(ax^2+bx+c)}} \cdot \frac{1}{2}[\ln(ax^2+bx+c)]^{-\frac{1}{2}} \cdot \frac{(2ax+b)}{ax^2+bx+c}$

$= \frac{(2ax+b)e^{\sqrt{\ln(ax^2+bx+c)}}}{2(ax^2+bx+c)\sqrt{\ln(ax^2+bx+c)}}.$

(9) $y' = 2\arcsin\frac{x}{a} \cdot \frac{1}{\sqrt{1-\left(\frac{x}{a}\right)^2}} \cdot \frac{1}{a} = 2 \cdot \frac{\arcsin\dfrac{x}{a}}{\sqrt{a^2-x^2}}.$

(10) $y' = -2xe^{-x^2}\cos e^{-x^2} + e^{-x^2}(-\sin e^{-x^2})e^{-x^2} \cdot (-2x)$
$= 2xe^{-x^2}(e^{-x^2}\sin e^{-x^2} - \cos e^{-x^2}).$

(11) $y' = \dfrac{2\sin x\cos x\sin x^2 - \sin^2 x\cos x^2 \cdot 2x}{\sin^2 x^2}$

$= \dfrac{2\sin x(\cos x\sin x^2 - x\sin x\cos x^2)}{\sin^2 x^2}.$

(12) $y' = \dfrac{-1}{\sqrt{1-\left(\dfrac{b+a\cos x}{a+b\cos x}\right)^2}} \dfrac{-a\sin x(a+b\cos x) - (b+a\cos x)(-b\sin x)}{(a+b\cos x)^2}$

$= \dfrac{-\sqrt{(a+b\cos x)^2}}{\sqrt{(a+b\cos x)^2-(b+a\cos x)^2}} \dfrac{-a^2\sin x - ab\sin x\cos x + b^2\sin x + ab\cos x\sin x}{(a+b\cos x)^2}$

$= \dfrac{-1}{\sqrt{(a+b\cos x)^2-(b+a\cos x)^2}} \dfrac{-a^2\sin x + b^2\sin x}{|a+b\cos x|}$

$= \dfrac{\sqrt{a^2-b^2}\sin x}{|a+b\cos x||\sin x|}.$

(13) $y' = \dfrac{1}{\log_3\log_5 x \cdot \ln 2} \cdot \dfrac{1}{\log_5 x \cdot \ln 3} \cdot \dfrac{1}{x\ln 5}$

$= \dfrac{1}{x(\log_5 x)(\log_3\log_5 x) \cdot \ln 2\ln 3\ln 5}.$

(14) $y' = \dfrac{1}{x+\sqrt{a^2+x^2}} \cdot \left[1+\dfrac{1}{2}(a^2+x^2)^{-\frac{1}{2}} \cdot 2x\right]$

$= \dfrac{1}{x+\sqrt{a^2+x^2}}\left(1+\dfrac{x}{\sqrt{a^2+x^2}}\right) = \dfrac{1}{\sqrt{a^2+x^2}}.$

(15) $y' = \dfrac{1}{2}\dfrac{1}{\sqrt{x+\sqrt{x+\sqrt{x}}}}\left(1+\dfrac{1}{2\sqrt{x+\sqrt{x}}}\left(1+\dfrac{1}{2\sqrt{x}}\right)\right).$

(16) $y' = \left[\arctan e^{2x} + \dfrac{1}{2}(\ln e^{2x} - \ln(e^{2x}+1))\right]'$

$$= \left(\arctan e^{2x} + x - \frac{1}{2}\ln(e^{2x}+1)\right)'$$

$$= \frac{2e^{2x}}{1+(e^{2x})^2} + 1 - \frac{1}{2}\cdot\frac{2e^{2x}}{e^{2x}+1} = \frac{2e^{2x}}{1+e^{4x}} + \frac{1}{e^{2x}+1}.$$

(17) $y' = \sec^2 x - \tan^2 x \sec^2 x + \tan^4 x \sec^2 x = (1 - \tan^2 x + \tan^4 x)\sec^2 x.$

(18) $y' = \left(\ln(1+\sqrt{\sin x}) - \ln(1-\sqrt{\sin x}) + 2\operatorname{arccot}\sqrt{\sin x}\right)'$

$$= \frac{\frac{1}{2\sqrt{\sin x}}\cos x}{1+\sqrt{\sin x}} - \frac{\frac{1}{2\sqrt{\sin x}}\cos x}{1-\sqrt{\sin x}} + \frac{-2}{1+(\sqrt{\sin x})^2}\cdot\frac{\cos x}{2\sqrt{\sin x}}$$

$$= \frac{\cos x}{\sqrt{\sin x}}\frac{1}{1-\sin x} - \frac{\cos x}{\sqrt{\sin x}}\frac{1}{1+\sin x}$$

$$= \frac{\cos x}{\sqrt{\sin x}}\frac{2\sin x}{1-\sin^2 x} = \frac{2\sqrt{\sin x}}{\cos x}.$$

2. 求下列函数的导数.

(1) $y = a^{b^x} + x^{a^b} + b^{x^a}\ (x, a, b > 0, a, b\ 为常数)$；

(2) $y = \lim\limits_{n\to\infty} x\left(\dfrac{n+x}{n-x}\right)^n$；

(3) $y = \begin{cases} 1-x, & x \leq 0, \\ e^{-x}\cos 3x, & x > 0. \end{cases}$

解 (1) $y' = a^{b^x}(\ln a)b^x \ln b + a^b x^{a^b-1} + b^{x^a}(\ln b)ax^{a-1}.$

(2) $y' = \left(\lim\limits_{n\to\infty} x\dfrac{\left(1+\dfrac{x}{n}\right)^n}{\left(1-\dfrac{x}{n}\right)^n}\right)' = \left(x\dfrac{e^x}{e^{-x}}\right)' = (xe^{2x})' = e^{2x} + 2xe^{2x} = e^{2x}(1+2x).$

(3) 当 $x < 0$ 时，$y' = (1-x)' = -1.$

当 $x > 0$ 时，

$$y' = (e^{-x}\cos 3x)' = -e^{-x}\cos 3x - 3e^{-x}\sin 3x = -e^{-x}(\cos 3x + 3\sin 3x).$$

又 $y'_+(0) = \lim\limits_{x\to 0^+}\dfrac{e^{-x}\cos 3x - 1}{x-0} = \lim\limits_{x\to 0^+}\dfrac{\cos 3x - e^x}{x}\cdot\dfrac{1}{e^x}$

$$= \lim_{x\to 0^+}\left(x\dfrac{\cos 3x - 1}{x^2} - \dfrac{e^x-1}{x}\right)\dfrac{1}{e^x} = -1;$$

$y'_-(0) = \lim\limits_{x\to 0^-}\dfrac{(1-x)-1}{x-0} = -1$，得 $y'(0) = -1.$

3. 设 $f(x), g(x)$ 均可导，且下列函数有意义，求它们的导数.

(1) $y = \sqrt[n]{f^2(x) + g^2(x)}$；　　　　(2) $y = f(\sin^2 x) + g(\cos^2 x).$

解 (1) $y' = \dfrac{1}{n}(f^2(x)+g^2(x))^{\frac{1-n}{n}}(2f(x)f'(x) + 2g(x)g'(x)).$

(2) $y' = f'(\sin^2 x)(2\sin x\cos x) + g'(\cos^2 x)(-2\cos x\sin x)$

$$= (f'(\sin^2 x) - g'(\cos^2 x))\sin 2x.$$

4. 已知 $y = f\left(\dfrac{3x-2}{3x+2}\right)$, $f'(x) = \arctan x^2$, 求 $y'_x\big|_{x=0}$.

解 $y' = f'\left(\dfrac{3x-2}{3x+2}\right)\left(1 - \dfrac{4}{3x+2}\right)' = f'\left(\dfrac{3x-2}{3x+2}\right)\dfrac{12}{(3x+2)^2}$,

$$y'\big|_{x=0} = f'(-1)\dfrac{12}{2^2} = 3\arctan 1 = \dfrac{3\pi}{4}.$$

5. 若 $f(x) = \sin x$, 求 $f'(a), [f(a)]', f'(2x), [f(2x)]'$ 和 $f'(f(x)), [f(f(x))]'$.

解 $f'(a) = \cos a; (f(a))' = 0; f'(2x) = \cos 2x; (f(2x))' = 2\cos 2x;$
$f'(f(x)) = \cos(f(x)) = \cos(\sin x);$
$\{f(f(x))\}' = f'(f(x))f'(x) = \cos f(x) \cos x = (\cos(\sin x))\cos x.$

6. 求下列隐函数的导函数或指定点的导数.

(1) $\sqrt{x} + \sqrt{y} = \sqrt{a}$;   (2) $\arctan\dfrac{y}{x} = \ln\sqrt{x^2 + y^2}$;

(3) $2^x + 2y = 2^{x+y}$;   (4) $x - y = \arcsin x - \arcsin y$;

(5) $x^2 + 2xy - y^2 = 2x$; 求 $y'\big|_{x=2}$;

(6) $\arccos(x+2)^{-\frac{1}{2}} + e^y \sin x = \arctan y$, 求 $y'(0)$.

解 (1) 由 $\dfrac{1}{2\sqrt{x}} + \dfrac{1}{2\sqrt{y}}y' = 0$, 得 $y' = -\dfrac{\sqrt{y}}{\sqrt{x}} = -\dfrac{\sqrt{a}-\sqrt{x}}{\sqrt{x}}$.

(2) 由 $\left(\arctan\dfrac{y}{x}\right)' = \left[\dfrac{1}{2}\ln(x^2+y^2)\right]'$, 得

$$\dfrac{1}{1+\left(\dfrac{y}{x}\right)^2}\dfrac{xy'-y}{x^2} = \dfrac{1}{2}\dfrac{1}{x^2+y^2}\cdot(2x + 2yy').$$

于是 $xy' - y = x + yy'$, 故 $y' = \dfrac{x+y}{x-y}$.

(3) 由 $2^x \ln 2 + 2y' = 2^{x+y}\cdot(1+y')\ln 2$ 得 $y' = \dfrac{(2^{x+y}-2^x)\ln 2}{2 - 2^{x+y}\ln 2}$.

(4) 由 $1 - y' = \dfrac{1}{\sqrt{1-x^2}} - \dfrac{1}{\sqrt{1-y^2}}y'$, 得

$$y' = \dfrac{\dfrac{1}{\sqrt{1-x^2}} - 1}{\dfrac{1}{\sqrt{1-y^2}} - 1} = \dfrac{(1-\sqrt{1-x^2})\sqrt{1-y^2}}{(1-\sqrt{1-y^2})\sqrt{1-x^2}}.$$

(5) 当 $x = 2$ 时, 有 $2^2 + 2\cdot 2y - y^2 = 2\cdot 2$, 即 $y^2 - 4y = y(y-4) = 0$, 因此 $y = 0$ 或 $y = 4$.
由 $2x + 2(y + xy') - 2yy' = 2$, 得 $y' = \dfrac{1-(x+y)}{x-y}$. 于是

$$y'|_{(2,0)} = \frac{1-(2+0)}{2-0} = -\frac{1}{2}, \quad y'|_{(2,4)} = \frac{1-(2+4)}{2-4} = \frac{5}{2}.$$

(6) 当 $x=0$ 时, $\arccos\frac{\sqrt{2}}{2} = \arctan y$, 即 $\arctan y = \frac{\pi}{4}$, 所以 $y=1$. 又

$$-\frac{1}{\sqrt{1-\left(\frac{1}{\sqrt{x+2}}\right)^2}}\left[-\frac{1}{2}(x+2)^{-\frac{3}{2}}\right] + e^y y'\sin x + e^y \cos x = \frac{1}{1+y^2}y',$$

把 $x=0, y=1$ 代入上式, 得 $\frac{1}{4} + e = \frac{1}{2}y'(0)$, 即

$$y'(0) = y'|_{(0,1)} = \frac{1}{2} + 2e.$$

7. 设 $x = \varphi(y)$ 与 $y = f(x)$ 互为反函数, $\varphi(2) = 1$, 且 $f'(1) = 3$, 求 $\varphi'(2)$.

解 由反函数求导法则知 $\varphi'(y) = \frac{1}{f'(x)}$, $\varphi'(y)|_{y=2} = \frac{1}{f'(x)}|_{x=1} = \frac{1}{3}$.

8. 求下列函数的导函数或指定点的导数.

(1) $y = (\sin x)^{\cos x}$;
(2) $y = (1+x^2)^{\frac{1}{x}}$, 求 $y'(1)$;
(3) $y = \sqrt[3]{\frac{x(x^2+1)}{(x^2-1)^2}}$;
(4) $x^y + y^x = 3$, 求 $y'(1)$.

解 (1) $y' = (e^{\cos x \cdot \ln\sin x})' = e^{\cos x \cdot \ln\sin x}\left(-\sin x\ln\sin x + \cos x \cdot \frac{1}{\sin x}\cos x\right)$

$= (\sin x)^{\cos x}(\cos x\cot x - \sin x\ln\sin x).$

(2) $\ln y = \frac{1}{x}\ln(1+x^2)$, 两边关于 x 求导, 得

$$\frac{1}{y}y' = \frac{-1}{x^2}\ln(1+x^2) + \frac{1}{x}\cdot\frac{2x}{1+x^2}.$$

$$y' = y\left(\frac{2}{1+x^2} - \frac{\ln(1+x^2)}{x^2}\right) = (1+x^2)^{\frac{1}{x}}\left(\frac{2}{1+x^2} - \frac{\ln(1+x^2)}{x^2}\right).$$

$$y'(1) = 2\cdot\left(\frac{2}{2} - \frac{\ln 2}{1}\right) = 2\cdot(1-\ln 2) = 2\cdot\ln\frac{e}{2}.$$

(3) 因为 $\ln|y| = \frac{1}{3}(\ln|x| + \ln(x^2+1) - 2\ln|x^2-1|)$, 所以

$$\frac{1}{y}y' = \frac{1}{3}\left(\frac{1}{x} + \frac{2x}{x^2+1} - 2\cdot\frac{2x}{x^2-1}\right).$$

于是

$$y' = \sqrt[3]{\frac{x(x^2+1)}{(x^2-1)^2}}\cdot\frac{x^4+6x^2+1}{3x(1-x^4)}.$$

(4) 原式即为 $e^{y\ln x}+e^{x\ln y}=3$,求导得

$$e^{y\ln x}\left(y'\ln x+\frac{y}{x}\right)+e^{x\ln y}\left(\ln y+\frac{x}{y}y'\right)=0.$$

整理有: $y'=-\dfrac{x^{y-1}y+y^x\ln y}{x^y\ln x+y^{x-1}x}$. 将 $x=1$ 代入原式有:$1^y+y^1=3$ 即 $y=2$. 所以

$$y'(1)=-\frac{1^1\cdot 2+2^1\ln 2}{1^2\ln 1+2^0\cdot 1}=-(2+2\ln 2)=-2(1+\ln 2).$$

9. 求下列参数方程确定的函数的导数 y'_x.

(1) $\begin{cases}x=t^3+1,\\ y=t^2;\end{cases}$ (2) $\begin{cases}x=\theta-\sin\theta,\\ y=1-\cos\theta;\end{cases}$

(3) $\begin{cases}x=\ln(1+t^2),\\ y=t-\arctan t;\end{cases}$ (4) $\begin{cases}x=e^t\sin t,\\ y=e^t(\sin t-\cos t);\end{cases}$

(5) $\begin{cases}x=2t+|t|,\\ y=5t^2+4t|t|.\end{cases}$

解 (1) $y'_x=\dfrac{y'_t}{x'_t}=\dfrac{2t}{3t^2}=\dfrac{2}{3t}$.

(2) $y'_x=\dfrac{y'_\theta}{x'_\theta}=\dfrac{\sin\theta}{1-\cos\theta}$.

(3) $y'_x=\dfrac{y'_t}{x'_t}=\dfrac{1-\dfrac{1}{1+t^2}}{\dfrac{2t}{1+t^2}}=\dfrac{t}{2}$.

(4) $y'_x=\dfrac{y'_t}{x'_t}=\dfrac{e^t(\sin t-\cos t)+e^t(\cos t+\sin t)}{e^t\sin t+e^t\cos t}=\dfrac{2\sin t}{\sin t+\cos t}$.

(5) 由

$$x=\begin{cases}t,&t\leqslant 0,\\ 3t,&t>0,\end{cases}\quad y=\begin{cases}t^2,&t\leqslant 0,\\ 9t^2,&t>0,\end{cases}$$

可知

$$x'_t=\begin{cases}1,&t<0,\\ 3,&t>0,\end{cases}\quad y'_t=\begin{cases}2t,&t<0,\\ 18t,&t>0,\end{cases}$$

因此,当 $t<0$ 时,$\dfrac{\mathrm{d}y}{\mathrm{d}x}=2t$;当 $t>0$ 时,$\dfrac{\mathrm{d}y}{\mathrm{d}x}=6t$.

$$y'_-(0)=\lim_{x\to 0^-}\frac{y(x)-y(0)}{x}=\lim_{t\to 0^-}\frac{t^2-0}{t}=0,$$

$$y'_+(0)=\lim_{x\to 0^+}\frac{y(x)-y(0)}{x}=\lim_{t\to 0^+}\frac{9t^2-0}{3t}=0.$$

故 $y_x'(0)=0$,总之 $y_x' = \begin{cases} 2t, & t \leq 0, \\ 6t, & t > 0. \end{cases}$

10. 设 $x = f(t) - \pi, y = f(e^{3t} - 1)$,其中 f 可导,且 $f'(0) \neq 0$,求 $y_x'\big|_{t=0}$.

解 $y_x'\big|_{t=0} = \dfrac{y_t'}{x_t'}\bigg|_{t=0} = \dfrac{3f'(0)}{f'(0)} = 3.$

11. 试证:可导的偶函数的导数是奇函数,可导的奇函数的导数是偶函数.

证明 设 $f(x)$ 是偶函数,即 $f(-x) = f(x)$,于是
$$f'(x) = (f(-x))' = f'(-x)(-1) = -f'(-x),$$
即 $f'(-x) = -f'(x)$. 所以 $f'(x)$ 是奇函数.

设 $f(x)$ 是奇函数,即 $f(-x) = -f(x)$,于是
$$f'(x) = -[f(-x)]' = -f'(-x)(-1) = f'(-x).$$
即 $f'(-x) = f'(x)$,所以 $f'(x)$ 是偶函数.

12. 球的半径以 5 cm/s 的速度匀速增长,问球的半径为 50 cm 时,球的表面积和体积的增长速度各是多少?

解 球的表面积为 $S = 4\pi r^2$,
$$\dfrac{dS}{dt} = 8\pi r \dfrac{dr}{dt} = 8\pi \cdot 50 \cdot 5 = 2\,000\pi \text{ cm}^2/\text{s} = 0.2\pi \text{ m}^2/\text{s}.$$

球的体积为 $V = \dfrac{4}{3}\pi r^3$,
$$\dfrac{dV}{dt} = 4\pi r^2 \dfrac{dr}{dt} = 4\pi \cdot (50)^2 \cdot 5 = 50\,000\pi \text{ cm}^3/\text{s} = 0.05\pi \text{ m}^3/\text{s}.$$

因此,当半径为 50 cm 时,表面积增长速度为 $0.2\pi \text{ m}^2/\text{s}$,体积的增长速度是 $0.05\pi \text{m}^3/\text{s}$.

13. 点 M 沿螺线 $r = a\theta (a = 10 \text{ cm})$ 运动,其极半径转动的角速度($6°/\text{s}$)不变,确定点 M 的极半径的增长速度.

解 因 $\dfrac{dr}{dt} = a\dfrac{d\theta}{dt} = 10 \times 6 \times \dfrac{\pi}{180} = \dfrac{\pi}{3}$ cm/s,即当极半径转动的角度为 $6°/\text{s}$ 时,螺线上任意点的极半径增长速度为 $\dfrac{\pi}{3}$ cm/s.

14. 半径为 $\dfrac{1}{2}$ 的圆在抛物线 $x = \sqrt{y}$ 凹的一侧上滚动.(1)求圆心 (ξ, η) 的轨迹方程;(2)当圆心匀速上升(速率为 a)时,求圆心的横坐标 ξ 的增长速度.

解 (1) 设 (x, x^2) 为抛物线 $x = \sqrt{y}$ 上任一点,由 $y' = 2x$ 知,过点 (x, x^2) 的法线方程为 $Y - x^2 = -\dfrac{1}{2x}(X - x)$. 圆心 (ξ, η) 在法线上,且到点 (x, x^2) 的距离为 $\dfrac{1}{2}$,从而有
$$\begin{cases} \eta - x^2 = -\dfrac{1}{2x}(\xi - x), \\ (\xi - x)^2 + (\eta - x^2)^2 = \dfrac{1}{4}. \end{cases}$$

解得:$\xi = x + \dfrac{x}{\sqrt{4x^2+1}}$,$\eta = x^2 - \dfrac{1}{2\sqrt{4x^2+1}}$.

(2) 由于 $\dfrac{d\xi}{dt} = \dfrac{d\xi}{d\eta} \cdot \dfrac{d\eta}{dt}$,而 $\dfrac{d\xi}{d\eta} = \dfrac{\xi'_x}{\eta'_x} = \dfrac{1}{2x}$,$\dfrac{d\eta}{dt} = a$,故 $\dfrac{d\xi}{dt} = \dfrac{a}{2x}$.

15. 证明圆的渐伸线 $x = a(\cos t + t\sin t)$,$y = a(\sin t - t\cos t)$ 的法线是圆 $x^2 + y^2 = a^2$ 的切线.

证明 在渐伸线上任取一点 $(x_0, y_0) = (x(t_0), y(t_0))$,由圆的渐伸线的参数方程得

$$y'_x = \dfrac{y'_t}{x'_t} = \dfrac{a(\cos t - \cos t + t\sin t)}{a(-\sin t + \sin t + t\cos t)} = \dfrac{\sin t}{\cos t}.$$

在 $t = t_0$ 处圆的渐伸线的法线方程为 $y = y_0 - \dfrac{\cos t_0}{\sin t_0}(x - x_0)$,即

$$y = a(\sin t_0 - t_0 \cos t_0) - \dfrac{\cos t_0}{\sin t_0}[x - a(\cos t_0 + t_0 \sin t_0)]$$

$$= a\sin t_0 - \dfrac{\cos t_0}{\sin t_0}(x - a\cos t_0) \tag{1}$$

方程(1)与圆的方程 $x^2 + y^2 = a^2$ 联立得唯一交点:$x = a\cos t_0$,$y = a\sin t_0$.即圆在此点的切线方程为

$$y = a\sin t_0 - \dfrac{\cos t_0}{\sin t_0}(x - a\cos t_0).$$

16. 求曲线 $x^3 + y^3 = 4xy$ 与曲线 $x = \dfrac{1+t}{t^3}$,$y = \dfrac{3}{2t^2} + \dfrac{1}{2t}$ 在交点 $(2,2)$ 处的交角.

解 由 $3y^2 y' + 3x^2 = 4(y + xy')$,可得 $y' = \dfrac{4y - 3x^2}{3y^2 - 4x}$,所以曲线 $y^3 + x^3 = 4xy$ 在 $(2,2)$ 处的切线斜率为 $\tan\varphi = y'|_{(2,2)} = -1$.

由方程 $2 = \dfrac{3}{2t^2} + \dfrac{1}{2t}$,可得 $4t^2 - t - 3 = (4t+3)(t-1) = 0$,从而 $t = 1$ 或 $t = \dfrac{-3}{4}$.

把 $t = -\dfrac{3}{4}$ 代入 $x = \dfrac{1+t}{t^3} = \dfrac{1 - \dfrac{3}{4}}{\left(-\dfrac{3}{4}\right)^3} < 0 \neq 2$,因此只有在 $t = 1$ 时,$(x, y) = (2, 2)$.

由于

$$x'_t = \left(\dfrac{1+t}{t^3}\right)' = -\dfrac{2t+3}{t^4}, \quad y'_t = -\dfrac{3}{t^3} - \dfrac{1}{2t^2},$$

因此

$$y'_x \bigg|_{(2,2)} = \dfrac{y'_t}{x'_t} \bigg|_{t=1} = \dfrac{7}{10}.$$

从而,由参数方程表示的曲线在点$(2,2)$处的切线斜率为$\tan\theta=\dfrac{7}{10}$.于是

$$\tan(\varphi-\theta)=\dfrac{\tan\varphi-\tan\theta}{1+\tan\varphi\tan\theta}=\dfrac{-1-\dfrac{7}{10}}{1+(-1)\dfrac{7}{10}}=-\dfrac{17}{3}.$$

因此,两条曲线在$(2,2)$处的交角为$\arctan\left(-\dfrac{17}{3}\right)$.

17. 求对数螺线$r=\mathrm{e}^{\theta}$在$(r,\theta)=\left(\mathrm{e}^{\frac{\pi}{2}},\dfrac{\pi}{2}\right)$处的切线的直角坐标方程.

解 参见"3.4 典型错误纠正"中第4题.

3.4

1. 求下列函数的二阶导数.

(1) $y=\sqrt{x^2-1}$； (2) $y=x\ln(x+\sqrt{x^2+a^2})-\sqrt{x^2+a^2}$；

(3) $b^2x^2+a^2y^2=a^2b^2$； (4) $y=\tan(x+y)$；

(5) $\begin{cases}x=a\cos t,\\ y=b\sin t;\end{cases}$ (6) $\begin{cases}x=\ln(1+t^2),\\ y=t-\arctan t;\end{cases}$

(7) $\begin{cases}x=f'(t),\\ y=tf'(t)-f(t),\end{cases}$ 其中$f(t)$具有二阶导数,且不等于零.

解 (1) $y'=\dfrac{x}{\sqrt{x^2-1}}$，$y''=\dfrac{\sqrt{x^2-1}-x\dfrac{x}{\sqrt{x^2-1}}}{x^2-1}=\dfrac{-1}{(x^2-1)^{\frac{3}{2}}}$.

(2) 因$[\ln(x+\sqrt{x^2+a^2})]'=\dfrac{1+\dfrac{x}{\sqrt{x^2+a^2}}}{x+\sqrt{x^2+a^2}}=\dfrac{1}{\sqrt{x^2+a^2}}$，所以

$$y'=\ln(x+\sqrt{x^2+a^2})+\dfrac{x}{\sqrt{x^2+a^2}}-\dfrac{x}{\sqrt{x^2+a^2}}=\ln(x+\sqrt{x^2+a^2}),$$

$$y''=\dfrac{1}{\sqrt{x^2+a^2}}.$$

(3) 由$2b^2x+2a^2yy'=0$，得$y'=-\dfrac{b^2}{a^2}\dfrac{x}{y}$，于是

$$y''=-\dfrac{b^2}{a^2}\dfrac{y-xy'}{y^2}=-\dfrac{b^2}{a^2}\dfrac{y-x\left(-\dfrac{b^2}{a^2}\dfrac{x}{y}\right)}{y^2}=-\dfrac{b^2(a^2y^2+b^2x^2)}{a^4y^3}$$

$$=-\dfrac{b^2a^2b^2}{a^4y^3}=-\dfrac{b^4}{a^2y^3}.$$

(4) 由隐函数求导法,两边关于 x 求导,可得

$$y' = \frac{1}{\cos^2(x+y)}(1+y') = [1+\tan^2(x+y)](1+y') = (1+y^2)(1+y').$$

从而

$$y' = -\frac{1+y^2}{y^2} = -\left(\frac{1}{y^2}+1\right), \quad y'' = \frac{2}{y^3}y' = -\frac{2}{y^3}\left(\frac{1}{y^2}+1\right) = -2\left(\frac{1}{y^5}+\frac{1}{y^3}\right).$$

(5) 由 $x'_t = -a\sin t, y'_t = b\cos t$,可得

$$y'_x = \frac{y'_t}{x'_t} = -\frac{b}{a}\cot t, \quad (y'_x)'_t = \frac{b}{a}\frac{1}{\sin^2 t}.$$

因此,$y''_x = \dfrac{(y'_x)'_t}{x'_t} = \dfrac{\dfrac{b}{a\sin^2 t}}{-a\sin t} = -\dfrac{b}{a^2\sin^3 t}.$

(6) 由 $x'_t = \dfrac{2t}{1+t^2}, y'_t = 1-\dfrac{1}{1+t^2} = \dfrac{t^2}{1+t^2}$,可得

$$y'_x = \frac{y'_t}{x'_t} = \frac{t}{2}, \quad y''_x = \frac{(y'_x)'_t}{x'_t} = \frac{\dfrac{1}{2}}{\dfrac{2t}{1+t^2}} = \frac{1+t^2}{4t}.$$

(7) 由 $x'_t = f''(t), y'_t = f'(t)+tf''(t)-f'(t) = tf''(t)$,可知

$$y'_x = \frac{y'_t}{x'_t} = t, \quad y''_x = \frac{(y'_x)'_t}{x'_t} = \frac{1}{f''(t)}.$$

2. 设 $y = y(x)$ 由 $\begin{cases} x = 3t^2+2t+3, \\ e^y\sin t-y+1 = 0 \end{cases}$ 确定,求 $\dfrac{d^2y}{dx^2}\bigg|_{t=0}$.

解 当 $t=0$ 时,$x=3, y=1$. 由 $x'_t = 6t+2$ 得:$x'_t\big|_{t=0} = 2, x''_t = 6$.
又由 $e^y y'_t \sin t + e^y \cos t - y'_t = 0$,得

$$y'_t = \frac{e^y\cos t}{1-e^y\sin t} = \frac{e^y\cos t}{1-(y-1)} = \frac{e^y\cos t}{2-y}, \quad y'_t\big|_{t=0} = e.$$

$$y''_t = \frac{(e^y y'_t\cos t - e^y\sin t)(2-y) - e^y\cos t(-y'_t)}{(2-y)^2}, \quad y''_t\big|_{t=0} = 2e^2.$$

因此

$$y'_x = \frac{y'_t}{x'_t}, \quad (y'_x)'_t = \frac{y''_t x'_t - y'_t x''_t}{(x'_t)^2},$$

$$(y'_x)'_t\big|_{t=0} = \frac{2e^2\times 2 - e\times 6}{2^2} = \frac{2e^2-3e}{2},$$

$$y''_x\Big|_{t=0} = \frac{(y'_x)'_t}{x'_t}\Big|_{t=0} = \frac{\frac{2e^2-3e}{2}}{2} = \frac{e(2e-3)}{4}.$$

3. 设 $u = f(\varphi(x)+y^2)$，其中 $y = y(x)$ 由方程 $y+e^y = x$ 确定，且 $f(x)$，$\varphi(x)$ 均有二阶导数，求 $\dfrac{du}{dx}$ 和 $\dfrac{d^2u}{dx^2}$.

解 $\dfrac{du}{dx} = f'(\varphi(x)+y^2)(\varphi'(x)+2yy')$.

由 $y+e^y = x$ 得

$$\begin{cases} y'+e^y y' = 1 \Rightarrow y' = \dfrac{1}{1+e^y}, \\ y''+e^y y'^2 + e^y y'' = 0 \Rightarrow y'' = \dfrac{-e^y y'^2}{1+e^y} = \dfrac{-e^y}{(1+e^y)^3}, \end{cases}$$

因此，

$$\frac{du}{dx} = f'(\varphi(x)+y^2)\left(\varphi'(x)+\frac{2y}{1+e^y}\right),$$

$$\frac{d^2u}{dx^2} = f''(\varphi(x)+y^2)\left(\varphi'(x)+\frac{2y}{1+e^y}\right)^2 + f'(\varphi(x)+y^2)(\varphi''(x)+2y'^2+2yy'')$$

$$= f''(\varphi(x)+y^2)\left(\varphi'(x)+\frac{2y}{1+e^y}\right)^2 + f'(\varphi(x)+y^2)\left(\varphi''(x)+\frac{2}{(1+e^y)^2}-\frac{2ye^y}{(1+e^y)^3}\right).$$

4. 求下列函数的 n 阶导数.

(1) $y = \sin^2 x$;

(2) $y = xe^x$;

(3) $y = \dfrac{2x-1}{(x-1)(x^2-x-2)}$;

(4) $y = \ln\dfrac{1+x}{1-x}$;

(5) $y = \sin x \sin 2x \sin 3x$.

解 (1) $y^{(n)} = \left[\dfrac{1}{2}-\dfrac{1}{2}\cos 2x\right]^{(n)} = -\dfrac{1}{2} \cdot 2^n \cos\left(2x+\dfrac{n\pi}{2}\right) = -2^{n-1}\cos\left(2x+\dfrac{n\pi}{2}\right)$.

(2) $y^{(n)} = \sum\limits_{k=0}^{n} C_n^k (x)^{(k)}(e^x)^{(n-k)} = C_n^0 xe^x + C_n^1 e^x = xe^x + ne^x = (x+n)e^x$.

(3) $\dfrac{2x-1}{(x-1)(x^2-x-2)} = \dfrac{1}{x-1}\left(\dfrac{1}{x-2}+\dfrac{1}{x+1}\right) = \dfrac{1}{(x-1)(x-2)}+\dfrac{1}{(x-1)(x+1)}$

$$= \dfrac{1}{x-2}-\dfrac{1}{x-1}+\dfrac{1}{2}\left(\dfrac{1}{x-1}-\dfrac{1}{x+1}\right)$$

$$= \dfrac{1}{x-2}-\dfrac{1}{2}\dfrac{1}{x-1}-\dfrac{1}{2}\dfrac{1}{x+1}.$$

因此

$$y^{(n)} = (-1)^n \frac{n!}{(x-2)^{n+1}} - \frac{1}{2}(-1)^n \frac{n!}{(x-1)^{n+1}} - \frac{1}{2}(-1)^n \frac{n!}{(x+1)^{n+1}}$$

$$= (-1)^n n! \left[\frac{1}{(x-2)^{n+1}} - \frac{1}{2} \frac{1}{(x-1)^{n+1}} - \frac{1}{2} \frac{1}{(x+1)^{n+1}} \right].$$

(4) $y^{(n)} = [\ln(1+x) - \ln(1-x)]^{(n)} = \dfrac{(-1)^{n-1}(n-1)!}{(1+x)^n} - \dfrac{-(n-1)!}{(1-x)^n}$

$$= (n-1)! \left(\frac{(-1)^{n-1}}{(1+x)^n} + \frac{1}{(1-x)^n} \right).$$

(5) 由于

$$\sin x \sin 2x \sin 3x = \sin x \sin 3x \sin 2x = -\frac{1}{2}(\cos 4x - \cos 2x)\sin 2x$$

$$= \frac{1}{2}(\cos 2x \sin 2x - \cos 4x \sin 2x)$$

$$= \frac{1}{4}(\sin 4x - \sin 6x + \sin 2x).$$

所以

$$y^{(n)} = \frac{1}{4}\left[4^n \sin\left(4x + \frac{n\pi}{2}\right) - 6^n \sin\left(6x + \frac{n\pi}{2}\right) + 2^n \sin\left(2x + \frac{n\pi}{2}\right) \right].$$

5. 对下列函数求指定的导数.

(1) $y = x^2 e^x$,求 $y^{(100)}$； (2) $y = x(2x-1)^2(x+3)^3$,求 $y^{(6)}$；

(3) $y = \sin \dfrac{x}{2} + \cos 2x$,求 $y^{(27)}\big|_{x=\pi}$； (4) $y = \dfrac{x^{10}}{1-x}$,求 $y^{(10)}$.

解 (1) 由 $y^{(n)} = \sum_{k=0}^{n} C_n^k (x^2)^{(k)} (e^x)^{(n-k)} = C_n^0 x^2 e^x + C_n^1 2x e^x + C_n^2 2 e^x$

$$= [x^2 + 2nx + n(n-1)] e^x,$$

得 $y^{(100)} = (x^2 + 200x + 9\,900) e^x$.

(2) 因 $y = x(2x-1)^2(x+3)^3$ 中 x 的最高次幂为 6 次,其系数为 4,故 $y^{(6)} = 4 \times 6!$.

(3) 由

$$y^{(27)} = \left(\sin \frac{x}{2}\right)^{(27)} + (\cos 2x)^{(27)}$$

$$= \left(\frac{1}{2}\right)^{27} \sin\left(\frac{x}{2} + \frac{27\pi}{2}\right) + 2^{27} \cos\left(2x + \frac{27\pi}{2}\right)$$

$$= -2^{-27} \cos \frac{x}{2} + 2^{27} \sin 2x,$$

可知 $y^{(27)}\big|_{x=\pi} = -2^{-27} \cos \dfrac{\pi}{2} + 2^{27} \sin 2\pi = 0.$

(4) 由于

$$y = \frac{x^{10}}{1-x} = \frac{x^{10}-1}{1-x} + \frac{1}{1-x} = -(x^9 + x^8 + \cdots + x + 1) + \frac{1}{1-x},$$

所以

$$y^{(10)} = \left(\frac{1}{1-x}\right)^{10} = \frac{10!}{(1-x)^{11}}.$$

6. 设 $f(x)$ 具有各阶导数，且 $f'(x) = [f(x)]^2$，求 $f^{(n)}(x)$.

解 $$f''(x) = 2f(x)f'(x) = 2!f^3(x),$$
$$f'''(x) = (2!f^3(x))' = 3!f^2(x)f'(x) = 3!f^4(x),$$

由归纳法可知：$f^{(n)}(x) = n!f^{n-1}(x)f'(x) = n!f^{n+1}(x)$.

7. 设 $P(x) = x^5 - 2x^4 + 3x - 2$，将 $P(x)$ 化为 $(x-1)$ 的幂的多项式.

解 $P(x) = a_0 + a_1(x-1) + a_2(x-1)^2 + a_3(x-1)^3 + a_4(x-1)^4 + a_5(x-1)^5$，于是

$$a_0 = P(1) = 0, \quad a_1 = P'(1) = 0, \quad a_2 = \frac{P''(1)}{2!} = -2,$$

$$a_3 = \frac{P^{(3)}(1)}{3!} = 2, \quad a_4 = \frac{P^{(4)}(1)}{4!} = 3, \quad a_5 = \frac{P^{(5)}(1)}{5!} = 1.$$

所以 $P(x) = -2(x-1)^2 + 2(x-1)^3 + 3(x-1)^4 + (x-1)^5$.

8. 设 $y = P(x)$ 是 x 的多项式，满足关系 $xy'' + (1-x)y' + 3y = 0$，且 $P(0) = -6$，求函数 $P(x)$.

解 设 $P(x) = a_n x^n + a_{n-1} x^{n-1} + \cdots + a_2 x^2 + a_1 x + a_0$，由 $P(0) = -6$ 得 $a_0 = -6$.

$$0 = xy'' + (1-x)y' + 3y$$
$$= x[n(n-1)a_n x^{n-2} + \cdots + 2 \cdot 1 a_2] + (1-x)[na_n x^{n-1} + \cdots + ka_k x^{k-1} + \cdots + a_1]$$
$$+ 3[a_n x^n + \cdots + a_k x^k + \cdots + a_0]$$
$$= (3-n)a_n x^n + [(3-(n-1))a_{n-1} + (n(n-1)+n)a_n] x^{n-1}$$
$$+ \cdots + [(3-k)a_k + ((k+1)k + (k+1))a_{k+1}] x^k$$
$$+ \cdots + [(3-1)a_1 + (2 \cdot 1 + 2)a_2] x + (3a_0 + a_1)$$
$$= (3-n)a_n x^n + [(3-(n-1))a_{n-1} + n^2 a_n] x^{n-1} + \cdots$$
$$+ [(3-k)a_k + (k+1)^2 a_{k+1}] x^k + [(3-1)a_1 + 2^2 a_2] x + (3a_0 + a_1).$$

于是有

$$\begin{cases} 3a_0 + a_1 = 0, \\ (3-1)a_1 + 2^2 a_2 = 0, \\ \vdots \\ (3-k)a_k + (k+1)^2 a_{k+1} = 0, \\ \vdots \\ (3-n)a_n = 0, \end{cases} \Rightarrow \begin{cases} a_1 = 18, \\ a_2 = -9, \\ a_3 = 1, \\ a_4 = \cdots = a_n = 0. \end{cases}$$

即 $P(x) = x^3 - 9x^2 + 18x - 6$.

9. 设 $y = y(x)$ 在 $[-1, 1]$ 上有二阶导数，且满足 $(1-x^2)y''_x - xy'_x + a^2 y = 0$，作变换 $x = \sin t$，证明这时 y 满足 $y''_t + a^2 y = 0$.

证明 因 $x = \sin t$ 有：$y'_t = y'_x \cdot \cos t$，于是 $y'_x = \dfrac{y'_t}{\cos t}$，由 $y''_t = y''_x \cos^2 t - y'_x \sin t$，可知

$$y''_x = \frac{y''_t + y'_x \sin t}{\cos^2 t}.$$

代入已知方程得

$$(1-x^2)\frac{y_t''+y_x'\sin t}{\cos^2 t}-x\frac{y_t'}{\cos t}+a^2y=0,$$

进而，

$$(1-\sin^2 t)\frac{y_t''+\dfrac{y_t'}{\cos t}\sin t}{\cos^2 t}-\sin t\frac{y_t'}{\cos t}+a^2y=0,$$

解得 $y_t''+a^2y=0$.

10. 选择题

(1) 函数 $f(x)=(x^2-x-2)|x^3-x|$ 的不可导的点的个数为( ).

(A) 0　　　　　(B) 1　　　　　(C) 2　　　　　(D) 3

(2) 设 $f(x)=3x^3+x^2|x|$，则使 $f^{(n)}(0)$ 存在的最高阶数 n 为( ).

(A) 0　　　　　(B) 1　　　　　(C) 2　　　　　(D) 3

解　(1) 选 C.　(2) 选 C.

详细解答过程参见 3.3 节思考与讨论部分第 11,12 题.

3.5

1. 求函数 $y=5x+x^2$ 当 $x=2$ 而 $\Delta x=0.001$ 时的增量 Δy 与微分 $\mathrm{d}y$.

解
$$\Delta y=[5(x+\Delta x)+(x+\Delta x)^2]-(5x+x^2)=(5+2x)\Delta x+(\Delta x)^2,$$
$$\mathrm{d}y=(5+2x)\Delta x.$$

当 $x=2$ 和 $\Delta x=0.001$ 时，
$$\Delta y=(5+2\times 2)0.001+(0.001)^2=0.009+0.000\,001=0.009\,001,$$
$$\mathrm{d}y=0.009.$$

2. 用微分法则求下列函数的微分.

(1) $y=\dfrac{x}{1-x}$;　　　　　　　(2) $y=x\ln x-x$;

(3) $y=\cot x-\csc x$;　　　　　(4) $y=\mathrm{e}^{-\frac{x}{y}}$;

(5) $y=\sin^2 u,u=\ln(3x+1)$;　　(6) $y=\arctan\dfrac{u(x)}{v(x)}$ (u',v' 存在).

解　(1) 因 $y'=\left(\dfrac{1}{1-x}-1\right)'=\dfrac{1}{(1-x)^2}$，所以 $\mathrm{d}y=\dfrac{1}{(1-x)^2}\mathrm{d}x$.

(2) 因 $y'=\ln x+x\left(\dfrac{1}{x}\right)-1=\ln x$，所以 $\mathrm{d}y=\ln x\mathrm{d}x$.

(3) 因 $y'=\left(\cot x-\dfrac{1}{\sin x}\right)'=-\dfrac{1}{\sin^2 x}+\dfrac{\cos x}{\sin^2 x}=\dfrac{\cos x-1}{\sin^2 x}$，所以 $\mathrm{d}y=\dfrac{\cos x-1}{\sin^2 x}\mathrm{d}x$.

(4) 由 $y' = e^{-\frac{x}{y}}\left(-\frac{y-xy'}{y^2}\right) = y\left(-\frac{y-xy'}{y^2}\right)$ 得 $yy' = -y+xy'$，$y' = \frac{y}{x-y}$，于是 $dy = \frac{y}{x-y}dx$.

(5) 因 $y' = 2\sin u \cos u \cdot u'_x = \sin 2u \cdot \frac{3}{3x+1} = \frac{3\sin[2\ln(3x+1)]}{3x+1}$，所以

$$dy = \frac{3\sin[2\ln(3x+1)]}{3x+1}dx.$$

(6) 因

$$y' = \frac{1}{1+\left(\frac{u(x)}{v(x)}\right)^2} \cdot \frac{u'(x)v(x)-u(x)v'(x)}{v^2(x)} = \frac{u'(x)v(x)-u(x)v'(x)}{u^2(x)+v^2(x)},$$

所以 $dy = \frac{u'(x)v(x)-u(x)v'(x)}{u^2(x)+v^2(x)}dx$.

3. 设 $y=y(x)$ 由方程 $\varphi(\sin x) + \sin\varphi(y) = \varphi(x+y)$ 所确定，其中 $\varphi(t)$ 处处可导，求 dy.

解 由 $\varphi'(\sin x)\cos x + \cos\varphi(y)\varphi'(y)y' = \varphi'(x+y)(1+y')$，得

$$y' = \frac{\varphi'(x+y)-\varphi'(\sin x)\cos x}{\varphi'(y)\cos\varphi(y)-\varphi'(x+y)}, \quad dy = \frac{\varphi'(x+y)-\varphi'(\sin x)\cos x}{\varphi'(y)\cos\varphi(y)-\varphi'(x+y)}dx.$$

4. 将适当的函数填入括号内，使下列各式成为等式.

(1) $x dx = d(\quad)$；

(2) $\frac{1}{x}dx = d(\quad)$；

(3) $\sin x dx = d(\quad)$；

(4) $\sec^2 x dx = d(\quad)$；

(5) $\frac{1}{\sqrt{x}}dx = d(\quad)$；

(6) $\frac{1}{\sqrt{1-x^2}}dx = d(\quad)$；

(7) $d(\arctan e^{2x}) = (\quad)de^{2x}$；

(8) $d(\sin\sqrt{\cos x}) = (\quad)d\cos x$；

(9) $f(\sin x)\cos x dx = f(\sin x)d(\quad)$；

(10) $x^2 e^{-x^3}dx = (\quad)d(-x^3)$.

解 (1) $xdx = d\left(\frac{x^2}{2}+C\right)$；

(2) $\frac{1}{x}dx = d(\ln|x|+C)$；

(3) $\sin x dx = d(-\cos x+C)$；

(4) $\sec^2 x dx = d(\tan x+C)$；

(5) $\frac{1}{\sqrt{x}}dx = d(2\sqrt{x}+C)$；

(6) $\frac{1}{\sqrt{1-x^2}}dx = d(\arcsin x+C)$；

(7) $d(\arctan e^{2x}) = \left(\frac{1}{1+e^{4x}}\right)de^{2x}$；

(8) $d(\sin\sqrt{\cos x}) = \left(\cos\sqrt{\cos x} \cdot \frac{1}{2\sqrt{\cos x}}\right)d\cos x$；

(9) $f(\sin x)\cos x dx = f(\sin x)d(\sin x)$；

(10) $x^2 e^{-x^3} dx = (-\frac{1}{3} e^{-x^3}) d(-x^3)$.

5. 试由球面面积公式 $S = 4\pi r^2$ 导出球体体积公式.

解 当半径由 r 变到 $r+dr$ 时,体积增量近似为 $4\pi r^2 dr$,即 $dV = 4\pi r^2 dr$. 从而 $V = \frac{4\pi r^3}{3} + C$, 由 $V(0) = 0$, 可知 $C = 0$, 因此 $V = \frac{4\pi r^3}{3}$.

6. 求曲线 $y = \sqrt{x}$, $x = 1$ 及 $y = 0$ 围成的图形绕 x 轴旋转一周得到的旋转体体积.

解 $dV = \pi(\sqrt{x})^2 dx = \pi x dx$, 即 $V' = \pi x$, 从而 $V = \frac{\pi x^2}{2} + C$. 又 $V(0) = 0$ 得 $C = 0$, 即 $V = \frac{\pi x^2}{2}$. 于是 $V(1) = \frac{\pi}{2}$.

7. 若 $f'(x_0) = \frac{1}{2}$, 则 $\Delta x \to 0$ 时, $f(x)$ 在 x_0 处的微分 dy 是 Δx 的( ).

(A) 高阶无穷小　　　　　　　　(B) 低阶无穷小

(C) 同阶,但不等价的无穷小　　　(D) 等价无穷小

解 选 C.

详细解答过程参见 3.3 节思考与讨论部分第 13 题.

8. 设 $f(u)$ 可导,函数 $y = f(x^2)$ 在 $x = -1$ 处取得增量 $\Delta x = -0.1$ 时,相应的函数增量 Δy 的线性主部为 0.1, 则 $f'(1) = $ _____.

解 因为 $dy = f'(x^2) 2x \Delta x$, $0.1 = f'(1)(-2)(-0.1)$, 故 $f'(1) = \frac{1}{2}$.

9. 利用微分近似计算下列各数(结果取到小数点后第四位,中间运算均取小数点后第五位,最后结果在第五位上四舍五入).

(1) $\sqrt[3]{998}$;　　　(2) $\cos 59°$;　　　(3) $\ln 0.99$;　　　(4) $e^{1.01}$.

解 (1) 设 $f(x) = \sqrt[3]{x}$, 则 $f'(x) = \frac{1}{3} x^{-\frac{2}{3}}$. 由 $f(x + \Delta x) \approx f(x) + f'(x) \Delta x$, 取 $x = 1$, $\Delta x = \frac{-2}{1\,000} = -\frac{1}{500}$, 得

$$\sqrt[3]{998} = \sqrt[3]{1\,000 - 2} = 10\sqrt[3]{1 - \frac{1}{500}} = 10 f\left(1 - \frac{1}{500}\right)$$

$$\approx 10\left(f(1) + f'(1)\left(-\frac{1}{500}\right)\right) = 10\left(1 - \frac{1}{3} \times \frac{1}{500}\right) \approx 9.993\,3.$$

(2) 设 $f(x) = \cos x$, 则 $f'(x) = -\sin x$. 由 $\cos(x + \Delta x) \approx \cos x - (\sin x)\Delta x$, 取 $x = 60° = \frac{\pi}{3}$, $\Delta x = -1° = -\frac{\pi}{180}$, 得

$$\cos 59° = \cos\left(\frac{\pi}{3} - \frac{\pi}{180}\right) \approx \cos\frac{\pi}{3} - \left(\sin\frac{\pi}{3}\right)\left(-\frac{\pi}{180}\right)$$

$$= \frac{1}{2} + \frac{\sqrt{3}}{2} \frac{\pi}{180} \approx 0.515\ 1.$$

(3) 设 $f(x) = \ln x$，则 $f'(x) = \frac{1}{x}$。由 $f(x+\Delta x) \approx f(x) + f'(x)\Delta x$，则当 $x = 1$，$\Delta = -0.01$ 时，得

$$\ln 0.99 \approx \ln 1 + \frac{1}{1}(-0.01) = -0.01.$$

(4) 设 $f(x) = e^x$，则 $f'(x) = e^x$。由 $f(x+\Delta x) \approx f(x) + f'(x)\Delta x$，取 $x = 1$，$\Delta x = 0.01$，得

$$e^{1.01} \approx e^1 + e^1 \times 0.01 = 1.01e \approx 2.745\ 5.$$

10. 单摆振动周期 $T = 2\pi \sqrt{\dfrac{l}{g}}$，其中 l 为摆长，$g = 980\ \text{cm/s}^2$ 为重力加速度，为使周期增大 $0.052\ \text{s}$，需将 $l = 20\ \text{cm}$ 的摆长改变多少？

解 由 $l = \dfrac{g}{4\pi^2}T^2$，可得

$$\Delta l \approx dl = \frac{g}{2\pi^2}T\Delta T = \frac{g}{2\pi^2}2\pi\sqrt{\frac{l}{g}}\Delta T = \frac{\sqrt{g}}{\pi}\sqrt{l}\Delta T = \frac{\sqrt{g}}{\pi} \times \sqrt{20} \times 0.052 \approx 2.32.$$

因此，需将 $l = 20\ \text{cm}$ 的摆长改变约 $2.32\ \text{cm}$.

11. 试证根据欧姆定律 $I = E/R$ 计算电流时，如果电阻的绝对误差为 ΔR，则电流的绝对误差可按公式 $\Delta I = -I\Delta R/R$ 近似计算。

证明 $\Delta I \approx dI = -\dfrac{E}{R^2}\Delta R = -I\dfrac{\Delta R}{R}.$

12. 证明：计算圆面积或球表面积时，当半径的长度有 1% 的相对误差时，圆面积或球表面积的相对误差均为 2%（注：球表面积公式 $S = 4\pi r^2$，r 为球的半径）。

证明 设 $S(r) = ar^2$（$a = \pi$ 或 4π），因 $\left|\dfrac{dS}{S}\right| = \left|\dfrac{2ar\Delta r}{ar^2}\right| = 2\left|\dfrac{\Delta r}{r}\right|$，所以当 $\left|\dfrac{\Delta r}{r}\right| = 1\%$，得

$$\left|\frac{dS}{S}\right| = 2\%.$$

3.6

1. 水流入半径为 $10\ \text{m}$ 的半球形蓄水池，求水深 $h = 5\ \text{m}$ 时，水的体积 V 对深度的变化率。如果注水速度是 $5\sqrt{3}\ \text{m}^3/\text{min}$，问 $h = 5\ \text{m}$ 时水面半径的变化速度是多少？

$\left[\text{注：球缺体积 } V = \pi h^2\left(R - \dfrac{h}{3}\right)\right]$

解 $V'_h = \left(\pi R h^2 - \dfrac{\pi}{3}h^3\right)'_h = 2\pi R h - \pi h^2 = 2\pi \times 10 \times 5 - \pi \times 5^2 = 75\pi,$

$$V'_t=V'_h h'_t=75\pi h'_t,\quad h'_t=\frac{V'_t}{75\pi}.$$

设水面半径为 r,则 $r^2=10^2-(10-h)^2=20h-h^2$,方程两边关于时间 t 求导,得

$$2rr'_t=(20-2h)h'_t,\text{因此}$$

$$r'_t\big|_{h=5}=\frac{10-h}{r}h'_t\bigg|_{h=5}=\frac{10-h}{\sqrt{20h-h^2}}\frac{V'_t}{75\pi}\bigg|_{h=5}=\frac{5}{\sqrt{75}}\frac{5\sqrt{3}}{75\pi}=\frac{1}{15\pi}\text{m/min}.$$

2. 一个半径为 a 的球渐渐沉入半径为 b、盛有部分水的圆柱形容器中($a<b$).如果球以匀速 c 下沉,证明当球浸没一半时,容器中水面上升的速率是$\frac{a^2c}{b^2-a^2}$.

证法 1　设 t 时刻,水平面高为 $H(t)$,球到容器底的距离为 $d(t)$(如图 3.7 所示),由体积等量关系得

$$\pi b^2H=\pi b^2H(0)+\pi(H-d)^2\left(a-\frac{H-d}{3}\right).$$

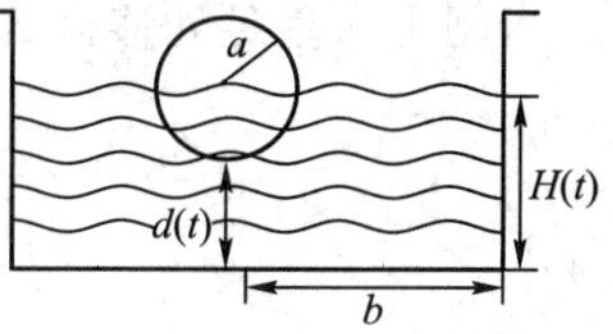

图 3.7

最后一项是浸入水中的球缺体积,于是有

$$b^2(H-H(0))=a(H-d)^2-\frac{1}{3}(H-d)^3.$$

两边关于 t 求导,注意 $d'=-c$,得

$$\begin{aligned}b^2H'&=[2a(H-d)-(H-d)^2](H'-d')\\&=[2a(H-d)-(H-d)^2](H'+c).\end{aligned}$$

当球浸入水中一半时,即 $H-d=a$ 时,有

$$b^2H'=a^2(H'+c),$$

故

$$H'=\frac{a^2c}{b^2-a^2}.$$

证法 2　设球浸入水中一半的时刻为 t_0,给 t_0 以增量 Δt,则水平面下立体体积(包括水和浸入的球体)的增量,等于浸入的球体体积的增量.

水面下立体体积 $V=\pi b^2H$ 的微分

$$\mathrm{d}V=\pi b^2\mathrm{d}H.$$

浸水的球缺体体积的微分

$$\mathrm{d}V=(c+H')\pi a^2\mathrm{d}t.$$

它们相等,故

$$\pi b^2\mathrm{d}H=(c+H')\pi a^2\mathrm{d}t,$$

因此
$$H' = \frac{a^2 c}{b^2 - a^2}.$$

【注】 证法 1 关键是确定相关量 H 和 d 的关系,解相关变化率问题.证法 2 是利用增量的线性主部——微分来解决的.

3. 靶子沿直线以速度 $v = 10$ m/s 移动,射击运动员到直线的距离为 50 m,求靶子从垂足处开始移动 5 m 时,射击运动员的枪转动的角速度.

解 设枪口的转角为 α,由题意可知
$$\tan\alpha = \frac{10t}{50} = \frac{t}{5}, \quad \text{即} \quad \alpha = \arctan\frac{t}{5}.$$

当靶子从垂足处移动 5 m 时,经过的时间:$10t = 5$,即 $t = \frac{1}{2}$.因此,所求角速度
$$\alpha_t'\bigg|_{t=\frac{1}{2}} = \frac{\frac{1}{5}}{1+\left(\frac{t}{5}\right)^2}\bigg|_{t=\frac{1}{2}} = \frac{20}{101} \approx 0.198\,0.$$

4. 设 $f(x) = (x^2 - a^2)g(x)$,$g(x)$ 在 $x = a$ 附近有定义,求 $f'(a)$ 存在的充分必要条件.

解 当 $a = 0$ 时,$f(x) = x^2 g(x)$,则
$$f'(a) = f'(0) = \lim_{x \to 0} \frac{f(x) - f(0)}{x} = \lim_{x \to 0} xg(x).$$

因此,$f'(a)$ 存在 $\Leftrightarrow \lim_{x \to 0} xg(x)$ 存在.

当 $a \neq 0$ 时,由
$$f'(a) = \lim_{x \to a} \frac{f(x) - f(a)}{x - a} = \lim_{x \to a} \frac{(x^2 - a^2)g(x)}{x - a} = \lim_{x \to a}(x + a)g(x),$$

可知 $f'(a)$ 存在 $\Leftrightarrow \lim_{x \to a} g(x)$ 存在.

5. n 在什么条件下,函数 $f(x) = \begin{cases} x^n \sin\dfrac{1}{x}, & x \neq 0, \\ 0, & x = 0 \end{cases}$ 在 $x = 0$ 处

(1) 连续;   (2) 可导;   (3) 导数连续;   (4) 有二阶导数.

解 (1) 当 $n > 0$ 时,有 $\lim_{x \to 0} x^n \sin\dfrac{1}{x} = 0 = f(0)$,即 $f(x)$ 在 $x = 0$ 处连续.

(2) 当 $n > 1$ 时,
$$f'(0) = \lim_{x \to 0} \frac{f(x) - f(0)}{x - 0} = \lim_{x \to 0} \frac{x^n \sin\dfrac{1}{x}}{x} = \lim_{x \to 0} x^{n-1} \sin\frac{1}{x} = 0,$$

即 $f(x)$ 在 $x = 0$ 处可导.

(3) 当 $x \neq 0$ 时,

$$f'(x) = nx^{n-1}\sin\frac{1}{x} + x^n\left(\cos\frac{1}{x}\right)\cdot\left(-\frac{1}{x^2}\right) = nx^{n-1}\sin\frac{1}{x} - x^{n-2}\cos\frac{1}{x}.$$

当 $n>2$ 时,$\lim_{x\to 0}f'(x) = 0 = f'(0)$,即 $f'(x)$ 在 $x=0$ 处连续.

(4) 当 $n>3$ 时,

$$\lim_{\Delta x\to 0}\frac{f'(\Delta x) - f'(0)}{\Delta x} = \lim_{\Delta x\to 0}\frac{n(\Delta x)^{n-1}\sin\frac{1}{\Delta x} - (\Delta x)^{n-2}\cos\frac{1}{\Delta x}}{\Delta x}$$

$$= \lim_{\Delta x\to 0}\left[n(\Delta x)^{n-2}\sin\frac{1}{\Delta x} - (\Delta x)^{n-3}\cos\frac{1}{\Delta x}\right] = 0.$$

因此,当 $n>3$ 时,$f(x)$ 在 $x=0$ 处有二阶导数.

6. 设 $f(x)$ 满足关系 $af(x) + bf\left(\frac{1}{x}\right) = \frac{c}{x}$,$|a|\neq|b|$,求 $f'(x)$.

解 由 $af(x) + bf\left(\frac{1}{x}\right) = \frac{c}{x}$,令 $x = \frac{1}{t}$,则有 (1)

$$af\left(\frac{1}{t}\right) + bf(t) = ct \Rightarrow af\left(\frac{1}{x}\right) + bf(x) = cx. \quad (2)$$

对(1)、(2)求导得

$$\begin{cases} af'(x) + bf'\left(\frac{1}{x}\right)\left(-\frac{1}{x^2}\right) = -\frac{c}{x^2}, \\ af'\left(\frac{1}{x}\right)\left(-\frac{1}{x^2}\right) + bf'(x) = c. \end{cases}$$

解得

$$(b^2 - a^2)f'(x) = bc + a\frac{c}{x^2} = \frac{(a+bx^2)c}{x^2},$$

即 $f'(x) = \dfrac{(a+bx^2)c}{(b^2-a^2)x^2}$.

7. 设 $f(x+y) = \dfrac{f(x)+f(y)}{1-f(x)f(y)}$,且 $f'(0) = 1$,求 $f'(x)$.

解 令 $x = y = 0$,得 $f(0) = \dfrac{2f(0)}{1-f^2(0)}$,解得 $f(0) = 0$.从而

$$\lim_{\Delta x\to 0}\frac{f(\Delta x)}{\Delta x} = \lim_{\Delta x\to 0}\frac{f(\Delta x) - f(0)}{\Delta x} = f'(0) = 1.$$

$$f'(x) = \lim_{\Delta x\to 0}\frac{f(x+\Delta x) - f(x)}{\Delta x} = \lim_{\Delta x\to 0}\frac{1}{\Delta x}\left[\frac{f(x) + f(\Delta x)}{1 - f(x)f(\Delta x)} - f(x)\right]$$

$$= \lim_{\Delta x \to 0}\left(\frac{f(\Delta x)}{\Delta x} \cdot \frac{1+f^2(x)}{1-f(x)f(\Delta x)}\right) = 1+f^2(x).$$

8. 设 $f'(0)$ 存在，$f(0)=0$，试求 $\lim\limits_{x\to 0}\dfrac{f(1-\cos x)}{\tan x^2}$.

解 原式 $= \lim\limits_{x\to 0}\dfrac{f(1-\cos x)-f(0)}{(1-\cos x)-0} \cdot \dfrac{1-\cos x}{\tan x^2} = f'(0)\lim\limits_{x\to 0}\dfrac{2\sin^2\dfrac{x}{2}}{\dfrac{\sin x^2}{\cos x^2}} = \dfrac{1}{2}f'(0).$

9. 设 $f(0)=0$，则 $f(x)$ 在 $x=0$ 处可导的充要条件为（   ）.

(A) $\lim\limits_{h\to 0}\dfrac{1}{h^2}f(1-\cos h)$ 存在   (B) $\lim\limits_{h\to 0}\dfrac{1}{2h}f(1-e^h)$ 存在

(C) $\lim\limits_{h\to 0}\dfrac{1}{h^2}f(\tan h-\sin h)$ 存在   (D) $\lim\limits_{h\to 0}\dfrac{1}{h}[f(h)-f(-h)]$ 存在

解 （A）$\Delta x=1-\cos h>0$，只能推出 $f'_+(0)$ 存在，推不出 $f'(0)$ 存在；

（B）$\lim\limits_{h\to 0}\dfrac{1}{2h}f(1-e^h)=\lim\limits_{h\to 0}\dfrac{f(1-e^h)-f(0)}{(1-e^h)}\cdot\dfrac{1-e^h}{2h}=-\dfrac{1}{2}f'(0)$，故（B）正确；

（C）$\lim\limits_{h\to 0}\dfrac{f(\tan h-\sin h)}{h^2}=\lim\limits_{h\to 0}\dfrac{f(\tan h-\sin h)-f(0)}{\tan h-\sin h}\cdot\dfrac{\tan h-\sin h}{h^2}$,

因为 $\tan h-\sin h=o(h^2)$，不能推出 $\dfrac{f(\tan h-\sin h)-f(0)}{\tan h-\sin h}$ 的极限存在；

（D）当 $y=|x|$ 时，$f'(0)$ 不存在，但（D）中极限存在.

10. 设 $f(a)>0$，$f'(a)$ 存在，求：$\lim\limits_{n\to\infty}\left[\dfrac{f\left(a+\dfrac{1}{n}\right)}{f(a)}\right]^n.$

解 原式 $= \exp\left\{\lim\limits_{n\to\infty}n\left[\ln f\left(a+\dfrac{1}{n}\right)-\ln f(a)\right]\right\} = \exp\{(\ln f(x))'|_{x=a}\} = \exp\left\{\dfrac{f'(a)}{f(a)}\right\}.$

11. 设曲线 $y=f(x)$ 在原点与 $y=\sin x$ 相切，求 $\lim\limits_{n\to\infty}\sqrt{nf\left(\dfrac{2}{n}\right)}.$

解 由条件知 $f(0)=0$，$f'(0)=1$，故 $f\left(\dfrac{2}{n}\right)>0$（$n$ 充分大）.

$$\lim_{n\to\infty}\sqrt{nf\left(\dfrac{2}{n}\right)} = \sqrt{\lim_{n\to\infty}\dfrac{f\left(\dfrac{2}{n}\right)-f(0)}{\dfrac{2}{n}}\cdot 2} = \sqrt{2}\cdot\sqrt{f'(0)} = \sqrt{2}.$$

12. 若 $f(x)<g(x)$，能否推出 $f'(x)<g'(x)$，证明你的结论.

解 当 $0<x<1$ 时，取 $f(x)=x$，$g(x)=1$，则 $f'(x)=1>g'(x)=0$，即推不出 $f'(x)<g'(x)$.

13. 设 $y=|x|^3$，$x\in(-\infty,+\infty)$，试证 $y''(x)=6|x|$.

证明 $y'|_{x=0}=\lim\limits_{x\to 0}\dfrac{|x|^3-|0|^3}{x-0}=\lim\limits_{x\to 0}x|x|=0,$

当 $x \neq 0$ 时,$y' = \left[(x^2)^{\frac{3}{2}}\right]' = \frac{3}{2}(x^2)^{\frac{1}{2}} \cdot 2x = 3x|x|.$

$$y''|_{x=0} = \lim_{x \to 0} \frac{y' - y'|_{x=0}}{x - 0} = \lim_{x \to 0} 3|x| = 0.$$

当 $x \neq 0$ 时,

$$y'' = (y')' = \left(3x(x^2)^{\frac{1}{2}}\right)' = 3\left((x^2)^{\frac{1}{2}} + \frac{x}{2}(x^2)^{-\frac{1}{2}} \cdot 2x\right) = 3(|x| + |x|) = 6|x|.$$

所以,对任何 $x \in (-\infty, +\infty)$,都有 $y'' = 6|x|$.

14. 设 $y = f(x)$ 有二阶导数,且 $f'(x) \neq 0$,$x = \varphi(y)$ 是 $y = f(x)$ 的反函数.证明

$$\varphi''(y) = -\frac{f''(x)}{[f'(x)]^3}.$$

证明 由 $\varphi'(y) = \frac{1}{f'(x)}$,则

$$\varphi''(y) = \frac{\mathrm{d}}{\mathrm{d}y}\left(\frac{1}{f'(x)}\right) = \frac{\mathrm{d}}{\mathrm{d}x}\left(\frac{1}{f'(x)}\right) \cdot \frac{\mathrm{d}x}{\mathrm{d}y} = -\frac{f''(x)}{f'^2(x)} \cdot \frac{1}{f'(x)} = -\frac{f''(x)}{f'^3(x)}.$$

15. 设 $f(x) = \arctan x$,求 $f^{(n)}(0)$.

解 因逐次直接求导比较困难,可采用下面的技巧:

由 $f'(x) = \frac{1}{1+x^2}$,即有 $(1+x^2)f'(x) = 1$.于是 $[(1+x^2)f'(x)]^{(n-1)} = 0$.因而

$$\sum_{k=0}^{n-1} C_{n-1}^k (1+x^2)^{(k)} (f'(x))^{[(n-1)-k]} = \sum_{k=0}^{n-1} C_{n-1}^k (1+x^2)^{(k)} f^{(n-k)}(x) = 0,$$

即

$$(1+x^2)f^{(n)}(x) + C_{n-1}^1 2x f^{(n-1)}(x) + C_{n-1}^2 2 f^{(n-2)}(x) = 0.$$

把 $x = 0$ 代入得,$f^{(n)}(0) + (n-1)(n-2)f^{(n-2)}(0) = 0$.

注意到 $f'(0) = 1$,$f''(x) = -\frac{2x}{(1+x^2)^2}$,由上述递推公式可知:

当 $n = 2k$ 时,$k = 1, 2, \cdots$

$$f^{(2)}(0) = 0, f^{(4)}(0) = -(4-1)(4-2)f^{(2)}(0) = 0, \cdots, f^{(2k)}(0) = 0.$$

当 $n = 2k+1$ 时,

$$f^{(2k+1)}(0) = -(2k)(2k-1)f^{(2k-1)}(0)$$
$$= (-1)^2 (2k)(2k-1)(2k-2)(2k-3) f^{(2k-3)}(0)$$
$$= \cdots = (-1)^k (2k)(2k-1)(2k-2)(2k-3) \cdots 2 \times 1 f'(0) = (-1)^k (2k)!.$$

16. 设 $f(x) = \max\{x, x^2\}$,$x \in (0, 2)$,求 $f'(x)$.

解 $f(x) = \begin{cases} x, & 0 < x \leq 1, \\ x^2, & 1 < x < 2, \end{cases}$ 所以 $f'(x) = \begin{cases} 1, & 0 < x < 1, \\ 2x, & 1 < x < 2, \end{cases}$

因 $f'_-(1)=1\neq 2=f'_+(1)$,所以 $f(x)$ 在 $x=1$ 处不可导.

17. 设 $y=\arctan(u-1)$, $u=\begin{cases} x^2-2x+2, & x\leq 0, \\ 2e^{-x}, & x>0, \end{cases}$ 求 $\dfrac{dy}{dx}\bigg|_{x=0}$.

解 由 $y'_u=\dfrac{1}{1+(u-1)^2}$, $u'_x=\begin{cases} 2x-2, & x<0, \\ -2e^{-x}, & x>0, \end{cases}$ $u'_x\big|_{x=0}=-2$, 可得

$$\frac{dy}{dx}=y'_u u'_x=\begin{cases} \dfrac{2x-2}{1+(x^2-2x+1)^2}, & x<0, \\ \dfrac{-2e^{-x}}{1+(2e^{-x}-1)^2}, & x>0 \end{cases} = \begin{cases} \dfrac{2(x-1)}{1+(x-1)^4}, & x<0, \\ \dfrac{-2e^{-x}}{1+(2e^{-x}-1)^2}, & x>0. \end{cases}$$

因 $\dfrac{dy}{dx}\bigg|_{x=0^+}=-1$, 且 $\dfrac{dy}{dx}\bigg|_{x=0^-}=-1$, 故 $\dfrac{dy}{dx}\bigg|_{x=0}=-1$.

18. 已知函数 $f(x)$ 满足 $f(x_1+x_2)=f(x_1)f(x_2)$, 其中 x_1,x_2 为任意实数, 且 $f'(0)=2$, 求 $f'(x)$.

解 取 $x_1=x_2=0$, 得 $f(0)=f^2(0)$, 即 $f(0)[1-f(0)]=0$.

如果 $f(0)=0$, 则 $f(x+0)=f(x)f(0)=0$, 即 $f(x)\equiv 0$, 不能有 $f'(0)=2$, 因此 $f(0)=1$. 又

$$f'(x)=\lim_{y\to 0}\frac{f(x+y)-f(x)}{y}=\lim_{y\to 0}\frac{f(x)f(y)-f(x)}{y}$$
$$=f(x)\lim_{y\to 0}\frac{f(y)-f(0)}{y-0}=f(x)f'(0)=2f(x).$$

即 $f'(x)-2f(x)=0$, 于是 $e^{-2x}f'(x)-2e^{-2x}f(x)=0$, 即 $(f(x)e^{-2x})'=0$.

因此, $f(x)e^{-2x}=C$. 令 $x=0$, 解得 $C=1$. 故 $f(x)=e^{2x}$, 从而 $f'(x)=2e^{2x}$.

19. 已知 $f(x)$ 是周期为 5 的连续函数, 在 $x=1$ 处可导, 在 $U_\delta(0)$ 内满足关系式

$$f(1+\sin x)-3f(1-\sin x)=8x+o(x),$$

求曲线 $y=f(x)$ 在点 $(6,f(6))$ 处的切线方程.

解 由 $\lim_{x\to 0}[f(1+\sin x)-3f(1-\sin x)]=\lim_{x\to 0}(8x+o(x))$, 可得 $f(1)-3f(1)=0$, 故 $f(1)=0$, 又

$$\lim_{x\to 0}\frac{f(1+\sin x)-3f(1-\sin x)}{\sin x}=\lim_{x\to 0}\left(\frac{8x}{\sin x}+\frac{o(x)}{x}\cdot\frac{x}{\sin x}\right)=8,$$

设 $\sin x=t$, 则有

$$\lim_{x\to 0}\frac{f(1+\sin x)-3f(1-\sin x)}{\sin x}=\lim_{t\to 0}\left[\frac{f(1+t)-f(1)}{t}+3\frac{f(1-t)-f(1)}{-t}\right]=4f'(1),$$

故 $f'(1)=2$.

由于 $f(x+5)=f(x)$, 所以 $f(6)=f(1)=0$, $f'(6)=f'(1)=2$, 故所求的切线方程为
$$y=2(x-6).$$

20. 设飞机降落过程的轨道方程为三次多项式, 开始降落点为 $A(x_0,y_0)$, 着陆点为 $O(0,0)$. A、O 两点处飞机飞行方向是水平的, 速度为 v_0, 降落过程中飞机的水平分速度不变. (1)

求此轨道方程;(2)如果垂直方向加速度的绝对值不超过 $g/10$,问 x_0 不得小于多少?

解 (1)设轨迹方程为 $y=ax^3+bx^2+cx+d$,则 $y'=3ax^2+2bx+c$. 由 $y(0)=0$, $y'(0)=0$ 可知 $d=0$, $c=0$. 由 $A(x_0,y_0)$ 处条件: $y'(x_0)=3ax_0^2+2bx_0=0$, 得 $b=-\dfrac{3}{2}ax_0$ 且 $y_0=-\dfrac{1}{2}ax_0^3$, 故轨道方程为

$$y=y_0\left(\dfrac{3x^2}{x_0^2}-\dfrac{2x^3}{x_0^3}\right).$$

(2) 注意 $\dfrac{dx}{dt}=-v_0$, 则

$$\dfrac{dy}{dt}=\dfrac{dy}{dx}\cdot\dfrac{dx}{dt}=-v_0 y_0\left(6\dfrac{x}{x_0^2}-6\dfrac{x^2}{x_0^3}\right),$$

$$\dfrac{d^2y}{dt^2}=\left(\dfrac{dy}{dt}\right)'_x\cdot\dfrac{dx}{dt}=v_0^2\dfrac{6y_0}{x_0^2}\left(1-\dfrac{2x}{x_0}\right).$$

因为 $1-\dfrac{2x}{x_0}$ 在 $[0,x_0]$ 上单调下降,最大(小)值在区间端点处取得,所以 $\left|1-\dfrac{2x}{x_0}\right|\leqslant 1$. 要使 $\dfrac{d^2y}{dt^2}$ 不超过 $\dfrac{g}{10}$, 必须 $x_0\geqslant v_0\sqrt{\dfrac{60y_0}{g}}$.

第四章 微分中值定理与导数的应用

4.1 教学基本要求

1. 理解并会用罗尔定理、拉格朗日中值定理和泰勒定理.
2. 了解并会用柯西中值定理.
3. 掌握用导数判断函数单调性的方法,会讨论方程 $F(x)=0$ 的解的存在区间及个数,求近似解.
4. 掌握用洛必达法则求未定式极限的方法.
5. 理解函数的极值概念,掌握用导数求函数极值的方法,掌握函数最大值和最小值的求法及其简单应用.
6. 会用导数判断函数图形(曲线)的凸性,会求曲线的拐点,会求水平、铅直和斜渐近线,会用分析法作函数的图形.
7. 了解曲率和曲率半径的概念,并会计算曲率和曲率半径.

第三章中讨论的导数与微分,只能研究函数在一点附近的局部变化性态,要利用导数来研究函数在区间上的整体性态,还要用到本章讲到的中值定理(包括罗尔,拉格朗日,柯西,泰勒定理),它们是微分学的理论基础.特别是拉格朗日中值定理建立了函数在区间上的改变量与函数在该区间内一点处的导数之间的联系,从而为我们利用导数来研究函数在区间上的单调性、极值性、最值问题、凸性等提供了重要的理论基础.

4.2 内容总结

4.2.1 基本理论

(一) 微分中值定理

1. **罗尔定理** 若函数 $f(x)$ 满足:(1) 在闭区间 $[a,b]$ 上连续;(2) 在开区间 (a,b) 内可导;(3) $f(a)=f(b)$,则在开区间 (a,b) 内至少存在一点 ξ,使得 $f'(\xi)=0$.

2. **拉格朗日中值定理** 若函数 $f(x)$ 满足:(1) 在闭区间 $[a,b]$ 上连续;(2) 在开区间 (a,b) 内可导,则在开区间 (a,b) 内至少存在一点 ξ,使得
$$f(b)-f(a)=f'(\xi)(b-a).$$

3. **柯西中值定理** 若函数 $f(x)$ 和 $g(x)$ 满足:(1) 在闭区间 $[a,b]$ 上连续;(2) 在开区间 (a,b) 内可导,且 $g'(x)\neq 0$,则在开区间 (a,b) 内至少存在一点 ξ,使得
$$\frac{f(b)-f(a)}{g(b)-g(a)}=\frac{f'(\xi)}{g'(\xi)}.$$

4. **泰勒定理** 若函数 $f(x)$ 在点 x_0 处有 n 阶导数,则在 x_0 附近 $f(x)$ 可表示为
$$f(x)=f(x_0)+f'(x_0)(x-x_0)+\frac{f''(x_0)}{2!}(x-x_0)^2+\cdots+$$

$$\frac{f^{(n)}(x_0)}{n!}(x-x_0)^n + R_n(x), \tag{4.1}$$

称(4.1)式为 $f(x)$ 的 n 阶**泰勒公式**,其中 $R_n(x)$ 称为余项

$$R_n(x) = o(|x-x_0|^n). \tag{4.2}$$

5. 泰勒中值定理 若函数 $f(x)$ 在区间 I 上有 $n+1$ 阶导数,$x_0 \in I$,则在区间 I 上 $f(x)$ 的 n 阶泰勒公式(4.1)成立,且其余项可表为

$$R_n(x) = \frac{f^{(n+1)}(\xi)}{(n+1)!}(x-x_0)^{n+1}, \quad x \in I, \tag{4.3}$$

其中 ξ 是介于 x_0 和 x 之间的某个(与 x 有关的)数.

称(4.2)式为**佩亚诺型余项**,称(4.3)式为**拉格朗日型余项**.

显然,罗尔定理是拉格朗日中值定理的特殊情况($f(a)=f(b)$);而拉格朗日中值定理是柯西中值定理的特殊情况($g(x)=x$),但柯西中值定理也可视为拉格朗日中值定理的特殊情况(参数式的函数),它们建立了函数值与导数值之间的联系.

泰勒定理(包括泰勒中值定理)的基本思想是用高阶多项式逼近高阶可导函数,它解决了具有高阶导数的函数的多项式逼近问题,对这类函数的构造,给出一个结构一致的分析,这对函数的研究十分有利.具有拉格朗日型余项的 0 阶泰勒公式就是拉格朗日中值公式,具有佩亚诺型余项的 1 阶泰勒公式就是函数的增量和微分之间的关系式.拉格朗日定理主要用于研究函数的与一阶导数有关的性态,而与函数的高阶导数有关的性态可借助于泰勒定理.

$x_0 = 0$ 时的泰勒公式,也叫做**麦克劳林公式**,即

$$f(x) = f(0) + f'(0)x + \frac{f''(0)}{2!}x^2 + \cdots + \frac{f^{(n)}(0)}{n!}x^n + \frac{f^{(n+1)}(\theta x)}{(n+1)!}x^{n+1} \quad (0<\theta<1). \tag{4.4}$$

函数 e^x, $\sin x$, $\cos x$, $\ln(1+x)$ 和 $(1+x)^\mu$ 的麦克劳林公式是常用的,请查阅教材.

(二)导数的应用

1. 概念

(1)**极值** 若在 x_0 的某邻域内,恒有

$$f(x) \leqslant f(x_0) \quad (f(x) \geqslant f(x_0)),$$

则称 $f(x_0)$ 为函数 $f(x)$ 的一个**极大(小)值**,x_0 称为**极大(小)值点**.

极大值、极小值统称为**极值**.

(2)**凸函数** 如果对区间 I 内任意两个点 x_1,x_2 及区间(0,1)内的任意两个和为 1 的常数 λ_1,λ_2,恒有

$$\lambda_1 f(x_1) + \lambda_2 f(x_2) \geqslant f(\lambda_1 x_1 + \lambda_2 x_2),$$

则称函数 $f(x)$ 为区间 I 上的**下凸函数**,它的图形称为**下凸曲线**.

不等式符号相反时,称 $f(x)$ 为区间 I 上的**上凸函数**,其图形称为**上凸曲线**.

(3)**渐近线** 若动点 $M(x, f(x))$ 沿着曲线 $y=f(x)$ 无限远离坐标原点时,它与某一直线 l 的距离趋于零,则称直线 l 为曲线 $y=f(x)$ 的一条**渐近线**.

(4)**曲率** 光滑曲线上点 M 处的曲率 k,是表示曲线在点 M 处的弯曲程度的量,

$$k = \left| \frac{d\alpha}{ds} \right|,$$

即曲率 k 等于曲线的切线倾角 α 对弧长 s 的变化率的绝对值.

2. 理论

(1)（可导点处取得极值的必要条件）如果函数 $f(x)$ 在点 x_0 处取极值，且在 x_0 处可导，则必有 $f'(x_0) = 0$.

$$\boxed{x_0 \text{ 为极值点}} \longleftrightarrow \boxed{f'(x_0) = 0（\text{称 } x_0 \text{ 为驻点}）\text{或 } f'(x_0) \text{ 不存在}}$$

(2)（极值的第一充分判别法）设 $f(x)$ 在点 x_0 的某一去心邻域 $\overset{\circ}{U}(x_0)$ 内可导，在 x_0 处连续，那么在 $\overset{\circ}{U}(x_0)$ 内，

(a) 如果 $x < x_0$ 时，$f'(x) > 0$（< 0）；$x > x_0$ 时，$f'(x) < 0$（> 0），则 $f(x_0)$ 为极大值（极小值）；

(b) 如果 $f'(x)$ 是定号的，则 $f(x_0)$ 不是极值.

(3)（极值的第二充分判别法）设 $f(x)$ 在点 x_0 处有二阶导数，如果 $f'(x_0) = 0$，$f''(x_0) < 0$（> 0），则 $f(x_0)$ 为极大值（极小值）.

(4) 设 $f(x)$ 在区间 I 上有二阶导数，若 $f''(x) \geq 0$（≤ 0），则 $f(x)$ 为 I 上的下凸函数（上凸函数）.

(5) 若 $f(x)$ 在区间 I 上是有二阶导数的下凸（上凸）函数，则曲线 $y = f(x)$ 位于其上任一点处的切线的上（下）方，任意两点间弦的下（上）方.

(6) 有二阶导数的下凸（上凸）函数，它的一阶导数是单增（降）的. 下凸函数若有极值，必是最小值，如果下凸函数有最大值，只能在区间端点处取得；上凸函数若有极值，必是最大值，如果上凸函数有最小值，只能在区间端点取得.

在连续曲线 $y = f(x)$ 上，不同凸向曲线段的分界点叫做拐点.

(7) 若 $f(x)$ 有二阶导数，则 $(x_0, f(x_0))$ 点是拐点的必要条件为 $f''(x_0) = 0$.

$$\boxed{(x_0, f(x_0)) \text{ 为拐点}} \longleftrightarrow \boxed{f''(x_0) = 0 \text{ 或 } f''(x_0) \text{ 不存在}}$$

4.2.2 基本方法

1. 函数单调性的重要判定方法

在区间 I 上，

$$f'(x) \equiv 0 \Rightarrow f(x) = c \quad (c \text{ 为常数}),$$
$$f'(x) > 0 \Rightarrow f(x) \text{ 单增},$$
$$f'(x) < 0 \Rightarrow f(x) \text{ 单减}.$$

只要 $f(x)$ 连续，个别点处导数为零或不存在，不影响函数单调性的上述结果.

2. 方程 $f(x) = 0$ 的实根存在性、个数与位置问题

方程 $f(x) = 0$ 的实根问题，即函数 $f(x)$ 的零点问题.

其存在性：思路 1 是用闭区间上连续函数零点存在定理；思路 2 是用罗尔定理及其推论.

其唯一性：利用函数的单调性或反证法来证明.

实根的个数与位置：可先求函数 $f(x)$ 的单调区间，然后讨论每个单调区间两个端点的函数值，它们异号时，在区间内有唯一的实根，同号时，区间内无实根．实根的近似值，可用二分法，在计算方法课中还将介绍弦位法、切线法、迭代法等．

3. 微分中值命题的证法

在一定条件下，证明在某区间内存在点 ξ，使该点处一个带有函数的导数的表达式等于什么，这样的问题称为微分中值问题．

论证的一般方法是利用微分中值定理，其关键常常在于构造适当的辅助函数．

这类问题实质上是论证一个带有函数的导数的方程在某区间内有实根 ξ 的问题．

要强调指出的是，从命题的论证中，要学会对问题的分析，实现问题的转化，由未知向已知，由复杂向简单，由一般向特殊的转化．逐步掌握逻辑思维和推理方法，使我们思考和解决问题要做到全面、深入、严谨，特别要理解构造性证明方法和类比的思想．

4. 求未定式极限的重要方法

洛必达法则 如果 $\lim \dfrac{f(x)}{g(x)}$ 为"$\dfrac{0}{0}$"或"$\dfrac{\infty}{\infty}$"型未定式，而 $\lim \dfrac{f'(x)}{g'(x)}$ 存在或为无穷大，则有

$$\lim \dfrac{f(x)}{g(x)} = \lim \dfrac{f'(x)}{g'(x)}.$$

其余五种未定式："$0 \cdot \infty$"，"$\infty - \infty$"，"0^0"，"1^∞"，"∞^0"，没有类似的方法，只有先把它们作恒等变形化为"$\dfrac{0}{0}$"或"$\dfrac{\infty}{\infty}$"型，才可考虑用洛必达法则求极限．

5. 无穷小阶的求法

（1）借助于等价无穷小代换；（2）利用洛必达法则；（3）用泰勒公式．

6. 求函数 $f(x)$ 的极值的方法

（1）求导数 $f'(x)$；

（2）找嫌疑点——导数等于零的点（驻点）和不存在的点；

（3）考察嫌疑点附近导数的符号，或嫌疑点处的二阶导数的符号，由极值的第一或第二充分判别法确定极值点并算出极值．

7. 连续函数 $f(x)$ 的最大值和最小值的求法

（1）求出所有极值嫌疑点处的函数值和区间端点的函数值，进行大小比较，其中最大的为函数在闭区间上的最大值，最小的为最小值．

（2）当 $f(x)$ 在闭区间 $[a, b]$ 上单调时，其最大（小）值必在区间端点处取得．

（3）当 $f(x) \in C(I)$，且在区间 I 内有唯一的极值嫌疑点 x_0，且 $f(x_0)$ 为极大（小）值时，则 $f(x_0)$ 就是 $f(x)$ 在 I 上的最大（小）值．

（4）最值的应用问题，首先建立目标函数（包括其定义域），然后求最大（小）值．特别地，如果根据实际问题的性质可断定所求的最值必在区间 I 内部取得，而 $f(x) \in C(I)$，且在 I 内仅有一个极值嫌疑点 x_0，则可断定 $f(x_0)$ 就是所求问题的最值．

8. 凸向与拐点的判定

（1）在区间 I 上，$f''(x) \geq 0 (\leq 0) \Rightarrow f(x)$ 为下凸函数（上凸函数）．

（2）当 $f''(x_0) = 0$ 或不存在，且在 x_0 的左右邻域 $f''(x)$ 的符号相反时，则点 $(x_0, f(x_0))$

为曲线 $y=f(x)$ 的拐点.

9. 渐近线的求法

(1) 若当 $x\to+\infty$ 或 $x\to-\infty$ 时, $f(x)\to c$,则直线 $y=c$ 是曲线 $y=f(x)$ 的水平渐近线.

(2) 若 $x\to x_0^+$ 或 $x\to x_0^-$ 时, $f(x)\to\infty$,则直线 $x=x_0$ 是曲线 $y=f(x)$ 的铅直渐近线.

(3) 若极限

$$\lim_{\substack{x\to+\infty\\(x\to-\infty)}}\frac{f(x)}{x}=a \quad \text{与} \quad \lim_{\substack{x\to+\infty\\(x\to-\infty)}}[f(x)-ax]=b$$

同时存在,则直线 $y=ax+b$ 是曲线 $y=f(x)$ 的斜渐近线(当 $a=0$ 时,得到水平渐近线 $y=b$).

10. 分析作图法

(1) 确定函数的定义域、值域、间断点;判定函数是否有奇偶性、周期性;

(2) 讨论函数的单调区间和极值,曲线的凸向区间和拐点、渐近线;

(3) 适当计算曲线上一些点的坐标,特别注意与坐标轴的交点.

利用上述讨论的性质来作函数的图形的方法,叫做分析作图法.

11. 曲率、曲率半径、曲率中心

曲线 $y=f(x)$ 上,点 $M(x,f(x))$ 处的曲率及曲率半径 R,曲率中心 (ξ,η) 公式分别为:

$$k=\left|\frac{d\alpha}{ds}\right|=\left|\frac{y''}{(1+y'^2)^{3/2}}\right|, \quad R=\frac{1}{k},$$

$$\begin{cases}\xi=x-y'(1+y'^2)/y'',\\ \eta=y+(1+y'^2)/y''.\end{cases}$$

4.3 思考与讨论

1. 设 $f(x)=x(x-1)(x-2)(x-3)$,则方程 $f'(x)=0$ 的实根个数为____; $f'(0)=$ ____; $f^{(4)}(x)=$ ____.

分析 因 $f(x)$ 有四个零点,由罗尔定理的推论知, $f'(x)$ 至少有三个零点.又 $f(x)$ 为四次多项式, $f'(x)$ 为三次多项式,最多有三个零点,因而方程 $f'(x)=0$ 恰好有三个实根.由乘积的导数公式或直接用 $f'(0)$ 定义式易知 $f'(0)=-3!$,由多项式的导数知 $f^{(4)}(x)=4!$.

应填 3,$-3!$,$4!$.

2. 设 $f(x)$ 在区间 $[a,b]$ 上有二阶导数,且 $f''(x)\neq 0$, $f(a)=f(b)$,则方程 $f'(x)=0$ 在区间 (a,b) 内的实根个数为( ).

(A) 3 (B) 2 (C) 1 (D) 0

分析 由罗尔定理知, $f'(x)$ 在 (a,b) 内至少有一个零点.假如 $f'(x)$ 的零点有两个以上,对 $f'(x)$ 用罗尔定理可知, $f''(x)$ 有零点,这与已知矛盾.

应选 C.

3. 设 $f(x)$ 连续可微,则下列论述正确的是( ).

(A) 若 $f(x)$ 只有一个零点,则 $f'(x)$ 必定没有零点

(B) 若 $f'(x)$ 有零点,则 $f(x)$ 至少有两个零点

(C) 若 $f(x)$ 没有零点,则 $f'(x)$ 最多有一个零点

(D) 若 $f'(x)$ 没有零点,则 $f(x)$ 最多有一个零点

分析 $f(x)=x^3$,否定了(A),(B).$f(x)=2+\sin x$ 否定了(C).对于(D),由于 $f'(x)$ 连续又无零点,所以 $f'(x)>0$ 或 $f'(x)<0$,可见 $f(x)$ 是单调的,故 $f(x)$ 最多有一个零点.或者由罗尔定理也可知(D)成立.

应选 D.

【注】 如果将 $f(x)$ 连续可微,换为 $f(x)$ 可微,仍然(D)是正确的,要用罗尔定理反证.

4. 设 $f'(x_0)>0$,则在 x_0 的充分小邻域内( ).

(A) $f'(x)>0$

(B) $f(x)$ 连续

(C) $f(x)$ 单调

(D) 当 $x<x_0$ 时,$f(x)<f(x_0)$;当 $x>x_0$ 时,$f(x)>f(x_0)$

分析 在充分小邻域内 $f(x)$ 有定义,但未必连续、未必可导、也未必单调,例如,函数

$$f(x)=\begin{cases} x^2, & x \text{ 为有理数}, \\ 2x-1, & x \text{ 为无理数}. \end{cases}$$

在 $x=1$ 处可导,且 $f'(1)=2$,但在 $x=1$ 的任何小的邻域内,$f(x)$ 不是单调的,且除 $x=1$ 外,任何点处 $f(x)$ 不连续、也不可导,否定了(A)、(B)、(C).而由导数定义

$$f'(x_0)=\lim_{x\to x_0}\frac{f(x)-f(x_0)}{x-x_0}>0$$

及极限的保号性知,在 x_0 的充分小邻域内

$$\frac{f(x)-f(x_0)}{x-x_0}>0,$$

因此,当 $x<x_0$ 时,$f(x)<f(x_0)$;当 $x>x_0$ 时,$f(x)>f(x_0)$,即(D)正确.

应选 D.

【注】 函数导数符号与函数单调性之间的关系,只有当导数在一个区间内符号不变时,才能有单调性结果.即在一个区间 I 上,$f'(x)>0$ 时,$f(x)\nearrow$;$f'(x)<0$ 时,$f(x)\searrow$.在一点 x_0 处,$f'(x_0)>0$,保证(D)成立,它是 x_0 附近的函数值 $f(x)$ 与 x_0 处函数值 $f(x_0)$ 大小的比较.即使 $f(x)$ 在 x_0 的邻域内可导,由 $f'(x_0)>0$,也推不出 $f(x)$ 在 x_0 附近单增.如

$$f(x)=\begin{cases} x+2x^2\sin\frac{1}{x}, & x\neq 0, \\ 0, & x=0 \end{cases}$$

处处可导,且有 $f'(0)=1$,但在原点的任何邻域内都不单调,$x=0$ 是 $f'(x)$ 的第二类间断点(见图 4.1).

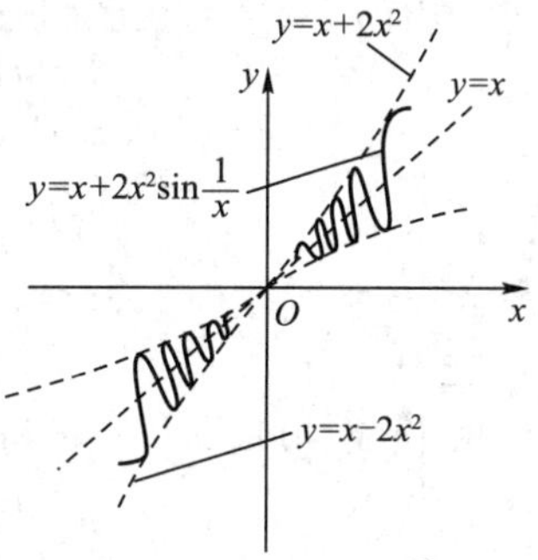

5. 设 $f(x),g(x)$ 是大于零的可导函数,且 $f'(x)g(x)-f(x)g'(x)<0$,则当 $a<x<b$ 时,有( ).

(A) $f(x)g(b)>f(b)g(x)$

(B) $f(x)g(a)>f(a)g(x)$

(C) $f(x)g(x)>f(b)g(b)$

(D) $f(x)g(x)>f(a)g(a)$

图 4.1

分析 由条件知 $\left[\dfrac{f(x)}{g(x)}\right]'<0$,故 $\dfrac{f(x)}{g(x)}\searrow$,将(A)、(B)变形知,它们是 $\dfrac{f(x)}{g(x)}$ 在 a,x,b 三点

函数值大小比较,(A)是正确的.(C)、(D)是$f(x)g(x)$在三点函数值大小比较,由给定的条件是不能确定的.

应选 A.

6. 在闭区间$[0,1]$上,$f''(x)>0$,则下列不等式成立的是(　　).

(A) $f'(1)>f(1)-f(0)>f'(0)$ 　　　　 (B) $f'(1)>f'(0)>f(1)-f(0)$

(C) $f(1)-f(0)>f'(1)>f'(0)$ 　　　　 (D) $f'(0)>f(0)-f(1)>f'(1)$

分析 由拉格朗日中值定理,$f(1)-f(0)=f'(\xi)$,$0<\xi<1$.又因$f''(x)>0$知$f'(x)\nearrow$,所以$f'(0)<f'(\xi)<f'(1)$.

应选 A.

7. 设$f(x)$在$(-\infty,+\infty)$上可导,且是单调增加的,则对任意x,必有(　　).

(A) $f'(x)>0$ 　　　　　　　　　　　(B) $f'(-x)\geqslant 0$

(C) $f'(-x)\leqslant 0$ 　　　　　　　　　(D) $[f(-x)]'\geqslant 0$

分析 由于$f(x)$是单调增加的可导函数,由导数定义

$$f'(x_0)=\lim_{x\to x_0}\frac{f(x)-f(x_0)}{x-x_0}\geqslant 0,$$

当$x_0=-x$时,得$f'(-x)\geqslant 0$,即(B)是正确的.注意:$f'(-x)$和$[f(-x)]'$不是一回事,前者是函数在点$-x$处的导数值,后者是函数$f(u)$与$u=-x$复合后的复合函数$f(-x)$对x的导数.

应选 B.

8. 设$f(x)$处处可导,则下列论述成立的是(　　).

(A) 若$\lim_{x\to-\infty}f(x)=-\infty$,则必有$\lim_{x\to-\infty}f'(x)=-\infty$

(B) 若$\lim_{x\to-\infty}f'(x)=-\infty$,则必有$\lim_{x\to-\infty}f(x)=-\infty$

(C) 若$\lim_{x\to+\infty}f(x)=+\infty$,则必有$\lim_{x\to+\infty}f'(x)=+\infty$

(D) 若$\lim_{x\to+\infty}f'(x)=+\infty$,则必有$\lim_{x\to+\infty}f(x)=+\infty$

分析 根据导数的几何意义,很容易想到选项(A)、(B)、(C)的反例,函数$y=x$是(A)、(C)的反例,函数$y=x^2$是(B)的反例.

几何上考虑(D)是正确的,事实上对于(D),由于$\lim_{x\to+\infty}f'(x)=+\infty$,存在点$x_0$,使得当$x>x_0$时,恒有$f'(x)>1$.在区间$[x_0,x]$上,用拉格朗日中值定理

$$f(x)-f(x_0)=f'(\xi)(x-x_0),\quad x_0<\xi<x.$$

于是

$$f(x)=f(x_0)+f'(\xi)(x-x_0)>f(x_0)+(x-x_0).$$

显然$x\to+\infty$时,$f(x)\to+\infty$.

选 D.

9. 设$x\to 0$时,$e^{\tan x}-e^x$与x^n是同阶无穷小,则$n=$(　　).

(A) 1 　　　　　(B) 2 　　　　　(C) 3 　　　　　(D) 4

分析 由于$u\to 0$时,$(e^u-1)\sim u$,

$$\lim_{x\to 0}\frac{e^{\tan x}-e^x}{x^n}=\lim_{x\to 0}\frac{e^x(e^{\tan x-x}-1)}{x^n}=\lim_{x\to 0}\frac{\tan x-x}{x^n}$$

$$=\lim_{x\to 0}\frac{\sec^2 x-1}{nx^{n-1}}=\lim_{x\to 0}\frac{\tan^2 x}{nx^{n-1}}=\lim_{x\to 0}\frac{x^2}{nx^{n-1}}\xlongequal{当 n=3}\frac{1}{3}.$$

第三个等号处用到洛必达法则,第五个等号处用到 $\tan x \sim x$ ($x \to 0$).

应选 C.

10. 设 $y = f(x)$ 在点 x_0 附近有二阶导数,且 $f'(x_0) < 0$, $f''(x) < 0$,则当 $\Delta x > 0$ 时,有不等式( ).

(A) $\Delta y > dy > 0$　　(B) $\Delta y < dy < 0$　　(C) $dy > \Delta y > 0$　　(D) $dy < \Delta y < 0$

分析　很自然地想到增量与微分的关系 $\Delta y = dy + o(\Delta x)$,但由于 $o(\Delta x)$ 是个定性的未知正负号的量,在这里不能解决问题,它实际上是带佩亚诺型余项的一阶泰勒公式.由于函数有二阶导数,我们可以考察拉格朗日型余项的一阶泰勒公式

$$\Delta y = f'(x_0) \Delta x + \frac{f''(\xi)}{2!} \Delta x^2, \quad \xi \text{ 介于 } x_0 \text{ 与 } x \text{ 之间},$$

即

$$\Delta y = dy + \frac{f''(\xi)}{2!} \Delta x^2.$$

当 $\Delta x > 0$ 时,因 $f'(x_0) < 0$,所以 $dy = f'(x_0) \Delta x < 0$,又 $f''(x) < 0$,所以 $\frac{f''(\xi)}{2!} \Delta x^2 < 0$,于是有

$$\Delta y < dy < 0.$$

应选 B.

【注】 本题借助几何意义,更容易得到正确的选项.

11. "$f'(x_0) = 0$" 是 "$f(x)$ 在 x_0 处取极值"的( ).

(A) 充分条件　　　　　　　　(B) 必要条件
(C) 充要条件　　　　　　　　(D) 不充分,不必要条件

分析　函数 $f(x)$ 在 x_0 处可导的条件下,$f'(x_0) = 0$ 是 $f(x)$ 在 x_0 处取极值的必要条件.但 $f(x)$ 在 x_0 处未必可导,因此,一般情况下,"$f'(x_0) = 0$"不是取极值的必要条件,否定了(B)、(C).又因为驻点未必是极值点,否定了(A).

应选 D.

12. 设 $f(x)$ 有连续的二阶导数,且 $f'(0) = 0$,$\lim\limits_{x \to 0} \dfrac{f''(x)}{|x|} = 1$,则( ).

(A) $f(0)$ 是 $f(x)$ 的极大值
(B) $f(0)$ 是 $f(x)$ 的极小值
(C) $(0, f(0))$ 是曲线 $y = f(x)$ 的拐点
(D) $f(0)$ 不是极值,$(0, f(0))$ 也不是拐点

分析　根据极限与无穷小的关系,当 $|x|$ 充分小,且 $x \neq 0$ 时,

$$\frac{f''(x)}{|x|} = 1 + \alpha,$$

其中 α 是 $x \to 0$ 时的无穷小,因此,在原点的某邻域内

$$f''(x) = (1 + \alpha) |x| > 0,$$

从而 $f'(x) \nearrow$,又因 $f'(0) = 0$,由极值的第一充分判别法知,$f(0)$ 是 $f(x)$ 极小值.

应选 B.

13. 设函数 $f(x)$ 在 $x = a$ 的某邻域内连续,且 $f(a)$ 为其极大值,则存在 $\delta > 0$,当 $x \in (a - \delta,$

$a+\delta)$ 时,必有( ).

(A) $(x-a)[f(x)-f(a)] \geq 0$
(B) $(x-a)[f(x)-f(a)] \leq 0$
(C) $\lim_{t \to a} \dfrac{f(t)-f(x)}{(t-x)^2} \geq 0 \quad (x \neq a)$
(D) $\lim_{t \to a} \dfrac{f(t)-f(x)}{(t-x)^2} \leq 0 \quad (x \neq a)$

分析 因为 $f(a)$ 为极大值,所以在 a 的充分小的邻域内,$f(x)-f(a) \leq 0$,而 $x-a$ 是变号的,故 $(x-a)[f(x)-f(a)]$ 也要变号,否定了(A)、(B).

由 $f(x)$ 连续,$\lim_{t \to a} f(t) = f(a)$,从而 $\lim_{t \to a} \dfrac{f(t)-f(x)}{(t-x)^2} = \dfrac{f(a)-f(x)}{(a-x)^2} \geq 0$.

应选 C.

14. 设 $f(x) \in C(a,b)$,其导函数的图形如图 4.2 所示,则 $f(x)$ 有( ).

(A) 一个极小值,两个极大值
(B) 两个极小值,一个极大值
(C) 两个极小值,两个极大值
(D) 三个极小值,一个极大值

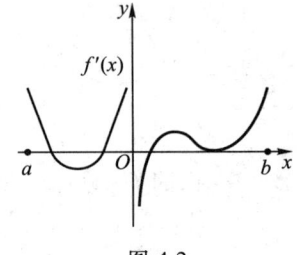

图 4.2

分析 观察图形易知,$f'(x)$ 的零点有四个,$f'(x)$ 不存在的点一个 $x=0$.再看这些点附近 $f'(x)$ 符号的变化情况,根据极值的第一充分判别法就可断定每个点是否取极值,是取极大值,还是极小值.

应选 C.

【注】 将 $f'(x)$ 的四个零点及一个不可导点,在数轴上按从小到大的顺序排列,它们依次是 $f(x)$ 的极大、极小、极大、极小、非极值点.

15. 当 $x>0$ 时,曲线 $y = x\sin\dfrac{1}{x}$ ( ).

(A) 有水平渐近线
(B) 有铅直渐近线
(C) 有斜渐近线(斜率不等于零)
(D) 无渐近线

分析 因 $\lim_{x \to +\infty} x\sin\dfrac{1}{x} = 1$,所以,曲线有水平渐近线 $y=1$,无斜渐近线.因 $\lim_{x \to 0^+} x\sin\dfrac{1}{x} = 0$,所以,曲线无铅直渐近线.

应选 A.

【注】 这里的选项,肯定(A)就否定了(D),又因单值函数在 $x \to +\infty$ 时最多有一条渐近线,所以否定了(C).

16. 已知 $f(x) = -f(-x)$,且在 $(0, +\infty)$ 内 $f'(x)>0, f''(x)>0$,则在 $(-\infty, 0)$ 内,曲线 $y = f(x)$ ( ).

(A) 单调下降,且上凸(⌒)
(B) 单调下降,且下凸(⌣)
(C) 单调上升,且上凸(⌒)
(D) 单调上升,且下凸(⌣)

分析 因为 $f(x)$ 是奇函数,由题中条件知,在 $(-\infty, 0)$ 内 $f'(x)>0, f''(x)<0$.因此,在 $(-\infty, 0)$ 内曲线 $y = f(x)$ 是单调上升,且上凸的.

应选 C.

17. 设在 $[0,1]$ 上 $f''(x)>0, f'\left(\dfrac{1}{2}\right) = 0$,则三个数 $P = f\left(\dfrac{1}{4}\right), Q = f\left(\dfrac{1}{2}\right), R = \dfrac{1}{4}[3f(0)+$

$f(1)$]之间的大小关系为(　　).

(A) $P<Q<R$　　　　(B) $Q<R<P$　　　　(C) $R<P<Q$　　　　(D) $Q<P<R$

分析　由题设条件知：$f\left(\dfrac{1}{2}\right)$ 是 $f(x)$ 在区间 $[0,1]$ 上的最小值；$f(x)$ 又在 $[0,1]$ 上是下凸的,故 $R=\dfrac{1}{4}[3f(0)+f(1)]>f\left(\dfrac{1}{4}\right)=P$.

应选 D.

4.4　典型错误纠正

1. 证明柯西中值定理.

证明　分别对函数 $f(x),g(x)$ 在区间 $[a,b]$ 上用拉格朗日中值定理得
$$f(b)-f(a)=f'(\xi)(b-a),$$
$$g(b)-g(a)=g'(\xi)(b-a).$$
两式相除得
$$\frac{f(b)-f(a)}{g(b)-g(a)}=\frac{f'(\xi)}{g'(\xi)},\quad a<\xi<b.$$

问题分析　两个函数 $f(x),g(x)$ 在区间 $[a,b]$ 上分别用拉格朗日中值定理,其中 ξ 通常不是同一个点.

2. 设 $f(x),g(x)$ 都是可微的,且当 $x\geqslant a$ 时,$|f'(x)|\leqslant g'(x)$,证明
$$|f(x)-f(a)|\leqslant g(x)-g(a).$$

证法 1　由拉格朗日中值定理,得
$$|f(x)-f(a)|=|f'(\xi)|(x-a),$$
$$g(x)-g(a)=g'(\xi)(x-a),\quad a<\xi<x.$$
又 $x\geqslant a$,$|f'(x)|\leqslant g'(x)$,故所证不等式成立.

证法 2　由柯西中值定理,得
$$\frac{|f(x)-f(a)|}{g(x)-g(a)}=\frac{|f'(\xi)|}{g'(\xi)}\leqslant 1.$$
故所证不等式成立.

问题分析　证法 1 中两处的 ξ 一般不是同一个值.证法 2 使用柯西中值定理的条件不充分,因为题目中没有 $g'(x)\neq 0$ 条件.

下面给出一个正确的证法.

由于 $x\geqslant a$ 时,$|f'(x)|\leqslant g'(x)$,即 $-g'(x)\leqslant f'(x)\leqslant g'(x)$,而要证的不等式等价于
$$g(a)-g(x)\leqslant f(x)-f(a)\leqslant g(x)-g(a),$$
其中左右两个不等式依次等价于
$$f(x)+g(x)\geqslant f(a)+g(a),\quad f(x)-g(x)\leqslant f(a)-g(a).$$

设 $\varphi_1(x)=f(x)+g(x)$,则 $\varphi_1'(x)=f'(x)+g'(x)\geqslant 0$,故 $\varphi_1(x)$ 是单调不减的,从而 $\varphi_1(x)\geqslant \varphi_1(a)$,即有
$$f(x)+g(x)\geqslant f(a)+g(a)\quad (x\geqslant a).$$

设 $\varphi_2(x) = f(x) - g(x)$,则 $\varphi_2'(x) = f'(x) - g'(x) \leq 0$,故 $\varphi_2(x)$ 是单调不增的,从而 $\varphi_2(x) \leq \varphi_2(a)$,即有

$$f(x) - g(x) \leq f(a) - g(a).$$

【注】 (1) 对 $\varphi_1(x), \varphi_2(x)$ 用拉格朗日中值定理也可.(2) 命题中的条件和结论的转化,在证明中十分重要.

3. 若 $\lim\limits_{x \to +\infty} f(x) = C$($C$ 为常数),且 $f(x)$ 可导,有人认为必有 $\lim\limits_{x \to +\infty} f'(x) = 0$,并给出下列证明.

证明 1 由 $\lim\limits_{x \to +\infty} f(x) = C$ 知,$y = C$ 是曲线 $y = f(x)$ 的水平渐近线,又因 $f(x)$ 可导,所以当 $x \to +\infty$ 时,切线趋于渐近线,是水平的,故切线斜率趋于零.

证明 2 设 a 为充分大的常数,$x > a$,在区间 $[a, x]$ 上对 $f(x)$ 用拉格朗日中值定理,得

$$f'(\xi) = \frac{f(x) - f(a)}{x - a}, \quad a < \xi < x,$$

因 $f(a)$ 为常数和 $\lim\limits_{x \to +\infty} f(x) = C$,得

$$\lim\limits_{x \to +\infty} \frac{f(x) - f(a)}{x - a} = 0,$$

又当 $x \to +\infty$ 时,$\xi \to +\infty$,从而 $\lim\limits_{\xi \to +\infty} f'(\xi) = 0$,于是有 $\lim\limits_{x \to +\infty} f'(x) = 0$.

证明 3 对充分大的 x 在区间 $[x, 2x]$ 上对 $f(x)$ 用拉格朗日中值定理,得

$$f'(\xi) = \frac{f(2x) - f(x)}{x}, \quad x < \xi < 2x.$$

因 $\lim\limits_{x \to +\infty} f(x) = C$,得

$$\lim\limits_{x \to +\infty} \frac{f(2x) - f(x)}{x} = 0,$$

又当 $x \to +\infty$ 时,$\xi \to +\infty$,从而 $\lim\limits_{\xi \to +\infty} f'(\xi) = 0$,于是有 $\lim\limits_{x \to +\infty} f'(x) = 0$.

问题分析 首先指出,命题的结论是错的.例如,函数

$$f(x) = \frac{1}{x} \sin x^2 \quad (x > 0),$$

满足 $\lim\limits_{x \to +\infty} f(x) = 0$,且可导

$$f'(x) = 2\cos x^2 - \frac{1}{x^2} \sin x^2 \quad (x > 0).$$

但是,由于 $x \to +\infty$ 时,$\frac{1}{x^2} \sin x^2 \to 0$,而 $2\cos x^2$ 在 -2 和 2 之间不断摆动,所以,$\lim\limits_{x \to +\infty} f'(x)$ 不存在.

现来分析证明中的错误.

在证明 1 中,能够借助几何直观进行分析、解决问题的思路,无论是对问题的形象理解,还是启发思考都是十分重要的途径.但对复杂的问题,有时会受到图形的限制,对问题理解的不深入、不全面,而导致错误.证明 1 中仅从有水平渐近线,就断定 $x \to +\infty$ 时,各点的切线趋于水平渐近线,从而 $\lim\limits_{x \to +\infty} f'(x) = 0$,这是没有根据的.特别没有考虑到曲线会振荡地无限接近渐近线的情况,如上例.

在证明 2 中,在区间 $[a,x]$ 上应用了拉格朗日中值定理,但对这个定理理解有误.定理中的 ξ 是介于 a,x 之间的一个数,它与 x 有关,但不是 x 的函数,更不能断言随 x 趋于无穷而趋于无穷.不妨画出上例中函数图形取定 a 后,寻找一下 ξ,它可以限定在有限范围内,甚至 x 变大,而 ξ 变小.

在证明 3 中,巧妙地"胁迫"了 ξ 趋于正无穷大,但由于 ξ 未必是连续的遍取充分大的实数,所以由 $\lim\limits_{\xi \to +\infty} f'(\xi) = 0$,推不出 $\lim\limits_{x \to +\infty} f'(x) = 0$,在证明 2 中也有这样的错误.

有人认为光滑曲线的渐近线就是它在无穷远处的切线(切线的极限位置).上面的讨论否定了这一看法.

4. 函数 $f(x) = \begin{cases} 2+x^2, & x \leq 1, \\ 3-\ln x, & x > 1 \end{cases}$ 在区间 $[-1, e]$ 上是否满足拉格朗日中值定理的条件? 是否存在点 $\xi \in (-1, e)$,使得

$$\frac{f(e)-f(-1)}{e+1} = f'(\xi).$$

解 关键考察分段点处 $f(x)$ 是否连续、可导.由于 $f(1) = 3$, $f(1^-) = 3$, $f(1^+) = 3$.所以,函数 $f(x)$ 在 $x = 1$ 处连续,故 $f(x)$ 在闭区间 $[-1, e]$ 上连续.而

$$f'(x) = \begin{cases} 2x, & x < 1, \\ -\dfrac{1}{x}, & x > 1. \end{cases}$$

$f'_-(1) = 2$, $f'_+(1) = -1$,所以,在 $x = 1$ 处 $f(x)$ 不可导.因此在 $[-1, e]$ 上 $f(x)$ 不满足拉格朗日中值定理的条件.故不存在题目中要求的点 ξ.

问题分析 前一段论述 $f(x)$ 在区间 $[-1, e]$ 上不满足拉格朗日中值定理的条件是正确的,但最后一句是错误的.因为拉格朗日中值定理的条件是充分条件,不是必要条件.所以"故……"是没有道理的.正确的解法为

$$\frac{f(e)-f(-1)}{e+1} = \frac{-1}{e+1},$$

令 $f'(\xi) = \dfrac{-1}{e+1}$,解得 $\xi = -\dfrac{1}{2(e+1)}$,$-1 < \xi < 0$.故存在点 $\xi \in (-1, e)$,使得

$$\frac{f(e)-f(-1)}{e+1} = f'(\xi).$$

5. 设 $f''(x_0)$ 存在,求极限 $\lim\limits_{h \to 0} \dfrac{f(x_0+h)+f(x_0-h)-2f(x_0)}{h^2}$.

解 由洛必达法则

$$\lim_{h \to 0} \frac{f(x_0+h)+f(x_0-h)-2f(x_0)}{h^2}$$

$$= \lim_{h \to 0} \frac{f'(x_0+h)-f'(x_0-h)}{2h}$$

$$= \lim_{h \to 0} \frac{f''(x_0+h)+f''(x_0-h)}{2} = f''(x_0).$$

问题分析 题目中仅给出函数 $f(x)$ 在 x_0 点处具有二阶导数,而在 x_0 附近未必有二阶导

数,所以第二次使用洛必达法则是错误的,最后一个等式显然用到二阶导数的连续性,这也是不对的.正确的解法是

$$原式 = \lim_{h \to 0} \frac{f'(x_0+h) - f'(x_0-h)}{2h}$$

$$= \frac{1}{2} \lim_{h \to 0} \frac{[f'(x_0+h) - f'(x_0)] - [f'(x_0-h) - f'(x_0)]}{h} = f''(x_0),$$

其中第一步用了洛必达法则,最后一步用到二阶导数的定义.

6. 求极限 $\lim\limits_{x \to 2} \dfrac{x^2 - 3x + 2}{2x^2 - x - 6}$.

解 由洛必达法则

$$\lim_{x \to 2} \frac{x^2 - 3x + 2}{2x^2 - x - 6} = \lim_{x \to 2} \frac{2x - 3}{4x - 1} = \lim_{x \to 2} \frac{2}{4} = \frac{1}{2}.$$

问题分析 由于 $\lim\limits_{x \to 2} \dfrac{2x-3}{4x-1} = \dfrac{1}{7}$ 不是未定式,所以第二次用洛必达法则是错误的.

【注】 在每次使用洛必达法则的过程中要注意以下几点:首先确认是否为"$\dfrac{0}{0}$"型或"$\dfrac{\infty}{\infty}$"型未定式,并把其中非零的定式因式提到极限号外,然后注意在极限点的去心邻域内,分子、分母都可导,分母的导数无零点,最终要看导数比的极限存在或为 ∞,这时使用洛必达法则才是正确的.

7. 求极限 $\lim\limits_{x \to 0} \dfrac{\sin x^2 \cdot \sin \dfrac{1}{x}}{x}$.

解 这是一个 $\dfrac{0}{0}$ 型未定式,由洛必达法则

$$\lim_{x \to 0} \frac{\sin x^2 \cdot \sin \frac{1}{x}}{x} = \lim_{x \to 0} \left[2x \cos x^2 \sin \frac{1}{x} + \sin x^2 \cos \frac{1}{x} \left(-\frac{1}{x^2} \right) \right]$$

$$= \lim_{x \to 0} \left[2x \cos x^2 \sin \frac{1}{x} - \frac{\sin x^2}{x^2} \cos \frac{1}{x} \right] = -\lim_{x \to 0} \cos \frac{1}{x}.$$

因为最后的极限不存在,所以 $\lim\limits_{x \to 0} \dfrac{\sin x^2 \cdot \sin \dfrac{1}{x}}{x}$ 不存在.

问题分析 洛必达法则:对于 $\dfrac{0}{0}$ 或 $\dfrac{\infty}{\infty}$ 型的极限 $\lim \dfrac{f(x)}{g(x)}$,如果其导数比的极限 $\lim \dfrac{f'(x)}{g'(x)}$ 存在或为无穷大,则 $\lim \dfrac{f(x)}{g(x)} = \lim \dfrac{f'(x)}{g'(x)}$.这里的条件是充分的,不是必要条件.所以不能根据 $\lim \dfrac{f'(x)}{g'(x)}$ 不存在(也不是无穷大)推断出 $\lim \dfrac{f(x)}{g(x)}$ 不存在.

本题解中的运算只能说明本题不能用洛必达法则.正确的解法是:当 $x \to 0$ 时,$\sin x^2 \sim x^2$,

$\sin\dfrac{1}{x}$ 有界,故

$$\lim_{x\to 0}\dfrac{\sin x^2 \cdot \sin\dfrac{1}{x}}{x}=\lim_{x\to 0}x\sin\dfrac{1}{x}=0.$$

8. 有人说,一个连续函数 $f(x)$,如果在 x_0 处取极大值,必有 x_0 的一个邻域 $(x_0-\delta, x_0+\delta)$,使 $f(x)$ 在左半邻域 $(x_0-\delta, x_0)$ 内单调上升,在右半邻域 $(x_0, x_0+\delta)$ 内单调下降.

问题分析 这一说法是错误的,例如:

设函数

$$f(x)=\begin{cases} x^2\left(\sin\dfrac{1}{x}-2\right), & x\neq 0, \\ 0, & x=0. \end{cases}$$

显然,这个函数在 $x=0$ 处取极大值 $f(0)=0$,但在原点的左邻域和右邻域内,$f(x)$ 都不是单调的,见图 4.3.

一个连续函数 $f(x)$,在 x_0 的左半邻域 $(x_0-\delta, x_0)$ 内单调上升,右半邻域 $(x_0, x_0+\delta)$ 内单调下降,是 $f(x)$ 在 x_0 处取极大值的充分条件,这就是极值的第一充分判别法,但它不是必要条件,上面的例子说明了这一点.在学习过程中应搞清楚各个定理或命题中的条件,是充分的还是必要的.

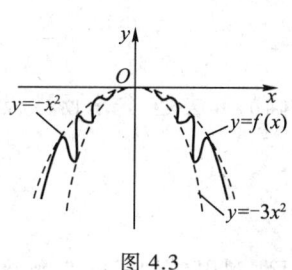

图 4.3

4.5 释疑解惑

1. 罗尔定理,拉格朗日中值定理中"函数 $f(x)$ 在闭区间 $[a, b]$ 上连续,在开区间 (a, b) 内可导"这两个条件,换为"在闭区间 $[a, b]$ 上可导"不是更简洁吗？其结论"则在开区间 (a, b) 内至少存在一点 ξ,使得……",换为"则在闭区间 $[a, b]$ 上至少存在一点 ξ,使得……"也没错,为什么特别强调 ξ 是在开区间 (a, b) 内？

答 函数 $f(x)$ "在闭区间 $[a, b]$ 上可导"不仅包含了函数 $f(x)$ "在闭区间 $[a, b]$ 上连续,在开区间 (a, b) 内可导"这两个条件,还包含着 $f(x)$ 在区间端点 a 处的右导数 $f'_+(a)$ 与 b 处的左导数 $f'_-(b)$ 也都存在.这无疑是增强了条件,从而缩小了定理的适用范围.同样地,把结论中 $\xi\in(a,b)$,换为 $\xi\in[a,b]$ 没有错,但它削弱了结论,也就缩小了定理的使用范围.

在给出数学命题时,通常要在一定条件中力求结论最强,在一定结论下力求条件最弱,以便使命题适用范围更广.

2. 使用洛必达法则,很容易得到两个重要极限

$$\lim_{x\to 0}\dfrac{\sin x}{x}=\lim_{x\to 0}\dfrac{\cos x}{1}=1,$$

$$\lim_{x\to\infty}\left(1+\dfrac{1}{x}\right)^x=\exp\left\{\lim_{x\to\infty}\dfrac{\ln\left(1+\dfrac{1}{x}\right)}{\dfrac{1}{x}}\right\}=\exp\left\{\lim_{x\to\infty}\dfrac{x}{1+x}\right\}=\mathrm{e}.$$

如果以此替代两个重要极限的证明,岂不更简单吗？

答 不能替代,因为在使用洛必达法则时,用到导数公式$(\sin x)' = \cos x$和$(\ln x)' = \dfrac{1}{x}$,而这两个公式都是在两个重要极限的基础上建立起来的,如果再反过来用洛必达法则来证明两个重要极限,就犯了逻辑上的错误.

3. "$\dfrac{0}{0}$"型或"$\dfrac{\infty}{\infty}$"型的数列极限可以直接用洛必达法则吗?

答 不可以.因为数列没有导数,所以不能直接用洛必达法则求数列的极限.

但是,如果将数列中的n,换为x,得到x的函数,当$x \to +\infty$时,这个函数的极限能用洛必达法则求得极限值时,根据数列极限是这个函数极限的特殊情形,就间接地利用了洛必达法则求得该数列的极限.例如,求极限$\lim\limits_{n \to \infty} \dfrac{\ln n}{n}$,不能直接利用洛必达法则,

$$\lim_{n \to \infty} \frac{\ln n}{n} \xlongequal{\frac{\infty}{\infty}} \lim_{n \to \infty} \frac{1}{n} = 0.$$

正确的解法是:先求函数极限

$$\lim_{x \to +\infty} \frac{\ln x}{x} \xlongequal{\frac{\infty}{\infty}} \lim_{x \to +\infty} \frac{1}{x} = 0,$$

从而,利用数列极限与函数极限的关系得到:$\lim\limits_{n \to \infty} \dfrac{\ln n}{n} = 0$.

4. 将函数$f(x) = \sin x$的$2m+1$阶麦克劳林公式

$$\sin x = x - \frac{x^3}{3!} + \frac{x^5}{5!} + \cdots + (-1)^m \frac{x^{2m+1}}{(2m+1)!} + R_{2m+1}(x)$$

的余项

$$R_{2m+1}(x) = \frac{\sin[\theta x + (m+1)\pi]}{(2m+2)!} x^{2m+2}, \quad 0 < \theta < 1$$

换为

$$(-1)^{m+1} \frac{\cos \theta x}{(2m+3)!} x^{2m+3}, \quad 0 < \theta < 1$$

能相等吗?这样表示有什么好处?

答 相等.因为$f^{(2m+2)}(0) = \sin(m+1)\pi = 0$,所以$\sin x$的$2m+2$阶麦克劳林公式

$$\sin x = x - \frac{x^3}{3!} + \frac{x^5}{5!} + \cdots + (-1)^m \frac{x^{2m+1}}{(2m+1)!} + R_{2m+2}(x).$$

其中

$$R_{2m+2}(x) = \frac{\sin\left[\theta x + (2m+3)\dfrac{\pi}{2}\right]}{(2m+3)!} x^{2m+3} = (-1)^{m+1} \frac{\cos \theta x}{(2m+3)!} x^{2m+3}, \quad 0 < \theta < 1.$$

$\sin x$的$2m+1$阶麦克劳林公式与$\sin x$的$2m+2$阶麦克劳林公式的多项式部分相同,所以两个余项必相等(但两式中的θ未必相等).利用这两个公式作近似计算时,由于所用的泰勒多项式是同一个,所以近似值是同一个,但作截断误差估计时,$R_{2m+2}(x)$要比$R_{2m+1}(x)$精度提高一阶,这就是它的好处.

5. 泰勒定理和泰勒中值定理有何区别?

答 泰勒定理要求条件低,结论弱.泰勒中值定理要求条件高,结论强.因此在应用上也不同.具体说明如下:

条件上,泰勒定理仅要求函数 $f(x)$ 在一点 x_0 处有 n 阶导数;中值定理要求 $f(x)$ 在包含 x_0 的一个区间 I 上有 $n+1$ 阶导数.

结论上,泰勒定理结论是在 x_0 附近,$f(x)$ 可由带佩亚诺型余项的 n 阶泰勒公式表示

$$f(x)=f(x_0)+f'(x_0)(x-x_0)+\frac{f''(x_0)}{2!}(x-x_0)^2+\cdots+$$
$$\frac{f^{(n)}(x_0)}{n!}(x-x_0)^n+o(|x-x_0|^n).$$

这个余项是定性的,是 $|x-x_0|^n$ 的高阶无穷小;中值定理结论是在区间 I 上 $f(x)$ 可由带拉格朗日型余项的 n 阶泰勒公式表示

$$f(x)=f(x_0)+f'(x_0)(x-x_0)+\frac{f''(x_0)}{2!}(x-x_0)^2+\cdots+$$
$$\frac{f^{(n)}(x_0)}{n!}(x-x_0)^n+\frac{f^{(n+1)}(\xi)}{(n+1)!}(x-x_0)^{n+1},$$

ξ 介于 x_0, x 之间.这个余项是定量的.因而,在用泰勒多项式来逼近函数进行近似计算时,带有拉格朗日型余项的泰勒公式,由于给出了余项的表达式,可对误差的精度做出定量的估计.

泰勒公式使具有高阶导数的函数有了一个统一结构(多项式+余项)的表达形式,这对求函数的近似值,研究函数的性质(如函数间的比较,不等式的证明,无穷小阶的确定,极限运算等)诸问题创造了简便的途径.

对于定性的或是一点局部性质的问题,常常用带佩亚诺型余项的泰勒公式;对于定量的或是一定范围内的性质的问题,常常用带拉格朗日型余项的泰勒公式,注意这时要把函数的最高阶导数留在余项的表达式中.

6. 在闭区间 $[0,b]$ 上,对函数

$$f(x)=\begin{cases} x^2\sin\dfrac{1}{x}, & x\neq 0, \\ 0, & x=0, \end{cases}$$

用拉格朗日中值定理,得

$$b^2\sin\frac{1}{b}=\left(2\xi\sin\frac{1}{\xi}-\cos\frac{1}{\xi}\right)b, \quad 0<\xi<b.$$

由此得

$$\cos\frac{1}{\xi}=2\xi\sin\frac{1}{\xi}-b\sin\frac{1}{b}.$$

令 $b\to 0$,则 $\xi\to 0$,从而得到

$$\lim_{\xi\to 0}\cos\frac{1}{\xi}=0, \tag{1}$$

因此

$$\lim_{x\to 0}\cos\frac{1}{x}=0. \tag{2}$$

问上面的推导有错误吗？为什么会出这样的结果？

答 (1)式的推导过程是正确的,结果也对.但从(1)式得出(2)式是没有根据的.(2)式是错误的.上述过程需要从拉格朗日中值定理来分析.定理：如果$f(x)$在闭区间$[a,b]$上连续,在开区间(a,b)内可导,则在开区间(a,b)内至少存在一点ξ,使得

$$f(b)-f(a)=f'(\xi)(b-a).$$

结论中的点ξ,在(a,b)内存在,可能是一个也可能是多个.当a取定时,ξ依赖于b,但不能说ξ是b的函数.当$b\to a$时,$\xi\to a$,但b连续地变化,ξ未必是连续变化的.所以(1)式中,ξ不是自主地连续地趋于零,它受$f(x)$和b的约束取值.因此,由(1)式推出(2)式是错误的,(1)式与(2)式是特殊与一般的关系,由特殊推广到一般需要有条件.从(1)式可知,当$b\to 0$时,$\frac{1}{\xi}$在趋于正无穷大的同时,与数列$\left\{\left(n+\frac{1}{2}\right)\pi\right\}$无限靠近.

7. 函数$f(x)$在闭区间上的最大(小)值,一定是$f(x)$的极大(小)值吗？

答 不一定.因为$f(x_0)$是$f(x)$的一个极大(小)值时,必须有x_0的一个小邻域$(x_0-\delta, x_0+\delta)$,使得当$x\in(x_0-\delta, x_0+\delta)$时,恒有$f(x)\leq f(x_0)$ $(f(x)\geq f(x_0))$.故极值点x_0只能在开区间内部取得.而最大(小)值可能取在闭区间的端点上,这时的最大(小)值就不是极值了,只有最大(小)值取在开区间内时,它才是一个极值.

8. 利用导数证明不等式有哪些常见的方法？

答 不等式在数学中占有很重要的地位.在初等数学里常采用代数或几何方法证明它.现在我们又可以借助于导数来证明一些不等式,常见的方法有如下几种.

(1) 利用中值公式.由拉格朗日中值公式,$f(b)-f(a)=f'(\xi)(b-a)$,$a<\xi<b$,适当地放大或缩小$f'(\xi)$的值,就得到两个不等式.

对柯西中值公式$\dfrac{f(b)-f(a)}{g(b)-g(a)}=\dfrac{f'(\xi)}{g'(\xi)}$, $a<\xi<b$.同样处理也会得到两个不等式.

(2) 利用泰勒公式.对于两个函数间的不等式,如果涉及的函数都具有高阶导数,应该想到泰勒公式,特别是一个函数与一个多项式比较时,通过泰勒公式证明较简单.

(3) 利用函数的最大(小)值.如果需要证明的不等式能转化为一个函数值域问题,常常可通过极值方法求最大(小)值来证明.特别,当函数单调时就更简单了.

(4) 利用函数的凸性.在某区间I上,若$f''(x)\geq 0$,则$f(x)$是下凸的.于是对$\forall x_1, x_2\in I$,$\forall \lambda_1, \lambda_2\in(0,1)$, $\lambda_1+\lambda_2=1$ 有不等式

$$\lambda_1 f(x_1)+\lambda_2 f(x_2)\geq f(\lambda_1 x_1+\lambda_2 x_2).$$

若在I上,$f''(x)\leq 0$,则有与上式相反的不等式.

对于要证明的具体不等式,首先要仔细观察分析,然后选择证明方法,并将不等式作适当的变形进行证明,一个不等式可能有多种证法,注意选择.

9. 解最大(小)值的应用问题时,如何建立目标函数？

答 有了求函数的最大(小)值的方法后,对于单个因素确定的量的最优应用问题,求解的关键就在于如何建立目标函数了.这首先要认清题目中的常量与变量,然后选择因变量与自变量,原则上要取所求最优值的量为因变量(目标函数),而自变量常常有多种取法,它影

响着解题过程的难易,通过下面例题来说明.

例如:在半径为 R,圆心角为 $2\alpha\left(\alpha<\dfrac{\pi}{2}\right)$ 的圆扇形内,求面积最大的内接矩形 $ABCD$ 的面积.显然内接矩形关于扇形中心线对称.参看图 4.4,题中 R,α 为常量,内接矩形的面积 S 是变量,应取为因变量(目标函数),这个面积 S 可由其边长或顶点的位置确定.

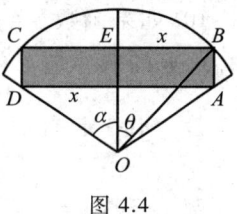

图 4.4

设内接矩形的底边长 $BC=2x$,高为 $AB=y$,则
$$S=BC\cdot AB=2xy.$$

(1)如果取 x 为自变量,则 $y=\sqrt{R^2-x^2}-x\cot\alpha$,这时,目标函数为
$$S=2x(\sqrt{R^2-x^2}-x\cot\alpha),\quad 0<x<R\sin\alpha.$$

(2)如果取角度 $\theta=\angle BOE$ 为自变量,则 $x=R\sin\theta$,$y=R\cos\theta-x\cot\alpha=R\cos\theta-R\sin\theta\cot\alpha$,这时,目标函数为
$$S=R^2[\sin 2\theta-(1-\cos 2\theta)\cot\alpha],\quad 0<\theta<\alpha.$$

此题还可以取 y 为自变量,或取顶点 A 到圆心 O 的距离或点 E 到 O 的距离等等为自变量,得到不同的目标函数,这些目标函数求最值的运算难易程度是有差异的.所以,对取定的目标函数如果求最值运算较困难,可以另选一个自变量的目标函数来处理,上面两个目标函数中,(1)为无理函数,(2)为三角函数有理式,求导运算较容易,可选取(2)为目标函数来求最大值.由
$$\dfrac{\mathrm{d}S}{\mathrm{d}\theta}=R^2(2\cos 2\theta-2\sin 2\theta\cot\alpha),$$
令 $\dfrac{\mathrm{d}S}{\mathrm{d}\theta}=0$,得 $\cot 2\theta=\cot\alpha$,故在 $(0,\alpha)$ 内有唯一极值嫌疑点 $\theta=\dfrac{\alpha}{2}$.又因为这个应用问题肯定在 $(0,\alpha)$ 内取到最大值,所以 $\theta=\dfrac{\alpha}{2}$ 时,S 最大,
$$S_{\max}=S\big|_{\theta=\frac{\alpha}{2}}=R^2\tan\dfrac{\alpha}{2}.$$

如果题目明确地问:矩形的底边长 $2x$ 为多少时,这个面积最大,通常取 x 为自变量,目标函数为(1).但仍然可以取(2)为目标函数,求得 $S_{\max}$ 后,再由 $x=R\sin\theta$ 得到取最大值的点 $x_0=R\sin\dfrac{\alpha}{2}$,这相当于将目标函数表示为参数方程
$$\begin{cases} S=R^2[\sin 2\theta-(1-\cos 2\theta)\cot\alpha],\\ x=R\sin\theta, \end{cases}$$
求 S 的最大值.

前面强调了,目标函数的自变量常有多种取法,目标函数的因变量原则上取待求最优值的量.如求面积最大(小)就选面积,求距离最长(短)就选距离,求消费最省就选消费等等.但为了简化运算,有时取与目标函数有相同最值点的函数作目标函数,如求函数 $f(x)=\sqrt{(x-a)^2+(x-b)^2+(x-c)^2}$,$g(x)=|ax^2+bx+c|$,$h(x)=a^2k(x)+b$ 的最值,可分别改为求函数 $u(x)=(x-a)^2+(x-b)^2+(x-c)^2$,$v(x)=(ax^2+bx+c)^2$,$w(x)=k(x)$ 的最值问题.因为它们有相同的最值点,但后者的运算简便些.不过要注意,这样求出最值点后,相应的最值还要

代回到 $f(x)$, $g(x)$ 和 $h(x)$ 中运算得到.

10. 如果函数 $y=f(x)$ 在某点 x_0 处的二阶导数不存在,那么曲线 $y=f(x)$ 上点 $(x_0, f(x_0))$ 处的曲率是否一定不存在?

答 不一定.此时,只能说,不能再直接套用曲率公式 $k=\dfrac{|y''|}{(1+y'^2)^{\frac{3}{2}}}$ 来求了.

例 函数 $y=\sqrt[3]{x}$ 在 $x=0$ 处,它的一阶、二阶导数都不存在,但若将曲线方程写为 $x=y^3$,则
$$x'=3y^2, \quad x''=6y,$$
易知该曲线上点 $(0,0)$ 处的曲率 $k(0,0)=0$.

例 函数 $y=|x|$ 在 $x=0$ 处,它的一阶、二阶导数都不存在,由于点 $(0,0)$ 是曲线 $y=|x|$ 的"尖"点,按定义知曲率是不存在的.

4.6 例题分析

【例1】 求极限 $\lim\limits_{x\to 0}\left[2-\dfrac{\ln(1+x)}{x}\right]^{\frac{1}{e^x-1}}$.

解 这是 1^∞ 型未定式极限.

$$\lim_{x\to 0}\left[2-\frac{\ln(1+x)}{x}\right]^{\frac{1}{e^x-1}}=\lim_{x\to 0}\left[1+\left(1-\frac{\ln(1+x)}{x}\right)\right]^{\frac{x}{x-\ln(1+x)}\cdot\frac{x-\ln(1+x)}{x(e^x-1)}}.$$

$$\lim_{x\to 0}\frac{x-\ln(1+x)}{x(e^x-1)}=\lim_{x\to 0}\frac{x-\ln(1+x)}{x^2}=\lim_{x\to 0}\frac{1-\dfrac{1}{1+x}}{2x}=\frac{1}{2}.$$

因此,原式 $=e^{\frac{1}{2}}$.

【注】 求极限过程中利用了洛必达法则,这是求 $\dfrac{0}{0}$ 与 $\dfrac{\infty}{\infty}$ 型未定式极限的重要方法.

【例2】 求极限 $\lim\limits_{n\to\infty}\left[(1+n)^\alpha-n^\alpha\right]$ $(0<\alpha<1)$.

思路 此极限属于 $\infty-\infty$ 型未定式,但对于数列的不定式没有洛必达法则.可以先把变量 n 换成其他形式,将其转化成一般的函数极限问题.

解 先求函数极限

$$\lim_{x\to+\infty}\left[(1+x)^\alpha-x^\alpha\right]=\lim_{x\to+\infty}x^\alpha\left[\left(1+\frac{1}{x}\right)^\alpha-1\right]=\lim_{x\to+\infty}\frac{\left[\left(1+\dfrac{1}{x}\right)^\alpha-1\right]'}{(x^{-\alpha})'}$$

$$=\lim_{x\to+\infty}\frac{-\alpha\left(1+\dfrac{1}{x}\right)^{\alpha-1}\dfrac{1}{x^2}}{-\alpha x^{-\alpha-1}}=\lim_{x\to+\infty}\frac{\left(1+\dfrac{1}{x}\right)^{\alpha-1}}{x^{1-\alpha}}=0.$$

根据函数极限与数列极限的关系,则有

$$\lim_{n\to\infty}\left[(1+n)^\alpha-n^\alpha\right]=\lim_{x\to+\infty}\left[(1+x)^\alpha-x^\alpha\right]=0.$$

【注】 这里将求数列极限转化为求函数极限,进而采用了洛必达法则.

【例 3】 求极限 $\lim\limits_{x\to 0}\dfrac{\tan(\tan x)-\sin(\sin x)}{x-\sin x}$.

解
$$\text{原式}=\lim_{x\to 0}\left[\frac{\tan(\tan x)-\tan(\sin x)}{x-\sin x}+\frac{\tan(\sin x)-\sin(\sin x)}{x-\sin x}\right].$$

在等式右边第一式中对 $\tan u$ 用 Lagrange 中值定理,注意 $\sin x<\xi<\tan x$,故 $x\to 0$ 时,$\xi\to 0$,有

$$\text{第一式}=\lim_{x\to 0}\frac{\sec^2\xi(\tan x-\sin x)}{x-\sin x}=\lim_{x\to 0}\frac{\sec^2 x-\cos x}{1-\cos x}$$
$$=\lim_{x\to 0}\frac{1-\cos^3 x}{(1-\cos x)\cos^2 x}=\lim_{x\to 0}(1+\cos x+\cos^2 x)=3,$$

其中用到洛必达法则.

对右边第二式作变换,令 $u=\sin x$,再用洛必达法则

$$\text{第二式}=\lim_{u\to 0}\frac{\tan u-\sin u}{\arcsin u-u}=\lim_{u\to 0}\frac{\sec^2 u-\cos u}{\dfrac{1}{\sqrt{1-u^2}}-1}=\lim_{u\to 0}\frac{\sqrt{1-u^2}(1-\cos^3 u)}{(1-\sqrt{1-u^2})\cos^2 u}$$

$$=\lim_{u\to 0}\frac{(1-\cos u)(1+\cos u+\cos^2 u)}{1-\sqrt{1-u^2}}=3\lim_{u\to 0}\frac{\dfrac{1}{2}u^2}{\dfrac{1}{2}u^2}=3.$$

因此
$$\lim_{x\to 0}\frac{\tan(\tan x)-\sin(\sin x)}{x-\sin x}=6.$$

【例 4】 设函数 $f(x)=\arctan x$,若 $f(x)=f'(\xi)\sin x$,求极限 $\lim\limits_{x\to 0}\dfrac{\xi^2}{x^2}$.

解 $f'(x)=\dfrac{1}{1+x^2}$,由已知 $f(x)=f'(\xi)\sin x$,可得 $\arctan x=\dfrac{\sin x}{1+\xi^2}$,于是

$$\xi^2=\frac{\sin x}{\arctan x}-1=\frac{\sin x-\arctan x}{\arctan x}.$$

因此
$$\lim_{x\to 0}\frac{\xi^2}{x^2}=\lim_{x\to 0}\frac{\sin x-\arctan x}{x^2\arctan x}=\lim_{x\to 0}\frac{\sin x-\arctan x}{x^3}$$
$$=\lim_{x\to 0}\frac{\cos x-\dfrac{1}{1+x^2}}{3x^2}=\lim_{x\to 0}\frac{(1+x^2)\cos x-1}{3x^2}\lim_{x\to 0}\frac{1}{1+x^2}$$
$$=\lim_{x\to 0}\frac{\cos x-1}{3x^2}+\lim_{x\to 0}\frac{x^2\cos x}{3x^2}=-\frac{1}{6}+\frac{1}{3}=\frac{1}{6}.$$

【注】 带有佩亚诺型余项的泰勒公式可用来求未定式极限.本题可用泰勒公式来求极限 $\lim\limits_{x\to 0}\dfrac{\sin x-\arctan x}{x^3}$.需将 $\sin x-\arctan x$ 在 $x=0$ 处泰勒展开,由于分母为 x 的三次幂,将其展

开到三阶即可. 由于, 当 $x \to 0$ 时

$$(\arctan x)' = \frac{1}{1+x^2} = 1 - x^2 + o(x^2),$$

$$\arctan x = x - \frac{1}{3}x^3 + o(x^3), \quad \sin x = x - \frac{1}{3!}x^3 + o(x^3),$$

因此

$$\lim_{x \to 0} \frac{\sin x - \arctan x}{x^3} = \lim_{x \to 0} \frac{\left(-\frac{1}{3!} + \frac{1}{3}\right)x^3 + o(x^3)}{x^3} = \frac{1}{6}.$$

【例5】 设 $\lim\limits_{x \to 0} \dfrac{\ln(1+x) - (ax+bx^2)}{x^2} = 3$, 求 a, b 的值.

解 可利用带佩亚诺型余项的泰勒公式来求. 由极限

$$\lim_{x \to 0} \frac{\ln(1+x) - (ax+bx^2)}{x^2} = \lim_{x \to 0} \frac{x - \frac{x^2}{2} + o(x^2) - ax - bx^2}{x^2}$$

$$= \lim_{x \to 0} \frac{(1-a)x - \left(\frac{1}{2}+b\right)x^2 + o(x^2)}{x^2} = 3,$$

可知 $\begin{cases} 1-a = 0, \\ -\left(\dfrac{1}{2}+b\right) = 3, \end{cases}$ 解得 $a = 1, b = -\dfrac{7}{2}$.

【例6】 设 $f(x)$ 在 $x = 0$ 的某邻域内有三阶导数, 且

$$\lim_{x \to 0} \left(1 + 2x^2 + \frac{f(x)}{x}\right)^{\frac{1}{\arctan^2 x}} = e^4,$$

求 $f(0), f'(0), f''(0), f'''(0)$ 及 $\lim\limits_{x \to 0}\left(1 + \dfrac{f(x)}{x}\right)^{\frac{1}{x^2}}$.

思路 在泰勒展式中, 通项中 $(x-x_0)^n$ 的系数恰为 $\dfrac{f^{(n)}(x_0)}{n!}$, 因此利用泰勒公式可以来求函数在某点的函数值及各阶导数的值. 本题要求 $f(x)$ 在 $x = 0$ 处的函数值及直到三阶导数的值, 可通过寻找 $f(x)$ 的三阶麦克劳林展开式来解决.

解 因为

$$\left(1 + 2x^2 + \frac{f(x)}{x}\right)^{\frac{1}{\arctan^2 x}} = \exp\left\{\frac{1}{\arctan^2 x}\ln\left(1 + 2x^2 + \frac{f(x)}{x}\right)\right\},$$

由给定的极限知

$$\lim_{x \to 0} \frac{1}{\arctan^2 x}\ln\left(1 + 2x^2 + \frac{f(x)}{x}\right) = 4.$$

由此可见, 必有 $\lim\limits_{x \to 0}\left(2x^2 + \dfrac{f(x)}{x}\right) = 0$, 从而利用等价无穷小代换得

$$\lim_{x \to 0} \frac{2x^2 + \dfrac{f(x)}{x}}{x^2} = 4.$$

根据极限与无穷小的关系知

$$\frac{2x^2 + \dfrac{f(x)}{x}}{x^2} = 4 + \alpha,$$

其中 $\alpha \to 0$, 当 $x \to 0$ 时, 于是

$$f(x) = 2x^3 + o(x^3),$$

这就是 $f(x)$ 的麦克劳林公式. 从而知

$$f(0) = 0, \quad f'(0) = 0, \quad f''(0) = 0, \quad f'''(0) = 2 \cdot 3! = 12.$$

$$\lim_{x \to 0} \left(1 + \frac{f(x)}{x}\right)^{\frac{1}{x^2}} = \lim_{x \to 0} (1 + 2x^2 + o(x^2))^{\frac{1}{x^2}} = \exp\left\{\lim_{x \to 0} \frac{2x^2 + o(x^2)}{x^2}\right\} = e^2.$$

【例 7】 设 $f(x) \in C^2(U_\delta(0))$, 且 $f(0) = 0$, 记

$$u_n = f\left(\frac{1}{n^2}\right) + f\left(\frac{2}{n^2}\right) + \cdots + f\left(\frac{n}{n^2}\right).$$

证明 $\lim\limits_{n \to \infty} u_n = \dfrac{1}{2} f'(0)$.

思路 (1) 对这类数列极限到现在学过两种处理方法: 其一, 先求和, 再取极限. 这里由于 $f(x)$ 是一个抽象函数, 无法求和. 其二是用夹逼准则. (2) 根据条件, 想到麦克劳林公式, 由于涉及 $f(x)$ 的定量估计, 需用拉格朗日型余项.

证明 由 $f(0) = 0$, $f(x)$ 的一阶麦克劳林公式为

$$f(x) = f'(0)x + \frac{f''(\xi)}{2}x^2,$$

ξ 介于 $0, x$ 之间. 在闭区间 $\left[-\dfrac{\delta}{2}, \dfrac{\delta}{2}\right]$ 上 $f''(x)$ 连续, 故有界. 设 $|f''(x)| \leq M$, 则有

$$f'(0)x - \frac{M}{2}x^2 \leq f(x) \leq f'(0)x + \frac{M}{2}x^2.$$

当 n 充分大, 使 $\dfrac{1}{n} \in \left(-\dfrac{\delta}{2}, \dfrac{\delta}{2}\right)$ 时, 有

$$f'(0)\frac{1+2+\cdots+n}{n^2} - \frac{M}{2} \cdot \frac{1^2+2^2+\cdots+n^2}{n^4} \leq u_n$$
$$\leq f'(0)\frac{1+2+\cdots+n}{n^2} + \frac{M}{2} \cdot \frac{1^2+2^2+\cdots+n^2}{n^4},$$

即

$$\frac{n(n+1)}{2n^2} f'(0) - \frac{n(n+1)(2n+1)}{12n^4} M \leq u_n$$
$$\leq \frac{n(n+1)}{2n^2} f'(0) + \frac{n(n+1)(2n+1)}{12n^4} M.$$

令 $n\to\infty$，由夹挤准则得

$$\lim_{n\to\infty}u_n=\frac{1}{2}f'(0).$$

【例 8】 设 $f(x)\in C^3(-\infty,+\infty)$，且 $\lim\limits_{x\to\infty}f(x)=a$，$\lim\limits_{x\to\infty}f'''(x)=0$，证明

$$\lim_{x\to\infty}f'(x)=\lim_{x\to\infty}f''(x)=0.$$

思路 函数具有高阶导数，问题中又涉及函数值及一到三阶导数值，自然想到泰勒公式.

证明 由 $f(x)$ 在任一点 x_0 处的二阶泰勒公式

$$f(x)=f(x_0)+f'(x_0)(x-x_0)+\frac{f''(x_0)}{2!}(x-x_0)^2+\frac{f'''(\xi)}{3!}(x-x_0)^3,$$

ξ 介于 x_0,x 之间. 特别地，有

$$f(x_0+1)=f(x_0)+f'(x_0)+\frac{f''(x_0)}{2!}+\frac{f'''(\xi_1)}{3!},\quad x_0<\xi_1<x_0+1,$$

$$f(x_0-1)=f(x_0)-f'(x_0)+\frac{f''(x_0)}{2!}-\frac{f'''(\xi_2)}{3!},\quad x_0-1<\xi_2<x_0.$$

两式相减，除以 2，得

$$f'(x_0)=\frac{1}{2}[f(x_0+1)-f(x_0-1)]-\frac{1}{12}[f'''(\xi_1)+f'''(\xi_2)].$$

因为

$$\lim_{x_0\to\infty}f(x_0+1)=a,\quad \lim_{x_0\to\infty}f(x_0-1)=a,$$

且 $x_0\to\infty$ 时，$\xi_1,\xi_2\to\infty$，故由题目的条件知

$$\lim_{x_0\to\infty}f'''(\xi_1)=0,\quad \lim_{x_0\to\infty}f'''(\xi_2)=0,$$

因此

$$\lim_{x_0\to\infty}f'(x_0)=0.$$

由此及 $f(x_0+1)$ 的表达式得

$$\lim_{x_0\to\infty}f''(x_0)=0.$$

【注】 注意证明中选取 x_0 的两个对称点 x_0-1,x_0+1 处函数值带来的好处.

【例 9】 确定常数 A,B,C 的值，使得 $e^x(1+Bx+Cx^2)=1+Ax+o(x^3)$，其中 $o(x^3)$ 为 $x\to 0$ 时较 x^3 高阶的无穷小.

解 由于 $e^x=1+x+\frac{x^2}{2}+\frac{x^3}{3!}+o(x^3)$，将其代入已知等式可得

$$\left[1+x+\frac{x^2}{2}+\frac{x^3}{3!}+o(x^3)\right](1+Bx+Cx^2)=1+Ax+o(x^3),$$

即 $1+(1+B)x+\left(\dfrac{1}{2}+B+C\right)x^2+\left(\dfrac{1}{6}+\dfrac{B}{2}+C\right)x^3=1+Ax+o(x^3).$

因此有 $\begin{cases} 1+B=A, \\ \dfrac{1}{2}+B+C=0, \\ \dfrac{1}{6}+\dfrac{B}{2}+C=0. \end{cases}$ 解得 $\begin{cases} A=\dfrac{1}{3}, \\ B=-\dfrac{2}{3}, \\ C=\dfrac{1}{6}. \end{cases}$

【注】 解决与无穷小的阶的比较相关问题主要有三种方法:(1) 等价无穷小代换;(2) 洛必达法则;(3) 泰勒公式.

下面举例介绍若干微分中值问题,要证的是:在一定条件下,某区间内必有点 ξ,使一个带有该点导数的表达式满足指定的关系.论证的一般方法是用微分中值定理,关键在于构造适当的辅助函数.

【例 10】 设函数 $f(x)$ 在闭区间 $[a,b]$ 上连续,在开区间 (a,b) 内可导,$a>0$,且 $f(a)=b$,$f(b)=a$,证明在开区间 (a,b) 内至少存在一点 ξ,使得

$$f'(\xi)=-\frac{f(\xi)}{\xi}.$$

思路 (1) 将最后的等式变为 $\xi f'(\xi)+f(\xi)=0$,问题变为方程

$$xf'(x)+f(x)=0$$

有实根问题(这里不能用零点存在定理来解决,故考虑用罗尔定理或推论);(2) 视 $xf'(x)+f(x)$ 为某函数 $F(x)$ 的导数,即构造辅助函数 $F(x)$;(3) 最后考察 $F(x)$ 是否满足罗尔定理的条件.

这里凭借导数公式与法则,显然 $F(x)=xf(x)$ 即可.

证明 设函数

$$F(x)=xf(x),$$

显然 $F(x)$ 在 $[a,b]$ 上连续,在 (a,b) 内可导,且 $F(a)=af(a)=ab$,$F(b)=bf(b)=ab$.可见 $F(x)$ 在 $[a,b]$ 上满足罗尔定理的条件,故 $\exists \xi \in (a,b)$,使得 $F'(\xi)=0$,即有

$$\xi f'(\xi)+f(\xi)=0.$$

因为 $\xi>a>0$,故有

$$f'(\xi)=-\frac{f(\xi)}{\xi}.$$

【注】 若在一定条件下要证明存在点 ξ,使 $\xi f'(\xi)+kf(\xi)=0$,即 $xf'(x)+kf(x)$ 有零点,按罗尔定理的证明思路构造辅助函数时找不到某个函数使它的导数恰为 $xf'(x)+kf(x)$.这时,我们可放宽要求,使 $F(x)$ 的导数等于 $xf'(x)+kf(x)$ 与某个非零函数 $g(x)$ 之积,即

$$F'(x)=[xf'(x)+kf(x)]g(x),$$

然后对 $F(x)$ 用罗尔定理.因为要

$$F'(x)=[xg(x)]f'(x)+[kg(x)]f(x),$$

只需取 $g(x)=x^{k-1}$,这样 $F'(x)=x^k f'(x)+kx^{k-1}f(x)=[x^k f(x)]'$,最终得到辅助函数 $F(x)=x^k f(x)$.

【例 11】 设 $f(x)$ 可导,证明在 $f(x)$ 的两个零点(如果有)之间,一定有 $f'(x)\pm\mu f(x)$ 的零点(μ 为常数).

分析 欲构造函数 $F(x)$,使得

$$F'(x) = [f'(x) \pm \mu f(x)]g(x) = f'(x)g(x) \pm [\mu g(x)]f(x),$$

需要 $g'(x)$ 与 $g(x)$ 仅差一个常数因子 $\pm\mu$，即 $g'(x) = \pm\mu g(x)$，容易想到 $g(x) = e^{\pm\mu x}$，故设辅助函数

$$F(x) = f(x)e^{\pm\mu x}.$$

证明 略.

【例 12】 设函数 $f(x)$ 在闭区间 $[0,2]$ 上连续，在开区间 $(0,2)$ 内可导，且 $f(0) = 0$，$f(2) = \dfrac{1}{4}$，证明：存在 $\xi \in (0,1)$，$\eta \in (1,2)$，使得 $f'(\xi) + 2\eta f'(\eta) = \xi - 2f(\eta)$.

分析 所要证明的结果可变形为：

$$f'(\xi) - \xi + 2[\eta f'(\eta) + f(\eta)] = 0.$$

即证明 $\left[f(x) - \dfrac{1}{2}x^2\right]'\bigg|_{x=\xi} + 2(xf(x))'|_{x=\eta} = 0.$

令 $F(x) = f(x) - \dfrac{1}{2}x^2$，$G(x) = xf(x)$，对 $F(x)$，$G(x)$ 分别在区间 $[0,1]$ 和 $[1,2]$ 上应用拉格朗日中值定理，可得

存在 $\xi \in (0,1)$，使得

$$\frac{F(1) - F(0)}{1 - 0} = F'(\xi), \quad \text{即} \quad f(1) - \frac{1}{2} = f'(\xi) - \xi;$$

存在 $\eta \in (1,2)$，使得

$$\frac{G(2) - G(1)}{2 - 1} = G'(\eta), \quad \text{即} \quad \frac{2f(2) - f(1)}{2} = f(\eta) + \eta f'(\eta).$$

因此

$$2[f(\eta) + \eta f'(\eta)] = 2f(2) - f(1).$$

将上两式相加得到

$$f'(\xi) - \xi + 2[f(\eta) + \eta f'(\eta)] = 2f(2) - f(1) + f(1) - \frac{1}{2} = 0,$$

即 $f'(\xi) + 2\eta f'(\eta) = \xi - 2f(\eta)$.

证明 略.

【例 13】 设函数 $f(x)$ 在闭区间 $[a,b]$ 上连续，在开区间 (a,b) 内可导，$f'(x) \neq 0$，且 $f(a) = 0$，$f(b) = 2$. 证明在开区间 (a,b) 内存在两个不同的点 ξ, η，使

$$f'(\eta)[f(\xi) + \xi f'(\xi)] = f'(\xi)[bf'(\eta) - 1].$$

思路 为了使 ξ, η 不同，应分别在不同区间内寻找；把带 ξ 的式子和带 η 的式子分离在等式两边，分开寻找辅助函数用中值定理.

证明 要证的等式可化为

$$\frac{f(\xi) + \xi f'(\xi)}{f'(\xi)} = b - \frac{1}{f'(\eta)}.$$

即要求两边等于同一常数，记为 c（待定），于是化为

$$b - \frac{1}{f'(\eta)} = c; \tag{1}$$

$$\frac{f(\xi)+\xi f'(\xi)}{f'(\xi)}=c. \tag{2}$$

将(1)式表示为
$$1=f'(\eta)(b-c).$$
可见,只要有 $f(b)-f(c)=1$,在 $[c,b]$ 区间上对 $f(x)$ 用拉格朗日中值定理知:$\exists \eta \in (c,b)$,使(1)成立.由于 $f(b)=2$,需要有 $f(c)=1$,即可.

由于 $f(x)\in C[a,b]$,且 $f(a)=0,f(b)=2$,根据介值定理知,存在点 $c\in(a,b)$,使 $f(c)=1$.

将(2)式变为
$$f(\xi)+(\xi-c)f'(\xi)=0.$$
令函数 $F(x)=(x-c)f(x)$,因为 $F(x)\in C[a,c]$,在 (a,c) 内可导,且 $F(a)=F(c)=0$,由罗尔定理知,$\exists \xi\in(a,c)$,使 $F'(\xi)=0$,即
$$f(\xi)+(\xi-c)f(\xi)'=0.$$

【注】 对(2)式,也可视为对函数 $F(x)=xf(x)$ 及 $f(x)$ 在 $[a,c]$ 上使用柯西中值定理得到.

【例14】 假设 $f(x)$ 为奇函数,在 $[-1,1]$ 上具有二阶导数,且 $f(1)=1$,证明:
(1) $\exists \xi\in(0,1)$,使得 $f'(\xi)=1$;
(2) $\exists \eta\in(-1,1)$,使得 $f''(\eta)+f'(\eta)=1$.

证明 (1) 由 $f(x)$ 为奇函数,可得 $f(0)=0$.对 $f(x)$ 在 $[0,1]$ 上应用拉格朗日中值定理知,$\exists \xi\in(0,1)$,使得 $f(1)-f(0)=f'(\xi)(1-0)$,即 $f'(\xi)=1$.

(2) 证明 $f''(x)+f'(x)-1$ 在 $(-1,1)$ 内有零点即可.也即证明
$$e^x(f''(x)+f'(x)-1)=[e^x(f'(x)-1)]'$$
在 $(-1,1)$ 内有零点.

设 $F(x)=e^x(f'(x)-1)$,显然 $F(x)$ 在 $[-1,1]$ 上可导.由(1)知,$\exists \xi\in(0,1)$,使得 $f'(\xi)=1$,又 $f(x)$ 为奇函数,故 $f'(x)$ 为偶函数,且 $f'(-\xi)=f'(\xi)=1$.因此 $F(-\xi)=F(\xi)=0$.可见 $F(x)$ 在 $[-\xi,\xi]$ 上满足罗尔定理,故 $\exists \eta\in(-\xi,\xi)\subset(-1,1)$,使得 $F'(\eta)=0$,即有 $f''(\eta)+f'(\eta)=1$.

【例15】 设函数 $f(x)$ 在区间 I 内可导,点 $0,b\in I$,证明在点 0 和点 b 之间至少存在一点 ξ,使
$$f(b)-e^b f(0)=[f(\xi)-f'(\xi)](1-e^b).$$

思路 所证明的等式中含有 ξ 以及区间端点.设想这个等式是某个与 $f(x)$ 有关的函数 $F(x)$ 的中值公式的变形,如果将它恢复成中值公式,则辅助函数 $F(x)$ 就比较容易看出.为此,先将等式中带 ξ 和带端点的项分离在等式两边,再将带端点的一边表示为一个函数在两个端点处函数值之差,或两个函数在两个端点处函数值之差的比式,便可构造出辅助函数了.

证法1 由
$$\frac{f(b)-e^b f(0)}{1-e^b}=\frac{f(b)e^{-b}-f(0)e^{-0}}{e^{-b}-e^{-0}}$$
知,取辅助函数 $F(x)=f(x)e^{-x}$,$G(x)=e^{-x}$,在 $0,b$ 界定的区间上它们满足柯西中值定理的条件,故在点 $0,b$ 之间,存在点 ξ,使
$$\frac{f(b)e^{-b}-f(0)e^{-0}}{e^{-b}-e^{-0}}=\frac{F'(\xi)}{G'(\xi)}.$$

因 $F'(\xi)=f'(\xi)\mathrm{e}^{-\xi}-f(\xi)\mathrm{e}^{-\xi}, G'(\xi)=-\mathrm{e}^{-\xi}$,故有
$$f(b)-\mathrm{e}^b f(0)=[f(\xi)-f'(\xi)](1-\mathrm{e}^b).$$

【注】 按本题前面的思路找到的辅助函数可能是一个,也可能是两个,把带端点的一侧化为拉格朗日中值公式还是柯西中值公式一侧的样式还要具体分析,有时是困难的.如果我们想到带 ξ 的一侧不过就是一个常数,记为 k,也移到另一侧,使这一侧变为零;将另一侧表示为一个函数在两端点处函数值之差,用这个函数作辅助函数,就可用罗尔定理了,最后可算出 k 值与所说的一致,就是所谓的 k 值法.

证法 2 设
$$\frac{f(b)-\mathrm{e}^b f(0)}{1-\mathrm{e}^b}=k.$$
则有
$$(f(b)-k)-\mathrm{e}^b(f(0)-k)=0,$$
即 $\mathrm{e}^{-b}[f(b)-k]-\mathrm{e}^{-0}[f(0)-k]=0$.

故设辅助函数
$$F(x)=\mathrm{e}^{-x}[f(x)-k].$$

因为 $F(0)=F(b),F(x)$ 在 $0,b$ 界定的闭区间上可导,由罗尔定理知,在 $0,b$ 界定的区间内必存在点 ξ,使 $F'(\xi)=0$,即
$$f'(\xi)\mathrm{e}^{-\xi}-\mathrm{e}^{-\xi}[f(\xi)-k]=0.$$
因此, $k=f(\xi)-f'(\xi)$.

【例 16】 设 $f(x)\in C^2[a,b],f(b)=0$,设 $G(x)=(x-a)^2 f(x)$.证明: $\exists \xi\in(a,b)$,使
$$G''(\xi)=0.$$

思路 (1) 对 $G'(x)=2(x-a)f(x)+(x-a)^2 f'(x)$ 用罗尔定理,因 $G'(a)=0,G'(b)$ 未知,需要在 (a,b) 内找一点 $\eta,G'(\eta)=0$;

(2) 用泰勒公式.

证法 1 因为 $G(x)\in C^2[a,b]$,又 $G(a)=G(b)=0$,所以,对 $G(x)$ 在 $[a,b]$ 上用罗尔定理知, $\exists \eta\in(a,b)$,使 $G'(\eta)=0$.

再对 $G'(x)$ 在 $[a,\eta]$ 上用罗尔定理知, $\exists \xi\in(a,\eta)\subset(a,b)$,使得
$$G''(\xi)=0.$$

证法 2 因为 $G(a)=0,G'(a)=0$,故 $G(x)$ 的一阶泰勒公式为
$$G(x)=\frac{G''(\xi)}{2!}(x-a)^2,\quad a<\xi<x.$$
特别地,当 $x=b$ 时,有
$$0=G(b)=\frac{G''(\xi_1)}{2!}(b-a)^2,\quad \xi_1\in(a,b).$$
因此 $G''(\xi_1)=0$.

【例 17】 设函数 $f(x)$ 在区间 $[0,2]$ 上具有三阶导数,并且 $f(0)=2,f(2)=3,f'(1)=0$,证明: $\exists \xi\in(0,2)$,使 $f'''(\xi)\geq 3$.

思路 具有高阶导数的中值命题,要联想到泰勒公式.泰勒公式建立了函数增量与自变量增量以及展开点处的各阶导数的关系,它常常用来证明与区间内某点 ξ 处的二阶及二阶

以上的导数有关的不等式. 而证明不等式时需要对某些含有 ξ 的项进行具体估计, 因此通常利用带有拉格朗日型余项的泰勒公式.

证明 函数 $f(x)$ 在 $x_0=1$ 处的二阶泰勒公式
$$f(x) = f(1) + \frac{f''(1)}{2!}(x-1)^2 + \frac{f'''(\xi)}{3!}(x-1)^3, \quad \forall x \in [0,2],$$
ξ 介于 $1, x$ 之间. 将 $x=0$ 与 $x=2$ 分别代入上式得:
$$2 = f(0) = f(1) + \frac{f''(1)}{2!} - \frac{f'''(\xi_1)}{3!},$$
$$3 = f(2) = f(1) + \frac{f''(1)}{2!} + \frac{f'''(\xi_2)}{3!}.$$

两式相减得
$$\frac{1}{3!}[f'''(\xi_1) + f'''(\xi_2)] = 1,$$
即有
$$f'''(\xi_1) + f'''(\xi_2) = 6,$$
故 $f'''(\xi_1), f'''(\xi_2)$ 两个数中至少有一个不小于 3, 因而 $\exists \xi \in (0,2)$, 使 $f'''(\xi) \geq 3$.

【注】(1) 同样推得 $\exists \eta \in (0,2)$, 使 $f'''(\eta) \leq 3$. 进一步, 由达布定理可知, $\exists \xi \in (0,2)$, 使 $f'''(\xi) = 3$.

(2) 在利用泰勒公式时, 要根据所考虑的函数在已知的某些具体点处的函数值以及各阶导数值的情况选择在哪一点展开, 展开到几阶. 有的题目中还需考虑是否展开式中 x 要取某些特殊值(如本例中的展开式, 特殊地取 $x=0$ 与 $x=2$).

【例 18】 设 $x > 0$ 时, $f(x)$ 有二阶导数, 且
$$|f(x)| \leq A, \quad |f''(x)| \leq B,$$
其中 A, B 为正的常数, 证明
$$|f'(x)| \leq 2\sqrt{AB}.$$

证明 对每个确定的正数 x, 当 $x + \Delta x > 0$ 时, 由一阶泰勒公式
$$f(x + \Delta x) = f(x) + f'(x)\Delta x + \frac{1}{2!}f''(\xi)\Delta x^2,$$
ξ 介于 $x, x + \Delta x$ 之间. 从而得到
$$|f'(x)\Delta x| = \left| f(x + \Delta x) - f(x) - \frac{1}{2}f''(\xi)\Delta x^2 \right|$$
$$\leq |f(x + \Delta x)| + |f(x)| + \frac{1}{2}|f''(\xi)|\Delta x^2$$
$$\leq 2A + \frac{B}{2}\Delta x^2.$$

于是有
$$|f'(x)| \leq \frac{2A}{|\Delta x|} + \frac{B|\Delta x|}{2}.$$

上面这个不等式对任何 Δx 都成立, $f'(x)$ 与 Δx 无关, 所以右边取最小值时, 不等式也成立.

下面考察函数
$$g(t) = \frac{2A}{t} + \frac{Bt}{2}, \quad t>0$$
的最小值. 由
$$g'(t) = -\frac{2A}{t^2} + \frac{B}{2},$$
知 $g(t)$ 有唯一驻点 $t_0 = 2\sqrt{A/B}$. 又 $g''(t) = \frac{4A}{t^3} > 0$, 所以 $g(t)$ 在点 $t_0 = 2\sqrt{A/B}$ 处取到最小值 $g(2\sqrt{A/B}) = 2\sqrt{AB}$. 故有 $|f'(x)| \le 2\sqrt{AB}$.

【注】 本例说明, $x>0$ 时, 若 $f(x)$ 与 $f''(x)$ 都有界, 则 $f'(x)$ 必有界.

【例 19】 设 $0<x_1<x_2<\pi$, 比较 $\dfrac{\sin x_1}{\sin x_2}$ 与 $\dfrac{x_1}{x_2}$ 间的大小关系.

思路 这里 $\sin x_1 > 0, \sin x_2 > 0$, 问题可转化为 $\dfrac{\sin x_1}{x_1}$ 与 $\dfrac{\sin x_2}{x_2}$ 大小的比较, 又转化为函数 $\dfrac{\sin x}{x}$ 在 x_1, x_2 处函数值的比较, 所以考虑这个函数的单调性.

解 设 $f(x) = \dfrac{\sin x}{x}, 0<x<\pi$, 则
$$f'(x) = \frac{x\cos x - \sin x}{x^2}.$$
再设 $\varphi(x) = x\cos x - \sin x$, 则 $\varphi'(x) = -x\sin x < 0 (0<x<\pi)$, 故 $\varphi(x)$ 单调递减, 因为 $\varphi(x)$ 在 $[0, \pi]$ 上连续, 且 $\varphi(0) = 0$, 所以 $\varphi(x) < 0 (0<x<\pi)$. 故 $f'(x) < 0 (0<x<\pi)$, $f(x)$ 单调递减. 于是有
$$\frac{\sin x_1}{x_1} > \frac{\sin x_2}{x_2},$$
即有
$$\frac{\sin x_1}{\sin x_2} > \frac{x_1}{x_2}.$$

【例 20】 证明不等式 $x\ln\dfrac{1+x}{1-x} + \cos x \ge 1 + \dfrac{x^2}{2} \; (-1<x<1)$.

证明 设 $f(x) = x\ln\dfrac{1+x}{1-x} + \cos x - 1 - \dfrac{x^2}{2}$, 下面证明当 $-1<x<1$ 时, $f(x) \ge 0$. 注意到 $f(x)$ 为偶函数, 只需证明在 $x \ge 0$ 时, $f(x) \ge 0$.

计算导数:
$$f'(x) = \ln\frac{1+x}{1-x} + \frac{2x}{(1-x)(1+x)} - \sin x - x$$
$$= \ln\frac{1+x}{1-x} + \frac{1}{1-x} - \frac{1}{1+x} - \sin x - x,$$
$$f''(x) = \frac{1}{1+x} + \frac{1}{1-x} + \frac{1}{(1-x)^2} + \frac{1}{(1+x)^2} - \cos x - 1,$$

$$f'''(x) = -\frac{1}{(1+x)^2} + \frac{1}{(1-x)^2} + \frac{2}{(1-x)^3} - \frac{2}{(1+x)^3} + \sin x,$$

显然,当 $0<x<1$ 时,$f'''(x)>0$,因此 $f''(x)$ 单调递增.由 $f''(0)=2$ 及 $f''(x)$ 在 $[0,1)$ 上连续可知:当 $x \in [0,1)$ 时,$f''(x) \geq 0$.于是 $f'(x)$ 在 $[0,1)$ 上单增,因此 $f'(x)>f'(0)=0$ ($0<x<1$).进而知 $f(x)$ 在 $[0,1)$ 上单调递增,故 $f(x)>f(0)=0$ ($0<x<1$).所以,当 $x \in (-1,0) \cup (0,1)$ 时 $f(x)>0, f(0)=0$,故

$$x\ln\frac{1+x}{1-x} + \cos x \geq 1 + \frac{x^2}{2}, \quad -1<x<1.$$

【注】 证明中,由于 $f'(x)$ 的符号难以确定,进而求 $f''(x)$,同样原因求了 $f'''(x)$.由 $f'''(x)$ 的符号,向前推导出 $f(x)$ 的符号及最值.

【例21】 对任意实数 x_0 和 x,证明

$$\left|\frac{\sin x - \sin x_0}{x - x_0} - \cos x_0\right| \leq \frac{1}{2}|x - x_0|.$$

思路 由不等式的结构想到微分中值公式.但

$$\left|\frac{\sin x - \sin x_0}{x - x_0} - \cos x_0\right| = |\cos \xi - \cos x_0| = |-\sin \eta||\xi - x_0| \leq |\xi - x_0|$$

达不到要求的精度,要提高精度还要用泰勒公式.

证明 由 $\sin x$ 在 x_0 处的一阶泰勒公式

$$\sin x = \sin x_0 + (\cos x_0)(x - x_0) - \frac{\sin \xi}{2}(x - x_0)^2.$$

ξ 介于 x_0, x 之间,解得

$$\left|\frac{\sin x - \sin x_0}{x - x_0} - \cos x_0\right| = \left|-\frac{\sin \xi}{2}(x - x_0)\right| \leq \frac{1}{2}|x - x_0|.$$

【例22】 证明:当 $0<x<\frac{\pi}{2}$ 时,$\sin x > \frac{2}{\pi}x$.

证法1 利用单调性来证明不等式.

设 $f(x) = \frac{\sin x}{x}\left(0<x<\frac{\pi}{2}\right)$,由上面例19可知:$f(x)$ 在 $\left(0, \frac{\pi}{2}\right)$ 上单调递减.又 $f(x)$ 在 $x = \frac{\pi}{2}$ 处连续,故 $f(x) > f\left(\frac{\pi}{2}\right) = \frac{2}{\pi}$,即

$$\sin x > \frac{2}{\pi}x, \quad x \in \left(0, \frac{\pi}{2}\right).$$

证法2 利用函数的凸性可以证明不等式.

设 $f(x) = \sin x - \frac{2}{\pi}x$,则

$$f'(x) = \cos x - \frac{2}{\pi}, \quad f''(x) = -\sin x < 0 \left(0<x<\frac{\pi}{2}\right).$$

故 $f(x)$ 在区间 $\left[0, \frac{\pi}{2}\right]$ 上是上凸的,其最小值只能在端点处取得.而 $f(0)=0, f\left(\frac{\pi}{2}\right)=0$,故当

$x \in \left(0, \dfrac{\pi}{2}\right)$ 时, $f(x) > 0$, 即有

$$\sin x > \dfrac{2}{\pi} x, \quad x \in \left(0, \dfrac{\pi}{2}\right).$$

证法 3 因 $x \in \left(0, \dfrac{\pi}{2}\right)$ 时, $(\sin x)'' = -\sin x < 0$, $\sin x$ 在 $\left[0, \dfrac{\pi}{2}\right]$ 上是上凸的, 按上凸函数定义, 其弦 $y = \dfrac{2}{\pi} x$ 位于曲线 $y = \sin x$ 下方, 故

$$\sin x > \dfrac{2}{\pi} x, \quad x \in \left(0, \dfrac{\pi}{2}\right).$$

【例 23】 证明: (1) $\dfrac{1}{n+1} < \ln\left(1 + \dfrac{1}{n}\right) < \dfrac{1}{n}$; (2) $\lim\limits_{n \to \infty} \left(\sum\limits_{k=1}^{n} \dfrac{1}{k} - \ln n\right)$ 存在.

思路 要想利用导数证明不等式, 先要把离散变量的不等式连续化, 一种思路是考察一个有关函数的值域界限, 来证明不等式; 另一种思路是考察这个不等式的结构, 想到拉格朗日中值定理.

证明 (1) 离散变量连续化, 将数列不等式问题转化为函数不等式问题.

证法 1 利用函数单调性来证明. 设 $f(x) = \ln\left(1 + \dfrac{1}{x}\right) - \dfrac{1}{x+1}$ $(x \geqslant 1)$, 则

$$f'(x) = \dfrac{-1}{x(x+1)} + \dfrac{1}{(x+1)^2} < 0.$$

因此, 当 $x \geqslant 1$ 时, $f(x)$ 单减. 又因 $\lim\limits_{x \to +\infty} f(x) = 0$, 所以, 当 $x \geqslant 1$ 时, $f(x) > 0$, 即有

$$\ln\left(1 + \dfrac{1}{x}\right) > \dfrac{1}{x+1},$$

特别地, 有

$$\ln\left(1 + \dfrac{1}{n}\right) > \dfrac{1}{n+1}.$$

同法可证不等式的另一部分.

证法 2 利用中值定理. 对函数 $\ln(1+x)$ 在 $[0, x]$ 上用拉格朗日中值定理得

$$\ln(1+x) - \ln 1 = \dfrac{x}{1+\xi}, \quad 0 < \xi < x,$$

故

$$\dfrac{x}{1+x} < \ln(1+x) < x.$$

特别地, 令 $x = \dfrac{1}{n}$ 得

$$\dfrac{1}{n+1} < \ln\left(1 + \dfrac{1}{n}\right) < \dfrac{1}{n}.$$

(2) 利用(1)的结论来证明.

设 $x_n = \sum\limits_{k=1}^{n} \dfrac{1}{k} - \ln n$. 由(1)中左边不等式得

$$x_{n+1}-x_n=\frac{1}{n+1}-\ln\left(1+\frac{1}{n}\right)<0,$$

故数列$\{x_n\}$单调递减.再由(1)中右边不等式得

$$x_n=1+\frac{1}{2}+\cdots+\frac{1}{n}-[\ln 2+(\ln 3-\ln 2)+\cdots+(\ln n-\ln(n-1))]$$

$$=1+\frac{1}{2}+\cdots+\frac{1}{n}-\left[\ln\left(1+\frac{1}{1}\right)+\ln\left(1+\frac{1}{2}\right)+\cdots+\ln\left(1+\frac{1}{n-1}\right)\right]>0,$$

故$\{x_n\}$有下界,根据单调有界准则知,极限$\lim\limits_{n\to\infty}x_n=\lim\limits_{n\to\infty}\left[\sum\limits_{k=1}^{n}\frac{1}{k}-\ln n\right]$存在.

【例 24】 设$f(x)\in C^2$,且$f(x)f''(x)\geqslant 0$,若存在两点$x_1,x_2(x_1<x_2)$,使得$f(x_1)=f(x_2)=0$,证明

$$f(x)=0, \quad \text{当 } x\in[x_1,x_2].$$

证法 1 (反证法)假设在区间(x_1,x_2)内$f(x)\neq 0$,即x_1,x_2是两个相邻的零点,不妨设$x\in(x_1,x_2)$时,$f(x)>0$.由题设条件知$f''(x)\geqslant 0$,故$f(x)$是下凸的.对区间(x_1,x_2)内任何一点x,它可表为

$$x=x_1+\lambda(x_2-x_1)=(1-\lambda)x_1+\lambda x_2, \quad 0<\lambda<1.$$

故由下凸性可知

$$f(x)=f[(1-\lambda)x_1+\lambda x_2]\leqslant(1-\lambda)f(x_1)+\lambda f(x_2)=0,$$

与假设$f(x)>0$矛盾.

同理可证,$f(x)<0$也是不可能的.故当$x\in[x_1,x_2]$时,$f(x)\equiv 0$.

证法 2 由$f(x)f''(x)\geqslant 0$,知

$$[f(x)f'(x)]'=f'^2(x)+f(x)f''(x)\geqslant 0,$$

因此,$f(x)f'(x)$单调不减.在它的两个零点x_1,x_2之间必有$f(x)f'(x)\equiv 0$,由此可见,$[f^2(x)]'\equiv 0$.于是$f^2(x)=C$,又$f(x_1)=0$知,$C=0$.因此,当$x\in[x_1,x_2]$时,$f(x)\equiv 0$.

【例 25】 设$x>0$时,方程$ax+\frac{1}{x^2}=1$只有一个根,求常数a的取值范围.

解 设$f(x)=ax+\frac{1}{x^2}-1$,则$x>0$时,

$$f'(x)=a-\frac{2}{x^3}, \quad f''(x)=\frac{6}{x^4}>0.$$

当$a\leqslant 0$时,$f'(x)<0$,$f(x)$单调下降,又

$$\lim_{x\to 0^+}f(x)=+\infty, \quad \lim_{x\to +\infty}f(x)=\begin{cases}-\infty, & a<0,\\ -1, & a=0.\end{cases}$$

故此时$f(x)$在区间$(0,+\infty)$内有且仅有一个实根.

当$a>0$时,由$f'(x)=0$得唯一驻点$x=\sqrt[3]{\frac{2}{a}}$.由于$f''(x)>0$,所以$f\left(\sqrt[3]{\frac{2}{a}}\right)$为极小值,即最小值,又因为此时

$$\lim_{x\to 0^+}f(x)=+\infty, \quad \lim_{x\to +\infty}f(x)=+\infty.$$

若 $f\left(\sqrt[3]{\dfrac{2}{a}}\right)=0$,即 $a=\dfrac{2}{9}\sqrt{3}$ 时,方程恰有一个实根;若 $f\left(\sqrt[3]{\dfrac{2}{a}}\right)\neq 0$ 时,方程有两个实根或无实根,均不合题意.

总之,方程 $ax+\dfrac{1}{x^2}=1$ 只有一个解时,常数 a 取值范围是
$$\left\{a\,\Big|\,a=\dfrac{2}{9}\sqrt{3}\ \text{或}\ a\leqslant 0\right\}.$$

【注】 对于方程根的存在性问题,通常利用函数的单调性、函数的极值与最值、变化趋势、零点定理、罗尔定理来考察.

【例26】 设 $y=y(x)$ 是由方程 $y^3+xy^2+x^2y+6=0$ 所确定的函数,求 $y=y(x)$ 的极值.

解 将方程两边关于 x 求导,得
$$3y^2y'+y^2+2xyy'+2xy+x^2y'=0, \tag{1}$$
解得
$$y'=-\dfrac{y^2+2xy}{3y^2+2xy+x^2}.$$

令 $y'=0$,得 $y=-2x$. 将其代入隐函数方程,得到 $x=1,y=-2$. 故 $x=1$ 是 $y=y(x)$ 的唯一驻点.

将式(1)两边关于 x 再求导得
$$(3y^2+2xy+x^2)y''+(6y+2x)y'^2+(4y+4x)y'+2y=0$$
将 $x=1,y=-2,y'=0$ 代入上式,得
$$y''\big|_{x=1,y=-2,y'=0}=\dfrac{4}{9}>0.$$

故 $x=1$ 是极值点,且 $x=1$ 处,$y(x)$ 取极小值 $y(1)=-2$.

【注】 隐函数与显函数求极值的基本步骤是一样的,但求驻点时,要把导数等于零的式子与隐函数方程联立才能得到,同时得到相应的函数值.此时,还要验证导数确实存在且为零.

【例27】 确定 a,b 的值,使函数 $f(x)=\dfrac{1}{4}x^4+\dfrac{a}{3}x^3+\dfrac{b}{2}x^2+2x$ 在负半轴($x<0$)上有一个极值点 $x_1=-2$,还有一个驻点 x_2,但 x_2 不是极值点.

解 由于函数 $f(x)$ 是可导的,根据驻点的定义知,x_1,x_2 是 $f'(x)=x^3+ax^2+bx+2$ 的两个零点. 又 x_2 不是极值点,知 $f''(x_2)=0$,故
$$x^3+ax^2+bx+2=(x+2)(x-x_2)^2,$$
比较 x 同次幂系数得
$$\begin{cases}2-2x_2=a,\\ x_2^2-4x_2=b,\\ 2x_2^2=2.\end{cases}$$
由此及 $x_2<0$ 解得,$x_2=-1,a=4,b=5.$

【例 28】 设函数 $y=y(x)$ 是由参数方程 $\begin{cases} x=\dfrac{1}{3}t^3+t+\dfrac{1}{3}, \\ y=\dfrac{1}{3}t^3-t+\dfrac{1}{3} \end{cases}$ 确定,求 $y=y(x)$ 的极值以及曲线 $y=y(x)$ 的凸性区间及拐点.

解
$$y'_x=\frac{y'_t}{x'_t}=\frac{t^2-1}{t^2+1},$$
$$y''_x=\frac{(y_x)'_t}{x'_t}=\left(\frac{t^2-1}{t^2+1}\right)'_t\cdot\frac{1}{t^2+1}=\frac{4t}{(t^2+1)^3}.$$

求解 $y'_x=0$,得 $t=\pm1$. 于是有:$y''_x|_{t=1}>0, y''_x|_{t=-1}<0.$

因此,$t=1$ 时,对应的 $y=-\dfrac{1}{3}$ 是函数 $y(x)$ 的极小值;

当 $t=-1$ 时,对应的 $y=1$ 是函数 $y(x)$ 的极大值.

对于 $y(x)$ 的二阶导数,可以看到:

当 $t=0$,对应 $x=\dfrac{1}{3}$ 时,$y''_x=0$;

当 $t>0$,对应 $x>\dfrac{1}{3}$ 时,$y''_x>0$;

当 $t<0$,对应 $x<\dfrac{1}{3}$ 时,$y''_x<0$.

所以,$\left(\dfrac{1}{3},+\infty\right)$ 是函数 $y(x)$ 的下凸区间,$\left(-\infty,\dfrac{1}{3}\right)$ 是函数 $y(x)$ 的上凸区间,$\left(\dfrac{1}{3},\dfrac{1}{3}\right)$ 是拐点.

【例 29】 试证方程 $|x|^\alpha+|y|^\alpha=a^\alpha(a>0)$ 的图形,当 $\alpha=1$ 时是正方形,当 $\alpha>1$ 时是四段向外凸的闭曲线;当 $\alpha<1$ 时是四段向内凹的闭曲线.

证明 由方程知,曲线关于两个坐标轴对称,且过点 $A(a,0), B(0,a), C(-a,0)$ 和 $D(0,-a)$. 下面仅在第一象限 $(x>0, y>0)$ 内讨论方程的图形.

当 $\alpha=1$ 时,方程 $x+y=a$,图形是过点 A, B 的直线段.

当 $\alpha\neq1$ 时,方程 $x^\alpha+y^\alpha=a^\alpha$ 两边关于 x 求导得
$$\alpha x^{\alpha-1}+\alpha y^{\alpha-1}y'=0, \tag{1}$$
$$y'=-\left(\frac{x}{y}\right)^{\alpha-1}<0,$$

因此,曲线单调下降. 对(1)式两边关于 x 再求导得
$$(\alpha-1)x^{\alpha-2}+(\alpha-1)y^{\alpha-2}(y')^2+y^{\alpha-1}y''=0, \tag{2}$$
$$y''=-\frac{(\alpha-1)[x^{\alpha-2}+y^{\alpha-2}(y')^2]}{y^{\alpha-1}}.$$

当 $\alpha>1$ 时,$y''<0$,曲线上凸;当 $\alpha<1$ 时,$y''>0$,曲线下凸.

总之,方程 $|x|^\alpha+|y|^\alpha=a^\alpha$ 的图形,当 $\alpha=1$ 时,是以 A,B,C,D 为顶点的正方形;当 $\alpha>1$ 时,是过 A,B,C,D 四点向外凸的闭曲线;当 $\alpha<1$ 时,是过 A,B,C,D 四点向内凹的闭曲

线. 如 $\alpha = 2$ 时,图形是圆,$\alpha = \dfrac{2}{3}$ 时,图形是星形线.

4.7 习 题 解 答

4.1

1. 下列函数在指定的区间上是否满足罗尔定理的条件,在区间内是否有点 ξ,使 $f'(\xi) = 0$?

(1) $y = x^3 + 4x^2 - 7x - 10$, $[-1, 2]$;

(2) $y = \ln \sin x$, $\left[\dfrac{\pi}{6}, \dfrac{5\pi}{6}\right]$;

(3) $y = 1 - \sqrt[3]{x^2}$, $[-1, 1]$;

(4) $y = \left|\sin\left(\dfrac{\pi}{2} - x\right)\right|$, $\left[-\dfrac{\pi}{4}, \dfrac{3\pi}{4}\right]$.

解 (1) 函数 $y = x^3 + 4x^2 - 7x - 10$ 在 $[-1, 2]$ 上连续,在区间 $(-1, 2)$ 内可导,且 $y\big|_{x=-1} = y\big|_{x=2} = 0$,故满足罗尔定理条件. 因此, 在区间 $(-1, 2)$ 内有点 ξ, 使 $f'(\xi) = 0$.

(2) $y = \ln \sin x$ 在 $\left[\dfrac{\pi}{6}, \dfrac{5\pi}{6}\right]$ 上连续,在区间 $\left(\dfrac{\pi}{6}, \dfrac{5\pi}{6}\right)$ 内可导,由于 $\sin\dfrac{5\pi}{6} = \sin\left(\pi - \dfrac{\pi}{6}\right) = \sin\dfrac{\pi}{6}$,故 $y\big|_{x=\frac{\pi}{6}} = y\big|_{x=\frac{5\pi}{6}}$,所以 $y = \ln \sin x$ 在 $\left[\dfrac{\pi}{6}, \dfrac{5\pi}{6}\right]$ 上满足罗尔定理条件. 因此,存在 $\xi \in \left(\dfrac{\pi}{6}, \dfrac{5\pi}{6}\right)$, 使 $f'(\xi) = 0$.

(3) 函数 $y = 1 - \sqrt[3]{x^2}$ 在 $x = 0$ 点不可导,因此它在区间 $[-1, 1]$ 上不满足罗尔定理条件. 因 $f'(x) = \dfrac{2}{3\sqrt[3]{x}}$,所以不存在 ξ,使 $f'(\xi) = 0$.

(4) 因 $y = \left|\sin\left(\dfrac{\pi}{2} - x\right)\right| = |\cos x|$ 在 $x = \dfrac{\pi}{2}$ 处导数不存在,所以它在 $\left[-\dfrac{\pi}{4}, \dfrac{3\pi}{4}\right]$ 上不满足罗尔定理条件,但存在 $\xi = 0$ 使 $f'(\xi) = 0$.

2. 试证:对二次函数 $y = px^2 + qx + r$ 应用拉格朗日中值定理时,点 ξ 总是位于区间正中间.

证明 在区间 $[a, b]$ 上对 $y = px^2 + qx + r$ 应用拉格朗日中值定理,有
$$(pb^2 + qb + r) - (pa^2 + qa + r) = (2p\xi + q)(b - a).$$
整理得
$$p(b^2 - a^2) + q(b - a) = (2p\xi + q)(b - a),$$
消去 $b - a$ 及 q 得 $\xi = \dfrac{a+b}{2}$. 这个 $\xi = \dfrac{a+b}{2}$ 是区间 $[a, b]$ 的中点.

3. 设 $f(x) = \begin{cases} 3 - x^2, & 0 \leq x \leq 1 \\ \dfrac{2}{x}, & 1 < x \leq 2 \end{cases}$ 在区间 $[0, 2]$ 上, $f(x)$ 是否满足拉格朗日中值定理的条件,满足等式 $f(2) - f(0) = f'(\xi)(2 - 0)$ 的 ξ 共有几个?

解 由于 $\lim\limits_{x\to 1^-}\dfrac{f(x)-f(1)}{x-1}=\lim\limits_{x\to 1^-}\dfrac{3-x^2-2}{x-1}=\lim\limits_{x\to 1^-}\dfrac{1-x^2}{x-1}=-2,$

$$\lim_{x\to 1^+}\dfrac{f(x)-f(1)}{x-1}=\lim_{x\to 1^+}\dfrac{\dfrac{2}{x}-2}{x-1}=\lim_{x\to 1^+}\dfrac{2-2x}{x(x-1)}=-2,$$

故 $f(x)$ 在 $x=1$ 点可导. 因此, $f(x)$ 在 $[0,2]$ 上满足拉格朗日中值定理条件, 且

$$f'(\xi)=\dfrac{f(2)-f(0)}{2-0}=\dfrac{1-3}{2}=-1.$$

又由

$$f'(x)=\begin{cases}-2x, & 0<x\leq 1,\\ -\dfrac{2}{x^2}, & 1<x<2,\end{cases}$$

则有 $-2\xi=-1$ 与 $-\dfrac{2}{\xi^2}=-1$, 得 $\xi_1=\dfrac{1}{2}, \xi_2=\sqrt{2}$. (故有两个满足等式的 ξ.)

4. 证明多项式 $P(x)=x(x-1)(x-2)(x-3)(x-4)$ 的导函数的根(零点)都是实根, 并指出这些根所在的范围.

证明 $P(x)$ 在 $(-\infty,+\infty)$ 上连续、可导, 且

$$P(0)=P(1)=P(2)=P(3)=P(4)=0,$$

故由罗尔定理知, 存在 $\xi_1\in(0,1), \xi_2\in(1,2), \xi_3\in(2,3), \xi_4\in(3,4)$, 使得

$$P'(\xi_1)=0,\quad P'(\xi_2)=0,\quad P'(\xi_3)=0,\quad P'(\xi_4)=0.$$

又 $P'(x)=0$ 为四次方程, 故其根全为实根.

5. 证明: $x\geq 1$ 时, $\arctan x-\dfrac{1}{2}\arccos\dfrac{2x}{1+x^2}=\dfrac{\pi}{4}$.

证明 记 $f(x)=\arctan x-\dfrac{1}{2}\arccos\dfrac{2x}{1+x^2}$, 于是 $x>1$ 时

$$f'(x)=\dfrac{1}{1+x^2}+\dfrac{1}{2}\dfrac{1}{\sqrt{1-\left(\dfrac{2x}{1+x^2}\right)^2}}\cdot 2\dfrac{1-x^2}{(1+x^2)^2}=\dfrac{1}{1+x^2}-\dfrac{1}{1+x^2}\equiv 0.$$

故 $x>1$ 时, $f(x)=C$ (常数), 又因 $f(x)\in C[1,+\infty)$, 且 $f(1)=\dfrac{\pi}{4}$, 故 $x\geq 1$ 时

$$\arctan x-\dfrac{1}{2}\arccos\dfrac{2x}{1+x^2}=\dfrac{\pi}{4}.$$

6. 证明下列不等式.

(1) $\dfrac{\beta-\alpha}{\cos^2\alpha}\leq\tan\beta-\tan\alpha\leq\dfrac{\beta-\alpha}{\cos^2\beta}$, 当 $0<\alpha<\beta<\dfrac{\pi}{2}$ 时;

(2) $\dfrac{x}{1+x}<\ln(1+x)<x$, 当 $x>0$ 时;

(3) $(x^\alpha+y^\alpha)^{\frac{1}{\alpha}}>(x^\beta+y^\beta)^{\frac{1}{\beta}}$, 当 $x,y>0, \beta>\alpha>0$ 时.

证明 (1) 令 $y=\tan x, x\in[\alpha,\beta]$, 由拉格朗日中值定理, 有

$$\frac{\tan\beta-\tan\alpha}{\beta-\alpha}=\frac{1}{\cos^2\xi},\quad \xi\in(\alpha,\beta).$$

又因

$$\frac{1}{\cos^2\alpha}<\frac{1}{\cos^2\xi}<\frac{1}{\cos^2\beta},$$

故 $\dfrac{\beta-\alpha}{\cos^2\alpha}<\tan\beta-\tan\alpha<\dfrac{\beta-\alpha}{\cos^2\beta}$.

(2) 参见 4.6 例题分析中例 23.

(3) 设 $f(z)=(1+a^z)^{\frac{1}{z}}=\exp\left\{\dfrac{\ln(1+a^z)}{z}\right\}$, 其中 $a>0, z>0$, 则

$$f'(z)=\exp\left\{\frac{\ln(1+a^z)}{z}\right\}\cdot\frac{\dfrac{za^z\ln a}{1+a^z}-\ln(1+a^z)}{z^2}$$

$$=(1+a^z)^{\frac{1}{z}}\cdot\frac{za^z\ln a-(1+a^z)\ln(1+a^z)}{z^2(1+a^z)}<0.$$

因此, $f(z)$ 单调下降. 于是当 $\beta>\alpha>0$ 时,

$$\left(1+\left(\frac{y}{x}\right)^\alpha\right)^{\frac{1}{\alpha}}>\left(1+\left(\frac{y}{x}\right)^\beta\right)^{\frac{1}{\beta}}.$$

即有 $(x^\alpha+y^\alpha)^{\frac{1}{\alpha}}>(x^\beta+y^\beta)^{\frac{1}{\beta}}, x,y>0, \beta>\alpha>0$.

7. 设 $f(x)$ 在 $[a,b]$ 上连续, 在开区间 (a,b) 内可导, $a>0$, 试证存在点 $\xi\in(a,b)$, 使得 $f(b)-f(a)=\xi f'(\xi)\ln\dfrac{b}{a}$.

证明 取 $g(x)=\ln x$, $g(x)$ 在 $[a,b]$ 上连续, 在开区间 (a,b) 内可导, 且 $g'(x)\neq 0$. 对 $f(x), g(x)$ 在 $[a,b]$ 上应用柯西中值定理, 则至少存在一点 $\xi\in(a,b)$, 使

$$\frac{f(b)-f(a)}{\ln b-\ln a}=\frac{f'(\xi)}{\dfrac{1}{\xi}}=\xi f'(\xi),$$

即 $f(b)-f(a)=\xi f'(\xi)\ln\dfrac{b}{a}$.

8. 设 $f(x)$ 在 $[a,b]$ 上连续, 在开区间 (a,b) 内有二阶导数, 联结点 $(a,f(a))$ 和点 $(b,f(b))$ 的直线与曲线 $y=f(x)$ 相交于点 $(c,f(c))$, 其中 $a<c<b$, 试证方程 $f''(x)=0$ 在 (a,b) 内至少有一个实根. 如果将直线换为曲线 $y=g(x)$, 且 $g(x)$ 在 (a,b) 上有二阶导数, 将有什么类似的结论呢?

证明 设

$$F(x)=f(x)-\left[\frac{f(b)-f(a)}{b-a}(x-a)+f(a)\right],$$

则 $F(a)=F(c)=F(b)=0$. 在区间 $[a,c]$ 和 $[c,b]$ 上对 $F(x)$ 分别应用罗尔定理, 则存在 $\xi_1\in(a,c), \xi_2\in(c,b)$, 使得

$$F'(\xi_1)=0,\quad F'(\xi_2)=0.$$

再在 $[\xi_1, \xi_2]$ 上对 $F'(x)$ 应用罗尔定理,有 $\xi \in (\xi_1, \xi_2)$,使 $F''(\xi) = 0$.

又因 $F''(x) = f''(x)$,故有 $f''(\xi) = 0$,即 $x = \xi$ 为 $f''(x) = 0$ 的实根.

若将联结两端点的直线换为曲线 $y = g(x)$ 时,则有结论:方程 $f''(x) = g''(x)$ 在 (a, b) 内至少有一实根.证明如下:

令 $F(x) = f(x) - g(x)$,则 $F(a) = F(c) = F(b) = 0$. 在 $[a, c]$,$[c, b]$ 上分别对 $F(x)$ 应用罗尔定理,则存在 $\xi_1 \in (a, c)$,$\xi_2 \in (c, b)$,使得 $F'(\xi_1) = 0$,$F'(\xi_2) = 0$. 再在 $[\xi_1, \xi_2]$ 上对 $F'(x)$ 应用罗尔定理,至少存在一点 $\xi \in (\xi_1, \xi_2)$,使 $F''(\xi) = 0$,即 $f''(x) = g''(x)$ 在 (a, b) 内至少有一实根.

9. 设 $f'(x)$ 在 $[a, b]$ 上连续,$f''(x)$ 在 (a, b) 内存在,若 $f(a) = f(b) = 0$,且有 $c \in (a, b)$,使 $f(c) < 0$,证明存在点 $\xi \in (a, b)$,使 $f''(\xi) > 0$.

证明 在 $[a, c]$,$[c, b]$ 上分别对 $f(x)$ 应用拉格朗日中值定理,有

$$f'(\xi_1) = \frac{f(c) - f(a)}{c - a} = \frac{f(c)}{c - a} < 0, \quad \xi_1 \in (a, c);$$

$$f'(\xi_2) = \frac{f(b) - f(c)}{b - c} = \frac{-f(c)}{b - c} > 0, \quad \xi_2 \in (c, b).$$

再在 $[\xi_1, \xi_2]$ 上对 $f'(x)$ 应用拉格朗日中值定理,有

$$f''(\xi) = \frac{f'(\xi_2) - f'(\xi_1)}{\xi_2 - \xi_1} > 0, \quad \xi \in (\xi_1, \xi_2).$$

10. 设 $f(x)$,$g(x)$ 在区间 I 上可导,证明在 $f(x)$ 的任意两个零点之间,必有方程 $f'(x) + g'(x)f(x) = 0$ 的实根.

证明 设 $F(x) = f(x) e^{g(x)}$,且 a,b 为 I 中 $f(x)$ 的任意两个零点,于是在以 a,b 为端点的区间上对 $F(x)$ 应用罗尔定理,有

$$F'(\xi) = [f'(\xi) + g'(\xi)f(\xi)] e^{g(\xi)} = 0, \quad \xi \text{ 介于 } a, b \text{ 之间}.$$

又 $e^{g(\xi)} \neq 0$,所以

$$f'(\xi) + g'(\xi)f(\xi) = 0,$$

即 ξ 为 $f'(x) + g'(x)f(x) = 0$ 的实根.

11. 设 $f(x)$ 在区间 $\left[0, \frac{\pi}{2}\right]$ 上可导,且 $f(0)f\left(\frac{\pi}{2}\right) < 0$,证明 $\exists \xi \in \left(0, \frac{\pi}{2}\right)$,使得

$$f'(\xi) = f(\xi) \tan \xi.$$

证明 由于 $f(x)$ 在 $\left[0, \frac{\pi}{2}\right]$ 上连续,且 $f(0)f\left(\frac{\pi}{2}\right) < 0$,由连续函数的介值定理可知,存在 $c \in \left(0, \frac{\pi}{2}\right)$,使 $f(c) = 0$. 令 $F(x) = f(x)\cos x$,在 $\left[c, \frac{\pi}{2}\right]$ 上对 $F(x)$ 应用罗尔定理,则有 $\xi \in \left(c, \frac{\pi}{2}\right) \subset \left(0, \frac{\pi}{2}\right)$,使得

$$F'(x)|_{x=\xi} = [f'(x)\cos x - f(x)\sin x]|_{x=\xi} = f'(\xi)\cos \xi - f(\xi)\sin \xi = 0.$$

即 $f'(\xi) = f(\xi)\tan \xi$,这里 $\cos \xi \neq 0$,$\xi \in \left(c, \frac{\pi}{2}\right) \subset \left(0, \frac{\pi}{2}\right)$.

12. 若有常数 $L>0$,使得

$$|f(x_2)-f(x_1)| \leq L|x_2-x_1|, \quad \forall x_1, x_2 \in I,$$

则说函数 $f(x)$ 在区间 I 上满足利普希茨(Lipschitz)条件,你认为它与 $f(x)$ 在 I 上连续,可导有何关系? 证明你的结论.

证明 若 $f(x)$ 在 I 上满足利普希茨条件,则 $f(x)$ 在 I 上连续,因 $x_2-x_1 \to 0$ 时,有 $f(x_2)-f(x_1) \to 0$. 但反之不成立,例如可验证 $f(x) = \dfrac{1}{x}$ 在区间 $(0,1)$ 上连续,但不满足利普希茨条件.

若 $f'(x)$ 在 I 上有界,则 $f(x)$ 在 I 上满足利普希茨条件.事实上,任取 $x_1, x_2 \in I$,在以 x_1,x_2 为端点的区间上对 $f(x)$ 应用拉格朗日中值定理,有

$$f(x_2)-f(x_1) = f'(\xi)(x_2-x_1), \xi \text{ 介于 } x_1, x_2 \text{ 之间}.$$

又因 $|f'(x)| \leq L$,所以有

$$|f(x_2)-f(x_1)| \leq L|x_2-x_1|.$$

但 $f(x)$ 满足利普希茨条件时,$f(x)$ 不一定可导,例如 $f(x)=|x|$.

13. 确定下列函数的单调区间.

(1) $y=\sqrt{2x-x^2}$; (2) $y=x-e^x$.

解 (1) $y'=\dfrac{1-x}{\sqrt{2x-x^2}}$. 当 $x \in (0,1)$ 时,$y'>0$, 函数单调上升;当 $x \in (1,2)$ 时,$y'<0$, 函数单调下降.

(2) $y'=1-e^x$. 当 $x \in (0,+\infty)$ 时,$y'<0$, 函数单调下降;当 $x \in (-\infty, 0)$ 时,$y'>0$,函数单调上升.

14. 设 $f''(x)>0$, $f(0)<0$, 试证函数 $g(x)=\dfrac{f(x)}{x}$ 分别在区间 $(-\infty, 0)$ 和 $(0,+\infty)$ 内单调增加.

证明 $g'(x)=\dfrac{xf'(x)-f(x)}{x^2}$, 设 $G(x)=xf'(x)-f(x)$, 则 $G'(x)=xf''(x)$. 当 $x<0$ 时,$G'(x)<0$, $G(x)$ 单调下降;当 $x>0$ 时,$G'(x)>0$, $G(x)$ 单调上升.又 $G(0)=-f(0)>0$, 故 $G(x)>0$, 于是 $g'(x)>0$, 即 $g(x)$ 在 $(-\infty, 0)$ 和 $(0,+\infty)$ 内单调增加.

15. 已知 $y=ax^3+bx^2+cx+3$ 单调下降,求 a, b, c 满足的条件.

解 由已知单调下降知: $y'=3ax^2+2bx+c \leq 0$, 故 $a=0, b=0, c<0$ 或者 $a<0$, 且

$$(2b)^2-4(3a)c=4(b^2-3ac) \leq 0.$$

即 a, b, c 满足条件 $a=0, b=0, c<0$ 或者 $a<0, b^2-3ac \leq 0$.

16. 讨论下列方程实根的个数.

(1) $|x|+\sqrt{|x|}-\cos x=0$; (2) $\ln x=ax$ ($a>0$).

解 (1) 令 $f(x)=|x|+\sqrt{|x|}-\cos x$, 则 $f(x)$ 是偶函数,且 $f(0)=-1$. 当 $x>0$ 时,$f'(x)=1+\dfrac{1}{2\sqrt{x}}+\sin x>0$, 所以 $x>0$ 时,$f(x)$ 单调上升,又 $f(1)=2-\cos 1>0$, 由零点存在定理知 $x>0$ 时方程有唯一实根,且在 $(0,1)$ 内由对称性知方程共有两个实根.

(2) 设 $f(x)=\ln x-ax, x>0$, 则

$$f'(x) = \frac{1}{x} - a = \frac{1-ax}{x} \begin{cases} >0, & x<\frac{1}{a}, \\ =0, & x=\frac{1}{a}, \\ <0, & x>\frac{1}{a}. \end{cases}$$

又

$$\lim_{x\to 0^+} f(x) = \lim_{x\to 0^+}(\ln x - ax) = -\infty, \quad \lim_{x\to +\infty} f(x) = \lim_{x\to +\infty} x\left(\frac{\ln x}{x} - a\right) = -\infty,$$

所以 $\max f(x) = f\left(\frac{1}{a}\right) = -\ln(ae)$.

当 $a < \frac{1}{e}$ 时, $f\left(\frac{1}{a}\right) > 0$, 所以在区间 $\left(0, \frac{1}{a}\right)$, $\left(\frac{1}{a}, +\infty\right)$ 内分别有 $f(x) = 0$ 的唯一的根;

当 $a = \frac{1}{e}$ 时, $f\left(\frac{1}{a}\right) = f(e) = 0$, 有一个实根 e;

当 $a > \frac{1}{e}$ 时, $f\left(\frac{1}{a}\right) < 0$, $f(x) < 0$, $f(x) = 0$ 无实根.

17. 设 $f(x)$ 在 $[a, +\infty)$ 上连续, 当 $x > a$ 时, $f'(x) > k > 0$, 其中 k 为常数. 试证若 $f(a) < 0$, 则方程 $f(x) = 0$ 有且仅有一个实根, 请指出这个实根存在的有限区间.

证明 令 $b = a - \frac{f(a)}{k}$, 则 $b - a = -\frac{f(a)}{k} > 0$. 对 $f(x)$ 在 $\left[a, a - \frac{f(a)}{k}\right]$ 上应用拉格朗日中值定理, 有

$$f\left(a - \frac{f(a)}{k}\right) - f(a) = f'(\xi)\left(-\frac{f(a)}{k}\right) > k\left(-\frac{f(a)}{k}\right) = -f(a), \quad \xi \in \left(a, a - \frac{f(a)}{k}\right).$$

因此 $f\left(a - \frac{f(a)}{k}\right) > 0$. 由于 $f(a)f\left(a - \frac{f(a)}{k}\right) < 0$, 于是由零点存在定理知, 存在 $c \in \left(a, a - \frac{f(a)}{k}\right)$, 使得 $f(c) = 0$. 再由 $f'(x) > k > 0$ 知, c 是唯一的实根, 实根存在的区间为 $\left(a, a - \frac{f(a)}{k}\right)$.

18. 设 $f''(x) < 0$, $f(0) = 0$, 证明对任何 $x_1, x_2 > 0$, 有
$$f(x_1 + x_2) < f(x_1) + f(x_2).$$

证明 不妨设 $0 < x_1 < x_2$, 于是在 $[0, x_1]$, $[x_2, x_1 + x_2]$ 上分别对 $f(x)$ 应用拉格朗日中值定理, 则有

$$\frac{f(x_1) - f(0)}{x_1 - 0} = \frac{f(x_1)}{x_1} = f'(\xi_1), \quad 0 < \xi_1 < x_1;$$

$$\frac{f(x_1 + x_2) - f(x_2)}{x_1} = f'(\xi_2), \quad x_2 < \xi_2 < x_1 + x_2.$$

由于 $f''(x) < 0$, 所以有 $f'(\xi_1) > f'(\xi_2)$, 即

$$\frac{f(x_1)}{x_1} > \frac{f(x_1 + x_2) - f(x_2)}{x_1}.$$

又 $x_1 > 0$, 所以有

$$f(x_1+x_2) < f(x_1) + f(x_2).$$

19. 设 $f(x)$ 在闭区间 $[0,1]$ 上连续,在开区间 $(0,1)$ 内可导,且 $f(0)=f(1)=0$, $f\left(\dfrac{1}{2}\right)=1$,试证在开区间 $(0,1)$ 内存在两个不同的点 ξ、η,使

$$f'(\xi) = -1, \quad f'(\eta) = 1.$$

证明 令 $F(x) = f(x) + x - 1$,显然 $F(x) \in C[0,1]$,且在区间 $(0,1)$ 内可导,$F(0) = -1 < 0$, $F\left(\dfrac{1}{2}\right) = \dfrac{1}{2} > 0$,故存在 $c_1 \in \left(0, \dfrac{1}{2}\right)$,使得 $F(c_1) = 0$. 又 $F(1) = 0$,在 $[c_1, 1]$ 上对 $F(x)$ 应用罗尔定理,有 $\xi \in (c_1, 1) \subset (0, 1)$,使

$$F'(x)\big|_{x=\xi} = [f'(x)+1]\big|_{x=\xi} = f'(\xi) + 1 = 0,$$

即 $f'(\xi) = -1$.

又令 $G(x) = f(x) - x$,可见 $G(x) \in C[0,1]$,且在区间 $(0,1)$ 上可导,$G\left(\dfrac{1}{2}\right) = \dfrac{1}{2} > 0$, $G(1) = -1 < 0$,故存在 $c_2 \in \left(\dfrac{1}{2}, 1\right)$,使 $G(c_2) = 0$. 又 $G(0) = 0$,在 $[0, c_2]$ 上对 $G(x)$ 应用罗尔定理,有 $\eta \in (0, c_2) \subset (0, 1)$,使得

$$G'(x)\big|_{x=\eta} = [f'(x)-1]\big|_{x=\eta} = f'(\eta) - 1 = 0, \quad 即 \quad f'(\eta) = 1.$$

20. (达布定理)设 $f(x)$ 在区间 (a,b) 内可微,$x_1, x_2 \in (a,b)$,若 $f'(x_1) \cdot f'(x_2) < 0$. 证明至少存在一点 $\xi \in (x_1, x_2)$,使 $f'(\xi) = 0$. 你能将这一定理作简单推广吗?

证明 由条件知 $f(x) \in C(a,b)$,不妨设 $f'(x_1) < 0$, $f'(x_2) > 0$. 由导数定义知,$f(x_1)$, $f(x_2)$ 都不是 $f(x)$ 在区间 $[x_1, x_2]$ 上的最小值.

事实上,$\lim\limits_{\Delta x \to 0} \dfrac{f(x_1 + \Delta x) - f(x_1)}{\Delta x} = f'(x_1) < 0$,由极限的局部保号性,$\Delta x$ 充分小时有 $\dfrac{f(x_1 + \Delta x) - f(x_1)}{\Delta x} < 0$. 从而,当 $\Delta x > 0$ 充分小时,$f(x_1 + \Delta x) - f(x_1) < 0$,因此 $f(x_1 + \Delta x) < f(x_1)$. 可见 $f(x_1)$ 不是 $f(x)$ 在区间 $[x_1, x_2]$ 上的最小值. 同理可证 $f(x_2)$ 也不是 $f(x)$ 在区间 $[x_1, x_2]$ 上的最小值.

$f(x)$ 在闭区间 $[x_1, x_2]$ 上连续,必有最小值,于是存在 $\xi \in (x_1, x_2)$,使得 $f(\xi)$ 为 $f(x)$ 在 $[x_1, x_2]$ 上的最小值,由罗尔定理证明过程得 $f'(\xi) = 0$.

定理的一个简单推广:

设 $f(x)$ 在区间 (a,b) 内可微,则对介于区间内任意两点 x_1, x_2 的导数值 $f'(x_1), f'(x_2)$ 之间的任何实数 μ,在 x_1, x_2 界定的区间内至少存在一点 ξ,使 $f'(\xi) = \mu$.

证明 不妨设 $f'(x_1) < \mu < f'(x_2)$,设辅助函数

$$F(x) = f(x) - \mu x.$$

则 $F(x)$ 在 (a,b) 内可微,且 $F'(x_1) = f'(x_1) - \mu < 0$, $F'(x_2) = f'(x_2) - \mu > 0$,即有

$$F'(x_1) \cdot F'(x_2) < 0.$$

故至少存在一点 $\xi \in (x_1, x_2)$,使 $F'(\xi) = 0$,于是有 $f'(\xi) = \mu$.

【注】 达布定理是数学上的一个重要结果. 我们知道,闭区间上连续函数有介值性. 达布定理说明在区间上处处可导的函数,它的导函数也有介值性(导函数的介值定理),它不同

于连续函数的介值定理之处在于达布定理并没有要求导函数连续. 由此不难证明:

（1）在区间 I 上处处可导的函数, 它的导函数不会有第一类间断点, 若有间断点必是第二类的. 例如

$$f(x) = \begin{cases} x^2 \sin \dfrac{1}{x}, & x \neq 0, \\ 0, & x = 0. \end{cases}$$

处处可导, 导函数在 $x = 0$ 处是第二类间断点.

（2）如果已知导函数在某区间处处存在且无零点, 则在此区间上导函数要么恒大于零, 要么恒小于零. 函数自然是单调的.

21. 设 $f(x) \in C^2[0,1]$, 且 $f(0) = f(1) = 0$, 证明至少存在一点 $\xi \in (0,1)$, 使

$$f''(\xi) = \frac{2f'(\xi)}{1-\xi}.$$

证明 设 $F(x) = (1-x)f(x)$, 由于 $F(x) \in C^2[0,1]$, 且 $F(0) = F(1) = 0$, 由罗尔定理知, $\exists \eta \in (0,1)$, 使 $F'(\eta) = 0$.

又函数 $F'(x) = (1-x)f'(x) - f(x) \in C^1[0,1]$, $F'(\eta) = 0$, $F'(1) = 0$, 由罗尔定理知, $\exists \xi \in (\eta,1) \subset (0,1)$, 使 $F''(\xi) = (1-\xi)f''(\xi) - 2f'(\xi) = 0$, 即有 $f''(\xi) = \dfrac{2f'(\xi)}{1-\xi}$.

22. 设 $f(x)$ 在闭区间 $[0,1]$ 上可导, 且 $f(0) = 0, f(1) = 1$, 证明在开区间 $(0,1)$ 内存在两个不同的点 ξ, η, 使 $\dfrac{1}{f'(\xi)} + \dfrac{1}{f'(\eta)} = 2$.

证明 因为 $f(x) \in C[0,1]$, 又 $f(0) = 0, f(1) = 1$, 由连续函数介值定理知, $\exists x_0 \in (0,1)$ 使 $f(x_0) = \dfrac{1}{2}$. 在 $[0, x_0], [x_0, 1]$ 上分别对 $f(x)$ 应用拉格朗日中值定理得:

$$\frac{1}{2} = f(x_0) - f(0) = f'(\xi) x_0, \quad \xi \in (0, x_0);$$

$$\frac{1}{2} = f(1) - f(x_0) = f'(\eta)(1 - x_0), \quad \eta \in (x_0, 1).$$

从而有 $\dfrac{1}{f'(\xi)} + \dfrac{1}{f'(\eta)} = 2$.

【注】 本题解题思路是把所要证的式子转化为 $\dfrac{\frac{1}{2}}{f'(\xi)} + \dfrac{\frac{1}{2}}{f'(\eta)} = 1$, 将 $\dfrac{1}{2}$ 视为 $f(x)$ 在两点函数值之差, 只需找个 x_0, 使 $f(x_0) = \dfrac{1}{2}$. 这样 $\dfrac{1}{2} = f(x_0) - f(0)$ 可以用中值定理了.

4.2

1. 求下列极限.

（1）$\lim\limits_{x \to 0} \dfrac{x - \arcsin x}{x^3}$;

（2）$\lim\limits_{x \to +\infty} \dfrac{\ln\left(1 + \dfrac{1}{x}\right)}{\operatorname{arccot} x}$;

(3) $\lim\limits_{x\to 0^+}\dfrac{\ln\tan 7x}{\ln\tan 2x}$; (4) $\lim\limits_{x\to 0^+}\dfrac{\ln(\arcsin x)}{\cot x}$;

(5) $\lim\limits_{x\to -1^+}\dfrac{\sqrt{\pi}-\sqrt{\arccos x}}{\sqrt{1+x}}$; (6) $\lim\limits_{x\to 0}\dfrac{e^x-e^{\sin x}}{x^3}$;

(7) $\lim\limits_{x\to 0}\dfrac{(1+x)^{\frac{1}{x}}-e}{x}$; (8) $\lim\limits_{x\to 0}\dfrac{\ln|\cot x|}{\csc x}$;

(9) $\lim\limits_{x\to 1}(1-x)\tan\dfrac{\pi x}{2}$; (10) $\lim\limits_{x\to +\infty}\ln(1+e^{ax})\ln\left(1+\dfrac{b}{x}\right)$ $(a>0,\ b\neq 0)$;

(11) $\lim\limits_{x\to 1}\left(\dfrac{m}{1-x^m}-\dfrac{n}{1-x^n}\right)$; (12) $\lim\limits_{x\to 1}\left(\dfrac{x}{x-1}-\dfrac{1}{\ln x}\right)$;

(13) $\lim\limits_{x\to 0^+}\left(\dfrac{1}{x}\right)^{\tan x}$; (14) $\lim\limits_{x\to +\infty}(x+e^x)^{\frac{1}{x}}$;

(15) $\lim\limits_{x\to \frac{\pi}{2}^-}(\cos x)^{\frac{\pi}{2}-x}$; (16) $\lim\limits_{x\to 0^+}x^{\frac{1}{\ln(e^x-1)}}$;

(17) $\lim\limits_{n\to +\infty}\left(\cos\dfrac{t}{n}\right)^n$; (18) $\lim\limits_{x\to 0}\left[\dfrac{(1+x)^{\frac{1}{x}}}{e}\right]^{\frac{1}{x}}$.

解 (1) 原式 $=\lim\limits_{x\to 0}\dfrac{1-\dfrac{1}{\sqrt{1-x^2}}}{3x^2}=\dfrac{1}{3}\lim\limits_{x\to 0}\dfrac{\sqrt{1-x^2}-1}{x^2}=\dfrac{1}{3}\lim\limits_{x\to 0}\dfrac{-x^2}{x^2(\sqrt{1-x^2}+1)}=-\dfrac{1}{6}$.

(2) 原式 $=\lim\limits_{x\to +\infty}\dfrac{\dfrac{x}{1+x}\cdot\left(-\dfrac{1}{x^2}\right)}{-\dfrac{1}{1+x^2}}=\lim\limits_{x\to +\infty}\dfrac{1+x^2}{x(1+x)}=1$.

(3) 原式 $=\lim\limits_{x\to 0^+}\dfrac{\tan 2x}{\tan 7x}\dfrac{\sec^2(7x)}{\sec^2(2x)}\cdot\dfrac{7}{2}=1$.

(4) 原式 $=\lim\limits_{x\to 0^+}\dfrac{-\sin^2 x}{\arcsin x\cdot\sqrt{1-x^2}}=\lim\limits_{x\to 0^+}-\dfrac{x^2}{x}=0$.

(5) 原式 $=\lim\limits_{x\to -1^+}\dfrac{\dfrac{1}{\sqrt{\arccos x}}\dfrac{1}{\sqrt{1-x^2}}}{\dfrac{1}{\sqrt{x+1}}}=\lim\limits_{x\to -1^+}\dfrac{1}{\sqrt{\arccos x}\sqrt{1-x}}=\dfrac{1}{\sqrt{2\pi}}$.

(6) 原式 $=\lim\limits_{x\to 0}e^{\sin x}\dfrac{e^{x-\sin x}-1}{x^3}=\lim\limits_{x\to 0}\dfrac{e^{x-\sin x}-1}{x-\sin x}\cdot\dfrac{x-\sin x}{x^3}$

$=\lim\limits_{x\to 0}\dfrac{x-\sin x}{x^3}=\lim\limits_{x\to 0}\dfrac{1-\cos x}{3x^2}=\lim\limits_{x\to 0}\dfrac{\sin x}{6x}=\dfrac{1}{6}$.

(7) 原式 $=\lim\limits_{x\to 0}\dfrac{(1+x)^{\frac{1}{x}}}{1+x}\cdot\dfrac{x-(1+x)\ln(1+x)}{x^2}=e\lim\limits_{x\to 0}\dfrac{-\ln(1+x)}{2x}=-\dfrac{e}{2}$.

（8）原式 $=\lim\limits_{x\to 0}\dfrac{1}{\cot x}\left(-\dfrac{1}{\sin^2 x}\right)\cdot\dfrac{-1}{\cot x\csc x}=\lim\limits_{x\to 0}\dfrac{\sin x}{\cos^2 x}=0.$

（9）原式 $=\lim\limits_{x\to 1}\dfrac{1-x}{\cot\dfrac{\pi x}{2}}=\lim\limits_{x\to 1}\dfrac{-1}{-\dfrac{\pi}{2}\csc^2\dfrac{\pi x}{2}}=\dfrac{2}{\pi}.$

（10）原式 $=\lim\limits_{x\to +\infty}\dfrac{b\ln(1+e^{ax})}{x}=b\lim\limits_{x\to +\infty}\dfrac{ae^{ax}}{1+e^{ax}}=ab\lim\limits_{x\to +\infty}\dfrac{1}{1+e^{-ax}}=ab.$

（11）原式 $=\lim\limits_{x\to 1}\dfrac{m(1-x^n)-n(1-x^m)}{(1-x^m)(1-x^n)}=\lim\limits_{x\to 1}\dfrac{-mnx^{n-1}+nmx^{m-1}}{-mx^{m-1}(1-x^n)-nx^{n-1}(1-x^m)}$

$=\lim\limits_{x\to 1}\dfrac{nm(m-1)x^{m-2}-mn(n-1)x^{n-2}}{-m(m-1)x^{m-2}(1-x^n)+nmx^{n+m-2}-n(n-1)x^{x-2}(1-x^m)+nmx^{n+m-2}}$

$=\dfrac{nm(m-n)}{2nm}=\dfrac{m-n}{2}.$

（12）原式 $=\lim\limits_{x\to 1}\dfrac{x\ln x-x+1}{(x-1)\ln x}=\lim\limits_{x\to 1}\dfrac{\ln x}{\ln x+\dfrac{x-1}{x}}=\lim\limits_{x\to 1}\dfrac{\dfrac{1}{x}}{\dfrac{1}{x}+\dfrac{1}{x^2}}=\dfrac{1}{2}.$

（13）原式 $=\lim\limits_{x\to 0^+}\exp\{-\tan x\cdot\ln x\}=\exp\left\{-\lim\limits_{x\to 0^+}\dfrac{\ln x}{\cot x}\right\}=\exp\left\{\lim\limits_{x\to 0^+}\dfrac{\sin^2 x}{x}\right\}=e^0=1.$

（14）原式 $=\lim\limits_{x\to +\infty}\exp\left\{\dfrac{\ln(x+e^x)}{x}\right\}=\exp\left\{\lim\limits_{x\to +\infty}\dfrac{\ln(x+e^x)}{x}\right\}=\exp\left\{\lim\limits_{x\to +\infty}\dfrac{1+e^x}{x+e^x}\right\}=\exp\left\{\lim\limits_{x\to +\infty}\dfrac{e^x}{1+e^x}\right\}=e.$

（15）原式 $=\lim\limits_{x\to\frac{\pi}{2}^-}\exp\left\{\left(\dfrac{\pi}{2}-x\right)\ln\cos x\right\}=\exp\left\{\lim\limits_{x\to\frac{\pi}{2}^-}\dfrac{\ln\cos x}{\dfrac{1}{\dfrac{\pi}{2}-x}}\right\}$

$=\exp\left\{\lim\limits_{x\to\frac{\pi}{2}^-}\dfrac{-\sin x\cdot\left(\dfrac{\pi}{2}-x\right)^2}{\cos x}\right\}=\exp\left\{-\lim\limits_{x\to\frac{\pi}{2}^-}\dfrac{-2\left(\dfrac{\pi}{2}-x\right)}{-\sin x}\right\}=e^0=1.$

（16）原式 $=\lim\limits_{x\to 0^+}\exp\left\{\dfrac{\ln x}{\ln(e^x-1)}\right\}=\exp\left\{\lim\limits_{x\to 0^+}\dfrac{\ln x}{\ln(e^x-1)}\right\}=\exp\left\{\lim\limits_{x\to 0^+}\dfrac{e^x-1}{xe^x}\right\}=e^1=e.$

（17）原式 $\xlongequal{\frac{t}{n}=x}\lim\limits_{x\to 0}(\cos x)^{\frac{t}{x}}=\lim\limits_{x\to 0}\exp\left\{\dfrac{t\ln\cos x}{x}\right\}=\exp\{t\lim\limits_{x\to 0}-\tan x\}=e^0=1.$

（18）原式 $=\lim\limits_{x\to 0}\exp\left\{\dfrac{\ln(1+x)^{\frac{1}{x}}-1}{x}\right\}=\exp\left\{\lim\limits_{x\to 0}\dfrac{\ln(1+x)^{\frac{1}{x}}-1}{x}\right\}$

$=\exp\left\{\lim\limits_{x\to 0}\dfrac{\ln(1+x)-x}{x^2}\right\}=\exp\left\{\lim\limits_{x\to 0}\dfrac{\dfrac{1}{1+x}-1}{2x}\right\}=\exp\left\{\lim\limits_{x\to 0}-\dfrac{1}{2(1+x)}\right\}=\exp\left\{-\dfrac{1}{2}\right\}.$

2. 验证极限 $\lim\limits_{x\to\infty}\dfrac{x-\sin x}{x+\sin x}$ 存在,但不能用洛必达法则计算.

解 $\lim\limits_{x\to\infty}\dfrac{x-\sin x}{x+\sin x}=\lim\limits_{x\to\infty}\dfrac{1-\dfrac{\sin x}{x}}{1+\dfrac{\sin x}{x}}=1.$ 原有极限是"$\dfrac{\infty}{\infty}$"型未定式,若用洛必达法则,因 $\lim\limits_{x\to+\infty}\dfrac{1-\cos x}{1+\cos x}$ 不存在,故这个未定式极限不能使用洛必达法则.这也表明洛必达法则是极限存在的充分条件.

3. 当 $x\to 0$ 时,$\dfrac{2}{3}(\cos x-\cos 2x)$ 是 x 的几阶无穷小?

解 因 $\lim\limits_{x\to 0}\dfrac{\dfrac{2}{3}(\cos x-\cos 2x)}{x^2}=\dfrac{2}{3}\lim\limits_{x\to 0}\dfrac{2\sin 2x-\sin x}{2x}=\dfrac{2}{3}\left(2-\dfrac{1}{2}\right)=\dfrac{2}{3}\cdot\dfrac{3}{2}=1,$

所以,当 $x\to 0$ 时,$\dfrac{2}{3}(\cos x-\cos 2x)$ 是 x 的二阶无穷小.

4. 若 $\lim\limits_{x\to 0}\dfrac{\tan x-\sin x}{x^p}=\dfrac{1}{2}$,求常数 p.

解 $\dfrac{1}{2}=\lim\limits_{x\to 0}\dfrac{\tan x-\sin x}{x^p}=\lim\limits_{x\to 0}\dfrac{\sin x}{x}\cdot\dfrac{1-\cos x}{x^{p-1}}\cdot\dfrac{1}{\cos x}$

$=\lim\limits_{x\to 0}\dfrac{1-\cos x}{x^{p-1}}=\dfrac{1}{p-1}\lim\limits_{x\to 0}\dfrac{\sin x}{x^{p-2}}.$

显然 $p=3$ 时等式成立.

5. 设函数 $f(x)=\begin{cases}\dfrac{g(x)-\cos x}{x}, & x\neq 0,\\ a, & x=0,\end{cases}$ 其中 $g(x)$ 具有二阶连续导函数,且 $g(0)=1$.

(1) 求 a,使 $f(x)$ 在 $x=0$ 处连续;

(2) 求 $f'(x)$;

(3) 讨论 $f'(x)$ 在 $x=0$ 处的连续性.

解 (1) $a=f(0)=\lim\limits_{x\to 0}f(x)=\lim\limits_{x\to 0}\dfrac{g(x)-\cos x}{x}=\lim\limits_{x\to 0}[g'(x)+\sin x]=g'(0),$ 故 $a=g'(0)$ 时,$f(x)$ 在 $x=0$ 处连续.

(2) 当 $x\neq 0$ 时,$f'(x)=\dfrac{[g'(x)+\sin x]x-[g(x)-\cos x]}{x^2},$ 又

$f'(0)=\lim\limits_{x\to 0}\dfrac{f(x)-f(0)}{x-0}=\lim\limits_{x\to 0}\dfrac{\dfrac{g(x)-\cos x}{x}-g'(0)}{x}$

$=\lim\limits_{x\to 0}\dfrac{g(x)-\cos x-g'(0)x}{x^2}=\lim\limits_{x\to 0}\dfrac{g'(x)+\sin x-g'(0)}{2x}$

$$= \frac{1}{2}\lim_{x\to 0}\left(\frac{g'(x)-g'(0)}{x}+\frac{\sin x}{x}\right)=\frac{1}{2}[g''(0)+1],$$

即

$$f'(x)=\begin{cases} \dfrac{[g'(x)+\sin x]x-[g(x)-\cos x]}{x^2}, & x\neq 0, \\ \dfrac{1}{2}[g''(0)+1], & x=0. \end{cases}$$

(3) 因

$$\lim_{x\to 0}f'(x)=\lim_{x\to 0}\frac{[g'(x)+\sin x]x-[g(x)-\cos x]}{x^2}$$

$$=\lim_{x\to 0}\frac{[g''(x)+\cos x]x+g'(x)+\sin x-[g'(x)+\sin x]}{2x}$$

$$=\frac{1}{2}\lim_{x\to 0}[g''(x)+\cos x]=\frac{1}{2}[g''(0)+1]=f'(0),$$

故 $f'(x)$ 在 $x=0$ 处连续.

6. 设 $f(x)$ 具有二阶导数,当 $x\neq 0$ 时, $f(x)\neq 0$, 且 $\lim_{x\to 0}\dfrac{f(x)}{x}=0$, $f''(0)=4$, 求 $\lim_{x\to 0}\left[1+\dfrac{f(x)}{x}\right]^{\frac{1}{x}}$.

解 由 $\lim_{x\to 0}\dfrac{f(x)}{x}=0$ 及 $f(x)$ 二阶可导知, $f(0)=0$, $f'(0)=0$, 又已知 $f''(0)=4$, 故

$$\lim_{x\to 0}\frac{f(x)}{x^2}=\lim_{x\to 0}\frac{f'(x)}{2x}=\frac{1}{2}\lim_{x\to 0}\frac{f'(x)-f'(0)}{x}=\frac{1}{2}\cdot 4=2.$$

所以

$$\lim_{x\to 0}\left[1+\frac{f(x)}{x}\right]^{\frac{1}{x}}=\lim_{x\to 0}\left[\left(1+\frac{f(x)}{x}\right)^{\frac{x}{f(x)}}\right]^{\frac{f(x)}{x^2}}=e^2.$$

4.3

1. 求下列函数在指定点处的 n 阶泰勒公式.

(1) $f(x)=\dfrac{x}{x-1}, x_0=2$; (2) $f(x)=x^2\ln x, x_0=1$.

解 (1) $f(x)=1+\dfrac{1}{x-1}$, 由于 $\left(\dfrac{1}{x-1}\right)^{(n)}=(-1)^n\dfrac{n!}{(x-1)^{n+1}}$, 所以

$$f(x)=1+1-(x-2)+(x-2)^2-(x-2)^3+\cdots+(-1)^n(x-2)^n+(-1)^{n+1}\frac{(x-2)^{n+1}}{[1+\theta(x-2)]^{n+2}},$$

其中 $0<\theta<1$.

(2) $f^{(n+1)}(x)=\sum_{k=0}^{n+1}C_{n+1}^k(x^2)^{(k)}(\ln x)^{(n+1-k)}$

$$=x^2(\ln x)^{(n+1)}+2(n+1)x(\ln x)^{(n)}+n(n+1)(\ln x)^{(n-1)}$$

$$= x^2 \frac{(-1)^n n!}{x^{n+1}} + 2(n+1)x \frac{(-1)^{n-1}(n-1)!}{x^n} + n(n+1)\frac{(-1)^{n-2}(n-2)!}{x^{n-1}}$$

$$= \left(\frac{1}{n+1} - \frac{2}{n} + \frac{1}{n-1}\right) \frac{(-1)^n (n+1)!}{x^{n-1}}$$

$$= \frac{2}{(n+1)n(n-1)} \frac{(-1)^n (n+1)!}{x^{n-1}}.$$

于是

$$f(x) = f(1) + \frac{f'(1)}{1!}(x-1) + \frac{f''(1)}{2!}(x-1)^2 + \cdots + \frac{f^{(n)}(1)}{n!}(x-1)^n + \frac{f^{(n+1)}(1+\theta(x-1))}{(n+1)!}(x-1)^{n+1}$$

$$= (x-1) + \frac{3}{2}(x-1)^2 + \cdots + \frac{2(-1)^{n-1}}{n(n-1)(n-2)}(x-1)^n$$

$$+ \frac{2(-1)^n}{(n+1)n(n-1)} \frac{1}{[1+\theta(x-1)]^{n-1}}(x-1)^{n+1}, \quad 0<\theta<1.$$

2. 求下列函数的二阶麦克劳林公式.

(1) $f(x) = xe^x$； (2) $f(x) = \tan x$.

解 (1) $f'(x) = (x+1)e^x, f''(x) = (x+2)e^x, f'''(x) = (x+3)e^x$，于是 $f(x) = xe^x$ 的二阶麦克劳林公式为

$$xe^x = x + x^2 + \frac{1}{3!}(3+\theta x)e^{\theta x} \cdot x^3, \quad 0<\theta<1.$$

(2) $f'(x) = \sec^2 x, f''(x) = \frac{2\sin x}{\cos^3 x}, f'''(x) = \frac{2(1+2\sin^2 x)}{\cos^4 x}$，于是 $f(x) = \tan x$ 的二阶麦克劳林公式为

$$\tan x = x + \frac{1+2\sin^2(\theta x)}{3\cos^4(\theta x)}x^3, \quad 0<\theta<1.$$

3. 设 $f(x)$ 有三阶导数，当 $x \to x_0$ 时, $f(x)$ 是 $x-x_0$ 的二阶无穷小，问 $f(x)$ 在 x_0 处的二阶泰勒公式有何特点? 并求 $\lim\limits_{x \to x_0}\dfrac{f(x)}{(x-x_0)^2}$.

解 $f(x)$ 在 $x = x_0$ 处的二阶泰勒公式为

$$f(x) = f(x_0) + f'(x_0)(x-x_0) + \frac{f''(x_0)}{2!}(x-x_0)^2 + o[(x-x_0)^2].$$

又由于假设当 $x \to x_0$ 时, $f(x)$ 是 $x-x_0$ 的二阶无穷小，所以 $f(x_0) = 0, f'(x_0) = 0, f''(x_0) \neq 0$，于是

$$f(x) = \frac{f''(x_0)}{2!}(x-x_0)^2 + o[(x-x_0)^2],$$

且

$$\lim_{x \to x_0}\frac{f(x)}{(x-x_0)^2} = \lim_{x \to x_0}\frac{\frac{f''(x_0)}{2!}(x-x_0)^2 + o[(x-x_0)^2]}{(x-x_0)^2} = \frac{1}{2}f''(x_0).$$

4. 应用三阶泰勒公式求下列各数的近似值，并估计误差.

(1) $\sqrt[3]{30}$; (2) $\sin 18°$.

解 (1) $\sqrt[3]{30} = \sqrt[3]{27+3} = 3\left(1+\dfrac{1}{9}\right)^{\frac{1}{3}}$

$$\approx 3\left[1+\dfrac{1}{3}\cdot\dfrac{1}{9}+\dfrac{\dfrac{1}{3}\left(\dfrac{1}{3}-1\right)}{2!}\left(\dfrac{1}{9}\right)^2+\dfrac{\dfrac{1}{3}\left(\dfrac{1}{3}-1\right)\left(\dfrac{1}{3}-2\right)}{3!}\left(\dfrac{1}{9}\right)^3\right]$$

$$= 3\left[1+\dfrac{1}{27}-\left(\dfrac{1}{9}\right)^3+5\left(\dfrac{1}{9}\right)^5\right] \approx 3.107\ 24.$$

误差为: $3\times\left|\dfrac{f^{(4)}\left(1+\theta\left(\dfrac{1}{9}\right)\right)}{4!}\left(\dfrac{1}{9}\right)^4\right| = 3\times\dfrac{\dfrac{80}{81}\left(\dfrac{1}{9}\right)^4}{4!\left(1+\dfrac{\theta}{9}\right)^{\frac{11}{3}}} < \dfrac{10}{3^{12}} < 1.882\times 10^{-5}$,

其中 $f(x)=x^{\frac{1}{3}}, 0<\theta<1$.

(2) $\sin\dfrac{\pi}{12}=\dfrac{\sqrt{6}-\sqrt{2}}{4}$, $\cos\dfrac{\pi}{12}=\dfrac{\sqrt{6}+\sqrt{2}}{4}$.

$\sin 18° = \sin(15°+3°) = \sin\left(\dfrac{\pi}{12}+\dfrac{\pi}{60}\right)$

$$= \sin\dfrac{\pi}{12}+\cos\dfrac{\pi}{12}\cdot\dfrac{\pi}{60}+\dfrac{-\sin\dfrac{\pi}{12}}{2!}\cdot\left(\dfrac{\pi}{60}\right)^2+\dfrac{-\cos\left(\dfrac{\pi}{12}+\theta\dfrac{\pi}{60}\right)}{3!}\cdot\left(\dfrac{\pi}{60}\right)^3$$

$$\approx \left[1-\dfrac{1}{2!}\left(\dfrac{\pi}{60}\right)^2\right]\sin\dfrac{\pi}{12}+\dfrac{\pi}{60}\cos\dfrac{\pi}{12} \approx 0.309\ 04.$$

误差为

$$\left|\dfrac{f^{(3)}\left(\dfrac{\pi}{12}+\theta\dfrac{\pi}{60}\right)}{3!}\left(\dfrac{\pi}{60}\right)^3\right| = \left|\dfrac{-\cos\left(\dfrac{\pi}{12}+\theta\dfrac{\pi}{60}\right)}{3!}\left(\dfrac{\pi}{60}\right)^3\right| \leq \dfrac{1}{3!}\left(\dfrac{\pi}{60}\right)^3 < 2.4\times 10^{-5}.$$

其中 $0<\theta<1$.

5. 利用泰勒公式求下列极限

(1) $\lim\limits_{x\to 0}\dfrac{e^x\sin x - x(1+x)}{x^3}$; (2) $\lim\limits_{x\to\infty}\left[x-x^2\ln\left(1+\dfrac{1}{x}\right)\right]$.

解 (1) 原式 $=\lim\limits_{x\to 0}\dfrac{\left[1+x+\dfrac{x^2}{2!}+o(x^2)\right]\left[x-\dfrac{x^3}{6}+o(x^4)\right]-x(1+x)}{x^3}$

$$= \lim\limits_{x\to 0}\dfrac{\dfrac{1}{3}x^3+o(x^3)}{x^3} = \dfrac{1}{3}.$$

(2) 原式 $=\lim\limits_{x\to\infty}\left[x-x^2\left(\dfrac{1}{x}-\dfrac{1}{2}\left(\dfrac{1}{x}\right)^2\right)+o\left(\left(\dfrac{1}{x}\right)^2\right)\right] = \lim\limits_{x\to\infty}\left[\dfrac{1}{2}+\dfrac{o\left(\left(\dfrac{1}{x}\right)^2\right)}{\left(\dfrac{1}{x}\right)^2}\right] = \dfrac{1}{2}.$

6. 当 $x\to 0$ 时,下列无穷小是 x 的几阶无穷小,其幂函数形式的主部如何?

(1) $\alpha(x)=\tan x-\sin x$; (2) $\beta(x)=(e^x-1-x)^2$.

解 (1) 由习题解答 4.2 的第 4 题可知,$x\to 0$ 时,$\alpha(x)=\tan x-\sin x$ 是 x 的三阶无穷小,其幂函数形式的主部为 $\frac{1}{2}x^3$.

(2) 由 e^x 的麦克劳林公式

$$e^x=1+x+\frac{x^2}{2!}+o(x^2),$$

可知 $e^x-1-x=\frac{x^2}{2}+o(x^2)$,故 $x\to 0$ 时,$\beta(x)=(e^x-1-x)^2$ 是 x 的四阶无穷小,其幂函数形式的主部为 $\frac{1}{4}x^4$.

7. 确定 a,b,使 $x-(a+b\cos x)\sin x$ 当 $x\to 0$ 时为 x 的五阶无穷小.

解 $x-(a+b\cos x)\sin x=x-\left\{a+b\left[1-\frac{x^2}{2}+\frac{x^4}{24}+o(x^4)\right]\right\}\left[x-\frac{x^3}{6}+\frac{x^5}{120}+o(x^6)\right]$

$$=(1-a-b)x+\frac{a+4b}{6}x^3-\frac{a+16b}{120}x^5+o(x^5).$$

为使 $x\to 0$ 时,它为 x 的五阶无穷小,必须 $\begin{cases}a+b=1,\\ a+4b=0.\end{cases}$ 解得 $a=\frac{4}{3},b=-\frac{1}{3}$,此时

$$\frac{a+16b}{120}=-\frac{1}{30}\neq 0.$$

因此,当 $a=\frac{4}{3},b=-\frac{1}{3}$ 时,$x-(a+b\cos x)\sin x$ 当 $x\to 0$ 时为 x 的五阶无穷小.

8. 设 $f(x)=\dfrac{x}{\sqrt{1+x^2}}$,求 $f^{(4)}(0)$ 和 $f^{(5)}(0)$.

解 因 $(1+x^2)^{-\frac{1}{2}}=1-\frac{1}{2}x^2+\frac{3}{8}x^4+o(x^4)$,所以

$$f(x)=x(1+x^2)^{-\frac{1}{2}}=x-\frac{1}{2}x^3+\frac{3}{8}x^5+o(x^5).$$

于是 $f^{(4)}(0)=0,f^{(5)}(0)=(5!)\cdot\frac{3}{8}=45$.

9. 设 $f(x)$ 在区间 $[a,b]$ 上有二阶导数,$f'(a)=-f'(b)$,证明在区间 (a,b) 内至少存在一点 ξ,使

$$|f''(\xi)|\geq 4\frac{|f(b)-f(a)|}{(b-a)^2}.$$

证明 给出 $f(x)$ 在 $x=a$ 与 $x=b$ 处的一阶泰勒公式

$$f(x)=f(a)+f'(a)(x-a)+\frac{f''(\xi_1^*)}{2}(x-a)^2,$$

$$f(x)=f(b)+f'(b)(x-b)+\frac{f''(\xi_2^*)}{2}(x-b)^2,$$

分别令 $x = \dfrac{a+b}{2}$，代入上两式，得

$$f\left(\dfrac{a+b}{2}\right) = f(a) + f'(a)\dfrac{b-a}{2} + \dfrac{f''(\xi_1^*)}{2}\left(\dfrac{b-a}{2}\right)^2,$$

$$f\left(\dfrac{a+b}{2}\right) = f(b) + f'(b)\dfrac{a-b}{2} + \dfrac{f''(\xi_2^*)}{2}\left(\dfrac{a-b}{2}\right)^2.$$

注意到 $f'(a) = -f'(b)$，以上二式相减，得

$$0 = f(a) - f(b) + \dfrac{(b-a)^2}{4}\left[\dfrac{f''(\xi_1^*)}{2} - \dfrac{f''(\xi_2^*)}{2}\right].$$

于是

$$|f(b)-f(a)| \leqslant \dfrac{(b-a)^2}{4}\left[\dfrac{|f''(\xi_1^*)|}{2} + \dfrac{|f''(\xi_2^*)|}{2}\right] \leqslant \dfrac{(b-a)^2}{4}|f''(\xi)|,$$

其中 $|f''(\xi)| = \max[\,|f''(\xi_1^*)|,\,|f''(\xi_2^*)|\,]$，即有

$$|f''(\xi)| \geqslant 4\dfrac{|f(b)-f(a)|}{(b-a)^2}.$$

10. 已知函数 $f(x)$ 具有三阶导数，且 $\lim\limits_{x \to 0}\dfrac{f(x)}{x^2} = 0$，$f(1) = 0$，试证在区间 $(0,1)$ 内至少存在一点 ξ，使 $f'''(\xi) = 0$.

证明 由 $f(x)$ 具有三阶导数及 $\lim\limits_{x \to 0}\dfrac{f(x)}{x^2} = 0$ 的假设可知，$f(0) = 0$，$f'(0) = 0$，$f''(0) = 0$，所以 $f(x)$ 的二阶麦克劳林公式展开式为

$$f(x) = \dfrac{f'''(\xi_1)}{3!}x^3,\quad \xi_1\text{ 介于 } 0 \text{ 与 } x \text{ 之间}.$$

又因 $f(1) = 0$，上式中令 $x = 1$，代入得：$0 = \dfrac{f'''(\xi)}{3!}$，$0 < \xi < 1$，即 $f'''(\xi) = 0$.

11. 设 $f(x) \in C^2(-1,1)$，且 $f''(x) \neq 0$，试证：(1) 对于 $(-1,1)$ 内任一 $x \neq 0$，存在唯一的 $\theta(x) \in (0,1)$，使

$$f(x) = f(0) + xf'(\theta(x)x) \text{ 成立;}$$

(2) $\lim\limits_{x \to 0}\theta(x) = \dfrac{1}{2}$.

证明 (1) 任给非零 $x \in (-1,1)$，由拉格朗日中值定理得

$$f(x) = f(0) + xf'(\theta(x)x) \quad (0 < \theta(x) < 1).$$

因为 $f''(x)$ 在 $(-1,1)$ 内连续且 $f''(x) \neq 0$，所以 $f''(x)$ 在 $(-1,1)$ 内不变号，不妨设 $f''(x) > 0$，则 $f'(x)$ 在 $(-1,1)$ 内单调递增，故 $\theta(x)$ 唯一.

(2) 对于非零 $x \in (-1,1)$，由拉格朗日中值定理得

$$f(x) = f(0) + xf'(\theta(x)x) \quad (0 < \theta(x) < 1),$$

所以

$$\dfrac{f'(\theta(x)x) - f'(0)}{x} = \dfrac{f(x) - f(0) - f'(0)x}{x^2}.$$

由于
$$\lim_{x\to 0}\frac{f'(\theta(x)x)-f'(0)}{\theta(x)x}=f''(0),$$
$$\lim_{x\to 0}\frac{f(x)-f(0)-f'(0)x}{x^2}=\lim_{x\to 0}\frac{f'(x)-f'(0)}{2x}=\frac{1}{2}f''(0),$$
故 $\lim\limits_{x\to 0}\theta(x)=\dfrac{1}{2}$.

4.4

1. 求下列函数的极值.

(1) $f(x)=2x^3-6x^2-18x+7$; (2) $f(x)=(x-5)^2\sqrt[3]{(x+1)^2}$;

(3) $f(x)=\dfrac{x}{\ln x}$.

解 (1) $f'(x)=6x^2-12x-18=6(x+1)(x-3)$.

x	$(-\infty,-1)$	-1	$(-1,3)$	3	$(3,+\infty)$
$f'(x)$	$+$	0	$-$	0	$+$
$f(x)$	↗	$f(-1)=17$ 极大值	↘	$f(3)=-47$ 极小值	↗

(2) $f'(x)=2(x-5)\sqrt[3]{(x+1)^2}+(x-5)^2\dfrac{2}{3}(x+1)^{-\frac{1}{3}}$

$=\dfrac{2}{3}\dfrac{x-5}{\sqrt[3]{x+1}}[3(x+1)+x-5]=\dfrac{2}{3}\dfrac{(x-5)(4x-2)}{\sqrt[3]{x+1}}$

$=\dfrac{4}{3}\dfrac{(2x-1)(x-5)}{\sqrt[3]{x+1}}.$

x	$(-\infty,-1)$	-1	$\left(-1,\dfrac{1}{2}\right)$	$\dfrac{1}{2}$	$\left(\dfrac{1}{2},5\right)$	5	$(5,+\infty)$
$f'(x)$	$-$	不存在	$+$	0	$-$	0	$+$
$f(x)$	↘	$f(-1)=0$ 极小值	↗	$f\left(\dfrac{1}{2}\right)=\dfrac{81}{8}\sqrt[3]{18}$ 极大值	↘	$f(5)=0$ 极小值	↗

(3) $f(x)=\dfrac{x}{\ln x}$ 的定义域为 $x>0$ 且 $x\neq 1$, $f'(x)=\dfrac{\ln x-1}{\ln^2 x}$.

x	$(0,1)\cup(1,e)$	e	$(e,+\infty)$
$f'(x)$	$-$	0	$+$
$f(x)$	↘	$f(e)=e$, 极小值	↗

2. 问 a 为何值时,函数 $f(x) = a\sin x + \dfrac{1}{3}\sin 3x$ 在 $x = \dfrac{\pi}{3}$ 处取极值,它是极大值还是极小值,并求此极值.

解 由于函数 $f(x)$ 处处可导,要在 $x = \dfrac{\pi}{3}$ 处取得极值,则必有 $f'\left(\dfrac{\pi}{3}\right) = 0$.

由 $f'(x) = a\cos x + \cos 3x$, $f'\left(\dfrac{\pi}{3}\right) = a\cos\dfrac{\pi}{3} + \cos\pi = \dfrac{a}{2} - 1 = 0$,解得 $a = 2$. 所以

$$f(x) = 2\sin x + \dfrac{1}{3}\sin 3x.$$

又

$$f''(x) = -2\sin x - 3\sin 3x,\quad f''\left(\dfrac{\pi}{3}\right) = -2\sin\dfrac{\pi}{3} = -\sqrt{3} < 0.$$

所以 $f\left(\dfrac{\pi}{3}\right) = 2\sin\dfrac{\pi}{3} + \dfrac{1}{3}\sin\pi = \sqrt{3}$ 是极大值.

3. 求函数 $f(x) = \begin{cases} x, & x \leq 0, \\ x\ln x, & x > 0 \end{cases}$ 的极值.

解 $\lim\limits_{x \to 0^+} f(x) = \lim\limits_{x \to 0^+} x\ln x = \lim\limits_{x \to 0^+} \dfrac{\ln x}{\dfrac{1}{x}} = \lim\limits_{x \to 0^+} \dfrac{\dfrac{1}{x}}{-\dfrac{1}{x^2}} = \lim\limits_{x \to 0^+} (-x) = 0.$

$\lim\limits_{x \to 0^-} f(x) = \lim\limits_{x \to 0^-} x = 0 = f(0)$,所以 $f(x)$ 是连续函数.

当 $x > 0$ 时,$f'(x) = (x\ln x)' = \ln x + 1$;当 $x < 0$ 时,$f'(x) = 1 > 0$,所以 $x = 0, x = e^{-1}$ 是极值嫌疑点.

x	$(-\infty, 0)$	0	$(0, e^{-1})$	e^{-1}	$(e^{-1}, +\infty)$
$f'(x)$	$+$	不存在	$-$	0	$+$
$f(x)$	↗	$f(0) = 0$ 极大值	↘	$f(e^{-1}) = -e^{-1}$ 极小值	↗

4. 选择题

(1) 若连续函数 $f(x)$ 在 x_0 处取极大值,则在 x_0 的某领域 $U(x_0)$ 内,必有( ).

(A) $(x - x_0)[f(x) - f(x_0)] \geq 0$ (B) $(x - x_0)[f(x) - f(x_0)] \leq 0$

(C) $\lim\limits_{t \to x_0} \dfrac{f(t) - f(x)}{(t-x)^2} \geq 0 \,(x \neq x_0)$ (D) $\lim\limits_{t \to x_0} \dfrac{f(t) - f(x)}{(t-x)^2} \leq 0 \,(x \neq x_0)$

(2) 设函数 $f(x)$ 连续,且 $\lim\limits_{x \to 0} \dfrac{f(x)}{x^3} = 1$,则( ).

(A) $x = 0$ 不是 $f(x)$ 的驻点 (B) $x = 0$ 是 $f(x)$ 的驻点,但不是极值点

(C) $f(0)$ 是极小值 (D) $f(0)$ 是极大值

解 (1) 选 C.

详细解答过程参见 4.3 节思考与讨论部分第 13 题.

（2）由 $\lim\limits_{x\to 0}\dfrac{f(x)}{x^3}=1$ 可知 $f(0)=0$. 因为

$$f'(0)=\lim_{x\to 0}\dfrac{f(x)-f(0)}{x}=\lim_{x\to 0}\dfrac{f(x)}{x}=\lim_{x\to 0}\dfrac{f(x)}{x^3}x^2=0,$$

所以 $x=0$ 是 $f(x)$ 的驻点.

由极限的保序性知, 在 $x=0$ 的某邻域内 $\dfrac{f(x)-f(0)}{x}>0$, 故

当 $x<0$ 时, $f(x)-f(0)<0$, 即 $f(x)<f(0)$；

当 $x>0$ 时, $f(x)-f(0)>0$, 即 $f(x)>f(0)$.

可见, $f(0)$ 不是极值, $x=0$ 不是极值点.

选择 B.

5. 求下列函数在指定区间上的最大值和最小值.

（1）$y=x+2\sqrt{x}$, $[0,4]$；　　　　　（2）$y=x^x$, $[0.1,1]$.

解　（1）在 $(0,4)$ 内 $y'=1+\dfrac{1}{\sqrt{x}}>0$, 即 $y=x+2\sqrt{x}$ 在 $(0,4)$ 内单调增加, 所以 $y\big|_{x=4}=4+2\sqrt{4}=8$ 是最大值; $y\big|_{x=0}=0$ 为最小值.

（2）$y'=\mathrm{e}^{x\ln x}(1+\ln x)$, 则 $x=\dfrac{1}{\mathrm{e}}$ 为驻点.

在区间 $\left(0.1,\dfrac{1}{\mathrm{e}}\right)$ 内, $y'<0$; 在区间 $\left(\dfrac{1}{\mathrm{e}},1\right)$ 内, $y'>0$, 因而 $y\big|_{x=\frac{1}{\mathrm{e}}}=\mathrm{e}^{-\frac{1}{\mathrm{e}}}$ 为最小值, 而 $y\big|_{x=0.1}=0.1^{0.1}<1=y\big|_{x=1}$, 所以 $y\big|_{x=1}=1$ 为最大值.

6. 求在下列指定区间上函数的值域.

（1）$y=2\tan x-\tan^2 x$, $\left[0,\dfrac{\pi}{2}\right)$；　　　　　（2）$y=\arctan\dfrac{1-x}{1+x}$, $(0,1]$.

解　（1）令 $y'=\dfrac{2}{\cos^2 x}(1-\tan x)=0$, 得唯一驻点 $x=\dfrac{\pi}{4}$. 当 $0\leqslant x<\dfrac{\pi}{4}$ 时, $y'>0$; 当 $\dfrac{\pi}{4}<x<\dfrac{\pi}{2}$ 时, $y'<0$, 所以 $y\big|_{x=\frac{\pi}{4}}=1$ 为最大值, $y(0)=0$, 而 $\lim\limits_{x\to\left(\frac{\pi}{2}\right)^-}y=\lim\limits_{x\to\left(\frac{\pi}{2}\right)^-}\tan x(2-\tan x)=-\infty$, 所以函数的值域为 $(-\infty,1]$.

（2）由于 $y'=\dfrac{\frac{-(1+x)-(1-x)}{(1+x)^2}}{1+\left(\dfrac{1-x}{1+x}\right)^2}=-\dfrac{2}{2+2x^2}=-\dfrac{1}{1+x^2}<0$, 故此函数在区间 $(0,1]$ 内单调递减.

当 $x=1$ 时, $y=\arctan 0=0$, $\lim\limits_{x\to 0^+}\arctan\dfrac{1-x}{1+x}=\arctan 1=\dfrac{\pi}{4}$, 故函数的值域为 $\left[0,\dfrac{\pi}{4}\right)$.

7. 把直径为 d 的圆木锯成截面为矩形的梁 (如图 4.5), 矩形截面的高 h 和宽 b 应如何选取, 才能使梁的抗弯强度最大 (由材料力学知, 这个强度与积 bh^2 成正比)?

解　抗弯强度 $P=kbh^2\,(k>0)$, 又 $d^2=b^2+h^2$, 所以 $P=kd^2b-kb^3$.

令 $P' = kd^2 - 3kb^2 = 0$,得 $b = \dfrac{d}{\sqrt{3}}$.

由于 $P'' = -6kb < 0$,所以 $b = \dfrac{d}{\sqrt{3}}$,$h = \sqrt{\dfrac{2}{3}} d$ 时,抗弯强度最大.

8. 已知轮船运输消耗的燃料与速度的立方成正比.当速度为 10 km/h 时,每小时的燃料费为 80 元,又每小时需其他费用 480 元,问轮船的速度多大时,才能使 20 km 航程的总费用最少? 这时每小时的总费用等于多少?

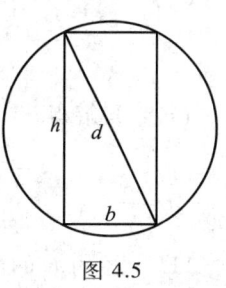

图 4.5

解 设速度为 v km/h 时,20 km 航程的总费用为 F,依题意,燃料价格 $\dfrac{80}{C10^3}$,其中 C 为比例系数.总费用

$$F(v) = \left(Cv^3 \times \dfrac{80}{C10^3} + 480 \right) \times \dfrac{20}{v} = 1.6v^2 + \dfrac{9\,600}{v}.$$

令 $F'(v) = 3.2v - \dfrac{9\,600}{v^2} = \dfrac{3.2v^3 - 9\,600}{v^2} = 0$,得唯一驻点 $v = 10\sqrt[3]{3}$.

当 $v < 10\sqrt[3]{3}$ 时,$F'(v) < 0$;当 $v > 10\sqrt[3]{3}$ 时,$F'(v) > 0$,故 $v = 10\sqrt[3]{3}$ km/h 时,总费用最小.此时每小时的总费用为

$$C(10\sqrt[3]{3})^3 \dfrac{80}{C10^3} + 480 = 720 (\text{元}).$$

9. 在地平面上,以倾角 α,初速度 v_0 斜抛一物体,若忽略空气阻力,问 α 为多大时,能把物体抛得最远?

解 因水平速度 $v_0 \cos \alpha$,铅直速度 $v_0 \sin \alpha - gt$,如图 4.6,当上升到最高点时铅直速度为零,所需时间

$$t = \dfrac{1}{g} v_0 \sin \alpha.$$

所以斜抛物体从抛出到落地所需时间 $\dfrac{2v_0}{g} \sin \alpha$,物体走过的水平距离为

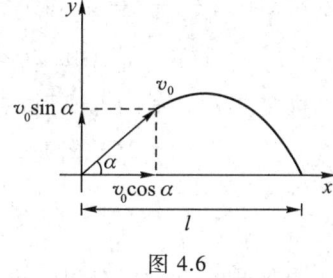

图 4.6

$$x = v_0 \cos \alpha \dfrac{2}{g} v_0 \sin \alpha = \dfrac{v_0^2}{g} \sin 2\alpha.$$

由 $x' = \dfrac{2v_0^2}{g} \cos 2\alpha = 0$,得 $\alpha = \dfrac{\pi}{4}$.又由

$$x'' \big|_{\alpha=\frac{\pi}{4}} = -\dfrac{4v_0^2}{g} \sin 2\alpha \big|_{\alpha=\frac{\pi}{4}} = -\dfrac{4v_0^2}{g} < 0,$$

知 $\alpha = \dfrac{\pi}{4}$ 时,x 最大,即物体抛得最远.

10. 制作一个容积固定的圆柱形有盖大桶,问高 h 及底半径 r 取多大尺寸时,用料最省?

解 圆柱形桶体积 $V = \pi r^2 h$,表面积 $S(r) = 2\pi r^2 + 2\pi rh = 2\pi r^2 + \dfrac{2V}{r}$,于是

$$S'(r) = 4\pi r - \frac{2V}{r^2} = \frac{2(2\pi r^3 - V)}{r^2}.$$

令 $S'(r) = 0$,解得 $r = \sqrt[3]{\frac{V}{2\pi}}$ 是 $S(r)$ 的唯一驻点.因为此实际问题,必有最小值,所以当 $r = \sqrt[3]{\frac{V}{2\pi}}$, $h = \frac{V}{\pi r^2} = 2\sqrt[3]{\frac{V}{2\pi}}$ 时,即圆柱的直径与高相等时用料最省.

11. 半径为 R 的圆上截去中心角为 α 的扇形,余下的部分可卷成一圆锥形漏斗,问 α 取何值时,漏斗的容积最大?

解 设漏斗的高为 h,锥底面半径为 r,则有
$$2\pi R - \alpha R = 2\pi r, \quad h = \sqrt{R^2 - r^2}, \quad V = \frac{1}{3}\pi r^2 h.$$

以上各式对 α 求导得:$-R = 2\pi r'_\alpha$,$h'_\alpha = -\frac{rr'_\alpha}{\sqrt{R^2-r^2}}$,

$$V'_\alpha = \frac{1}{3}\pi(2rr'_\alpha h + r^2 h'_\alpha) = \frac{1}{3}\pi\left(2rr'_\alpha\sqrt{R^2-r^2} - \frac{r^3 r'_\alpha}{\sqrt{R^2-r^2}}\right)$$

$$= \frac{\pi rr'_\alpha}{3\sqrt{R^2-r^2}}[2(R^2-r^2) - r^2] = \frac{\pi}{3}\frac{rr'_\alpha}{\sqrt{R^2-r^2}}(2R^2 - 3r^2).$$

因 $r'_\alpha \neq 0$,所以 $r = \sqrt{\frac{2}{3}}R$,即 $\alpha = \frac{2\pi R - 2\pi r}{R} = 2\pi\left(1 - \sqrt{\frac{2}{3}}\right)$ 是唯一驻点,此时漏斗的容积最大.

12. 用某种仪器测量某零件的长度 n 次,所得的数据(长度)为 $x_1, x_2, \cdots, x_n$.验证:应用表达式 $x = \frac{x_1 + x_2 + \cdots + x_n}{n}$ 算得的长度才能较好地表达该零件的长度,即它使 n 个数据的差的平方和 $(x-x_1)^2 + (x-x_2)^2 + \cdots + (x-x_n)^2$ 最小.

解 设 $f(x) = (x-x_1)^2 + (x-x_2)^2 + \cdots + (x-x_n)^2$,由
$$f'(x) = 2(x-x_1) + 2(x-x_2) + \cdots + 2(x-x_n) = 2[nx - (x_1 + x_2 + \cdots + x_n)] = 0,$$

得 $x = \frac{x_1 + x_2 + \cdots + x_n}{n}$ 是唯一驻点.又 $f''(x) = 2n > 0$,故当取 $x = \frac{x_1 + x_2 + \cdots + x_n}{n}$ 表示该零件长度时,使 n 个数据的差的平方和 $(x-x_1)^2 + (x-x_2)^2 + \cdots + (x-x_n)^2$ 为最小.

13. 证明下列不等式.

(1) $1 + x\ln(x + \sqrt{1+x^2}) > \sqrt{1+x^2}$ $(x>0)$;

(2) $\ln(1+x) \geqslant \frac{\arctan x}{1+x}$ $(x \geqslant 0)$;

(3) $2^{1-p} \leqslant x^p + (1-x)^p \leqslant 1$ $(0 \leqslant x \leqslant 1, p > 1)$;

(4) $e^x \leqslant \frac{1}{1-x}$ $(x<1)$.

证明 (1) 设 $f(x) = 1 + x\ln(x + \sqrt{1+x^2}) - \sqrt{1+x^2}$,则
$$f'(x) = \ln(x + \sqrt{1+x^2}) + \frac{x}{\sqrt{1+x^2}} - \frac{x}{\sqrt{1+x^2}} = \ln(x + \sqrt{1+x^2}) > 0 \, (x>0).$$

又 $f(x)$ 在 $x=0$ 处连续，于是 $f(x)$ 在 $[0,+\infty)$ 内单增. 因而当 $x>0$ 时，有 $f(x)>f(0)=0$，即
$$1+x\ln(x+\sqrt{1+x^2})>\sqrt{1+x^2}.$$

(2) 设 $f(x)=(1+x)\ln(1+x)-\arctan x$，则当 $x>0$ 时，
$$f'(x)=\ln(1+x)+1-\frac{1}{1+x^2}>0,$$
$f(x)$ 单调递增，又 $f(x)$ 在 $x=0$ 处连续，所以 $f(x)>f(0)=0$.

故当 $x\geq 0$ 时有 $(1+x)\ln(1+x)\geq \arctan x$，即 $\ln(1+x)\geq \dfrac{\arctan x}{1+x}$.

(3) 设 $f(x)=x^p+(1-x)^p$，$0<x<1$，则 $f'(x)=px^{p-1}-p(1-x)^{p-1}$.

令 $f'(x)=0$，得 $x^{p-1}=(1-x)^{p-1}$，从而 $x=1-x$，即 $x=\dfrac{1}{2}$.

而 $f(0)=1$，$f(1)=1$，$f\left(\dfrac{1}{2}\right)=\left(\dfrac{1}{2}\right)^p+\left(1-\dfrac{1}{2}\right)^p=\dfrac{1}{2^{p-1}}$.

所以，$f(x)$ 在 $[0,1]$ 上的最大值是 1，最小值是 $\dfrac{1}{2^{p-1}}$.

于是，当 $0\leq x\leq 1$，$p>1$ 时，有 $2^{1-p}\leq x^p+(1-x)^p\leq 1$.

(4) 设 $f(x)=(1-x)e^x$，则 $f'(x)=-e^x+(1-x)e^x=-xe^x$，可见 $x=0$ 是唯一驻点.

又 $f''(x)=-(1+x)e^x\big|_{x=0}=-1<0$，所以 $f(0)=1$ 是极大值，也是最大值. 于是，当 $x<1$ 时，$(1-x)e^x\leq 1$，即 $e^x\leq \dfrac{1}{1-x}$.

14. 设 $\alpha>\beta>e$，证明不等式：$\beta^\alpha>\alpha^\beta$.

证明 设 $f(x)=x\ln \beta-\beta\ln x$，$e<\beta<x$，则 $f'(x)=\ln\beta-\dfrac{\beta}{x}>1-\dfrac{\beta}{x}>0$，所以 $f(x)>f(\beta)=0$，即 $x\ln\beta>\beta\ln x$，也即 $\beta^x>x^\beta$. 取 $x=\alpha$，即可得 $\beta^\alpha>\alpha^\beta$.

15. 有一质量为 m 的物体放在水平桌面上，用力使它沿桌面由静止开始移动. 已知物体与桌面间的摩擦系数 $\mu=0.4$，问力与桌面间的角度为何值时所用的力最小？

解 设力的大小为 F，则水平方向上的分力 $F_x=F\cos\theta$，垂直方向上的分力 $F_y=F\sin\theta$，物体能从静止开始运动应有：$F\cos\theta=0.4(mg-F\sin\theta)$，故（目标函数）
$$F=\frac{0.4mg}{\cos\theta+0.4\sin\theta}, \quad 0\leq\theta\leq\frac{\pi}{2}.$$

求 F 的最小值点等价于求 $\varphi(\theta)=\cos\theta+0.4\sin\theta$ 在 $\left[0,\dfrac{\pi}{2}\right]$ 上的最大值点.

由 $\varphi'(\theta)=-\sin\theta+0.4\cos\theta=0$，解得 $\varphi(\theta)$ 的唯一驻点 $\theta=\arctan 0.4$. 又 $\varphi''(\theta)=-\cos\theta-0.4\sin\theta<0$，因而 $\theta=\arctan 0.4$ 是 $\varphi(\theta)$ 的最大值点，也是力 F 取最小值的角度.

4.5

1. 求下列曲线的凸向区间及拐点.

(1) $y=1+x^2-\dfrac{1}{2}x^4$；

(2) $y=\ln(1+x^2)$；

(3) $y = \begin{cases} \ln x - x, & x \geq 1, \\ x^2 - 2x, & x < 1; \end{cases}$ (4) $y = x|x|$.

解 (1) $y' = 2x - 2x^3, y'' = 2 - 6x^2 = 2(1 - 3x^2)$.

x	$\left(-\infty, -\frac{\sqrt{3}}{3}\right)$	$-\frac{\sqrt{3}}{3}$	$\left(-\frac{\sqrt{3}}{3}, \frac{\sqrt{3}}{3}\right)$	$\frac{\sqrt{3}}{3}$	$\left(\frac{\sqrt{3}}{3}, +\infty\right)$
y''	$-$	0	$+$	0	$-$
y	上凸	$\left(-\frac{\sqrt{3}}{3}, \frac{23}{18}\right)$ 拐点	下凸	$\left(\frac{\sqrt{3}}{3}, \frac{23}{18}\right)$ 拐点	上凸

上凸区间: $\left(-\infty, -\frac{\sqrt{3}}{3}\right), \left(\frac{\sqrt{3}}{3}, +\infty\right)$; 下凸区间: $\left(-\frac{\sqrt{3}}{3}, \frac{\sqrt{3}}{3}\right)$;

拐点: $\left(-\frac{\sqrt{3}}{3}, \frac{23}{18}\right), \left(\frac{\sqrt{3}}{3}, \frac{23}{18}\right)$.

(2) $y' = \frac{2x}{1+x^2}, y'' = \frac{2(1+x^2) - 4x^2}{(1+x^2)^2} = \frac{2(1-x^2)}{(1+x^2)^2}$.

x	$(-\infty, -1)$	-1	$(-1, 1)$	1	$(1, +\infty)$
y''	$-$	0	$+$	0	$-$
y	上凸	$(-1, \ln 2)$ 拐点	下凸	$(1, \ln 2)$ 拐点	上凸

上凸区间: $(-\infty, -1), (1, +\infty)$; 下凸区间: $(-1, 1)$; 拐点: $(-1, \ln 2), (1, \ln 2)$.

(3) 在 $x=1$ 处该函数连续,当 $x>1$ 时, $y' = \frac{1}{x} - 1, y'' = -\frac{1}{x^2} < 0$, 即在 $(1, +\infty)$ 内是上凸的; 当 $x<1$ 时, $y' = 2x - 2, y'' = 2 > 0$, 即在 $(-\infty, 1)$ 内是下凸的. 因此, 上凸区间为 $(1, +\infty)$, 下凸区间为 $(-\infty, 1)$, 拐点为 $(1, -1)$.

(4) $y = x|x| = \begin{cases} x^2, & x \geq 0, \\ -x^2, & x < 0. \end{cases}$ 显然此函数在 $x=0$ 处连续, 当 $x>0$ 时, $y'' = 2 > 0$; 当 $x<0$ 时, $y'' = -2 < 0$. 故上凸区间为 $(-\infty, 0)$, 下凸区间为 $(0, +\infty)$, 拐点为 $(0, 0)$.

2. 求曲线 $\begin{cases} x = t^2, \\ y = 3t + t^3 \end{cases}$ 的拐点.

解 $y'_x = \frac{y'_t}{x'_t} = \frac{3 + 3t^2}{2t} = \frac{3}{2}\left(\frac{1}{t} + t\right), y''_x = \frac{(y'_x)'_t}{x'_t} = \frac{\frac{3}{2}\left(-\frac{1}{t^2} + 1\right)}{2t} = \frac{3}{4t^3}(t^2 - 1)$.

当 $t = \pm 1$ 时, $x = 1$, $y''_x = 0$;

当 $t = 0$ 时, y''_x 不存在;

当 $0 < t < 1$ 时, $0 < x < 1$, $y''_x < 0$;

当 $t > 1$ 时, $x > 1$, $y''_x > 0$, 所以, 当 $t = 1$ (此时 $x = 1, y = 4$) 时, 即点 $(1, 4)$ 为拐点.

当 $-1 < t < 0$ 时, $0 < x < 1$, $y''_x > 0$; 当 $t < -1$ 时, $x > 1$, $y''_x < 0$, 所以, 当 $t = -1$ (此时 $x = 1, y = -4$), 即

$(1,-4)$ 是拐点.

（注：当 $t=0$ 时, $(0,0)$ 是 $y=y(x)$ 的端点, 即 $(0,0)$ 点不是拐点.）

3. 问 a 及 b 为何值时, 点 $(1,3)$ 为曲线 $y=ax^3+bx^2$ 的拐点.

解 $y'=3ax^2+2bx, y''=6ax+2b$, 则由

$$\begin{cases} a+b=3 \\ 6a+2b=0 \end{cases},$$

解得 $a=-\dfrac{3}{2}$, $b=\dfrac{9}{2}$. 于是 $y''=-9x+9=9(1-x)$.

当 $x>1$ 时, $y''<0$; 当 $x<1$ 时, $y''>0$, 所以当 $a=-\dfrac{3}{2}, b=\dfrac{9}{2}$ 时, 点 $(1,3)$ 是 $y=ax^3+bx^2$ 的拐点.

4. 设 $y=f(x)$ 在点 x_0 的某邻域内具有三阶连续导数, 且 $f'(x_0)=f''(x_0)=0$, 而 $f'''(x_0)\ne 0$, 试问 x_0 点是否为极值点？为什么？又 $(x_0,f(x_0))$ 是否为拐点？为什么？推广一下, 猜想有什么一般的结论.

解 因 $f'''(x)$ 在 x_0 的某邻域内连续, 且 $f'''(x_0)\ne 0$, 不妨设 $f'''(x_0)>0$, 则存在充分小的 $\delta>0$, 使在 $(x_0-\delta,x_0+\delta)$ 内, $f'''(x)>0$. 对 $f'(x)$ 在 x_0 处泰勒展开, 得

$$f'(x)=\dfrac{1}{2!}f'''(\xi_1)(x-x_0)^2, \quad \text{其中 } \xi_1 \text{ 介于 } x \text{ 与 } x_0 \text{ 之间}.$$

于是当 $x\ne x_0$ 时, $f'(x)>0$, 即 $f(x)$ 在 $(x_0-\delta,x_0+\delta)$ 是单调增加的, 所以 x_0 点不是极值点.

对 $f''(x)$ 用泰勒公式得

$$f''(x)=f'''(\xi_2)(x-x_0), \quad \text{其中 } \xi_2 \text{ 介于 } x \text{ 与 } x_0 \text{ 之间}.$$

于是当 $x_0-\delta<x<x_0$ 时, $f''(x)<0$; 当 $x_0<x<x_0+\delta$ 时, $f''(x)>0$, 所以 $(x_0,f(x_0))$ 是拐点.

若函数 $f(x)$ 在点 x_0 某邻域内具有 n 阶导数, 且 $f'(x_0)=f''(x_0)=\cdots=f^{(n-1)}(x_0)=0$, 而 $f^{(n)}(x_0)\ne 0$, 则当 n 为奇数时, x_0 点不是极值点, 而 $(x_0,f(x_0))$ 为拐点. 相反, 当 n 为偶数时, x_0 是极值点, 而 $(x_0,f(x_0))$ 不是拐点, 并且 $f^{(n)}(x_0)>0$ 时, $f(x_0)$ 为极小值, $f^{(n)}(x_0)<0$ 时, $f(x_0)$ 为极大值.

5. 选择题.

设函数 $f(x)$ 满足方程 $f''+f'^2=x$, 且 $f'(0)=0$, 则（ ）.

(A) $f(0)$ 为 $f(x)$ 的极大值

(B) $f(0)$ 为 $f(x)$ 的极小值

(C) $(0,f(0))$ 是曲线 $y=f(x)$ 的拐点

(D) $f(0)$ 不是 $f(x)$ 的极值, $(0,f(0))$ 也不是曲线 $y=f(x)$ 的拐点

解 由 $f''+f'^2=x$, 得 $f''=x-f'^2$, $f'''=1-2f'f''$. 因此,

$$f''(0)=0-[f'(0)]^2=0, \quad f'''(0)=1-2f'(0)f''(0)=1.$$

由本节第 4 题结论易知 $f(0)$ 不是极值, $(0,f(0))$ 为拐点. 故选 C.

6. 设 $f(x),g(x)$ 都是区间 I 上的下凸函数, 证明:

(1) $-f(x)$ 是 I 上的上凸函数;

(2) $af(x)+bg(x)$ $(a,b>0)$, 是 I 上的下凸函数.

证明 (1) 由于 $f(x)$ 是区间 I 上的下凸函数, 因此对 $\forall x_1,x_2\in I, \forall \lambda_1,\lambda_2\in[0,1]$, 且

$\lambda_1 + \lambda_2 = 1$,有
$$\lambda_1 f(x_1) + \lambda_2 f(x_2) \geq f(\lambda_1 x_1 + \lambda_2 x_2).$$
于是 $-\lambda_1 f(x_1) - \lambda_2 f(x_2) \leq -f(\lambda_1 x_1 + \lambda_2 x_2)$,即
$$\lambda_1(-f(x_1)) + \lambda_2(-f(x_2)) \leq -f(\lambda_1 x_1 + \lambda_2 x_2).$$
由定义知,$-f(x)$ 为上凸函数.

(2) 由于 $g(x)$ 是区间 I 上的下凸函数,因而有:
$$\lambda_1 g(x_1) + \lambda_2 g(x_2) \geq g(\lambda_1 x_1 + \lambda_2 x_2).$$
所以
$$\lambda_1(af(x_1) + bg(x_1)) + \lambda_2(af(x_2) + bg(x_2))$$
$$= a(\lambda_1 f(x_1) + \lambda_2 f(x_2)) + b(\lambda_1 g(x_1) + \lambda_2 g(x_2))$$
$$\geq af(\lambda_1 x_1 + \lambda_2 x_2) + bg(\lambda_1 x_1 + \lambda_2 x_2).$$
由定义知,$af(x) + bg(x)$ 为下凸函数.

7. 利用凸性,证明下列不等式.

(1) $e^x + e^y > 2e^{\frac{x+y}{2}}$ ($x \neq y$);

(2) $x\ln x \geq (x+1)\ln\dfrac{x+1}{2}$ ($x > 0$);

(3) $\ln x \leq x - 1$.

证明 (1) 设 $f(x) = e^x$,则 $f'(x) = e^x$,$f''(x) = e^x > 0$,所以 $f(x)$ 是下凸函数.
由定义知,
$$\frac{1}{2}f(x) + \frac{1}{2}f(y) > f\left(\frac{1}{2}x + \frac{1}{2}y\right), \quad x \neq y.$$
即 $e^x + e^y > 2e^{\frac{x+y}{2}}$.

(2) 设 $f(x) = x\ln x$,$f'(x) = \ln x + 1$,$f''(x) = \dfrac{1}{x} > 0$ ($x > 0$). 所以 $f(x)$ 是下凸函数.由定义可得
$$\frac{1}{2}f(x) + \frac{1}{2}f(1) \geq f\left(\frac{1}{2}x + \frac{1}{2} \cdot 1\right),$$
即 $\dfrac{1}{2}x\ln x + \dfrac{1}{2}\ln 1 \geq \dfrac{x+1}{2}\ln\dfrac{x+1}{2}$,又即
$$x\ln x \geq (x+1)\ln\frac{x+1}{2}.$$

(3) 令 $y = \ln x$,$y' = \dfrac{1}{x}$,$y'' = -\dfrac{1}{x^2} < 0$ ($x > 0$),所以曲线 $y = \ln x$ 为上凸的,它的图形位于曲线上每一点处切线的下方.易知曲线 $y = \ln x$ 上点 $(1, 0)$ 处的切线方程为 $y = x - 1$,如图 4.7 所示,所以 $\ln x \leq x - 1$.

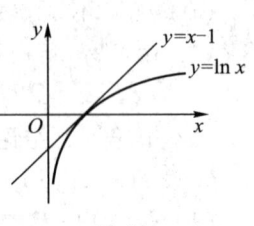

图 4.7

8. 设 $f(x)$ 在 $[a, b]$ 上是下凸函数.证明:对 $\forall x_1, \cdots, x_n \in [a, b]$,$\forall \lambda_1, \cdots, \lambda_n \in [0, 1]$,只要 $\lambda_1 + \cdots + \lambda_n = 1$,就有不等式
$$f(\lambda_1 x_1 + \cdots + \lambda_n x_n) \leq \lambda_1 f(x_1) + \cdots + \lambda_n f(x_n)$$
成立(称为延森(Jensen)不等式).

证明 用数学归纳法.首先由定义,因为 $f(x)$ 为下凸函数,所以 $\forall x_1, x_2 \in [a, b]$, $\forall \alpha_1, \alpha_2 \in [0, 1]$,只要 $\alpha_1 + \alpha_2 = 1$,就有不等式
$$f(\alpha_1 x_1 + \alpha_2 x_2) \leq \alpha_1 f(x_1) + \alpha_2 f(x_2).$$

假设 $n=k$ 时,结论成立,即 $\forall x_1, x_2, \cdots, x_k \in [a, b]$, $\forall \mu_1, \cdots, \mu_k \in [0, 1]$,只要 $\mu_1 + \cdots + \mu_k = 1$,就有不等式
$$f(\mu_1 x_1 + \cdots + \mu_k x_k) \leq \mu_1 f(x_1) + \cdots + \mu_k f(x_k).$$

需证 $n=k+1$ 时,结论成立. $\forall x_1, x_2, \cdots, x_{k+1} \in [a, b]$, $\forall \lambda_1, \lambda_2, \cdots, \lambda_{k+1} \in [0, 1]$,其中 $\lambda_1 + \lambda_2 + \cdots + \lambda_k + \lambda_{k+1} = 1$, $\lambda_{k+1} < 1$,

$$\begin{aligned} &f(\lambda_1 x_1 + \lambda_2 x_2 + \cdots + \lambda_k x_k + \lambda_{k+1} x_{k+1}) \\ &= f\left((1-\lambda_{k+1}) \frac{\lambda_1 x_1 + \lambda_2 x_2 + \cdots + \lambda_k x_k}{1-\lambda_{k+1}} + \lambda_{k+1} x_{k+1} \right) \\ &\stackrel{\text{定义}}{\leq} (1-\lambda_{k+1}) f\left(\frac{\lambda_1 x_1 + \lambda_2 x_2 + \cdots + \lambda_k x_k}{1-\lambda_{k+1}} \right) + \lambda_{k+1} f(x_{k+1}) \\ &= (1-\lambda_{k+1}) f\left(\frac{\lambda_1}{1-\lambda_{k+1}} x_1 + \frac{\lambda_2}{1-\lambda_{k+1}} x_2 + \cdots + \frac{\lambda_k}{1-\lambda_{k+1}} x_k \right) + \lambda_{k+1} f(x_{k+1}) \\ &\stackrel{\text{假设}}{\leq} (1-\lambda_{k+1}) \left[\frac{\lambda_1}{1-\lambda_{k+1}} f(x_1) + \frac{\lambda_2}{1-\lambda_{k+1}} f(x_2) + \cdots + \frac{\lambda_k}{1-\lambda_{k+1}} f(x_k) \right] + \lambda_{k+1} f(x_{k+1}) \\ &= \lambda_1 f(x_1) + \lambda_2 f(x_2) + \cdots + \lambda_k f(x_k) + \lambda_{k+1} f(x_{k+1}). \end{aligned}$$

由数学归纳法,结论成立.

9. 证明 $f(x) = -\ln x$ 在 $(0, +\infty)$ 上是下凸函数.进一步证明:当 $x_i > 0$, $\lambda_i \geq 0$ ($i = 1, 2, \cdots, n$),且 $\sum_{i=1}^{n} \lambda_i = 1$ 时,有

(1) $\lambda_1 x_1 + \lambda_2 x_2 + \cdots + \lambda_n x_n \geq x_1^{\lambda_1} x_2^{\lambda_2} \cdots x_n^{\lambda_n}$;

(2) $\dfrac{x_1 + x_2 + \cdots + x_n}{n} \geq \sqrt[n]{x_1 x_2 \cdots x_n}$.

证明 $f'(x) = -\dfrac{1}{x}$, $f''(x) = \dfrac{1}{x^2} > 0$,所以 $f(x)$ 是下凸函数.

(1) 由 8 题结论可知
$$-\ln(\lambda_1 x_1 + \lambda_2 x_2 + \cdots + \lambda_n x_n) \leq \lambda_1(-\ln x_1) + \lambda_2(-\ln x_2) + \cdots + \lambda_n(-\ln x_n)$$
$$= -(\lambda_1 \ln x_1 + \lambda_2 \ln x_2 + \cdots + \lambda_n \ln x_n),$$

即
$$\ln(\lambda_1 x_1 + \lambda_2 x_2 + \cdots + \lambda_n x_n) \geq \ln x_1^{\lambda_1} + \ln x_2^{\lambda_2} + \cdots + \ln x_n^{\lambda_n}$$
$$= \ln(x_1^{\lambda_1} x_2^{\lambda_2} \cdots x_n^{\lambda_n}),$$

因此 $\lambda_1 x_1 + \lambda_2 x_2 + \cdots + \lambda_n x_n \geq x_1^{\lambda_1} x_2^{\lambda_2} \cdots x_n^{\lambda_n}$.

(2) 令 (1) 中 $\lambda_1 = \lambda_2 = \cdots = \lambda_n = \dfrac{1}{n}$,则有
$$\frac{x_1 + x_2 + \cdots + x_n}{n} \geq \sqrt[n]{x_1 x_2 \cdots x_n}.$$

10. 求下列曲线的渐近线.

(1) $y = \dfrac{a}{(x-b)^2} + c$ $(a \neq 0)$; (2) $y = x + \dfrac{1}{x}\ln x$;

(3) $y^2(x^2+1) = x^2(x^2-1)$; (4) $y = x\ln\left(e + \dfrac{1}{x}\right)$.

解 （1）由 $\lim\limits_{x \to b} y = \lim\limits_{x \to b}\left[\dfrac{a}{(x-b)^2} + c\right] = \infty$, 知 $x = b$ 是铅直渐近线.

由 $\lim\limits_{x \to \infty}\left[\dfrac{a}{(x-b)^2} + c\right] = c$, 知 $y = c$ 是水平渐近线.

（2）由 $\lim\limits_{x \to 0^+} y = \lim\limits_{x \to 0^+}\left[x + \dfrac{1}{x}\ln x\right] = -\infty$, 知 $x = 0$ 是铅直渐近线, 又由

$$a = \lim\limits_{x \to +\infty}\dfrac{y}{x} = \lim\limits_{x \to +\infty}\left(1 + \dfrac{1}{x^2}\ln x\right) = 1, \quad b = \lim\limits_{x \to +\infty}(y - ax) = \lim\limits_{x \to +\infty}\dfrac{\ln x}{x} = 0,$$

知 $y = x$ 是斜渐近线.

（3）曲线 $y^2(x^2+1) = x^2(x^2-1)$ 是由两条曲线 $y = x\sqrt{\dfrac{x^2-1}{x^2+1}}$ 与 $y = -x\sqrt{\dfrac{x^2-1}{x^2+1}}$ 组成的. 对于 $y = x\sqrt{\dfrac{x^2-1}{x^2+1}}$, 因

$$a = \lim\limits_{x \to \infty}\dfrac{y}{x} = \lim\limits_{x \to \infty}\sqrt{\dfrac{x^2-1}{x^2+1}} = \lim\limits_{x \to \infty}\sqrt{\dfrac{1 - \dfrac{1}{x^2}}{1 + \dfrac{1}{x^2}}} = 1,$$

$$b = \lim\limits_{x \to \infty}(y - ax) = \lim\limits_{x \to \infty}\left(x\sqrt{\dfrac{x^2-1}{x^2+1}} - x\right) = \lim\limits_{x \to \infty}\dfrac{x}{\sqrt{x^2+1}}(\sqrt{x^2-1} - \sqrt{x^2+1})$$

$$= \lim\limits_{x \to \infty}\dfrac{x}{\sqrt{x^2+1}}\dfrac{-2}{\sqrt{x^2-1} + \sqrt{x^2+1}} = 0,$$

所以, $y = x$ 是 $y = x\sqrt{\dfrac{x^2-1}{x^2+1}}$ 的斜渐近线.

类似可求 $y = -x$ 是 $y = -x\sqrt{\dfrac{x^2-1}{x^2+1}}$ 的斜渐近线.

（4）由 $\lim\limits_{x \to \left(-\frac{1}{e}\right)^-} y = \lim\limits_{x \to \left(-\frac{1}{e}\right)^-} x\ln\left(e + \dfrac{1}{x}\right) = +\infty$, 知 $x = -\dfrac{1}{e}$ 是铅直渐近线, 因

$$a = \lim\limits_{x \to \infty}\dfrac{y}{x} = \lim\limits_{x \to \infty}\ln\left(e + \dfrac{1}{x}\right) = \ln e = 1,$$

$$b = \lim\limits_{x \to \infty}(y - ax) = \lim\limits_{x \to \infty}\left[x\ln\left(e + \dfrac{1}{x}\right) - x\right] = \lim\limits_{x \to \infty}\dfrac{\ln\left(e + \dfrac{1}{x}\right) - 1}{\dfrac{1}{x}}$$

$$= \lim_{x\to\infty}\frac{\dfrac{1}{e+\dfrac{1}{x}}\left(-\dfrac{1}{x^2}\right)}{-\dfrac{1}{x^2}}=\lim_{x\to\infty}\dfrac{1}{e+\dfrac{1}{x}}=\dfrac{1}{e},$$

所以, $y=x+\dfrac{1}{e}$ 是斜渐近线.

11. 用分析法作下列函数的图形.

(1) $y=\sqrt[3]{x^2}+2$; (2) $y=e^{-\frac{1}{x}}$; (3) $y=\dfrac{(x+1)^3}{(x-1)^2}$.

解 (1) $y=\sqrt[3]{x^2}+2$ 是偶函数, 在 $(-\infty, +\infty)$ 内连续.

$$y'=\dfrac{2}{3}\dfrac{1}{\sqrt[3]{x}},\quad y''=-\dfrac{2}{9}\dfrac{1}{\sqrt[3]{x^4}}<0.$$

x	$(-\infty, 0)$	0	$(0, +\infty)$
y'	−	不存在	+
y''	−	不存在	−
y	↘	2, 极小值	↗

图形见图 4.8.

(2) 定义域为 $(-\infty, 0)\cup(0, +\infty)$, 而 $\lim\limits_{x\to 0^+}y=\lim\limits_{x\to 0^+}e^{-\frac{1}{x}}=0$, 又

$$y'=\dfrac{1}{x^2}e^{-\frac{1}{x}}>0,\; y''=-\dfrac{2}{x^3}e^{-\frac{1}{x}}+\dfrac{1}{x^4}e^{-\frac{1}{x}}=\dfrac{1-2x}{x^4}e^{-\frac{1}{x}},$$

由 $\lim\limits_{x\to 0^-}y=\lim\limits_{x\to 0^-}e^{-\frac{1}{x}}=+\infty$, 知 $x=0$ 是铅直渐近线,

由 $\lim\limits_{x\to\infty}e^{-\frac{1}{x}}=e^0=1$, 知 $y=1$ 是水平渐近线.

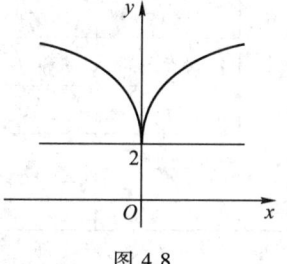

图 4.8

x	$(-\infty, 0)$	0	$\left(0, \dfrac{1}{2}\right)$	$\dfrac{1}{2}$	$\left(\dfrac{1}{2}, +\infty\right)$
y'	+	不存在	+	+	+
y''	+	不存在	+	0	−
y	↗	间断点	↗	$\left(\dfrac{1}{2}, e^{-2}\right)$ 拐点	↗

图形见图 4.9.

(3) 定义域 $(-\infty, 1)\cup(1, +\infty)$, 而 $y|_{x=-1}=0$,

$$y'=\dfrac{3(x+1)^2(x-1)^2-2(x-1)(x+1)^3}{(x-1)^4}=\dfrac{(x+1)^2(x-5)}{(x-1)^3},$$

$$y'' = \frac{24(x+1)}{(x-1)^4}.$$

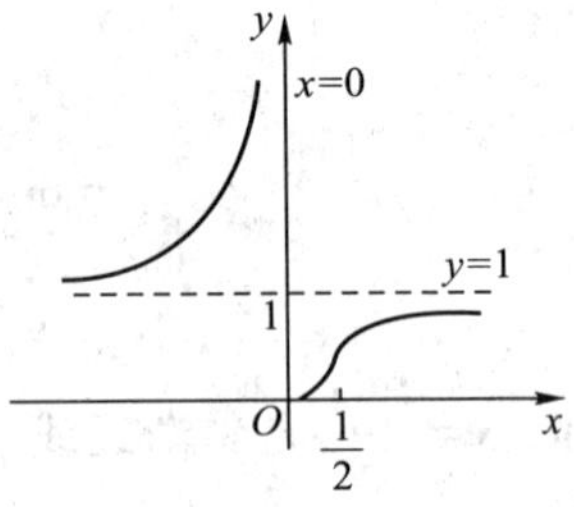

由 $\lim\limits_{x\to 1} y = \lim\limits_{x\to 1}\frac{(x+1)^3}{(x-1)^2} = +\infty$，知 $x=1$ 是铅直渐近线，因

$$a = \lim_{x\to\infty}\frac{y}{x} = \lim_{x\to\infty}\frac{(x+1)^3}{x(x-1)^2}$$

$$= \lim_{x\to\infty}\frac{\left(1+\frac{1}{x}\right)^3}{\left(1-\frac{1}{x}\right)^2} = 1,$$

$$b = \lim_{x\to\infty}(y-ax) = \lim_{x\to\infty}\frac{5x^2+2x+1}{(x-1)^2}$$

$$= \lim_{x\to\infty}\frac{5+\frac{2}{x}+\frac{1}{x^2}}{\left(1-\frac{1}{x}\right)^2} = 5,$$

图 4.9

所以 $y=x+5$ 为斜渐近线.

x	$(-\infty,-1)$	-1	$(-1,1)$	1	$(1,5)$	5	$(5,+\infty)$
y'	$+$	0	$+$	不存在	$-$	0	$+$
y''	$-$	0	$+$	不存在	$+$	$+$	$+$
y	⤴	$(-1,0)$ 拐点	⤴	间断点	⤵	$\frac{27}{2}$，极小值	⤴

图形见图 4.10.

12. 设 $f(x) \in C[a,b]$，$f(a)f(b) < 0$，对方程 $f(x)=0$，第二章 2.7 节曾指出可以用二分法求近似解数列. 如果还已知 $f'(x) > 0$, $f''(x) > 0$，借助图形，你能给出一个求方程近似解数列的更好的方法吗？

解 由条件知曲线 $y=f(x)$ 单增，下凸. 方程 $f(x)=0$ 的解就是曲线与 x 轴交点的横坐标 x_0.

用过点 $(a,f(a))$ 和 $(b,f(b))$ 的弦与 x 轴交点 ξ_1 作为 x_0 的近似值. 因曲线下凸，弦在上，ξ_1 是比 x_0 小的近似值. 再用过点 $(\xi_1,f(\xi_1))$ 和 $(b,f(b))$ 的弦与 x 轴交点求得近似值 ξ_2，这样一直进行下去，找到方程 $f(x)=0$ 的近似解数列 $\{\xi_n\}$，满足 $\xi_1 < \xi_2 < \cdots < x_0$.

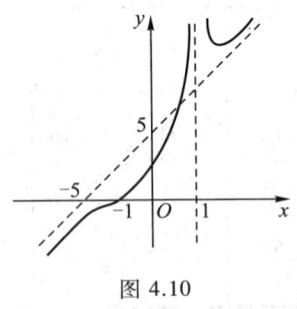

图 4.10

还可以过点 $(b,f(b))$ 作切线（位于曲线下方），它与 x 轴的交点的横坐标为 η_1，再过 $(\eta_1,f(\eta_1))$ 作曲线的切线与 x 轴的交点为 η_2，按此步骤进行下去，得到近似解数列 $\{\eta_n\}$，满足 $\eta_1 > \eta_2 > \cdots > \eta_n > \cdots > x_0$.

13. 设 A, B, C 为三角形三个内角,证明 $\sin A + \sin B + \sin C \leq \dfrac{3}{2}\sqrt{3}$.

证明 设 $f(x) = \sin x$,则 $f''(x) = -\sin x < 0$, $x \in (0, \pi)$,故在 $[0, \pi]$ 上 $f(x)$ 是上凸函数,于是有

$$\frac{1}{3}(\sin A + \sin B + \sin C) \leq \sin \frac{A+B+C}{3} = \sin \frac{\pi}{3} = \frac{\sqrt{3}}{2},$$

即有 $\sin A + \sin B + \sin C \leq \dfrac{3}{2}\sqrt{3}$.

4.6

1. 求下列曲线在指定点处的曲率.

(1) $y = \ln(x + \sqrt{1+x^2})$,$(0, 0)$;　　(2) $xy = 1$,$(1, 1)$;

(3) $x = 3t^2$,$y = 3t - t^3$ 在 $t = 1$ 对应的点处;

(4) $x = x(y)$ 是 $y = x + e^x$ 的反函数,在 $x = 0$、$y = 1$ 处.

解 (1) 由 $y'|_{x=0} = \dfrac{1}{\sqrt{1+x^2}}\Big|_{x=0} = 1$,$y''|_{x=0} = -\dfrac{1}{2}(1+x^2)^{-\frac{3}{2}}(2x)\Big|_{x=0} = 0$,可得

$$k = \left|\frac{y''}{(1+y'^2)^{\frac{3}{2}}}\right|_{x=0} = 0.$$

(2) 由 $y = \dfrac{1}{x}$,$y' = -\dfrac{1}{x^2}$,$y'' = \dfrac{2}{x^3}$,可得

$$k = \left|\frac{y''}{(1+y'^2)^{\frac{3}{2}}}\right|_{(1,1)} = \frac{\sqrt{2}}{2}.$$

(3) 由 $y'_x = \dfrac{y'_t}{x'_t} = \dfrac{3-3t^2}{6t} = \dfrac{1}{2}\left(\dfrac{1}{t} - t\right)$,$y''_{xx} = \dfrac{(y'_x)'_t}{x'_t} = \dfrac{\dfrac{1}{2}\left(-\dfrac{1}{t^2} - 1\right)}{6t}$,可得

$$k = \left|\frac{y''}{(1+y'^2)^{\frac{3}{2}}}\right|_{t=1} = \frac{1}{6}.$$

(4) 曲线 $x = x(y)$ 和曲线 $y = y(x)$ 在同一点处的曲率相等. 由

$$y'|_{x=0} = (1+e^x)|_{x=0} = 2, \quad y''|_{x=0} = e^x|_{x=0} = 1,$$

利用曲率公式,可得

$$k = \left|\frac{y''}{(1+y'^2)^{\frac{3}{2}}}\right|_{x=0} = \frac{1}{5\sqrt{5}}.$$

2. 导出极坐标系下曲线的曲率公式. 求心形线 $r = a(1 + \cos \theta)$ 在任一点 (r, θ) 处的曲率半径.

解 由极坐标参数方程:$x = r(\theta)\cos\theta$,$y = r(\theta)\sin\theta$,得

$$x'_\theta = r'\cos\theta - r\sin\theta = \frac{r'}{r}x - y, \quad y'_\theta = r'\sin\theta + r\cos\theta = \frac{r'}{r}y + x,$$

$$(x'_\theta)^2+(y'_\theta)^2=\left[\left(\frac{r'}{r}\right)^2+1\right](x^2+y^2)=(r')^2+r^2.$$

于是 $x''_\theta=\left(\frac{r'}{r}\right)'x+\frac{r'}{r}x'_\theta-y'_\theta, y''_\theta=\left(\frac{r'}{r}\right)'y+\frac{r'}{r}y'_\theta+x'_\theta.$

又 $y'_\theta x''_\theta=\left(\frac{r'}{r}\right)'xy'_\theta+\frac{r'}{r}x'_\theta y'_\theta-(y'_\theta)^2, x'_\theta y''_\theta=\left(\frac{r'}{r}\right)'yx'_\theta+\frac{r'}{r}y'_\theta x'_\theta+(x'_\theta)^2,$ 则

$$\begin{aligned}x'_\theta y''_\theta-y'_\theta x''_\theta &=\left(\frac{r'}{r}\right)'(yx'_\theta-xy'_\theta)+(x'_\theta)^2+(y'_\theta)^2\\ &=\left(\frac{r'}{r}\right)'\left[y\left(\frac{r'}{r}x-y\right)-x\left(\frac{r'}{r}y+x\right)\right]+(r')^2+r^2\\ &=-\left(\frac{r'}{r}\right)'(x^2+y^2)+(r')^2+r^2=-\frac{rr''-(r')^2}{r^2}r^2+(r')^2+r^2\\ &=-rr''+(r')^2+(r')^2+r^2\\ &=r^2+2(r')^2-rr''.\end{aligned}$$

从而得到极坐标系下曲线方程 $r=r(\theta)$ 的曲率公式

$$k=\left|\frac{y''_x}{[1+(y'_x)^2]^{\frac{3}{2}}}\right|=\left|\frac{\frac{(y'_x)'_\theta}{x'_\theta}}{\left[1+\left(\frac{y'_\theta}{x'_\theta}\right)^2\right]^{\frac{3}{2}}}\right|=\left|\frac{(x'_\theta)^2\left(\frac{y'_\theta}{x'_\theta}\right)'_\theta}{[(x'_\theta)^2+(y'_\theta)^2]^{\frac{3}{2}}}\right|$$

$$=\left|\frac{(x'_\theta)^2\frac{x'_\theta y''_\theta-y'_\theta x''_\theta}{(x'_\theta)^2}}{[(x'_\theta)^2+(y'_\theta)^2]^{\frac{3}{2}}}\right|=\left|\frac{x'_\theta y''_\theta-y'_\theta x''_\theta}{[(x'_\theta)^2+(y'_\theta)^2]^{\frac{3}{2}}}\right|=\left|\frac{r^2+2(r')^2-rr''}{[(r')^2+r^2]^{\frac{3}{2}}}\right|.$$

心形线 $r=a(1+\cos\theta)$ 在任意点 (r,θ) 处的曲率,可由上面公式求得:即将 $r'=-a\sin\theta,$ $r''=-a\cos\theta,$ 代入 $k=\left|\frac{r^2+2(r')^2-rr''}{[(r')^2+r^2]^{\frac{3}{2}}}\right|$ 得

$$k=\left|\frac{3a^2(1+\cos\theta)}{2\sqrt{2}a^3(1+\cos\theta)^{\frac{3}{2}}}\right|=\frac{3}{2\sqrt{2ar}}\quad(r\neq0).$$

从而在点 (r,θ) 处的曲率半径 $R=\frac{1}{k}=\frac{2}{3}\sqrt{2ar}\quad(r\neq0).$

3. 求 $y=e^x$ 在点 $(0,1)$ 处的曲率中心.

解 $y'=y''=e^x, y'|_{(0,1)}=y''|_{(0,1)}=1,$ 由曲率中心坐标公式,求得
$$\xi=[x-y'(1+y'^2)/y'']|_{(0,1)}=-2,\quad \eta=[y+(1+y'^2)/y'']|_{(0,1)}=3.$$
因此,曲率中心坐标为 $(-2,3)$.

4. 求 $y^2=4x$ 在原点处的曲率圆.

解 对 $y^2=4x$ 两边求导,得 $2yy'=4,$ 即 $y'=\frac{2}{y}.$ 再次求导,得
$$y''=-\frac{2}{y^2}\cdot y'=-\frac{4}{y^3}.$$

曲率半径

$$R = \frac{1}{k} = \frac{(1+y'^2)^{\frac{3}{2}}}{|y''|} = \frac{(y^2+4)^{\frac{3}{2}}}{4}.$$

因而,在原点处曲率半径 $R_{(0,0)} = 2$.

曲率中心坐标

$$\xi = [x - y'(1+y'^2)/y'']\Big|_{(0,0)} = \left(\left(x + \frac{y^2+4}{2}\right)\right)\Big|_{(0,0)} = 2,$$

$$\eta = [y + (1+y'^2)/y'']\Big|_{(0,0)} = 0,$$

即曲率中心为 $(2,0)$,故曲率圆为 $(x-2)^2 + y^2 = 2^2$,即 $x^2 + y^2 - 4x = 0$.

5. 求曲线 $y = \ln x$ 上曲率最大的点,并在该点附近用抛物线 $y = ax^2 + bx + c$ 近似代替 $y = \ln x$,求 a, b, c.

解 由 $y' = \frac{1}{x}, y'' = -\frac{1}{x^2}$,可知曲线 $y = \ln x$ 在点 (x,y) 处的曲率

$$k = \frac{|y''|}{(1+y'^2)^{\frac{3}{2}}} = \frac{x}{(x^2+1)^{\frac{3}{2}}}.$$

由 $k' = \dfrac{(x^2+1)^{\frac{3}{2}} - x \cdot \frac{3}{2}(x^2+1)^{\frac{1}{2}} \cdot 2x}{(x^2+1)^3} = \dfrac{1-2x^2}{(x^2+1)^{\frac{5}{2}}} = 0$,得 $x = \dfrac{\sqrt{2}}{2}, x = -\dfrac{\sqrt{2}}{2}$(舍).

当 $x < \dfrac{\sqrt{2}}{2}$ 时,$k'(x) > 0, k(x)$ 单增;当 $x > \dfrac{\sqrt{2}}{2}$ 时,$k'(x) < 0, k(x)$ 单减.所以 $x = \dfrac{\sqrt{2}}{2}$ 时曲率最大,即曲线 $y = \ln x$ 上曲率最大的点为 $\left(\dfrac{\sqrt{2}}{2}, -\dfrac{1}{2}\ln 2\right)$.

在点 $\left(\dfrac{\sqrt{2}}{2}, -\dfrac{1}{2}\ln 2\right)$ 处有下列关系式:

$$\begin{cases} \ln x = ax^2 + bx + c, \\ \dfrac{1}{x} = 2ax + b, \\ -\dfrac{1}{x^2} = 2a, \end{cases} \quad \text{解得} \quad \begin{cases} a = -1, \\ b = 2\sqrt{2}, \\ c = -\dfrac{1}{2}(\ln 2 + 3). \end{cases}$$

6. 设 $f(x)$ 具有二阶导数,证明曲线 $y = f(x)$ 在点 $P(x,y)$ 处的曲率可以用 $k = \left|\dfrac{\mathrm{d}\sin\alpha}{\mathrm{d}x}\right|$ 表示,其中 α 是曲线在点 P 处的切线的倾角.

证明 $f(x)$ 具有二阶导数,且 $y = f(x)$,根据导数的几何意义有 $y' = \tan\alpha$.因此

$$\left|\dfrac{\mathrm{d}\sin\alpha}{\mathrm{d}x}\right| = \left|\dfrac{\mathrm{d}\sin\alpha}{\mathrm{d}\alpha} \cdot \dfrac{\mathrm{d}\alpha}{\mathrm{d}s} \cdot \dfrac{\mathrm{d}s}{\mathrm{d}x}\right| = \left|\cos\alpha \cdot \sqrt{1+y'^2} \cdot \dfrac{\mathrm{d}\alpha}{\mathrm{d}s}\right|$$

$$= \left|\cos\alpha \sqrt{1+\tan^2\alpha} \cdot \dfrac{\mathrm{d}\alpha}{\mathrm{d}s}\right| = \left|\dfrac{\mathrm{d}\alpha}{\mathrm{d}s}\right|.$$

由曲率定义知,$k = \left|\dfrac{\mathrm{d}\sin\alpha}{\mathrm{d}x}\right|$.

7. 曲线 $y=\ln(1+x^2)$ 上哪一点附近线性性最好,且 y 随 x 变化率最大?

解 由 $y'=\dfrac{2x}{1+x^2}, y''=\dfrac{2(1-x^2)}{(1+x^2)^2}$,可得

$$k=\left|\dfrac{y''}{(1+y'^2)^{\frac{3}{2}}}\right|=\dfrac{2|1-x^4|}{(1+x^4+6x^2)^{\frac{3}{2}}}.$$

当 $x=\pm 1$ 时,$k=0$,此时曲线线性性最好.又

$$y'|_{x=1}=1,\ y'|_{x=-1}=-1,\ \text{且}\ \lim_{x\to-\infty}y'=0,\ \lim_{x\to+\infty}y'=0,$$

因此在点 $(1,\ln 2)$ 处,曲线线性性最好且 y 随 x 变化率最大.

8. 一汽车连同载重共 5 t,在抛物线状拱桥上行驶,速度为 21.6 km/h,桥的跨度为 10 m,拱的矢高为 0.25 m.求汽车越过桥顶时对桥的压力.

解 由题设条件,可设拱桥的抛物线方程为 $y=-0.01x^2+0.25$,则 $y'=-0.02x, y''=-0.02$.

在拱桥桥顶 $(x=0)$ 处曲率半径 $R=\dfrac{1}{k}=\dfrac{1}{0.02}=50(\text{m})$.

汽车的质量是 5 t,速度为 21.6 km/h,即 6 m/s,因此汽车过桥顶时的向心力为

$$F=\dfrac{mv^2}{R}=\dfrac{5\ 000\times 36}{50}=3\ 600(\text{N}).$$

所以,汽车过桥顶时对桥的压力约等于:$5\ 000\times 9.8-3\ 600=45\ 400(\text{N})$.

4.7

1. 已知 $f(x)$ 在 $[a,b]$ 上可导,且 $b-a\geq 4$,证明 $\exists x_0\in(a,b)$,使得
$$f'(x_0)<1+f^2(x_0).$$

证明 设 $F(x)=\arctan f(x)$,则 $|F(x)|<\dfrac{\pi}{2}, F'(x)=\dfrac{f'(x)}{1+f^2(x)}$.由拉格朗日中值定理可知,存在 $x_0\in(a,b)$,使 $\dfrac{F(b)-F(a)}{b-a}=F'(x_0)$.

于是

$$\dfrac{f'(x_0)}{1+f^2(x_0)}=F'(x_0)\leq\dfrac{|F(b)|+|F(a)|}{b-a}<\dfrac{\frac{\pi}{2}+\frac{\pi}{2}}{4}=\dfrac{\pi}{4}<1.$$

因此 $f'(x_0)<1+f^2(x_0)$.

2. 设 $f(x)\in C[a,b]$,在 (a,b) 内可导,且 $f(a)f(b)>0, f(a)f\left(\dfrac{a+b}{2}\right)<0$,试证:在 (a,b) 内存在 ξ,使 $f'(\xi)=f(\xi)$.

证明 由 $f(a)f(b)>0, f(a)f\left(\dfrac{a+b}{2}\right)<0$ 的假设可知,$f(a), f\left(\dfrac{a+b}{2}\right), f(b)$ 均不为零,$f(a)$ 与 $f(b)$ 同号,$f\left(\dfrac{a+b}{2}\right)$ 与 $f(a), f(b)$ 均异号,故由连续函数的介值定理可知,存在 $c_1\in\left(a,\dfrac{a+b}{2}\right), c_2\in\left(\dfrac{a+b}{2},b\right)$,使

$$f(c_1)=0, \quad f(c_2)=0.$$

令 $F(x)=\mathrm{e}^{-x}f(x)$，在 $[c_1,c_2]$ 上对 $F(x)$ 应用罗尔定理，存在 $\xi\in(c_1,c_2)\subset(a,b)$，使得
$$F'(\xi)=[f'(\xi)-f(\xi)]\mathrm{e}^{-\xi}=0.$$

因 $\mathrm{e}^{-\xi}\neq 0$，所以 $f'(\xi)-f(\xi)=0$，即
$$f'(\xi)=f(\xi).$$

3. 设 $f(x)$ 在 $(0,+\infty)$ 内有界，可导，则（　　）

(A) 当 $\lim\limits_{x\to+\infty}f(x)=0$ 时，必有 $\lim\limits_{x\to+\infty}f'(x)=0$

(B) 当 $\lim\limits_{x\to+\infty}f'(x)$ 存在时，必有 $\lim\limits_{x\to+\infty}f'(x)=0$

(C) 当 $\lim\limits_{x\to 0^+}f(x)=0$ 时，必有 $\lim\limits_{x\to 0^+}f'(x)=0$

(D) 当 $\lim\limits_{x\to 0^+}f'(x)$ 存在时，必有 $\lim\limits_{x\to 0^+}f'(x)=0$

解 (A) 不成立，如 $f(x)=\dfrac{1}{x+1}\sin(x+1)^2$.

(B) 成立，在 $[x,2x]$ 上由拉格朗日中值定理，$\exists\xi\in(x,2x)$，使 $f'(\xi)=\dfrac{f(2x)-f(x)}{x}$. 因 $f(x)$ 有界且 $\lim\limits_{x\to+\infty}f'(x)$ 存在，所以 $\lim\limits_{x\to+\infty}f'(x)=\lim\limits_{\xi\to+\infty}f'(\xi)=0$.

(C)、(D) 不成立，如 $f(x)=\sin x$.

4. 设 $f(x)$ 在 $[-1,1]$ 上有二阶导数，且 $f(-1)=1,f(0)=0,f(1)=3$，证明在区间 $(-1,1)$ 内至少存在一点 ξ，使 $f''(\xi)=4$.

证法 1 过点 $(-1,1),(0,0),(1,3)$ 确定一条抛物线（二次函数）$y=2x^2+x$. 作辅助函数 $F(x)=f(x)-2x^2-x$，则 $F''(x)=f''(x)-4$. 由于 $x=-1,0,1$ 是 $F(x)$ 的三个零点，由罗尔定理知 $\exists\xi\in(-1,1)$，使 $F''(\xi)=0$，即有 $f''(\xi)=4$.

证法 2 函数 $f(x)$ 的一阶麦克劳林展开式：
$$f(x)=f'(0)x+\frac{f''(\theta x)}{2}x^2, \quad \theta\in(0,1).$$

当展开式中 x 分别取 $-1,1$ 时，则有
$$1=f(-1)=-f'(0)+\frac{f''(\xi_1)}{2}, \quad \xi_1\in(-1,0);$$
$$3=f(1)=f'(0)+\frac{f''(\xi_2)}{2}, \quad \xi_2\in(0,1).$$

于是有
$$f''(\xi_1)+f''(\xi_2)=8.$$

如果 $f''(\xi_1)=f''(\xi_2)=4$，则结论成立；

如果 $f''(\xi_1)\neq f''(\xi_2)$，则在这两个数中必有一个大于 4，另一个小于 4. 由 2.1 节 20 题（达布定理）知存在 ξ 介于 ξ_1,ξ_2 之间，使得 $f''(\xi)=4$.

5. 设 $f(x)$ 在区间 $[0,1]$ 上有二阶导数，$f(0)=f(1)=0$，且 $\max\limits_{x\in(0,1)}f(x)=2$，证明 $\exists\xi\in(0,1)$，使 $f''(\xi)\leq -16$.

证明 由假设知，存在 $\eta\in(0,1)$，使 $f(\eta)=2$，且 $f'(\eta)=0$，在 $x=\eta$ 处的一阶泰勒公式

$$f(x)=f(\eta)+\frac{f''(\xi_1)}{2}(x-\eta)^2, \quad \xi_1 \text{介于} \eta \text{与} x \text{之间}.$$

分别令 $x=0, x=1$ 代入上式,得

$$f(\eta)+\frac{f''(\xi_2)}{2}\eta^2=0, \quad f(\eta)+\frac{f''(\xi_3)}{2}(1-\eta)^2=0,$$

其中 $0<\xi_2<\eta$,$\eta<\xi_3<1$,于是

$$-4=\frac{1}{2}[f''(\xi_2)\eta^2+f''(\xi_3)(1-\eta)^2]$$

$$\geqslant \frac{f''(\xi)}{2}(1-2\eta+2\eta^2)=\frac{f''(\xi)}{2}\left[\frac{1}{2}+\frac{1}{2}(1-2\eta)^2\right]$$

$$=\frac{f''(\xi)}{4}[1+(1-2\eta)^2]\geqslant \frac{1}{4}f''(\xi).$$

其中 $f''(\xi)=\min[f''(\xi_2), f''(\xi_3)]$,于是 $f''(\xi)\leqslant -16$.

6. 设 $f(x)$ 在 x_0 处具有二阶导数 $f''(x_0)$,试证:

$$\lim_{h\to 0}\frac{f(x_0+h)-2f(x_0)+f(x_0-h)}{h^2}=f''(x_0).$$

证明 详细解答过程参见 4.4 节典型错误纠正部分第 5 题.

7. 设 $f(x)\in C^2(U(0))$,且 $f(0)f'(0)f''(0)\neq 0$. 证明存在唯一的一组实数 $\lambda_1, \lambda_2, \lambda_3$,使 $\lambda_1 f(h)+\lambda_2 f(2h)+\lambda_3 f(3h)-f(0)=o(h^2)$.

证明 由 $f(x)=f(0)+f'(0)x+\frac{1}{2}f''(0)x^2+o(x^2)$,得

$$f(h)=f(0)+f'(0)h+\frac{1}{2}f''(0)h^2+o(h^2),$$

$$f(2h)=f(0)+2f'(0)h+2f''(0)h^2+o(h^2),$$

$$f(3h)=f(0)+3f'(0)h+\frac{9}{2}f''(0)h^2+o(h^2).$$

故

$$\lambda_1 f(h)+\lambda_2 f(2h)+\lambda_3 f(3h)-f(0)$$

$$=(\lambda_1+\lambda_2+\lambda_3-1)f(0)+(\lambda_1+2\lambda_2+3\lambda_3)f'(0)h$$

$$+\frac{1}{2}(\lambda_1+4\lambda_2+9\lambda_3)f''(0)h^2+o(h^2).$$

要使得它是较 h^2 高阶的无穷小,必有常数项、一次项、二次项系数均为零.因为 $f(0)\neq 0$,$f'(0)\neq 0, f''(0)\neq 0$,故

$$\begin{cases} \lambda_1+\lambda_2+\lambda_3=1, \\ \lambda_1+2\lambda_2+3\lambda_3=0, \\ \lambda_1+4\lambda_2+9\lambda_3=0. \end{cases}$$

又 $\begin{vmatrix} 1 & 1 & 1 \\ 1 & 2 & 3 \\ 1 & 4 & 9 \end{vmatrix}\neq 0$,所以方程组的解存在且唯一.

8. 已知 $\lim\limits_{x\to 1}\dfrac{\sqrt{x^4+3}-[A+B(x-1)+C(x-1)^2]}{(x-1)^2}=0$,求 A, B, C.

解 由于分子是 $o((x-1)^2)$，将 $\sqrt{x^4+3}$ 在 $x=1$ 处展开成二阶 Taylor 公式，于是

$$0 = \lim_{x\to 1}\frac{\sqrt{x^4+3}-[A+B(x-1)+C(x-1)^2]}{(x-1)^2}$$

$$= \lim_{x\to 1}\frac{\left[2+(x-1)+\frac{5}{4}(x-1)^2+o((x-1)^2)\right]-[A+B(x-1)+C(x-1)^2]}{(x-1)^2}.$$

因此，$A=2, B=1, C=\dfrac{5}{4}$.

9. 设 $\lim\limits_{n\to\infty}a_n = a > 0$，求 $\lim\limits_{n\to\infty} n(\sqrt[n]{a_n}-1)$.

解 由 $\lim\limits_{n\to\infty}a_n = a > 0$ 可知：对充分大的 $n, a_n > 0$. 对每个固定的充分大的 $n, f(x) = a_n^x$ 在 $\left[0, \dfrac{1}{n}\right]$ 上满足微分中值定理，故

$$n(\sqrt[n]{a_n}-1) = \frac{\sqrt[n]{a_n}-1}{\frac{1}{n}} = a_n^{\xi_n}\ln a_n, \quad \text{其中 } 0 < \xi_n < \frac{1}{n}.$$

由于 $n\to\infty$ 时，$\xi_n \to 0$，$a_n \to a$，故 $\lim\limits_{n\to\infty} a_n^{\xi_n} = a^0 = 1$. 从而

$$\lim_{n\to\infty} n(\sqrt[n]{a_n}-1) = \lim_{n\to\infty} a_n^{\xi_n}\ln a_n = \ln a.$$

10. 设 $\lim\limits_{x\to 0}\dfrac{\sin 6x + xf(x)}{x^3} = 0$，求 $\lim\limits_{x\to 0}\dfrac{6+f(x)}{x^2}$.

解
$$\lim_{x\to 0}\frac{6+f(x)}{x^2} = \lim_{x\to 0}\frac{6x+xf(x)}{x^3}$$

$$= \lim_{x\to 0}\left(\frac{\sin 6x + xf(x)}{x^3} + \frac{6x - \sin 6x}{x^3}\right)$$

$$= \lim_{x\to 0}\frac{6x - \sin 6x}{x^3} = 36.$$

11. 设 ξ_a 为函数 $\arctan x$ 在区间 $[0,a]$ 上使用拉格朗日中值定理时的中值，求：$\lim\limits_{a\to 0^+}\dfrac{\xi_a}{a}$.

解 由中值公式：$\arctan a - \arctan 0 = \dfrac{a}{1+\xi_a^2}$，可得 $\xi_a^2 = \dfrac{a-\arctan a}{\arctan a}$. 于是

$$\lim_{a\to 0}\frac{\xi_a^2}{a^2} = \lim_{a\to 0}\frac{a-\arctan a}{a\arctan a}$$

$$= \lim_{a\to 0}\frac{a-\arctan a}{a^2}$$

$$= \lim_{a\to 0}\frac{1-\frac{1}{1+a^2}}{2a} = \lim_{a\to 0}\frac{1}{3(1+a^2)} = \frac{1}{3},$$

故 $\lim\limits_{a\to 0^+}\dfrac{\xi_a}{a} = \dfrac{1}{\sqrt{3}}$.

12. 证明：$\frac{1}{2}(e^x+e^{-x}) \geqslant x^2+\cos x, x \in \mathbb{R}$.

证明 令 $f(x)=\frac{1}{2}(e^x+e^{-x})-x^2-\cos x$，显然 $f(x)$ 为偶函数，$f(x) \in C[0,+\infty)$，$f(0)=0$.
只需证明：$f(x) \geqslant 0, 0 \leqslant x<+\infty$.

由于 $f'(x)=\frac{1}{2}(e^x-e^{-x})-2x+\sin x$，$f''(x)=\frac{1}{2}(e^x+e^{-x})-2+\cos x$，

$$f'''(x)=\frac{1}{2}(e^x-e^{-x})-\sin x, \quad f^{(4)}(x)=\frac{1}{2}(e^x+e^{-x})-\cos x,$$

当 $x>0$ 时，$f^{(4)}(x)>0$，并且 $f(0)=f'(0)=f''(0)=f'''(0)=f^{(4)}(0)=0$，
所以，当 $x>0$ 时，

$$f'''(x)>0, f''(x)>0, f'(x)>0, f(x)>0,$$

即 $x \geqslant 0$ 时，$f(x) \geqslant 0$. 从而

$$\frac{1}{2}(e^x+e^{-x}) \geqslant x^2+\cos x, -\infty<x<+\infty.$$

13. 证明不等式

$$\sqrt[3]{abc} \leqslant \frac{a+b+c}{3} \quad (a,b,c \text{ 均为正数}).$$

证明 只需证：$\frac{1}{c}\left(\frac{a+b+c}{3}\right)^3 \geqslant ab$，视 a,b 为正数，c 为变量.

设 $F(c)=\frac{1}{c}\left(\frac{a+b+c}{3}\right)^3$，则

$$F'(c)=\frac{1}{27}\frac{(a+b+c)^2(2c-a-b)}{c^2}.$$

$F'(c)$ 有唯一的零点 $c=\frac{a+b}{2}$. 当 $c<\frac{a+b}{2}$ 时，$F'(c)<0$；当 $c>\frac{a+b}{2}$ 时，$F'(c)>0$. 故 $F(c) \geqslant ab$，即有：

$\sqrt[3]{abc} \leqslant \frac{a+b+c}{3}$.

14. 若用 $\frac{2(x-1)}{x+1}$ 来近似 $\ln x$，证明当 $x \in [1,2]$ 时，其误差不超过 $\frac{1}{12}(x-1)^3$.

证明 设 $f(x)=\ln x-\frac{2(x-1)}{x+1}$，$1<x<2$，则

$$f'(x)=\frac{1}{x}-\frac{4}{(x+1)^2}=\frac{(1+x)^2-4x}{x(x+1)^2}=\frac{(x-1)^2}{x(x+1)^2}>0.$$

因此 $f(x)$ 单调递增，又 $f(x)$ 在 $x=1$ 处连续，于是 $f(x)>f(1)=0$.

又设 $g(x)=\ln x-\frac{2(x-1)}{x+1}-\frac{(x-1)^3}{12}$，于是

$$g'(x)=\frac{1}{x}-\frac{4}{(x+1)^2}-\frac{(x-1)^2}{4}=\frac{(x-1)^2}{x(x+1)^2}-\frac{(x-1)^2}{4}$$

$$=\frac{(x-1)^2[4-x(x+1)^2]}{4x(x+1)^2}=\frac{-(x-1)^2(x^3+2x^2+x-4)}{4x(x+1)^2}$$

$$=\frac{-(x-1)^3(x^2+3x+4)}{4x(x+1)^2}<0.$$

所以 $g(x)$ 单调递减,且 $g(x)<g(1)=0$,即
$$0<\ln x-\frac{2(x-1)}{x+1}<\frac{(x-1)^3}{12}.$$

15. 证明方程 $e^x-x^2-3x-1=0$ 有且仅有三个实根.

证法1 设 $f(x)=e^x-x^2-3x-1$,则
$$f'(x)=e^x-2x-3.$$

如图 4.11,$y=e^x$ 与 $y=2x+3$ 相交于 $x=x_1$ 与 $x=x_2$.

当 $x\in(-\infty,x_1)$ 时,$f'(x)>0$;当 $x\in(x_1,x_2)$ 时,$f'(x)<0$;当 $x\in(x_2,+\infty)$ 时,$f'(x)>0$.注意到 $f(0)=0$,故 $f(x_1)>0$ 为极大值,$f(x_2)<0$ 为极小值,又因
$$\lim_{x\to+\infty}f(x)=+\infty,\ \lim_{x\to-\infty}f(x)=-\infty,$$
故在 $(-\infty,x_1)$,(x_1,x_2),$(x_2,+\infty)$ 内各有且仅有一个根.因此,$f(x)=0$ 有且仅有三个实根.

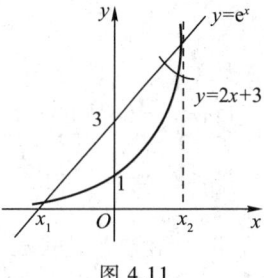

图 4.11

证法2 令 $f(x)=e^x-x^2-3x-1$,则
$$f(1)=e-5<0,f(-1)=e^{-1}+1>0,\lim_{x\to+\infty}f(x)=+\infty,\lim_{x\to-\infty}f(x)=-\infty.$$

又 $f(x)\in C(-\infty,+\infty)$,由零点存在定理知,$\exists x_1\in(-\infty,-1)$,$x_2\in(-1,1)$,$x_3\in(1,+\infty)$,使得
$$f(x_1)=f(x_2)=f(x_3)=0,$$
即 $f(x)=0$ 有三个实根.

假若存在 x_4(不妨设 $x_4>x_3$),$f(x_4)=0$,则由罗尔定理知,$\exists \xi_1\in(x_1,x_2)$,$\xi_2\in(x_2,x_3)$,$\xi_3\in(x_3,x_4)$,使
$$f'(\xi_1)=f'(\xi_2)=f'(\xi_3)=0.$$
又存在 $\eta_1\in(\xi_1,\xi_2)$,$\eta_2\in(\xi_2,\xi_3)$,使
$$f''(\eta_1)=f''(\eta_2)=0.$$
于是,$\exists \mu\in(\eta_1,\eta_2)$,使 $f'''(\mu)=0$.但 $f'''(x)=e^x>0$,产生矛盾,故 $f(x)=0$ 只有三个实根.

16. 讨论方程 $2^x=1+x^2$ 的实根个数.

解 设 $f(x)=2^x-1-x^2$,则 $f'(x)=2^x\ln 2-2x$,$f''(x)=2^x(\ln 2)^2-2$,$f'''(x)=2^x(\ln 2)^3>0$,故 $f''(x)=0$ 最多只有一个根.因此,$f'(x)=0$ 最多只有两个根,$f(x)=0$ 最多只有三个根,$f(0)=0$,$f(1)=0$,又 $f(4)=-1<0$,$f(5)=6>0$,故 $f(x)=0$ 在区间 $(4,5)$ 内还有一根,即 $f(x)=0$ 有三个实根.

17. 设函数 $\varphi(x)$ 可微,且 $|\varphi'(x)|<r<1$(r 为常数),试证:若方程 $x=\varphi(x)$ 有解 x_0,则解必唯一,而且可以用如下的"迭代法"来求 x_0:任取 x_1,作数列
$$x_2=\varphi(x_1),x_3=\varphi(x_2),\cdots,x_{n+1}=\varphi(x_n),\cdots,$$
则
$$\lim_{n\to\infty}x_n=x_0.$$

用本题指出的迭代法,用计算器求方程 $x = \dfrac{\pi}{4}\left(\dfrac{2}{3}\sin x + 1\right)$ 在区间 $\left[0, \dfrac{\pi}{2}\right]$ 内的近似解.

证明 若解不唯一,设 x_0 与 x_0^* 均为 $x = \varphi(x)$ 的解,则对 $\varphi(x)$ 在以 x_0 与 x_0^* 为端点的区间上应用拉格朗日中值定理,得
$$\varphi(x_0^*) - \varphi(x_0) = x_0^* - x_0 = \varphi'(\xi)(x_0^* - x_0),$$
其中 ξ 介于 x_0 与 x_0^* 之间,得 $\varphi'(\xi) = 1$ 这与 $|\varphi'(x)| < r < 1$ 的假设矛盾,故方程 $x = \phi(x)$ 有解必唯一.

现设 $x = x_0$ 为方程 $x = \varphi(x)$ 的根
$$\begin{aligned}0 \leqslant |x_n - x_0| &= |\varphi(x_{n-1}) - \varphi(x_0)| = |\varphi'(\xi_1)| \, |x_{n-1} - x_0| \\ &< r|x_{n-1} - x_0| = r|\varphi(x_{n-2}) - \varphi(x_0)| < r^2|x_{n-2} - x_0| \\ &< \cdots < r^{n-1}|x_1 - x_0|.\end{aligned}$$

由于 $\lim\limits_{n \to \infty} r^{n-1} = 0$,故 $\lim\limits_{n \to \infty}(x_n - x_0) = 0$,即 $\lim\limits_{n \to \infty} x_n = x_0$.

用迭代法求方程 $x = \dfrac{\pi}{4}\left(\dfrac{2}{3}\sin x + 1\right)$ 的近似解,可得 $x_0 \approx 1.288\,2\cdots\cdots$.

18.(光的折射问题)空气中一束光射入水中,试根据费马原理导出光线的入射角 α 与折射角 β 满足的关系,设光在空气和水中的速度分别为 v_1 和 v_2,$v_1 > v_2$.

解 由费马原理知,光线在不同介质中两点之间的传播是以时间最短的方式进行的.设 A,B 两点到水面的距离分别是 a,b;

入射角、折射角分别是 α,β,如图 4.12 所示,则
$$\begin{cases} t = \dfrac{a}{v_1 \cos \alpha} + \dfrac{b}{v_2 \cos \beta}, \\ a\tan\alpha + b\tan\beta = C(\text{定值}). \end{cases}$$

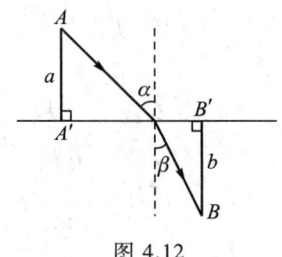

图 4.12

对方程组关于 α 求导得:
$$\begin{cases} \dfrac{\mathrm{d}t}{\mathrm{d}\alpha} = \dfrac{a\sin\alpha}{v_1 \cos^2\alpha} + \dfrac{b\sin\beta}{v_2 \cos^2\beta} \cdot \dfrac{\mathrm{d}\beta}{\mathrm{d}\alpha}, \\ \dfrac{a}{\cos^2\alpha} + \dfrac{b}{\cos^2\beta} \cdot \dfrac{\mathrm{d}\beta}{\mathrm{d}\alpha} = 0. \end{cases}$$

消去 $\dfrac{\mathrm{d}\beta}{\mathrm{d}\alpha}$,得:
$$\dfrac{\mathrm{d}t}{\mathrm{d}\alpha} = \dfrac{a\sin\alpha}{v_1 \cos^2\alpha} - \dfrac{a\sin\beta}{v_2 \cos^2\alpha}.$$

令 $\dfrac{\mathrm{d}t}{\mathrm{d}\alpha} = 0$,得
$$\dfrac{\sin\alpha}{v_1} = \dfrac{\sin\beta}{v_2}.$$

因而,入射角 α 与折射角 β 满足 $\dfrac{\sin\alpha}{v_1} = \dfrac{\sin\beta}{v_2}$.

第五章 不定积分

5.1 教学基本要求

1. 理解原函数和不定积分的概念.
2. 掌握不定积分的性质,掌握不定积分的基本公式.
3. 掌握不定积分的换元积分法和分部积分法.
4. 会求有理函数、三角函数的有理式和简单无理函数的积分.

5.2 内容总结

5.2.1 基本概念

1. **原函数** 如果在区间 I 上
$$F'(x)=f(x) \quad \text{或} \quad \mathrm{d}F(x)=f(x)\mathrm{d}x,$$
则称 $F(x)$ 为 $f(x)$ 在区间 I 上的一个原函数.

2. **不定积分** 设 $F(x)$ 是 $f(x)$ 在区间 I 上的一个原函数,则 $f(x)$ 在区间 I 上的全部原函数的共同表达式
$$F(x)+C,$$
称为函数 $f(x)$ 在区间 I 上的**不定积分**,记作 $\int f(x)\mathrm{d}x$,即
$$\int f(x)\mathrm{d}x = F(x) + C.$$

3. **积分曲线族** 在区间 I 上,若 $F'(x)=f(x)$,则称曲线 $y=F(x)$ 为 $f(x)$ 的一条积分曲线,此曲线沿 y 轴上下平移得到的全部曲线 $y=F(x)+C$,称为 $f(x)$ 的积分曲线族.这就是不定积分的几何意义,在任何一点 $x\in I$ 处,积分曲线族中任何一条曲线的切线斜率均为 $f(x)$.

5.2.2 基本理论

1. **不定积分的性质**

(1) $\left[\int f(x)\mathrm{d}x\right]' = f(x)$,或 $\mathrm{d}\int f(x)\mathrm{d}x = f(x)\mathrm{d}x$;

(2) $\int f'(x)\mathrm{d}x = f(x)+C$,或 $\int \mathrm{d}f(x) = f(x)+C$.

(3) $\int [af(x) + bg(x)]\mathrm{d}x = a\int f(x)\mathrm{d}x + b\int g(x)\mathrm{d}x$,其中 a,b 是不同时为零的常数.

2. **原函数的存在性**

(1) 若 $f(x)\in C(I)$,则在区间 I 上 $f(x)$ 必有原函数.

(2) 在区间 I 上,有第一类间断点的函数没有原函数.

5.2.3 基本方法

1. 不定积分的基本公式

(1) $\int 0 \mathrm{d}x = C$;

(2) $\int 1 \mathrm{d}x = x + C$;

(3) $\int x^\mu \mathrm{d}x = \dfrac{1}{\mu+1} x^{\mu+1} + C \quad (\mu \neq -1)$;

(4) $\int \dfrac{1}{x} \mathrm{d}x = \ln|x| + C$;

(5) $\int a^x \mathrm{d}x = \dfrac{a^x}{\ln a} + C \quad (a>0, \ a \neq 1)$;

(6) $\int \mathrm{e}^x \mathrm{d}x = \mathrm{e}^x + C$;

(7) $\int \sin x \mathrm{d}x = -\cos x + C$;

(8) $\int \cos x \mathrm{d}x = \sin x + C$;

(9) $\int \tan x \mathrm{d}x = -\ln|\cos x| + C$;

(10) $\int \cot x \mathrm{d}x = \ln|\sin x| + C$;

(11) $\int \sec x \mathrm{d}x = \ln|\sec x + \tan x| + C$;

(12) $\int \csc x \mathrm{d}x = \ln|\csc x - \cot x| + C$;

(13) $\int \sec^2 x \mathrm{d}x = \int \dfrac{1}{\cos^2 x} \mathrm{d}x = \tan x + C$;

(14) $\int \csc^2 x \mathrm{d}x = \int \dfrac{1}{\sin^2 x} \mathrm{d}x = -\cot x + C$;

(15) $\int \sec x \tan x \mathrm{d}x = \sec x + C$;

(16) $\int \csc x \cot x \mathrm{d}x = -\csc x + C$;

(17) $\int \dfrac{\mathrm{d}x}{x^2 + a^2} = \dfrac{1}{a} \arctan \dfrac{x}{a} + C$;

(18) $\int \dfrac{\mathrm{d}x}{x^2 - a^2} = \dfrac{1}{2a} \ln\left|\dfrac{x-a}{x+a}\right| + C$;

(19) $\int \dfrac{\mathrm{d}x}{\sqrt{a^2 - x^2}} = \arcsin \dfrac{x}{a} + C$;

(20) $\int \sqrt{a^2 - x^2} \mathrm{d}x = \dfrac{x}{2} \sqrt{a^2 - x^2} + \dfrac{a^2}{2} \arcsin \dfrac{x}{a} + C$;

(21) $\int \dfrac{\mathrm{d}x}{\sqrt{x^2 \pm a^2}} = \ln|x + \sqrt{x^2 \pm a^2}| + C$;

(22) $\int \sqrt{x^2 \pm a^2}\,\mathrm{d}x = \dfrac{x}{2}\sqrt{x^2 \pm a^2} \pm \dfrac{a^2}{2}\ln|x + \sqrt{x^2 \pm a^2}| + C$.

以上各式中 $a \neq 0$. 熟记基本积分公式,是保证不定积分运算时,思路畅通的基础.

2. 换元积分法

换元积分法在不定积分的计算中起着重要的作用.不定积分的换元法有两类.

如果不定积分 $\int f(x)\,\mathrm{d}x$ 不易直接求得,但若能把 $f(x)$ 写成 $g[\varphi(x)]\varphi'(x)$,从而原积分就可改写为

$$\int f(x)\,\mathrm{d}x = \int g[\varphi(x)]\varphi'(x)\,\mathrm{d}x = \int g[\varphi(x)]\,\mathrm{d}\varphi(x)$$

作变换 $u = \varphi(x)$,若积分 $\int g(u)\,\mathrm{d}u = G(u) + C$ 容易求得,则

$$\int f(x)\,\mathrm{d}x = G[\varphi(x)] + C.$$

此方法叫做第一类换元积分法.由于实际上是把被积表达式(原函数的微分)重新凑一下形式,所以叫凑微分法.

凑微分法的关键在于熟记基本积分公式中的积分,不断总结经验,善于从一些简单或典型的微分式 $f(x)\,\mathrm{d}x$ 中看出它是什么函数的微分,即把 $f(x)\,\mathrm{d}x$ 写成 $\mathrm{d}F(x)$.

第二类换元积分法是把一个难以计算的积分 $\int f(x)\,\mathrm{d}x$ 作一个适当的积分变量变换,令 $x = \varphi(t)$,得到容易求得的积分 $\int f[\varphi(t)]\varphi'(t)\,\mathrm{d}t$.在求得该积分 $F(t) + C$ 后,再用 $x = \varphi(t)$ 的逆变换 $t = \varphi^{-1}(x)$ 代入,即得 $\int f(x)\,\mathrm{d}x = F[\varphi^{-1}(x)] + C$.

用第二类换元积分法求不定积分的关键在于能否找到变换函数 $x = \varphi(t)$,但是对于所考虑的积分应选择什么样的变换函数,是没有一般规律的,读者应当通过做题的实践加以总结.例如,若被积函数中,含有自变量的一次式的根式时,可把这个根式作一个新变量 t;若平方根式下是二次式,可配方后作三角变换.

3. 分部积分法

分部积分法是由乘积的求导公式推导出来的一个常用的积分法.

若 $u(x), v(x) \in C^1$,则有部分积分公式

$$\int uv'\,\mathrm{d}x = uv - \int vu'\,\mathrm{d}x.$$

当被积函数是两个函数之积 uv',其中一个好积,一个导数较简单时,利用分部积分公式相当于先把 v' 积分出来,得到 v,再去作积分 $\int vu'\,\mathrm{d}x$.

使用分部积分法的关键在于善于将 $\int f(x)\,\mathrm{d}x$ 写成 $\int u(x)\,\mathrm{d}v(x)$ 的形式,然后利用分部积分公式.有时需要反复使用分部积分.下列函数的积分用分部积分法比较方便:

$$\mathrm{e}^{ax}\sin bx, \quad \mathrm{e}^{ax}\cos bx, \quad p_m(x)\mathrm{e}^{ax}, \quad p_m(x)\sin bx,$$

$$p_m(x)\cos bx, \quad p_m(x)(\ln x)^n, \quad p_m(x)\arctan x, \quad \cdots$$

其中 $p_m(x)$ 表示 x 的 m 次多项式. 在这些情况下, 选取 v' 的顺序通常是指数函数、三角函数、幂函数(它们好积), 其余因式为 u; 被积函数中含有对数函数, 反三角函数, 一般取作 u(它们的导数比较简单, 是代数函数), 其余因式为 v'.

4. (1) 有理函数的积分

当 $P(x)$, $Q(x)$ 都是多项式时, 称 $\dfrac{P(x)}{Q(x)}$ 为有理函数.

用多项式除法可将有理假分式表示为一个多项式与一个有理真分式之和, 多项式积分容易算出.

任何既约的有理真分式 $\dfrac{P(x)}{Q(x)}$ 均可表示为有限个最简分式之和. 如果分母 $Q(x)$ 在实数域上的质因式分解式为

$$Q(x) = b_0(x-a)^\alpha \cdots (x-b)^\beta (x^2+px+q)^\lambda \cdots (x^2+rx+s)^\mu,$$

其中 $\alpha, \cdots, \beta, \lambda, \cdots, \mu$ 为正整数, $p^2-4q<0, \cdots, r^2-4s<0$, 则由代数学的分项分式定理可知, $\dfrac{P(x)}{Q(x)}$ 可唯一地分解为

$$\dfrac{P(x)}{Q(x)} = \dfrac{A_1}{(x-a)^\alpha} + \dfrac{A_2}{(x-a)^{\alpha-1}} + \cdots + \dfrac{A_\alpha}{x-a} + \cdots + \dfrac{B_1}{(x-b)^\beta} + \dfrac{B_2}{(x-b)^{\beta-1}} + \cdots + \dfrac{B_\beta}{x-b} +$$

$$\dfrac{C_1 x+D_1}{(x^2+px+q)^\lambda} + \dfrac{C_2 x+D_2}{(x^2+px+q)^{\lambda-1}} + \cdots + \dfrac{C_\lambda x+D_\lambda}{x^2+px+q} + \cdots +$$

$$\dfrac{M_1 x+N_1}{(x^2+rx+s)^\mu} + \dfrac{M_2 x+N_2}{(x^2+rx+s)^{\mu-1}} + \cdots + \dfrac{M_\mu x+N_\mu}{x^2+rx+s},$$

其中 $A_i, B_i, C_i, D_i, M_i, N_i$ 都是常数, 可由待定系数法确定. $\dfrac{P(x)}{Q(x)}$ 的每个部分分式都是最简分式.

形如 $\displaystyle\int \dfrac{A}{(x-a)^k} dx$ 的积分, 由幂函数积分公式直接算出; 形如 $\displaystyle\int \dfrac{Mx+N}{(x^2+px+q)^k} dx$ 的积分, 先将分子表示为分母中二次质因式的导数与常数的线性组合, 前者由第一类换元积分法用幂函数积分公式算出, 后者将分母配方后用下面递推公式计算

$$\int \dfrac{dx}{(x^2+a^2)^{n+1}} = \dfrac{1}{2na^2} \dfrac{x}{(x^2+a^2)^n} + \dfrac{2n-1}{2na^2} \int \dfrac{dx}{(x^2+a^2)^n} \quad (n=1,2,\cdots).$$

有理函数的不定积分是初等函数.

(2) 三角函数有理式的积分

对 $\sin x$, $\cos x$ 只施行四则运算得到的式子, 叫做三角函数有理式, 记作 $R(\sin x, \cos x)$. 许多这类函数的积分, 通过三角恒等式及换元积分法、分部积分法容易算出. 在万不得已的情况下, 可取半角变换(万能代换), 令 $u=\tan\dfrac{x}{2}$, 则 $\sin x = \dfrac{2u}{1+u^2}$, $\cos x = \dfrac{1-u^2}{1+u^2}$, $dx = \dfrac{2}{1+u^2} du$, 积分 $\displaystyle\int R(\sin x, \cos x) dx$ 化为 u 的有理函数的积分, 可按(1)中方法计算.

(3) 简单无理函数的积分

① 当被积函数是 x 与 $\sqrt[n]{\dfrac{ax+b}{cx+d}}$ 的有理式时,作变换,令 $u = \sqrt[n]{\dfrac{ax+b}{cx+d}}$,积分化为 u 的有理函数的积分.

② 当被积函数是 x 与 $\sqrt{ax^2+bx+c}$ 的有理式时,可在根式下先配方,再作适当的三角代换,将积分化为三角函数有理式的积分.

不定积分计算技巧性高,除要牢记基本积分公式,熟练地掌握换元积分法和分部积分法外,还要善于分析被积表达式的结构,会作恒等变形(如三角恒等式,分式的分子分母同乘一个函数.根式转移,拆项并项等).并且做过每道积分题后,总结经验也十分重要.

5.3 思考与讨论

1. 设函数 $f(x) \in C(-\infty, +\infty)$,则 $d\int f(x)dx = ($).

(A) $f(x)$ (B) $f(x)dx$ (C) $f(x)+C$ (D) $f'(x)dx$

分析 由不定积分与导数的逆运算性,先积分、后微分,则符号 $\int$ 与 d 抵消.

应选 B.

2. 若 $f(x)$ 的导函数是 $\sin x$,则 $f(x)$ 有一个原函数为( ).

(A) $1+\cos x$ (B) $1-\cos x$ (C) $x+\sin x$ (D) $x-\sin x$

分析 由 $f'(x) = \sin x$ 知,$f(x) = \int \sin x dx = -\cos x + C_1$($C_1$ 为任意常数),从而 $f(x)$ 的全部原函数(不定积分)为 $\int f(x)dx = \int(-\cos x + C_1)dx = -\sin x + C_1 x + C_2$($C_2$ 为任意常数).

应选 D.

3. 已知 $f'(\cos x) = \sin x$,则 $f(\cos x) =$ _____.

分析 (1) 以 $\cos x$ 为积分变量积分

$$\int f'(\cos x) d\cos x = \int \sin x d\cos x.$$

故有

$$f(\cos x) = -\int \sin^2 x dx = -\frac{x}{2} + \frac{1}{4}\sin 2x + C.$$

(2) 作变换,令 $u = \cos x$,则 $f'(u) = \sqrt{1-u^2}$,积分得

$$f(u) = \int \sqrt{1-u^2} du = \frac{u}{2}\sqrt{1-u^2} + \frac{1}{2}\arcsin u + C_1,$$

故

$$f(\cos x) = \frac{1}{2}\sin x \cos x + \frac{1}{2}\arcsin \cos x + C_1 = \frac{1}{4}\sin 2x - \frac{x}{2} + C,$$

其中用到 $\arcsin \cos x = \dfrac{\pi}{2} - x$.

应填 $\dfrac{1}{4}\sin 2x - \dfrac{x}{2} + C$.

4. 在区间 $(0,1)$ 内,已知 $\int f(\sin x)\mathrm{d}x = \ln\cos^2 x + C$,则 $\int f(x)\mathrm{d}x = (\qquad)$.

(A) $\ln(1-x^2)+C$ (B) $-\ln(1-x^2)+C$ (C) $2\sqrt{1-x^2}+C$ (D) $-2\sqrt{1-x^2}+C$

分析 将 $\int f(\sin x)\mathrm{d}x = \ln\cos^2 x + C$ 两边对 x 求导得

$$f(\sin x) = \dfrac{-2\sin x}{\cos x},$$

令 $u = \sin x$,得

$$f(u) = \dfrac{-2u}{\sqrt{1-u^2}}.$$

于是

$$\int f(x)\mathrm{d}x = \int \dfrac{-2x}{\sqrt{1-x^2}}\mathrm{d}x = \int \dfrac{\mathrm{d}(1-x^2)}{(1-x^2)^{\frac{1}{2}}} = 2(1-x^2)^{\frac{1}{2}} + C.$$

应选 C.

【注】 有人想把已知的积分式中的 $\sin x$ 换为 x,$\cos^2 x$ 换为 $1-x^2$,就得到(A)结果,问题出在不定积分中 $\mathrm{d}x$ 中的 x 没有换,忽略积分变量将会出现错误.还有人将 $\left[\int f(\sin x)\mathrm{d}x\right]'$ 的结果写为 $f(\sin x)\cos x$ 也是错的,是由于对不定积分理解不正确产生的.

5. 函数 $f(x) = \mathrm{e}^{|x|}$ 在 $(-\infty, +\infty)$ 上的不定积分 $\int \mathrm{e}^{|x|}\mathrm{d}x = (\qquad)$.

(A) $\mathrm{e}^{|x|}+C$, $x \in (-\infty, +\infty)$ (B) $\begin{cases} -\mathrm{e}^{-x}+C, & x<0, \\ \mathrm{e}^x+C, & x\geq 0 \end{cases}$

(C) $\begin{cases} -\mathrm{e}^{-x}+C_1, & x<0, \\ \mathrm{e}^x+C_2, & x\geq 0 \end{cases}$ (D) $\begin{cases} -\mathrm{e}^{-x}+C, & x<0, \\ \mathrm{e}^x-2+C, & x\geq 0 \end{cases}$

分析 $f(x)$ 在 $(-\infty, +\infty)$ 上的每个原函数都是可导的,因此也是连续的,(A)中的函数在 $x=0$ 处左导数为 -1,右导数为 1,所以在 $x=0$ 处不可导.否定了(A).(B)中函数在 $x=0$ 处不连续,否定了(B).一个区间上的不定积分应含有一个任意常数,否定了(C).最后来看 (D),$f(x)$ 是分段函数

$$f(x) = \begin{cases} \mathrm{e}^{-x}, & x<0, \\ \mathrm{e}^x, & x\geq 0. \end{cases}$$

先分别求不定积分,当 $x<0$ 时,$\int \mathrm{e}^{|x|}\mathrm{d}x = \int \mathrm{e}^{-x}\mathrm{d}x = -\mathrm{e}^{-x}+C_1$;当 $x\geq 0$ 时,$\int \mathrm{e}^{|x|}\mathrm{d}x = \int \mathrm{e}^x\mathrm{d}x = \mathrm{e}^x + C_2$,为保证原函数在分段点 $x=0$ 处连续,令

$$(-e^{-x}+C_1)\big|_{x=0} = (e^x+C_2)\big|_{x=0},$$

得 $-1+C_1 = 1+C_2$，所以 $C_2 = -2+C_1$，说明 C_1，C_2 不是两个任意常数，只有一个是任取的.

应选 D.

6. 下列推断正确的是( ).

（A）在区间 I 上，如果 $f(x)$ 有原函数，则 $f(x)$ 必连续

（B）初等函数在其有定义的区间内必有原函数，且为初等函数

（C）有理函数必有原函数，且为初等函数

（D）在区间 $[a,b]$ 上，如果 $f(x) \leqslant g(x)$，则 $\int f(x)\mathrm{d}x \leqslant \int g(x)\mathrm{d}x$

分析 函数连续是有原函数的充分条件，不是必要条件.例如

$$F(x) = \begin{cases} x^2\sin\dfrac{1}{x}, & x \neq 0, \\ 0, & x = 0 \end{cases}$$

在 $(-\infty, +\infty)$ 内处处可导，

$$F'(x) = f(x) = \begin{cases} 2x\sin\dfrac{1}{x} - \cos\dfrac{1}{x}, & x \neq 0, \\ 0, & x = 0. \end{cases}$$

这个函数 $f(x)$ 在 $(-\infty, +\infty)$ 内有一个第二类间断点 $x=0$，但它有原函数 $F(x)$，否定了（A），也就是说导函数可以不连续.初等函数在其有定义的区间内连续，所以必有原函数，但其原函数未必是初等函数，如 e^{x^2} 的原函数不是初等函数，否定了（B）.根据有理函数的积分知（C）正确.（D）是严重的概念性错误，不定积分表示一整族函数，它的图形充满 xOy 坐标面上 $a \leqslant x \leqslant b$ 的条形域，所以不定积分不存在大小比较问题.

应选 C.

5.4 典型错误纠正

1. 已知 $\dfrac{\sin x}{x}$ 是 $f(x)$ 的一个原函数，求 $\int x^3 f'(x)\mathrm{d}x$.

解 由于 $f'(x) = \dfrac{\sin x}{x}$，故由分部积分法得

$$\int x^3 f'(x)\mathrm{d}x = \int x^2 \sin x\,\mathrm{d}x = \int x^2 \mathrm{d}\cos x = x^2\cos x - \int 2x\cos x\,\mathrm{d}x$$
$$= x^2\cos x - \int 2x\mathrm{d}\sin x = x^2\cos x - 2x\sin x + 2\int \sin x\,\mathrm{d}x$$
$$= (x^2 + 2)\cos x - 2x\sin x + C.$$

问题分析 首先是原函数与导函数概念搞颠倒了，不是 $f'(x) = \dfrac{\sin x}{x}$，而是 $f(x) = \left(\dfrac{\sin x}{x}\right)'$. 其次在分部积分时，函数由微分号前移到微分号后要积分，$\int uv'\mathrm{d}x = \int u\mathrm{d}v$. 计算中

"$\int x^2 \sin x \, dx = \int x^2 \, d\cos x$" 是错的,出错的原因可能有两种:其一,误认为微分号前的函数 v' 移到微分号后要求导;其二,是将导数公式与积分公式记混了,或是积分时马马虎虎忘了负号. 后面的计算中又出现了这个错误.

本题正确解法如下,由条件知 $f(x) = \left(\dfrac{\sin x}{x}\right)' = \dfrac{x\cos x - \sin x}{x^2}$,用分部积分法得

$$\int x^3 f'(x) \, dx = \int x^3 \, df(x) = x^3(x) f(x) - 3\int x^2 f(x) \, dx$$
$$= x(x\cos x - \sin x) - 3\int (x\cos x - \sin x) \, dx$$
$$= x(x\cos x - \sin x) - 3x\sin x + 6\int \sin x \, dx$$
$$= x^2 \cos x - 4x\sin x - 6\cos x + C.$$

2. 由分部积分法得到等式

$$\int \frac{\cos x}{\sin x} \, dx = \int \frac{d\sin x}{\sin x} = 1 + \int \frac{\cos x}{\sin x} \, dx,$$

将等式两边减去不定积分,得 $0 = 1$,错在哪里.

问题分析 用分部积分法得到的等式没有错.错在后面的推导,产生错误的原因是对不定积分概念和运算理解得不深入.不定积分 $\int f(x) \, dx$ 表示那些导数等于 $f(x)$ 的所有函数的共同表达式,等于 $f(x)$ 的任何一个原函数 $F(x)$ 与任意常数 C 之和

$$\int f(x) \, dx = F(x) + C,$$

原函数不同,如取 $F(x) + 1$,则任意常数也不同 $C_1 = C - 1$.另外,在不定积分运算过程中,或是在不定积分公式推导时,通常要把几个任意常数的线性组合用一个任意常数表示.而且只要式中还有不定积分,就把这个任意常数归并到不定积分中,不单独表示.这样,对不定积分等式应理解为两边原函数相等时,两边的常数也相等.本题中的等式应为

$$\ln|\sin x| + C = 1 + \ln|\sin x| + C_1,$$
$$C = 1 + C_1, \quad C_1 = C - 1.$$

通过解方程的方法求不定积分,常常会遇到这一问题,如由分部积分法得

$$\int e^x \sin x \, dx = e^x(\sin x - \cos x) - \int e^x \sin x \, dx.$$

如果仅形式地移项得

$$\int e^x \sin x \, dx = \frac{1}{2} e^x (\sin x - \cos x),$$

右边只是一个原函数,显然出现了概念性错误.因为方程两边的 $\int e^x \sin x \, dx$ 中所含的任意常数不同,后边的积分中除它自己的任意常数,还有先积出的部分 $e^x(\sin x - \cos x)$ 的任意常数,因此,正确的结果应为

$$\int e^x \sin x \, dx = \frac{1}{2} e^x (\sin x - \cos x) + C.$$

通常由解方程求不定积分都会遇到这种情况,只要把不定积分的一个原函数找到,再加一个任意常数,就解得不定积分.

3. 已知 $f(x) = |x|, x \in (-\infty, +\infty)$,求 $f(x)$ 的全部原函数.

解 令 $x = t^2$,则 $dx = 2t dt$,由换元积分法得

$$\int |x| \, dx = 2 \int t^3 \, dt = \frac{t^4}{2} + C = \frac{1}{2} x^2 + C.$$

问题分析 由于 $|x| \in C(-\infty, +\infty)$,所以在 $(-\infty, +\infty)$ 上有原函数,题目也明确要求在 $(-\infty, +\infty)$ 上的原函数.但解题时所取的变换 $x = t^2$,限定了 $x \geq 0$,故上面的计算结果仅仅是 $[0, +\infty)$ 内的全部原函数,与题目要求不一致.

用第二类换元积分法计算不定积分时,所取的变换 $x = \varphi(t)$ 应满足如下要求,其值域包含原函数的定义区间;$\varphi(t)$ 有连续的导数,且有反函数 $t = \varphi^{-1}(x)$.

本题无需作变换,因被积函数可表示为分段函数,第一步分区间求原函数,

$$\int |x| \, dx = \begin{cases} \int -x \, dx, & x < 0, \\ \int x \, dx, & x \geq 0 \end{cases} = \begin{cases} -\frac{1}{2} x^2 + C_1, & x < 0, \\ \frac{1}{2} x^2 + C_2, & x \geq 0. \end{cases}$$

第二步,求 $(-\infty, +\infty)$ 上的原函数,修补分段点处原函数的值,调整 C_1, C_2 确保每个原函数在分段点处连续,由于

$$\lim_{x \to 0^-} \left(-\frac{1}{2} x^2 + C_1 \right) = C_1, \quad \lim_{x \to 0^+} \left(\frac{1}{2} x^2 + C_2 \right) = C_2,$$

故令 $C_1 = C_2 \xlongequal{\text{记}} C$,且定义原函数在 $x = 0$ 处等于 C,便得到 $(-\infty, +\infty)$ 上,$|x|$ 的全部原函数

$$\int |x| \, dx = \begin{cases} -\frac{1}{2} x^2 + C, & x < 0, \\ C, & x = 0, \\ \frac{1}{2} x^2 + C, & x > 0. \end{cases}$$

$$= \frac{1}{2} x |x| + C.$$

保证了原函数在分段点处的连续性,可导性由教材内容可得.

4. 已知曲线 $y = f(x)$ 上点 (x, y) 处的切线斜率为 $\dfrac{1}{x \sqrt{x^2 - 1}}$,且曲线通过点 $(-2, 0)$,求此曲线方程.

解 由导数的几何意义知 $y' = \dfrac{1}{x \sqrt{x^2 - 1}}$,故

$$y = \int \frac{1}{x\sqrt{x^2-1}} dx = -\int \frac{d(1/x)}{\sqrt{1-(1/x)^2}} = \arccos \frac{1}{x} + C.$$

由于点$(-2,0)$在曲线上,代入上式得$C = -\frac{2}{3}\pi$,从而所求的曲线方程为

$$y = \arccos \frac{1}{x} - \frac{2}{3}\pi.$$

问题分析 被积函数的定义域是$(-\infty,-1)$和$(1,+\infty)$,曲线上的已知点$(-2,0)$的横坐标-2,在区间$(-\infty,-1)$内,故所求的曲线$y=f(x)$只能在$-\infty<x<-1$内,然而解题求原函数时,用到$\sqrt{x^2}=x$,所得到的结果是区间$(1,+\infty)$上的原函数,它们的图形是$(1,+\infty)$上的积分曲线族. 把点$(-2,0)$的坐标代入,自然是张冠李戴了.

正确的解法是,由于$-2 \in (-\infty,-1)$,只要求$(-\infty,-1)$内的积分曲线族.

$$y = \int \frac{1}{x\sqrt{x^2-1}} dx = \int \frac{d(1/x)}{\sqrt{1-(1/x)^2}} = \arcsin \frac{1}{x} + C,$$

将点$(-2,0)$的坐标代入得$C = \frac{\pi}{6}$,于是所求之曲线的方程为

$$y = \arcsin \frac{1}{x} + \frac{\pi}{6} \quad (x<-1).$$

5.5 释疑解惑

1. 为什么一个不定积分计算的结果有时不一样,怎样验查结果是否正确?

答 得到不一样的结果有两种可能:其一,是计算有误;其二,由于不定积分等于被积函数的任何一个原函数与一个任意常数之和. 如果计算方法不同,可能取的原函数不同,导致结果表面上的差异,其实结果却是正确的.

检验不定积分的计算结果是否正确,最简单的方法是把得到的结果求导,看是否等于被积函数,等就正确,不等就是错的. 此外,注意原函数与被积函数存在区间的一致性;在一个连续的区间上,任意常数(积分常数)只有一个.

如果已经知道某个计算结果是错的,我们再检查计算的每个步骤,发现产生错误的原因,吸取教训.

2. 使用分部积分法计算不定积分时,有哪些常见的情况,有什么要注意的?

答 分部积分法

$$\int uv' dx = \int u dv = uv - \int v du = uv - \int u'v dx$$

是与乘积的微分法

$$d(uv) = u dv + v du, \quad u dv = d(uv) - v du$$

相对应的,使用分部积分公式时,常见如下三种情况.

（1）逐步化简积分式

分部积分公式将不定积分 $\int uv' \mathrm{d}x$ 的计算转化为不定积分 $\int u'v \mathrm{d}x$ 的计算. 如果后一积分容易计算,就起到了化简积分的作用. 所以用分部积分法时,首先要注意选取 v' 要好积,即从 v' 容易得到 v,其次要求 $\int u'v \mathrm{d}x$ 比原来的积分 $\int uv' \mathrm{d}x$ 容易计算,教材中列举的一些情况下,选取 u, v' 的经验就是出于上述目的得到的.

（2）部分回归,从中可解出不定积分

经分部积分和其他运算后,有时再次出现原来的不定积分,即得到这个不定积分所满足的方程,从中可解出这个不定积分来. 如

$$I = \int \sqrt{a^2 - x^2} \mathrm{d}x = x\sqrt{a^2 - x^2} + \int \frac{x^2}{\sqrt{a^2 - x^2}} \mathrm{d}x$$

$$= x\sqrt{a^2 - x^2} - \int \sqrt{a^2 - x^2} \mathrm{d}x + a^2 \int \frac{1}{\sqrt{a^2 - x^2}} \mathrm{d}x$$

$$= x\sqrt{a^2 - x^2} + a^2 \arcsin \frac{x}{a} - I,$$

由此解得

$$\int \sqrt{a^2 - x^2} \mathrm{d}x = \frac{x}{2}\sqrt{a^2 - x^2} + \frac{a^2}{2} \arcsin \frac{x}{a} + C.$$

这里有两个值得注意的问题,其一,在重复使用分部积分法时, u, v' 的选择不要来回变动. 否则,将产生无效的完全回归

$$\int uv' \mathrm{d}x = uv - \int u'v \mathrm{d}x = uv - \left[uv - \int uv' \mathrm{d}x \right] = \int uv' \mathrm{d}x.$$

其二,是解出不定积分时,千万不要忘记加任意常数 C.

（3）得到递推公式

例如,

$$I_n = \int (\ln x)^n \mathrm{d}x = x(\ln x)^n - n\int (\ln x)^{n-1} \mathrm{d}x,$$

故有递推公式

$$I_n = x(\ln x)^n - nI_{n-1}, \quad n = 1, 2, \cdots,$$

又因 $I_0 = \int \mathrm{d}x = x + C$. 由递推公式就不难计算 $\int (\ln x)^n \mathrm{d}x$ 了.

3. 有理函数的不定积分,必须用最简分式法计算吗?

答 不一定,最简分式法是计算有理函数不定积分的通用方法,它从理论上说明了:有理函数的原函数都是初等函数. 由于方法通用,除分母多项式次数较低的情况外,一般会显得麻烦些. 而且当分母多项式难以分解为质因式之积时,实际上就不能使用此方法了. 所以,求有理函数的不定积分,用什么方法,尽可能简便才好,对其他不定积分也应如此.

【例】 $\int \frac{\mathrm{d}x}{x(x^{10} + 1)} = \int \frac{\mathrm{d}x}{x^{11}(1 + x^{-10})} = -\frac{1}{10}\int \frac{\mathrm{d}x^{-10}}{1 + x^{-10}} = -\frac{1}{10}\ln(1 + x^{-10}) + C.$

$$\int \frac{\mathrm{d}x}{x(x^{10}+1)} = \int \frac{x^9 \mathrm{d}x}{x^{10}(x^{10}+1)} = \frac{1}{10}\int \frac{\mathrm{d}x^{10}}{x^{10}(x^{10}+1)}$$

$$= \frac{1}{10}\int \left[\frac{1}{x^{10}} - \frac{1}{x^{10}+1}\right]\mathrm{d}x^{10} = \frac{1}{10}\ln \frac{x^{10}}{x^{10}+1} + C.$$

【例】 计算 $\int \frac{x^2}{(x-1)^{11}}\mathrm{d}x$. 令 $t = x-1$, 则 $x = t+1$, $\mathrm{d}x = \mathrm{d}t$, 故

$$\int \frac{x^2}{(x-1)^{11}}\mathrm{d}x = \int \frac{(t+1)^2}{t^{11}}\mathrm{d}t = \int \left[\frac{1}{t^9} + \frac{2}{t^{10}} + \frac{1}{t^{11}}\right]\mathrm{d}t$$

$$= -\frac{1}{8}\frac{1}{t^8} - \frac{2}{9}\frac{1}{t^9} - \frac{1}{10}\frac{1}{t^{10}} + C$$

$$= -\frac{1}{(x-1)^{10}}\left[\frac{1}{8}(x-1)^2 + \frac{2}{9}(x-1) + \frac{1}{10}\right] + C.$$

4. 将既约有理真分式分解为最简分式之和时,最简分式的待定系数如何确定?

答 这里通过一个例子说明确定待定系数的主要方法,例如

$$\frac{1+4x}{(x-1)^2(x^2+2x+2)} = \frac{A}{(x-1)^2} + \frac{B}{x-1} + \frac{Cx+D}{x^2+2x+2},$$

首先通分,去分母得

$$1+4x = [A+B(x-1)](x^2+2x+2) + (Cx+D)(x-1)^2. \tag{1}$$

方法 1 比较系数法.

将(1)式右边乘开,表为多项式,得

$$1+4x = (2A-2B+D) + (2A+C-2D)x + (A+B-2C+D)x^2 + (B+C)x^3.$$

比较等式两边多项式中 x 同次幂的系数,得到以 A,B,C,D 为未知量的代数方程组:

$$\begin{cases} B+C = 0, \\ A+B-2C+D = 0, \\ 2A+C-2D = 4, \\ 2A-2B+D = 1. \end{cases}$$

由此解得, $A = 1$, $B = 0$, $C = 0$, $D = -1$.

此方法是普遍适用的,除有理分式的分母多项式的次数较低情形外,一般是比较复杂的.

方法 2 赋值法.

将分母的一个实根(零点)代入到(1)式,令 $x = 1$,立刻得到 $A = 1$. 这样,分母有几个互异的实根,就容易得到几个待定的系数. 本例中,有理分式的分母多项式仅有一个实根 $x = 1$(二重根).

注意,下面就重根的情况,说明如何进一步确定待定系数.

将 $A = 1$ 代入(1)式,并将(1)式右边不再含待定系数的多项式(即 A 为系数的项)移到等式左边,这时等式的右边各项都含有 $(x-1)$ 因式,左边自然也含 $(x-1)$ 因式,两边约去它得

$$-(x-1) = B(x^2+2x+2) + (Cx+D)(x-1). \tag{2}$$

再令 $x = 1$ 代入(2)式,立刻得到 $B = 0$.

将 $B=0$ 代入(2)式,再约去 $(x-1)$,得
$$Cx+D=-1. \tag{3}$$
比较 x 同次幂的系数知,$C=0$, $D=-1$.

此外,将 $A=1$ 代入(1)式后,两边关于 x 求导,再将 $x=1$ 代入,也可确定 $B=0$.

用此方法,分母的每个 m 重实根可以确定 m 个待定系数,它们都是分母的一次质因式对应的最简分式的分子(本题中的 A,B).余下的是二次质因式对应的最简分式的分子的系数(本题中 C,D).最后再用比较系数法或赋值法(对(3)式),确定余下的系数.赋什么值,要具体分析最后含有这些系数的例子,比如本题最后的(3)式,令 $x=0$,得 $D=-1$.将 $D=-1$ 代入(3)式,得 $C=0$.

以上是确定最简分式的待定系数常用的两种方法.特别简单情况下,直接拼凑也可,如

$$\frac{3}{x^3+x^2+2x}=\frac{3}{2}\frac{(x^2+x+2)-x(x+1)}{x(x^2+x+2)}=\frac{\frac{3}{2}}{x}-\frac{\frac{3}{2}x+\frac{3}{2}}{x^2+x+2}.$$

5.6 例题分析

【例1】 $\int f(x)\,\mathrm{d}x$,其中

$$f(x)=\begin{cases}1, & -\infty<x<0,\\ x+1, & 0\leqslant x\leqslant 1,\\ 2x, & 1<x<+\infty.\end{cases}$$

解 在不同区间上积分,得

$$\int f(x)\,\mathrm{d}x=\begin{cases}x+C_1, & -\infty<x<0,\\ \dfrac{x^2}{2}+x+C_2, & 0\leqslant x\leqslant 1,\\ x^2+C_3, & 1<x<+\infty.\end{cases}$$

按原函数的连续性,命 $C_1=C_2=C_3-\dfrac{1}{2}$,于是

$$\int f(x)\,\mathrm{d}x=\begin{cases}x+C, & -\infty<x<0,\\ \dfrac{x^2}{2}+x+C, & 0\leqslant x\leqslant 1,\\ x^2+\dfrac{1}{2}+C, & 1<x<+\infty.\end{cases}$$

【例2】 设 $\int xf(x)\,\mathrm{d}x=\arcsin x+C$,求 $\int\dfrac{1}{f(x)}\,\mathrm{d}x$.

解 对给定的不定积分式两边求导,得 $xf(x)=\dfrac{1}{\sqrt{1-x^2}}$,从而

$$\frac{1}{f(x)} = x\sqrt{1-x^2}.$$

因此

$$\int \frac{1}{f(x)} dx = \int x\sqrt{1-x^2}\, dx = -\frac{1}{2}\int \sqrt{1-x^2}\, d(1-x^2) = -\frac{1}{3}(1-x^2)^{\frac{3}{2}} + C.$$

【例 3】 当 $x \geq 0$ 时，$F(x)$ 为 $f(x)$ 的一个原函数，且

$$f(x)F(x) = \frac{xe^x}{2(1+x)^2},$$

又知 $F(0) = 1$，$F(x) > 0$，求函数 $f(x)$.

解 由题意知

$$F'F = \frac{xe^x}{2(1+x)^2}.$$

于是有

$$(F^2)' = \frac{xe^x}{(1+x)^2},$$

$$F^2 = \int \frac{xe^x}{(1+x)^2} dx = \int \frac{e^x}{1+x} dx - \int \frac{e^x}{(1+x)^2} dx = \frac{e^x}{1+x} + C.$$

因为 $F(0) = 1$，知 $C = 0$. 故

$$F = \frac{e^{\frac{x}{2}}}{\sqrt{1+x}},$$

$$f(x) = F'(x) = \frac{xe^{\frac{x}{2}}}{2(1+x)^{\frac{3}{2}}}.$$

【例 4】 设 $f(x) = \frac{\sin x}{x}$，求不定积分 $\int x f''(x)\, dx$.

思路 被积函数中含有导数因式，不要忘记分部积分法.

解 由分部积分法

$$\int x f''(x)\, dx = \int x\, df'(x) = xf'(x) - \int f'(x)\, dx$$

$$= xf'(x) - f(x) + C = \cos x - 2\frac{\sin x}{x} + C.$$

【例 5】 设 $f(\ln x) = \frac{\ln(1+x)}{x}$，求 $\int f(x)\, dx$.

思路 (1) 求出 $f(x)$，积分；(2) 作换元积分，将 $f(x)$ 换为 $f(\ln x)$.

解法 1 令 $t = \ln x$，则 $x = e^t$，

$$f(\ln x) = f(t) = \frac{\ln(1+e^t)}{e^t},$$

故
$$\int f(x)dx = \int \frac{\ln(1+e^x)}{e^x}dx = -\int \ln(1+e^x)de^{-x}$$
$$= -e^{-x}\ln(1+e^x) + \int \frac{1}{1+e^x}dx$$
$$= -e^{-x}\ln(1+e^x) + \int \left(1 - \frac{e^x}{1+e^x}\right)dx$$
$$= x - (1+e^{-x})\ln(1+e^x) + C.$$

解法 2 作换元积分,令 $x = \ln u$,则 $u = e^x, dx = \frac{1}{u}du$,

$$\int f(x)dx = \int f(\ln u)\frac{1}{u}du = \int \frac{\ln(1+u)}{u^2}du = -\int \ln(1+u)d\frac{1}{u}$$
$$= -\frac{\ln(1+u)}{u} + \int \frac{1}{u(1+u)}du = -\frac{\ln(1+u)}{u} + \ln\frac{u}{1+u} + C$$
$$= x - (1+e^{-x})\ln(1+e^x) + C.$$

【**例 6**】 建立 $I_n = \int \tan^n x dx$ 的递推公式.

解 $I_n = \int \tan^n x dx = \int \tan^{n-2}x \tan^2 x dx = \int \tan^{n-2}x(\sec^2 x - 1)dx$
$$= \int \tan^{n-2}x \sec^2 x dx - I_{n-2} = \int \tan^{n-2}x d(\tan x) - I_{n-2}$$
$$= \frac{1}{n-1}\tan^{n-1}x - I_{n-2}.$$

类似地,可用分部积分法建立 $I_m = \int \frac{1}{\sin^m x}dx$ 的递推公式 $(m \geq 2)$.

【**例 7**】 求不定积分 $\int \frac{\sin x + 2\cos x}{3\sin x + 4\cos x}dx$.

思路 利用正弦、余弦导数的自封闭性(即其导数仍在正弦、余弦函数集内),将分子表为分母与分母的导数的线性组合.

解 因为 $(3\sin x + 4\cos x)' = 3\cos x - 4\sin x$,令
$$\sin x + 2\cos x = A(3\sin x + 4\cos x) + B(3\cos x - 4\sin x).$$

比较同类项系数得 $A = \frac{11}{25}$, $B = \frac{2}{25}$,故

$$\int \frac{\sin x + 2\cos x}{3\sin x + 4\cos x}dx = \int \frac{11}{25}dx + \frac{2}{25}\int \frac{d(3\sin x + 4\cos x)}{3\sin x + 4\cos x}$$
$$= \frac{11}{25}x + \frac{2}{25}\ln|3\sin x + 4\cos x| + C.$$

【**例 8**】 求 $\int \frac{\sin x}{\sin^3 x + \cos^3 x}dx$.

解 由换元积分法和有理函数的积分

$$\int \frac{\sin x}{\sin^3 x + \cos^3 x} dx = \int \frac{dx}{\sin^2 x(1 + \cot^3 x)} = -\int \frac{d\cot x}{1 + \cot^3 x}$$

$$\xlongequal{\text{令 } u = \cot x} -\int \frac{du}{1 + u^3} = -\frac{1}{3}\int \frac{1}{u+1} du + \frac{1}{3}\int \frac{u-2}{u^2-u+1} du$$

$$= -\frac{1}{3}\ln|u+1| + \frac{1}{6}\int \frac{2u-1}{u^2-u+1} du - \frac{1}{2}\int \frac{du}{\left(u-\frac{1}{2}\right)^2 + \frac{3}{4}}$$

$$= -\frac{1}{3}\ln|u+1| + \frac{1}{6}\ln|u^2-u+1| - \frac{1}{\sqrt{3}}\arctan\frac{2u-1}{\sqrt{3}} + C$$

$$= \frac{1}{6}\ln \frac{\cot^2 x - \cot x + 1}{(\cot x + 1)^2} - \frac{1}{\sqrt{3}}\arctan\frac{2\cot x - 1}{\sqrt{3}} + C.$$

【例 9】 求不定积分 $\int \sin^2 x \cos^2 x dx$.

思路 指数都是偶数，降阶.

解 $\int \sin^2 x \cos^2 x dx = \int \frac{1-\cos 2x}{2} \cdot \frac{1+\cos 2x}{2} dx = \frac{1}{4}\int (1 - \cos^2 2x) dx$

$$= \frac{1}{4}\int \left(1 - \frac{1+\cos 4x}{2}\right) dx = \frac{1}{8}x - \frac{1}{32}\sin 4x + C.$$

【例 10】 求 $\int \frac{dx}{\sin 2x + 2\sin x}$.

思路 三角函数角度同一化；分母单项化（有利于拆项）.

解法 1

$$\int \frac{dx}{\sin 2x + 2\sin x} = \int \frac{dx}{2\sin x(\cos x + 1)} = \int \frac{\sin x dx}{2\sin^2 x(\cos x + 1)}$$

$$= \int \frac{-d\cos x}{2(1-\cos^2 x)(1+\cos x)} \xlongequal{\text{令 } u = \cos x} -\frac{1}{2}\int \frac{du}{(1-u)(1+u)^2}$$

$$= -\frac{1}{8}\int \left[\frac{1}{1-u} + \frac{2}{(1+u)^2} + \frac{1}{1+u}\right] du$$

$$= \frac{1}{8}\left[\ln(1-u) + \frac{2}{1+u} - \ln(1+u)\right] + C$$

$$= \frac{1}{8}\ln \frac{1-\cos x}{1+\cos x} + \frac{1}{4(1+\cos x)} + C.$$

解法 2 由半角公式

$$\int \frac{dx}{\sin 2x + 2\sin x} = \int \frac{dx}{2\sin x(\cos x + 1)} = \frac{1}{4}\int \frac{d\frac{x}{2}}{\sin \frac{x}{2}\cos^3 \frac{x}{2}}$$

$$= \frac{1}{4}\int \frac{d\tan \frac{x}{2}}{\tan \frac{x}{2}\cos^2 \frac{x}{2}} = \frac{1}{4}\int \frac{1 + \tan^2 \frac{x}{2}}{\tan \frac{x}{2}} d\tan \frac{x}{2}$$

$$= \frac{1}{4}\ln\left|\tan\frac{x}{2}\right| + \frac{1}{8}\tan^2\frac{x}{2} + C.$$

在解法 1 中,凑成余弦函数为积分变量的积分,又用到有理函数积分法.而解法 2 实际上就是用了半角代换(万能变换).

【例 11】 求不定积分 $\int \arcsin\sqrt{x}\,dx$.

思路 反三角函数的积分,第一可以用分部积分法,第二可以用换元积分法,变为三角函数的积分.这里被积函数中含有积分变量的一次式开方,也可将此根式作为新变量.

解法 1 先分部积分

$$\int \arcsin\sqrt{x}\,dx = x\arcsin\sqrt{x} - \frac{1}{2}\int\sqrt{\frac{x}{1-x}}\,dx,$$

对后一积分作变换,令 $t = \sqrt{\dfrac{x}{1-x}}$,则 $x = 1 - \dfrac{1}{1+t^2}$, $dx = \dfrac{2t}{(1+t^2)^2}dt$,故

$$\frac{1}{2}\int\sqrt{\frac{x}{1-x}}\,dx = \int\frac{t^2}{(1+t^2)^2}dt = \int\frac{1}{1+t^2}dt - \int\frac{1}{(1+t^2)^2}dt$$

$$= \arctan t - \frac{1}{2}\frac{t}{1+t^2} - \frac{1}{2}\arctan t + C$$

$$= \frac{1}{2}\arctan\sqrt{\frac{x}{1-x}} - \frac{1}{2}\sqrt{x-x^2} + C.$$

这里最后的积分用到递推公式

$$I_{n+1} = \int\frac{dx}{(x^2+a^2)^{n+1}} = \frac{1}{2na^2}\frac{x}{(x^2+a^2)^n} + \frac{2n-1}{2na^2}I_n.$$

于是

$$\int \arcsin\sqrt{x}\,dx = x\arcsin\sqrt{x} - \frac{1}{2}\arctan\sqrt{\frac{x}{1-x}} + \frac{1}{2}\sqrt{x-x^2} + C.$$

解法 2 如图 5.1,令 $u = \arcsin\sqrt{x}$,则 $x = \sin^2 u$,

$$\int \arcsin\sqrt{x}\,dx = \int u\,d\sin^2 u = u\sin^2 u - \int \sin^2 u\,du$$

$$= u\sin^2 u - \frac{1}{2}\int(1-\cos 2u)du$$

$$= u\sin^2 u - \frac{u}{2} + \frac{1}{4}\sin 2u + C$$

$$= u\sin^2 u - \frac{u}{2} + \frac{1}{2}\sin u\cos u + C$$

$$= \left(x - \frac{1}{2}\right)\arcsin\sqrt{x} + \frac{1}{2}\sqrt{x-x^2} + C.$$

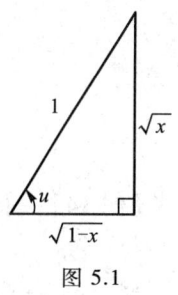

图 5.1

【例 12】 求不定积分 $\int(\arcsin x)^2 dx$.

思路 用分部积分法.

解
$$\int (\arcsin x)^2 dx = x(\arcsin x)^2 - \int \arcsin x \frac{2x}{\sqrt{1-x^2}}dx$$
$$= x(\arcsin x)^2 + 2\int \arcsin x\, d\sqrt{1-x^2}$$
$$= x(\arcsin x)^2 + 2\sqrt{1-x^2}\arcsin x - 2\int dx$$
$$= x(\arcsin x)^2 + 2\sqrt{1-x^2}\arcsin x - 2x + C.$$

【注】 如果作变换，令 $u = \arcsin x$，$x = \sin u$ 仍要两次分部积分，只不过三角函数的积分更熟悉些.

【例 13】 求不定积分 $\int \frac{x^3}{\sqrt{1+x^2}}dx$.

思路 由于被积函数中有根式，所以用换元积分法，但本题也可用分部积分法.

解法 1 令 $u = \sqrt{1+x^2}$，则 $x^2 = u^2 - 1$，
$$\int \frac{x^3 dx}{\sqrt{1+x^2}} = \frac{1}{2}\int \frac{x^2}{\sqrt{1+x^2}}dx^2 = \frac{1}{2}\int \frac{u^2-1}{u}2u\,du$$
$$= \int (u^2-1)du = \frac{u^3}{3} - u + C$$
$$= \frac{1}{3}(1+x^2)^{\frac{3}{2}} - (1+x^2)^{\frac{1}{2}} + C.$$

解法 2 令 $x = \tan t$，则 $dx = \sec^2 t\, dt$，
$$\int \frac{x^3 dx}{\sqrt{1+x^2}} = \int \frac{\tan^3 t}{\sec t}\sec^2 t\, dt = \int \frac{\sin^3 t}{\cos^4 t}dt = \int \frac{-1+\cos^2 t}{\cos^4 t}d\cos t$$
$$= \frac{1}{3}\frac{1}{\cos^3 t} - \frac{1}{\cos t} + C = \frac{1}{3}(\sqrt{1+x^2})^3 - \sqrt{1+x^2} + C.$$

解法 3 用分部积分法
$$\int \frac{x^3 dx}{\sqrt{1+x^2}} = \frac{1}{2}\int \frac{x^2}{\sqrt{1+x^2}}dx^2 = \int x^2 d\sqrt{1+x^2}$$
$$= x^2\sqrt{1+x^2} - \int \sqrt{1+x^2}\, dx^2$$
$$= x^2\sqrt{1+x^2} - \frac{2}{3}(\sqrt{1+x^2})^3 + C.$$

【例 14】 求 $\int \frac{dx}{(2x^2+1)\sqrt{x^2+1}}$.

解 令 $x = \tan u$，则 $\sqrt{x^2+1} = \frac{1}{\cos u}$，$dx = \frac{du}{\cos^2 u}$，
$$\int \frac{dx}{(2x^2+1)\sqrt{x^2+1}} = \int \frac{du}{(2\tan^2 u + 1)\cos u} = \int \frac{\cos u\, du}{1+\sin^2 u} = \int \frac{d\sin u}{1+\sin^2 u}$$
$$= \arctan\sin u + C = \arctan \frac{x}{\sqrt{x^2+1}} + C.$$

【例 15】 求 $\int \dfrac{1}{\sqrt{(x-a)(b-x)}}\mathrm{d}x \qquad (a<b)$.

解法 1 用凑微分法($a<x<b$)

$$\int \dfrac{1}{\sqrt{(x-a)(b-x)}}\mathrm{d}x = \int \dfrac{2\mathrm{d}\sqrt{x-a}}{\sqrt{b-x}} = 2\int \dfrac{\mathrm{d}\sqrt{x-a}}{\sqrt{(b-a)-(x-a)}}$$

$$= 2\int \dfrac{\mathrm{d}\sqrt{\dfrac{x-a}{b-a}}}{\sqrt{1-\dfrac{x-a}{b-a}}} = 2\arcsin\sqrt{\dfrac{x-a}{b-a}} + C.$$

解法 2 被积函数恒等变形,根式下配方

$$\int \dfrac{1}{\sqrt{(x-a)(b-x)}}\mathrm{d}x = \int \dfrac{\mathrm{d}x}{\sqrt{\left(\dfrac{b-a}{2}\right)^2 - \left(x - \dfrac{b+a}{2}\right)^2}}$$

$$= \arcsin\dfrac{2x-a-b}{b-a} + C.$$

【例 16】 计算 $\int \dfrac{1}{x\sqrt{1+x^4}}\mathrm{d}x$.

思路 如果被积函数中分母上的 x 换到分子上,就好办了.(本题中分母上 x 的幂次较高)取 $x=\dfrac{1}{t}$ 代换.

解 令 $x=\dfrac{1}{t}$,则 $\mathrm{d}x = -\dfrac{1}{t^2}\mathrm{d}t$,

$$\int \dfrac{1}{x\sqrt{1+x^4}}\mathrm{d}x = -\int \dfrac{t}{\sqrt{1+t^4}}\mathrm{d}t = -\dfrac{1}{2}\int \dfrac{\mathrm{d}t^2}{\sqrt{1+t^4}}$$

$$= -\dfrac{1}{2}\ln|t^2 + \sqrt{1+t^4}| + C = \ln x - \dfrac{1}{2}\ln(1+\sqrt{1+x^4}) + C.$$

【例 17】 计算 $\int \dfrac{x^2+1}{x^4+1}\mathrm{d}x$.

解法 1 这是有理函数的积分,因为(在复数域上,先求 $x^4=-1$ 的四个复根,然后得分解式)

$$x^4+1 = (x^2-\sqrt{2}x+1)(x^2+\sqrt{2}x+1),$$

故

$$\int \dfrac{x^2+1}{x^4+1}\mathrm{d}x = \dfrac{1}{2}\int \dfrac{1}{x^2-\sqrt{2}x+1}\mathrm{d}x + \dfrac{1}{2}\int \dfrac{1}{x^2+\sqrt{2}x+1}\mathrm{d}x$$

$$= \dfrac{1}{2}\int \dfrac{\mathrm{d}x}{\left(x-\dfrac{\sqrt{2}}{2}\right)^2+\dfrac{1}{2}} + \dfrac{1}{2}\int \dfrac{\mathrm{d}x}{\left(x+\dfrac{\sqrt{2}}{2}\right)^2+\dfrac{1}{2}}$$

$$= \dfrac{\sqrt{2}}{2}[\arctan(\sqrt{2}x-1) + \arctan(\sqrt{2}x+1)] + C.$$

解法 2 当 $x \neq 0$，即在不包含原点的区间上，可以这样计算该不定积分

$$\int \frac{x^2+1}{x^4+1} dx = \int \frac{1+\frac{1}{x^2}}{x^2+\frac{1}{x^2}} dx = \int \frac{1}{\left(x-\frac{1}{x}\right)^2+2} d\left(x-\frac{1}{x}\right)$$

$$= \frac{1}{\sqrt{2}} \arctan\left[\frac{1}{\sqrt{2}}\left(x-\frac{1}{x}\right)\right] + C = \frac{1}{\sqrt{2}} \arctan \frac{x^2-1}{\sqrt{2}\,x} + C.$$

【例 18】 求 $\int \dfrac{e^x}{e^{2x}-2e^x-3} dx$

解 令 $t=e^x, x=\ln t, dx=\dfrac{1}{t} dt$.

$$\text{原式} = \int \frac{t}{t^2-2t-3} \cdot \frac{1}{t} dt = \int \frac{1}{t^2-2t-3} dt = \frac{1}{4}\int \left(\frac{1}{t-3}-\frac{1}{t+1}\right) dt$$

$$= \frac{1}{4} \ln \frac{t-3}{t+1} + C = \frac{1}{4} \ln \frac{e^x-3}{e^x+1} + C.$$

【例 19】 计算 $\int e^{2x}(1+\tan x)^2 dx$.

思路 求不同类型函数之积的不定积分，要想到分部积分法，关键要选好 u, v'. 为此，也常常将被积函数作恒等变形，或结合换元积分法计算. 本题若取 e^{2x} 为 v'，而 $u=(1+\tan x)^2$，结果会越来越困难，反过来取 u, v' 也不行，那就先作恒等变形吧.

解 因为 $(1+\tan x)^2 = 1+\tan^2 x+2\tan x = \sec^2 x+2\tan x$，所以

$$\int e^{2x}(1+\tan x)^2 dx = \int e^{2x} \sec^2 x\, dx + 2\int e^{2x} \tan x\, dx$$

$$= \int e^{2x} d\tan x + 2\int e^{2x} \tan x\, dx$$

$$= e^{2x} \tan x - 2\int e^{2x} \tan x\, dx + 2\int e^{2x} \tan x\, dx$$

$$= e^{2x} \tan x + C.$$

注意，最后不要丢掉积分常数 C.

【例 20】 求 $\int \dfrac{xe^x}{\sqrt{e^x-1}} dx$.

解 由分部积分法

$$\int \frac{xe^x}{\sqrt{e^x-1}} dx = 2\int x\, d\sqrt{e^x-1} = 2x\sqrt{e^x-1} - 2\int \sqrt{e^x-1}\, dx,$$

对最后的积分换元，令 $u=\sqrt{e^x-1}$，则 $x=\ln(1+u^2), dx=\dfrac{2u}{1+u^2} du$，故

$$\int \sqrt{e^x-1}\, dx = \int \frac{2u^2}{1+u^2} du = 2[u-\arctan u] + C$$

$$= 2[\sqrt{e^x-1}-\arctan\sqrt{e^x-1}] + C.$$

因此
$$\int \frac{xe^x}{\sqrt{e^x-1}}dx = 2(x-2)\sqrt{e^x-1} + 4\arctan\sqrt{e^x-1} + C.$$

【注】 本题先作变换 $u=\sqrt{e^x-1}$,再分部积分,难易程度一样.

【例21】 计算 $\int \frac{\arcsin\sqrt{x}+\ln x}{\sqrt{x}}dx.$

解
$$\int \frac{\arcsin\sqrt{x}+\ln x}{\sqrt{x}}dx = 2\int (\arcsin\sqrt{x}+\ln x)d\sqrt{x}$$
$$= 2\sqrt{x}(\arcsin\sqrt{x}+\ln x) - \int \frac{dx}{\sqrt{1-x}} - 2\int \frac{dx}{\sqrt{x}}$$
$$= 2\sqrt{x}(\arcsin\sqrt{x}+\ln x) + \int \frac{d(1-x)}{\sqrt{1-x}} - 4\sqrt{x}$$
$$= 2\sqrt{x}(\arcsin\sqrt{x}+\ln x) + 2\sqrt{1-x} - 4\sqrt{x} + C.$$

【例22】 求 $\int \frac{x\cos^4 \frac{x}{2}}{\sin^3 x}dx.$

解
$$\int \frac{x\cos^4 \frac{x}{2}}{\sin^3 x}dx = \frac{1}{8}\int \frac{x\cos^4 \frac{x}{2}}{\sin^3 \frac{x}{2}\cos^3 \frac{x}{2}}dx = \frac{1}{8}\int \frac{x\cos \frac{x}{2}}{\sin^3 \frac{x}{2}}dx$$
$$= \frac{1}{4}\int \frac{xd\sin \frac{x}{2}}{\sin^3 \frac{x}{2}} = -\frac{1}{8}\int xd\sin^{-2} \frac{x}{2}$$
$$= -\frac{1}{8}x\csc^2 \frac{x}{2} + \frac{1}{8}\int \csc^2 \frac{x}{2}dx$$
$$= -\frac{1}{8}x\csc^2 \frac{x}{2} - \frac{1}{4}\cot \frac{x}{2} + C.$$

【例23】 求 $\int \frac{\ln \sin x}{\sin^2 x}dx.$

解
$$\int \frac{\ln \sin x}{\sin^2 x}dx = -\int \ln \sin x d\cot x = -\cot x \ln \sin x + \int \cot x \frac{\cos x}{\sin x}dx$$
$$= -\cot x \ln \sin x + \int \cot^2 x dx = -\cot x \cdot \ln \sin x - \cot x - x + C.$$

【例24】 计算 $\int \frac{x^2+\ln^4 x}{(x\ln x)^3}dx.$

解
$$\int \frac{x^2 + \ln^4 x}{(x\ln x)^3} dx = \int \frac{1}{x\ln^3 x} dx + \int \frac{\ln x}{x^3} dx = \int \frac{1}{\ln^3 x} d\ln x - \frac{1}{2} \int \ln x \, dx^{-2}$$
$$= -\frac{1}{2} \cdot \frac{1}{\ln^2 x} - \frac{1}{2} \cdot \frac{\ln x}{x^2} + \frac{1}{2} \int \frac{1}{x^3} dx$$
$$= -\frac{1}{2} \left(\frac{1}{\ln^2 x} + \frac{1 + 2\ln x}{2x^2} \right) + C.$$

【例 25】 求不定积分 $\int \frac{1}{x\sqrt{x^2-1}} dx$.

解法 1 令 $x = \sec t$，则 $dx = \sec t \tan t \, dt$，
$$\int \frac{1}{x\sqrt{x^2-1}} dx = \int \frac{\sec t \tan t}{\sec t \tan t} dt = \int dt = t + C = \operatorname{arcsec} x + C.$$

解法 2 令 $t = \sqrt{x^2-1}$，则 $x^2 = 1 + t^2$，$dx^2 = 2t \, dt$，
$$\int \frac{1}{x\sqrt{x^2-1}} dx = \frac{1}{2} \int \frac{dx^2}{x^2 \sqrt{x^2-1}} = \frac{1}{2} \int \frac{2t \, dt}{(1+t^2) t} = \int \frac{dt}{1+t^2}$$
$$= \arctan t + C = \arctan \sqrt{x^2-1} + C.$$

解法 3 令 $x = \frac{1}{t}$，则
$$\int \frac{1}{x\sqrt{x^2-1}} dx = \pm \int \frac{dx}{x^2 \sqrt{1 - \frac{1}{x^2}}} = \mp \int \frac{d\frac{1}{x}}{\sqrt{1 - \frac{1}{x^2}}} = \mp \int \frac{dt}{\sqrt{1-t^2}}$$
$$= \pm \arccos t + C = \pm \arccos \frac{1}{x} + C.$$

当 $x > 1$ 时，取正号；当 $x < -1$ 时，取负号.

【注】 每种变换是如何考虑的？取三种变换，得到三个表面上不同的结果，通过导数运算可以检验它们都是正确的.其中 $\operatorname{arcsec} x$ 的导数公式，可由反函数求导法推出，通过解法 1 知
$$(\operatorname{arcsec} x)' = \frac{1}{x\sqrt{x^2-1}}.$$

如果 $\operatorname{arcsec} x$ 的导数公式不熟悉，还可通过图 5.2 的边角关系观察到每个结果都相同.

【例 26】 计算 $\int \sin(\ln x) dx$.

解 两次利用分部积分法，得
$$\int \sin(\ln x) dx = x\sin(\ln x) - \int \cos(\ln x) dx$$
$$= x\sin(\ln x) - x\cos(\ln x) - \int \sin(\ln x) dx,$$

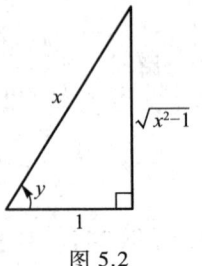

图 5.2

故
$$\int \sin(\ln x)\,dx = \frac{x}{2}[\sin(\ln x) - \cos(\ln x)] + C.$$

【例27】 设 $I_n = \int \dfrac{1}{\sin^n x}dx$,其中 $n \geq 2$ 为自然数,给出 I_n 的递推公式.

解法1
$$\begin{aligned}
I_n &= \int \csc^n x\,dx = -\int \csc^{n-2} x\,d\cot x \\
&= -\csc^{n-2} x \cot x - (n-2)\int \csc^{n-2} x \cot^2 x\,dx \\
&= -\csc^{n-2} x \cot x - (n-2)\int \csc^{n-2} x(\csc^2 x - 1)\,dx \\
&= -\csc^{n-2} x \cot x - (n-2)I_n + (n-2)I_{n-2},
\end{aligned}$$

故有递推公式
$$I_n = \frac{-1}{n-1}\frac{\cos x}{\sin^{n-1} x} + \frac{n-2}{n-1}I_{n-2}.$$

解法2
$$\begin{aligned}
I_n &= \int \frac{\sin x}{\sin^{n+1} x}dx = -\int \frac{d\cos x}{\sin^{n+1} x} = -\frac{\cos x}{\sin^{n+1} x} - (n+1)\int \frac{\cos^2 x}{\sin^{n+2} x}dx \\
&= -\frac{\cos x}{\sin^{n+1} x} - (n+1)\int \frac{1 - \sin^2 x}{\sin^{n+2} x}dx \\
&= -\frac{\cos x}{\sin^{n+1} x} - (n+1)I_{n+2} + (n+1)I_n,
\end{aligned}$$

故有
$$I_{n+2} = -\frac{1}{n+1}\frac{\cos x}{\sin^{n+1} x} + \frac{n}{n+1}I_n,$$

将 $n+2$ 换为 n,得到递推公式
$$I_n = \frac{-1}{n-1}\frac{\cos x}{\sin^{n-1} x} + \frac{n-2}{n-1}I_{n-2}.$$

【例28】 设 $f(x) \in C^1$,且 $f'(x) \neq 0$, $f^{-1}(x)$ 为 $f(x)$ 的反函数,$F(x)$ 为 $f(x)$ 的一个原函数,证明

$$\int f^{-1}(x)\,dx = xf^{-1}(x) - F(f^{-1}(x)) + C.$$

思路 证明不定积分等式,通常是两边求导看是否相符.这里的等式右边第一项也让我们想到分部积分法.

证法1 设 $x = f(y)$, $y = f^{-1}(x)$,因 $f'(y) \neq 0$,故

$$[f^{-1}(x)]' = \frac{1}{f'(y)} = \frac{1}{f'(f^{-1}(x))}$$

存在.又

$$\left(\int f^{-1}(x)\mathrm{d}x\right)' = f^{-1}(x),$$

$$[xf^{-1}(x) - F(f^{-1}(x)) + C]' = f^{-1}(x) + x[f^{-1}(x)]' - f(f^{-1}(x))\cdot[f^{-1}(x)]'$$
$$= f^{-1}(x) + x[f^{-1}(x)]' - x[f^{-1}(x)]' = f^{-1}(x),$$

由此可见,所要证的积分等式成立.

证法 2 由分部积分法,得

$$\int f^{-1}(x)\mathrm{d}x = xf^{-1}(x) - \int x\mathrm{d}f^{-1}(x) = xf^{-1}(x) - \int f(y)\mathrm{d}y$$
$$= xf^{-1}(x) - F(y) + C = xf^{-1}(x) - F(f^{-1}(x)) + C.$$

5.7 习题解答

5.1

1. 写出下列函数的原函数.

(1) $\sin 2x$;　　(2) a^{2x};　　(3) $(ax+b)^n (n\neq -1)$.

解 (1) $\sin 2x$ 的原函数为: $-\dfrac{1}{2}\cos 2x + C$.

(2) a^{2x} 的原函数为: $\dfrac{a^{2x}}{2\ln a} + C$.

(3) $(ax+b)^n$ 的原函数为 $\dfrac{1}{(n+1)a}(ax+b)^{n+1} + C, n\neq -1$.

2. 一条曲线通过点 $(e^2, 3)$,且其上任一点处的切线斜率等于该点横坐标的倒数,求该曲线方程.

解 由题意知 $\dfrac{\mathrm{d}y}{\mathrm{d}x} = \dfrac{1}{x}$,$y = \int \dfrac{1}{x}\mathrm{d}x = \ln|x| + C$,又因曲线过 $(e^2, 3)$ 点有: $3 = \ln e^2 + C$,故 $C = 1$.

所求曲线方程为 $y = \ln|x| + 1$.

3. 一物体由静止开始作直线运动,在时间 t(单位:s)的速度是 $3t^2$(单位:m/s),问:

(1) 在 $t = 3$ 时物体离开出发点的距离是多少?

(2) 物体走完 360 m 需要多少时间?

解 $v(t) = 3t^2$,即有 $s'(t) = 3t^2$, $s(t) = t^3 + C$,因 $t = 0$ 时 $s(0) = 0$,所以 $C = 0$,即 $s(t) = t^3$.

(1) $s(3) = 3^3 = 27(\mathrm{m})$.

(2) $s(t) = t^3 = 360$, $t = \sqrt[3]{360} \approx 7.1(\mathrm{s})$.

4. 求一曲线,使之通过点 $A(1,6)$ 和 $B(2,9)$,且其切线斜率与 x^3 成正比.

解 由题意, $\dfrac{\mathrm{d}y}{\mathrm{d}x} = kx^3$, $y = \int kx^3\mathrm{d}x = \dfrac{k}{4}x^4 + C$.

又曲线过 A、B 两点有 $\begin{cases} 6 = \dfrac{k}{4}1^4 + C, \\ 9 = \dfrac{k}{4}2^4 + C, \end{cases}$ 于是 $\begin{cases} k = \dfrac{4}{5}, \\ C = \dfrac{29}{5}, \end{cases}$

即该曲线方程为：$y = \dfrac{1}{5}x^4 + \dfrac{29}{5}$.

5. 证明：当 $0 < x < \pi$ 时，有 $\ln\tan\dfrac{x}{2} - \ln(\csc x - \cot x) = a$，并求该常数 a.

解 令 $y = \ln\tan\dfrac{x}{2} - \ln(\csc x - \cot x)$，有

$$y' = \dfrac{1}{\tan\dfrac{x}{2}} \cdot \dfrac{\dfrac{1}{2}}{\cos^2\dfrac{x}{2}} - \dfrac{-\dfrac{\cos x}{\sin^2 x} + \dfrac{1}{\sin^2 x}}{\csc x - \cot x}.$$

$y' = \dfrac{1}{\sin x} - \dfrac{1}{\sin x} \cdot \dfrac{1 - \cos x}{(1 - \cos x)} = 0$，即 $y = a$（常数）.

令 $x = \dfrac{\pi}{2}$，$\tan\dfrac{x}{2} = \tan\dfrac{\pi}{4} = 1$，$\csc\dfrac{\pi}{2} = 1$，$\cot\dfrac{\pi}{2} = 0$，代入原式有：$\ln 1 - \ln(1 - 0) = 0$，所以 $a = 0$.

6. 设 $f(x)$ 为可微函数，下列各式中正确的是（　　）.

(A) $d\int f(x)dx = f(x)$ 　　　　　　(B) $\int f'(x)dx = f(x)$

(C) $\left(\int f(x)dx\right)' = f(x)$ 　　　　(D) $\left(\int f(x)dx\right)' = f(x) + C$

正确为 C.

7. 应用基本积分表及分部积分法求下列不定积分.

(1) $\int(x^2 - 3x^{-0.7} + 1)dx$；　　　　(2) $\int\sqrt[m]{x^n}dx$；

(3) $\int\sqrt{x\sqrt{x\sqrt{x}}}\,dx$；　　　　　　(4) $\int\dfrac{3x^4 + 3x^2 + 1}{x^2 + 1}dx$；

(5) $\int 3^{2x}e^x dx$；　　　　　　　　(6) $\int\dfrac{2^x + 5^x}{10^x}dx$；

(7) $\int\cos^2\dfrac{x}{2}dx$；　　　　　　(8) $\int\tan^2 x\,dx$；

(9) $\int\dfrac{\cos 2x}{\sin^2 x\cos^2 x}dx$；　　　　(10) $\int\dfrac{1 + \cos^2 x}{1 + \cos 2x}dx$；

(11) $\int\left(\sin\dfrac{x}{2} - \cos\dfrac{x}{2}\right)^2 dx$；　　(12) $\int\dfrac{\sqrt{1 + x^2}}{\sqrt{1 - x^4}}dx$.

解 (1) 原式 $= \int x^2 dx - \int 3x^{-0.7}dx + \int 1dx = \dfrac{1}{3}x^3 - 10x^{\frac{3}{10}} + x + C$.

(2) 当 $m \neq -n$ 时,原式 $= \dfrac{x^{\frac{n}{m}+1}}{\frac{n}{m}+1} + C = \dfrac{mx^{\frac{m+n}{m}}}{m+n} + C$,

当 $m = -n$ 时,原式 $= \displaystyle\int \dfrac{1}{x} \mathrm{d}x = \ln|x| + C$.

(3) 原式 $= \displaystyle\int x^{\frac{1}{2}} \cdot x^{\frac{1}{4}} \cdot x^{\frac{1}{8}} \mathrm{d}x = \int x^{\frac{7}{8}} \mathrm{d}x = \dfrac{8}{15} x^{\frac{15}{8}} + C$.

(4) 原式 $= \displaystyle\int \dfrac{3x^2(x^2+1)+1}{x^2+1} \mathrm{d}x = \int 3x^2 \mathrm{d}x + \int \dfrac{1}{1+x^2} \mathrm{d}x = x^3 + \arctan x + C$.

(5) 原式 $= \displaystyle\int 3^{2x} \mathrm{e}^x \mathrm{d}x = \int (9\mathrm{e})^x \mathrm{d}x = \dfrac{1}{2\ln 3 + 1} 3^{2x} \mathrm{e}^x + C$.

(6) 原式 $= \displaystyle\int \left(\left(\dfrac{1}{5}\right)^x + \left(\dfrac{1}{2}\right)^x \right) \mathrm{d}x = \dfrac{\left(\dfrac{1}{5}\right)^x}{\ln \dfrac{1}{5}} + \dfrac{\left(\dfrac{1}{2}\right)^x}{\ln \dfrac{1}{2}} + C = -\dfrac{\left(\dfrac{1}{5}\right)^x}{\ln 5} - \dfrac{\left(\dfrac{1}{2}\right)^x}{\ln 2} + C$.

(7) 原式 $= \displaystyle\int \cos^2 \dfrac{x}{2} \mathrm{d}x = \int \dfrac{1}{2}(\cos x + 1) \mathrm{d}x = \dfrac{1}{2} \sin x + \dfrac{1}{2} x + C$.

(8) 原式 $= \displaystyle\int \tan^2 x \mathrm{d}x = \int (\sec^2 x - 1) \mathrm{d}x = \tan x - x + C$.

(9) 原式 $= \displaystyle\int \dfrac{\cos^2 x - \sin^2 x}{\sin^2 x \cos^2 x} \mathrm{d}x = \int \left(\dfrac{1}{\sin^2 x} - \dfrac{1}{\cos^2 x} \right) \mathrm{d}x = -\cot x - \tan x + C$.

(10) 原式 $= \displaystyle\int \dfrac{1 + \cos^2 x}{1 + 2\cos^2 x - 1} \mathrm{d}x = \int \left(\dfrac{1}{2\cos^2 x} + \dfrac{1}{2} \right) \mathrm{d}x = \dfrac{1}{2} \tan x + \dfrac{1}{2} x + C$.

(11) 原式 $= \displaystyle\int \left(\sin^2 \dfrac{x}{2} - 2\sin \dfrac{x}{2} \cos \dfrac{x}{2} + \cos^2 \dfrac{x}{2} \right) \mathrm{d}x = \int (1 - \sin x) \mathrm{d}x = x + \cos x + C$.

(12) 原式 $= \displaystyle\int \dfrac{\sqrt{1+x^2}}{\sqrt{(1-x^2)(1+x^2)}} \mathrm{d}x = \int \dfrac{1}{\sqrt{1-x^2}} \mathrm{d}x = \arcsin x + C$.

8. 试证 $\displaystyle\int \dfrac{a_1 \sin x + b_1 \cos x}{a \sin x + b \cos x} \mathrm{d}x = Ax + B\ln|a\sin x + b\cos x| + C$,其中 $a^2 + b^2 \neq 0$, $A = \dfrac{aa_1 + bb_1}{a^2 + b^2}$, $B = \dfrac{ab_1 - a_1 b}{a^2 + b^2}$.

证明 因 $a_1 \sin x + b_1 \cos x = A(a\sin x + b\cos x) + B(a\cos x - b\sin x)$,

式中 $\qquad A = \dfrac{aa_1 + bb_1}{a^2 + b^2}, \quad B = \dfrac{ab_1 - a_1 b}{a^2 + b^2}, \quad a^2 + b^2 \neq 0$,

于是 $\qquad \displaystyle\int \dfrac{a_1 \sin x + b_1 \cos x}{a \sin x + b \cos x} \mathrm{d}x = A \int \mathrm{d}x + B \int \dfrac{\mathrm{d}(a\sin x + b\cos x)}{a\sin x + b\cos x}$

$\qquad\qquad\qquad\qquad = Ax + B\ln|a\sin x + b\cos x| + C$.

5.2

1. 用第一换元积分法计算下列积分.

(1) $\int \dfrac{\mathrm{d}x}{a-x}$；

(2) $\int \dfrac{1}{\sqrt{7-5x^2}}\mathrm{d}x$；

(3) $\int (ax+b)^{100}\mathrm{d}x$；

(4) $\int \dfrac{3-2x}{5x^2+7}\mathrm{d}x$；

(5) $\int \dfrac{1}{x}\sin(\lg x)\mathrm{d}x$；

(6) $\int \dfrac{\mathrm{e}^{\frac{1}{x}}}{x^2}\mathrm{d}x$；

(7) $\int \dfrac{\sqrt{x}}{\sqrt{a^3-x^3}}\mathrm{d}x$；

(8) $\int \dfrac{\arctan\sqrt{x}}{\sqrt{x}(1+x)}\mathrm{d}x$；

(9) $\int \sqrt{\dfrac{\arcsin x}{1-x^2}}\mathrm{d}x$；

(10) $\int \dfrac{x-\sqrt{\arctan 2x}}{1+4x^2}\mathrm{d}x$；

(11) $\int \dfrac{a^x}{1+a^{2x}}\mathrm{d}x$；

(12) $\int \dfrac{1}{2^x+3}\mathrm{d}x$；

(13) $\int \dfrac{1+\sin 3x}{\cos^2 3x}\mathrm{d}x$；

(14) $\int \dfrac{\mathrm{d}x}{\sin x\cos x}$；

(15) $\int \tan^3\dfrac{x}{3}\sec^2\dfrac{x}{3}\mathrm{d}x$；

(16) $\int \sin^4 x\,\mathrm{d}x$；

(17) $\int \cos x\cos\dfrac{x}{2}\mathrm{d}x$；

(18) $\int \sin 5x\sin 7x\,\mathrm{d}x$；

(19) $\int \sec^4 x\,\mathrm{d}x$；

(20) $\int \tan^4 x\,\mathrm{d}x$；

(21) $\int \sec^3 x\tan x\,\mathrm{d}x$；

(22) $\int \dfrac{1+\ln x}{(x\ln x)^2}\mathrm{d}x$；

(23) $\int \dfrac{\sin x-\cos x}{\sin x+\cos x}\mathrm{d}x$；

(24) $\int \dfrac{1-\sin x}{x+\cos x}\mathrm{d}x$；

(25) $\int \dfrac{\mathrm{d}x}{x\ln x\ln\ln x}$；

(26) $\int \dfrac{\cot x}{\ln\sin x}\mathrm{d}x$；

(27) $\int \sqrt{1+3\cos^2 x}\sin 2x\,\mathrm{d}x$；

(28) $\int \dfrac{\sin x\cos x}{\sqrt{a^2\cos^2 x+b^2\sin^2 x}}\mathrm{d}x$ $(a^2\neq b^2)$；

(29) $\int \dfrac{\mathrm{d}x}{1+\sin x}$；

(30) $\int \dfrac{\sin x+\cos x}{3+\sin 2x}\mathrm{d}x$；

(31) $\int \dfrac{\mathrm{d}x}{\sqrt{x-b}+\sqrt{x-a}},(a\neq b)$；

(32) $\int \dfrac{x+1}{\sqrt{3+4x-4x^2}}\mathrm{d}x$；

(33) $\int \dfrac{\mathrm{e}^x(1+\mathrm{e}^x)}{\sqrt{1-\mathrm{e}^{2x}}}\mathrm{d}x$；

(34) $\int \dfrac{x}{1-x\cot x}\mathrm{d}x$.

解 (1) $\int \dfrac{\mathrm{d}x}{a-x}=-\int \dfrac{\mathrm{d}(a-x)}{a-x}=-\ln|a-x|+C.$

(2) $\int \dfrac{\mathrm{d}x}{\sqrt{7-5x^2}}=\dfrac{1}{\sqrt{7}}\int \dfrac{1}{\sqrt{1-\left(\dfrac{\sqrt{5}}{\sqrt{7}}x\right)^2}}\mathrm{d}x=\dfrac{1}{\sqrt{5}}\int \dfrac{1}{\sqrt{1-\left(\dfrac{\sqrt{5}}{\sqrt{7}}x\right)^2}}\mathrm{d}\left(\dfrac{\sqrt{5}}{\sqrt{7}}x\right)$

$$= \frac{1}{\sqrt{5}}\arcsin\sqrt{\frac{5}{7}}x + C.$$

(3) $a = 0$ 时,原式 $= b^{100}x + C$; $a \neq 0$ 时,

$$\int (ax + b)^{100} dx = \frac{1}{a}\int (ax + b)^{100} d(ax + b)$$
$$= \frac{1}{101a}(ax + b)^{101} + C.$$

(4) $\displaystyle\int \frac{3 - 2x}{5x^2 + 7}dx = \int \frac{3}{5x^2 + 7}dx - \int \frac{2x}{5x^2 + 7}dx$

$$= \frac{3}{\sqrt{7} \cdot \sqrt{5}}\int \frac{1}{1 + \left(\sqrt{\frac{5}{7}}x\right)^2}d\left(\sqrt{\frac{5}{7}}x\right) - \frac{1}{5}\int \frac{1}{5x^2 + 7}d(5x^2 + 7)$$

$$= \frac{3}{\sqrt{35}}\arctan\sqrt{\frac{5}{7}}x - \frac{1}{5}\ln(5x^2 + 7) + C.$$

(5) $\displaystyle\int \frac{1}{x}\sin(\lg x)dx = \ln 10 \int \sin\left(\frac{\ln x}{\ln 10}\right)d\left(\frac{\ln x}{\ln 10}\right) = -\ln 10 \cos\left(\frac{\ln x}{\ln 10}\right) + C.$
$$= -\ln 10 \cdot \cos \lg x + C.$$

(6) $\displaystyle\int \frac{e^{\frac{1}{x}}}{x^2}dx = -\int e^{\frac{1}{x}}d\left(\frac{1}{x}\right) = -e^{\frac{1}{x}} + C.$

(7) $\displaystyle\int \frac{\sqrt{x}}{\sqrt{a^3 - x^3}}dx = \frac{2}{3}\int \frac{1}{\sqrt{\left(a^{\frac{3}{2}}\right)^2 - \left(x^{\frac{3}{2}}\right)^2}}dx^{\frac{3}{2}} = \frac{2}{3}\arcsin\left(\frac{x}{a}\right)^{\frac{3}{2}} + C.$

(8) $\displaystyle\int \frac{\arctan\sqrt{x}}{\sqrt{x}(1 + x)}dx = 2\int \frac{\arctan\sqrt{x}}{(1 + (\sqrt{x})^2)}d\sqrt{x} = 2\int \arctan\sqrt{x} \, d(\arctan\sqrt{x})$
$$= (\arctan\sqrt{x})^2 + C.$$

(9) $\displaystyle\int \sqrt{\frac{\arcsin x}{1 - x^2}}dx = \int \sqrt{\arcsin x}\, d\arcsin x = \frac{2}{3}(\arcsin x)^{\frac{3}{2}} + C.$

(10) 原式 $= \displaystyle\int \frac{x}{1 + 4x^2}dx - \int \frac{\sqrt{\arctan 2x}}{1 + 4x^2}dx = \frac{1}{8}\int \frac{d(4x^2)}{1 + 4x^2} - \frac{1}{2}\int \frac{\sqrt{\arctan 2x}}{1 + (2x)^2}d(2x)$

$$= \frac{1}{8}\ln(1 + 4x^2) - \frac{1}{2}\int \sqrt{\arctan 2x}\, d(\arctan 2x)$$

$$= \frac{1}{8}\ln(1 + 4x^2) - \frac{1}{3}(\arctan 2x)^{\frac{3}{2}} + C.$$

(11) $\displaystyle\int \frac{a^x}{1 + a^{2x}}dx = \frac{1}{\ln a}\int \frac{1}{1 + (a^x)^2}da^x = \frac{1}{\ln a}\arctan a^x + C.$

(12) $\displaystyle\int \frac{1}{2^x + 3}dx = \int \frac{1}{2^x(1 + 3 \cdot 2^{-x})}dx = \int \frac{2^{-x}}{1 + 3 \cdot 2^{-x}}dx$

$$= -\frac{1}{3 \cdot \ln 2}\int \frac{1}{1 + 3 \cdot 2^{-x}}d(1 + 3 \cdot 2^{-x}) = -\frac{1}{3\ln 2}\ln(1 + 3 \cdot 2^{-x}) + C.$$

(13) $\int \dfrac{1+\sin 3x}{\cos^2 3x} dx = \dfrac{1}{3}\int \dfrac{1}{\cos^2 3x} d(3x) - \dfrac{1}{3}\int \dfrac{d\cos 3x}{\cos^2 3x}$

$\qquad = \dfrac{1}{3}\tan 3x + \dfrac{1}{3}\cos^{-1} 3x + C.$

(14) $\int \dfrac{dx}{\sin x \cos x} = \int \dfrac{\sin x}{\cos x} \cdot \dfrac{1}{\sin^2 x} dx = -\int \dfrac{1}{\cot x} d\cot x = -\ln|\cot x| + C.$

(15) $\int \tan^3 \dfrac{x}{3} \sec^2 \dfrac{x}{3} dx = 3\int \tan^3 \dfrac{x}{3} d\tan \dfrac{x}{3} = \dfrac{3}{4}\tan^4 \dfrac{x}{3} + C.$

(16) $\int \sin^4 x dx = -\cos x \sin^3 x + \int 3\sin^2 x \cos^2 x dx = -\cos x \sin^3 x + \dfrac{3}{4}\int \sin^2 2x dx$

$\qquad = -\cos x \sin^3 x + \dfrac{3}{4}\int \dfrac{(1-\cos 4x)}{2} dx = -\cos x \sin^3 x + \dfrac{3}{8}x - \dfrac{3}{32}\sin 4x + C.$

(17) $\int \cos x \cos \dfrac{x}{2} dx = \dfrac{1}{2}\int \left(\cos \dfrac{x}{2} + \cos \dfrac{3}{2}x\right) dx = \sin \dfrac{x}{2} + \dfrac{1}{3}\sin \dfrac{3}{2}x + C.$

(18) $\int \sin 5x \sin 7x dx = -\dfrac{1}{2}\int (\cos 12x - \cos 2x) dx = -\dfrac{1}{24}\sin 12x + \dfrac{1}{4}\sin 2x + C.$

(19) $\int \sec^4 x dx = \int (1+\tan^2 x) d\tan x = \tan x + \dfrac{1}{3}\tan^3 x + C.$

(20) $\int \tan^4 x dx = \int \tan^2 x(-1+\sec^2 x) dx = -\int \tan^2 x dx + \int \tan^2 x \sec^2 x dx.$

$\qquad = \int (1-\sec^2 x) dx + \int \tan^2 x d\tan x = x - \tan x + \dfrac{1}{3}\tan^3 x + C.$

(21) $\int \sec^3 x \tan x dx = \int \dfrac{\sin x}{\cos^4 x} dx = \dfrac{1}{3}\dfrac{1}{\cos^3 x} + C = \dfrac{1}{3}\sec^3 x + C.$

(22) $\int \dfrac{1+\ln x}{(x\ln x)^2} dx = \int \dfrac{1}{(x\ln x)^2} d(x\ln x) = -\dfrac{1}{x\ln x} + C.$

(23) $\int \dfrac{\sin x - \cos x}{\sin x + \cos x} dx = -\int \dfrac{1}{\sin x + \cos x} d(\sin x + \cos x) = -\ln|\sin x + \cos x| + C.$

(24) $\int \dfrac{1-\sin x}{x+\cos x} dx = \int \dfrac{d(x+\cos x)}{x+\cos x} = \ln|x+\cos x| + C.$

(25) $\int \dfrac{dx}{x\ln x \ln\ln x} = \int \dfrac{1}{\ln x} \cdot \dfrac{1}{\ln\ln x} d\ln x = \int \dfrac{1}{\ln\ln x} d\ln\ln x = \ln|\ln\ln x| + C.$

(26) $\int \dfrac{\cot x}{\ln\sin x} dx = \int \dfrac{1}{\ln\sin x} d\ln\sin x = \ln|\ln\sin x| + C.$

(27) $\int \sqrt{1+3\cos^2 x} \sin 2x dx = 2\int \sqrt{1+3\cos^2 x} \sin x \cos x dx$

$\qquad = -2\int \sqrt{1+3\cos^2 x} \cos x d\cos x = -\int \sqrt{1+3\cos^2 x} d\cos^2 x$

$\qquad = -\dfrac{1}{3}\int (1+3\cos^2 x)^{\frac{1}{2}} d(3\cos^2 x + 1)$

$\qquad = -\dfrac{2}{9}(1+3\cos^2 x)^{\frac{3}{2}} + C.$

(28) $\int \dfrac{\sin x\cos x}{\sqrt{a^2\cos^2 x + b^2\sin^2 x}}dx = \dfrac{1}{2}\int \dfrac{d\sin^2 x}{\sqrt{a^2 + (b^2 - a^2)\sin^2 x}}$

$$= \dfrac{1}{2(b^2 - a^2)}\int \dfrac{d[a^2 + (b^2 - a^2)\sin^2 x]}{\sqrt{a^2 + (b^2 - a^2)\sin^2 x}}$$

$$= \dfrac{1}{b^2 - a^2}\sqrt{a^2\cos^2 x + b^2\sin^2 x} + C.$$

(29) $\int \dfrac{dx}{1 + \sin x} = \int \dfrac{1 - \sin x}{1 - \sin^2 x}dx = \int \dfrac{1 - \sin x}{\cos^2 x}dx = \int \dfrac{1}{\cos^2 x}dx + \int \dfrac{d\cos x}{\cos^2 x}$

$$= \tan x - \dfrac{1}{\cos x} + C.$$

(30) $\int \dfrac{\sin x + \cos x}{3 + \sin 2x}dx = \int \dfrac{\sin x + \cos x}{4 - (1 - \sin 2x)}dx = \int \dfrac{d(\sin x - \cos x)}{4 - (\sin^2 x + \cos^2 x - 2\sin x\cos x)}$

$$= \int \dfrac{1}{4 - (\sin x - \cos x)^2}d(\sin x - \cos x)$$

$$= \dfrac{1}{4}\ln\left|\dfrac{2 + \sin x - \cos x}{2 - \sin x + \cos x}\right| + C.$$

(31) $\int \dfrac{dx}{\sqrt{x - b} + \sqrt{x - a}} = \int \dfrac{\sqrt{x - b} - \sqrt{x - a}}{(x - b) - (x - a)}dx$

$$= \dfrac{1}{a - b}\int (\sqrt{x - b} - \sqrt{x - a})dx$$

$$= \dfrac{1}{a - b}\left[\int \sqrt{x - b}d(x - b) - \int \sqrt{x - a}d(x - a)\right]$$

$$= \dfrac{2}{3(a - b)}\left[(x - b)^{\frac{3}{2}} - (x - a)^{\frac{3}{2}}\right] + C.$$

(32) $\int \dfrac{x + 1}{\sqrt{3 + 4x - 4x^2}}dx = -\dfrac{1}{8}\int \dfrac{(4 - 8x) - 12}{\sqrt{3 + 4x - 4x^2}}dx$

$$= -\dfrac{1}{8}\int \dfrac{d(3 + 4x - 4x^2)}{\sqrt{3 + 4x - 4x^2}} + \dfrac{3}{4}\int \dfrac{dx}{\sqrt{1 - \left(x - \dfrac{1}{2}\right)^2}}$$

$$= -\dfrac{1}{4}\sqrt{3 + 4x - 4x^2} + \dfrac{3}{4}\arcsin\left(x - \dfrac{1}{2}\right) + C.$$

(33) $\int \dfrac{e^x(1 + e^x)}{\sqrt{1 - e^{2x}}}dx = \int \dfrac{e^x}{\sqrt{1 - e^{2x}}}dx + \int \dfrac{e^{2x}}{\sqrt{1 - e^{2x}}}dx$

$$= \int \dfrac{1}{\sqrt{1 - (e^x)^2}}de^x - \dfrac{1}{2}\int \dfrac{d(1 - e^{2x})}{\sqrt{1 - e^{2x}}} = \arcsin e^x - \sqrt{1 - e^{2x}} + C.$$

(34) $\int \dfrac{x}{1 - x\cot x}dx = \int \dfrac{x\sin x\,dx}{\sin x - x\cos x} = \int \dfrac{d(\sin x - x\cos x)}{\sin x - x\cos x}$

$$= \ln|\sin x - x\cos x| + C.$$

2. 用第二换元积分法计算下列积分.

(1) $\int \dfrac{x^2}{(x-1)^{10}} \mathrm{d}x$;

(2) $\int x(2x+5)^{10} \mathrm{d}x$;

(3) $\int \dfrac{1}{1+\sqrt{1+x}} \mathrm{d}x$;

(4) $\int \dfrac{\sqrt{x}}{\sqrt{x}-\sqrt[3]{x}} \mathrm{d}x$;

(5) $\int \dfrac{1}{\sqrt{1+\mathrm{e}^x}} \mathrm{d}x$;

(6) $\int \dfrac{\mathrm{d}x}{(x^2-a^2)^{\frac{3}{2}}}$;

(7) $\int \dfrac{x^2}{\sqrt{a^2-x^2}} \mathrm{d}x$;

(8) $\int \dfrac{\sqrt{x^2+a^2}}{x^2} \mathrm{d}x$;

(9) $\int \dfrac{\sqrt{x^2-a^2}}{x} \mathrm{d}x$;

(10) $\int \dfrac{1}{x\sqrt{1-x^2}} \mathrm{d}x$;

(11) $\int \dfrac{1}{x^2\sqrt{x^2+1}} \mathrm{d}x$.

(12) $\int x^5 (2-5x^3)^{\frac{2}{3}} \mathrm{d}x$.

解 (1) 令 $x-1=t$,

$$\text{原式} = \int \dfrac{(t+1)^2}{t^{10}} \mathrm{d}t = \int \left(\dfrac{1}{t^8} + 2\dfrac{1}{t^9} + \dfrac{1}{t^{10}}\right) \mathrm{d}t$$

$$= -\dfrac{1}{7}t^{-7} - \dfrac{1}{4}t^{-8} - \dfrac{1}{9}t^{-9} + C = -\dfrac{1}{(x-1)^9}\left[\dfrac{1}{9} + \dfrac{x-1}{4} + \dfrac{(x-1)^2}{7}\right] + C.$$

(2) 令 $2x+5=t$,

$$\text{原式} = \dfrac{1}{4}\int (t-5)t^{10} \mathrm{d}t = \dfrac{1}{48}t^{12} - \dfrac{5}{44}t^{11} + C.$$

$$= \dfrac{1}{48}(2x+5)^{12} - \dfrac{5}{44}(2x+5)^{11} + C.$$

(3) 令 $\sqrt{1+x}=t$,

$$\text{原式} = \int \dfrac{2t\mathrm{d}t}{1+t} = 2\int \dfrac{t+1-1}{1+t}\mathrm{d}t = 2t - 2\ln|1+t| + C$$

$$= 2\sqrt{1+x} - 2\ln(1+\sqrt{1+x}) + C.$$

(4) 令 $\sqrt[6]{x}=t$,

$$\text{原式} = \int \dfrac{t^3}{t^3-t^2} 6t^5 \mathrm{d}t = 6\int \dfrac{t^6}{t-1}\mathrm{d}t = 6\int \dfrac{(t^6-1)+1}{t-1}\mathrm{d}t$$

$$= 6\int \left(t^5 + t^4 + t^3 + t^2 + t + 1 + \dfrac{1}{t-1}\right) \mathrm{d}t$$

$$= 6\left(\dfrac{t^6}{6} + \dfrac{t^5}{5} + \dfrac{t^4}{4} + \dfrac{t^3}{3} + \dfrac{t^2}{2} + t + \ln|t-1|\right) + C$$

$$= x + \dfrac{6}{5}x^{\frac{5}{6}} + \dfrac{3}{2}x^{\frac{2}{3}} + 2x^{\frac{1}{2}} + 3x^{\frac{1}{3}} + 6x^{\frac{1}{6}} + 6\ln|\sqrt[6]{x}-1| + C.$$

(5) 令 $\sqrt{1+\mathrm{e}^x}=t$,

$$原式 = \int \frac{1}{t} \cdot \frac{2t}{t^2 - 1} dt = \int \frac{2}{t^2 - 1} dt$$

$$= \int \left(\frac{1}{t-1} - \frac{1}{t+1} \right) dt = \ln \left| \frac{t-1}{t+1} \right| + C = \ln \left(\frac{\sqrt{1+e^x} - 1}{\sqrt{1+e^x} + 1} \right) + C.$$

(6) 令 $x = a\sec t$,

$$原式 = \int \frac{a\sec t \tan t}{a^3 \tan^3 t} dt = \frac{1}{a^2} \int \frac{\cos t}{\sin^2 t} dt = -\frac{1}{a^2} \frac{1}{\sin t} + C.$$

$$= -\frac{1}{a^2} \frac{x}{\sqrt{x^2 - a^2}} + C.$$

(7) 令 $x = a\sin t$,

$$原式 = \int \frac{a^2 \sin^2 t}{a\cos t} a\cos t \, dt = \frac{a^2}{2} \int (1 - \cos 2t) \, dt$$

$$= \frac{a^2}{2} t - \frac{a^2}{4} \sin 2t + C = \frac{a^2}{2} \arcsin \frac{x}{a} - \frac{x}{2} \sqrt{a^2 - x^2} + C.$$

(8) 令 $x = a\tan t$,

$$原式 = \int \frac{a\sec t}{a^2 \tan^2 t} a\sec^2 t \, dt = \int \frac{\cos t}{\sin^2 t \cos^2 t} dt = \int \frac{d\sin t}{\sin^2 t (1 - \sin^2 t)}$$

$$= \int \left(\frac{1}{1 - \sin^2 t} + \frac{1}{\sin^2 t} \right) d\sin t = \frac{1}{2} \ln \left| \frac{1 + \sin t}{1 - \sin t} \right| - \frac{1}{\sin t} + C_1$$

$$= \frac{1}{2} \ln \left| \frac{1 + \sin t}{\cos t} \right|^2 - \frac{1}{\sin t} + C_1 = \ln |\sec t + \tan t| - \frac{1}{\sin t} + C_1$$

$$= \ln(\sqrt{a^2 + x^2} + x) - \frac{1}{x} \sqrt{x^2 + a^2} + C.$$

(9) 令 $x = a\sec t$,

$$原式 = \int \frac{a\tan t}{a\sec t} a\sec t \tan t \, dt = a \int \tan^2 t \, dt = a \int (\sec^2 t - 1) \, dt$$

$$= a\tan t - at + C = \sqrt{x^2 - a^2} - a\arccos \frac{a}{x} + C.$$

(10) 令 $x = \sin t$,

$$原式 = \int \frac{\cos t}{\sin t \cos t} dt = \int \frac{1}{\sin t} dt$$

$$= \ln |\csc t - \cot t| + C = \ln \left| \frac{1 - \sqrt{1 - x^2}}{x} \right| + C.$$

(11) 令 $x = \tan t$,

$$原式 = \int \frac{\sec^2 t}{\tan^2 t \sec t} dt = \int \frac{\cos t}{\sin^2 t} dt = -\frac{1}{\sin t} + C.$$

$$= -\frac{\sqrt{x^2 + 1}}{x} + C.$$

(12) 令 $(2 - 5x^3)^{\frac{1}{3}} = t$,

$$原式 = \frac{1}{3}\int \frac{1}{5}(2-t^3)t^2\left(-\frac{3}{5}t^2\right)dt = \frac{1}{25}\int(t^7 - 2t^4)dt$$
$$= \frac{1}{200}t^8 - \frac{2}{125}t^5 + C = \frac{1}{200}(2-5x^3)^{\frac{8}{3}} - \frac{2}{125}(2-5x^3)^{\frac{5}{3}} + C.$$

3. 若 $F(x) = \int \frac{x^3 - a}{x - a}dx$ 为 x 的多项式,求 a 及 $F(x)$.

解 $F(x) = \int \frac{x^3 - a}{x - a}dx = \int \frac{x^3 - a^3 + a(a^2 - 1)}{x - a}dx = \int\left[x^2 + ax + a^2 + \frac{a(a^2 - 1)}{x - a}\right]dx$
$$= \frac{1}{3}x^3 + \frac{a}{2}x^2 + a^2 x + a(a^2 - 1)\ln|x - a| + C.$$

若 $F(x)$ 是多项式,则 $a = 0$ 或 $a = \pm 1$.

(1) 当 $a = 0$ 时,$F(x) = \frac{1}{3}x^3 + C$;

(2) 当 $a = 1$ 时,$F(x) = \frac{x^3}{3} + \frac{x^2}{2} + x + C$;

(3) 当 $a = -1$ 时,$F(x) = \frac{1}{3}x^3 - \frac{1}{2}x^2 + x + C$.

5.3

1. 利用分部积分法计算下列积分.

(1) $\int 3^x \cos x \, dx$; (2) $\int x \sin x \, dx$;

(3) $\int (x^2 + 5x + 6)\cos 2x \, dx$; (4) $\int x \sin x \cos x \, dx$;

(5) $\int \frac{x}{\sin^2 x} dx$; (6) $\int x \tan^2 x \, dx$;

(7) $\int x^3 e^{x^2} dx$; (8) $\int x 2^{-x} dx$;

(9) $\int (x^2 - 2x + 5)e^{-x} dx$; (10) $\int x^2 \ln x \, dx$;

(11) $\int \ln^2 x \, dx$; (12) $\int \ln(x + \sqrt{1 + x^2})dx$;

(13) $\int \arctan x \, dx$; (14) $\int x \arcsin x \, dx$;

(15) $\int \sin(\ln x) dx$; (16) $\int \sin x \ln(\tan x) dx$;

(17) $\int \frac{\arcsin x}{\sqrt{1 + x}} dx$; (18) $\int (\arcsin x)^2 dx$;

(19) $\int \frac{\ln(1 + e^x)}{e^x} dx$; (20) $\int \frac{x \ln(x + \sqrt{1 + x^2})}{(1 - x^2)^2} dx$.

解 (1) $\int 3^x \cos x \, dx = \int 3^x d\sin x = 3^x \sin x - \int \sin x \cdot 3^x \ln 3 \, dx$

$= 3^x \sin x + \ln 3 \cdot \int 3^x d\cos x = 3^x \sin x + \ln 3 \cdot 3^x \cos x - \ln^2 3 \cdot \int 3^x \cos x \, dx,$

所以 $\int 3^x \cos x \, dx = \dfrac{3^x}{1 + \ln^2 3}[\sin x + (\ln 3)\cos x] + C.$

(2) $\int x \sin x \, dx = -\int x d\cos x = -x\cos x + \int \cos x \, dx = -x\cos x + \sin x + C.$

(3) $\int (x^2 + 5x + 6)\cos 2x \, dx = \dfrac{1}{2}\int (x^2 + 5x + 6) d\sin 2x$

$= \dfrac{1}{2}(x^2 + 5x + 6)\sin 2x - \dfrac{1}{2}\int (2x + 5)\sin 2x \, dx$

$= \dfrac{1}{2}(x^2 + 5x + 6)\sin 2x + \dfrac{1}{4}(2x + 5)\cos 2x - \dfrac{1}{4}\int 2\cos 2x \, dx$

$= \dfrac{1}{4}(2x^2 + 10x + 11)\sin 2x + \dfrac{1}{4}(5 + 2x)\cos 2x + C.$

(4) $\int x\sin x\cos x \, dx = \dfrac{1}{2}\int x\sin 2x \, dx = -\dfrac{1}{4}\int x d\cos 2x$

$= -\dfrac{1}{4}\left(x\cos 2x - \int \cos 2x \, dx\right) = -\dfrac{1}{4}x\cos 2x + \dfrac{1}{8}\sin 2x + C.$

(5) $\int \dfrac{x}{\sin^2 x} dx = -\int x d\cot x = -x\cot x + \int \cot x \, dx = -x\cot x + \ln|\sin x| + C.$

(6) $\int x\tan^2 x \, dx = \int x(\sec^2 x - 1) dx = \int x\sec^2 x \, dx - \int x \, dx = \int x d\tan x - \int x \, dx$

$= x\tan x - \int \tan x \, dx - \dfrac{x^2}{2} = x\tan x + \ln|\cos x| - \dfrac{x^2}{2} + C.$

(7) $\int x^3 e^{x^2} dx = \dfrac{1}{2}\int x^2 e^{x^2} dx^2 \xrightarrow{\text{令 } x^2 = t} \dfrac{1}{2}\int te^t dt = \dfrac{1}{2}te^t - \dfrac{1}{2}\int e^t dt$

$= \dfrac{1}{2}te^t - \dfrac{1}{2}e^t + C = \dfrac{1}{2}e^t(t - 1) + C = \dfrac{1}{2}e^{x^2}(x^2 - 1) + C.$

(8) $\int x 2^{-x} dx = -\dfrac{1}{\ln 2}\int x d2^{-x} = -\dfrac{1}{\ln 2}x 2^{-x} + \dfrac{1}{\ln 2}\int 2^{-x} dx$

$= -\dfrac{2^{-x}}{\ln 2}x - \dfrac{2^{-x}}{\ln^2 2} + C = -\dfrac{2^{-x}}{\ln 2}\left(x + \dfrac{1}{\ln 2}\right) + C.$

(9) $\int (x^2 - 2x + 5)e^{-x} dx = -\int (x^2 - 2x + 5) de^{-x}$

$= -(x^2 - 2x + 5)e^{-x} + \int e^{-x}(2x - 2) dx$

$= -(x^2 - 2x + 5)e^{-x} - 2(x - 1)e^{-x} + \int 2e^{-x} dx$

$= -(x^2 + 5)e^{-x} + C.$

(10) $\int x^2 \ln x \, dx = \dfrac{1}{3}\int \ln x \, dx^3 = \dfrac{1}{3}x^3 \ln x - \dfrac{1}{3}\int x^2 dx = \dfrac{1}{3}x^3 \ln x - \dfrac{x^3}{9} + C.$

(11) $\int \ln^2 x \, dx = x\ln^2 x - 2\int \ln x \, dx = x\ln^2 x - 2x\ln x + 2\int dx$
$= x\ln^2 x - 2x\ln x + 2x + C.$

(12) $\int \ln(x + \sqrt{1+x^2}) \, dx = x\ln(x + \sqrt{1+x^2}) - \int x \cdot \dfrac{1}{\sqrt{1+x^2}} dx$
$= x\ln(x + \sqrt{1+x^2}) - \sqrt{1+x^2} + C.$

(13) $\int \arctan x \, dx = x\arctan x - \int \dfrac{x}{1+x^2} dx = x\arctan x - \dfrac{1}{2}\ln(1+x^2) + C.$

(14) 原式 $= \dfrac{1}{2}\int \arcsin x \, dx^2 = \dfrac{x^2}{2}\arcsin x - \dfrac{1}{2}\int \dfrac{x^2}{\sqrt{1-x^2}} dx$
$= \dfrac{x^2}{2}\arcsin x + \dfrac{1}{2}\int \sqrt{1-x^2} \, dx - \dfrac{1}{2}\int \dfrac{1}{\sqrt{1-x^2}} dx$
$= \dfrac{x^2}{2}\arcsin x + \dfrac{1}{2}\left(\dfrac{x}{2}\sqrt{1-x^2} + \dfrac{1}{2}\arcsin x\right) - \dfrac{1}{2}\arcsin x + C$
$= \dfrac{1}{4}(2x^2 - 1)\arcsin x + \dfrac{x}{4}\sqrt{1-x^2} + C.$

(15) $\int \sin(\ln x) \, dx = x\sin\ln x - \int \cos(\ln x) \, dx$
$= x\sin\ln x - x\cos\ln x - \int \sin(\ln x) \, dx,$

所以 $\int \sin(\ln x) \, dx = \dfrac{x}{2}[\sin(\ln x) - \cos(\ln x)] + C.$

(16) $\int \sin x \ln(\tan x) \, dx = -\int \ln(\tan x) \, d\cos x = -\cos x \cdot \ln \tan x + \int \dfrac{1}{\sin x} dx$
$= -\cos x \cdot \ln(\tan x) + \ln|\csc x - \cot x| + C.$

(17) $\int \dfrac{\arcsin x}{\sqrt{1+x}} dx = 2\int \arcsin x \, d\sqrt{1+x} = 2\sqrt{1+x}\arcsin x - 2\int \dfrac{\sqrt{1+x}}{\sqrt{1-x^2}} dx$
$= 2\sqrt{1+x}\arcsin x - 2\int \dfrac{1}{\sqrt{1-x}} dx$
$= 2\sqrt{1+x}\arcsin x + 4\sqrt{1-x} + C.$

(18) $\int (\arcsin x)^2 \, dx = x(\arcsin x)^2 - 2\int \arcsin x \cdot \dfrac{x}{\sqrt{1-x^2}} dx$
$= x(\arcsin x)^2 + 2\int \arcsin x \, d\sqrt{1-x^2}$
$= x(\arcsin x)^2 + 2\sqrt{1-x^2}\arcsin x - 2\int dx$
$= x(\arcsin x)^2 + 2\sqrt{1-x^2}\arcsin x - 2x + C.$

(19) $\int \dfrac{\ln(1+e^x)}{e^x}dx = -\int \ln(1+e^x)de^{-x} = -e^{-x}\ln(1+e^x) + \int \dfrac{1}{1+e^x}dx$

$$= -e^{-x}\ln(1+e^x) + \int \dfrac{e^{-x}}{e^{-x}+1}dx$$

$$= -e^{-x}\ln(1+e^x) - \ln(e^{-x}+1) + C.$$

(20) $\int \dfrac{x\ln(x+\sqrt{1+x^2})}{(1-x^2)^2}dx = \dfrac{1}{2}\int \ln(x+\sqrt{1+x^2})d\dfrac{1}{1-x^2}$

$$= \dfrac{1}{2}\dfrac{1}{1-x^2}\ln(x+\sqrt{1+x^2}) - \dfrac{1}{2}\int \dfrac{1}{1-x^2}\cdot\dfrac{1}{\sqrt{1+x^2}}dx.$$

而 $\int \dfrac{1}{1-x^2}\cdot\dfrac{1}{\sqrt{1+x^2}}dx \xrightarrow{\text{令}\, x=\tan t} \int \dfrac{1}{1-\tan^2 t}\dfrac{1}{\sec t}\cdot\sec^2 t\,dt$

$$= \int \dfrac{\cos t}{\cos^2 t - \sin^2 t}dt = \dfrac{1}{\sqrt{2}}\int \dfrac{1}{1-2\sin^2 t}d(\sqrt{2}\sin t)$$

$$= \dfrac{1}{2\sqrt{2}}\ln\left|\dfrac{1+\sqrt{2}\sin t}{1-\sqrt{2}\sin t}\right| + C = \dfrac{1}{2\sqrt{2}}\ln\left|\dfrac{\sqrt{1+x^2}+\sqrt{2}x}{\sqrt{1+x^2}-\sqrt{2}x}\right| + C,$$

所以,原式 $= \dfrac{1}{2}\dfrac{1}{1-x^2}\ln(x+\sqrt{1+x^2}) - \dfrac{1}{4\sqrt{2}}\ln\left|\dfrac{\sqrt{1+x^2}+\sqrt{2}x}{\sqrt{1+x^2}-\sqrt{2}x}\right| + C.$

2. 设 $f'(e^x) = 1+x$,求 $f(x)$.

解 令 $e^x = t, x = \ln t, f'(t) = 1+\ln t$ 即 $f'(x) = 1+\ln x$.

$$f(x) = \int (1+\ln x)dx = \int dx + \int \ln x\,dx = x + x\ln x - x + C = x\ln x + C.$$

3. 试证递推公式: $\int \sin^n x\,dx = -\dfrac{1}{n}\sin^{n-1}x\cos x + \dfrac{n-1}{n}\int \sin^{n-2}x\,dx.$

证明 $\int \sin^n x\,dx = -\int \sin^{n-1}x\,d\cos x = -\cos x\sin^{n-1}x + (n-1)\int \sin^{n-2}x\cos^2 x\,dx$

$$= -\cos x\sin^{n-1}x + (n-1)\int \sin^{n-2}x\,dx - (n-1)\int \sin^n x\,dx,$$

所以有 $\int \sin^n x\,dx = -\dfrac{1}{n}\cos x\sin^{n-1}x + \dfrac{n-1}{n}\int \sin^{n-2}x\,dx.$

4. 设 $I_n = \int \dfrac{dx}{\sin^n x}$,其中 n 为大于 2 的自然数,试导出 I_n 的递推公式.

解 $I_n = -\int \dfrac{1}{\sin^{n-2}x}d\cot x = -\cot x\cdot\dfrac{1}{\sin^{n-2}x} + \int (2-n)\cot x\cdot\dfrac{\cos x}{\sin^{n-1}x}dx$

$$= -\cot x\cdot\csc^{n-2}x + (2-n)\int \dfrac{\cos^2 x}{\sin^n x}dx$$

$$= -\cot x\cdot\csc^{n-2}x + (2-n)\int \dfrac{1}{\sin^n x}dx - (2-n)\int \dfrac{1}{\sin^{n-2}x}dx$$

$$= -\cot x\cdot\csc^{n-2}x + (2-n)I_n - (2-n)I_{n-2}$$

所以有，$I_n = \dfrac{1}{1-n}\cot x \cdot \csc^{n-2} x + \dfrac{n-2}{n-1}I_{n-2} = \dfrac{1}{1-n}\csc x^{n-1}\cos x + \dfrac{n-2}{n-1}I_{n-2}$ （$n>2$）.

5. 已知 $(1+\sin x)\ln x$ 是 $f(x)$ 的一个原函数，求 $\int xf'(x)\mathrm{d}x$.

解 由已知，$f(x) = [(1+\sin x)\ln x]' = \dfrac{1}{x}(1+\sin x) + \cos x \ln x.$ \hfill (1)

$$\int xf'(x)\mathrm{d}x = \int x\mathrm{d}f(x) = xf(x) - \int f(x)\mathrm{d}x = xf(x) - (1+\sin x)\ln x + C. \qquad (2)$$

将(1)代入(2)得 $\int xf'(x)\mathrm{d}x = x\cos x\ln x + (1+\sin x)(1-\ln x) + C.$

6. 当 $x \geq 0$ 时，$F(x)$ 是 $f(x)$ 的一个原函数，已知 $f(x)F(x) = \sin^2 2x$，且 $F(0) = 1, F(x) \geq 0$，求函数 $f(x)$.

解 $F'(x) = f(x)$ 故 $f(x)F(x) = F'(x)F(x) = \sin^2 2x$ 两边积分

$$\int F'(x)F(x)\mathrm{d}x = \int \sin^2 2x\mathrm{d}x = \dfrac{1}{2}\int \sin^2 2x\mathrm{d}2x,$$

$$\dfrac{1}{2}F^2(x) = \dfrac{1}{2}\left[-\dfrac{1}{2}\sin 2x\cos 2x + \dfrac{1}{2}\cdot 2x\right] + C,$$

由 $F(0) = 1$，得 $C = 1$. 故 $F(x) = \dfrac{\sqrt{4x - \sin 4x + 4}}{2}$，故 $f(x) = \sin^2 2x/F(x) = (1-\cos 4x)/\sqrt{4+4x-\sin 4x}$

5.4

1. 计算下列有理函数的积分.

(1) $\int \dfrac{x^3}{x+3}\mathrm{d}x$;

(2) $\int \dfrac{2x+3}{x^2+3x-10}\mathrm{d}x$;

(3) $\int \dfrac{x+2}{x^2(x-1)}\mathrm{d}x$;

(4) $\int \dfrac{5x^2+6x+9}{(x-3)^2(x+1)^2}\mathrm{d}x$;

(5) $\int \dfrac{x^4}{x^4-1}\mathrm{d}x$;

(6) $\int \dfrac{x+1}{x^2+4x+13}\mathrm{d}x$;

(7) $\int \dfrac{4x}{(x+1)(x^2+1)^2}\mathrm{d}x$.

解 (1) 原式 $= \int\left(x^2 - 3x + 9 - \dfrac{27}{x+3}\right)\mathrm{d}x = \dfrac{x^3}{3} - \dfrac{3}{2}x^2 + 9x - 27\ln|x+3| + C.$

(2) 原式 $= \int \dfrac{1}{x^2+3x-10}\mathrm{d}(x^2+3x-10) = \ln|x^2+3x-10| + C.$

(3) 设 $\dfrac{x+2}{x^2(x-1)} = \dfrac{A}{x-1} + \dfrac{B}{x} + \dfrac{C}{x^2} \Rightarrow x+2 = Ax^2 + B(x^2-x) + C(x-1) \Rightarrow A+B = 0, C-B = 1, C = -2 \Rightarrow A = 3, B = -3, C = -2.$

于是

$$\int \frac{x+2}{x^2(x+1)}dx = \int\left(\frac{3}{x-1} + \frac{-3}{x} + \frac{-2}{x^2}\right)dx$$

$$= 3\ln|x-1| + \frac{2}{x} - 3\ln|x| + C$$

$$= 3\ln\left|\frac{x-1}{x}\right| + \frac{2}{x} + C.$$

(4) 设

$$\frac{5x^2+6x+9}{(x-3)^2(x+1)^2} = \frac{A}{x-3} + \frac{B}{(x-3)^2} + \frac{C}{x+1} + \frac{D}{(x+1)^2},$$

通分两边比较可得: $A=0, B=\frac{9}{2}, C=0, D=\frac{1}{2}$.

因此 $\int \frac{5x^2+6x+9}{(x-3)^2(x+1)^2}dx = \int\left[\frac{9}{2}\frac{1}{(x-3)^2} + \frac{1}{2}\frac{1}{(x+1)^2}\right]dx$

$$= -\frac{9}{2(x-3)} - \frac{1}{2(x+1)} + C.$$

(5) $\int \frac{x^4}{x^4-1}dx = \int\left(1 + \frac{1}{x^4-1}\right)dx = \int\left[1 + \frac{1}{2}\left(\frac{1}{x^2-1} - \frac{1}{x^2+1}\right)\right]dx$

$$= x + \frac{1}{4}\ln\left|\frac{x-1}{x+1}\right| - \frac{1}{2}\arctan x + C.$$

(6) $\int \frac{x+1}{x^2+4x+13}dx = \int \frac{1}{2} \cdot \frac{2x+4-2}{x^2+4x+13}dx$

$$= \frac{1}{2}\int \frac{d(x^2+4x+13)}{x^2+4x+13} - \int \frac{d(x+2)}{(x+2)^2+9}$$

$$= \frac{1}{2}\ln(x^2+4x+13) - \frac{1}{3}\arctan\frac{x+2}{3} + C.$$

(7) 设

$$\frac{4x}{(x+1)(x^2+1)^2} = \frac{A}{x+1} + \frac{Bx+C}{x^2+1} + \frac{Dx+E}{(x^2+1)^2},$$

解得 $A=-1, B=1, C=-1, D=2, E=2$.

又 $\int \frac{1}{(x^2+1)^2}dx = \int \frac{(x^2+1)-x^2}{(x^2+1)^2}dx = \int \frac{1}{x^2+1}dx - \int \frac{x^2}{(x^2+1)^2}dx$

$$= \arctan x - \frac{1}{2}\int \frac{x}{(x^2+1)^2}d(x^2+1) = \arctan x + \frac{1}{2}\int x d\frac{1}{x^2+1}$$

$$= \arctan x + \frac{1}{2}\frac{x}{x^2+1} - \frac{1}{2}\int \frac{1}{x^2+1}dx = \frac{1}{2}\arctan x + \frac{1}{2}\frac{x}{x^2+1} + C,$$

于是

$$\int \frac{4xdx}{(x+1)(x^2+1)^2} = \int\left[\frac{-1}{x+1} + \frac{x-1}{x^2+1} + \frac{2x+2}{(x^2+1)^2}\right]dx$$

$$= -\ln|x+1| + \frac{1}{2}\int \frac{1}{x^2+1}d(x^2+1)$$

$$-\int \frac{1}{x^2+1}dx + \int \frac{1}{(x^2+1)^2}d(x^2+1) + 2\int \frac{1}{(x^2+1)^2}dx$$

$$= -\ln|x+1| + \frac{1}{2}\ln(x^2+1) - \arctan x$$

$$-\frac{1}{x^2+1} + \arctan x + \frac{x}{x^2+1} + C$$

$$= -\ln|x+1| + \frac{1}{2}\ln(x^2+1) + \frac{x-1}{x^2+1} + C.$$

2. 计算下列三角函数有理式的积分.

(1) $\int \frac{1}{3+5\cos x}dx$; (2) $\int \frac{1}{\cos x + 2\sin x + 3}dx$;

(3) $\int \frac{1}{\sin x + \tan x}dx$; (4) $\int \frac{1}{(\sin x + \cos x)^2}dx$.

解 (1) 令 $u = \tan \frac{x}{2}$,则 $\cos x = \frac{1-u^2}{1+u^2}, dx = \frac{2}{1+u^2}du$,于是

$$\int \frac{1}{3+5\cos x}dx = \int \frac{1}{4-u^2}du = \frac{1}{4}\ln\left|\frac{2+u}{2-u}\right| + C = \frac{1}{4}\ln\left|\frac{2+\tan\frac{x}{2}}{2-\tan\frac{x}{2}}\right| + C.$$

(2) 令 $\tan \frac{x}{2} = u$,则 $\cos x = \frac{1-u^2}{1+u^2}, \sin x = \frac{2u}{1+u^2}, dx = \frac{2}{1+u^2}du$,于是

$$\int \frac{1}{\cos x + 2\sin x + 3}dx = \int \frac{1}{u^2+2u+2}du = \int \frac{1}{1+(u+1)^2}d(u+1)$$

$$= \arctan(u+1) + C = \arctan\left(\tan\frac{x}{2} + 1\right) + C.$$

(3) $\int \frac{1}{\sin x + \tan x}dx \xrightarrow{\diamondsuit u = \tan \frac{x}{2}} \int \frac{1-u^2}{2u}du = \frac{1}{2}\int\left(\frac{1}{u} - u\right)du$

$$= \frac{1}{2}\ln|u| - \frac{u^2}{4} + C$$

$$= \frac{1}{2}\ln\left|\tan\frac{x}{2}\right| - \frac{1}{4}\tan^2\frac{x}{2} + C.$$

(4) $\int \frac{1}{(\sin x + \cos x)^2}dx = \frac{1}{2}\int \frac{dx}{\sin^2\left(x+\frac{\pi}{4}\right)} = -\frac{1}{2}\cot\left(x + \frac{\pi}{4}\right) + C.$

3. 计算下列无理函数的积分.

(1) $\int x\sqrt{3x+2}\,dx$; (2) $\int \frac{x^{\frac{1}{3}}}{x^{\frac{3}{2}} + x^{\frac{4}{3}}}dx$;

(3) $\int \sqrt{\frac{1-x}{1+x}}\frac{dx}{x}$; (4) $\int \frac{dx}{\sqrt[3]{(x-4)^4(x-2)^2}}$;

(5) $\int \dfrac{dx}{\sqrt{5-4x+4x^2}}$; (6) $\int \dfrac{1-x+x^2}{\sqrt{1+x-x^2}}dx$;

(7) $\int \dfrac{\sqrt{x^2+2x}}{x^2}dx$.

解 (1) 设 $u = \sqrt{3x+2}$，则 $x = \dfrac{1}{3}(u^2-2)$，$dx = \dfrac{2}{3}u\,du$，于是

$$\int x\sqrt{3x+2}\,dx = \dfrac{2}{9}\int(u^2-2)u^2\,du = \dfrac{2}{45}u^5 - \dfrac{4}{27}u^3 + C$$

$$= \dfrac{2}{135}(3x+2)^{\frac{3}{2}}(9x-4) + C.$$

(2) 令 $x^{\frac{1}{6}} = t$，则 $x = t^6$，$dx = 6t^5\,dt$，于是

$$\int \dfrac{x^{\frac{1}{3}}}{x^{\frac{3}{2}}+x^{\frac{4}{3}}}dx = \int \dfrac{t^2}{t^9+t^8}6t^5\,dt = \int \dfrac{6}{t(t+1)}dt = 6\int\left(\dfrac{1}{t} - \dfrac{1}{t+1}\right)dt$$

$$= 6\ln\left|\dfrac{t}{t+1}\right| + C = 6\ln\left|\dfrac{x^{\frac{1}{6}}}{x^{\frac{1}{6}}+1}\right| + C.$$

(3) 设 $u = \sqrt{\dfrac{1-x}{1+x}}$，则 $x = \dfrac{1-u^2}{1+u^2}$，$dx = \dfrac{-4u}{(1+u^2)^2}du$，于是

$$\int \sqrt{\dfrac{1-x}{1+x}}\dfrac{dx}{x} = \int 4\dfrac{-u^2}{(1+u^2)(1-u^2)}du = 2\int \dfrac{(1-u^2)-(1+u^2)}{(1+u^2)(1-u^2)}du$$

$$= 2\int\left(\dfrac{1}{1+u^2} - \dfrac{1}{1-u^2}\right)du = 2\arctan u - \int\left(\dfrac{1}{1-u} + \dfrac{1}{1+u}\right)du$$

$$= 2\arctan u + \ln\left|\dfrac{1-u}{1+u}\right| + C$$

$$= 2\arctan\sqrt{\dfrac{1-x}{1+x}} + \ln\left|\dfrac{\sqrt{1+x}-\sqrt{1-x}}{\sqrt{1+x}+\sqrt{1-x}}\right| + C.$$

(4) 令 $u = \sqrt[3]{\dfrac{x-2}{x-4}}$，则 $x = \dfrac{4u^3-2}{u^3-1}$，$dx = \dfrac{-6u^2}{(u^3-1)^2}du$，于是

$$\int \dfrac{dx}{\sqrt[3]{(x-4)^4(x-2)^2}} = \int \sqrt[3]{\dfrac{x-2}{x-4}}\cdot\dfrac{1}{(x-4)(x-2)}dx$$

$$= -\dfrac{3}{2}\int du = -\dfrac{3}{2}u + C = -\dfrac{3}{2}\sqrt[3]{\dfrac{x-2}{x-4}} + C.$$

(5) $\int \dfrac{dx}{\sqrt{5-4x+4x^2}} = \int \dfrac{\dfrac{d(2x-1)}{2}}{2\sqrt{1+\left(\dfrac{2x-1}{2}\right)^2}} \xlongequal{\left(\dfrac{2x-1}{2}=u\right)} \dfrac{1}{2}\int \dfrac{du}{\sqrt{1+u^2}}$ （再令 $u = \tan t$）

$$= \frac{1}{2}\int \sec t\,dt = \frac{1}{2}\ln(\sec t + \tan t) + C_1$$
$$= \frac{1}{2}\ln(2x - 1 + \sqrt{5 - 4x + 4x^2}) + C.$$

(6) $\int \dfrac{1 - x + x^2}{\sqrt{1 + x - x^2}}dx = \int \dfrac{(x^2 - x - 1) + 2}{\sqrt{1 + x - x^2}}dx = \int \dfrac{x^2 - x - 1}{\sqrt{1 + x - x^2}}dx + \int \dfrac{2\,dx}{\sqrt{1 + x - x^2}}$

$$= -\int \sqrt{1 + x - x^2}\,dx + 2\int \dfrac{dx}{\sqrt{1 + x - x^2}}$$

$$= -\int \sqrt{\dfrac{5}{4} - \left(x - \dfrac{1}{2}\right)^2}\,d\left(x - \dfrac{1}{2}\right) + 2\int \dfrac{d\left(x - \dfrac{1}{2}\right)}{\sqrt{\dfrac{5}{4} - \left(x - \dfrac{1}{2}\right)^2}}$$

$$= \dfrac{1 - 2x}{4}\sqrt{1 + x - x^2} - \dfrac{5}{8}\arcsin\left(\dfrac{2x - 1}{\sqrt{5}}\right) + 2\arcsin\left(\dfrac{2x - 1}{\sqrt{5}}\right) + C$$

$$= \dfrac{1 - 2x}{4}\sqrt{1 + x - x^2} + \dfrac{11}{8}\arcsin\left(\dfrac{2x - 1}{\sqrt{5}}\right) + C.$$

(7) 当 $x > 0$ 时,$\int \dfrac{\sqrt{x^2 + 2x}}{x^2}dx = \int \dfrac{x^2 + 2x}{x^2\sqrt{x^2 + 2x}}dx$

$$= \int \dfrac{d(x + 1)}{\sqrt{(x^2 + 2x + 1) - 1}} + \int \dfrac{2\,dx}{x^2\sqrt{1 + \dfrac{2}{x}}}$$

$$= \int \dfrac{d(x + 1)}{\sqrt{(x + 1)^2 - 1}} - \int \dfrac{d\left(1 + \dfrac{2}{x}\right)}{\sqrt{1 + \dfrac{2}{x}}}$$

$$= \ln(x + 1 + \sqrt{x^2 + 2x}) - 2\sqrt{1 + \dfrac{2}{x}} + C \quad (x > 0);$$

同理当 $x < -2$ 时,原式 $= -\ln(-1 - x + \sqrt{x^2 + 2x}) + 2\sqrt{1 + \dfrac{2}{x}} + C \quad (x < -2)$.

5.5

1. 计算下列积分.

(1) $\int \sqrt{1 + \csc x}\,dx$;

(2) $\int \dfrac{x}{1 - \cos x}dx$;

(3) $\int \dfrac{\cos\sqrt{x} - 1}{\sqrt{x}\sin^2\sqrt{x}}dx$;

(4) $\int \dfrac{\ln x - 1}{\ln^2 x}dx$;

(5) $\int \dfrac{x^2 + 1}{x^4 + 1}dx \quad (x \neq 0)$;

(6) $\int \dfrac{x^2 - 1}{x^4 + 1}dx$;

(7) $\int \dfrac{2-\sin x}{2+\cos x}dx$;

(8) $\int \dfrac{1+\sin x}{1+\cos x}e^x dx$;

(9) $\int \dfrac{x}{\cos^2 x \tan^3 x}dx$;

(10) $\int \dfrac{1}{\sqrt[4]{\sin^3 x \cos^5 x}}dx$;

(11) $\int \dfrac{x\ln x}{(1+x^2)^2}dx$;

(12) $\int \sqrt{\dfrac{\ln(x+\sqrt{1+x^2})}{1+x^2}}dx$;

(13) $\int \dfrac{dx}{x(x^6+4)}$;

(14) $\int \dfrac{x+1}{x(1+xe^x)}dx$;

(15) $\int \dfrac{\cos\sqrt{x}+\ln x}{\sqrt{x}}dx$;

(16) $\int x^2(e^{3x}-\sqrt{4-3x^3})dx$;

(17) $\int \dfrac{x\cos x+\cot^{\frac{2}{3}}x}{\sin^2 x}dx$;

(18) $\int \dfrac{\arctan e^x}{e^{2x}}dx$;

(19) $\int \dfrac{x^2+\ln^4 x}{(x\ln x)^3}dx$;

(20) $\int \dfrac{dx}{\sin(x+\alpha)\sin(x+\beta)}$ $(\alpha \neq \beta)$;

(21) $\int \tan(x+\alpha)\tan(x+\beta)dx$ $(\alpha \neq \beta)$;

(22) $\int \arcsin x \arccos x\, dx$;

(23) $\int \dfrac{\arcsin x(1+x^2)dx}{x^2\sqrt{1-x^2}}$;

(24) $\int \sqrt{\tan x}\,dx\left(0<x<\dfrac{\pi}{2}\right)$.

解 (1) $\int \sqrt{1+\csc x}\,dx = \int \sqrt{\dfrac{1+\sin x}{\sin x}}dx = \int \dfrac{\cos x}{\sqrt{\sin x}\sqrt{1-\sin x}}dx$

$$= 2\int \dfrac{d\sqrt{\sin x}}{\sqrt{1-(\sqrt{\sin x})^2}} = 2\arcsin\sqrt{\sin x}+C.$$

(2) $\int \dfrac{x}{1-\cos x}dx = \int \dfrac{x}{2\sin^2\dfrac{x}{2}}dx = \int x\csc^2\dfrac{x}{2}d\dfrac{x}{2} = -\int x\,d\cot\dfrac{x}{2}$

$$= -x\cot\dfrac{x}{2} + \int \cot\dfrac{x}{2}dx = -x\cot\dfrac{x}{2} + 2\ln\left|\sin\dfrac{x}{2}\right| + C.$$

(3) $\int \dfrac{\cos\sqrt{x}-1}{\sqrt{x}\sin^2\sqrt{x}}dx = 2\int \dfrac{\cos\sqrt{x}-1}{\sin^2\sqrt{x}}d\sqrt{x} = 2\int \dfrac{d\sin\sqrt{x}}{\sin^2\sqrt{x}} - 2\int \dfrac{1}{\sin^2\sqrt{x}}d\sqrt{x}$

$$= -\dfrac{2}{\sin\sqrt{x}} + 2\cot\sqrt{x} + C = -2\dfrac{1-\cos\sqrt{x}}{\sin\sqrt{x}} + C = -2\tan\dfrac{\sqrt{x}}{2} + C.$$

(4) $\int \dfrac{\ln x-1}{\ln^2 x}dx = \int \dfrac{1}{\ln x}dx - \int \dfrac{1}{\ln^2 x}dx = x\dfrac{1}{\ln x} - \int x\,d\dfrac{1}{\ln x} - \int \dfrac{dx}{\ln^2 x}$

$$= \dfrac{x}{\ln x} + \int \dfrac{1}{\ln^2 x}dx - \int \dfrac{1}{\ln^2 x}dx = \dfrac{x}{\ln x} + C.$$

(5) $\int \dfrac{x^2+1}{x^4+1}dx = \int \dfrac{1+\dfrac{1}{x^2}}{x^2+\dfrac{1}{x^2}}dx = \int \dfrac{1}{\left(x-\dfrac{1}{x}\right)^2+2}d\left(x-\dfrac{1}{x}\right)$

$$= \frac{1}{\sqrt{2}} \int \frac{1}{1 + \left[\frac{1}{\sqrt{2}}\left(x - \frac{1}{x}\right)\right]^2} d\left[\frac{1}{\sqrt{2}}\left(x - \frac{1}{x}\right)\right]$$

$$= \frac{1}{\sqrt{2}} \arctan\left[\frac{1}{\sqrt{2}}\left(x - \frac{1}{x}\right)\right] + C = \frac{1}{\sqrt{2}} \arctan \frac{x^2 - 1}{\sqrt{2}x} + C.$$

(6) $\displaystyle\int \frac{x^2 - 1}{x^4 + 1} dx = \int \frac{1 - \frac{1}{x^2}}{x^2 + \frac{1}{x^2}} dx = \int \frac{1}{\left(x + \frac{1}{x}\right)^2 - 2} d\left(x + \frac{1}{x}\right)$

$$= \frac{1}{2\sqrt{2}} \ln\left|\frac{x^2 - \sqrt{2}x + 1}{x^2 + \sqrt{2}x + 1}\right| + C.$$

(7) $\displaystyle\int \frac{2 - \sin x}{2 + \cos x} dx = \int \frac{2}{2 + \cos x} dx - \int \frac{\sin x}{2 + \cos x} dx$

$$= \int \frac{2 dx}{1 + 2\cos^2 \frac{x}{2}} + \int \frac{d(2 + \cos x)}{2 + \cos x}$$

$$= \int \frac{4}{\left(\sec^2 \frac{x}{2} + 2\right)\cos^2 \frac{x}{2}} d\frac{x}{2} + \ln|2 + \cos x|$$

$$= \int \frac{4}{\tan^2 \frac{x}{2} + 3} d\tan \frac{x}{2} + \ln|2 + \cos x|$$

$$= \frac{4}{\sqrt{3}} \arctan\left(\frac{1}{\sqrt{3}} \tan \frac{x}{2}\right) + \ln|2 + \cos x| + C.$$

(8) $\displaystyle\int \frac{1 + \sin x}{1 + \cos x} e^x dx = \int \frac{1 + 2\sin \frac{x}{2} \cos \frac{x}{2}}{2\cos^2 \frac{x}{2}} e^x dx = \int \tan \frac{x}{2} de^x + \int \frac{e^x}{2\cos^2 \frac{x}{2}} dx$

$$= e^x \tan \frac{x}{2} - \int \frac{e^x}{2\cos^2 \frac{x}{2}} dx + \int \frac{e^x}{2\cos^2 \frac{x}{2}} dx = e^x \tan \frac{x}{2} + C.$$

(9) $\displaystyle\int \frac{x}{\cos^2 x \tan^3 x} dx = \int \frac{x}{\tan^3 x} d\tan x = -\frac{1}{2} \int x d\tan^{-2} x = -\frac{1}{2} x \cot^2 x + \frac{1}{2} \int \cot^2 x dx$

$$= -\frac{1}{2} x \cot^2 x + \frac{1}{2} \int (\csc^2 x - 1) dx = -\frac{1}{2}(x \cot^2 x + \cot x + x) + C.$$

(10) $\displaystyle\int \frac{1}{\sqrt[4]{\sin^3 x \cos^5 x}} dx = \int \frac{dx}{\cos^2 x \tan^{\frac{3}{4}} x} = \int \tan^{-\frac{3}{4}} x d\tan x = 4(\tan x)^{\frac{1}{4}} + C.$

(11) $\int \dfrac{x\ln x}{(1+x^2)^2}dx = -\dfrac{1}{2}\int \ln x\, d\dfrac{1}{1+x^2} = -\dfrac{\ln x}{2(1+x^2)} + \dfrac{1}{2}\int \dfrac{1}{1+x^2} \cdot \dfrac{1}{x}dx$

$\qquad\qquad = -\dfrac{\ln x}{2(1+x^2)} + \dfrac{1}{2}\int\left(\dfrac{1}{x} - \dfrac{x}{1+x^2}\right)dx$

$\qquad\qquad = -\dfrac{\ln x}{2(1+x^2)} + \dfrac{1}{2}\ln|x| - \dfrac{1}{4}\ln|1+x^2| + C.$

(12) $\int \sqrt{\dfrac{\ln(x+\sqrt{1+x^2})}{1+x^2}}dx = \int \sqrt{\ln(x+\sqrt{1+x^2})}\, d\ln(x+\sqrt{1+x^2})$

$\qquad\qquad = \dfrac{2}{3}\ln^{\frac{3}{2}}(x+\sqrt{1+x^2}) + C.$

(13) $\int \dfrac{dx}{x(x^6+4)} = \int \dfrac{x^5 dx}{x^6(x^6+4)} = \dfrac{1}{24}\int\left(\dfrac{1}{x^6} - \dfrac{1}{x^6+4}\right)dx^6 = \dfrac{1}{24}\ln\dfrac{x^6}{x^6+4} + C.$

(14) $\int \dfrac{x+1}{x(1+xe^x)}dx = \int\left(\dfrac{1}{xe^x} - \dfrac{1}{1+xe^x}\right)d(xe^x) = \ln\left|\dfrac{xe^x}{1+xe^x}\right| + C.$

(15) $\int \dfrac{\cos\sqrt{x}+\ln x}{\sqrt{x}}dx = 2\int(\cos\sqrt{x}+\ln x)d\sqrt{x} = 2\left[\sin\sqrt{x} + \sqrt{x}\ln x - \int\dfrac{1}{\sqrt{x}}dx\right]$

$\qquad\qquad = 2[\sin\sqrt{x} - \sqrt{x}(2-\ln x)] + C.$

(16) $\int x^2(e^{3x} - \sqrt{4-3x^3})dx = \dfrac{1}{3}\int x^2 de^{3x} + \dfrac{1}{9}\int\sqrt{4-3x^3}d(4-3x^3)$

$\qquad\qquad = \dfrac{1}{3}(x^2 e^{3x} - \int 2xe^{3x}dx) + \dfrac{2}{27}(4-3x^3)^{\frac{3}{2}}$

$\qquad\qquad = \dfrac{1}{27}[(9x^2 - 6x + 2)e^{3x} + 2(4-3x^3)^{\frac{3}{2}}] + C.$

(17) $\int \dfrac{x\cos x + \cot^{\frac{2}{3}}x}{\sin^2 x}dx = -\int x d\csc x - \int \cot^{\frac{2}{3}}x d\cot x$

$\qquad\qquad = -x\csc x + \int \csc x dx - \dfrac{3}{5}\cot^{\frac{5}{3}}x$

$\qquad\qquad = -x\csc x + \ln|\csc x - \cot x| - \dfrac{3}{5}\cot^{\frac{5}{3}}x + C.$

(18) $\int \dfrac{\arctan e^x}{e^{2x}}dx = -\dfrac{1}{2}\int \arctan e^x de^{-2x} = -\dfrac{1}{2}e^{-2x}\arctan e^x + \dfrac{1}{2}\int \dfrac{e^x}{e^{2x}(1+e^{2x})}dx$

$\qquad\qquad = -\dfrac{1}{2}e^{-2x}\arctan e^x + \dfrac{1}{2}\int\left(\dfrac{1}{e^{2x}} - \dfrac{1}{1+e^{2x}}\right)de^x$

$\qquad\qquad = -\dfrac{1}{2}e^{-2x}\arctan e^x - \dfrac{1}{2e^x} - \dfrac{1}{2}\arctan e^x + C.$

(19) $\int \dfrac{x^2 + \ln^4 x}{(x\ln x)^3}dx$ 令 $t = \ln x$,则 $x = e^t, dx = e^t dt,$ 故

原式 $= \int \dfrac{e^{2t}+t^4}{(te^t)^3}e^t dt = \int\left(\dfrac{1}{t^3}+\dfrac{t}{e^{2t}}\right)dt = -\dfrac{1}{2}t^{-2}-\dfrac{1}{2}\int t de^{-2t}$

$= -\dfrac{1}{2}\left[t^{-2}+te^{-2t}-\int e^{-2t}dt\right] = -\dfrac{1}{2}\left[\dfrac{1}{\ln^2 x}+\dfrac{1+2\ln x}{2x^2}\right]+C.$

(20) 由 $\sin(x+\beta)\cos(x+\alpha)-\cos(x+\beta)\sin(x+\alpha)=\sin(\beta-\alpha)$,得:

原式 $= \int \dfrac{1}{\sin(\beta-\alpha)}\cdot\left(\dfrac{\cos(x+\alpha)}{\sin(x+\alpha)}-\dfrac{\cos(x+\beta)}{\sin(x+\beta)}\right)dx$

$= \dfrac{1}{\sin(\beta-\alpha)}\ln\left|\dfrac{\sin(x+\alpha)}{\sin(x+\beta)}\right|+C.$

(21) 由 $\tan(\alpha-\beta)=\dfrac{\tan(x+\alpha)-\tan(x+\beta)}{1+\tan(x+\alpha)\tan(x+\beta)}$ 知

$$\tan(x+\alpha)\tan(x+\beta)=\dfrac{\tan(x+\alpha)-\tan(x+\beta)}{\tan(\alpha-\beta)}-1,$$

因此,原式 $= \dfrac{1}{\tan(\alpha-\beta)}\int[\tan(x+\alpha)-\tan(x+\beta)]dx-\int dx$

$= \dfrac{1}{\tan(\alpha-\beta)}\ln\left|\dfrac{\cos(x+\beta)}{\cos(x+\alpha)}\right|-x+C.$

(22) $\int \arcsin x \arccos x\, dx = \int \arccos x\, d(x\arcsin x+\sqrt{1-x^2})$

$= \arccos x(x\arcsin x+\sqrt{1-x^2})+\int(x\arcsin x+\sqrt{1-x^2})\dfrac{1}{\sqrt{1-x^2}}dx$

$= \arccos x(x\arcsin x+\sqrt{1-x^2})+x-\int \arcsin x\, d\sqrt{1-x^2}$

$= \arccos x(x\arcsin x+\sqrt{1-x^2})+2x-\sqrt{1-x^2}\arcsin x+C.$

(23) 令 $\arcsin x = t$,

$\int \dfrac{\arcsin x(1+x^2)dx}{x^2\sqrt{1-x^2}} = \int t(\csc^2 t+1)dt = -t\cot t+\int \cot t\, dt+\dfrac{1}{2}t^2$

$= -t\cot t+\ln|\sin t|+\dfrac{1}{2}t^2+C$

$= -\arcsin x\dfrac{\sqrt{1-x^2}}{x}+\ln|x|+\dfrac{1}{2}(\arcsin x)^2+C.$

(24) 令 $\sqrt{\tan x} = u$,则

$\int \sqrt{\tan x}\, dx = \int u\, d\arctan u^2 = \int \dfrac{2u^2}{1+u^4}du$

$= \int \dfrac{2u^2}{(1+u^2+\sqrt{2}u)(1+u^2-\sqrt{2}u)}du$

$= \dfrac{1}{\sqrt{2}}\int \dfrac{-u}{1+u^2+\sqrt{2}u}du+\dfrac{1}{\sqrt{2}}\int \dfrac{u}{1+u^2-\sqrt{2}u}du$

$$= \frac{1}{2\sqrt{2}}\ln\left|\frac{u^2+1-\sqrt{2}u}{u^2+1+\sqrt{2}u}\right| - \frac{1}{\sqrt{2}}\arctan(\sqrt{2}u+1) + \frac{1}{\sqrt{2}}\arctan(\sqrt{2}u-1) + C.$$

$$= \frac{1}{2\sqrt{2}}\ln\left|\frac{\tan x+1-\sqrt{2\tan x}}{\tan x+1+\sqrt{2\tan x}}\right| - \frac{1}{\sqrt{2}}\arctan(\sqrt{2\tan x}+1) + \frac{1}{\sqrt{2}}\arctan(\sqrt{2\tan x}-1) + C.$$

2. 求下列两个函数在指定区间上的不定积分.

(1) $f(x) = \sqrt{1+\sin x}, x \in [0, 2\pi]$; (2) $f(x) = \begin{cases} x^2, & -1 \leq x < 0, \\ \sin x, & 0 \leq x < 1. \end{cases}$

解 (1) $\int f(x)\,\mathrm{d}x = \int \sqrt{1+\sin x}\,\mathrm{d}x = \int \left|\sin\frac{x}{2} + \cos\frac{x}{2}\right|\mathrm{d}x$

$$= \begin{cases} 2\left(\sin\dfrac{x}{2} - \cos\dfrac{x}{2}\right) + C, & 0 \leq x < \dfrac{3}{2}\pi, \\ -2\left(\sin\dfrac{x}{2} - \cos\dfrac{x}{2}\right) + C_1, & \dfrac{3\pi}{2} \leq x \leq 2\pi. \end{cases}$$

因为 $f(x)$ 的原函数可导,所以原函数是连续的,故当 $x = \dfrac{3}{2}\pi$ 时,有 $2\sqrt{2}+C = -2\sqrt{2}+C_1$, $C_1 = 4\sqrt{2}+C$. 于是

$$\int f(x)\,\mathrm{d}x = \int \sqrt{1+\sin x}\,\mathrm{d}x = \begin{cases} 2\left(\sin\dfrac{x}{2} - \cos\dfrac{x}{2}\right) + C, & 0 \leq x < \dfrac{3}{2}\pi, \\ -2\left(\sin\dfrac{x}{2} - \cos\dfrac{x}{2}\right) + 4\sqrt{2} + C, & \dfrac{3}{2}\pi \leq x \leq 2\pi. \end{cases}$$

(2) 当 $-1 \leq x < 0$ 时, $\int f(x)\,\mathrm{d}x = \int x^2\,\mathrm{d}x = \dfrac{1}{3}x^3 + C$; 当 $0 \leq x \leq 1$ 时, $\int f(x)\,\mathrm{d}x = -\cos x + C_1$.

由于原函数是可导的,所以原函数必连续, $x=0$ 时有 $-1+C_1 = C$, 即 $C_1 = 1+C$. 故

$$\int f(x)\,\mathrm{d}x = \begin{cases} \dfrac{1}{3}x^3 + C, & -1 \leq x < 0, \\ 1 - \cos x + C, & 0 \leq x < 1. \end{cases}$$

第六章 定 积 分

6.1 教学基本要求

1. 理解定积分的概念,了解可积的条件.
2. 掌握定积分的性质,特别是定积分中值定理.
3. 理解微积分学基本定理,即理解变限积分函数及其求导法,掌握牛顿-莱布尼茨公式.
4. 掌握定积分的换元积分法与分部积分法,知道奇偶函数、周期函数等定积分相关的公式.
5. 了解反常积分的概念,并会计算反常积分.
6. 了解定积分的近似计算,掌握用定积分表达和计算一些几何量与物理量(平面区域的面积、平面曲线的弧长、旋转体的体积及侧面积,已知平行截面面积的立体的体积,变力作功、引力、压力和函数平均值等).

6.2 内 容 总 结

6.2.1 基本概念

1. 定积分

设函数 $f(x)$ 在区间 $[a,b]$ 上有定义,用分点
$$a = x_1 < x_2 < \cdots < x_i < x_{i+1} < \cdots < x_n < x_{n+1} = b$$
将区间 $[a,b]$ 分为 n 个小区间 $[x_i, x_{i+1}]$,记 $\Delta x_i = x_{i+1} - x_i$,$\lambda = \max\limits_{1 \leq i \leq n}\{|\Delta x_i|\}$. 任取 $\xi_i \in [x_i, x_{i+1}]$,$i = 1, 2, \cdots, n$,如果乘积的和式(称为积分和)
$$\sum_{i=1}^{n} f(\xi_i) \Delta x_i$$
的极限
$$\lim_{\lambda \to 0} \sum_{i=1}^{n} f(\xi_i) \Delta x_i$$
存在,且此极限值与 x_i 和 ξ_i 的取法无关,则说 $f(x)$ 在区间 $[a,b]$ 上**可积**,并称此极限值为 $f(x)$ 在区间 $[a,b]$ 上(或由 a 到 b)的**定积分**,记为 $\int_a^b f(x) \, dx$,即
$$\int_a^b f(x) \, dx = \lim_{\lambda \to 0} \sum_{i=1}^{n} f(\xi_i) \Delta x_i.$$

2. 反常积分

(1) 设对于任何大于 a 的实数 b,$f(x)$ 在 $[a,b]$ 上均可积,则称极限
$$\lim_{b \to +\infty} \int_a^b f(x) \, dx$$

为 $f(x)$ 在无穷区间 $[a,+\infty)$ 上的**反常积分**，记为 $\int_a^{+\infty} f(x)\mathrm{d}x$，即

$$\int_a^{+\infty} f(x)\mathrm{d}x = \lim_{b\to+\infty}\int_a^b f(x)\mathrm{d}x.$$

当此极限存在时，则说反常积分 $\int_a^{+\infty} f(x)\mathrm{d}x$ **收敛**（存在），否则说它**发散**.

类似地，定义反常积分

$$\int_{-\infty}^b f(x)\mathrm{d}x = \lim_{a\to-\infty}\int_a^b f(x)\mathrm{d}x,$$

$$\int_{-\infty}^{+\infty} f(x)\mathrm{d}x = \int_{-\infty}^c f(x)\mathrm{d}x + \int_c^{+\infty} f(x)\mathrm{d}x.$$

（2）若 $\forall \varepsilon>0$，$f(x)$ 在 $[a+\varepsilon,b]$ 上可积，在 a 点的右邻域内 $f(x)$ 无界（称 a 为**瑕点**），称极限

$$\lim_{\varepsilon\to 0^+}\int_{a+\varepsilon}^b f(x)\mathrm{d}x$$

为无界函数 $f(x)$ 在 $(a,b]$ 上的**反常积分**（或**瑕积分**），记为 $\int_a^b f(x)\mathrm{d}x$，即

$$\int_a^b f(x)\mathrm{d}x = \lim_{\varepsilon\to 0^+}\int_{a+\varepsilon}^b f(x)\mathrm{d}x.$$

当此极限存在时，则说反常积分 $\int_a^b f(x)\mathrm{d}x$ **收敛**，否则说它**发散**.

类似地，当 b 为瑕点时，定义反常积分．

$$\int_a^b f(x)\mathrm{d}x = \lim_{\varepsilon\to 0^+}\int_a^{b-\varepsilon} f(x)\mathrm{d}x.$$

当 $d\in(a,b)$ 为瑕点时，定义反常积分

$$\int_a^b f(x)\mathrm{d}x = \int_a^d f(x)\mathrm{d}x + \int_d^b f(x)\mathrm{d}x$$

$$= \lim_{\varepsilon_1\to 0^+}\int_a^{d-\varepsilon_1} f(x)\mathrm{d}x + \lim_{\varepsilon_2\to 0^+}\int_{d+\varepsilon_2}^b f(x)\mathrm{d}x,$$

其中 $\varepsilon_1,\varepsilon_2$ 为两个独立的正数.

6.2.2 基本理论

可积条件：
1. 若 $f(x)$ 在 $[a,b]$ 上可积，则 $f(x)$ 在 $[a,b]$ 上必有界.
2. 如果 $f(x)\in C[a,b]$，则 $f(x)$ 在 $[a,b]$ 上可积.
3. 如果 $f(x)$ 在 $[a,b]$ 上除有限个第一类间断点外处处连续，则 $f(x)$ 在 $[a,b]$ 上可积.

定积分的性质（设下面涉及的定积分都存在）：

1. （有向性） $\int_b^a f(x)\mathrm{d}x = -\int_a^b f(x)\mathrm{d}x.$

2. $\int_a^a f(x)\mathrm{d}x = 0.$

3. $\int_a^b 1\mathrm{d}x = b-a.$

4. （线性性） $\int_a^b [kf(x) + lg(x)] dx = k\int_a^b f(x) dx + l\int_a^b g(x) dx$ （k, l 为常数）．

5. （区间可加性） $\int_a^b f(x) dx = \int_a^c f(x) dx + \int_c^b f(x) dx$ （点 c 可在区间 (a, b) 内，也可在外部）．

6. （比较性），若 $f(x) \leqslant g(x), x \in [a, b]$，则有
$$\int_a^b f(x) dx \leqslant \int_a^b g(x) dx.$$

7. （估值性），若 $m \leqslant f(x) \leqslant M$，$x \in [a, b]$，则有
$$m(b - a) \leqslant \int_a^b f(x) dx \leqslant M(b - a).$$

8. （绝对值性） $\left| \int_a^b f(x) dx \right| \leqslant \int_a^b |f(x)| dx$ $(a < b)$．

9. （与积分变量的记号无关性） $\int_a^b f(x) dx = \int_a^b f(t) dt$．

10. （定积分中值定理）设 $f(x) \in C[a, b]$，则至少存在一点 $\xi \in [a, b]$，使得
$$\int_a^b f(x) dx = f(\xi)(b - a).$$

6.2.3 基本方法

1. 若 $f(x) \in C[a, b]$，则变上限定积分函数 $\Phi(x) = \int_a^x f(t) dt \in C^1[a, b]$，且
$$\Phi'(x) = \frac{d}{dx} \int_a^x f(t) dt = f(x),$$

即 $\int_a^x f(t) dt$ 是 $f(x)$ 的一个原函数．说明了连续函数必有原函数，在区间 $[a, b]$ 上
$$\int f(x) dx = \int_a^x f(t) dt + C.$$

2. 牛顿-莱布尼茨公式　如果 $F(x)$ 是区间 $[a, b]$ 上连续函数 $f(x)$ 的一个原函数，则
$$\int_a^b f(x) dx = F(b) - F(a).$$

3. 定积分的换元积分法　设 $f(x) \in C[a, b]$，对变换 $x = \varphi(t)$，若有常数 α, β 满足
(1) $\varphi(\alpha) = a, \varphi(\beta) = b$;
(2) 当 t 介于 α, β 之间时，$a \leqslant \varphi(t) \leqslant b$;
(3) 当 t 介于 α, β 之间时，$\varphi(t)$ 有连续的导数，则
$$\int_a^b f(x) dx = \int_\alpha^\beta f(\varphi(t)) \varphi'(t) dt.$$

4. 定积分的分部积分法　设 $u(x), v(x) \in C^1[a, b]$，则
$$\int_a^b u(x) v'(x) dx = u(x) v(x) \Big|_a^b - \int_a^b u'(x) v(x) dx.$$

5. 几个特殊的定积分公式
(1) 设 $f(x)$ 在区间 $[-a, a]$ 上可积，则

$$\int_{-a}^{a} f(x)\,dx = \int_{0}^{a} [f(x) + f(-x)]\,dx.$$

(2) 若 $f(x)$ 为可积的奇函数，则 $\int_{-a}^{a} f(x)\,dx = 0$.

(3) 若 $f(x)$ 为可积的偶函数，则 $\int_{-a}^{a} f(x)\,dx = 2\int_{0}^{a} f(x)\,dx$.

(4) 若 $f(x)$ 是周期为 T 的可积函数，则对任何实数 a，有

$$\int_{a}^{a+T} f(x)\,dx = \int_{0}^{T} f(x)\,dx.$$

(5) 设 $f(x) \in C[0,1]$，则

$$\int_{0}^{\pi/2} f(\sin x)\,dx = \int_{0}^{\pi/2} f(\cos x)\,dx,$$

$$\int_{0}^{\pi} x f(\sin x)\,dx = \frac{\pi}{2}\int_{0}^{\pi} f(\sin x)\,dx = \pi\int_{0}^{\pi/2} f(\sin x)\,dx.$$

(6) 当自然数 $n>1$ 时，有

$$\int_{0}^{\pi/2} \sin^n x\,dx = \int_{0}^{\pi/2} \cos^n x\,dx = \begin{cases} \dfrac{(n-1)(n-3)\cdots 2}{n(n-2)\cdots 3}, & \text{当 } n \text{ 为奇数时}, \\ \dfrac{(n-1)(n-3)\cdots 1}{n(n-2)\cdots 2}\cdot\dfrac{\pi}{2}, & \text{当 } n \text{ 为偶数时}. \end{cases}$$

(7) 柯西不等式 设 $f(x), g(x) \in C[a,b]$，则

$$\left[\int_{a}^{b} f(x)g(x)\,dx\right]^2 \leqslant \int_{a}^{b} f^2(x)\,dx \int_{a}^{b} g^2(x)\,dx.$$

6. 曲线的弧长和弧微分公式

(1) 曲线 $y=f(x)$ 上，点 $A(a,f(a))$ 到点 $M(x,f(x))$ 的弧长，与点 M 处的弧微分公式依次为

$$s(x) = \int_{a}^{x} \sqrt{1 + f'^{2}(u)}\,du, \quad ds = \sqrt{1 + f'^{2}(x)}\,dx.$$

(2) 曲线 $x=x(t), y=y(t)$，从 t_0 到 t 的对应点间的弧长，与 t 处的弧微分公式依次为

$$s(t) = \int_{t_0}^{t} \sqrt{x'^{2}(t) + y'^{2}(t)}\,dt, \quad ds = \sqrt{x'^{2}(t) + y'^{2}(t)}\,dt.$$

(3) 极坐标系下，曲线 $r=r(\theta)$，从 $\theta=\alpha$ 到 θ 的对应点间的弧长，与 θ 处的弧微分公式依次为

$$s(\theta) = \int_{\alpha}^{\theta} \sqrt{r^{2}(t) + r'^{2}(t)}\,dt, \quad ds = \sqrt{r^{2}(\theta) + r'^{2}(\theta)}\,d\theta.$$

7. 微元法

分布在区间 $[a,b]$ 上，具有"可加性"的某种量，求其总量 S 是定积分问题。如何将实际问题化为定积分，有个简单的方法，叫做微元法。其做法是：在典型小区间 $[x, x+\Delta x]$ 上，取对应的局部量 ΔS 的线性主部——与 Δx 呈线性关系，又是 ΔS 的主部，直白地说，就是取 ΔS 的一个近似，但要求这个近似值等于 x 的函数值与 Δx 之积 $f(x)\Delta x$ 的形式，而且它与 ΔS 之差是 Δx 的高阶无穷小，则 $f(x)dx$ 为被积表达式，总量 $S = \int_{a}^{b} f(x)\,dx$.

8. 平面区域的面积公式

（1）由不等式组 $\begin{cases} a \leqslant x \leqslant b, \\ y_1(x) \leqslant y \leqslant y_2(x) \end{cases}$ 确定的区域（图 6.1(a)）的面积为

$$S = \int_a^b [y_2(x) - y_1(x)] \, dx.$$

（2）由不等式组 $\begin{cases} c \leqslant y \leqslant d, \\ x_1(y) \leqslant x \leqslant x_2(y) \end{cases}$ 确定的区域（图 6.1(b)）的面积为

$$S = \int_c^d [x_2(y) - x_1(y)] \, dy.$$

（3）在极坐标系下，由不等式组 $\begin{cases} \alpha \leqslant \theta \leqslant \beta, \\ r_1(\theta) \leqslant r \leqslant r_2(\theta) \end{cases}$ 确定的区域（图 6.1(c)）的面积为

$$S = \frac{1}{2} \int_\alpha^\beta [r_2^2(\theta) - r_1^2(\theta)] \, d\theta.$$

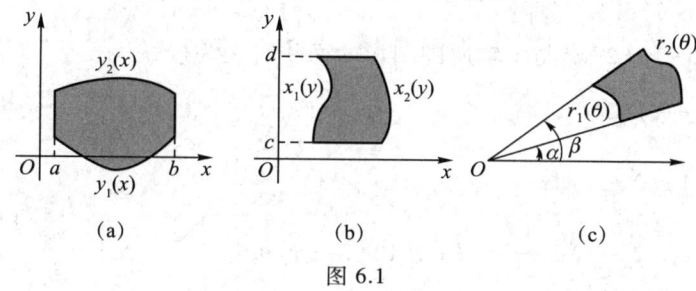

图 6.1

9. 已知截面面积的立体体积公式，旋转体的体积与侧面积公式

（1）位于区间 $[a,b]$ 上，垂直于 x 轴的截面面积为 $S(x)$ 的立体体积公式为

$$V = \int_a^b S(x) \, dx.$$

（2）连续曲线 $y=f(x)$ 与直线 $x=a, x=b$ $(a<b)$ 及 x 轴围成的平面区域，绕 x 轴旋转一周形成的旋转体的体积 V 和侧面面积 S（图 6.2）的公式依次为

$$V = \pi \int_a^b f^2(x) \, dx,$$

$$S = 2\pi \int_a^b |f(x)| \sqrt{1 + f'^2(x)} \, dx.$$

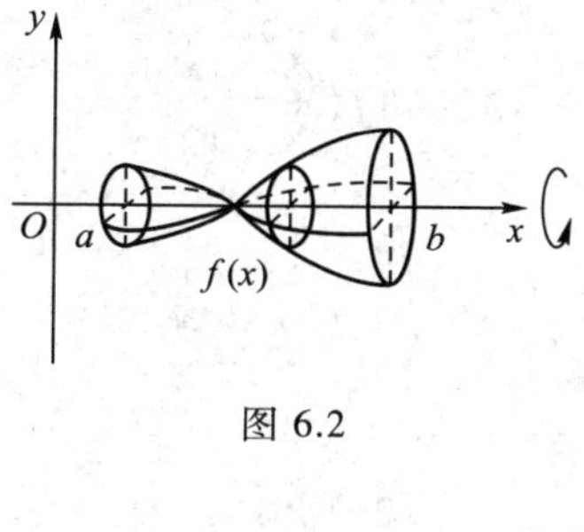

此外，求旋转体体积时，有时还用薄壁筒法．

图 6.2

10. 连续变量的平均值公式

连续函数 $y=f(x)$ 在区间 $[a,b]$ 上的平均值公式

$$\bar{y} = \frac{1}{b-a} \int_a^b f(x) \, dx.$$

定积分在物理学中的应用也很广泛，如功、力与力矩等计算，掌握了微元法，问题就好解决了．

6.3 思考与讨论

1. 已知 $f(x) = \dfrac{1}{1+x^2} + \sqrt{1-x^2}\int_0^1 f(x)\,dx$，则 $\int_0^1 f(x)\,dx = $ _____.

分析 定积分是由被积函数和积分区间确定的一个数. 设 $\int_0^1 f(x)\,dx = A$，将已知等式两边在 $[0,1]$ 上积分，得

$$A = \frac{\pi}{4} + \frac{\pi}{4}A,$$

故 $A = \dfrac{\pi}{4-\pi}$.

应填 $\dfrac{\pi}{4-\pi}$.

【注】 若要解出 $f(x)$，由上面的运算知 $f(x) = \dfrac{1}{1+x^2} + \dfrac{\pi}{4-\pi}\sqrt{1-x^2}$.

2. 曲线 $y = x(x-1)(2-x)$ 与 x 轴所围图形的面积可表为( ).

(A) $-\int_0^2 x(x-1)(2-x)\,dx$

(B) $\int_0^2 x(x-1)(2-x)\,dx$

(C) $\int_0^1 x(x-1)(2-x)\,dx - \int_1^2 x(x-1)(2-x)\,dx$

(D) $-\int_0^1 x(x-1)(2-x)\,dx + \int_1^2 x(x-1)(2-x)\,dx$

分析 $y(x)$ 有三个零点 $x=0, x=1, x=2$（是 $y(x)$ 与 x 轴的交点），可见图形在 $0 \leq x \leq 2$ 范围内，又 $y(x) \in C[0,2]$. 根据定积分的几何意义，此面积用定积分表示为 $\int_0^2 |y(x)|\,dx$. 要分析好 $y(x)$ 的符号，当 $0<x<1$ 时，$y(x)<0$，当 $1<x<2$ 时，$y(x)>0$.

应选 D.

3. 已知 $f(x) = \begin{cases} x^2, & -1 \leq x \leq 1, \\ 2-x, & 1 < x \leq 2, \end{cases}$ 设 $F(x) = \int_0^x f(t)\,dt, -1 \leq x \leq 2$，则 $F(x)$ 等于( ).

(A) $\begin{cases} 0, & -1 \leq x \leq 1, \\ -\dfrac{7}{6} + 2x - \dfrac{x^2}{2}, & 1 < x \leq 2 \end{cases}$

(B) $\begin{cases} \dfrac{x^3}{3}, & -1 \leq x \leq 1, \\ -\dfrac{7}{6} + 2x - \dfrac{x^2}{2}, & 1 < x \leq 2 \end{cases}$

(C) $\begin{cases} \dfrac{2x^3}{3}, & -1 \leq x \leq 1, \\ 2x - \dfrac{x^2}{2}, & 1 < x \leq 2 \end{cases}$

(D) $\begin{cases} \dfrac{x^3}{3}, & -1 \leq x \leq 1, \\ -\dfrac{3}{2} + 2x - \dfrac{x^2}{2}, & 1 < x \leq 2 \end{cases}$

分析 $F(x)$ 是分段函数 $f(x)$ 的一个变上限定积分. 当积分区间跨越分段点 $x=1$ 时，要根据定积分的区间可加性分段用牛顿-莱布尼茨公式计算.

当 $-1 \leqslant x \leqslant 1$ 时，$F(x) = \int_0^x t^2 dt = \dfrac{x^3}{3}$.

当 $1 < x \leqslant 2$ 时，

$$F(x) = \int_0^1 t^2 dt + \int_1^x (2-t) dt = \dfrac{1}{3} + 2x - \dfrac{x^2}{2} - \dfrac{3}{2} = -\dfrac{7}{6} + 2x - \dfrac{x^2}{2}.$$

应选 B.

4. 设 $f(x)$ 连续，则 $\dfrac{d}{dx}\int_0^x tf(x^2 - t^2) dt = ($ $)$.

(A) $xf(x^2)$　　　　(B) $-xf(x^2)$　　　　(C) $2xf(x^2)$　　　　(D) $xf(0)$

分析　这里被积函数 $tf(x^2-t^2)$ 中含有一个参变量 x，它的积分结果与 x 有关，这样的积分叫做含参变量的积分，怎样求其导数．本课程并未介绍，但我们知道变限积分函数（特殊的含参变量的积分）求导法．所以我们可以对积分做适当的变换，把参变量转移到积分限中，使被积函数不含参量，然后用变限积分函数求导法计算．

令 $u = x^2 - t^2$，则

$$\dfrac{d}{dx}\int_0^x tf(x^2 - t^2) dt = \dfrac{d}{dx}\int_0^{x^2} \dfrac{1}{2} f(u) du = xf(x^2).$$

应选 A.

5. 设 $\alpha(x) = \int_0^{ex} \dfrac{\sin t}{t} dt$，$\beta(x) = \int_0^{\sin x} (1+t)^{\frac{1}{t}} dt$，当 $x \to 0$ 时，$\alpha(x)$ 是 $\beta(x)$ 的（　　）.

(A) 高阶无穷小　　　　　　(B) 低阶无穷小
(C) 同阶但不等价的无穷小　(D) 等价无穷小

分析　按无穷小的比较及变限积分函数的求导法和 L'Hospital 法则

$$\lim_{x \to 0} \dfrac{\alpha(x)}{\beta(x)} = \lim_{x \to 0} \dfrac{\int_0^{ex} \dfrac{\sin t}{t} dt}{\int_0^{\sin x} (1+t)^{\frac{1}{t}} dt} = \lim_{x \to 0} \dfrac{\dfrac{\sin ex}{ex} \cdot e}{(1+\sin x)^{\frac{1}{\sin x}} \cos x} = 1.$$

应选 D.

6. 设 $F(x) = \int_x^{x+2\pi} e^{\sin t} \sin t dt$，则 $F(x)($ $)$.

(A) 为正的常数　　(B) 为负的常数　　(C) 恒为零　　(D) 不是常数

分析　(1) 被积函数以 2π 为周期，故由内容总结中特殊的定积分公式(4)和(1)得

$$F(x) = \int_{-\pi}^{\pi} e^{\sin t} \sin t dt = \int_0^{\pi} [e^{\sin t} \sin t + e^{-\sin t}(-\sin t)] dt$$

$$= \int_0^{\pi} (e^{\sin t} - e^{-\sin t}) \sin t dt > 0,$$

这是因为被积函数大于等于零．又因定积分是个数，故选 A.

(2) 用分部积分法

$$F(x) = \int_{-\pi}^{\pi} e^{\sin t} \sin t dt = -\int_{-\pi}^{\pi} e^{\sin t} d\cos t$$

$$= -e^{\sin t} \cos t \Big|_{-\pi}^{\pi} + \int_{-\pi}^{\pi} e^{\sin t} \cos^2 t dt > 0.$$

(3) 按定积分几何意义思考,在$[-\pi,\pi]$上,$\sin t$为奇函数,而$e^{\sin t}>0$在$[-\pi,\pi]$上单调上升,所以$-\int_{-\pi}^{0}e^{\sin t}\sin t\,dt<\int_{0}^{\pi}e^{\sin t}\sin t\,dt$,于是$F(x)>0$.

应选 A.

7. 设$f(x)$连续,$I=t\int_{0}^{s/t}f(tx)\,dx$,其中$t>0,s>0$,则$I$的值( ).

(A) 依赖s,不依赖t (B) 依赖t,不依赖s

(C) 依赖s和t,不依赖x (D) 依赖s,t和x

分析 由定积分性质知I不依赖积分变量x,否定了(D).利用换元积分法,令$u=tx$,则
$$I=\int_{0}^{s}f(u)\,du,$$
显然I与s有关,与t无关.

应选 A.

8. 设函数$f(x)$在区间$[a,b]$上可积,有唯一一个间断点,$x_0\in(a,b)$,$F(x)=\int_{a}^{x}f(t)\,dt$,则下列论断不正确的是( ).

(A) $F(x_0^-)=F(x_0^+)$

(B) $F(x)$有界,$x\in[a,b]$

(C) $F'(x)=f(x)$,$x\in[a,b]$

(D) $\exists\xi\in(a,b)$,使$F(x_0)=f(\xi)(x_0-a)$

分析 由条件知$F(x)\in C[a,b]$,故(A)、(B)都正确.又因$F(x)$在开区间(a,x_0)内可导,根据微分中值定理知,$\exists\xi\in(a,x_0)\subset(a,b)$,使$F(x_0)=F(x_0)-F(a)=F'(\xi)(x_0-a)=f(\xi)(x_0-a)$,所以(D)正确.

对于(C),看两个反例.

【例】 设$f(x)=\begin{cases}-1,&-1\le x<0,\\1,&0\le x\le 1,\end{cases}$则
$$F(x)=\begin{cases}-x-1,&-1\le x<0,\\x-1,&0\le x\le 1,\end{cases}$$
显然$F(x)$在$x=0$处不可导,所以(C)不成立.

【例】 设$f(x)=\dfrac{x^2-1}{x-1}$,则$f(x)$在$[0,2]$上可积,$F(x)=\dfrac{x^2}{2}+x$.故$F'(x)=x+1$,$F'(1)=2$,但$f(1)$无定义,所以(C)不成立.

应选 C.

9. 下列积分等式不正确的是( ).

(A) $\int_{x}^{1}\dfrac{1}{1+x^2}\,dx=\int_{1}^{\frac{1}{x}}\dfrac{1}{1+x^2}\,dx$

(B) $\int_{0}^{1}x^m(1-x)^n\,dx=\int_{0}^{1}x^n(1-x)^m\,dx$

(C) $\int_{0}^{\frac{\pi}{2}}\dfrac{\sin x}{\sin x+\cos x}\,dx=\int_{0}^{\frac{\pi}{2}}\dfrac{\cos x}{\sin x+\cos x}\,dx$

(D) $\int_0^2 \dfrac{dx}{(x-1)^2} = -\int_{-1}^1 dx$

分析 定积分是由被积函数和积分区间确定的一个数,换元积分法是求定积分的重要方法之一.(A)令 $x=\dfrac{1}{t}$,(B)令 $u=1-x$,(C)令 $x=\dfrac{\pi}{2}-t$,知(A),(B),(C)都正确.

对于(D),似乎取倒代换令 $u=\dfrac{1}{x-1}$,两边积分相等,但这个倒代换在积分区间 $[0,2]$ 上不满足换元积分法的要求,积分 $\int_0^2 \dfrac{dx}{(x-1)^2}$ 是反常积分,$x=0$ 是瑕点.按定义计算

$$\int_0^1 \dfrac{dx}{(x-1)^2} = -\dfrac{1}{x+1}\Big|_0^{1^-} = \infty,$$

所以 $\int_0^2 \dfrac{dx}{(x-1)^2}$ 发散,而积分 $-\int_{-1}^1 dx = -2$,所以(D)是错的.

应选 D.

10. 设

$$M = \int_{-\pi/2}^{\pi/2} \dfrac{\sin x}{1+x^2}\cos^4 x\, dx,$$

$$N = \int_{-\pi/2}^{\pi/2} (\sin^3 x + \cos^4 x)\, dx, \quad P = \int_{-\pi/2}^{\pi/2} (x^2\sin^3 x - \cos^2 x)\, dx,$$

则 M,N,P 三个数的大小关系为( ).

(A) $N<P<M$　　　(B) $M<P<N$　　　(C) $N<M<P$　　　(D) $P<M<N$

分析 积分区间关于原点对称,利用奇偶函数积分特点,知

$$M=0,$$

$$N = 2\int_0^{\pi/2}\cos^4 x\, dx > 0, \quad P = -2\int_0^{\pi/2}\cos^2 x\, dx < 0.$$

应选 D.

11. 设 $f(x)$ 在区间 $[a,b]$ 上有定义且分段连续,且 $\int_a^b f(x)dx = 0$,则在 $[a,b]$ 上 $f(x)$( ).

(A) 有原函数　　　　　　　　　(B) 必为奇函数
(C) 必有零点　　　　　　　　　(D) 存在 x_1,x_2,使 $f(x_1)f(x_2)\leq 0$

分析 当 $f(x)$ 有第一类间断点时,没有原函数,$\int_a^b f(x)dx = 0$ 不一定蕴含 $f(x)$ 为奇函数. $\int_a^b f(x)$ 可能是定积分,也可能是瑕积分.因为 $f(x)$ 分段连续,它可以无零点,最后只有(D)了.

如果(D)不成立,则在 $[a,b]$ 上,$f(x)$ 定号,$\int_a^b f(x)dx \neq 0$.

应选 D.

12. 设 $f(x)$ 为连续函数,$F(x)$ 是 $f(x)$ 的一个原函数,则下列说法正确的是( ).
(A) 当 $f(x)$ 为奇函数时,$F(x)$ 必为偶函数
(B) 当 $f(x)$ 为偶函数时,$F(x)$ 必为奇函数

(C) 当 $f(x)$ 为周期函数时, $F(x)$ 必为周期函数

(D) 当 $f(x)$ 为单调函数时, $F(x)$ 必为单调函数

分析 虽然这是原函数(不定积分)的问题, 但只有学过定积分, 微积分学基本定理之后, 才便于讨论和回答. 由于

$$\Phi(x) = \int_0^x f(t) dt$$

是 $f(x)$ 的一个原函数,

$$\int f(x) dx = \int_0^x f(t) dt + C.$$

$$\Phi(-x) = \int_0^{-x} f(t) dt \xrightarrow{\diamondsuit u = -t} \int_0^x -f(-u) du.$$

当 $f(x)$ 为奇函数时, 即有 $f(-x) = -f(x)$, 则

$$\int_0^x -f(-u) du = \int_0^x f(u) du = \Phi(x),$$

此时, $\Phi(-x) = \Phi(x)$, $\Phi(x)$ 是偶函数, 因此

$$\int f(x) dx = \Phi(x) + C$$

均为偶函数. 肯定了(A).

当 $f(x)$ 为偶函数时, 即有 $f(-x) = f(x)$, 则

$$\int_0^x -f(-u) du = -\int_0^x f(u) du = -\Phi(x).$$

此时, $\Phi(-x) = -\Phi(x)$, $\Phi(x)$ 是奇函数, 奇函数与任何非零常数之和不是奇函数. 所以, 偶函数的全部原函数中, 有且仅有一个是奇函数. 否定了(B).

(C),(D) 的否定只需各举一反例.

$f(x) = 1 + \sin x$ 为周期函数, 但 $\int (1 + \sin x) dx = x - \cos x + C$ 全部是单增的, 故没有周期函数, 否定了(C).

$f(x) = x$ 在 $(-\infty, \infty)$ 上单调上升, 但 $\int x dx = \frac{1}{2} x^2 + C$ 中, 没有一个是 $(-\infty, +\infty)$ 上单调的函数, 否定了(D).

应选 A.

13. 设在闭区间 $[a,b]$ 上, $f(x) > 0, f'(x) < 0, f''(x) > 0$, 令 $S_1 = \int_a^b f(x) dx$, $S_2 = f(b)(b-a)$, $S_3 = \frac{1}{2}[f(a) + f(b)](b-a)$, 则( ).

(A) $S_1 < S_2 < S_3$ (B) $S_2 < S_1 < S_3$

(C) $S_3 < S_1 < S_2$ (D) $S_2 < S_3 < S_1$

分析 在 $[a,b]$ 上 $f(x)$ 单调下降, 且下凸, S_1 为曲边梯形的面积, S_2 为矩形面积, 其高是 $f(x)$ 的最小值, S_3 为以 $f(a), f(b)$ 为上、下底、高为 $(b-a)$ 的梯形的面积(图6.3), 从几何上不难看出 $S_3 > S_1 > S_2$.

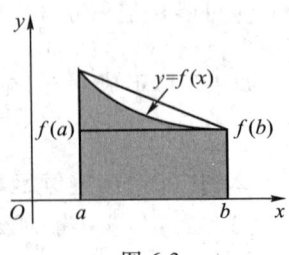

图 6.3

应选 B.

14. 设 $I_1 = \int_0^{\pi/4} \dfrac{\tan x}{x} dx$, $I_2 = \int_0^{\pi/4} \dfrac{x}{\tan x} dx$, 则有不等式( ).

(A) $I_1 > I_2 > 1$ (B) $1 > I_1 > I_2$ (C) $I_2 > I_1 > 1$ (D) $I_1 > 1 > I_2$

分析 在同一个积分区间上,定积分值的比较取决于被积函数,当 $x \in \left[0, \dfrac{\pi}{4}\right]$ 时,$y = \tan x$ 是下凸的,所以,曲线 $y = \tan x$ 在弦的下方,在切线的上方(图 6.4).因此,有

$$\dfrac{4}{\pi} x > \tan x > x, \quad x \in \left(0, \dfrac{\pi}{4}\right),$$

$$\dfrac{4}{\pi} > \dfrac{\tan x}{x} > \dfrac{x}{\tan x}, \quad x \in \left(0, \dfrac{\pi}{4}\right).$$

故

$$1 = \int_0^{\pi/4} \dfrac{4}{\pi} dx > \int_0^{\pi/4} \dfrac{\tan x}{x} dx > \int_0^{\pi/4} \dfrac{x}{\tan x} dx.$$

应选 B.

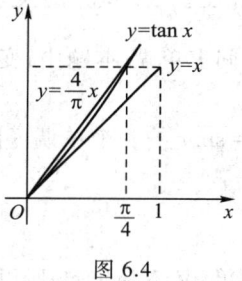

图 6.4

6.4 典型错误纠正

1. 计算定积分 $\int_{-1}^1 \dfrac{1}{1+x^2} dx$.

解 作变换,令 $x = \dfrac{1}{t}$,则 $dx = -\dfrac{1}{t^2} dt$,$x = -1$ 时,$t = -1$,$x = 1$ 时,$t = 1$,故

$$\int_{-1}^1 \dfrac{1}{1+x^2} dx = -\int_{-1}^1 \dfrac{1}{1 + \dfrac{1}{t^2}} \cdot \dfrac{1}{t^2} dt = -\int_{-1}^1 \dfrac{1}{1 + t^2} dt,$$

因此,$\int_{-1}^1 \dfrac{1}{1+x^2} dx = 0$.

问题分析 因为被积函数大于零,积分上限大于下限,积分结果应为正数,显然运算中有错.错在所取的变换上,变换 $x = \dfrac{1}{t}$ 在区间 $[-1,1]$ 上不满足定积分换元积分法的条件,在点 $t = 0$ 处不连续,不可导.正确计算应是

$$\int_{-1}^1 \dfrac{1}{1+x^2} dx = \arctan x \Big|_{-1}^1 = \dfrac{\pi}{4} - \left(-\dfrac{\pi}{4}\right) = \dfrac{\pi}{2}.$$

2. 计算 $\int_0^1 \sqrt{1-x^2} dx$.

解 令 $x = \sin t$,则 $dx = \cos t dt$,$x = 0$ 时,$t = 0$,$x = 1$ 时,$t = \dfrac{5\pi}{2}$,故

$$\int_0^1 \sqrt{1-x^2} dx = \int_0^{\frac{5\pi}{2}} \cos^2 t dt = \dfrac{1}{2} \int_0^{\frac{5\pi}{2}} (1 + \cos 2t) dt = \dfrac{5}{4} \pi.$$

问题分析 这个定积分几何上表示半径为 1 的四分之一圆的面积等于 $\dfrac{\pi}{4}$.所取的变换

没问题,上限取为 $\frac{5\pi}{2}$ 也没有错,但是由于 $0 \leq t \leq \frac{5\pi}{2}$ 时, $\sqrt{1-\sin^2 t} = |\cos t|$,这时 $\cos t$ 的值有正也有负,所以运算的第一步就出了错.按此变换,正确计算应为

$$\int_0^1 \sqrt{1-x^2}\,dx = \int_0^{\frac{5\pi}{2}} |\cos t| \cos t\,dt$$

$$= \int_0^{\frac{\pi}{2}} \cos^2 t\,dt - \int_{\frac{\pi}{2}}^{\frac{3\pi}{2}} \cos^2 t\,dt + \int_{\frac{3\pi}{2}}^{\frac{5\pi}{2}} \cos^2 t\,dt = \frac{\pi}{4}.$$

【注】 定积分的换元积分法,不要求变换 $x = \varphi(t)$ 有反函数,因此, $\varphi(t)$ 不一定在新积分区间上单调.本题中,变换 $x = \sin t$ 在 $\left[0, \frac{5\pi}{2}\right]$ 上不单调,同样可以得到正确结果.但是,如果取 $x = \sin t$ 的一个单调区间 $\left[0, \frac{\pi}{2}\right]$,其计算

$$\int_0^1 \sqrt{1-x^2}\,dx = \int_0^{\pi/2} \cos^2 t\,dt = \frac{\pi}{4},$$

既简单,又不易出错.所以,对定积分换元时,应尽可能选取变换的单调区间,至少要让新积分区间尽可能的小.

3. 设 $f(x) = \dfrac{(x-1)^2+1}{(x-1)^2+x^2(x-2)^2}$,求不定积分 $\int f(x)\,dx$,计算定积分 $\int_0^2 f(x)\,dx$.

解 (1)

$$\int f(x)\,dx = \int \frac{1+\dfrac{1}{(x-1)^2}}{1+\left[\dfrac{x(x-2)}{x-1}\right]^2}\,dx = \int \frac{d\left(x-\dfrac{1}{x-1}-1\right)}{1+\left[\dfrac{x(x-2)}{x-1}\right]^2}$$

$$= \int \frac{d\dfrac{x(x-2)}{x-1}}{1+\left[\dfrac{x(x-2)}{x-1}\right]^2} = \arctan \frac{x(x-2)}{x-1} + C.$$

(2) 由牛顿-莱布尼茨公式

$$\int_0^2 f(x)\,dx = \arctan \frac{x(x-2)}{x-1}\bigg|_0^2 = 0.$$

问题分析 被积函数 $f(x) > 0$,积分上限大于下限,定积分值应大于零,所以计算中肯定有错,错在哪里.

首先,在不定积分计算的第一步,被积函数分子、分母同除以 $(x-1)$,要求 $x \neq 1$.就是说(1)中所得到的原函数 $F(x) = \arctan \dfrac{x(x-2)}{x-1}$ 是在 $(-\infty, 1)$ 和 $(1, +\infty)$ 两个区间上的,不是 $(-\infty, +\infty)$ 上的原函数.如果没有明确要求在区间 $(-\infty, +\infty)$ 上求不定积分,则(1)的结果不能算错,否则是有问题的.

其次,在牛顿-莱布尼茨公式中,$F(x)$ 是 $[a, b]$ 上连续函数 $f(x)$ 的原函数,$F(x)$ 在积分区间 $[a, b]$ 上连续且可导,而本题运算中的 $F(x) = \arctan \dfrac{x(x-2)}{x-1}$ 在区间 $[0, 2]$ 上有一个间断

点 $x=1$,所以,它不是 $[0,2]$ 上被积函数的原函数.因此,在(2)中公式用错.

纠正这个错误有两个途径.

一个是求出 $(-\infty,+\infty)$ 上的原函数,全面考察题目要求,本应在一个包含 $[0,2]$ 的区间上求 $f(x)$ 的原函数,这种意义上说,(1)的结果是不满足要求的.(接着(1))设

$$\int f(x)\,\mathrm{d}x = \begin{cases} \arctan\dfrac{x(x-2)}{x-1} + C_1, & x < 1, \\ \arctan\dfrac{x(x-2)}{x-1} + C_2, & x > 1. \end{cases}$$

由于 $F(1^-)=\dfrac{\pi}{2}$, $F(1^+)=-\dfrac{\pi}{2}$,要使所有原函数在 $x=1$ 处连续,应有 $\dfrac{\pi}{2}+C_1=-\dfrac{\pi}{2}+C_2$,即

$$C_2 = \pi + C_1.$$

因此,在 $(-\infty,+\infty)$ 上

$$\int f(x)\,\mathrm{d}x = \begin{cases} \arctan\dfrac{x(x-2)}{x-1} + C, & x < 1, \\ \dfrac{\pi}{2} + C, & x = 1, \\ \arctan\dfrac{x(x-2)}{x-1} + \pi + C, & x > 1. \end{cases}$$

据此,由牛顿-莱布尼茨公式得

$$\int_0^2 f(x)\,\mathrm{d}x = \left[\arctan\dfrac{x(x-2)}{x-1} + \pi\right]\bigg|_{x=2} - \left[\arctan\dfrac{x(x-2)}{x-1}\right]\bigg|_{x=0} = \pi.$$

另一个是利用定积分的区间可加性

$$\int_0^2 f(x)\,\mathrm{d}x = \int_0^1 f(x)\,\mathrm{d}x + \int_1^2 f(x)\,\mathrm{d}x,$$

因为变上限积分函数 $\int_0^x f(t)\,\mathrm{d}t$ 在 $[0,2]$ 在上连续,所以

$$\int_0^1 f(x)\,\mathrm{d}x = \lim_{\varepsilon \to 0^+}\int_0^{1-\varepsilon} f(x)\,\mathrm{d}x = \lim_{\varepsilon \to 0^+}\arctan\dfrac{x(x-2)}{x-1}\bigg|_0^{1-\varepsilon} = \dfrac{\pi}{2},$$

同理

$$\int_1^2 f(x)\,\mathrm{d}x = \dfrac{\pi}{2},$$

于是

$$\int_0^2 f(x)\,\mathrm{d}x = \pi.$$

4. 证明 $\lim\limits_{n\to\infty}\int_0^1 \dfrac{x^n}{1+x}\,\mathrm{d}x = 0$.

证明 由积分中值定理,得

$$\int_0^1 \dfrac{x^n}{1+x}\,\mathrm{d}x = \dfrac{\xi^n}{1+\xi},$$

其中 $0<\xi<1$.故

$$\lim_{n\to\infty}\int_0^1 \frac{x^n}{1+x}dx = 0.$$

问题分析 首先，积分中值定理中的 ξ 应该在 $[0,1]$ 上取值，而不是 $(0,1)$ 内取值，如果不能排除 $\xi=1$，$\lim\limits_{n\to\infty}\dfrac{\xi^n}{1+\xi}=0$ 就不成立.

其次，一般来说，积分中值定理中的 ξ 依赖于被积函数和积分区间，在本题中被积函数与 n 有关，所以 ξ 也应与 n 有关，$\xi_n \in [0,1]$，即

$$\int_0^1 \frac{x^n}{1+x}dx = \frac{(\xi_n)^n}{1+\xi_n}.$$

如果 $n\to\infty$ 时，$\xi_n \to 1$，就不能断定 $\lim\limits_{n\to\infty}\dfrac{(\xi_n)^n}{1+\xi_n}=0$，因此，上述证明是错的. 下面给出一个证明.

证明 因为 $x \in [0,1]$ 时，有

$$0 < \frac{x^n}{1+x} < x^n,$$

由定积分的比较性，得

$$0 < \int_0^1 \frac{x^n}{1+x}dx < \int_0^1 x^n dx = \frac{1}{n+1}.$$

利用极限的夹挤定理，得

$$\lim_{n\to\infty}\int_0^1 \frac{x^n}{1+x}dx = 0.$$

5. 设 $f(x) \in C[a,b]$，$\forall x_0, x \in (a,b)$ 证明

$$\lim_{h\to 0}\frac{1}{h}\int_{x_0}^x [f(t+h)-f(t)]dt = f(x)-f(x_0).$$

证明 因为 h 与积分变量 t 无关

$$\lim_{h\to 0}\frac{1}{h}\int_{x_0}^x [f(t+h)-f(t)]dt = \int_{x_0}^x \left[\lim_{h\to 0}\frac{f(t+h)-f(t)}{h}\right]dt$$

$$= \int_{x_0}^x f'(t)dt = f(x)-f(x_0).$$

问题分析 证明中将极限号移到积分号内是毫无根据的. 一般地说，积分号和极限号不能任意交换顺序（除非特殊情况，可换序，不在我们教学范围内），而且题目中没有可导的条件. 下面给出一个证明.

证明 对积分 $\int_{x_0}^x f(t+h)dt$，作变换，令 $u=t+h$，则

$$\int_{x_0}^x f(t+h)dt = \int_{x_0+h}^{x+h} f(u)du,$$

故

$$\lim_{h\to 0}\frac{1}{h}\int_{x_0}^x [f(t+h)-f(t)]dt = \lim_{h\to 0}\frac{\int_{x_0+h}^{x+h} f(u)du - \int_{x_0}^x f(t)dt}{h}$$

是 $\dfrac{0}{0}$ 型未定式，用洛必达法则知

$$\lim_{h\to 0}\frac{1}{h}\int_{x_0}^{x}[f(t+h)-f(t)]dt = \lim_{h\to 0}[f(x+h)-f(x_0+h)]$$
$$=f(x)-f(x_0).$$

6. 求 $\int_0^1 \frac{dx}{2x-\sqrt{1-x^2}}$.

解 令 $x=\sin t$，则 $dx=\cos tdt$，当 $x=0$ 时，$t=0$，当 $x=1$ 时，$t=\frac{\pi}{2}$.

$$\int_0^1 \frac{dx}{2x-\sqrt{1-x^2}} = \int_0^{\pi/2} \frac{\cos t}{2\sin t - \cos t}dt$$
$$= \frac{1}{5}\int_0^{\pi/2} \frac{2(2\cos t + \sin t)-(2\sin t - \cos t)}{2\sin t - \cos t}dt$$
$$= \frac{2}{5}\int_0^{\pi/2} \frac{d(2\sin t - \cos t)}{2\sin t - \cos t} - \frac{1}{5}\int_0^{\pi/2}dt$$
$$= \left[\frac{1}{5}\ln(2\sin t - \cos t)^2 - \frac{t}{5}\right]\Big|_0^{\frac{\pi}{2}} = \frac{1}{5}\left(\ln 4 - \frac{\pi}{2}\right).$$

问题分析 对有限区间上的积分，如果没有明确说是定积分，我们在计算前应先检查一下，它是定积分还是反常积分. 本题在积分区间内有一瑕点 $x=\frac{1}{\sqrt{5}}$，所以它是无界函数的反常积分. 上面按定积分计算是错的，应该由反常积分定义来讨论. 由于瑕点在区间 $[0,1]$ 内部，要分别讨论 $\left[0,\frac{1}{\sqrt{5}}\right]$ 和 $\left[\frac{1}{\sqrt{5}},1\right]$ 上的两个反常积分.

由于被积函数 $\frac{1}{2x-\sqrt{1-x^2}}$ 的一个原函数为（由上面解题过程中可得到）

$$\frac{1}{5}\left[\ln(2x-\sqrt{1-x^2})^2-\arcsin x\right],$$

所以

$$\int_0^{\frac{1}{\sqrt{5}}} \frac{1}{2x-\sqrt{1-x^2}}dx = \frac{1}{5}\left[\ln(2x-\sqrt{1-x^2})^2-\arcsin x\right]\Big|_0^{\frac{1}{\sqrt{5}}} = -\infty.$$

由此可见，$\int_0^1 \frac{1}{2x-\sqrt{1-x^2}}dx$ 是发散的反常积分.

【注】 在 $\left[0,\frac{1}{\sqrt{5}}\right]$，$\left[\frac{1}{\sqrt{5}},1\right]$ 上的两个反常积分中，有一个发散，另外一个无论是收敛或发散，在 $[0,1]$ 上的反常积分必发散，所以另一个不必讨论. 只有都收敛时，分别积分出来，再求和，才得到收敛的反常积分的结果.

7. （填空题） $\int_{-\infty}^{+\infty} \frac{x}{1+x^2}dx = $ _____.

解 被积函数是奇函数，积分区间关于原点对称，故填 0.

问题分析 这里是反常积分，不是定积分，奇函数在 $(-\infty,+\infty)$ 上的反常积分如果收

敛,它等于零,但它还可能发散.对本题因为

$$\int_0^{+\infty} \frac{x}{1+x^2}dx = \frac{1}{2}\ln(1+x^2)\Big|_0^{+\infty} = +\infty,$$

所以, $\int_{-\infty}^{+\infty} \frac{x}{1+x^2}dx$ 发散,应填发散.

8. 判别反常积分 $\int_1^{+\infty} \frac{1}{x(1+x)}dx$ 敛散性.

解 因为

$$\int_1^{+\infty} \frac{1}{x(1+x)}dx = \int_1^{+\infty}\left(\frac{1}{x} - \frac{1}{1+x}\right)dx = \int_1^{+\infty} \frac{1}{x}dx - \int_1^{+\infty} \frac{1}{1+x}dx,$$

而反常积分 $\int_1^{+\infty} \frac{1}{x}dx$ 和 $\int_1^{+\infty} \frac{1}{1+x}dx$ 都发散,所以 $\int_1^{+\infty} \frac{1}{x(1+x)}dx$ 发散.

问题分析 算式中第二个等号是错的,从反常积分定义容易看出问题.

$$\int_1^{+\infty} \frac{1}{x(1+x)}dx = \int_1^{+\infty}\left(\frac{1}{x} - \frac{1}{1+x}\right)dx = \lim_{b\to+\infty}\int_1^b\left(\frac{1}{x} - \frac{1}{1+x}\right)dx$$

$$= \lim_{b\to+\infty}\left[\int_1^b \frac{1}{x}dx - \int_1^b \frac{1}{1+x}dx\right]$$

$$= \lim_{b\to+\infty}[\ln b - \ln(1+b) + \ln 2]$$

$$= \lim_{b\to+\infty}\left(\ln\frac{b}{1+b} + \ln 2\right) = \ln 2.$$

因此,所论反常积分收敛.

在解中,第二步把一个反常积分化为两个反常积分之差,本质上相当于把和差的极限化为极限的和差.在极限运算中这一法则需要每个极限都存在,这里恰好不具备这个条件,所以得到错误的结论.

9. 试用微元法,将曲线 $y = R - \sqrt{R^2 - x^2}$ ($0 \le x \le R$) 与直线 $y = R$, $x = 0$ 围成的图形的面积 A 和此曲线的弧长 s 表为区间 $[0,R]$ 上的定积分.

解 在小区间 $[x, x+\Delta x]$ 上,图形对应的部分——窄曲边梯形(图 6.5),可近似视为宽度为 Δx,高为 $R - (R - \sqrt{R^2 - x^2}) = \sqrt{R^2 - x^2}$ 的矩形,故得到面积微元

$$dA = \sqrt{R^2 - x^2}\,\Delta x,$$

所以,图形的面积

$$A = \int_0^R \sqrt{R^2 - x^2}\,dx.$$

同样,区间 $[x, x+\Delta x]$ 上,对应的弧长 Δs 近似视为矩形的宽度 Δx,得弧长微元

$$ds = \Delta x,$$

故所求之弧长

$$s = \int_0^R dx.$$

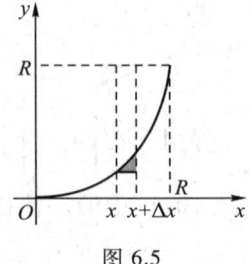

图 6.5

问题分析 计算两个积分得

$$A = \frac{1}{4}\pi R^2, \quad s = R.$$

由于曲线是半径为 R 的圆弧的四分之一,所以,上面面积的结果是正确的,但弧长的结果是错的.同样的方法为什么一对一错呢?

在微元法的总结里,我们曾特别强调:在典型小区间 $[x, x+\Delta x]$ 上,取的微元必须是局部量的线性主部,即所求的微元一定是待求量的微分,它与局部量之差必须是 Δx 的高阶无穷小.

上面题解中,所取的面积微元 $\mathrm{d}A$ 与局部图形面积 ΔA 之差是图 6.5 中圆周下带阴影的小曲边三角形的面积.这个图形宽为 Δx,高度 Δy,由于曲线连续,$\Delta x \to 0$ 时,$\Delta y \to 0$. 于是

$$|\Delta A - \mathrm{d}A| < \Delta x \Delta y = o(\Delta x),$$

所以,面积微元 $\mathrm{d}A = \sqrt{R^2 - x^2}\,\Delta x$ 选取得正确,得到正确的面积值.

上面题解中,视 Δx 为弧长微元 $\mathrm{d}s$ 是错的,参见图 6.6.由于两点间直线距离最小,故有

$$\Delta s > |MN| = \sqrt{\Delta x^2 + \Delta y^2} = \sqrt{1 + \left(\frac{\Delta y}{\Delta x}\right)^2}\,\Delta x,$$

$$\frac{\Delta s}{\Delta x} > \sqrt{1 + \left(\frac{\Delta y}{\Delta x}\right)^2},$$

因此

$$\lim_{\Delta x \to 0} \frac{\Delta s}{\Delta x} \geq \sqrt{1 + y'^2}.$$

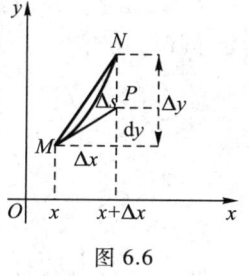

图 6.6

除 y 为常数(曲线是水平线)外,这个极限大于 1,说明 Δs 与 Δx 不是等价无穷小,所以,Δx 不是 Δs 的主部,题解中取 Δx 作弧长微元是错的.

可以按下面思路找弧长微元(参见图 6.6)由

$$\Delta s < |MP| + |PN|,$$

$$|MP| = \sqrt{1 + y'^2}\,\Delta x, \quad |PN| = \Delta y - \mathrm{d}y = o(\Delta x),$$

所以

$$\Delta s - |MP| < |PN| = o(\Delta x).$$

因为 $y' = (R - \sqrt{R^2 - x^2})' = \dfrac{x}{\sqrt{R^2 - x^2}}$,故取弧长微元

$$\mathrm{d}s = |MP| = \sqrt{1 + y'^2}\,\Delta x = \frac{R}{\sqrt{R^2 - x^2}}\,\Delta x,$$

得到所求的弧长

$$s = \int_0^R \frac{R}{\sqrt{R^2 - x^2}}\,\mathrm{d}x = \frac{1}{2}\pi R.$$

6.5 释疑解惑

1. 不定积分与定积分有何区别,有何关系.

答 不定积分是其导数等于被积函数的所有函数的共同表达式、全部原函数.而定积分是一个数值,是分布在某区间上的,具有区间可加性的量的总量,由被积函数(分布密度)和积分区间(分布区间)完全确定的数.所以,不定积分与定积分是两个不同的概念.

定积分具有的许多性质,如区间可加性、比较性、绝对值性、估值性,以及积分中值定理等,对于不定积分是不可提及的,若问不定积分具备上述哪条性质,就说明提问者对不定积分的认识有严重的概念性错误.

它们的共性与关系有:(1) 都是线性运算.(2) 都是微分的逆运算(不定积分是被积函数的全部原函数,它们的导数都等于被积函数.定积分是微分的无穷累积).(3) 在区间 $[a,b]$ 上,若 $f(x)$ 连续,则 $f(x)$ 有原函数,也可积,且有牛顿-莱布尼茨公式

$$\int_a^b f(x)\,\mathrm{d}x = F(x)\Big|_a^b = F(b) - F(a).$$

其中 $F(x)$ 是 $f(x)$ 在区间 $[a,b]$ 上的任何一个原函数,即定积分等于原函数在 a,b 两点间的增量.同时,还有

$$\left[\int_a^x f(t)\,\mathrm{d}t\right]' = f(x), \quad x \in [a,b]$$

及

$$\int f(x)\,\mathrm{d}x = \int_a^x f(t)\,\mathrm{d}t + C.$$

2. 在同一个区间上,函数 $f(x)$ "有原函数"与"可积"是否等价?

答 不等价,$f(x)$ 有原函数未必可积,$f(x)$ 可积也未必有原函数.

【例】 因为

$$F(x) = \begin{cases} x^2 \sin\dfrac{1}{x^2}, & x \neq 0, \\ 0, & x = 0 \end{cases}$$

处处可导,且

$$F'(x) = f(x) = \begin{cases} 2x\sin\dfrac{1}{x^2} - \dfrac{2}{x}\cos\dfrac{1}{x^2}, & x \neq 0, \\ 0, & x = 0, \end{cases}$$

所以,这个函数 $f(x)$ 在 $(-\infty,+\infty)$ 有原函数 $F(x)$.但是,因为 $f(x)$ 在 $x=0$ 的邻域上无界,所以 $f(x)$ 在任何包含原点的区间上均不可积.

【例】 在 $(0,1)$ 区间上,$f(x) = x^{-\frac{2}{3}}$ 有原函数 $F(x) = 3x^{\frac{1}{3}} + C$,但 $f(x)$ 不可积,因为 $f(x)$ 无界.

【例】 符号函数

$$y = \operatorname{sgn} x = \begin{cases} -1, & x < 0, \\ 0, & x = 0, \\ 1, & x > 0. \end{cases}$$

在区间 $[-1,1]$ 上可积，$\int_{-1}^{1} \operatorname{sgn} x \mathrm{d}x = 0$. 但它在 $[-1,1]$ 上没有原函数，因为在区间 $[-1,1]$ 内它有第一类间断点（注意：$y = |x|$ 不是 $y = \operatorname{sgn} x$ 在 $[-1,1]$ 上的原函数）.

3. 在定积分的定义

$$\int_a^b f(x) \mathrm{d}x = \lim_{\lambda \to 0} \sum_{i=1}^{n} f(\xi_i) \Delta x_i$$

里，为什么强调要求无论 x_i 和 ξ_i 怎样选取，此极限均为同一个值. 定义中取 x_i 为 $[a,b]$ 区间的等分点，$\xi_i = x_i$，不是更简单吗？

答 定积分 $\int_a^b f(x) \mathrm{d}x$ 表示分布在区间 $[a,b]$ 上的量的总量 S. 它具有"可加性"，即无论将区间如何分割，各个小区间上对应的局部量 ΔS_i 之和均等于总量 S. 所以，要求 x_i 具有任意性是有充分理由的. 定积分表示的量，还要求每个小区间上，$f(x)$ 的值相差无几，可以用小区间内任一点 ξ_i 处的值 $f(\xi_i)$ 与小区间的长度 Δx_i 之积，$f(\xi_i) \Delta x_i$ 作局部量 ΔS_i 的近似值，即可"局部线性化". 它们的和 $\sum_{i=1}^{\infty} f(\xi_i) \Delta x_i$ 为总量 S 的近似值，最后通过（$\lambda \to 0$）取极限，将近似转化为精确，得到总量. 所以，要求 ξ_i 具有任意性也是有充分理由的.

在某一具体问题中，如果已知定积分存在，想通过定义来计算它，我们充分利用 x_i 和 ξ_i 的任意性，可以取特定的分割（比如等分），选特殊的 ξ_i（比如，$\xi_i = x_i$）来计算积分和的极限，得到定积分值. 但在定积分的定义式中，限定 x_i，ξ_i 的取法是错的.

下面说明任取 x_i 和 ξ_i 的必要性. 我们举例说明如果定义中没有 x_i 和 ξ_i 的任意性要求，降低了定积分概念的门槛，将使不可积的函数可积了，且得到自相矛盾的结果.

【例】 设 $f(x) = \begin{cases} x^2, & x \text{ 为有理数} \\ 0, & x \text{ 为无理数} \end{cases}$，如果限定将积分区间等分，且 ξ_i 取为 x_i，试计算 $f(x)$ 在区间 $[0,1]$ 和 $[0,\sqrt{2}]$ 上的积分和的极限.

按题目要求，$f(x)$ 在 $[0,1]$ 上的积分和为

$$\sum_{i=1}^{n} f\left(\frac{i}{n}\right) \frac{1}{n} = \sum_{i=1}^{n} \left(\frac{i}{n}\right)^2 \frac{1}{n} = \frac{n(n+1)(2n+1)}{6} \cdot \frac{1}{n^3},$$

故

$$\lim_{n \to \infty} \sum_{i=1}^{n} f\left(\frac{i}{n}\right) \frac{1}{n} = \frac{1}{3}.$$

而 $f(x)$ 在 $[0,\sqrt{2}]$ 上的积分和为

$$\sum_{i=1}^{n} f\left(\frac{i\sqrt{2}}{n}\right) \frac{\sqrt{2}}{n} = \sum_{i=1}^{n} 0 \cdot \frac{\sqrt{2}}{n} = 0,$$

$$\lim_{n \to \infty} \sum_{i=1}^{n} f\left(\frac{i\sqrt{2}}{n}\right) \frac{\sqrt{2}}{n} = 0.$$

这里出现一个不合情理的现象，$f(x)$ 是非负的，但它在较小区间上的积分和的极限值，反而比较大区间（包含前面的较小区间）上的大，这种矛盾现象是由于我们对分割和取点 ξ_i 限制的结果. 如果没有题目中的限制，按定积分的定义，这个函数 $f(x)$ 在任何区间上都是不可积的. 因为在任何一个小区间上，$f(x)$ 差异都较大，$f(\xi_i) \Delta x_i$ 的值与 ξ_i 的选取有很大差别，

$\sum_{i=1}^{n} f(\xi_i) \Delta x_i$ 的极限与 x_i, ξ_i 的选取是有关系的.

4. 定积分的换元积分法与不定积分的换元积分法有何共同点与差别？

答 不定积分换元积分法是建立在一阶微分形式不变性的基础上，通过变量代换改变积分变元，使被积表达式变成容易得到原函数的形式的一种积分方法.不定积分的换元积分法又分为第一换元积分法和第二换元积分法，它们都依据如下的换元积分公式

$$\int f(\varphi(t))\varphi'(t)dt = \int f(\varphi(t))d\varphi(t) \xrightarrow{\diamondsuit x = \varphi(t)} \int f(x)dx.$$

由前向后使用这个公式，称为第一换元积分法（也叫凑微分法）.求出最后的积分，再将 $x = \varphi(t)$ 代入即可.也可以不作变换，直接由第二步求出原函数.由后向前用这个公式，称为第二换元积分法，最前面的积分算出来（注意它是 t 的函数）后，还要根据变换 $x = \varphi(t)$，将 t 换为 x 的函数，这就要求变换 $x = \varphi(t)$ 有反函数 $t = \varphi^{-1}(x)$.

定积分的换元积分法，开始的想法是找被积函数的原函数，然后利用牛顿-莱布尼茨公式计算.但由于定积分目的在于求积分值，可以不关心被积函数的原函数，所以定积分换元法换元要换限，就是说，改变积分变量的同时，要相应地变换积分上、下限，将原来的定积分换为一个其积分值与之相等的新的定积分，将其算出来就可以了，变换 $x = \varphi(t)$ 有没有反函数都没有关系.

这就是不定积分、定积分换元积分法的主要差别.它们的共同点比较明显，作什么变换，只要它们的被积表达式相同，不定积分作什么变换，定积分也可作什么变换（这里指的是在相同的区间范围内）.变换 $x = \varphi(t)$ 均要在指定的区间上连续可微.

此外，还有一些差别，比如，通过定积分换元积分法我们证明了奇函数在原点对称区间上的积分为零，

$$\int_{-a}^{a} f(x)dx = 0.$$

说明无需寻找 $f(x)$ 的原函数，也能确定某些定积分的值.了解这一点是重要的，因为它告诉我们取怎样的变换作定积分的换元积分，思路比不定积分更开阔，构思巧妙的变换，将使某些较为复杂的定积分的计算迎刃而解.

【例】 计算 $I = \int_0^{\pi/2} \dfrac{\cos x}{\sin x + \cos x} dx$.

解 令 $x = \dfrac{\pi}{2} - t$，则

$$I = \int_0^{\pi/2} \frac{\cos x}{\sin x + \cos x} dx = \int_0^{\pi/2} \frac{\sin t}{\sin t + \cos t} dt,$$

故

$$2I = \int_0^{\pi/2} \frac{\cos x}{\sin x + \cos x} dx + \int_0^{\pi/2} \frac{\sin x}{\sin x + \cos x} dx = \int_0^{\pi/2} dx = \frac{\pi}{2},$$

可见

$$I = \frac{\pi}{4}.$$

定积分的换元积分法往往能使我们得到一些定积分的公式，学到特殊的变换技巧，值得

注意.

5. 有的反常积分经换元后变成了常义积分,也有的常义积分经过换元后变为反常积分,这是怎么回事?

答 要回答这一问题,应先明确下列几点:

(1) 定积分 $\int_a^b f(x)dx$ 是微分 $f(x)dx$ 在区间 $[a,b]$ 上的无穷累积,不是 $f(x)$ 的累积.

(2) 反常积分定义为定积分加极限运算,是定积分的推广.

(3) 反常积分的换元积分法是定积分换元积分法的推广.

我们通过两个例子来回答问题.

【例】 计算积分 $I = \int_0^2 \dfrac{x^3}{\sqrt{4-x^2}}dx$.

解 这是以 $x=2$ 为瑕点的反常积分,根据定义,有

$$I = \lim_{\varepsilon \to 0^+} \int_0^{2-\varepsilon} \dfrac{x^3}{\sqrt{4-x^2}}dx$$

对其定积分作变换,令 $x = 2\sin t$,则 $\sqrt{4-x^2} = 2\cos t$,$dx = 2\cos t\,dt$,当 $x=0$ 时,$t=0$,当 $x = 2-\varepsilon$ 时,$t = \arcsin\left(1-\dfrac{\varepsilon}{2}\right)$,故

$$I = \lim_{\varepsilon \to 0^+} \int_0^{\arcsin\left(1-\frac{\varepsilon}{2}\right)} \dfrac{8\sin^3 t}{\cos t}\cos t\,dt = \lim_{\varepsilon \to 0^+} \int_0^{\arcsin\left(1-\frac{\varepsilon}{2}\right)} 8\sin^3 t\,dt.$$

这里被积表达式中消去了 $\cos t$. 因为 $8\sin^3 t$ 是连续的,变限定积分 $\int_0^{\arcsin\left(1-\frac{\varepsilon}{2}\right)} 8\sin^3 t\,dt$ 也是连续的,因此

$$I = \lim_{\varepsilon \to 0^+} \int_0^{\arcsin\left(1-\frac{\varepsilon}{2}\right)} 8\sin^3 t\,dt = 8\int_0^{\frac{\pi}{2}} \sin^3 t\,dt.$$

反常积分化为定积分,变换不仅变化了被积函数,而是使被积表达式引起变化.

上述变换,可以直接写为:令 $x = 2\sin t$,则 $\sqrt{4-x^2} = 2\cos t$,$dx = 2\cos t\,dt$,当 $x=0$ 时,$t=0$,当 $x=2$ 时,$t = \dfrac{\pi}{2}$,得

$$\int_0^2 \dfrac{x^2}{\sqrt{4-x^2}}dx = 8\int_0^{\frac{\pi}{2}} \sin^3 t\,dt.$$

就是反常积分的换元法.

【例】 计算定积分 $\int_0^1 \dfrac{x^2+1}{x^4+1}dx$.

解 由于可积函数的变限积分函数是连续的

$$\int_0^1 \dfrac{x^2+1}{x^4+1}dx = \lim_{\varepsilon \to 0^+} \int_\varepsilon^1 \dfrac{x^2+1}{x^4+1}dx = \lim_{\varepsilon \to 0^+} \int_\varepsilon^1 \dfrac{1+\dfrac{1}{x^2}}{x^2+\dfrac{1}{x^2}}dx = \lim_{\varepsilon \to 0^+} \int_\varepsilon^1 \dfrac{d\left(x-\dfrac{1}{x}\right)}{\left(x-\dfrac{1}{x}\right)^2+2}$$

作变换,令 $t=x-\dfrac{1}{x}$,则当 $x=1$ 时,$t=0$,当 $x=\varepsilon$ 时,$t=\varepsilon-\dfrac{1}{\varepsilon}$. 又 $\lim\limits_{\varepsilon\to 0^+}\left(\varepsilon-\dfrac{1}{\varepsilon}\right)=-\infty$,故

$$\int_0^1 \frac{x^2+1}{x^4+1}\mathrm{d}x = \lim_{\varepsilon\to 0^+}\int_{\varepsilon-\frac{1}{\varepsilon}}^0 \frac{\mathrm{d}t}{t^2+2} = \int_{-\infty}^0 \frac{\mathrm{d}t}{t^2+2},$$

定积分化为反常积分. 这里的变换 $t=x-\dfrac{1}{x}$ 在区间 $[0,1]$ 上不满足定积分换元积分法对变换的要求,但在 $[\varepsilon,1]$ 上满足,我们把上述过程简写为

令 $t=x-\dfrac{1}{x}$,则当 $x=1$ 时,$t=0$,$x=0$ 时,$t=-\infty$,得

$$\int_0^1 \frac{x^2+1}{x^4+1}\mathrm{d}x = \int_0^1 \frac{\mathrm{d}\left(x-\dfrac{1}{x}\right)}{\left(x-\dfrac{1}{x}\right)^2+2} = \int_{-\infty}^0 \frac{\mathrm{d}t}{2+t^2}.$$

相当于把定积分换元积分法推广了,变换 $x=\varphi(t)$,t 介于 α,β 之间,α,β 可以取 $\pm\infty$ 了.

6.6 例 题 分 析

【例 1】 设 xOy 平面上有正方形 $D=\{(x,y)\mid 0\leqslant x\leqslant 1,0\leqslant y\leqslant 1\}$ 及直线 $l:x+y=t(t\geqslant 0)$. 若 $S(t)$ 表示正方形 D 位于直线 l 左下方部分的面积,试求积分 $\int_0^x S(t)\mathrm{d}t$.

解 由题意知(见图 6.7)

$$S(t)=\begin{cases}\dfrac{1}{2}t^2, & 0\leqslant t\leqslant 1,\\ -\dfrac{1}{2}t^2+2t-1, & 1<t\leqslant 2,\\ 1, & t>2.\end{cases}$$

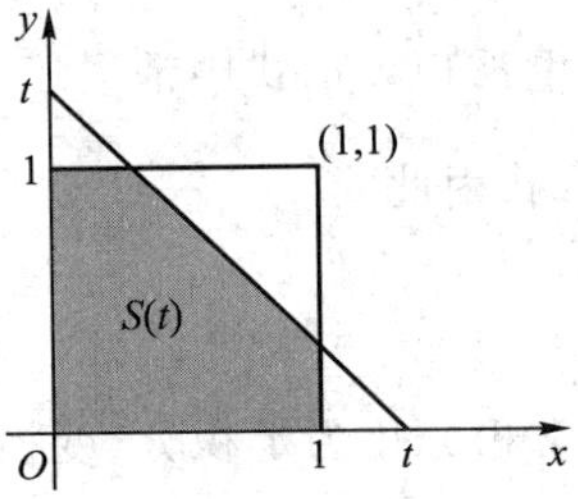

图 6.7

故当 $0\leqslant x\leqslant 1$ 时,

$$\int_0^x S(t)\mathrm{d}t = \int_0^x \frac{1}{2}t^2\mathrm{d}t = \frac{1}{6}x^3.$$

当 $1<x\leqslant 2$ 时,

$$\int_0^x S(t)\mathrm{d}t = \int_0^1 S(t)\mathrm{d}t + \int_1^x S(t)\mathrm{d}t = \int_0^1 \frac{1}{2}t^2\mathrm{d}t + \int_1^x \left(-\frac{1}{2}t^2+2t-1\right)\mathrm{d}t$$

$$= -\frac{1}{6}x^3 + x^2 - x + \frac{1}{3}.$$

当 $x>2$ 时,

$$\int_0^x S(t)\mathrm{d}t = \int_0^1 S(t)\mathrm{d}t + \int_1^2 S(t)\mathrm{d}t + \int_2^x S(t)\mathrm{d}t$$

$$= \int_0^1 \frac{1}{2}t^2\mathrm{d}t + \int_1^2 \left(-\frac{1}{2}t^2+2t-1\right)\mathrm{d}t + \int_2^x 1\mathrm{d}t = x-1.$$

因此

$$\int_0^x S(t)\,dt = \begin{cases} \dfrac{1}{6}x^3, & 0 \leqslant x \leqslant 1, \\ -\dfrac{1}{6}x^3 + x^2 - x + \dfrac{1}{3}, & 1 < x \leqslant 2, \\ x - 1, & x > 2. \end{cases}$$

【例 2】 设 $f(x) = \begin{cases} \dfrac{2}{1+e^x}, & x < 0, \\ \dfrac{1}{1+x}, & x \geqslant 0, \end{cases}$ 求 $\int f(x-1)\,dx$, $\int_0^2 f(x-1)\,dx$ 和 $\int_0^x f(t-1)\,dt$.

思路 复合函数的积分,可以先求出复合函数,再积分;还可以先换元,后积分.

解 令 $u = x - 1$,则 $du = du$.

(1) $\int f(x-1)\,dx = \int f(u)\,du$

$$= \begin{cases} \int \dfrac{2}{1+e^u}\,du = -2\ln(1+e^{-u}) + C_1, & u < 0, \\ \int \dfrac{1}{1+u}\,du = \ln|1+u| + C_2, & u \geqslant 0, \end{cases}$$

$$= \begin{cases} -2\ln(1+e^{1-x}) + C_1, & x < 1, \\ \ln x + C_2, & x \geqslant 1. \end{cases}$$

由于 $f(x-1)$ 在 $x = 1$ 处连续,所以每个原函数应连续,从而有
$$C_2 = -2\ln 2 + C_1.$$

因此
$$\int f(x-1)\,dx = \begin{cases} -2\ln(1+e^{1-x}) + C, & x < 1, \\ \ln\dfrac{x}{4} + C, & x \geqslant 1. \end{cases}$$

(2) $\int_0^2 f(x-1)\,dx \xrightarrow{\text{令 } u = x - 1} \int_{-1}^1 f(u)\,du = \int_{-1}^0 \dfrac{2}{1+e^u}\,du + \int_0^1 \dfrac{1}{1+u}\,du$

$$= -2\ln(1+e^{-u})\Big|_{-1}^0 + \ln(1+u)\Big|_0^1 = \ln\dfrac{(1+e)^2}{2}.$$

(3) $\int_0^x f(t-1)\,dt \xrightarrow{\text{令 } u = t - 1} \int_{-1}^{x-1} f(u)\,du$,

当 $x < 1$ 时,
$$\int_0^x f(t-1)\,dt = \int_{-1}^{x-1} \dfrac{2}{1+e^u}\,du = -2\ln(1+e^{-u})\Big|_{-1}^{x-1} = 2\ln\dfrac{1+e}{1+e^{1-x}},$$

当 $x > 1$ 时,
$$\int_0^x f(t-1)\,dt = \int_{-1}^{x-1} f(u)\,du = \int_{-1}^0 \dfrac{2}{1+e^u}\,du + \int_0^{x-1} \dfrac{1}{1+u}\,du$$

$$= -2\ln(1+e^{-u})\Big|_{-1}^0 + \ln(1+u)\Big|_0^{x-1} = \ln\dfrac{x(1+e)^2}{4}.$$

【注】 连续的分段函数的不定积分,要分区间求不定积分,然后调整任意常数的关系,

使每个原函数都连续;分段函数的定积分,由区间可加性要分段积分,然后相加.(当然,有了原函数,直接用牛顿-莱布尼茨公式也可);变限积分,要按积分区间分别讨论.

【例3】 求 $\int_0^\pi \sqrt{1-\sin x}\,dx$.

解 因为 $1-\sin x = \sin^2\dfrac{x}{2}+\cos^2\dfrac{x}{2}-2\sin\dfrac{x}{2}\cos\dfrac{x}{2} = \left(\sin\dfrac{x}{2}-\cos\dfrac{x}{2}\right)^2$,所以

$$\int_0^\pi \sqrt{1-\sin x}\,dx = \int_0^\pi \left|\sin\dfrac{x}{2}-\cos\dfrac{x}{2}\right|dx$$

$$= \int_0^{\frac{\pi}{2}}\left(\cos\dfrac{x}{2}-\sin\dfrac{x}{2}\right)dx + \int_{\frac{\pi}{2}}^\pi\left(\sin\dfrac{x}{2}-\cos\dfrac{x}{2}\right)dx$$

$$= 4(\sqrt{2}-1).$$

【例4】 计算 $\int_{-2}^3 |x^2+2|x|-3|\,dx$.

解 因被积函数是偶函数,故

$$\int_{-2}^3 |x^2+2|x|-3|\,dx = 2\int_0^2 |x^2+2x-3|\,dx + \int_2^3 |x^2+2x-3|\,dx.$$

又因 $x^2+2x-3=(x-1)(x+3)$,当 $0<x<1$ 时,为负;当 $x>1$ 时,为正.所以

原式 $= -2\int_0^1 (x^2+2x-3)\,dx + 2\int_1^2 (x^2+2x-3)\,dx + \int_2^3 (x^2+2x-3)\,dx = 16\dfrac{1}{3}.$

【注】 当被积函数带有绝对值号时,要先去掉绝对值号,根据绝对值内表达式的正负,用分段函数表达被积函数,分区间积分.另外,若被积函数有奇偶性,利用奇偶函数在原点对称区间上的积分公式,有时也可消除绝对值号.

【例5】 已知 $f(2)=\dfrac{1}{2}$, $f'(2)=0$ 及 $\int_0^2 f(x)\,dx=1$,求 $\int_0^1 x^2 f''(2x)\,dx$.

思路 被积函数中含有抽象函数的导数,要想到分部积分法.

解 先令 $t=2x$,则 $dx=\dfrac{1}{2}dt$, $x=0$ 时,$t=0$, $x=1$ 时,$t=2$,故

$$\int_0^1 x^2 f''(2x)\,dx = \dfrac{1}{8}\int_0^2 t^2 f''(t)\,dt = \dfrac{1}{8}\int_0^2 t^2 df'(t)$$

$$= \dfrac{1}{8}\left[t^2 f'(t)\Big|_0^2 - \int_0^2 2tf'(t)\,dt\right] = -\dfrac{1}{4}\int_0^2 t\,df(t)$$

$$= -\dfrac{1}{4}\left[tf(t)\Big|_0^2 - \int_0^2 f(t)\,dt\right] = 0.$$

【例6】 设 $f(x)=\int_0^x \dfrac{\sin t}{\pi-t}\,dt$,求 $\int_0^\pi f(x)\,dx$.

思路 被积函数是个变限积分函数时,如果这个函数不能用初等函数表示,就要考虑分部积分法,此时,把这个变限积分函数视为 u.当我们学习到二重积分时,还会有新方法.

解 由分部积分法

$$\int_0^\pi f(t)\,dx = xf(x)\Big|_0^\pi - \int_0^\pi xf'(x)\,dx = \pi f(\pi) - \int_0^\pi \dfrac{x\sin x}{\pi-x}\,dx$$

$$= \pi \int_0^\pi \frac{\sin x}{\pi - x} dx - \int_0^\pi \frac{x\sin x}{\pi - x} dx = \int_0^\pi \sin x dx = 2.$$

【例7】 设 $f'(x) = e^{(1-x)^2}, f(0) = 0$,求 $\int_0^1 f(x)dx$.

思路 直接想法是先求出 $f(x)$,再积分.由于 $f(x) = \int e^{(1-x)^2}dx$ 不是初等函数,积不出来,此想法不能实现.因为分部积分法可使被积函数中出现 $f'(x)$,所以用分部积分法.

解法1 由分部积分法得
$$\int_0^1 f(x)dx = xf(x)\Big|_0^1 - \int_0^1 xf'(x)dx = f(1) - \int_0^1 xe^{(1-x)^2}dx.$$

将
$$f(1) = f(1) - f(0) = \int_0^1 f'(x)dx = \int_0^1 e^{(1-x)^2}dx$$

代入得
$$\int_0^1 f(x)dx = \int_0^1 (1-x)e^{(1-x)^2}dx = -\frac{1}{2}e^{(1-x)^2}\Big|_0^1 = \frac{1}{2}(e-1).$$

解法2 由第一换元积分法和分部积分法
$$\int_0^1 f(x)dx = -\int_0^1 f(x)d(1-x) = -(1-x)f(x)\Big|_0^1 + \int_0^1 (1-x)f'(x)dx$$
$$= -\frac{1}{2}\int_0^1 e^{(1-x)^2}d(1-x)^2 = \frac{1}{2}(e-1).$$

【注】 解法1中,灵活地利用牛顿-莱布尼茨公式把 $f(1)$ 表为 $\int_0^1 e^{(1-x)^2}dx$,使 $f(1)$ 与积分 $\int_0^1 xe^{(1-x)^2}dx$ 凑在一个积分下计算.

解法2中,考虑到 $f'(x)$ 的表达式是 $1-x$ 的复合函数 $e^{(1-x)^2}$,先将积分变量变为 $1-x$,然后再分部积分,比解法1更妙,未出现 $f(1)$.

【例8】 已知 $x>0$ 时函数 $f(x)>0$,且可积.满足关系
$$f^2(x) = \int_0^x f(t)dt,$$
求 $f(x)$.

思路 如果 $f(x)$ 连续,则变限积分函数可导,对给定的关系式两边求导去掉积分号,解出 $f(x)$,现在关键在于 $f(x)$ 是否可导.

解 由于 $f(x)$ 可积,知它的变限积分函数 $\int_0^x f(t)dt$ 连续,题设的关系式说明 $f^2(x)$ 连续,又由于 $f(x)>0$,所以 $f(x)$ 连续,且可导.将关系式两边对 x 求导得
$$2f(x)f'(x) = f(x).$$
因为 $f(x)>0$,于是有
$$f'(x) = \frac{1}{2}.$$

积分之得 $f(x) = \frac{1}{2}x + C$,由关系式还知 $f(0) = 0$,从而 $C = 0$,
$$f(x) = \frac{1}{2}x.$$

【例9】 $f(x), g(x)$ 在区间 $[-a, a]$ 上连续, $g(x)$ 为偶函数, $f(x)$ 满足条件 $f(x)+f(-x) = A$ (A 为常数). (1) 证明 $\int_{-a}^{a} f(x)g(x)dx = A\int_{0}^{a} g(x)dx$; (2) 计算 $\int_{-\pi/2}^{\pi/2} |\sin x| \arctan e^x dx$.

解 (1) 由原点对称区间上定积分的公式及题设条件,得

$$\int_{-a}^{a} f(x)g(x)dx = \int_{0}^{a} [f(x)g(x) + f(-x)g(-x)]dx$$
$$= \int_{0}^{a} [f(x)g(x) + f(-x)g(x)]dx$$
$$= A\int_{0}^{a} g(x)dx.$$

(2) 令 $g(x) = |\sin x|$, 是偶函数. 令 $f(x) = \arctan e^x$, 它满足

$$f(x) + f(-x) = \arctan e^x + \arctan e^{-x} = \arctan e^x + \operatorname{arccot} e^x = \frac{\pi}{2},$$

因此, 由 (1) 中结果得

$$\int_{-\pi/2}^{\pi/2} |\sin x| \arctan e^x dx = \frac{\pi}{2} \int_{0}^{\pi/2} |\sin x| dx = \frac{\pi}{2}.$$

【例10】 (1) 比较 $\int_{0}^{1} |\ln t| [\ln(1+t)]^n dt$ 与 $\int_{0}^{1} t^n |\ln t| dt$ ($n = 1, 2, \cdots$) 的大小, 说明理由;

(2) 记 $u_n = \int_{0}^{1} |\ln t| [\ln(1+t)]^n dt$ ($n = 1, 2, \cdots$), 求极限 $\lim_{n \to \infty} u_n$.

解 (1) 当 $0 \leq t \leq 1$ 时, 因为 $\ln(1+t) \leq t$, 所以 $|\ln t| [\ln(1+t)]^n \leq t^n |\ln t|$, 因此

$$\int_{0}^{1} |\ln t| [\ln(1+t)]^n dt \leq \int_{0}^{1} t^n |\ln t| dt.$$

(2) 由 (1) 可知 $0 \leq u_n = \int_{0}^{1} |\ln t| [\ln(1+t)]^n dt \leq \int_{0}^{1} t^n |\ln t| dt$. 因为

$$\int_{0}^{1} t^n |\ln t| dt = -\int_{0}^{1} t^n \ln t \, dt = \frac{1}{n+1} \int_{0}^{1} t^n dt = \frac{1}{(n+1)^2},$$

所以 $\lim_{n \to \infty} \int_{0}^{1} t^n |\ln t| dt = 0$, 从而 $\lim_{n \to \infty} u_n = 0$.

【例11】 求极限 $\displaystyle\lim_{x \to +\infty} \frac{\int_{1}^{x} [t^2(e^{\frac{1}{t}} - 1) - t] dt}{x^2 \ln\left(1 + \frac{1}{x}\right)}$.

解
$$\lim_{x \to +\infty} \frac{\int_{1}^{x} [t^2(e^{\frac{1}{t}} - 1) - t] dt}{x^2 \ln\left(1 + \frac{1}{x}\right)} = \lim_{x \to +\infty} \frac{\int_{1}^{x} [t^2(e^{\frac{1}{t}} - 1) - t] dt}{x} \cdot \frac{\frac{1}{x}}{\ln\left(1 + \frac{1}{x}\right)}$$

$$= \lim_{x \to +\infty} \frac{\int_{1}^{x} [t^2(e^{\frac{1}{t}} - 1) - t] dt}{x} = \lim_{x \to +\infty} [x^2(e^{\frac{1}{x}} - 1) - x]$$

$$= \lim_{x \to +\infty} x^2 \left(e^{\frac{1}{x}} - 1 - \frac{1}{x}\right) = \lim_{t \to 0} \frac{e^t - 1 - t}{t^2} = \lim_{t \to 0} \frac{e^t - 1}{2t} = \frac{1}{2}.$$

【例 12】 计算 $\int_0^6 x\sqrt{6x-x^2}\,dx$.

解 $\int_0^6 x\sqrt{6x-x^2}\,dx = \int_0^6 x\sqrt{3^2-(x-3)^2}\,dx \xrightarrow{\diamondsuit\, t=x-3} \int_{-3}^3 (t+3)\sqrt{9-t^2}\,dt$
$$= 6\int_0^3 \sqrt{9-t^2}\,dt = \frac{27}{2}\pi.$$

【注】 通过变换,将积分化为原点对称区间上奇偶函数的积分,方法很巧妙.最后用到圆面积公式.

【例 13】 计算 $\int_0^1 \dfrac{f(x)}{\sqrt{x}}\,dx$,其中 $f(x) = \int_1^x \dfrac{\ln(t+1)}{t}\,dt$.

解 因为 $f(x) = \int_1^x \dfrac{\ln(t+1)}{t}\,dt$,所以 $f'(x) = \dfrac{\ln(x+1)}{x}$,且 $f(1)=0$.

从而
$$\int_0^1 \frac{f(x)}{\sqrt{x}}\,dx = 2\left[\sqrt{x}f(x)\Big|_0^1 - \int_0^1 \sqrt{x}f'(x)\,dx\right]$$
$$= -2\int_0^1 \frac{\ln(x+1)}{\sqrt{x}}\,dx$$
$$= -4\sqrt{x}\ln(x+1)\Big|_0^1 + 4\int_0^1 \frac{\sqrt{x}}{x+1}\,dx$$
$$= -4\ln 2 + 4\int_0^1 \frac{\sqrt{x}}{x+1}\,dx.$$

令 $u = \sqrt{x}$,则
$$\int_0^1 \frac{\sqrt{x}}{x+1}\,dx = 2\int_0^1 \frac{u^3}{u^2+1}\,du$$
$$= 2(u - \arctan u)\Big|_0^1$$
$$= 2 - \frac{\pi}{2}.$$

所以 $\int_0^1 \dfrac{f(x)}{\sqrt{x}}\,dx = 8 - 2\pi - 4\ln 2$.

【例 14】 设 $f(x)$ 是以 T 为周期的连续函数,(1) 试证 $\int_0^x f(t)\,dt$ 可表为一个周期为 T 的连续函数与 kx 之和,并求出常数 k;(2) 求极限 $\lim\limits_{x\to\infty} \dfrac{1}{x}\int_0^x f(t)\,dt$.

思路 利用周期函数的积分公式.

证明 (1) 设 $\varphi(x) = \int_0^x f(t)\,dt - kx$,只需证明存在常数 k,使 $\varphi(x)$ 以 T 为周期.由
$$\varphi(x+T) - \varphi(x) = \int_0^{x+T} f(t)\,dt - k(x+T) - \int_0^x f(t)\,dt + kx$$
$$= \int_x^{x+T} f(t)\,dt - kT = \int_0^T f(t)\,dt - kT,$$

可见取常数 $k = \frac{1}{T}\int_0^T f(t)dt$ ($f(t)$ 在一个周期内的平均值), $\varphi(x)$ 就是以 T 为周期的连续函数.

(2) 由(1)知, $\int_0^x f(t)dt = \varphi(x) + kx$, 而 $\varphi(x)$ 是连续的周期函数,必有界,故

$$\lim_{x\to\infty}\frac{1}{x}\int_0^x f(t)dt = \lim_{x\to\infty}\frac{\varphi(x)}{x} + k = k = \frac{1}{T}\int_0^T f(t)dt.$$

【注】 由(1)的证明易知,当且仅当 $k = 0$ (即 $\int_0^T f(t)dt = 0$) 时, $\int_0^x f(t)dt$ 才是以 T 为周期的函数.

【例 15】 求 $\lim_{x\to+\infty}\frac{1}{x}\int_0^x |\cos t|dt$.

解法 1 设 $f(x) = |\cos t|$. 它是以 π 为周期的连续函数,利用 10 题(2)的结果得

$$\lim_{x\to+\infty}\frac{1}{x}\int_0^x |\cos t|dt = \frac{1}{\pi}\int_0^\pi |\cos t|dt = \frac{2}{\pi}.$$

解法 2 对任意充分大的 x, 存在正整数 n, 使得 $n\pi \leq x < (n+1)\pi$. 又由 $|\cos t| \geq 0$, 利用周期性,得

$$2n = \int_0^{n\pi} |\cos t|\,dt \leq \int_0^x |\cos t|\,dt < \int_0^{(n+1)\pi} |\cos t|\,dt = 2(n+1),$$

从而,有

$$\frac{n}{n+1}\frac{2}{\pi} < \frac{\int_0^x |\cos t|dt}{x} < \frac{n+1}{n}\frac{2}{\pi}.$$

根据夹挤准则知

$$\lim_{x\to+\infty}\frac{1}{x}\int_0^x |\cos t|dt = \frac{2}{\pi}.$$

【注】 能用洛必达法则吗?

【例 16】 求 $I = \int_0^{\pi/2} x\sin^n x\cos^n x\,dx$.

解

$$I = \frac{1}{2^n}\int_0^{\pi/2} x\sin^n(2x)\,dx \xrightarrow{\diamondsuit\, t = 2x} \frac{1}{2^{n+2}}\int_0^\pi t\sin^n t\,dt.$$

利用积分公式 $\int_0^\pi xf(\sin x)dx = \pi\int_0^{\pi/2} f(\sin x)dx$ 知

$$I = \frac{\pi}{2^{n+2}}\int_0^{\pi/2} \sin^n t\,dt.$$

再由 $\int_0^{\pi/2} \sin^n x\,dx$ 的积分公式,最终得到

$$I = \int_0^{\pi/2} x\sin^n x\cos^n x\,dx = \begin{cases} \dfrac{(n-1)(n-3)\cdots 2}{n(n-2)\cdots 3}\dfrac{\pi}{2^{n+2}}, & \text{当 } n \text{ 为奇数时,} \\ \dfrac{(n-1)(n-3)\cdots 1}{n(n-2)\cdots 2}\dfrac{\pi^2}{2^{n+3}}, & \text{当 } n \text{ 为偶数时.} \end{cases}$$

【例 17】 求极限 $\lim\limits_{n\to\infty}\dfrac{1}{n^2}\prod\limits_{k=1}^{n}(n^2+k^2)^{\frac{1}{n}}$.

思路 对数可将乘法运算化为加法运算.相加的项数随着 n 在变的数列极限,前边曾介绍过先求和,再取极限的方法;还有用夹挤准则的方法.由于定积分也是这样一类极限,所以符合定积分定义格式的,也可以通过定积分来算极限.

解 由 $n^2=(n^2)^{n\cdot\frac{1}{n}}$,所以

$$u_n=\dfrac{1}{n^2}\prod_{k=1}^{n}(n^2+k^2)^{\frac{1}{n}}=\prod_{k=1}^{n}\left[1+\left(\dfrac{k}{n}\right)^2\right]^{\frac{1}{n}},$$

$$\ln u_n=\sum_{k=1}^{n}\dfrac{1}{n}\ln\left[1+\left(\dfrac{k}{n}\right)^2\right],$$

$$\lim_{n\to\infty}\ln u_n=\int_0^1\ln(1+x^2)\,dx.$$

故

$$\lim_{n\to\infty}\dfrac{1}{n^2}\prod_{k=1}^{n}(n^2+k^2)^{\frac{1}{n}}=\exp\left\{\int_0^1\ln(1+x^2)\,dx\right\}=2e^{\frac{\pi}{2}-2}.$$

【注】 用此方法,要求能正确理解定积分定义,并熟悉定积分运算,首先要把相应的极限化为积分和的极限,然后表为定积分计算.

【例 18】 设 $x\geqslant 0$ 时,$f(x)$ 满足 $f'(x)=\dfrac{1}{x^2+f^2(x)}$,且 $f(0)=a>0$,证明:$\lim\limits_{x\to+\infty}f(x)$ 存在且小于 $a+\dfrac{\pi}{2a}$.

思路 由 $f'(x)>0$,知 $f(x)$ 单增,可利用单调有界准则,接下来如何估计 $f(x)$ 是否有界? 由于题目中的条件是 $f(x),f'(x)$ 之间的一个关系,让我们想到微分中值定理或牛顿-莱布尼茨公式.

证明 由 $f'(x)>0$,知 $f(x)$ 单调上升.又因 $f(0)=a>0$,所以,当 $x>0$ 时,$f(x)\geqslant a$,于是有

$$f'(x)\leqslant\dfrac{1}{a^2+x^2}\quad(x\geqslant 0).$$

利用牛顿-莱布尼茨公式及定积分比较性,有

$$f(x)-f(0)=\int_0^x f'(t)\,dt\leqslant\int_0^x\dfrac{dt}{a^2+t^2}=\dfrac{1}{a}\arctan\dfrac{x}{a}\quad(x\geqslant 0),$$

故

$$f(x)\leqslant a+\dfrac{1}{a}\arctan\dfrac{x}{a}<a+\dfrac{\pi}{2a}.$$

由单调有界准则知,极限存在,且小于 $a+\dfrac{\pi}{2a}$.

【例 19】 设 $f(x)$ 是区间 $[0,+\infty)$ 上单调减少且非负的连续函数

$$a_n=\sum_{k=1}^{n}f(k)-\int_1^n f(x)\,dx\quad(n=1,2,\cdots),$$

证明数列 $\{a_n\}$ 的极限存在.

证明 因 $f(x)$ 单调减少(参看图6.8),
所以有
$$f(k) < \int_{k-1}^{k} f(x)dx < f(k-1),$$

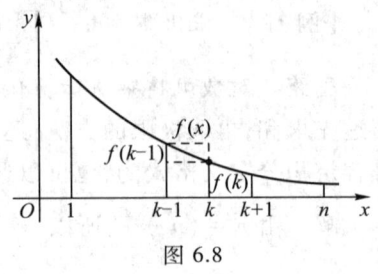

图 6.8

从而
$$f(k) - \int_{k-1}^{k} f(x)dx < 0,$$
$$f(k) - \int_{k}^{k+1} f(x)dx > 0.$$

由于
$$a_n = f(1) + \sum_{k=2}^{n} \left[f(k) - \int_{k-1}^{k} f(x)dx \right],$$

所以,$\{a_n\}$ 是单调减少的. 又
$$a_n = \sum_{k=1}^{n} \left[f(k) - \int_{k}^{k+1} f(x)dx \right] + \int_{n}^{n+1} f(x)dx > 0,$$

即 $\{a_n\}$ 有下界. 根据单调有界准则知,极限 $\lim\limits_{n\to\infty} a_n$ 存在.

【例 20】 求定积分 $I_{m,n} = \int_0^1 x^m (1-x)^n dx$ (m,n 均为自然数).

解 由分部积分法得递推公式
$$I_{m,n} = \frac{1}{m+1} \int_0^1 (1-x)^n dx^{m+1}$$
$$= \frac{1}{m+1} \left[(1-x)^n x^{m+1} \Big|_0^1 + n \int_0^1 (1-x)^{n-1} x^{m+1} dx \right]$$
$$= \frac{n}{m+1} I_{m+1,n-1}.$$

递推得到
$$I_{m,n} = \frac{n}{m+1} \cdot \frac{n-1}{m+2} \cdots \frac{1}{m+n} I_{m+n,0}.$$

而
$$I_{m+n,0} = \int_0^1 x^{m+n} dx = \frac{1}{m+n+1},$$

故
$$I_{m,n} = \frac{n!\, m!}{(m+n+1)!}.$$

【例 21】 设 $f(x)$ 连续,且 $\lim\limits_{x\to 0}\dfrac{f(x)}{x} = A$, $\varphi(x) = \int_0^1 f(xt)dt$,求 $\varphi'(x)$,并讨论 $\varphi'(x)$ 在 $x=0$ 处的连续性.

思路 这里积分变量是 t,在积分时要视 x 为常量(参量),定积分计算结果是与 x 有关的函数,它的求导问题,我们可以作换元积分把 x 从被积函数中分离出来,然后再求导.

解 当 $x \neq 0$,令 $u = xt$,则

$$\varphi(x) = \int_0^1 f(xt)\,dt = \frac{1}{x}\int_0^x f(u)\,du,$$

故

$$\varphi'(x) = \frac{f(x)}{x} - \frac{1}{x^2}\int_0^x f(u)\,du \quad (x \neq 0).$$

由 $\lim\limits_{x\to 0}\dfrac{f(x)}{x} = A$，知 $f(0) = 0$，从而，$\varphi(0) = \int_0^1 f(0)\,dt = 0$. 于是

$$\varphi'(0) = \lim_{x\to 0}\frac{\varphi(x) - \varphi(0)}{x} = \lim_{x\to 0}\frac{\int_0^x f(u)\,du}{x^2} = \lim_{x\to 0}\frac{f(x)}{2x} = \frac{A}{2}.$$

最后用到洛必达法则. 显然

$$\lim_{x\to 0}\varphi'(x) = A - \frac{A}{2} = \frac{A}{2} = \varphi'(0).$$

所以 $\varphi'(0)$ 在 $x=0$ 处连续.

【例 22】 求函数 $f(x) = \int_1^{x^2}(x^2 - t)e^{-t^2}dt$ 的单调区间与极值.

解 $f(x)$ 的定义域为 $(-\infty, +\infty)$，由于

$$f(x) = x^2\int_1^{x^2}e^{-t^2}dt - \int_1^{x^2}te^{-t^2}dt,$$

$$f'(x) = 2x\int_1^{x^2}e^{-t^2}dt + 2x^3 e^{-x^4} - 2x^3 e^{-x^4}$$

$$= 2x\int_1^{x^2}e^{-t^2}dt.$$

所以 $f(x)$ 的驻点为 $x = 0, \pm 1$.

列表讨论如下：

x	$(-\infty,-1)$	-1	$(-1,0)$	0	$(0,1)$	1	$(1,+\infty)$
$f'(x)$	$-$	0	$+$	0	$-$	0	$+$
$f(x)$	↘	极小	↗	极大	↘	极小	↗

因此，$f(x)$ 的单调增加区间为 $(-1,0)$ 及 $(1,+\infty)$，单调减少区间为 $(-\infty,-1)$ 及 $(0,1)$；极小值为 $f(\pm 1) = 0$，极大值为 $f(0) = \int_0^1 te^{-t^2}dt = \dfrac{1}{2}(1 - e^{-1})$.

【例 23】 设 $f(x) \in C[a,b]$，在 (a,b) 内可导，且 $f'(x) \leq 0$. 证明函数

$$F(x) = \frac{1}{x-a}\int_a^x f(t)\,dt, \quad x \in (a,b)$$

是单调不增的.

证法 1 当 $x \in (a,b)$ 时

$$F'(x) = \frac{1}{(x-a)^2}\left[f(x)(x-a) - \int_a^x f(t)\,dt\right]. \tag{1}$$

利用积分中值定理去掉积分号，得

$$F'(x) = \frac{1}{(x-a)^2}[f(x)(x-a) - f(\xi)(x-a)] \quad (a \leq \xi \leq x)$$
$$= \frac{f(x) - f(\xi)}{x-a} = \frac{f'(\eta)(x-\xi)}{x-a} \leq 0 \quad (\xi < \eta < x),$$

最后一步用了拉格朗日中值公式.由此可见 $F(x)$ 是单调不增的.

证法 2 在(1)式的基础上,将 $f(x)(x-a)$ 表为 $\int_a^x f(x)\mathrm{d}t$,得

$$F'(x) = \frac{1}{(x-a)^2}\int_a^x [f(x) - f(t)]\mathrm{d}t = \frac{1}{(x-a)^2}\int_a^x f'(\eta)(x-t)\mathrm{d}t$$

这里用了拉格朗日中值公式.由于 $x>0, f'(\eta) \leq 0, x-t \geq 0$,所以
$$F'(x) \leq 0,$$

故 $F(x)$ 是单调不增的.

【注】 比较 $f(x)(x-a)$ 与 $\int_a^x f(t)\mathrm{d}t$ 的大小的两种方法值得注意.

【例 24】 计算积分 $\int_{\frac{1}{2}}^{\frac{3}{2}} \frac{\mathrm{d}x}{\sqrt{|x-x^2|}}$.

解 在积分区间 $\left[\frac{1}{2}, \frac{3}{2}\right]$ 内有瑕点 $x=1$,所以,这是反常积分.应分为两个边界上有瑕点的反常积分来讨论.

$$\int_{\frac{1}{2}}^{1} \frac{\mathrm{d}x}{\sqrt{|x-x^2|}} = \int_{\frac{1}{2}}^{1} \frac{\mathrm{d}x}{\sqrt{x-x^2}} = \int_{\frac{1}{2}}^{1} \frac{\mathrm{d}x}{\sqrt{\frac{1}{4} - \left(x - \frac{1}{2}\right)^2}}$$
$$= \arcsin(2x-1)\Big|_{\frac{1}{2}}^{1^-} = \frac{\pi}{2}.$$

$$\int_{1}^{\frac{3}{2}} \frac{\mathrm{d}x}{\sqrt{|x-x^2|}} = \int_{1}^{\frac{3}{2}} \frac{\mathrm{d}x}{\sqrt{x^2-x}} = \int_{1}^{\frac{3}{2}} \frac{\mathrm{d}x}{\sqrt{\left(x-\frac{1}{2}\right)^2 - \frac{1}{4}}}$$
$$= \ln\left[\left(x-\frac{1}{2}\right) + \sqrt{\left(x-\frac{1}{2}\right)^2 - \frac{1}{4}}\right]\Big|_{1^+}^{\frac{3}{2}} = \ln(2+\sqrt{3}).$$

于是原反常积分收敛,且
$$\int_{\frac{1}{2}}^{\frac{3}{2}} \frac{\mathrm{d}x}{\sqrt{|x-x^2|}} = \frac{\pi}{2} + \ln(2+\sqrt{3}).$$

【例 25】 计算 $\int_1^{+\infty} \frac{\arctan x}{x^2}\mathrm{d}x$.

解 用分部积分法,得
$$\int_1^{+\infty} \frac{\arctan x}{x^2}\mathrm{d}x = -\int_1^{+\infty} \arctan x\,\mathrm{d}\frac{1}{x} = -\frac{1}{x}\arctan x\Big|_1^{+\infty} + \int_1^{+\infty} \frac{\mathrm{d}x}{x(1+x^2)}$$
$$= \frac{\pi}{4} + \int_1^{+\infty}\left[\frac{1}{x} - \frac{x}{1+x^2}\right]\mathrm{d}x = \frac{\pi}{4} + \ln\frac{x}{\sqrt{1+x^2}}\Big|_1^{+\infty}$$

$$= \frac{\pi}{4} + \frac{1}{2}\ln 2.$$

【例 26】 计算 $\int_0^{+\infty} \frac{\mathrm{d}x}{(1+x^2)(1+x^\alpha)}$（$\alpha$ 为任一实常数）.

解
$$\int_0^{+\infty} \frac{\mathrm{d}x}{(1+x^2)(1+x^\alpha)} = \int_0^1 \frac{\mathrm{d}x}{(1+x^2)(1+x^\alpha)} + \int_1^{+\infty} \frac{\mathrm{d}x}{(1+x^2)(1+x^\alpha)},$$

对右边第二个积分(反常积分)作变换，令 $x = \frac{1}{t}$，则

$$\int_1^{+\infty} \frac{\mathrm{d}x}{(1+x^2)(1+x^\alpha)} = \int_0^1 \frac{t^\alpha \mathrm{d}t}{(1+t^2)(1+t^\alpha)},$$

因此，有

$$\int_0^{+\infty} \frac{\mathrm{d}x}{(1+x^2)(1+x^\alpha)} = \int_0^1 \frac{\mathrm{d}t}{1+t^2} = \arctan t \bigg|_0^1 = \frac{\pi}{4}.$$

【例 27】 设函数 $f(x) \in C^1[0,1]$，且 $f(0) = 0, 0 \leq f'(x) \leq 1$，证明

$$\left[\int_0^1 f(x)\mathrm{d}x\right]^2 \geq \int_0^1 f^3(x)\mathrm{d}x.$$

思路 定积分是个数，数大小的比较有时放在函数中考察更方便.

证明 作辅助函数 $F(x) = \left[\int_0^x f(t)\mathrm{d}t\right]^2 - \int_0^x f^3(t)\mathrm{d}t$，则

$$F'(x) = f(x)\left[2\int_0^x f(t)\mathrm{d}t - f^2(x)\right].$$

再设函数 $G(x) = 2\int_0^x f(t)\mathrm{d}t - f^2(x)$，则

$$G'(x) = 2f(x)[1 - f'(x)].$$

由题设条件 $0 \leq f'(x) \leq 1, f(0) = 0$ 知 $f(x)$ 在区间 $[0,1]$ 上单调不减，且 $f(x) \geq 0$. 因此

$$G'(x) \geq 0.$$

这样，$G(x)$ 在区间 $[0,1]$ 上单调不减，又 $G(0) = 0$，故 $G(x) \geq 0$，于是有

$$F'(x) \geq 0,$$

所以，在 $[0,1]$ 上

$$F(x) \geq F(0) = 0.$$

特别，当 $x = 1$ 时得 $F(1) \geq 0$，即有

$$\left[\int_0^1 f(x)\mathrm{d}x\right]^2 \geq \int_0^1 f^3(x)\mathrm{d}x.$$

【例 28】 设 $f''(x) < 0, 0 \leq x \leq 1$，证明 $\int_0^1 f(x^\alpha)\mathrm{d}x \leq f\left(\frac{1}{\alpha+1}\right)$，其中 $\alpha > 0$.

思路 被积函数 $f(x)$ 具有高阶导数，要证的结果中涉及 $f(x)$ 在 $\frac{1}{\alpha+1}$ 处的值，我们想到 $f(x)$ 在 $x_0 = \frac{1}{\alpha+1}$ 处展开的一阶泰勒公式.

证明 函数 $f(x)$ 在 $x_0 = \dfrac{1}{\alpha+1}$ 处展开的一阶泰勒公式为

$$f(x) = f(x_0) + f'(x_0)(x-x_0) + \frac{1}{2!}f''(\xi)(x-x_0)^2,$$

ξ 介于 x, x_0 之间. 由于 $f''(x) < 0$, 所以在区间 $[0,1]$ 上有

$$f(x) \leq f(x_0) + f'(x_0)(x-x_0),$$

令 $x = t^\alpha$, 则 $t \in [0,1]$ 时有

$$f(t^\alpha) \leq f(x_0) + f'(x_0)(t^\alpha - x_0).$$

将此不等式两边在 $[0,1]$ 上积分, 注意 $x_0 = \dfrac{1}{\alpha+1}$, 得

$$\int_0^1 f(t^\alpha)\,dt \leq f(x_0) + f'(x_0)\int_0^1 (t^\alpha - x_0)\,dt = f(x_0),$$

此即

$$\int_0^1 f(x^\alpha)\,dx \leq f\left(\frac{1}{\alpha+1}\right).$$

【例 29】 设 $f(x), g(x) \in C[a,b]$, 证明 $\exists \xi \in (a,b)$, 使得

$$f(\xi)\int_\xi^b g(x)\,dx = g(\xi)\int_a^\xi f(x)\,dx.$$

思路 这是变限积分函数的微分中值命题, 设适当的辅助函数用中值定理证明.

证明 设辅助函数

$$F(x) = \int_a^x f(t)\,dt \int_x^b g(t)\,dt,$$

则 $F(a) = F(b) = 0$, $F(x) \in C[a,b]$, 且 $F(x)$ 在 (a,b) 内可导. 由罗尔定理知, $\exists \xi \in (a,b)$, 使 $F'(\xi) = 0$, 即

$$f(\xi)\int_\xi^b g(x)\,dt - g(\xi)\int_a^\xi f(x)\,dt = 0,$$

这就是所要证明的式子.

【例 30】 设 $f(x) \in C^1[0,1]$, $f(0) = f(1) = 0$, 证明

$$\left|\int_0^1 f(x)\,dx\right| \leq \frac{1}{4}\max_{x \in [0,1]}\{|f'(x)|\}.$$

思路 1 不等式中涉及 $f(x)$ 的函数值与导数值, 我们想到微分中值定理, 还有 $f(x)$ 的定积分值, 想到定积分的性质.

证法 1 记 $\max\limits_{x \in [0,1]}\{|f'(x)|\} = M$. 任意 $x \in (0,1)$, 对函数 $f(x)$ 在 $[0,x]$ 和 $[x,1]$ 上, 分别用拉格朗日中值定理得

$$f(x) - f(0) = f'(\xi_1)x, \quad f(x) - f(1) = f'(\xi_2)(x-1),$$

$\xi_1 \in (0,x), \xi_2 \in (x,1)$, 由于 $f(0) = f(1) = 0$, 所以有不等式

$$|f(x)| = |f'(\xi_1)|x \leq Mx, \quad |f(x)| = |f'(\xi_2)||x-1| \leq M(1-x).$$

于是得

$$\left|\int_0^1 f(x)\,dx\right| \leq \int_0^1 |f(x)|\,dx = \int_0^{\frac{1}{2}} |f(x)|\,dx + \int_{\frac{1}{2}}^1 |f(x)|\,dx$$

$$\leqslant \int_0^{\frac{1}{2}} Mx\,\mathrm{d}x + \int_{\frac{1}{2}}^1 M(1-x)\,\mathrm{d}x = \frac{M}{4}.$$

思路 2 因为 $f(x)$ 导函数连续，变限积分函数 $\int_0^x f(t)\,\mathrm{d}t$ 的二阶导函数连续，我们想到泰勒公式.

证法 2 设 $F(x) = \int_0^x f(t)\,\mathrm{d}t$，则 $F(0) = 0, F'(0) = f(0) = 0$，故由 $F(x)$ 的一阶麦克劳林公式得

$$\int_0^{\frac{1}{2}} f(x)\,\mathrm{d}x = F\left(\frac{1}{2}\right) = \frac{F''(\xi_1)}{2!}\left(\frac{1}{2}\right)^2 = \frac{1}{8}f'(\xi_1).$$

再设 $G(x) = \int_x^1 f(t)\,\mathrm{d}t$，则 $G(1) = 0, G'(1) = -f(1) = 0$，故由 $G(x)$ 的一阶泰勒公式得

$$\int_{\frac{1}{2}}^1 f(x)\,\mathrm{d}x = G\left(\frac{1}{2}\right) = \frac{G''(\xi_2)}{2!}\left(\frac{1}{2} - 1\right)^2 = -\frac{1}{8}f'(\xi_2).$$

从而，有

$$\left|\int_0^1 f(x)\,\mathrm{d}x\right| \leqslant \frac{1}{8}[|f'(\xi_1)| + |f'(\xi_2)|] \leqslant \frac{1}{4}M.$$

【注】 上述两个证明中有一个重要的思想，就是根据条件，对定积分分区间估值比在积分区间上整体估值结果可能更精细. 在证法 2 中，在区间 $\left[0, \frac{1}{2}\right]$ 上，用 $F(x)$ 的麦克劳林公式，在 $\left[\frac{1}{2}, 1\right]$ 上，用 $G(x)$ 在 $x_0 = 1$ 处的泰勒公式来估值就证明了所需的结果. 如果在 $[0,1]$ 上，用 $F(1)$ 来估值，就得不到所需的结果. 此外，分部积分法也能把 $f(x)$ 的定积分与导数联系起来，

$$\int_0^1 f(x)\,\mathrm{d}x = xf(x)\Big|_0^1 - \int_0^1 xf'(x)\,\mathrm{d}x = -\int_0^1 xf'(x)\,\mathrm{d}x.$$

但由此进行积分估值，却得不到那么精细的结果.

【例 31】 设 $f(x) \in C^2(I), x_0 \in I, f(x_0) = 0$，证明对任一个区间 $[x_0-\delta, x_0+\delta] \subset I$，都有 $\xi \in [x_0-\delta, x_0+\delta]$，使得

$$\int_{x_0-\delta}^{x_0+\delta} f(x)\,\mathrm{d}x = \frac{\delta^3}{3}f''(\xi).$$

思路 由条件和结论，想到 $f(x)$ 带拉格朗日型余项的一阶泰勒公式.

证明 因

$$f(x) = f'(x_0)(x-x_0) + \frac{f''(\xi_x)}{2!}(x-x_0)^2,$$

ξ_x 介于 x_0, x 之间. 两边积分得

$$\int_{x_0-\delta}^{x_0+\delta} f(x)\,\mathrm{d}x = \int_{x_0-\delta}^{x_0+\delta} f'(x_0)(x-x_0)\,\mathrm{d}x + \frac{1}{2!}\int_{x_0-\delta}^{x_0+\delta} f''(\xi_x)(x-x_0)^2\,\mathrm{d}x$$

$$= \frac{1}{2}\int_{x_0-\delta}^{x_0+\delta} f''(\xi_x)(x-x_0)^2\,\mathrm{d}x. \tag{1}$$

由于 ξ_x 与 x 有关，(1) 式中最后的积分无法直接运算. 先估计一下这个积分值. 由于 $f''(x) \in$

$C[x_0-\delta, x_0+\delta]$,设 $f''(x)$ 的最大值为 M,最小值为 m,则

$$m\int_{x_0-\delta}^{x_0+\delta}(x-x_0)^2\mathrm{d}x \leq \int_{x_0-\delta}^{x_0+\delta}f''(\xi_x)(x-x_0)^2\mathrm{d}x \leq M\int_{x_0-\delta}^{x_0+\delta}(x-x_0)^2\mathrm{d}x,$$

$$m \leq \frac{\int_{x_0-\delta}^{x_0+\delta}f''(\xi_x)(x-x_0)^2\mathrm{d}x}{\int_{x_0-\delta}^{x_0+\delta}(x-x_0)^2\mathrm{d}x} \leq M.$$

由介值定理知,$\xi \in [x_0-\xi, x_0+\xi]$,使

$$\frac{\int_{x_0-\delta}^{x_0+\delta}f''(\xi_x)(x-x_0)^2\mathrm{d}x}{\int_{x_0-\delta}^{x_0+\delta}(x-x_0)^2\mathrm{d}x} = f''(\xi). \tag{2}$$

因为

$$\int_{x_0-\delta}^{x_0+\delta}(x-x_0)^2\mathrm{d}x = \frac{2}{3}\delta^3,$$

及(1)、(2)式得到

$$\int_{x_0-\delta}^{x_0+\delta}f(x)\mathrm{d}x = \frac{\delta^3}{3}f''(\xi).$$

【注】 在本题的条件下,如果恒有 $f''(x) < 0$,则 $\int_{x_0-\delta}^{x_0+\delta}f(x)\mathrm{d}x < 0$;如果恒有 $f''(x) > 0$,则 $\int_{x_0-\delta}^{x_0+\delta}f(x)\mathrm{d}x > 0$;如果恒有 $f''(x) = 0$,则 $\int_{x_0-\delta}^{x_0+\delta}f(x)\mathrm{d}x = 0$.

【例 32】 在 $f(x) \in C^1[a,b]$,$f(a) = 0$,证明

$$\int_a^b f^2(x)\mathrm{d}x \leq \frac{1}{2}(b-a)^2\int_a^b [f'(x)]^2\mathrm{d}x.$$

思路 不等式中涉及 $f(x)$ 与 $f'(x)$ 的关系,我们想到牛顿-莱布尼茨公式;又从不等式的结构上看,让我们想到柯西不等式.

证明 因为 $f(a) = 0$,所以 $f(x) = \int_a^x f'(t)\mathrm{d}t$,当 $x \in [a,b]$ 时,由柯西不等式知

$$f^2(x) = \left[\int_a^x f'(t)\mathrm{d}t\right]^2 \leq \int_a^x f'^2(t)\mathrm{d}t \int_a^x 1^2\mathrm{d}t \leq (x-a)\int_a^b f'^2(t)\mathrm{d}t.$$

两边取定积分 $\left(\text{注意} \int_a^b f'^2\mathrm{d}t \text{ 是一个与 } x \text{ 无关的数}\right)$,得到所要证的不等式

$$\int_a^b f^2(x)\mathrm{d}x \leq \int_a^b \left[(x-a)\int_a^b f'^2(t)\mathrm{d}t\right]\mathrm{d}x \leq \frac{1}{2}(b-a)^2\int_a^b f'^2(t)\mathrm{d}t.$$

【例 33】 设 $f(x) \in C[0,1]$,且 $\int_0^1 f(x)\mathrm{d}x = \int_0^1 xf(x)\mathrm{d}x = 0$. 证明在开区间 $(0,1)$ 内存在两个不同的点 ξ_1 与 ξ_2,使 $f(\xi_1) = f(\xi_2) = 0$.

思路 1 这是一个中值命题,但加在函数 $f(x)$ 上的条件是通过定积分给出的,要证函数 $f(x)$ 有两个零点,只需证明 $f(x)$ 的一个原函数有三个零点.

证法 1 设 $F(x) = \int_0^x f(t)\mathrm{d}t \in C^1[0,1]$,则 $F(0) = F(1) = 0$.再利用 $\int_0^1 xf(x)\mathrm{d}x = 0$ 及分

部积分法,得

$$0 = \int_0^1 xf(x)dx = \int_0^1 xdF(x) = xF(x)\Big|_0^1 - \int_0^1 F(x)dx = -\int_0^1 F(x)dx.$$

(如果在此使用积分中值定理会知道,在闭区间 $[0,1]$ 上存在一点 η,使 $F(\eta) = 0$,但这不满足我们的要求. 我们需要在开区间 $(0,1)$ 内,论证 $F(x)$ 还有一个零点,下面给出两种论证)设 $G(x)$ 是 $F(x)$ 的一个原函数,由牛顿-莱布尼茨公式

$$G(1) - G(0) = \int_0^1 F(x)dx = 0.$$

在 $[0,1]$ 上,对 $G(x)$ 用微分中值定理知, $\exists \eta \in (0,1)$,使得 $G'(\eta) = F(\eta) = 0$.

$\Big($或者用反证法,设 $F(x)$ 在开区间 $(0,1)$ 内无零点,因为 $F(x) \in C$,所以 $F(x)$ 在 $[0,1]$ 内不变号,因此 $\int_0^1 F(x)dx \neq 0$,与上面的结果矛盾$\Big)$.

对 $F(x)$ 在区间 $[0,\eta]$ 和 $[\eta,1]$ 上分别用罗尔定理知, $\exists \xi_1 \in (0,\eta)$, $\exists \xi_2 \in (\eta,1)$,使得 $F'(\xi_1) = 0, F'(\xi_2) = 0$,即

$$f(\xi_1) = f(\xi_2) = 0, \xi_1,\xi_2 \in (0,1), 且 \xi_1 \neq \xi_2.$$

思路 2 从 $f(x)$ 连续和两个积分为零出发,分析证明.

证法 2 因为 $\int_0^1 f(x)dx = 0$,与证法1中的分析一样,由牛顿-莱布尼茨公式及微分中值定理知, $\exists \xi_1 \in (0,1)$,使得

$$f(\xi_1) = 0.$$

如果 ξ_1 是 $f(x)$ 在区间 $(0,1)$ 内唯一的零点,又 $\int_0^1 f(x)dx = 0$,则 $f(x)$ 在 $(0,\xi_1)$ 和 $(\xi_1,1)$ 两个区间上必异号,从而

$$(x-\xi_1)f(x)$$

在 $[0,1]$ 上不变号,又不恒为零,故

$$0 \neq \int_0^1 (x-\xi_1)f(x)dx = \int_0^1 xf(x)dx - \xi_1\int_0^1 f(x)dx,$$

与给定的两个积分为零的条件矛盾. 所以, $f(x)$ 在 $(0,1)$ 内至少有两个零点.

【注】 若 $f(x) \in C$,且 $\int_a^b f(x)x^k dx = 0$ ($k = 0,1,2,\cdots,n$),你猜想 $f(x)$ 在开区间 (a,b) 内至少有多少个零点? 能证明吗?

【例 34】 (Bellman 不等式)设 $f(x), g(x) \in C[a,b]$ 且满足

$$|f(x)| \leq M + k\int_a^x |f(t)||g(t)|dt,$$

其中 M, k 为两个正的常数,证明

$$|f(x)| \leq Me^{k\int_a^x |g(t)|dt}, \quad x \in [a,b].$$

证明 由条件知

$$|f(x)||g(x)| \leq M|g(x)|\left[1 + \frac{k}{M}\int_a^x |f(t)||g(t)|dt\right].$$

令 $F(x) = \int_a^x |f(t)||g(t)|dt$,则有

$$F'(x) \leq M|g(x)|\left[1+\frac{k}{M}F(x)\right],$$

$$\frac{F'(x)}{1+\frac{k}{M}F(x)} \leq M|g(x)|.$$

两边从 a 到 x 取定积分,注意 $F(a)=0$,得到

$$\ln\left[1+\frac{k}{M}F(x)\right] \leq k\int_a^x |g(t)|\,\mathrm{d}t,$$

即

$$1+\frac{k}{M}F(x) \leq \mathrm{e}^{k\int_a^x |g(t)|\,\mathrm{d}t}.$$

结合题中给定的不等式,得到

$$|f(x)| \leq M + kF(x) \leq M\mathrm{e}^{k\int_a^x |g(t)|\,\mathrm{d}t}$$

【注】 分析不等式的特殊性,把它变为函数 $|f(x)||g(x)|$ 和原函数满足的不等式,再利用换元积分法是证明的核心.

【例 35】 设 $f(x)\in C[a,b]$ 且单调递增,证明不等式

$$\int_a^b xf(x)\,\mathrm{d}x \geq \frac{a+b}{2}\int_a^b f(x)\,\mathrm{d}x.$$

思路 对含定积分的不等式,它的证明常有如下几种考虑:(1) 定积分是由积分区间和被积函数确定的数,比较积分区间和被积函数的大小.(2) 利用定积分性质和计算法则.(3) 利用变限积分函数的最值.(4) 利用柯西不等式等.

证法 1 考察变限积分函数的最值.设

$$F(x) = \int_a^x tf(t)\,\mathrm{d}t - \frac{a+x}{2}\int_a^x f(t)\,\mathrm{d}t, \quad x\in[a,b].$$

由于 $f(x)$ 单调递增,

$$F'(x) = xf(x) - \frac{1}{2}\int_a^x f(t)\,\mathrm{d}t - \frac{a+x}{2}f(x) = \frac{x-a}{2}f(x) - \frac{1}{2}\int_a^x f(t)\,\mathrm{d}t$$

$$= \frac{1}{2}\int_a^x [f(x)-f(t)]\,\mathrm{d}t > 0, \text{ 当 } x>a. \tag{1}$$

所以 $F(x)$ 单调递增.又 $F(a)=0$,故

$$F(x) \geq F(a)=0, \text{ 当 } x\in[a,b].$$

证法 2 因 $f(x)$ 单调递增,有

$$\left(x-\frac{a+b}{2}\right)\left[f(x)-f\left(\frac{a+b}{2}\right)\right] \geq 0,$$

故由定积分性质有

$$\int_a^b \left(x-\frac{a+b}{2}\right)f(x)\,\mathrm{d}x = \int_a^b \left(x-\frac{a+b}{2}\right)\left[f(x)-f\left(\frac{a+b}{2}\right)\right]\,\mathrm{d}x \geq 0.$$

此即

$$\int_a^b xf(x)\,\mathrm{d}x \geq \frac{a+b}{2}\int_a^b f(x)\,\mathrm{d}x.$$

【注】 一个带积分号的量与一个不带积分号的量的和差(或比较),常有两种处理方法:其一是将带积分号的用积分中值公式去掉积分号,其二是将不带积分号的通过积分表示出来.在(1)式中,就是将 $\dfrac{x-a}{2}f(x)$ 表示为 $\dfrac{1}{2}\int_a^x f(t)\,dt$.

【例 36】 设 $f(x)$ 在闭区间 $[0,1]$ 上有二阶导数,且 $f''(x)>0$,试比较 $f\left(\dfrac{1}{2}\right)$ 与 $\int_0^1 f(x)\,dx$ 的大小.

思路 (1) 由 $f(x)$ 有二阶导数,想到 $f(x)$ 的泰勒公式.(2) 由 $f''(x)>0$,想到 $f(x)$ 下凸.(3) 函数在 $\dfrac{1}{2}$ 处的值和 $[0,1]$ 上的平均值的比较,想到中值定理.

解法 1 被积函数 $f(x)$ 的泰勒公式

$$f(x)=f\left(\frac{1}{2}\right)+f'\left(\frac{1}{2}\right)\left(x-\frac{1}{2}\right)+\frac{f''(\xi)}{2!}\left(x-\frac{1}{2}\right)^2,$$

ξ 介于 $x,\dfrac{1}{2}$ 之间.因为 $f''(x)>0$,故有不等式

$$f(x)\geqslant f\left(\frac{1}{2}\right)+f'\left(\frac{1}{2}\right)\left(x-\frac{1}{2}\right).$$

两边在区间 $[0,1]$ 上积分得

$$\int_0^1 f(x)\,dx\geqslant \int_0^1\left[f\left(\frac{1}{2}\right)+f'\left(\frac{1}{2}\right)\left(x-\frac{1}{2}\right)\right]dx=f\left(\frac{1}{2}\right).$$

解法 2 对积分作换元,令 $x=1-t$,则

$$\int_0^1 f(x)\,dx=-\int_1^0 f(1-t)\,dt=\int_0^1 f(1-t)\,dt.$$

由此,及 $f(x)$ 的下凸性,得

$$\int_0^1 f(x)\,dx=\frac{1}{2}\int_0^1[f(x)+f(1-x)]\,dx\geqslant \int_0^1 f\left(\frac{1}{2}\right)dx=f\left(\frac{1}{2}\right).$$

解法 3 由于

$$\int_0^1\left[f(x)-f\left(\frac{1}{2}\right)\right]dx=\int_0^{\frac{1}{2}}\left[f(x)-f\left(\frac{1}{2}\right)\right]dx+\int_{\frac{1}{2}}^1\left[f(x)-f\left(\frac{1}{2}\right)\right]dx,$$

对右边的两个积分的被积函数用拉格朗日中值公式,得

$$\int_0^1\left[f(x)-f\left(\frac{1}{2}\right)\right]dx=\int_0^{\frac{1}{2}}f'(\xi_1)\left(x-\frac{1}{2}\right)dx+\int_{\frac{1}{2}}^1 f'(\xi_2)\left(x-\frac{1}{2}\right)dx,$$

其中 $\xi_1\in\left(0,\dfrac{1}{2}\right),\xi_2\in\left(\dfrac{1}{2},1\right)$,因为 $f''(x)>0$,所以 $f'(x)\uparrow$,

$$\int_0^1\left[f(x)-f\left(\frac{1}{2}\right)\right]dx\geqslant \int_0^{\frac{1}{2}}f'\left(\frac{1}{2}\right)\left(x-\frac{1}{2}\right)dx+\int_{\frac{1}{2}}^1 f'\left(\frac{1}{2}\right)\left(x-\frac{1}{2}\right)dx$$

$$=f'\left(\frac{1}{2}\right)\int_0^1\left(x-\frac{1}{2}\right)dx=0,$$

故有 $\int_0^1 f(x)\,dx\geqslant f\left(\dfrac{1}{2}\right)$.

【例 37】 设函数 $f(x)$ 在区间 $[a,b]$ 上有二阶导数,且 $f''(x) \geq 0$;$x = \varphi(t)$ 是区间 $[\alpha,\beta]$ 上任意一个值域为 $[a,b]$ 的连续函数.证明

$$\frac{1}{\beta-\alpha}\int_\alpha^\beta f(\varphi(t))\,dt \geq f\left(\frac{1}{\beta-\alpha}\int_\alpha^\beta \varphi(t)\,dt\right).$$

思路 由 $f''(x)$ 存在,想到泰勒公式.

证明 定积分是个数,记 $x_0 = \dfrac{1}{\beta-\alpha}\int_\alpha^\beta \varphi(t)\,dt \in [a,b]$,由 $f(x)$ 的一阶泰勒公式及 $f''(x) \geq 0$ 知,

$$f(x) \geq f(x_0) + f'(x_0)(x-x_0), \quad x \in [a,b],$$

将 $x = \varphi(t)$ 代入,得

$$f(\varphi(t)) \geq f(x_0) + f'(x_0)[\varphi(t)-x_0], \quad t \in [\alpha,\beta].$$

两边在 $[\alpha,\beta]$ 上积分,得

$$\int_\alpha^\beta f(\varphi(t))\,dt \geq f(x_0)(\beta-\alpha) + f'(x_0)\left[\int_\alpha^\beta \varphi(t)\,dt - x_0(\beta-\alpha)\right]$$
$$= f(x_0)(\beta-\alpha).$$

这就是要证的不等式

$$\frac{1}{\beta-\alpha}\int_\alpha^\beta f(\varphi(t))\,dt \geq f\left(\frac{1}{\beta-\alpha}\int_\alpha^\beta \varphi(t)\,dt\right).$$

【注】 (1) 利用习题 7.2 第 8 题的延森(Jensen)不等式结合定积分定义,也可推出这个不等式.这个不等式是下凸函数 $f(x)$ 的真实写照.(2) 如果 $f''(x) \leq 0$,不等式的符号相反.

【例 38】 求曲线 $y = \int_0^x e^{-t^2}\,dt$ 的渐近线、凸向、拐点及 $x=1$ 对应点处的曲率.

解 函数 $y = \int_0^x e^{-t^2}\,dt$ 在 $(-\infty,+\infty)$ 上是连续可微的.故曲线无铅直渐近线.因为

$$\lim_{x\to+\infty}\int_0^x e^{-t^2}\,dt = \int_0^{+\infty} e^{-t^2}\,dt,$$

最后的反常积分是收敛的(请自己证明).所以,曲线有水平渐近线

$$y = \int_0^{+\infty} e^{-t^2}\,dt.$$

注意到 $y = \int_0^x e^{-t^2}\,dt$ 是奇函数,知曲线还有一条水平渐近线

$$y = -\int_0^{+\infty} e^{-t^2}\,dt = \int_0^{-\infty} e^{-t^2}\,dt.$$

由于 $y' = e^{-x^2} > 0$,所以,曲线单调上升.曲线介于上述两条渐近线之间.

因为

$$y'' = -2xe^{-x^2},$$

所以,当 $x<0$ 时,$y''>0$,曲线下凸;当 $x>0$ 时,$y''<0$,曲线上凸.点 $(0,0)$ 为曲线的拐点.

曲线上对应 $x=1$ 点处的曲率

$$k\big|_{x=1} = \left|\frac{y''}{(1+y'^2)^{3/2}}\right|_{x=1} = \left|\frac{-2xe^{-x^2}}{[1+(e^{-x^2})^2]^{3/2}}\right|_{x=1} = \frac{2e^2}{(1+e^2)^{3/2}}.$$

【例 39】 设 $y = f(x) \in C[0,1]$,非负.(1) 试证:$\exists x_0 \in (0,1)$,使得在区间 $[0,x_0]$ 上以

$f(x_0)$ 为高的矩形的面积,等于在区间 $[x_0,1]$ 上以 $y=f(x)$ 为曲边的曲边梯形的面积.(2) 又设 $f(x)$ 在区间 $(0,1)$ 内可导,且 $f'(x) > -\dfrac{2f(x)}{x}$,证明(1)中的 x_0 是唯一的.

思路 列出要证的等式,视为相应的方程有解及唯一性问题.

证明 (1) 由题意,即要证 $\exists x_0 \in (0,1)$,使

$$x_0 f(x_0) - \int_{x_0}^{1} f(t)\,\mathrm{d}t = 0,$$

也就是要证方程

$$xf(x) - \int_{x}^{1} f(t)\,\mathrm{d}t = 0$$

在 $(0,1)$ 内有实根.令辅助函数

$$F(x) = -x\int_{x}^{1} f(t)\,\mathrm{d}t,$$

则 $F'(x) = xf(x) - \int_{x}^{1} f(t)\,\mathrm{d}t$,且 $F(0) = 0, F(1) = 0$.由罗尔定理知,$\exists x_0 \in (0,1)$,使 $F'(x_0) = 0$,即

$$x_0 f(x_0) - \int_{x_0}^{1} f(t)\,\mathrm{d}t = 0.$$

(2) 由题设条件知

$$F''(x) = xf'(x) + 2f(x) > 0,$$

所以,$F'(x)$ 单调递增.因此,$F'(x)$ 的零点只有一个,即(1)中的 x_0 是唯一的.

【**例 40**】 设 $f(x)$ 在 $[0,1]$ 上可微,且满足 $f(1) - 2\int_{0}^{\frac{1}{2}} xf(x)\,\mathrm{d}x = 0$,证明方程 $xf'(x) + f(x) = 0$ 在开区间 $(0,1)$ 内至少有一个实根.

证明 要证的等价于方程 $[xf(x)]' = 0$ 有实根,设辅助函数
$$F(x) = xf(x).$$

则 $F(1) = f(1)$.由题中给定的条件和积分中值定理知,$\exists \xi \in \left[0, \dfrac{1}{2}\right]$,使得

$$f(1) = 2\int_{0}^{\frac{1}{2}} xf(x)\,\mathrm{d}x = \xi f(\xi) = F(\xi).$$

在 $[\xi, 1]$ 上,对函数 $F(x)$ 用罗尔定理知,$\exists \eta \in (\xi, 1) \subset (0,1)$,使得 $F'(\eta) = 0$,即

$$\eta f'(\eta) + f(\eta) = 0.$$

故方程 $xf'(x) + f(x) = 0$ 在开区间 $(0,1)$ 内至少有一个实根.

【**例 41**】 曲线 $y = \sqrt{x-1}$ 与其过原点的切线及 x 轴围成的平面区域,记为 D.(1) 求 D 的面积 S_D;(2) 求 D 绕 x 轴旋转一周得到的旋转体体积 V_x;(3) 求 D 的曲边边界的弧长 s;(4) 求 V 的表面面积 S_V.

解 设切线方程为 $y = kx$,切点为 (x_0, y_0),则由方程组

$$y_0 = kx_0, \quad y_0 = \sqrt{x_0 - 1}, \quad k = \dfrac{1}{2\sqrt{x_0 - 1}},$$

解得 $x_0 = 2, y_0 = 1, k = \dfrac{1}{2}$.故切线方程为 $y = \dfrac{1}{2}x$(见图 6.9).

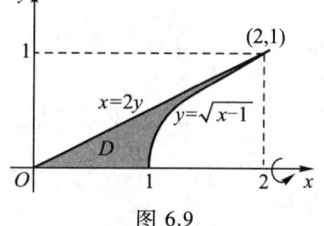

图 6.9

（1）D 的面积

$$S_D = \int_0^1 (y^2 + 1 - 2y)\,dy = \frac{1}{3}.$$

（2）D 绕 x 轴的旋转体体积

$$V_x = \frac{2}{3}\pi - \pi\int_1^2 (x-1)\,dx = \frac{\pi}{6}.$$

（3）曲边 $y = \sqrt{x-1}$（$1 \leqslant x \leqslant 2$）的弧长 s

$$s = \int_0^1 \sqrt{1 + x'^2}\,dy = \int_0^1 \sqrt{1 + (2y)^2}\,dy = \frac{\sqrt{5}}{2} + \frac{1}{4}\ln(2+\sqrt{5}).$$

（4）由旋转面面积公式

$$S_x = 2\pi\int_a^b |f(x)|\sqrt{1 + f'^2(x)}\,dx,$$

切线 $y = \dfrac{1}{2}x$（$0 \leqslant x \leqslant 2$）绕 x 轴旋转一周得到的旋转面（锥面）面积为

$$S_1 = 2\pi\int_0^2 \frac{1}{2}x \cdot \frac{\sqrt{5}}{2}\,dx = \sqrt{5}\pi.$$

曲线 $y = \sqrt{x-1}$（$1 \leqslant x \leqslant 2$）绕 x 轴旋转一周得到的旋转面面积为

$$S_2 = 2\pi\int_1^2 \sqrt{x-1}\sqrt{1 + \left(\frac{1}{2\sqrt{x-1}}\right)^2}\,dx = \pi\int_1^2 \sqrt{4x-3}\,dx = \frac{\pi}{6}(5\sqrt{5}-1).$$

因此，V 的表面面积

$$S_V = S_1 + S_2 = \frac{\pi}{6}(11\sqrt{5}-1).$$

【例 42】 设曲线 L 的极坐标方程为 $r = r(\theta)$，$M(r,\theta)$ 为 L 上任一点，$M_0(2,0)$ 为 L 上一定点，若极径 OM_0，OM 与曲线 L 围成的曲边扇形的面积值，等于曲线 L 上点 M_0，M 之间的弧长的一半，求此曲线 L 的直角坐标方程.

解 见图 6.10，由题意知

$$\frac{1}{2}\int_0^\theta r^2\,d\theta = \frac{1}{2}\int_0^\theta \sqrt{r^2 + r'^2}\,d\theta,$$

两边关于 θ 求导，得

$$r^2 = \sqrt{r^2 + r'^2},$$

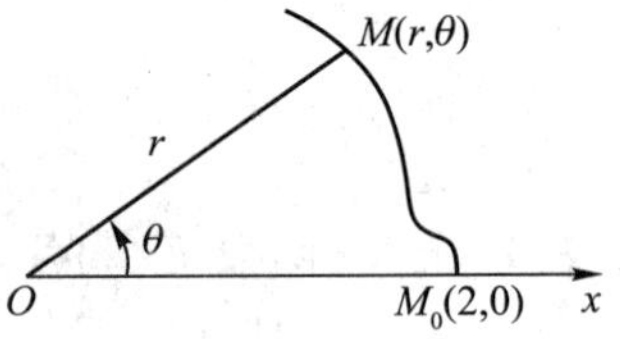

即有

图 6.10

$$d\theta = \pm\frac{dr}{r\sqrt{r^2-1}}.$$

取不定积分，并作变换令 $t = \dfrac{1}{r}$，则

$$\theta = \pm\int\frac{dr}{r\sqrt{r^2-1}} = \mp\int\frac{dt}{\sqrt{1-t^2}} = \pm\arccos t + c = \pm\arccos\frac{1}{r} + c,$$

$$r = \sec(c \pm \theta).$$

因 $\theta=0$ 时，$r=2$，故 $c=\dfrac{\pi}{3}$. 于是 L 的极坐标方程为
$$r=\sec\left(\dfrac{\pi}{3}\pm\theta\right).$$
即 $r\cdot\cos\left(\dfrac{\pi}{3}\pm\theta\right)=1$，$r\left(\cos\dfrac{\pi}{3}\cos\theta\mp\sin\dfrac{\pi}{3}\sin\theta\right)=1$，所以 L 的直角坐标方程为 $x\mp\sqrt{3}y=2$.

【例 43】 证明椭圆 $x=a\cos t$，$y=b\sin t$ 的周长，等于正弦曲线 $y=c\sin\dfrac{x}{b}$ 在一个周期内的长度，其中 $a,b,c>0$，且 $c=\sqrt{a^2-b^2}$.

证明 椭圆的周长
$$s_1=4\int_0^{\pi/2}\sqrt{x'^2_t+y'^2_t}\,\mathrm{d}t=4\int_0^{\pi/2}\sqrt{b^2+c^2\sin^2 t}\,\mathrm{d}t.$$

而正弦曲线 $y=c\sin\dfrac{x}{b}$ 在一个周期 $[0,2b\pi]$ 上的弧长
$$s_2=4\int_0^{b\pi/2}\sqrt{1+y'^2}\,\mathrm{d}x=4\int_0^{b\pi/2}\sqrt{1+\dfrac{c^2}{b^2}\cos^2\dfrac{x}{b}}\,\mathrm{d}x,$$

令 $x=bt$，则
$$s_2=4\int_0^{\pi/2}\sqrt{b^2+c^2\cos^2 t}\,\mathrm{d}t.$$

由定积分公式 $\int_0^{\pi/2}f(\sin x)\,\mathrm{d}x=\int_0^{\pi/2}f(\cos x)\,\mathrm{d}x$ 知
$$s_1=s_2.$$

【例 44】 设有一正椭圆柱体，其底面的长、短轴分别为 $2a$，$2b$，用过此柱体底面的短轴且与底面成 α 角 $\left(0<\alpha<\dfrac{\pi}{2}\right)$ 的平面截此柱体，得一楔形体（如图 6.11），求此楔形体的体积 V.

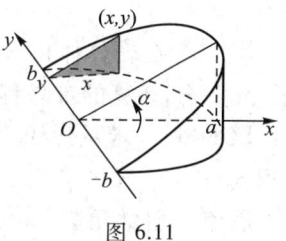

图 6.11

解 视立体分布在 y 轴的 $[-b,b]$ 区间上，它关于原点对称. 在 $[0,b]$ 内，过点 y 且垂直于 Oy 轴的平面截该立体，其截面为三角形. 面积为
$$S(y)=\dfrac{1}{2}x\cdot x\tan\alpha=\dfrac{1}{2}a^2\left(1-\dfrac{y^2}{b^2}\right)\tan\alpha,$$

故楔形体的体积为
$$V=a^2\tan\alpha\int_0^b\left(1-\dfrac{y^2}{b^2}\right)\mathrm{d}y=\dfrac{2}{3}a^2 b\tan\alpha.$$

【例 45】 求摆线一拱
$$\begin{cases}x=R(t-\sin t),\\ y=R(1-\cos t),\end{cases}\quad 0\le t\le 2\pi$$
与 x 轴围成的平面区域，绕 y 轴旋转一周得到的旋转体体积 V_y.

解法 1 由图 6.12 知，所求的是一个中空的旋转体，可视为两个实心旋转体之差.其一是摆线在 $\pi \leqslant t \leqslant 2\pi$ 的部分与 y 轴及直线 $y=0$、$y=2R$ 围的平面区域绕 y 轴的旋转体体积 V_1. 其二是摆线在 $0 \leqslant t \leqslant \pi$ 的部分与 y 轴及 $y=2R$ 围的平面区域绕 y 轴的旋转体体积 V_2.

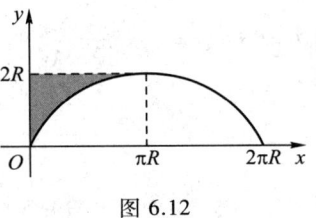

图 6.12

$$V_1 = \pi \int_0^{2R} x_{\text{右}}^2 \, dy = \pi \int_{2\pi}^{\pi} R^2(t-\sin t)^2 \, dR(1-\cos t)$$

$$= \pi R^3 \int_{2\pi}^{\pi} (t-\sin t)^2 \sin t \, dt.$$

$$V_2 = \pi \int_0^{2R} x_{\text{左}}^2 \, dy = \pi \int_0^{\pi} R^2(t-\sin t)^2 \, dR(1-\cos t)$$

$$= \pi R^3 \int_0^{\pi} (t-\sin t)^2 \sin t \, dt.$$

故

$$V_y = V_1 - V_2 = -\pi R^3 \int_0^{2\pi} (t-\sin t)^2 \sin t \, dt$$

$$\xrightarrow{\diamondsuit\, t = u+\pi} 4\pi^2 R^3 \int_0^{\pi} (u\sin u + \sin^2 u) \, du = 6\pi^2 R^3.$$

定积分计算过程中，用到奇偶函数和正弦函数定积分的相关公式.

解法 2 如果视此旋转体分布在径向区间 $[0,2\pi R]$ 上，体积微元是薄壁筒 $2\pi xy \, dx$，则

$$V_y = 2\pi \int_0^{2\pi R} xy \, dx = 2\pi \int_0^{2\pi} R(t-\sin t) R(t-\cos t) \, dR(t-\sin t)$$

$$= 2\pi R^3 \int_0^{2\pi} (t-\sin t)(1-\cos t)^2 \, dt$$

$$\xrightarrow{\diamondsuit\, t = u+\pi} 4\pi^2 R^3 \int_0^{\pi} (1+\cos u)^2 \, du = 6\pi^3 R^3.$$

【注】 旋转体体积，可以按轴向以薄圆片为体积微元积分，也可以按径向以薄壁筒为体积微元积分.计算的难易程度有时不同.

【例 46】 求星形线 $x=a\cos^3 t, y=a\sin^3 t (0 \leqslant t \leqslant 2\pi)$ 绕直线 $y=x$ 旋转一周得到的旋转面面积 S.

思路 用微元法.

解 星形线关于直线 $y=x$ 和 $y=-x$ 都对称（见图 6.13）.故所求的曲面面积 S 等于 t 从 $\dfrac{\pi}{4}$ 到 $\dfrac{3\pi}{4}$ 对应的星形线绕 $y=x$ 旋转得到的旋转面面积的 2 倍.由于曲线上点 $(x,y)=(a\cos^3 t, a\sin^3 t)$ 到直线 $y=x$ 的距离

$$r(t) = \frac{a\sin^3 t - a\cos^3 t}{\sqrt{2}} = \frac{a}{\sqrt{2}}(\sin^3 t - \cos^3 t).$$

又曲线的弧微分

$$ds = \sqrt{x'^2(t)+y'^2(t)} \, dt = 3a\sin t |\cos t| \, dt.$$

因此，此微元弧绕直线 $y=x$ 旋转得到的旋转面面积微元为

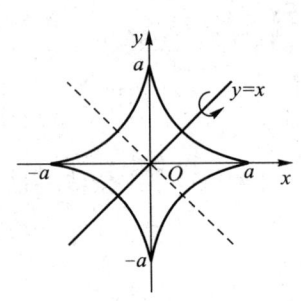

图 6.13

$$dS = 2\pi r(t)ds = 3\sqrt{2}\pi a^2(\sin^3 t - \cos^3 t)\sin t|\cos t|dt.$$

故所求的旋转面面积

$$\begin{aligned}S &= 6\sqrt{2}\pi a^2 \int_{\pi/4}^{3\pi/4}(\sin^3 t - \cos^3 t)\sin t|\cos t|dt\\&= 6\sqrt{2}\pi a^2\left[\int_{\pi/4}^{\pi/2}(\sin^3 t - \cos^3 t)\sin t\cos t\, dt - \int_{\pi/2}^{3\pi/4}(\sin^3 t - \cos^3 t)\sin t\cos t\, dt\right]\\&= \frac{3}{5}\pi a^2(4\sqrt{2} - 1).\end{aligned}$$

【例 47】 求曲线 $y = 3 - |x^2 - 1|$ 与 x 轴围成的封闭图形绕直线 $y = 3$ 旋转所得到的旋转体体积.

解法 1 坐标平移,令 $Y = y - 3$(视直线 $y = 3$ 为 x 轴,如图 6.14),则曲线方程化为

$$Y = -|x^2 - 1|.$$

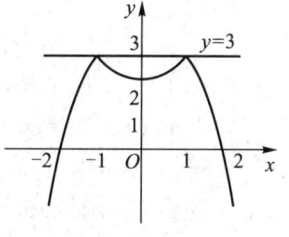

图 6.14

x 轴的方程为 $Y = -3$. 显然旋转体分布在 $-2 \leqslant x \leqslant 2$ 内,由旋转体体积公式得

$$V = \pi \cdot 3^2 \cdot 4 - \pi \int_{-2}^{2} Y^2 dx = 36\pi - \pi \int_{-2}^{2}(x^2 - 1)^2 dx = \frac{448}{15}\pi.$$

解法 2 旋转体分布在 $-2 \leqslant x \leqslant 2$ 上,在 $[x, x+\Delta x]$ 上,体积微元

$$dV = \pi 3^2 \Delta x - \pi[3 - (3 - |x^2 - 1|)]^2 \Delta x = \pi[3^2 - (x^2 - 1)^2]\Delta x,$$

故旋转体体积为

$$V = \pi \int_{-2}^{2}[3^2 - (x^2 - 1)^2]dx = \frac{448}{15}\pi.$$

【例 48】 设 l 为过定点 $(1, 0, 0)$,且平行于 z 轴的直线. 求 yOz 平面内抛物线 $y = 1 - z^2$ ($-1 \leqslant z \leqslant 1$)绕 l 轴旋转一周得到的旋转面,与平面 $z = -1, z = 1$ 所围成的立体体积 V.

解 抛物线上任一点 $(0, 1-z^2, z)$ 到 l 轴距离的平方为

$$r^2 = 1^2 + (1-z^2)^2 = z^4 - 2z^2 + 2,$$

故在 $-1 \leqslant z \leqslant 1$ 内,垂直于 z 轴的截面面积

$$S(z) = \pi r^2 = \pi(z^4 - 2z^2 + 2).$$

因此,所述旋转体的体积

$$V = \pi \int_{-1}^{1}(z^4 - 2z^2 + 2)dz = \frac{46}{15}\pi.$$

【例 49】 求半径为 R 的三个球的质量,设球内各点的密度分别为:(1)点到球的一个大圆面的距离的平方;(2)点到球的一条直径的距离的平方;(3)点到球心距离的平方.

解 (1)视质量分布在与大圆面垂直的轴上,此轴记为 x 轴,$-R \leqslant x \leqslant R$. 用垂直于 x 轴的平行截面分割球,则体积微元 $dV = \pi(R^2 - x^2)\Delta x$,对应的质量微元

$$dm_1 = \pi(R^2 - x^2)x^2 \Delta x,$$

故第一个球的质量

$$m_1 = \pi \int_{-R}^{R}(R^2 - x^2)x^2 dx = \frac{4}{15}\pi R^5.$$

(2)视质量分布在该直径垂直的射线上,记为 r 轴,$0 \leqslant r \leqslant R$. 用该直径为中心轴的薄壁

筒分割球,则体积微元 $dV = 2\pi r \cdot 2\sqrt{R^2-r^2}\Delta r$,对应的质量微元

$$dm_2 = 4\pi\sqrt{R^2-r^2}\,r^3\Delta r,$$

故第二个球的质量

$$m_2 = 4\pi\int_0^R \sqrt{R^2-r^2}\,r^3\,dr = \frac{8}{15}\pi R^5.$$

(3) 视质量分布在球的半径上,$0 \le r \le R$. 用与球同心的薄球壳分割球,则体积微元 $dV = 4\pi r^2 \Delta r$, 对应的质量微元

$$dm_3 = 4\pi r^4 \Delta r,$$

故第三个球的质量

$$m_3 = 4\pi\int_0^R r^4\,dr = \frac{4}{5}\pi R^5.$$

【注】 (1) 不同的情况下,用不同的观点看总量的分布,采用不同的分割,得到总量的不同的积分表示.(2) 如果球的密度函数更复杂,其质量问题需要用后面介绍的重积分来解决.

【例 50】 为清除井底污泥,用缆绳将抓斗放入井底,抓起污泥后提出井口(见图 6.15).已知井深 30 m,抓斗自重 400 N,缆绳每米重 50 N,抓斗抓起的污泥重 2 000 N,提升速度为 3 m/s,在提升过程中,污泥以 20 N/s 的速度从抓斗缝隙中漏掉.现将抓起污泥的抓斗提升至井口中,问克服重力需作多少焦耳的功(抓斗高度及位于井口上方的缆绳长度忽略不计).

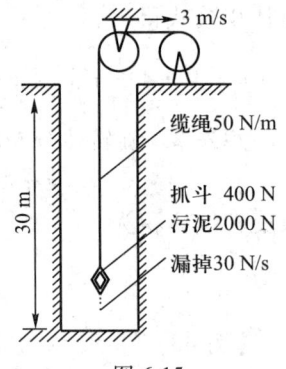

图 6.15

解 所需作的功由三部分组成:$W_{斗}$ 表示克服抓斗自重所作的功;$W_{绳}$ 表示克服缆绳重力所作的功;$W_{泥}$ 表示提升污泥所作的功.

$$W_{斗} = 400 \times 30 = 12\,000.$$

设 x 为提升时抓斗到井底的高度,则从 x 到 $x+dx$,$W_{绳}$ 的微元

$$dW_{绳} = 50(30-x)\,dx,$$

故

$$W_{绳} = \int_0^{30} 50(30-x)\,dx = 22\,500.$$

由于提升速率为 $\dfrac{dx}{dt} = 3$,所以提升时间为 10 s. 所以,$W_{泥}$ 的微元

$$dW_{泥} = (2\,000-20t)\,dx = (2\,000-20t)3\,dt,$$

故

$$W_{泥} = \int_0^{10} 3(2\,000-20t)\,dt = 57\,000.$$

因此,提升一次克服重力需作功

$$W = W_{斗} + W_{绳} + W_{泥} = 91\,500\,(J).$$

【例 51】 求曲线 $y = \int_0^x \sqrt{\cos t}\,dt$ 的全长.

思路 认定曲线存在的区间,计算.

解 因为 $x = 0$ 对应的点 $(0,0)$ 在曲线上,$\cos t$ 在 $\left[-\dfrac{\pi}{2}, \dfrac{\pi}{2}\right]$ 上非负连续,所以,由给定的

变上限积分函数定义的曲线在 $-\dfrac{\pi}{2} \leqslant x \leqslant \dfrac{\pi}{2}$ 上存在. 由于

$$y' = \sqrt{\cos x}, \quad \mathrm{d}s = \sqrt{1+y'^2}\,\mathrm{d}x = \sqrt{1+\cos x}\,\mathrm{d}x,$$

故所述曲线全长

$$s = \int_{-\pi/2}^{\pi/2} \sqrt{1+\cos x}\,\mathrm{d}x = 2\sqrt{2}\int_0^{\pi/2} \cos\frac{x}{2}\,\mathrm{d}x = 4.$$

【**例 52**】 三峡坝导流底孔宽 6 m, 高 8.5 m, 问水库内水平面高出底孔上边沿 h m 时, 底孔的闸门受到的水压力 P 为多少 (设水密度 10^3 kg/m^3, $g=10$ m/s^2).

解 见图 6.16, 距上边沿为 x 到 $x+\mathrm{d}x$ 的闸门部分受到水压力微元为

$$\mathrm{d}P = 10^4(h+x)\cdot 6\,\mathrm{d}x,$$

故闸门受到的水压力

$$\begin{aligned}P &= \int_0^{8.5} 6\times 10^4 (h+x)\,\mathrm{d}x \\ &= 510\,000h + 2\,167\,500\,(\mathrm{N}).\end{aligned}$$

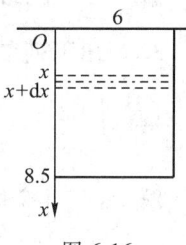

图 6.16

6.7 习 题 解 答

6.1

1. 用定积分定义计算 $\displaystyle\int_1^{10}(1+x)\,\mathrm{d}x$.

解 $1+x$ 在 $[1,10]$ 上连续, 将 $[1,10]$ n 等分, 则分点为 $x_i = 1+\dfrac{9i}{n}$ ($i=0,1,2,\cdots,n$), $\Delta x_i = \dfrac{9}{n}$, 在 $[x_i, x_{i+1}]$ 内取 $\xi_i = x_i = 1+\dfrac{9i}{n}$, 则

$$\begin{aligned}\int_1^{10}(1+x)\,\mathrm{d}x &= \lim_{n\to +\infty}\sum_{i=0}^{n-1}(1+\xi_i)\Delta x_i = \lim_{n\to+\infty}\sum_{i=0}^{n-1}\left[1+\left(1+\dfrac{9i}{n}\right)\right]\dfrac{9}{n} \\ &= \lim_{n\to +\infty}\left\{2n + \dfrac{9}{n}[1+2+\cdots+(n-1)]\right\}\dfrac{9}{n} \\ &= \lim_{n\to +\infty}\left[18 + \dfrac{81}{n^2}\cdot\dfrac{n(n-1)}{2}\right] = 58.5.\end{aligned}$$

2. 将下列各题表示为定积分, 不必计算.

(1) 在原点处, 有一电荷量为 q 的正电荷, 由电学知识, 离原点 x 处的电场力的大小为 $F(x) = \dfrac{q}{x^2}$, 求单位正电荷在 x 轴上从点 a 移动到点 b 时, 电场力作的功 W;

解 $W = \displaystyle\int_a^b F(x)\,\mathrm{d}x = \int_a^b \dfrac{q}{x^2}\,\mathrm{d}x.$

(2) 有一长为 l 的细杆. 1° 如果其线密度 $\rho=2$, 求细杆的质量 m; 2° 如果细杆上各点处线密度不同, 是到某一端点距离 x 的函数 $\rho = 2 + \dfrac{x^2}{l^2}$, 求细杆质量.

解 $1°: m = \rho l = 2l; 2°: m = \int_0^l \rho \mathrm{d}x = \int_0^l \left(2 + \frac{x^2}{l^2}\right)\mathrm{d}x.$

(3) 某产品的生产速度为 $V(t) = 100 + 12t - 0.6t^2$(单位:h),求从 $t=2$ 到 $t=4$ 这两小时内的总产量 P;

解 $P = \int_2^4 V(t)\mathrm{d}t = \int_2^4 (100 + 12t - 0.6t^2)\mathrm{d}t.$

(4) 已知圆的周长公式 $L = 2\pi r$, 如何求半径为 a 的圆的面积 S.

解 $S = \int_0^a 2\pi r \mathrm{d}r.$

3. 写出下列各积分的定义式.

(1) $\int_a^b 2\mathrm{d}x$;   (2) $\int_0^1 \frac{\mathrm{d}x}{1+x^2}$;   (3) $\int_0^\pi \sin x \mathrm{d}x.$

解 (1) $\int_a^b 2\mathrm{d}x = \lim_{\lambda \to 0} \sum_{i=1}^n 2\Delta x_i.$

(2) $\int_0^1 \frac{\mathrm{d}x}{1+x^2} = \lim_{\lambda \to 0} \sum_{i=1}^n \frac{1}{1+\xi_i^2}\Delta x_i.$

(3) $\int_0^\pi \sin x \mathrm{d}x = \lim_{\lambda \to 0} \sum_{i=1}^n (\sin \xi_i)\Delta x_i.$

4. 比较下列各组积分的大小, 指明较大的一个.

(1) $\int_0^1 x^2 \mathrm{d}x$ 与 $\int_0^1 x^3 \mathrm{d}x$;   (2) $\int_1^2 x^2 \mathrm{d}x$ 与 $\int_1^2 x^3 \mathrm{d}x$;

(3) $\int_1^2 \ln x \mathrm{d}x$ 与 $\int_1^2 x \mathrm{d}x$;   (4) $\int_0^\pi \sin x \mathrm{d}x$ 与 $\int_0^{2\pi} \sin x \mathrm{d}x.$

解 (1) 当 $x \in (0,1)$ 时, $x^3 < x^2$, 所以 $\int_0^1 x^2 \mathrm{d}x > \int_0^1 x^3 \mathrm{d}x.$ 较大的为 $\int_0^1 x^2 \mathrm{d}x.$

(2) 当 $x \in (1,2)$ 时, $x^2 < x^3$, 所以 $\int_1^2 x^2 \mathrm{d}x < \int_1^2 x^3 \mathrm{d}x.$ 较大的为 $\int_1^2 x^3 \mathrm{d}x.$

(3) 当 $x \in (1,2)$ 时, $\ln x < x$, 所以 $\int_1^2 \ln x \mathrm{d}x < \int_1^2 x \mathrm{d}x.$ 较大的为 $\int_1^2 x \mathrm{d}x.$

(4) $\int_0^{2\pi} \sin x \mathrm{d}x = \int_0^\pi \sin x \mathrm{d}x + \int_\pi^{2\pi} \sin x \mathrm{d}x$, 又 $x \in (\pi, 2\pi)$ 时, $\sin x < 0$, 故

$$\int_0^{2\pi} \sin x \mathrm{d}x < \int_0^\pi \sin x \mathrm{d}x.$$

较大的为 $\int_0^\pi \sin x \mathrm{d}x.$

5. 估计积分值 $I = \int_{\frac{\pi}{2}}^\pi \frac{\sin x}{x}\mathrm{d}x.$

解 当 $x \in \left(\frac{\pi}{2}, \pi\right)$ 时, $0 < \frac{\sin x}{x} < \frac{2}{\pi}$, 所以 $0 < I < 1.$

6. 试证: 如果 $f(x), g(x)$ 在区间 $[a,b]$ 上连续, $f(x) \geq g(x)$, 但 $f(x) \not\equiv g(x)$, 则 $\int_a^b f(x)\mathrm{d}x > \int_a^b g(x)\mathrm{d}x.$

证明 设 $x_0 \in (a,b)$,使 $f(x_0) > g(x_0)$,因 $f(x), g(x)$ 均在 x_0 点连续,故存在 $[x_0-\delta, x_0+\delta] \subset (a,b)$,当 $x \in [x_0-\delta, x_0+\delta]$ 时,使 $f(x), g(x)$ 满足 $f(x) - g(x) > \frac{1}{2}(f(x_0) - g(x_0))$,于是

$$\int_a^b (f(x) - g(x)) dx = \int_a^{x_0-\delta} (f(x) - g(x)) dx + \int_{x_0-\delta}^{x_0+\delta} (f(x) - g(x)) dx + \int_{x_0+\delta}^b (f(x) - g(x)) dx$$

$$\geq \int_{x_0-\delta}^{x_0+\delta} (f(x) - g(x)) dx > \frac{f(x_0) - g(x_0)}{2} \cdot 2\delta > 0.$$

7. 设 $f(x)$ 连续,且极限 $\lim_{x \to +\infty} f(x)$ 存在,试证:$\lim_{h \to +\infty} \int_h^{h+a} \frac{f(x)}{x} dx = 0$.

证明 由定积分中值定理知 $\lim_{h \to +\infty} \int_h^{a+h} \frac{f(x)}{x} dx = \lim_{\xi \to +\infty} \frac{f(\xi)}{\xi} a = 0.$

8. (积分中值定理)设 $f(x), g(x) \in C[a,b]$,$g(x)$ 不变号(即 $g(x) \geq 0$ 或 $g(x) \leq 0$),试证在 $[a,b]$ 上至少存在一点 ξ,使 $\int_a^b f(x)g(x) dx = f(\xi) \int_a^b g(x) dx.$

证明 不妨设 $g(x) \geq 0$,若 $g(x) \equiv 0$,则命题成立.若 $g(x) \not\equiv 0$,则有 $\int_a^b g(x) dx > 0$,又因 $f(x)$ 在 $[a,b]$ 上连续,故存在最大值 M 和最小值 m,即有 $m \leq f(x) \leq M$,故

$$mg(x) \leq f(x)g(x) \leq Mg(x), \quad m\int_a^b g(x) dx \leq \int_a^b f(x)g(x) dx \leq M\int_a^b g(x) dx.$$

上式两边同除以 $\int_a^b g(x) dx$,有 $m \leq \dfrac{\int_a^b f(x)g(x) dx}{\int_a^b g(x) dx} \leq M$,由介值定理知存在 $\xi \in [a,b]$,使

$\dfrac{\int_a^b f(x)g(x) dx}{\int_a^b g(x) dx} = f(\xi)$,即 $\int_a^b f(x)g(x) dx = f(\xi) \int_a^b g(x) dx.$

9. 选择题.

(1) 设 $f(x) \in C[a,b]$,且 $\int_a^b f(x) dx = 0$,则在 $[a,b]$ 上( ).

(A) 必有 $x_1, x_2 \in [a,b]$,使 $f(x_1)f(x_2) < 0$

(B) $f(x) \equiv 0$

(C) 必有 x_0 使 $f(x_0) = 0$

(D) $f(x) \neq 0$

(2) 设 $f(x), g(x)$ 在 $[a,b]$ 上有界,在 (a,b) 内可导,且 $f(x) < g(x)$,则在 (a,b) 区间上,有不等式( ).

(A) $f'(x) < g'(x)$ 　　　　　　(B) $\lim_{x \to a^+} f(x) < \lim_{x \to a^+} g(x)$

(C) $\int f(x) dx < \int g(x) dx$ 　　(D) $\int_a^x f(t) dt < \int_a^x g(t) dt$

(3) $f(x) \in C[a,b]$ 的充分条件是在 $[a,b]$ 上( ).

(A) $f(x)$ 处处有定义,且有界 　　(B) $f(x)$ 可微

(C) $\forall x_0$,极限 $\lim_{x \to x_0} f(x)$ 都存在 　　(D) $f(x)$ 可积

解 (1) C; (2) D; (3) B.

10. 设 $f(x)=\begin{cases}1, & 0\leq x\leq \frac{1}{2},\\ 0, & \frac{1}{2}<x\leq 1,\end{cases}$ 是否存在 $\xi\in[0,1]$,使 $f(\xi)=\int_0^1 f(x)\mathrm{d}x$?

解 不存在.

11. 设 $f(x),g(x)\in C[a,b]$,证明

$$\int_a^b [f(x)+g(x)]^2 \mathrm{d}x \leq \left[\left(\int_a^b f^2(x)\mathrm{d}x\right)^{\frac{1}{2}} + \left(\int_a^b g^2(x)\mathrm{d}x\right)^{\frac{1}{2}}\right]^2.$$

证明 上面不等式等价于 $\int_a^b f(x)g(x)\mathrm{d}x \leq \left[\int_a^b f^2(x)\mathrm{d}x \int_a^b g^2(x)\mathrm{d}x\right]^{\frac{1}{2}}$,而对任何实数 λ 均有 $\int_a^b [f(x)+\lambda g(x)]^2 \mathrm{d}x \geq 0$. 即

$$\left[\int_a^b g^2(x)\mathrm{d}x\right]\lambda^2 + \left[2\int_a^b f(x)g(x)\mathrm{d}x\right]\lambda + \int_a^b f^2(x)\mathrm{d}x \geq 0.$$

因此

$$4\left[\int_a^b f(x)g(x)\mathrm{d}x\right]^2 - 4\int_a^b g^2(x)\mathrm{d}x \int_a^b f^2(x)\mathrm{d}x \leq 0,$$

亦即

$$\int_a^b f(x)g(x)\mathrm{d}x \leq \left[\int_a^b g^2(x)\mathrm{d}x \int_a^b f^2(x)\mathrm{d}x\right]^{\frac{1}{2}}.$$

12. 设 $f(x)\in C[a,b]$,证明 $\left(\int_a^b f(x)\mathrm{d}x\right)^2 \leq (b-a)\int_a^b f^2(x)\mathrm{d}x$.

证明 由柯西积分不等式,

$$\left(\int_a^b f(x)g(x)\mathrm{d}x\right)^2 \leq \int_a^b f^2(x)\mathrm{d}x \cdot \int_a^b g^2(x)\mathrm{d}x,$$

得 $\left(\int_a^b f(x)\mathrm{d}x\right)^2 \leq \int_a^b 1^2 \cdot \mathrm{d}x \cdot \int_a^b f^2(x)\mathrm{d}x = (b-a)\int_a^b f^2(x)\mathrm{d}x.$

13. 设 $f(x)$ 在点 $x=0$ 的某邻域内有连续的导数,证明

$$\lim_{a\to 0^+}\frac{1}{4a^2}\int_{-a}^a [f(t+a)-f(t-a)]\mathrm{d}t = f'(0).$$

证明 积分中值定理知,存在 $\xi_1\in[-a,a]$,得

$$\int_{-a}^a [f(t+a)-f(t-a)]\mathrm{d}t = 2a[f(\xi_1+a)-f(\xi_1-a)].$$

由于 $f(x)$ 在 $x=0$ 的某邻域内有连续的导数,故当 a 充分小时,$f'(x)\in C[-2a,2a]$,故由拉格朗日中值定理,存在 $\xi\in(-2a,2a)$,得

$$f(\xi_1+a)-f(\xi_1-a)=2af'(\xi),\text{且当 }a\to 0^+\text{时},\xi\to 0.$$

从而,

$$\text{原式}=\lim_{a\to 0^+}\frac{1}{4a^2}\cdot 2a[f(\xi_1+a)-f(\xi_1-a)]$$

$$=\lim_{a\to 0^+}\frac{1}{2a}\cdot 2af'(\xi)=\lim_{a\to 0^+}f'(\xi)=f'(0) \quad (f' \text{连续}).$$

14. 设 $f(x)\in C[0,1]$,且在开区间 $(0,1)$ 内可导,又 $\int_0^1 f(x)\mathrm{d}x = 2\int_0^{\frac{1}{2}} f(x)\mathrm{d}x$,证明:$\exists \xi \in$

$(0,1)$,使得 $f'(\xi) = 0$.

证明 由 $\int_0^1 f(x)dx = 2\int_0^{\frac{1}{2}} f(x)dx$,有 $\int_0^{\frac{1}{2}} f(x)dx = \int_{\frac{1}{2}}^1 f(x)dx$.

由于 $f(x) \in C[0,1]$,据积分中值定理,存在 $\xi_1 \in \left[0, \frac{1}{2}\right]$, $\xi_2 \in \left[\frac{1}{2}, 1\right]$,使

$$\frac{1}{2}f(\xi_1) = \int_0^{\frac{1}{2}} f(x)dx = \int_{\frac{1}{2}}^1 f(x)dx = \frac{1}{2}f(\xi_2), \text{即} f(\xi_1) = f(\xi_2).$$

如果 $\xi_1 = \xi_2 = \frac{1}{2}$,则存在 $\xi_1' \in \left[0, \frac{1}{2}\right)$,使 $f(\xi_1') = f(\xi_2)$.若不然,设 $\forall x \in \left[0, \frac{1}{2}\right)$,都有 $f(x) \neq f(\xi_2)$,则由 $f(x) \in C[0,1]$,知 $f(x) < f(\xi_2)$ 或 $f(x) > f(\xi_2)$,因此,$\int_0^{\frac{1}{2}} f(x)dx \neq \int_0^{\frac{1}{2}} f(\xi_2)dx = \frac{1}{2}f(\xi_2)$,矛盾.

由于 $f(x) \in C[0,1]$,且于 $(0,1)$ 可导,在 $[\xi_1', \xi_2]$ 上应用罗尔中值定理,存在 $\xi \in (0,1)$,使 $f'(\xi) = 0$.

6.2

1. 求下列函数的导数.

(1) $\int_1^x \frac{\sin t}{t} dt \quad (x > 0)$;

(2) $\int_x^0 \sqrt{1+t^4} dt$;

(3) $\int_0^{x^2} \frac{t\sin t}{1+\cos^2 t} dt$;

(4) $\int_x^{x^2} e^{-t^2} dt$;

(5) $\sin\left(\int_0^x \frac{dt}{1+\sin^2 t}\right)$;

(6) $\int_0^x xf(t)dt$.

解 (1) $\left(\int_1^x \frac{\sin t}{t} dt\right)' = \frac{\sin x}{x}$.

(2) $\left(\int_x^0 \sqrt{1+t^4} dt\right)' = \left(-\int_0^x \sqrt{1+t^4} dt\right)' = -\sqrt{1+x^4}$.

(3) $\left(\int_0^{x^2} \frac{t\sin t dt}{1+\cos^2 t}\right)' = \frac{x^2 \sin x^2}{1+\cos^2 x^2}(x^2)' = \frac{2x^3 \sin x^2}{1+\cos^2 x^2}$.

(4) $\left(\int_x^{x^2} e^{-t^2} dt\right)' = \left(\int_0^{x^2} e^{-t^2} dt - \int_0^x e^{-t^2} dt\right)' = 2xe^{-x^4} - e^{-x^2}$.

(5) $\left(\sin\left(\int_0^x \frac{dt}{1+\sin^2 t}\right)\right)' = \cos\left(\int_0^x \frac{dt}{1+\sin^2 t}\right) \cdot \frac{1}{1+\sin^2 x}$.

(6) $\left(\int_0^x xf(t)dt\right)' = \left(x\int_0^x f(t)dt\right)' = xf(x) + \int_0^x f(t)dt$.

2. 求由 $\int_0^y e^{t^2} dt + \int_0^x \cos t dt = 0$ 所确定的隐函数 y 关于 x 的导数.

解 方程两端关于 x 求导得:

$$e^{y^2}\frac{dy}{dx} + \cos x = 0, \frac{dy}{dx} = -e^{-y^2}\cos x.$$

3. 求由参数方程 $x = \int_0^{t^2} u\ln u\, du, y = \int_{t^2}^1 u^2 \ln u\, du$ 所给定的函数 y 关于 x 的导数.

解 $\dfrac{dy}{dx} = \dfrac{y'_t}{x'_t} = \dfrac{\left(\int_{t^2}^1 u^2\ln u\, du\right)'}{\left(\int_0^{t^2} u\ln u\, du\right)'} = \dfrac{-2t \cdot t^4 \ln t^2}{2t \cdot t^2 \ln t^2} = -t^2.$

4. 设 $f(x)$ 连续, 且 $\int_0^x f(t)\, dt = x^2(1+x)$, 求 $f(x)$ 及 $f(2)$.

解 方程两端关于 x 求导得:
$$f(x) = 2x + 3x^2, \quad f(2) = 2\times 2 + 3\times 2^2 = 16.$$

5. 求下列极限.

(1) $\lim\limits_{x\to 0^+} \dfrac{\int_0^{\sin x} \sqrt{\tan t}\, dt}{\int_0^{\tan x} \sqrt{\sin t}\, dt}$;
(2) $\lim\limits_{x\to a} \dfrac{x^2}{x-a} \int_a^x f(t)\, dt$ ($f(t)$ 连续).

解 (1) 由洛必达法则
$$\text{原式} = \lim_{x\to 0^+} \dfrac{\cos x \cdot \sqrt{\tan(\sin x)}}{\dfrac{1}{\cos^2 x}\sqrt{\sin(\tan x)}},$$

又由 $\sin x \sim x, \tan x \sim x$, 当 $x\to 0$ 时,
$$\text{原式} = \lim_{x\to 0^+} \cos^3 x \sqrt{\dfrac{\sin x}{\tan x}} = \lim_{x\to 0^+}\sqrt{\dfrac{x}{x}} = 1.$$

(2) 由洛必达法则, 原式 $= \lim\limits_{x\to a}\left[x^2 f(x) + 2x\int_a^x f(t)\, dt\right] \xrightarrow{f(x) \text{ 连续}} a^2 f(a).$

6. 选择题.

(1) 设 $\alpha(x) = \int_0^{e^x} \dfrac{\sin t}{t}\, dt, \beta(x) = \int_0^{\sin x}(1+t)^{\frac{1}{t}}\, dt$, 当 $x\to 0$ 时, $\alpha(x)$ 是 $\beta(x)$ 的(   ).

(A) 高阶无穷小 (B) 低阶无穷小
(C) 同阶但非等价无穷小 (D) 等价无穷小

(2) 已知 $\alpha(x)$ 在原点的某一去心邻域内连续, 且当 $x\to 0$ 时, $\alpha(x)\sim x^2$, 则 $\beta(x) = \int_0^x \alpha(t)\, dt$ 是 x 的(   ).

(A) 一阶无穷小 (B) 二阶无穷小
(C) 三阶无穷小 (D) 四阶无穷小

解 (1) D; (2) C.

7. 当 $x>0$ 时, $f(x)>0$, 且连续, 试证函数 $\varphi(x) = \int_0^x t f(t)\, dt \Big/ \int_0^x f(t)\, dt, x>0$ 单调上升.

证明 由于 $f(x)>0$ 且连续, 故 $\varphi(x)$ ($x>0$) 可导, 且
$$\varphi'(x) = \left[xf(x)\int_0^x f(t)\, dt - f(x)\int_0^x t f(t)\, dt\right] \Big/ \left[\int_0^x f(t)\, dt\right]^2$$
$$= f(x)\int_0^x (x-t) f(t)\, dt \Big/ \left[\int_0^x f(t)\, dt\right]^2.$$

而 $t \in (0, x)$ 时, $(x-t)>0, f(x)>0$, 故 $\varphi'(x)>0, x>0$, 从而说明 $\varphi(x)$ ($x>0$) 单调上升.

8. 设 $f(x) \in C[a,b]$,且 $f(x)$ 单调下降,试证函数

$$g(x) = \frac{1}{x-a}\int_a^x f(t)\,\mathrm{d}t, \quad a \leqslant x \leqslant b$$

单调下降.

证明 详细过程参见 6.6 节例题分析部分例 23.

9. 用牛顿-莱布尼茨公式计算定积分.

(1) $\int_0^3 2x\,\mathrm{d}x$; (2) $\int_0^1 \dfrac{\mathrm{d}x}{1+x^2}$; (3) $\int_0^{\frac{\pi}{2}} \cos x\,\mathrm{d}x$; (4) $\int_1^0 \mathrm{e}^x\,\mathrm{d}x$;

(5) $\int_{\frac{\pi}{4}}^{\frac{\pi}{2}} \dfrac{\mathrm{d}x}{\sin^2 x}$; (6) $\int_{-\frac{1}{2}}^{\frac{1}{2}} \dfrac{\mathrm{d}x}{\sqrt{1-x^2}}$; (7) $\int_1^2 \dfrac{\mathrm{d}x}{x+x^3}$; (8) $\int_1^{\mathrm{e}} \dfrac{1+\ln x}{x}\,\mathrm{d}x$;

解 (1) $\int_0^3 2x\,\mathrm{d}x = x^2 \Big|_0^3 = 9$.

(2) $\int_0^1 \dfrac{\mathrm{d}x}{1+x^2} = \arctan x \Big|_0^1 = \dfrac{\pi}{4}$.

(3) $\int_0^{\frac{\pi}{2}} \cos x\,\mathrm{d}x = \sin x \Big|_0^{\frac{\pi}{2}} = 1$.

(4) $\int_1^0 \mathrm{e}^x\,\mathrm{d}x = \mathrm{e}^x \Big|_1^0 = 1 - \mathrm{e}$.

(5) $\int_{\frac{\pi}{4}}^{\frac{\pi}{2}} \dfrac{\mathrm{d}x}{\sin^2 x} = -\cot x \Big|_{\frac{\pi}{4}}^{\frac{\pi}{2}} = 1$.

(6) $\int_{-\frac{1}{2}}^{\frac{1}{2}} \dfrac{\mathrm{d}x}{\sqrt{1-x^2}} = \arcsin x \Big|_{-\frac{1}{2}}^{\frac{1}{2}} = \dfrac{\pi}{3}$.

(7) $\int_1^2 \dfrac{\mathrm{d}x}{x+x^3} = \int_1^2 \left(\dfrac{1}{x} - \dfrac{x}{1+x^2}\right)\mathrm{d}x = \ln x \Big|_1^2 - \dfrac{1}{2}\ln(1+x^2) \Big|_1^2 = \dfrac{1}{2}\ln\dfrac{8}{5}$.

(8) $\int_1^{\mathrm{e}} \dfrac{1+\ln x}{x}\,\mathrm{d}x = \int_1^{\mathrm{e}} \dfrac{1}{x}\,\mathrm{d}x + \int_1^{\mathrm{e}} \dfrac{\ln x}{x}\,\mathrm{d}x = \ln x \Big|_1^{\mathrm{e}} + \dfrac{1}{2}\ln^2 x \Big|_1^{\mathrm{e}} = \dfrac{3}{2}$.

10. 计算定积分.

(1) $\int_0^2 |1-x|\sqrt{(x-4)^2}\,\mathrm{d}x$; (2) $\int_0^1 x|x-a|\,\mathrm{d}x\,(a>0)$; (3) $\int_0^{\pi} \sqrt{1+\cos 2x}\,\mathrm{d}x$.

解 (1) $\int_0^2 |1-x|\sqrt{(x-4)^2}\,\mathrm{d}x = \int_0^2 |x-1|(4-x)\,\mathrm{d}x = 3$.

(2) 当 $a \geqslant 1$ 时,$\int_0^1 x|x-a|\,\mathrm{d}x = \int_0^1 x(a-x)\,\mathrm{d}x = \dfrac{a}{2} - \dfrac{1}{3}$;

当 $0 < a < 1$ 时,

$$\int_0^1 x|x-a|\,\mathrm{d}x = \int_0^a x(a-x)\,\mathrm{d}x + \int_a^1 x(x-a)\,\mathrm{d}x$$

$$= \left[\dfrac{a}{2}x^2 - \dfrac{x^3}{3}\right]_0^a + \left[\dfrac{x^3}{3} - \dfrac{ax^2}{2}\right]_a^1$$

$$= \dfrac{a^3}{3} - \dfrac{a}{2} + \dfrac{1}{3}.$$

(3) $\int_0^\pi \sqrt{1+\cos 2x}\,dx = \int_0^\pi \sqrt{2}|\cos x|\,dx = \sqrt{2}\left(\int_0^{\frac{\pi}{2}}\cos x\,dx - \int_{\frac{\pi}{2}}^\pi \cos x\,dx\right) = 2\sqrt{2}$.

11. 设 $f(x) = \begin{cases} x^2, & 0 \leq x < 1 \\ 1+x, & 1 \leq x \leq 2, \end{cases}$ 求 $\int_{\frac{1}{2}}^{\frac{3}{2}} f(x)\,dx$.

解 $\int_{\frac{1}{2}}^{\frac{3}{2}} f(x)\,dx = \int_{\frac{1}{2}}^1 f(x)\,dx + \int_1^{\frac{3}{2}} f(x)\,dx = \int_{\frac{1}{2}}^1 x^2\,dx + \int_1^{\frac{3}{2}}(1+x)\,dx = \frac{17}{12}$.

12. 求下列极限.

(1) $\lim_{n\to\infty} \frac{1}{n\sqrt{n}}(\sqrt{1}+\sqrt{2}+\cdots+\sqrt{n})$;

(2) $\lim_{n\to\infty} \frac{1}{n}\left[\sin a + \sin\left(a+\frac{b}{n}\right) + \sin\left(a+\frac{2b}{n}\right) + \cdots + \sin\left(a+\frac{(n-1)b}{n}\right)\right]$;

(3) $\lim_{n\to\infty} \int_0^1 \frac{x^n}{1+x}\,dx$;

(4) 设 $a_n = \frac{3}{2}\int_0^{\frac{n}{n+1}} x^{n-1}\sqrt{1+x^n}\,dx$. 求 $\lim_{n\to\infty} na_n$.

解 (1) $\lim_{n\to\infty} \frac{1}{n\sqrt{n}}(\sqrt{1}+\sqrt{2}+\cdots+\sqrt{n}) = \lim_{n\to\infty}\sum_{k=1}^n \sqrt{\frac{k}{n}}\cdot\frac{1}{n} = \int_0^1 \sqrt{x}\,dx = \frac{2}{3}$.

(2) 原式 $= \lim_{n\to\infty}\sum_{k=1}^n \sin\left(a+\frac{(k-1)}{n}b\right)\cdot\frac{1}{n} = \int_0^1 \sin(a+bx)\,dx$

$= -\frac{1}{b}\cos(a+bx)\Big|_0^1 = \frac{1}{b}[\cos a - \cos(a+b)]$.

(3) 因为 $0 < \int_0^1 \frac{x^n}{1+x}\,dx < \int_0^1 x^n\,dx = \frac{1}{n+1}$ 由夹挤定理知 $\lim_{n\to+\infty}\int_0^1 \frac{x^n}{1+x}\,dx = 0$.

(4) $a_n = \frac{3}{2n}\int_0^{\frac{n}{n+1}} \sqrt{1+x^n}\,d(1+x^n)$

$= \frac{3}{2n}\cdot\frac{2}{3}(1+x^n)^{\frac{3}{2}}\Big|_0^{\frac{n}{n+1}} = \frac{1}{n}\left[\left(1+\frac{1}{\left(1+\frac{1}{n}\right)^n}\right)^{\frac{3}{2}} - \frac{1}{n}\right]$,

则 $\lim_{n\to\infty} na_n = \lim_{n\to\infty}\left[\left(1+\frac{1}{\left(1+\frac{1}{n}\right)^n}\right)^{\frac{3}{2}} - 1\right] = (1+e^{-1})^{\frac{3}{2}} - 1$.

13. 设 $f(x), g(x) \in C[a,b]$, 且 $g(x) \neq 0$, 证明存在点 $\xi \in (a,b)$, 使

$$\int_a^b f(x)\,dx \Big/ \int_a^b g(x)\,dx = f(\xi)/g(\xi).$$

证明 令 $F(x) = \int_a^x f(t)\,dt, G(x) = \int_a^x g(t)\,dt, t \in [a,b]$, 则 $F(x), G(x)$ 于 $[a,b]$ 上满足柯西中值定理条件, 因此

$$\int_a^b f(x)\,dx \Big/ \int_a^b g(x)\,dx = F(b)/G(b) = (F(b)-F(a))/(G(b)-G(a))$$
$$= F'(\xi)/G'(\xi) = f(\xi)/g(\xi), \xi \in (a,b).$$

14. 已知 $f(x) \in C[-1,1], f(x) = 3x - \sqrt{1-x^2}\int_0^1 f^2(x)\,dx$，求 $f(x)$.

解 定积分是个数，记 $\int_0^1 f^2(x)\,dx = k$，则 $f(x) = 3x - k\sqrt{1-x^2}$，
$$f^2(x) = 9x^2 - 6kx\sqrt{1-x^2} + k^2(1-x^2),$$
$$k = \int_0^1 f^2(x)\,dx = \int_0^1 [9x^2 - 6kx\sqrt{1-x^2} + k^2(1-x^2)]\,dx = 3 - 2k + \frac{2}{3}k^2.$$

因为 $2k^2 - 9k + 9 = 0, k = 3$ 或 $k = \frac{3}{2}$，所以
$$f(x) = 3x - \frac{3}{2}\sqrt{1-x^2} \quad \text{或} \quad f(x) = 3x - 3\sqrt{1-x^2}.$$

15. 设 $f(x)$ 在区间 $[a,b]$ 上可积，证明函数 $\Phi(x) = \int_a^x f(t)\,dt$ 在区间 $[a,b]$ 上连续.

证法 1 因为 $f(x)$ 在区间 $[a,b]$ 上可积，故 $f(x)$ 在 $[a,b]$ 上有界，设 $\exists M>0$，使 $|f(x)| \leq M, \forall x \in [a,b]$. 任取 $x_0 \in [a,b], \forall \varepsilon > 0$，存在 $\delta = \frac{\varepsilon}{M}$，当 $x \in [a,b]$ 且 $|x - x_0| < \delta$ 时，
$$|\Phi(x) - \Phi(x_0)| = \left|\int_a^x f(t)\,dt - \int_a^{x_0} f(t)\,dt\right| \leq \left|\int_{x_0}^x f(t)\,dt\right| \leq M|x - x_0| < \varepsilon.$$

$\Phi(x) = \int_a^x f(t)\,dt$ 在 x_0 连续. 由 x_0 的任意性可知，$\Phi(x) = \int_a^x f(t)\,dt$ 在 $[a,b]$ 上连续.

证法 2 因 $f(x)$ 可积，必有界，$m \leq f(x) \leq M, \forall x \in [a,b]$. 又因
$$\Delta\Phi = \int_a^{x+\Delta x} f(t)\,dt - \int_a^x f(t)\,dt = \int_x^{x+\Delta x} f(t)\,dt,$$
而
$$m\Delta x \leq \int_x^{x+\Delta x} f(t)\,dt \leq M\Delta x \quad \text{或} \quad m\Delta x \geq \int_x^{x+\Delta x} f(t)\,dt \geq M\Delta x,$$
故由夹挤定理知 $\lim_{\Delta x \to 0} \Delta\Phi = 0$.

16. 设 $f(x) \in C^1[a,b]$，且 $f(a) = f(b) = 0$，证明
$$\left|\int_a^b f(x)\,dx\right| \leq \frac{(b-a)^2}{4}\max_{a \leq x \leq b}|f'(x)|.$$

证明 由拉格朗日中值定理及 $f(a) = f(b) = 0$，得
$$f(x) = f'(\xi)(x-a), \quad \xi \in (a,x),$$
$$f(x) = f'(\eta)(x-b), \quad \eta \in (x,b),$$
故
$$\left|\int_a^b f(x)\,dx\right| \leq \int_a^t |f'(\xi)||x-a|\,dx + \int_t^b |f'(\eta)||x-b|\,dx$$
$$\leq \max_{a \leq x \leq b}|f'(x)|\left[\frac{(t-a)^2}{2} + \frac{(b-t)^2}{2}\right].$$

特别取 $t=\dfrac{a+b}{2}$ 时得到

$$\left|\int_a^b f(x)\,\mathrm{d}x\right|\leqslant \max_{a\leqslant x\leqslant b}|f'(x)|\dfrac{(b-a)^2}{4}.$$

6.3

1. 计算下列积分.

(1) $\displaystyle\int_4^9 \dfrac{\sqrt{x}}{\sqrt{x}-1}\mathrm{d}x$; (2) $\displaystyle\int_0^{\ln 2}\sqrt{\mathrm{e}^x-1}\,\mathrm{d}x$; (3) $\displaystyle\int_{\frac{1}{\sqrt{2}}}^1 \dfrac{\sqrt{1-x^2}}{x^2}\mathrm{d}x$;

(4) $\displaystyle\int_{-\sqrt{2}}^{-2}\dfrac{\mathrm{d}x}{x\sqrt{x^2-1}}$; (5) $\displaystyle\int_0^{-a}\sqrt{x^2+a^2}\,\mathrm{d}x\ (a>0)$; (6) $\displaystyle\int_0^{\frac{\pi}{2}}\dfrac{\mathrm{d}x}{2+\sin x}$;

(7) $\displaystyle\int_0^1 \dfrac{\ln(1+x)}{1+x^2}\mathrm{d}x$; (8) $\displaystyle\int_0^1 x(1-x^4)^{3/2}\mathrm{d}x$.

解 (1) 原式 $\xlongequal{t=\sqrt{x}}\displaystyle\int_2^3 \dfrac{t}{t-1}2t\,\mathrm{d}t = 2\int_2^3\left(t+1+\dfrac{1}{t-1}\right)\mathrm{d}t = 7+2\ln 2$.

(2) 原式 $\xlongequal{\mathrm{e}^x-1=t^2}\displaystyle\int_0^1 \dfrac{2t^2}{1+t^2}\mathrm{d}t = \int_0^1\left(2-\dfrac{2}{1+t^2}\right)\mathrm{d}t = 2-\dfrac{\pi}{2}$.

(3) 原式 $\xlongequal{x=\sin t}\displaystyle\int_{\frac{\pi}{4}}^{\frac{\pi}{2}}\dfrac{\cos^2 t}{\sin^2 t}\mathrm{d}t = \int_{\frac{\pi}{4}}^{\frac{\pi}{2}}\left(\dfrac{1}{\sin^2 t}-1\right)\mathrm{d}t = (-\cot t - t)\Big|_{\frac{\pi}{4}}^{\frac{\pi}{2}} = 1-\dfrac{\pi}{4}$.

(4) 原式 $\xlongequal{x=\sec t}\displaystyle\int_{\frac{3}{4}\pi}^{\frac{2}{3}\pi}-1\,\mathrm{d}t = -t\Big|_{\frac{3}{4}\pi}^{\frac{2}{3}\pi} = \dfrac{\pi}{12}$.

(5) 原式 $\xlongequal{x=a\tan t}\displaystyle\int_0^{-\frac{\pi}{4}}a^2\sec^3 t\,\mathrm{d}t = a^2\int_0^{-\frac{\pi}{4}}\dfrac{\cos t}{\cos^4 t}\mathrm{d}t = a^2\int_0^{-\frac{\pi}{4}}\dfrac{\mathrm{d}\sin t}{(1-\sin^2 t)^2}$

$\xlongequal{u=\sin t}a^2\displaystyle\int_0^{-\frac{\sqrt{2}}{2}}\dfrac{\mathrm{d}u}{(1-u^2)^2} = a^2\int_0^{-\frac{\sqrt{2}}{2}}\left[\dfrac{1}{2}\left(\dfrac{1}{1-u}+\dfrac{1}{1+u}\right)\right]^2\mathrm{d}u$

$=\dfrac{a^2}{4}\displaystyle\int_0^{-\frac{\sqrt{2}}{2}}\left[\dfrac{1}{(1-u)^2}+\dfrac{1}{(1+u)^2}+\dfrac{1}{(1-u)(1+u)}\right]\mathrm{d}u$

$=\dfrac{a^2}{4}\displaystyle\int_0^{-\frac{\sqrt{2}}{2}}\left[\dfrac{1}{(1-u)^2}+\dfrac{1}{(1+u)^2}+\dfrac{1}{1-u}+\dfrac{1}{1+u}\right]\mathrm{d}u$

$=-\dfrac{a^2}{2}[\sqrt{2}+\ln(\sqrt{2}+1)]$.

(6) 原式 $\xlongequal{u=\tan\frac{x}{2}}\displaystyle\int_0^1 \dfrac{\mathrm{d}u}{u^2+u+1} = \int_0^1 \dfrac{\mathrm{d}u}{\left(u+\dfrac{1}{2}\right)^2+\dfrac{3}{4}}$

$=\dfrac{2}{\sqrt{3}}\arctan\left[\dfrac{2}{\sqrt{3}}\left(u+\dfrac{1}{2}\right)\right]\Big|_0^1 = \dfrac{\pi}{3\sqrt{3}}$.

（7）原式 $\xlongequal{x=\tan t} \int_0^{\frac{\pi}{4}} \ln(1+\tan t)dt = \int_0^{\frac{\pi}{4}} \ln\left[1+\tan\left(\frac{\pi}{4}-t\right)\right]dt$

$= \int_0^{\frac{\pi}{4}} \ln\left[1+\frac{1-\tan t}{1+\tan t}\right]dt = \int_0^{\frac{\pi}{4}}[\ln 2 - \ln(1+\tan t)]dt$

因此原式 $= \frac{1}{2}\int_0^{\frac{\pi}{4}} \ln 2 dt = \frac{\pi}{8}\ln 2.$（说明：计算中用到 $\int_0^a f(x)dx = \int_0^a f(a-x)dx$）

（8）原式 $= \frac{1}{2}\int_0^1 (1-x^4)^{3/2} dx^2 \xlongequal{u=x^2} \frac{1}{2}\int_0^1 (1-u^2)^{3/2} du \xlongequal{u=\sin t} \frac{1}{2}\int_0^{\frac{\pi}{2}} \cos^3 t \cdot \cos t dt$

$= \frac{1}{2}\int_0^{\frac{\pi}{2}} \cos^4 t dt \xlongequal{\text{例8}} \frac{1}{2} \cdot \frac{3\cdot 1}{4\cdot 2} \cdot \frac{\pi}{2} = \frac{3\pi}{32}.$

2．计算下面两个定积分时，能否用题后指定的变换，为什么？

（1）$\int_0^2 \sqrt[3]{1-x^2} dx, x=\cos t$；　　　（2）$\int_0^{\pi} \frac{dx}{1+\sin^2 x}, \tan x = t.$

解　（1）不能，因为作此变换 x 不能取到大于 1 的值．

（2）不能，因 $t=\tan x$ 在 $[0,\pi]$ 内不连续．

3．证明积分等式．

（1）$\int_x^1 \frac{dt}{1+t^2} = \int_1^{\frac{1}{x}} \frac{dt}{1+t^2} (x>0)$；　　（2）$\int_0^a x^3 f(x^2) dx = \frac{1}{2}\int_0^{a^2} xf(x)dx(a>0, f\text{连续})$；

（3）$\int_0^a f(x)dx = \int_0^a f(a-x)dx(f\text{连续})$，并求 $\int_0^{\frac{\pi}{2}} \frac{\sin^2 x}{\sin x + \cos x}dx$；

（4）$\int_0^a \frac{f(x)}{f(x)+f(a-x)}dx = \frac{a}{2}(a>0, f\text{连续，积分存在}).$

证明　（1）$\int_x^1 \frac{dt}{1+t^2} \xlongequal{y=\frac{1}{t}} \int_{\frac{1}{x}}^1 \frac{1}{1+\frac{1}{y^2}}\left(-\frac{1}{y^2}\right)dy = \int_1^{\frac{1}{x}} \frac{1}{y^2+1}dy = \int_1^{\frac{1}{x}} \frac{dt}{1+t^2}.$

（2）$\int_0^a x^3 f(x^2) dx \xlongequal{y=x^2} \frac{1}{2}\int_0^{a^2} yf(y)dy = \frac{1}{2}\int_0^{a^2} xf(x)dx.$

（3）设 $x=a-t$，则 $dx=-dt$，

$$\int_0^a f(x)dx = \int_a^0 f(a-t)(-dt) = \int_0^a f(a-x)dx,$$

$$I = \int_0^{\frac{\pi}{2}} \frac{\sin^2 x}{\sin x + \cos x}dx = \int_0^{\frac{\pi}{2}} \frac{\sin^2\left(\frac{\pi}{2}-x\right)}{\sin\left(\frac{\pi}{2}-x\right)+\cos\left(\frac{\pi}{2}-x\right)}dx = \int_0^{\frac{\pi}{2}} \frac{\cos^2 x}{\cos x + \sin x}dx.$$

故：

$$2I = \int_0^{\frac{\pi}{2}} \frac{\sin^2 x + \cos^2 x}{\sin x + \cos x}dx = \int_0^{\frac{\pi}{2}} \frac{dx}{\sin x + \cos x}.$$

对最后的积分作半角代换，令 $t=\tan\frac{x}{2}$，则

$$\sin x = \frac{1-t^2}{1+t^2}, \mathrm{d}x = \frac{2}{1+t^2}\mathrm{d}t,$$

$$2I = \int_0^1 \frac{2\mathrm{d}t}{2-(t-1)^2} = \frac{2}{2\sqrt{2}}\ln\left|\frac{\sqrt{2}+t-1}{\sqrt{2}-t+1}\right|_0^1 = -\frac{1}{\sqrt{2}}\ln(\sqrt{2}-1)^2.$$

于是,$I = -\dfrac{1}{\sqrt{2}}\ln(\sqrt{2}-1)$.

(4) 令 $x - a = t$,则 $\mathrm{d}x = \mathrm{d}t$,

$$I = \int_0^a \frac{f(x)}{f(x)+f(a-x)}\mathrm{d}x = -\int_a^0 \frac{f(a-t)}{f(a-t)+f(t)}\mathrm{d}t = \int_0^a \frac{f(a-x)}{f(x)+f(a-x)}\mathrm{d}x = \frac{a}{2}.$$

4. 设 $f(x) \in C(-\infty, +\infty), f(x) > 0$,证明

$$\int_0^1 \ln f(x+t)\mathrm{d}t = \int_0^x \ln\frac{f(u+1)}{f(u)}\mathrm{d}u + \int_0^1 \ln f(u)\mathrm{d}u.$$

证明 $\int_0^1 \ln f(x+t)\mathrm{d}t \xlongequal{u=x+t} \int_x^{1+x} \ln f(u)\mathrm{d}u = \int_x^0 \ln f(u)\mathrm{d}u + \int_0^1 \ln f(u)\mathrm{d}u$

$$+ \int_1^{1+x} \ln f(u)\mathrm{d}u \xlongequal[\text{令 } u = s+1]{\text{在第三项}} -\int_0^x \ln f(u)\mathrm{d}u + \int_0^1 \ln f(u)\mathrm{d}u + \int_0^x \ln f(s+1)\mathrm{d}s$$

$$= \int_0^x [\ln f(u+1) - \ln f(u)]\mathrm{d}u + \int_0^1 \ln f(u)\mathrm{d}u$$

$$= \int_0^x \ln\frac{f(u+1)}{f(u)}\mathrm{d}u + \int_0^1 \ln f(u)\mathrm{d}u.$$

5. 设 $f(x) \in C(-\infty, +\infty)$,试证函数 $F(x) = \int_0^1 f(x+t)\mathrm{d}t$ 可导,并求 $F'(x)$.

证明 $F(x) = \int_0^1 f(x+t)\mathrm{d}t \xlongequal{x+t=s} \int_x^{x+1} f(s)\mathrm{d}s$,故,$F'(x) = f(x+1) - f(x)$.

6. 设 $f(x) \in C(-\infty, +\infty)$,试证:

(1) 当 $f(x)$ 为奇函数时,$\int_0^x f(t)\mathrm{d}t$ 是偶函数,且 $f(x)$ 的所有原函数皆为偶函数;

(2) 当 $f(x)$ 为偶函数时,$\int_0^x f(t)\mathrm{d}t$ 是奇函数,且 $f(x)$ 仅有这一个原函数是奇函数.

证明 (1) 令 $F(x) = \int_0^x f(t)\mathrm{d}t$,

$$F(-x) = \int_0^{-x} f(t)\mathrm{d}t \xlongequal{t=-y} -\int_0^x f(-y)\mathrm{d}y = \int_0^x f(y)\mathrm{d}y = F(x).$$

所以 $F(x)$ 是偶函数.因为 $f(x)$ 的两个原函数相差一个常数,$F(x)$ 是 $f(x)$ 的一个原函数是偶函数,所以 $f(x)$ 的所有原函数皆为偶函数.

(2) 令 $F(x) = \int_0^x f(t)\mathrm{d}t$,则

$$F(-x) = \int_0^{-x} f(t)\mathrm{d}t \xlongequal{t=-y} -\int_0^x f(-y)\mathrm{d}y = -\int_0^x f(y)\mathrm{d}y = -F(x),$$

所以 $F(x)$ 是奇函数.设 $G(x)$ 是任一个 $f(x)$ 的原函数 $F(x) \neq G(x)$,则,

$$G(x) = F(x) + C, C \neq 0, G(-x) = F(-x) + C = -F(x) + C \neq -G(x),$$

所以 $G(x)$ 不是奇函数.

7. 计算下列积分.

(1) $\int_0^{\frac{\pi}{2}} x\sin^2 x\,dx$;   (2) $\int_0^{\frac{\pi}{2}} e^{2x}\cos x\,dx$;   (3) $\int_0^{\sqrt{3}} x\arctan x\,dx$;

(4) $\int_0^1 x^3 e^{2x}\,dx$;   (5) $\int_{\frac{1}{e}}^{e} |\ln x|\,dx$;   (6) $\int_{\frac{1}{2}}^{2}\left(1 + x - \frac{1}{x}\right) e^{x+\frac{1}{x}}\,dx$.

解 (1) 原式 $= \int_0^{\frac{\pi}{2}} \dfrac{x}{2}(1-\cos 2x)\,dx = \dfrac{1}{2}\int_0^{\frac{\pi}{2}} x\,dx - \dfrac{1}{2}\int_0^{\frac{\pi}{2}} x\cos 2x\,dx$

$= \dfrac{1}{4}x^2 \Big|_0^{\frac{\pi}{2}} - \dfrac{1}{4}\int_0^{\frac{\pi}{2}} x\,d\sin 2x = \dfrac{\pi^2}{16} - \dfrac{1}{4}x\sin 2x \Big|_0^{\frac{\pi}{2}} + \dfrac{1}{4}\int_0^{\frac{\pi}{2}} \sin 2x\,dx$

$= \dfrac{\pi^2}{16} + \dfrac{1}{4}$.

(2) 原式 $= \int_0^{\frac{\pi}{2}} e^{2x}\,d\sin x = e^{2x}\sin x \Big|_0^{\frac{\pi}{2}} - 2\int_0^{\frac{\pi}{2}} \sin x \cdot e^{2x}\,dx = e^{\pi} + 2\int_0^{\frac{\pi}{2}} e^{2x}\,d\cos x$

$= e^{\pi} + 2\cos x \cdot e^{2x} \Big|_0^{\frac{\pi}{2}} - 4\int_0^{\frac{\pi}{2}} e^{2x}\cos x\,dx = e^{\pi} - 2 - 4\int_0^{\frac{\pi}{2}} e^{2x}\cos x\,dx$,

移项后得 $\qquad 5\int_0^{\frac{\pi}{2}} e^{2x}\cos x\,dx = e^{\pi} - 2$,

于是 $\qquad \int_0^{\frac{\pi}{2}} e^{2x}\cos x\,dx = \dfrac{1}{5}(e^{\pi}-2)$.

(3) 原式 $= \dfrac{1}{2}\int_0^{\sqrt{3}} \arctan x\,d(x^2) = \dfrac{x^2}{2}\arctan x \Big|_0^{\sqrt{3}} - \dfrac{1}{2}\int_0^{\sqrt{3}} \dfrac{x^2\,dx}{1+x^2}$

$= \dfrac{\pi}{2} - \dfrac{1}{2}\int_0^{\sqrt{3}} \dfrac{1+x^2-1}{1+x^2}\,dx = \dfrac{\pi}{2} - \dfrac{1}{2}[x-\arctan x]_0^{\sqrt{3}} = \dfrac{5\pi}{6} - \dfrac{\sqrt{3}}{2}$.

(4) 原式 $= \dfrac{1}{2}\int_0^1 x^3\,de^{2x} = \dfrac{1}{2}x^3 e^{2x}\Big|_0^1 - \dfrac{3}{2}\int_0^1 x^2 e^{2x}\,dx = \dfrac{1}{2}e^2 - \dfrac{3}{4}\int_0^1 x^2\,de^{2x}$

$= \dfrac{1}{2}e^2 - \dfrac{3}{4}x^2 e^{2x}\Big|_0^1 + \dfrac{3}{2}\int_0^1 xe^{2x}\,dx = \dfrac{1}{2}e^2 - \dfrac{3}{4}e^2 + \dfrac{3}{4}\int_0^1 x\,de^{2x}$

$= -\dfrac{1}{4}e^2 + \left[\dfrac{3}{4}xe^{2x} - \dfrac{3}{8}e^{2x}\right]_0^1 = \dfrac{1}{8}(e^2+3)$.

(5) 原式 $= \int_{\frac{1}{e}}^{1} -\ln x\,dx + \int_1^e \ln x\,dx = -x\ln x\Big|_{\frac{1}{e}}^{1} + x\Big|_{\frac{1}{e}}^{1} + x\ln x\Big|_1^e - x\Big|_1^e = 2\left(1-\dfrac{1}{e}\right)$.

(6) 原式 $= \int_{\frac{1}{2}}^{2} e^{x+\frac{1}{x}}\,dx + \int_{\frac{1}{2}}^{2} x\left(1-\dfrac{1}{x^2}\right) e^{x+\frac{1}{x}}\,dx$

$= xe^{x+\frac{1}{x}}\Big|_{\frac{1}{2}}^{2} - \int_{\frac{1}{2}}^{2} x\left(1-\dfrac{1}{x^2}\right) e^{x+\frac{1}{x}}\,dx + \int_{\frac{1}{2}}^{2} x\left(1-\dfrac{1}{x^2}\right) e^{x+\frac{1}{x}}\,dx = \dfrac{3}{2}e^{\frac{5}{2}}$.

8. 已知 $f(\pi) = 1$, 且 $\int_0^{\pi}[f(x)+f''(x)]\sin x\,dx = 3$, 求 $f(0)$.

解 $\int_0^{\pi} f''(x)\sin x\,dx = f'(x)\sin x\Big|_0^{\pi} - \int_0^{\pi} f'(x)\cos x\,dx$

$= -f(x)\cos x\Big|_0^{\pi} - \int_0^{\pi} f(x)\sin x\,dx$

$$= f(\pi) + f(0) - \int_0^\pi f(x)\sin x \, dx,$$

所以 $f(0) = 3 - 1 = 2$.

9. 已知 $f(x)$ 的一个原函数是 $\sin x \ln x$, 求 $\int_1^\pi x f'(x) \, dx$.

解 $\int_1^\pi x f'(x) \, dx = x f(x) \Big|_1^\pi - \int_1^\pi f(x) \, dx = x(\sin x \ln x)' \Big|_1^\pi - (\sin x \ln x) \Big|_1^\pi$

$= -\pi \ln \pi - \sin 1.$

10. 设 $f(x) = \int_1^{x^2} e^{-t^2} dt$, 求 $\int_0^1 x f(x) \, dx$.

解 由分部积分法及变限积分函数求导法

$$\int_0^1 x f(x) \, dx = \frac{x^2}{2} f(x) \Big|_0^1 - \frac{1}{2} \int_0^1 x^2 f'(x) \, dx$$

$$= -\frac{1}{2} \int_0^1 x^2 \cdot 2x e^{-x^4} dx = \frac{1}{4} e^{-x^4} \Big|_0^1$$

$$= \frac{1}{4}(e^{-1} - 1).$$

11. 计算下列积分.

(1) $\int_{-\frac{\pi}{8}}^{\frac{\pi}{8}} x^{88} \sin^{99} x \, dx$; (2) $\int_{-\frac{1}{2}}^{\frac{1}{2}} \cos x \ln \frac{1+x}{1-x} dx$; (3) $\int_{-\frac{\pi}{2}}^{\frac{\pi}{2}} \frac{dx}{1+\cos x}$;

(4) $\int_{-2}^{3} (|x| + x) e^{|x|} dx$; (5) $\int_{-\frac{\pi}{2}}^{\frac{\pi}{2}} (x + \cos^2 x) \sin^2 x \, dx$; (6) $\int_0^{2\pi} x \sin^8 \frac{x}{2} dx$;

(7) $\int_{-2}^{3} |x^2 + 2|x| - 3| dx$; (8) $\int_{100}^{100+2\pi} \tan^2 x \sin^2 2x \, dx$; (9) $\int_{-2}^{2} \min\left\{\frac{1}{|x|}, x^2\right\} dx$.

解 (1) 被积函数为奇函数在原点对称区间积分为 0, 所以原式 $= 0$.

(2) 设 $f(x) = \ln \frac{1+x}{1-x}$, 则有

$$f(-x) = \ln \frac{1+(-x)}{1-(-x)} = \ln \frac{1-x}{1+x} = -f(x),$$

故 $\cos x \ln \frac{1+x}{1-x}$ 是奇函数, 于是原式 $= 0$.

(3) 原式 $= 2 \int_0^{\frac{\pi}{2}} \frac{dx}{1+\cos x} \xrightarrow{\tan \frac{x}{2} = u} 2 \int_0^1 du = 2.$ $\left(\text{或} \int_0^{\frac{\pi}{2}} \frac{dx}{\cos^2 \frac{x}{2}} = 2\tan \frac{x}{2} \Big|_0^{\frac{\pi}{2}} = 2. \right)$

(4) 原式 $= \int_{-2}^{3} |x| e^{|x|} dx + \int_{-2}^{3} x e^{|x|} dx = 2 \int_0^2 x e^x dx + 2 \int_2^3 x e^x dx$

$= 2 \int_0^3 x e^x dx = 4e^3 + 2.$

(5) 原式 $= 2 \int_0^{\frac{\pi}{2}} \cos^2 x \sin^2 x \, dx = \int_0^{\frac{\pi}{2}} \frac{1-\cos 4x}{4} dx = \frac{\pi}{8}.$

（6）原式 $\xlongequal{y=\frac{x}{2}} \int_0^\pi 4y\sin^8 y\,dy = 4\pi\int_0^{\frac{\pi}{2}}\sin^8 y\,dy = \frac{35}{64}\pi^2.$

（7）**解法 1**　原式 $= \int_{-2}^{-1}|x^2+2|x|-3|\,dx + \int_{-1}^{1}|x^2+2|x|-3|\,dx + \int_{1}^{3}|x^2+2|x|-3|\,dx$

$= \int_1^2(x^2+2x-3)\,dx + 2\int_0^1(3-x^2-2x)\,dx + \int_1^3(x^2+2x-3)\,dx = 16\frac{1}{3}.$

解法 2　原式 $= 2\int_0^2|x^2+2x-3|\,dx + \int_2^3|x^2+2x-3|\,dx$

$= 2\int_0^1(1-x)(x+3)\,dx + 2\int_1^2(x-1)(x+3)\,dx + \int_2^3(x-1)(x+3)\,dx = 16\frac{1}{3}.$

（8）原式 $= \int_{100}^{100+2\pi}4\sin^4 x\,dx = 16\int_0^{\frac{\pi}{2}}\sin^4 x\,dx = 3\pi.$

（9）这是偶函数，在原点对称区间上的积分，故

原式 $= 2\int_0^2\min\left\{\frac{1}{x}, x^2\right\}dx = 2\int_0^1 x^2\,dx + 2\int_1^2\frac{1}{x}\,dx = \frac{2}{3} + 2\ln 2.$

12. 设 $f(x)$ 在区间 $[a,b]$ 上有连续的导数，且 $f(x)\not\equiv 0, f(a)=f(b)=0$，试证
$$\int_a^b xf(x)f'(x)\,dx < 0.$$

证明　$\int_a^b xf(x)f'(x)\,dx = \frac{1}{2}xf^2(x)\Big|_a^b - \frac{1}{2}\int_a^b f^2(x)\,dx = -\frac{1}{2}\int_a^b f^2(x)\,dx < 0.$

13. 证明 $\int_0^1 x^m(1-x)^n\,dx = \int_0^1 x^n(1-x)^m\,dx = \frac{m!\,n!}{(m+n-1)!}$，其中 m, n 均为自然数．

证明　$\int_0^1 x^m(1-x)^n\,dx \xlongequal{1-x=t} -\int_1^0(1-t)^m t^n\,dt = \int_0^1 x^n(1-x)^m\,dx,$

$\int_0^1 x^n(1-x)^m\,dx = \frac{1}{n+1}\left[x^{n+1}(1-x)^m\Big|_0^1 + m\int_0^1 x^{n+1}(1-x)^{m-1}\,dx\right]$

$= \frac{m}{n+1}\int_0^1 x^{n+1}(1-x)^{m-1}\,dx = \frac{m}{n+1}\cdot\frac{m-1}{n+2}\cdot\int_0^1 x^{n+2}(1-x)^{m-2}\,dx$

$= \cdots = \frac{m(m-1)\cdots 2\cdot 1}{(n+1)(n+2)\cdots(n+m)}\int_0^1 x^{n+m}\,dx$

$= \frac{m(m-1)\cdots 2\cdot 1}{(n+1)(n+2)\cdots(n+m+1)} = \frac{m!\,n!}{(m+n+1)!}.$

14. 选择题．

（1）设 $f(x)$ 连续，$I = t\int_0^{\frac{s}{t}}f(tx)\,dx$，其中 $t > 0, s > 0$，则 I 的值（　　）

(A) 依赖 s，不依赖 t　　　　　　(B) 依赖 t，不依赖 s

(C) 依赖 s 和 t　　　　　　　　　(D) 依赖 s, t 和 x

（2）$P = \int_{-a}^{a}\frac{1}{1+x^2}\cos^6 x\,dx, Q = \int_{-a}^{a}(\sin^3 x + \cos^6 x)\,dx, R = \int_{-a}^{a}(x^2\sin^3 x - \cos^6 x)\,dx, a > 0,$
则有（　　）

(A) $P < Q < R$　　　(B) $Q < R < P$　　　(C) $R < P < Q$　　　(D) $R < Q < P$

(3) 设 $F(x) = \int_x^{x+2\pi} e^{\sin t} \cdot \sin t dt$,则 $F(x)($).

(A) 为正常数　　(B) 为负常数　　(C) 恒为零　　(D) 不为常数

解 (1) A；(2) C；(3) A.

6.4

1. 讨论下列反常积分的敛散性,若收敛,求其值.

(1) $\int_1^{+\infty} \frac{1}{x^4} dx$;

(2) $\int_{-\infty}^{+\infty} \frac{dx}{x^2 + 2x + 2}$;

(3) $\int_0^{+\infty} e^{-kx} \cos x dx$;

(4) $\int_{-2}^2 \frac{1}{x^2 - 1} dx$;

(5) $\int_0^2 \frac{dx}{x \ln x}$;

(6) $\int_1^e \frac{dx}{x\sqrt{1 - \ln^2 x}}$;

(7) $\int_2^6 \frac{dx}{\sqrt[3]{(4-x)^2}}$;

(8) $\int_1^{+\infty} \frac{dx}{x\sqrt{x^2 - 1}}$;

(9) $\int_e^{+\infty} \frac{dx}{x \ln^k x}$;

(10) $\int_3^{+\infty} \frac{dx}{(x-1)^4 \sqrt{x^2 - 2x}}$.

解 (1) $\int_1^{\infty} \frac{1}{x^4} dx = -\frac{1}{3} x^{-3} \Big|_1^{+\infty} = \frac{1}{3}$.

(2) $\int_{-\infty}^{+\infty} \frac{dx}{x^2 + 2x + 2} = \int_{-\infty}^{+\infty} \frac{d(1+x)}{1 + (1+x)^2} = \arctan(1+x) \Big|_{-\infty}^{+\infty} = \pi$.

(3) 当 $k > 0$ 时,原式 $= \frac{1}{(-k)^2 + 1} e^{-kx} (-k\cos x + \sin x) \Big|_0^{+\infty} = \frac{k}{1 + k^2}$;

当 $k \leq 0$ 时,该广义积分发散.

(4) 因 $\int_0^1 \frac{dx}{x^2 - 1} = \frac{1}{2} \ln \left| \frac{x-1}{x+1} \right| \Big|_0^1 = -\infty$,故 $\int_{-2}^2 \frac{dx}{x^2 - 1}$ 发散.

(5) $x = 1, x = 0$ 是瑕点,因 $\int_1^2 \frac{dx}{x \ln x} = \ln|\ln x| \Big|_1^2 = +\infty$,故 $\int_0^2 \frac{dx}{x \ln x}$ 发散.

(6) $\int_1^e \frac{dx}{x\sqrt{1 - \ln^2 x}} = \int_1^e \frac{d(\ln x)}{\sqrt{1 - (\ln x)^2}} = \arcsin(\ln x) \Big|_1^e = \frac{\pi}{2}$.

(7) $\int_2^6 \frac{dx}{\sqrt[3]{(4-x)^2}} = -\int_2^6 (4-x)^{-\frac{2}{3}} d(4-x) = -3(4-x)^{\frac{1}{3}} \Big|_2^6 = 6\sqrt[3]{2}$.

(8) $\int_1^{\infty} \frac{dx}{x\sqrt{x^2 - 1}} \xrightarrow{x = \frac{1}{t}} -\int_1^0 \frac{dt}{\sqrt{1 - t^2}} = \arcsin t \Big|_0^1 = \frac{\pi}{2}$.

(9) 当 $k > 1$ 时,原式 $= \int_e^{+\infty} \frac{d(\ln x)}{\ln^k x} = -\frac{1}{k-1} \frac{1}{\ln^{k-1} x} \Big|_e^{+\infty} = \frac{1}{k-1}$;当 $k \leq 1$ 时,发散.

(10) 由于 $0 < \frac{1}{(x-1)^4 \sqrt{x^2 - 2x}} < \frac{1}{(x-1)^4}$,而当 $x > 3$ 时 $\int_3^{+\infty} \frac{1}{(x-1)^4} dx$ 收敛,从而 $\int_3^{+\infty} \frac{dx}{(x-1)^4 \sqrt{x^2 - 2x}}$ 收敛.

$$原式 = \int_3^{+\infty} \frac{dx}{(x-1)^4\sqrt{(x-1)^2-1}} \xlongequal{t=x-1} \int_2^{+\infty} \frac{dt}{t^4\sqrt{t^2-1}}$$

$$\xlongequal{t=\frac{1}{u}} \int_{\frac{1}{2}}^0 \frac{1}{\frac{1}{u^4}\sqrt{\frac{1}{u^2}-1}} \cdot \left(-\frac{1}{u^2}\right) du$$

$$= \int_0^{\frac{1}{2}} \frac{u^3}{\sqrt{1-u^2}} du = \frac{1}{2}\int_0^{\frac{1}{2}} \frac{u^2 du^2}{\sqrt{1-u^2}} = \frac{1}{2}\int_0^{\frac{1}{4}} \frac{x dx}{\sqrt{1-x}}$$

$$= \frac{1}{2}\int_0^{\frac{1}{4}} \frac{(x-1)+1}{\sqrt{1-x}} dx = \frac{1}{2}\left[-\int_0^{\frac{1}{4}} \sqrt{1-x}\, dx + \int_0^{\frac{1}{4}} \frac{1}{\sqrt{1-x}} dx\right]$$

$$= \frac{1}{2}\left[\frac{2}{3}(1-x)^{\frac{3}{2}}\Big|_0^{\frac{1}{4}} - 2\sqrt{1-x}\,\Big|_0^{\frac{1}{4}}\right]$$

$$= \frac{1}{2}\left[\frac{2}{3} \cdot \frac{3}{4} \cdot \frac{\sqrt{3}}{2} - \frac{2}{3} - 2\left(\frac{\sqrt{3}}{2}-1\right)\right] = \frac{2}{3} - \frac{\sqrt{3}}{8}.$$

2. 试证：

(1) $\int_0^1 \ln^n x\, dx = (-1)^n n!$ ($n \in \mathbf{N}_+$); (2) $\int_0^{+\infty} e^{-x} x^m dx = m!$ ($m \in \mathbf{N}_+$).

证明 (1) 设 $I_n = \int_0^1 (\ln x)^n dx = x(\ln x)^n\big|_{0^+}^1 - n\int_0^1 (\ln x)^{n-1} dx = (-1)^1 n\int_0^1 (\ln x)^{n-1} dx$

因此，有递推公式 $I_n = -nI_{n-1}$，又因

$$I_n = (-1)^n n! I_0, \quad I_0 = \int_0^1 1 dx = 1,$$

故 $I_n = (-1)^n n!$.

(2) 设 $J_m = \int_0^{+\infty} e^{-x} x^m dx = -x^m e^{-x}\big|_0^{+\infty} + m\int_0^{+\infty} x^{m-1} e^{-x} dx = m\int_0^{+\infty} e^{-x} x^{m-1} dx$，有递推公式 $J_m = mJ_{m-1}$，又 $J_0 = \int_0^{+\infty} e^{-x} dx = 1$，故 $J_m = m!$.

3. 设 $f(x) \geq g(x) > 0$，当 $x \in [a, +\infty)$ 时，猜想两个反常积分 $\int_a^{+\infty} f(x) dx$；$\int_a^{+\infty} g(x) dx$ 在敛散方面是否有某种必然关系，证明你的猜想，并讨论下列反常积分的敛散性：

(1) $\int_1^{+\infty} \frac{\sin^2 x + \sqrt{x}}{x^2 + x + 2} dx$;

(2) $\int_1^{+\infty} \frac{4}{x^{\frac{1}{2}} + x^{\frac{2}{3}} + x^{\frac{3}{4}} + x^{\frac{4}{5}}} dx$;

(3) $\int_{-\infty}^{+\infty} \frac{\arctan x}{x} dx$.

解 若 $\int_a^{+\infty} f(x) dx$ 收敛，则 $\int_a^{+\infty} g(x) dx$ 必收敛，因为 $\int_a^x f(t) dt$ 和 $\int_a^x g(t) dt$ 都是单调上升的. 又 $\lim_{x \to +\infty} \int_a^x f(t) dt = \int_a^{+\infty} f(x) dx$ 且 $\int_a^x g(t) dt \leq \int_a^x f(t) dt \leq \int_a^{+\infty} f(x) dx$. 即 $\int_a^x g(t) dt$ 是单调上升有上界，所以 $\int_a^{+\infty} g(x) dx$ 收敛，同理若 $\int_a^{+\infty} g(x) dx$ 发散则 $\int_a^{+\infty} f(x) dx$ 必发散.

(1) 由于

$$0 < \frac{\sin^2 x + \sqrt{x}}{x^2 + x + 2} \le \frac{1 + \sqrt{x}}{x^2 + x + 2} \le \frac{2\sqrt{x}}{x^2} = 2 \cdot \frac{1}{x^{\frac{3}{2}}},$$

而 $\int_1^{+\infty} \frac{1}{x^{\frac{3}{2}}} dx$ 收敛, 故原积分收敛;

(2) 由于

$$\frac{4}{x^{\frac{1}{2}} + x^{\frac{2}{3}} + x^{\frac{3}{4}} + x^{\frac{4}{5}}} \ge \frac{1}{x^{\frac{4}{5}}} > 0,$$

而 $\int_1^{+\infty} \frac{1}{x^{\frac{4}{5}}} dx$ 发散, 故原积分发散.

(3) 由于当 $x > 0$ 时, $\tan x > 0$, 故当 $x > 1$ 时, $\frac{\arctan x}{x} \ge \frac{\frac{\pi}{4}}{x} = \frac{\pi}{4} \cdot \frac{1}{x}$, 而 $\int_1^{+\infty} \frac{1}{x} dx$ 发散, 故 $\int_1^{+\infty} \frac{\arctan x}{x} dx$ 发散, 由定义知, 原积分发散.

4. 已知 $x \ge 0$ 时, 函数 $f(x)$ 满足 $f'(x) = \frac{1}{x^2 + f^2(x)}$ 且 $f(0) = a > 0$, 试证 $\lim_{x \to +\infty} f(x)$ 存在且小于 $a + \frac{\pi}{2a}$.

证明 详细过程参见 6.6 节例题分析部分例 18.

6.5

判定反常积分的敛散性.

(1) $\int_0^{+\infty} \frac{x^2}{x^4 + x^2 + 1} dx$;   (2) $\int_1^{+\infty} \frac{dx}{x^3 \sqrt{x^2 + 1}}$;   (3) $\int_1^2 \frac{dx}{(\ln x)^3}$;

(4) $\int_1^2 \frac{dx}{\sqrt[3]{x^2 - 3x + 2}}$;   (5) $\int_2^{+\infty} \frac{dx}{x^3 \sqrt{x^2 - 3x + 2}}$; (6) $\int_0^{\frac{\pi}{2}} \frac{dx}{\sin^p x \cdot \cos^q x} (p, q > 0)$.

解 (1) 当 $x \ge 1$ 时, $0 < \frac{x^2}{x^4 + x^2 + 1} < \frac{x^2}{x^4} = \frac{1}{x^2}$, 而 $\int_1^{+\infty} \frac{1}{x^2} dx = -\frac{1}{x}\Big|_1^{+\infty} = 1$ 收敛, 所以 $\int_1^{+\infty} \frac{x^2}{x^4 + x^2 + 1} dx$ 收敛.

于是 $\int_0^{+\infty} \frac{x^2}{x^4 + x^2 + 1} dx = \int_1^{+\infty} \frac{x^2}{x^4 + x^2 + 1} dx + \int_0^1 \frac{x^2}{x^4 + x^2 + 1} dx$ 收敛.

(2) 当 $x \ge 1$ 时, $0 < \frac{1}{x^3 \sqrt{1 + x^2}} < \frac{1}{x^3}$, 而 $\int_1^{+\infty} \frac{1}{x^3} dx = -\frac{1}{2x^2}\Big|_1^{+\infty} = \frac{1}{2}$ 收敛, 所以 $\int_1^{+\infty} \frac{1}{x^3 \sqrt{x^2 + 1}} dx$ 收敛.

(3) $x = 1$ 为瑕点, 因

$$\lim_{x \to 1^+} (x - 1)^3 \frac{1}{(\ln x)^3} = \lim_{x \to 1^+} \left\{ \frac{1}{\ln[1 + (x - 1)]^{\frac{1}{x-1}}} \right\}^3 = \left(\frac{1}{\ln e} \right)^3 = 1 > 0, q = 3 > 1,$$

所以 $\int_1^2 \dfrac{\mathrm{d}x}{(\ln x)^3}$ 发散.

(4) $x=1, x=2$ 为瑕点,因

$$\lim_{x\to 1^+}(x-1)^{\frac{1}{3}}\dfrac{1}{\sqrt[3]{(2-x)(x-1)}}=1>0, q=\dfrac{1}{3}<1,$$

所以 $\int_1^{\frac{3}{2}}\dfrac{\mathrm{d}x}{\sqrt[3]{x^2-3x+2}}=-\int_1^{\frac{3}{2}}\dfrac{\mathrm{d}x}{\sqrt[3]{(2-x)(x-1)}}$ 收敛,又

$$\lim_{x\to 2^-}(2-x)^{\frac{1}{3}}\dfrac{1}{\sqrt[3]{(2-x)(x-1)}}=1>0, q=\dfrac{1}{3}<1,$$

所以 $\int_{\frac{3}{2}}^2\dfrac{\mathrm{d}x}{\sqrt[3]{x^2-3x+2}}=-\int_{\frac{3}{2}}^2\dfrac{\mathrm{d}x}{\sqrt[3]{(2-x)(x-1)}}$ 收敛,于是

$$\int_1^2\dfrac{\mathrm{d}x}{\sqrt[3]{x^2-3x+2}}=\int_1^{\frac{3}{2}}\dfrac{\mathrm{d}x}{\sqrt[3]{x^2-3x+2}}+\int_{\frac{3}{2}}^2\dfrac{\mathrm{d}x}{\sqrt[3]{x^2-3x+2}}$$

收敛.

(5) $x=2$ 为瑕点,

$$\lim_{x\to 2^+}(x-2)^{\frac{1}{2}}\cdot\dfrac{1}{x^3\cdot\sqrt{(x-2)(x-1)}}=\dfrac{1}{8}>0, q=\dfrac{1}{2}<1,$$

所以 $\int_2^3\dfrac{\mathrm{d}x}{x^3\cdot\sqrt{x^2-3x+2}}$ 收敛,又

$$\lim_{x\to+\infty}x^4\cdot\dfrac{1}{x^3\cdot\sqrt{x^2-3x+2}}=\lim_{x\to+\infty}\dfrac{1}{\sqrt{1-\dfrac{3}{x}+\dfrac{2}{x^2}}}=1>0, p=4>1,$$

所以 $\int_3^{+\infty}\dfrac{\mathrm{d}x}{x^3\cdot\sqrt{x^2-3x+2}}$ 收敛.

于是 $\int_2^{+\infty}\dfrac{\mathrm{d}x}{x^3\cdot\sqrt{x^2-3x+2}}=\int_2^3\dfrac{\mathrm{d}x}{x^3\cdot\sqrt{x^2-3x+2}}+\int_3^{+\infty}\dfrac{\mathrm{d}x}{x^3\cdot\sqrt{x^2-3x+2}}$ 收敛.

(6) $x=0, x=\dfrac{\pi}{2}$ 为瑕点,而

$$\lim_{x\to 0^+}(x-0)^p\cdot\dfrac{1}{\sin^p x\cos^q x}=1>0,$$

当 $0<p<1$ 时, $\int_0^{\frac{\pi}{4}}\dfrac{\mathrm{d}x}{\sin^p x\cos^q x}$ 收敛,当 $p\geq 1$ 时, $\int_0^{\frac{\pi}{4}}\dfrac{\mathrm{d}x}{\sin^p x\cos^q x}$ 发散.又

$$\lim_{x\to\frac{\pi}{2}^-}\left(\dfrac{\pi}{2}-x\right)^q\dfrac{1}{\sin^p x\cos^q x}=\lim_{x\to\frac{\pi}{2}^-}\dfrac{1}{\sin^p x}\cdot\left[\dfrac{\left(\dfrac{\pi}{2}-x\right)}{\sin\left(\dfrac{\pi}{2}-x\right)}\right]^q=1>0,$$

当 $0<q<1$ 时, $\int_{\frac{\pi}{4}}^{\frac{\pi}{2}}\dfrac{\mathrm{d}x}{\sin^p x\cos^q x}$ 收敛,当 $q\geq 1$ 时, $\int_{\frac{\pi}{4}}^{\frac{\pi}{2}}\dfrac{\mathrm{d}x}{\sin^p x\cos^q x}$ 发散,

综上,当 $0 < p < 1$ 且 $0 < q < 1$ 时,$\int_0^{\frac{\pi}{2}} \frac{\mathrm{d}x}{\sin^p x \cos^q x} = \int_0^{\frac{\pi}{4}} \frac{\mathrm{d}x}{\sin^p x \cos^q x} + \int_{\frac{\pi}{4}}^{\frac{\pi}{2}} \frac{\mathrm{d}x}{\sin^p x \cos^q x}$ 收敛,当 $p \geq 1$ 或 $q \geq 1$ 时,$\int_0^{\frac{\pi}{2}} \frac{\mathrm{d}x}{\sin^p x \cos^q x}$ 发散.

6.6

1. 求曲线 $ax = y^2$ 及 $ay = x^2$ 包围的面积 $(a>0)$.

解 二曲线的交点为 $(0,0),(a,a)$,如图 6.17 所示,故

$$S = \int_0^a \left(\sqrt{ax} - \frac{x^2}{a} \right) \mathrm{d}x = \left(\frac{2}{3}\sqrt{a} x^{\frac{3}{2}} - \frac{x^3}{3a} \right) \bigg|_0^a$$

$$= \frac{a^2}{3}.$$

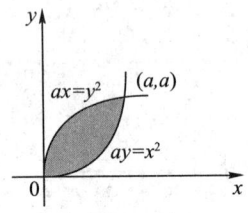

图 6.17

2. 求曲线 $y = x(x-1)(x-2)$ 和 x 轴围成图形的面积.

解 由图 6.18 知

$$S = \int_0^1 x(x-1)(x-2)\mathrm{d}x + \int_1^2 -x(x-1)(x-2)\mathrm{d}x$$

$$= \frac{1}{2}.$$

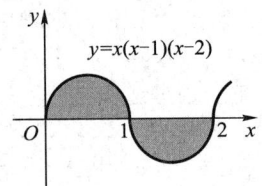

图 6.18

3. 试确定闭曲线 $y^2 = (1-x^2)^3$ 所围图形的面积.

解 如图 6.19 所示,图形关于两坐标轴对称

$$S = 4\int_0^1 (1-x^2)^{\frac{3}{2}} \mathrm{d}x \xrightarrow{x = \sin t} 4\int_0^{\frac{\pi}{2}} \cos^4 t \mathrm{d}t$$

$$= 4 \cdot \frac{3}{4} \cdot \frac{1}{2} \cdot \frac{\pi}{2} = \frac{3}{4}\pi.$$

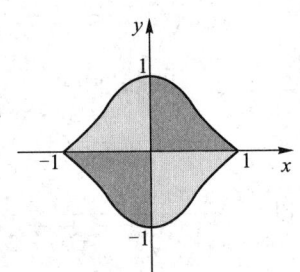

图 6.19

4. 求曲线 $\sqrt{x} + \sqrt{y} = \sqrt{a}$ $(a>0)$ 与坐标轴所围图形的面积.

解 如图 6.20 所示,

$$S = \int_0^a (\sqrt{a} - \sqrt{x})^2 \mathrm{d}x = \int_0^a (a - 2\sqrt{a} x^{\frac{1}{2}} + x)\mathrm{d}x$$

$$= \left(ax - \frac{4}{3}\sqrt{a} x^{\frac{3}{2}} + \frac{x^2}{2} \right) \bigg|_0^a = \frac{a^2}{6}.$$

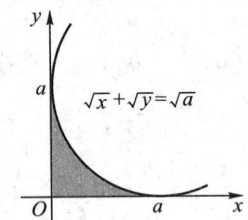

图 6.20

5. 求摆线 $x = a(t - \sin t), y = a(1 - \cos t)$ 的一拱与 x 轴围成的图形的面积.

解 如图 6.21 所示,

$$S = \int_0^{2\pi a} y \mathrm{d}x = \int_0^{2\pi} y(t) \cdot x'(t) \mathrm{d}t = \int_0^{2\pi} a^2(1 - \cos t)^2 \mathrm{d}t$$

$$= a^2 \int_0^{2\pi} (1 - 2\cos t + \cos^2 t) \mathrm{d}t$$

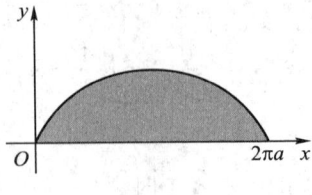

图 6.21

$$= a^2 \left[t - 2\sin t + \frac{t}{2} - \frac{1}{4}\sin 2t \right]_0^{2\pi} = 3a^2\pi.$$

6. 求星形线 $x = a\cos^3 t, y = a\sin^3 t$ 所围图形的面积.

解 因 $dx = -3a\cos^2 t\sin t dt$, 图形关于两坐标轴对称, 如图 6.22 所示, 故

$$S = 4\int_0^a y dx = 4\int_{\frac{\pi}{2}}^0 a\sin^3 t(-3a\cos^2 t\sin t) dt$$

$$= 12a^2 \int_0^{\frac{\pi}{2}} \sin^4 t\cos^2 t dt = 12a^2 \int_0^{\frac{\pi}{2}} (\sin^4 t - \sin^6 t) dt$$

$$= 12a^2 \left[\frac{3}{4} \cdot \frac{1}{2} \cdot \frac{\pi}{2} - \frac{5}{6} \cdot \frac{3}{4} \cdot \frac{1}{2} \cdot \frac{\pi}{2} \right]$$

$$= \frac{3}{8}\pi a^2.$$

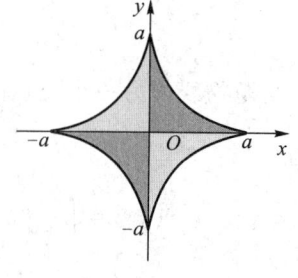

图 6.22

7. 求阿基米德螺线 $r = a\theta$ 的第一圈与极轴所围图形的面积.

解 如图 6.23 所示, $S = \int_0^{2\pi} \frac{1}{2} r^2 d\theta = \frac{a^2}{2} \int_0^{2\pi} \theta^2 d\theta = \frac{4}{3}a^2\pi^3.$

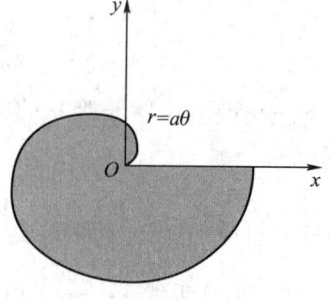

图 6.23

8. 求 $r = \sqrt{2}\sin\theta$ 及 $r^2 = \cos 2\theta$ 围成图形公共部分的面积.

解 圆 $r = \sqrt{2}\sin\theta$ 与双纽线 $r^2 = \cos 2\theta$ 交点 A 的极坐标为 $\left(\frac{\pi}{6}, \frac{\sqrt{2}}{2}\right)$, 图形是对称的两块, 图 6.24 中右边双纽线的极角范围是 $\left[-\frac{\pi}{4}, \frac{\pi}{4}\right]$, 故所求面积

$$S = 2\left[\int_0^{\frac{\pi}{6}} \frac{1}{2}(\sqrt{2}\sin\theta)^2 d\theta + \int_{\frac{\pi}{6}}^{\frac{\pi}{4}} \frac{1}{2}\cos 2\theta d\theta \right]$$

$$= \frac{\pi}{6} + \frac{1}{2} - \frac{\sqrt{3}}{2}.$$

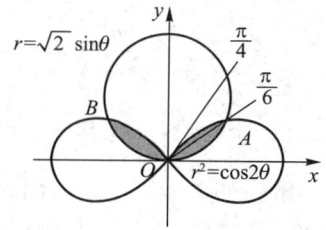

图 6.24

9. 求抛物线 $y = -x^2 + 4x - 3$ 及其在点 $(0, -3), (3, 0)$ 处的两条切线所围图形的面积.

解 $y' = -2x + 4$, 故两切线斜率分别为 $k_1 = 4, k_2 = -2$, 两条切线方程为 $y = 4x - 3$ 及 $y = -2x + 6$, 其交点为 $A\left(\frac{3}{2}, 3\right)$, 如图 6.25 所示, 故所求面积为

$$S = \int_0^{\frac{3}{2}} \left[(4x - 3) - (-x^2 + 4x - 3) \right] dx$$

$$+ \int_{\frac{3}{2}}^3 \left[(-2x + 6) - (-x^2 + 4x - 3) \right] dx = \frac{9}{4}.$$

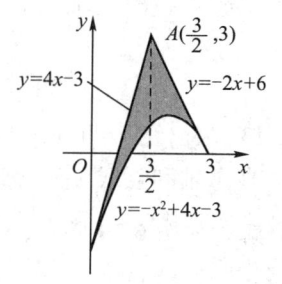

图 6.25

10. 求抛物线 $y^2 = 4ax$ 与过焦点的弦所围成的图形的面积的最小值.

解 不妨设 $a>0$，焦点为 $F(a,0)$，任取 $y_0>0$，通过抛物线上一点 $\left(\dfrac{y_0^2}{4a}, y_0\right)$ 和焦点 F 的弦的方程为

$$y = \dfrac{y_0}{\dfrac{y_0^2}{4a} - a}(x-a) = \dfrac{4ay_0}{y_0^2 - 4a^2}(x-a),$$

与抛物线的另一个交点 $\left(\dfrac{4a^3}{y_0^2}, -\dfrac{4a^2}{y_0}\right)$，(见图 6.26) 所围的面积为

$$S(y_0) = \int_{-\frac{4a^2}{y_0}}^{y_0} \left(a + \dfrac{y_0^2 - 4a^2}{4ay_0}y - \dfrac{y^2}{4a}\right)\mathrm{d}y$$

$$= \dfrac{1}{2}ay_0 - \dfrac{5}{24a}y_0^3 + \dfrac{6a^3}{y_0} - \dfrac{40a^5}{3y_0^3},$$

$$S'_{y_0} = \dfrac{1}{2}a - \dfrac{1}{8a}y_0^2 - \dfrac{6a^3}{y_0^2} + \dfrac{40a^5}{y_0^4},$$

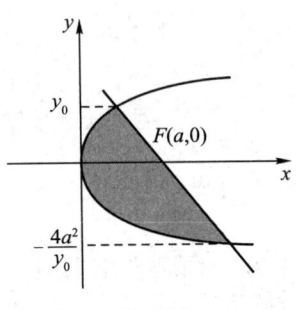

图 6.26

令 $S'_{y_0} = 0$ 得 $y_0 = 2a$ 是唯一的驻点，由于实际的最小值存在且在 $(0,+\infty)$ 内，故

$$S_{\min} = S(2a) = \dfrac{8}{3}a^2,$$

因这时对应的横坐标为 a，说明弦垂直于对称轴 x 时，所围成图形的面积最小．

11. 求箕舌线 $y = \dfrac{a^3}{x^2 + a^2}$ 和 x 轴之间区域的面积．

解 如图 6.27 所示，由对称性

$$S = 2\int_0^{+\infty} \dfrac{a^3}{x^2 + a^2}\mathrm{d}x = 2a^2 \arctan\dfrac{x}{a}\bigg|_0^{+\infty} = \pi a^2.$$

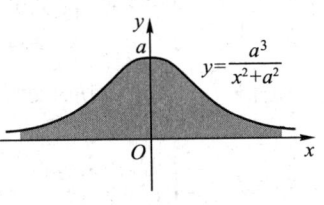

图 6.27

12. 求 $y = xe^{-\frac{x^2}{2}}$ 与其渐近线之间的面积．

解 如图 6.28 所示，因 $\lim\limits_{x\to\infty} xe^{-\frac{x^2}{2}} = 0$，所以 $y = 0$ 为水平渐近线，而

$$S = 2\int_0^{+\infty} xe^{-\frac{x^2}{2}}\mathrm{d}x = 2\int_0^{+\infty} e^{-\frac{x^2}{2}}\mathrm{d}\dfrac{x^2}{2}$$

$$= -2e^{-\frac{x^2}{2}}\bigg|_0^{+\infty} = 2.$$

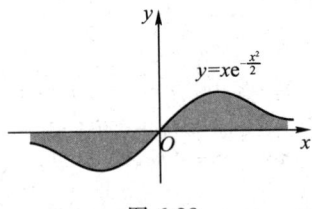

图 6.28

13. 求曲线 $y = \ln x, y = 0, y = 2$ 和 y 轴所围成的图形分别绕 x 轴、y 轴和直线 $x = -1$ 旋转得到的旋转体体积．

解 如图 6.29 所示，$V_x = \pi \cdot 2^2 \cdot e^2 - \pi\int_1^{e^2}\ln^2 x\,\mathrm{d}x$

$$= 4\pi e^2 - \pi\left[x\ln^2 x\bigg|_1^{e^2} - 2\int_1^{e^2}\ln x\,\mathrm{d}x\right]$$

$$= 4\pi e^2 - 4\pi e^2 + 2\pi(x\ln x - x)\bigg|_1^{e^2}$$

$$= 2\pi(e^2 + 1),$$

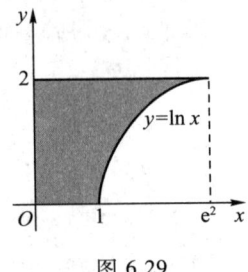

图 6.29

$$V_y = \int_0^2 \pi(e^y)^2 dy = \pi \int_0^2 e^{2y} dy = \frac{\pi}{2} e^{2y} \Big|_0^2 = \frac{\pi}{2}(e^4 - 1).$$

$$\begin{aligned} V_{x=-1} &= \int_0^2 \pi(x+1)^2 dy - \pi \cdot 1^2 \cdot 2 \\ &= \int_0^2 \pi(e^y + 1)^2 dy - 2\pi \\ &= \pi \int_0^2 (e^{2y} + 2e^y + 1) dy - 2\pi \\ &= \pi\left(\frac{1}{2}e^4 - \frac{1}{2} + 2e^2 - 2 + 2\right) - 2\pi \\ &= \frac{\pi}{2}(e^4 + 4e^2 - 5). \end{aligned}$$

14. 计算由 $y = x^2$ 及 $x^3 = y^2$ 围成的图形绕 x 轴旋转得到的旋转体的体积,要求分别用下面两个途径计算它:

(1) 取 x 为积分变量(体积微元为薄圆环片);

(2) 取 y 为积分变量(体积微元为薄壁圆筒).

解 (1) 取 x 为积分变量(体积微元为薄圆环片)

两曲线的交点为 $(0,0)$,$(1,1)$(见图 6.30),故

$$V_x = \pi \int_0^1 (x^{\frac{3}{2}})^2 dx - \pi \int_0^1 (x^2)^2 dx = \frac{\pi}{20}.$$

(2) 取 y 为积分变量(体积微元为薄壁圆筒)

在 y 轴 $[0,1]$ 内任取 y 及 dy,则绕 x 轴旋转所形成的厚度为 dy 的薄壁圆筒的周长为 $2\pi y$,高为 $\sqrt{y} - y^{\frac{2}{3}}$,体积为 $2\pi y(\sqrt{y} - y^{\frac{2}{3}})dy$,所以: $V_x = \int_0^1 2\pi y(\sqrt{y} - y^{\frac{2}{3}}) dy = 2\pi \int_0^1 (y^{\frac{3}{2}} - y^{\frac{5}{3}}) dy = \frac{\pi}{20}.$

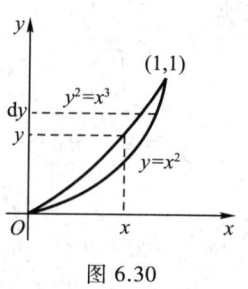

图 6.30

15. 求摆线 $x = a(t - \sin t)$,$y = a(1 - \cos t)$ 一拱绕 x 轴旋转得到的旋转体的体积.

解 $\begin{aligned} V_x &= \pi \int_0^{2\pi a} y^2 dx = \pi \int_0^{2\pi} a^2(1-\cos t)^2 \cdot a(1-\cos t) dt \\ &= \pi a^3 \int_0^{2\pi} (1 - 3\cos t + 3\cos^2 t - \cos^3 t) dt \\ &= \pi a^3 \left[t - 3\sin t + \frac{3}{2}t + \frac{3}{4}\sin 2t - \sin t + \frac{1}{3}\sin^3 t \right]_0^{2\pi} = 5\pi^2 a^3. \end{aligned}$

16. 两个半径为 R 的圆柱中心线垂直相交,求其公共部分的体积,并画出图形.

解 取 y 轴为一个圆柱的轴心,另一个圆柱的侧面穿过圆 $x^2 + y^2 = R^2$,图 6.31 只画出了对称的八块中的一块,其垂直于 x 轴的截面为正方形,面积为

$$S(x) = \sqrt{R^2 - x^2} \cdot \sqrt{R^2 - x^2} = R^2 - x^2,$$

故

$$V = 8\int_0^R S(x) dx = 8\int_0^R (R^2 - x^2) dx = \frac{16}{3}R^3.$$

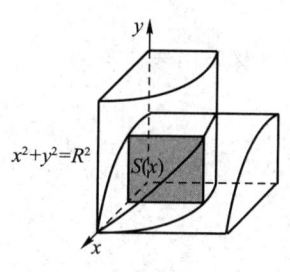

图 6.31

17. 证明底面积为 S,高为 h 的锥体体积公式是 $V=\dfrac{1}{3}hS$.

证明 (如图 6.32)在 x 处垂直于高的截面图形是底面的相似形,且有相似比 $\dfrac{S(x)}{S}=\dfrac{x^2}{h^2}$,故 $S(x)=\dfrac{S}{h^2}x^2$,于是

$$V=\int_0^h \frac{S}{h^2}x^2\mathrm{d}x=\frac{S}{h^2}\frac{1}{3}x^3\Big|_0^h=\frac{1}{3}hS.$$

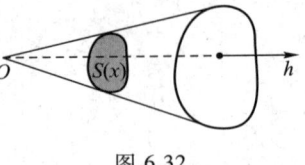

图 6.32

18. 将椭圆 $x^2+\dfrac{y^2}{4}=1$ 绕长轴旋转得到的椭球体沿长轴方向穿心打一圆孔,使剩下部分的体积恰好等于椭球体积的一半,试求圆孔的直径.

解 旋转椭球体体积

$$V_y=2\int_0^2\pi x^2\mathrm{d}y=2\pi\int_0^2\left(1-\frac{y^2}{4}\right)\mathrm{d}y=\frac{8}{3}\pi.$$

如图 6.33 所示,设圆孔的半径为 r,在 $[0,r]$ 内任取 x 及 $\mathrm{d}x$,则绕 y 轴旋转所形成的厚度为 $\mathrm{d}x$ 的薄壁圆筒的圆周长为 $2\pi x$,高为 $2(2\sqrt{1-x^2})$,体积为 $2\pi x\cdot 4\sqrt{1-x^2}\mathrm{d}x$,所以打孔时去掉的立体体积为

$$V_{\text{孔}}=\int_0^r 2\pi x\cdot 4\sqrt{1-x^2}\mathrm{d}x=-4\pi\int_0^r\sqrt{1-x^2}\mathrm{d}(1-x^2)$$

$$=-\frac{8}{3}\pi(1-x^2)^{\frac{3}{2}}\Big|_0^r=\frac{8}{3}\pi[1-(1-r^2)^{\frac{3}{2}}],$$

令 $V_{\text{孔}}=\dfrac{V_y}{2}$,解得 $r=\sqrt{1-\sqrt[3]{\dfrac{1}{4}}}$,故孔的直径为 $2\sqrt{1-\sqrt[3]{\dfrac{1}{4}}}$.

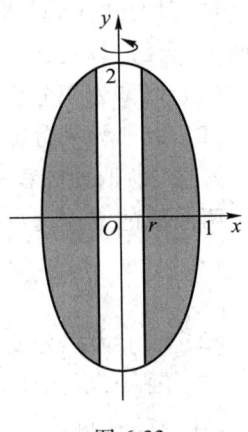

图 6.33

19. 已知正弦电压经全波整流后,得出输出电压 $U_{\text{out}}=\sqrt{2}|\sin\omega t|$,求其在 $\left[0,\dfrac{2\pi}{\omega}\right]$ 内的平均值.

解 $\overline{U_{\text{out}}}=\dfrac{\omega}{2\pi}\int_0^{\frac{2\pi}{\omega}}\sqrt{2}|\sin\omega t|\mathrm{d}t=\dfrac{\sqrt{2}\omega}{2\pi}\left[\int_0^{\frac{\pi}{\omega}}\sin\omega t\mathrm{d}t-\int_{\frac{\pi}{\omega}}^{\frac{2\pi}{\omega}}\sin\omega t\mathrm{d}t\right]$

$$=\frac{\sqrt{2}\omega}{2\pi}\left[-\frac{1}{\omega}\cos\omega t\Big|_0^{\frac{\pi}{\omega}}+\frac{1}{\omega}\cos\omega t\Big|_{\frac{\pi}{\omega}}^{\frac{2\pi}{\omega}}\right]=\frac{2}{\pi}\sqrt{2}.$$

20. 求曲线 $y=\ln(1-x^2)$ 在区间 $\left[0,\dfrac{1}{2}\right]$ 上的弧长.

解 由于 $y'=-\dfrac{2x}{1-x^2}$,$\sqrt{1+y'^2}=\sqrt{1+\dfrac{4x^2}{(1-x^2)^2}}=\dfrac{1+x^2}{1-x^2}$,则

$$\int_0^{\frac{1}{2}}\sqrt{1+y'^2}\mathrm{d}x=\int_0^{\frac{1}{2}}\frac{1+x^2}{1-x^2}\mathrm{d}x=\int_0^{\frac{1}{2}}\left(-1+\frac{2}{1-x^2}\right)\mathrm{d}x$$

$$=\left(-x+\ln\frac{1+x}{1-x}\right)\Big|_0^{\frac{1}{2}}=\ln 3-\frac{1}{2},$$

故 $\ln 3 - \dfrac{1}{2}$ 为所求弧长.

21. 求抛物线 $6y = x^2$ 自原点到点 $\left(4, \dfrac{8}{3}\right)$ 之间的一段的弧长.

解 $y = \dfrac{1}{6}x^2, y' = \dfrac{1}{3}x, \sqrt{1 + y'^2} = \sqrt{1 + \dfrac{1}{9}x^2}$,则所求曲线弧长

$$S = \int_0^4 \sqrt{1 + \dfrac{1}{9}x^2}\,dx = 3\int_0^{\arctan\frac{4}{3}} \sqrt{1 + \tan^2 t}\sec^2 t\,dt = 3\int_0^{\arctan\frac{4}{3}} \sec^3 t\,dt$$

$$= \left[\dfrac{1}{2}\sec t \tan t + \dfrac{1}{2}\ln|\sec t + \tan t|\right]\Bigg|_0^{\arctan\frac{4}{3}} = \dfrac{10}{3} + \dfrac{3}{2}\ln 3.$$

22. 求星形线 $x = a\cos^3 t, y = a\sin^3 t\,(a > 0)$ 的全长.

解 由星形线特点,

$$4\int_0^{\frac{\pi}{2}} \sqrt{x'^2 + y'^2}\,dt = 4\int_0^{\frac{\pi}{2}} \sqrt{(-3a\cos^2 t\sin t)^2 + (3a\sin^2 t\cos t)^2}\,dt$$

$$= 4\int_0^{\frac{\pi}{2}} 3a\sin t\cos t\,dt = 6a\sin^2 t\Big|_0^{\frac{\pi}{2}} = 6a.$$

23. 在摆线 $x = a(t - \sin t), y = a(1 - \cos t)$ 上求一点,将摆线第一拱的弧长分为 $1:3$.

解 摆线第一拱长

$$S = \int_0^{2\pi} \sqrt{x'^2 + y'^2}\,dt = \int_0^{2\pi} 2a\sin\dfrac{t}{2}\,dt = -4a\cos\dfrac{t}{2}\Big|_0^{2\pi} = 8a,$$

则摆线长的 $\dfrac{1}{4}$ 为 $2a$.

设其点为 (ξ, η),使摆线从原点到点 (ξ, η) 的长为 $2a$,即此点把摆线第一拱的弧长分为 $1:3$,其点 (ξ, η) 对应参数 t 的参数值为 θ,于是

$$2a = \int_0^\theta 2a\sin\dfrac{t}{2}\,dt = -4a\cos\dfrac{t}{2}\Big|_0^\theta = 4a - 4a\cos\dfrac{\theta}{2}.$$

故 $\cos\dfrac{\theta}{2} = \dfrac{1}{2}$,即 $\dfrac{\theta}{2} = \dfrac{\pi}{3}, \theta = \dfrac{2}{3}\pi$,故 $\xi = a\left(\dfrac{2}{3}\pi - \dfrac{\sqrt{3}}{2}\right), \eta = a\left(1 + \dfrac{1}{2}\right) = \dfrac{3}{2}a$,即所求的点为 $\left(a\left(\dfrac{2}{3}\pi - \dfrac{\sqrt{3}}{2}\right), \dfrac{3}{2}a\right)$.

24. 求心形线 $r = a(1 + \cos\theta)$ 的全长.

解 所求心形线全长

$$S = 2\int_0^\pi \sqrt{r^2 + r'^2}\,d\theta = 2\int_0^\pi \sqrt{a^2(1 + \cos\theta)^2 + a^2\sin^2\theta}\,d\theta = 2a\int_0^\pi \sqrt{2(1 + \cos\theta)}\,d\theta$$

$$= 4a\int_0^\pi \sqrt{\dfrac{1 + \cos\theta}{2}}\,d\theta = 4a\int_0^\pi \cos\dfrac{\theta}{2}\,d\theta = 8a\sin\dfrac{\theta}{2}\Big|_0^\pi = 8a.$$

25. 求曲线 $r\theta = 1$ 自 $\theta = \dfrac{3}{4}$ 至 $\theta = \dfrac{4}{3}$ 一段的弧长.

解 由于 $r = \dfrac{1}{\theta}, r' = -\dfrac{1}{\theta^2}$,故所求曲线弧长

$$S = \int_{\frac{3}{4}}^{\frac{4}{3}} \sqrt{\frac{1}{\theta^2} + \frac{1}{\theta^4}} d\theta = \int_{\frac{3}{4}}^{\frac{4}{3}} \frac{1}{\theta^2} \sqrt{1+\theta^2} d\theta = \int_{\arctan\frac{3}{4}}^{\arctan\frac{4}{3}} \frac{1}{\tan^2 t} \sqrt{1+\tan^2 t} \sec^2 t dt$$

$$= \int_{\arctan\frac{3}{4}}^{\arctan\frac{4}{3}} \frac{1}{\tan^2 t} \sec^3 t dt = \int_{\arctan\frac{3}{4}}^{\arctan\frac{4}{3}} \frac{1}{\sin^2 t \cos t} dt = \int_{\arctan\frac{3}{4}}^{\arctan\frac{4}{3}} (\sec t + \cot t \csc t) dt$$

$$= [\ln|\sec t + \tan t| - \csc t] \Big|_{\arctan\frac{3}{4}}^{\arctan\frac{4}{3}} = \frac{5}{12} + \ln\frac{3}{2}.$$

26. 修建江桥的桥墩时，先要下围图，并抽尽其中的水以便施工，已知围图的直径为 20 m，水深 27 m，围图高出水面 3 m，问抽尽其中的水需要做功多少（设水的密度 ρ 为 10^3 kg/m³，重力加速度 g 取为 10 m/s²）?

解 取坐标如图 6.34，在水深区间 [3, 30] 内任取 x 及 dx，则以高为 dx，半径为 10 m 的薄层圆柱体的体积为 $10^2 \pi dx$，这层水重为 $10^3 \times 10^2 \pi dx$，吸出它所需功微元 $dW = 10(10^5 \pi dx)x$. 故将水全部抽出需作功为

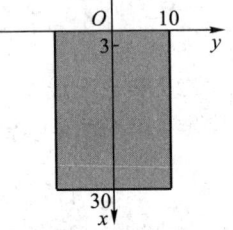

图 6.34

$$W = \int_3^{30} 10^6 \pi x dx = 10^6 \pi \frac{x^2}{2} \Big|_3^{30} = 4.455\pi \times 10^5 (\text{kJ}).$$

27. 我国第一颗人造地球卫星质量为 173 kg，在离地面 6.3×10^5 m 处进入轨道，问把这颗卫星从地面送入 6.3×10^5 m 的高空处，克服地球引力要做多少功？已知地球半径为 6.37×10^6 m，万有引力常数 $K = 6.67 \times 10^{-11}$ N·m²/kg²，地球质量 $M = 5.98 \times 10^{24}$ kg.

解 取球心为坐标原点，从 x 到 $x+dx$ 克服引力所作的功微元

$$dW = 6.67 \times 10^{-11} \times \frac{5.98 \times 10^{24} \times 173}{x^2} dx,$$

故所求的功为

$$W = \int_{6\,370\,000}^{6\,370\,000+630\,000} 6.67 \times 5.98 \times 173 \times 10^{13} \frac{1}{x^2} dx$$

$$= 6.900\,381\,8 \times 10^{16} \left(\frac{1}{6\,370\,000} - \frac{1}{7\,000\,000} \right)$$

$$= 9.7 \times 10^8 (\text{J}).$$

28. 长 $l = 80$ cm，直径 $D = 20$ cm 的有活塞的圆柱体内充满了压力为 $P_0 = 100$ N/cm² 的蒸气，温度不变（平稳过程），为使蒸气体积减少二分之一，要做多少功？

解 如图 6.35，这是等温过程，故有 $PV = P_0 V_0$，当活塞推进 x 时，活塞上每平方厘米受到的压力为

$$P = \frac{P_0 V_0}{V} = \frac{100(\pi 10^2 \times 80)}{\pi 10^2 (80-x)} = \frac{8\,000}{80-x},$$

应给活塞的推力

$$F = \pi 10^2 \times \frac{8\,000}{80-x} = 8\pi \times 10^5 \times \frac{1}{80-x},$$

故体积减少二分之一，要做功

$$W = \int_0^{40} 8\pi \times 10^5 \times \frac{1}{80-x} dx = 8\pi \times 10^5 \times [-\ln(80-x)]_0^{40} = 8\pi \times 10^3 \ln 2 (\text{J}).$$

29. 某实验反应堆的水池水深 8 m,在其底部侧壁上有一个 1 m 见方的通道,供实验物品出入,求通道挡板所受水的压力.

解 设 x 为水深变量,则所求水压力 $F = \int_7^8 10^4 x dx = 7.5 \times 10^4 (\text{N}).$

30. 设有半径为 R 的半圆弧,其线密度为常数 ρ,在半圆弧的圆心处放置一质量为 m 的质点,求半圆弧对质点的引力.

解 如图 6.36,由对称性知引力的水平分量 $F_x = 0$,只需求垂直分量.在半圆弧上,取极角在 $[\theta, \theta+d\theta] \subset [0, \pi]$ 的一段,其质量为 $\rho R d\theta$ 对质点的引力微元 $dF = k \frac{m \cdot \rho R d\theta}{R^2}$,垂直分量为 $dF_y = \sin\theta dF$,因此 $F_y = \int_0^\pi k \frac{m\rho R}{R^2} \sin\theta d\theta = \frac{2km\rho}{R}$.

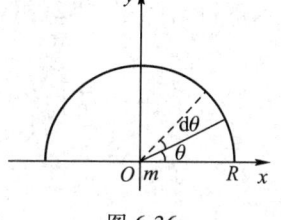

图 6.36

31. 设有两个带电细棒位于同一条直线上,相距为 a,甲棒长为 l_1,电荷非均匀分布,线密度 δ_1 与左端点的距离成正比.乙棒位于甲棒右边,棒长为 l_2,电荷均匀分布,其线密度为 δ_2,求两个带电细棒间的作用力.

解 设甲棒距左端为 x 处的电荷线密度为 $\delta_1 = \alpha x$.在甲棒上取微元区间 $[x, x+dx]$,其电量微元 $dQ_1 = \alpha x dx$,在乙棒上取微元区间 $[y, y+dy]$,其电量微元 $dQ_2 = \delta_2 dy$,上述两个电量微元间的电力微元为

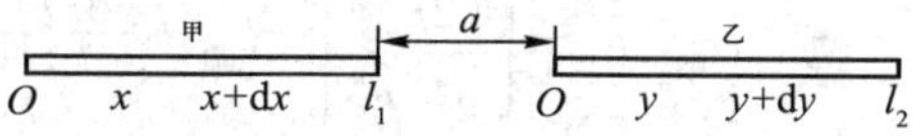

图 6.37

$$k \frac{dQ_1 \cdot dQ_2}{(l_1-x+a+y)^2} = \frac{k\alpha\delta_2 x dx dy}{(l_1+a+y-x)^2},$$

甲棒对 dQ_2 的电力微元:

$$\left(\int_0^{l_1} \frac{k\alpha\delta_2 x}{(l_1+a+y-x)^2} dx\right) dy = k\alpha\delta_2 \left(\ln\frac{a+y}{l_1+a+y} + \frac{l_1}{a+y}\right) dy,$$

故两个带电细棒间的作用力为:

$$F = \int_0^{l_2} \left(\int_0^{l_1} \frac{k\alpha\delta_2 x}{(l_1+a+y-x)^2} dx\right) dy = \int_0^{l_2} k\alpha\delta_2 \left(\ln\frac{a+y}{l_1+a+y} + \frac{l_1}{a+y}\right) dy$$

$$= k\alpha\delta_2 \{[(a+y)\ln(a+y) - (a+y)]_0^{l_2} - [(l_1+a+y)\ln(l_1+a+y) - (l_1+a+y)]_0^{l_2} + l_1\ln(a+y)|_0^{l_2}\}$$

$$= k\alpha\delta_2 \left[(l_1+a)\ln\frac{l_1+a}{a} - (l_1+l_2+a)\ln\frac{l_1+l_2+a}{l_2+a}\right].$$

6.7

1. 当某商品销售量为 x 时,边际收入(即总收入的变化率)为 $C'(x) = 200 - \frac{x}{50}$,求销售量为 2 000 时的平均单位收入.

解 $\overline{C'} = \dfrac{1}{2\,000}\int_0^{2\,000}\left(200 - \dfrac{x}{50}\right)\mathrm{d}x = \dfrac{1}{2\,000}\left[200x - \dfrac{x^2}{100}\right]_0^{2\,000} = 180.$

2. 某产品的总成本 C(单位:万元)的变化率是产量 x(单位:百台)的函数 $C'(x) = 4 + \dfrac{x}{4}$, 固定成本为 1 万元. 总收入 R 的变化率是产量 x 的函数 $R'(x) = 8 - x$. 问产量为多少时,总利润 $L = R - C$ 最大,并求出这个最大利润.

解 设产量为 x_0 时总利润最大,此时 $L'|_{x=x_0} = 0$, 由 $L = R - C$, $L'(x) = R'(x) - C'(x) = 4 - \dfrac{5}{4}x$, 解得 $x_0 = \dfrac{16}{5} = 3.2$(百台),

$$L|_{x=x_0} = \int_0^{x_0} L'(x)\mathrm{d}x - 1 = \int_0^{3.2}\left(4 - \dfrac{5}{4}x\right)\mathrm{d}x - 1 = \dfrac{32}{5} - 1 = 5.4(\text{万元}).$$

6.8

1. 求极限.

(1) $\lim\limits_{n\to\infty}\left[\dfrac{(2n)!}{n!\,n^n}\right]^{\frac{1}{n}}$;   (2) $\lim\limits_{n\to\infty}\left[\dfrac{\sin\dfrac{\pi}{n}}{n+1} + \dfrac{\sin\dfrac{2\pi}{n}}{n+\dfrac{1}{2}} + \cdots + \dfrac{\sin\pi}{n+\dfrac{1}{n}}\right].$

解 (1) 由于 $\left[\dfrac{(2n)!}{n!\,n^n}\right]^{\frac{1}{n}} = \mathrm{e}^{\frac{1}{n}\ln\frac{(2n)!}{n!\,n^n}}$, 而

$$\dfrac{1}{n}\ln\dfrac{(2n)!}{n!\,n^n} = \dfrac{1}{n}\left[\ln\left(1+\dfrac{1}{n}\right) + \cdots + \ln\left(1+\dfrac{n}{n}\right)\right] = \dfrac{1}{n}\sum_{k=1}^n \ln\left(1+\dfrac{k}{n}\right),$$

因此 $\left[\dfrac{(2n)!}{n!\,n^n}\right]^{\frac{1}{n}} = \mathrm{e}^{\frac{1}{n}\sum_{k=1}^n\ln\left(1+\frac{k}{n}\right)}.$ 由定积分的定义知

$$\text{原式} = \lim_{n\to\infty}\mathrm{e}^{\frac{1}{n}\sum_{k=1}^n\ln\left(1+\frac{k}{n}\right)} = \mathrm{e}^{\lim\limits_{n\to\infty}\frac{1}{n}\sum_{k=1}^n\ln\left(1+\frac{k}{n}\right)} = \mathrm{e}^{\int_0^1\ln(1+x)\mathrm{d}x}.$$

而

$$\int_0^1 \ln(1+x)\mathrm{d}x \xlongequal{\text{分部积分}} x\ln(1+x)\Big|_0^1 - \int_0^1 \dfrac{x}{1+x}\mathrm{d}x$$

$$= \ln 2 - 1 + \int_0^1 \dfrac{x}{1+x}\mathrm{d}x = \ln 2 - 1 + \ln(1+x)\Big|_0^1 = 2\ln 2 - 1.$$

所以 $\lim\limits_{n\to\infty}\left[\dfrac{(2n)!}{n!\,n^n}\right]^{\frac{1}{n}} = \mathrm{e}^{2\ln 2 - 1} = \dfrac{4}{\mathrm{e}}.$

(2) 由于

$$\dfrac{n}{n+1}\left[\dfrac{1}{n}\left(\sin\dfrac{\pi}{n} + \sin\dfrac{2\pi}{n} + \cdots + \sin\pi\right)\right]$$

$$\leq \dfrac{\sin\dfrac{\pi}{n}}{n+1} + \dfrac{\sin\dfrac{2\pi}{n}}{n+\dfrac{1}{2}} + \cdots + \dfrac{\sin\pi}{n+\dfrac{1}{n}}$$

$$\leqslant \frac{1}{n}\left[\sin\frac{\pi}{n}+\sin\frac{2\pi}{n}+\cdots+\sin\pi\right].$$

而由定积分定义知

$$\lim_{n\to\infty}\frac{1}{n}\left[\sin\frac{\pi}{n}+\sin\frac{2\pi}{n}+\cdots+\sin\pi\right]=\int_0^1\sin\pi x\,dx=\left.-\frac{1}{\pi}\cos\pi x\right|_0^1=\frac{2}{\pi}.$$

故

$$\lim_{n\to\infty}\frac{n}{n+1}\left[\frac{1}{n}\left(\sin\frac{\pi}{n}+\sin\frac{2\pi}{n}+\cdots+\sin\pi\right)\right]=\frac{2}{\pi},$$

从而由夹挤定理知,原式 $=\dfrac{2}{\pi}$.

2. 计算下列积分.

(1) $\int_{-2}^{2}\max\{1,x^2\}\,dx$; (2) $\int_{-\frac{\pi}{2}}^{\frac{\pi}{2}}\dfrac{e^x}{1+e^x}\sin^4 x\,dx$; (3) $\int_{0}^{\frac{\pi}{2}}\dfrac{\sin x}{\sin x+\cos x}\,dx$;

(4) $\int_{0}^{\frac{\pi}{4}}\ln(1+\tan x)\,dx$; (5) $\int_{0}^{+\infty}\dfrac{1}{(1+x^2)(1+x^\alpha)}\,dx$; (6) $\int_{1}^{2}\arctan\sqrt{x-1}\,dx$;

解 (1) 原式 $= 2\int_{0}^{2}\max\{1,x^2\}\,dx = 2\int_{0}^{1}1\,dx + 2\int_{1}^{2}x^2\,dx = 6\dfrac{2}{3}$.

(2) 原式 $= \int_{0}^{\frac{\pi}{2}}\dfrac{e^x}{1+e^x}\sin^4 x\,dx + \int_{-\frac{\pi}{2}}^{0}\dfrac{e^x}{1+e^x}\sin^4 x\,dx$,而

$$\int_{-\frac{\pi}{2}}^{0}\dfrac{e^x}{1+e^x}\sin^4 x\,dx \xlongequal{x=-t} \int_{0}^{\frac{\pi}{2}}\dfrac{e^{-t}}{1+e^{-t}}\sin^4 t\,dt.$$

故原式 $= \int_{0}^{\frac{\pi}{2}}\left(\dfrac{e^x}{1+e^x}\sin^4 x + \dfrac{e^{-x}}{1+e^{-x}}\sin^4 x\right)dx = \int_{0}^{\frac{\pi}{2}}\sin^4 x\,dx = \dfrac{3}{4}\cdot\dfrac{1}{2}\cdot\dfrac{\pi}{2} = \dfrac{3\pi}{16}$.

(3) 由于 $\int_{0}^{\frac{\pi}{2}}f(\sin x)\,dx = \int_{0}^{\frac{\pi}{2}}f(\cos x)\,dx$,

因此,原式 $= \dfrac{1}{2}\int_{0}^{\frac{\pi}{2}}\left(\dfrac{\sin x}{\sin x+\cos x}+\dfrac{\cos x}{\cos x+\sin x}\right)dx = \dfrac{1}{2}\int_{0}^{\frac{\pi}{2}}dx = \dfrac{\pi}{4}$.

(4) 原式 $\xlongequal{x=\frac{\pi}{4}-t} -\int_{\frac{\pi}{4}}^{0}\ln\left[1+\tan\left(\dfrac{\pi}{4}-t\right)\right]dt = \int_{0}^{\frac{\pi}{4}}\ln\left(1+\dfrac{1-\tan t}{1+\tan t}\right)dt$

$= \int_{0}^{\frac{\pi}{4}}\ln\dfrac{2}{1+\tan t}\,dt = \int_{0}^{\frac{\pi}{4}}\ln 2\,dt - \int_{0}^{\frac{\pi}{4}}\ln(1+\tan t)\,dt$,

故 $\int_{0}^{\frac{\pi}{4}}\ln(1+\tan x)\,dx = \dfrac{\pi}{8}\ln 2$.

(5) 详细解答过程参见 6.6 节例题分析部分例 26.

(6) 原式 $\xlongequal{t=\sqrt{x-1}} \int_{0}^{1}2t\arctan t\,dt = \left.(t^2\arctan t)\right|_0^1 - \int_{0}^{1}\dfrac{t^2}{1+t^2}\,dt$

$= \dfrac{\pi}{4} - \int_{0}^{1}\dfrac{1+t^2-1}{1+t^2}\,dt = \dfrac{\pi}{4} - 1 + \left.\arctan t\right|_0^1 = \dfrac{\pi}{2} - 1$.

3. 设 $x>0$ 时,可微函数 $f(x)$ 的反函数为 $f^{-1}(x)$, $f(x_0)=1$, 且有 $\int_1^{f(x)} f^{-1}(t)dt = \frac{1}{3}(x^{\frac{3}{2}} - 8)$, 求函数 $f(x)$.

解 由 $\left[\frac{1}{3}(x^{\frac{3}{2}} - 8)\right]' = \frac{1}{2}x^{\frac{1}{2}}$, 及 $\frac{d}{dx}\int_1^{f(x)} f^{-1}(t)dt = f^{-1}(f(x))f'(x) = xf'(x)$, 得 $f'(x) = \frac{1}{2\sqrt{x}}$. 积分得 $f(x) = \sqrt{x} + C$. 在上式中,令 $x = x_0$ 知 $x_0^{\frac{3}{2}} - 8 = 0$, $x_0 = 4$, 即有 $f(4) = 1$, 从而 $C = -1$, 于是 $f(x) = \sqrt{x} - 1$.

4. 设 $f(x)$ 连续,试证: $\int_0^x \left[\int_0^u f(t)dt\right]du = \int_0^x (x-u)f(u)du$.

证明 $\int_0^x \left[\int_0^u f(t)dt\right]du \xlongequal{F(u) = \int_0^u f(t)dt} \int_0^x F(u)du = uF(u)\big|_0^x - \int_0^x uF'(u)du$

$= xF(x) - \int_0^x uF'(u)du = \int_0^x (x-u)f(u)du.$

或

$\int_0^x (x-u)f(u)du = \int_0^x (x-u)d\left(\int_0^u f(t)dt\right)$

$= (x-u)\int_0^u f(t)dt\big|_0^x - \int_0^x \left[\int_0^u f(t)dt\right]d(x-u)$

$= \int_0^x \left[\int_0^u f(t)dt\right]du.$

5. 若 $f(x)$ 在 $[0,1]$ 上连续可微,且 $f(1) - f(0) = 1$, 试证 $\int_0^1 f'^2(x)dx \geq 1$.

证明 由柯西不等式,

$\int_0^1 f'^2(x)dx = \int_0^1 f'^2(x)dx \cdot \int_0^1 1dx \geq \left[\int_0^1 f'(x) \cdot 1dx\right]^2 = [f(1) - f(0)]^2 = 1.$

6. 设 $f(x) \in C[a,b]$, 且 $f(x) > 0$, 试证: $\int_a^b f(x)dx \cdot \int_a^b \frac{1}{f(x)}dx \geq (b-a)^2$.

证明 由柯西不等式

$\int_a^b f(x)dx \cdot \int_a^b \frac{1}{f(x)}dx \geq \left[\int_a^b \sqrt{f(x)} \cdot \frac{1}{\sqrt{f(x)}}dx\right]^2 = \left[\int_a^b dx\right]^2 = (b-a)^2.$

7. 设 n 为自然数,试证:

(1) $\int_0^{\frac{\pi}{2}} \sin^n x \cos^n x dx = 2^{-n} \int_0^{\frac{\pi}{2}} \cos^n x dx$;

(2) $\int_0^{\frac{\pi}{2}} \cos^n x \sin nx dx = \frac{1}{2^{n+1}}\left(\frac{2}{1} + \frac{2^2}{2} + \frac{2^3}{3} + \cdots + \frac{2^n}{n}\right)$.

证明 (1) $\int_0^{\frac{\pi}{2}} \sin^n x \cos^n x dx = \frac{1}{2^n}\int_0^{\frac{\pi}{2}}(2\sin x \cos x)^n dx = \frac{1}{2^n}\int_0^{\frac{\pi}{2}}(\sin 2x)^n dx$

$\xlongequal{2x = \frac{\pi}{2} - t} \frac{1}{2^n}\int_{\frac{\pi}{2}}^{-\frac{\pi}{2}} \sin^n\left(\frac{\pi}{2} - t\right)\left(-\frac{1}{2}dt\right)$

$$= \frac{1}{2^{n+1}} \int_{-\frac{\pi}{2}}^{\frac{\pi}{2}} \cos^n t \, dt = \frac{1}{2^n} \int_0^{\frac{\pi}{2}} \cos^n x \, dx.$$

（2）利用数学归纳法，$I_1 = \int_0^{\frac{\pi}{2}} \cos x \sin x \, dx = \frac{1}{2} \sin^2 x \Big|_0^{\frac{\pi}{2}} = \frac{1}{2}$.

$$I_{n-1} = \int_0^{\frac{\pi}{2}} \cos^{n-1} x \sin(n-1) x \, dx = \int_0^{\frac{\pi}{2}} \cos^{n-1} x [\sin nx \cos x - \cos nx \sin x] \, dx$$

$$= \int_0^{\frac{\pi}{2}} \cos^n x \sin nx \, dx + \int_0^{\frac{\pi}{2}} \cos^{n-1} x \cos nx \, d(\cos x) = I_n + \frac{1}{n} \int_0^{\frac{\pi}{2}} \cos nx \, d\cos^n x$$

$$= I_n + \frac{1}{n} \cos nx \cos^n x \Big|_0^{\frac{\pi}{2}} + \int_0^{\frac{\pi}{2}} \cos^n x \sin nx \, dx = 2I_n - \frac{1}{n},$$

有递推公式：$I_n = \frac{1}{2}\left(I_{n-1} + \frac{1}{n}\right) = \frac{1}{2} I_{n-1} + \frac{1}{2n}$.

设当 $n = k$ 时，结论成立．即 $I_k = \frac{1}{2^{k+1}}\left(\frac{2}{1} + \frac{2^2}{2} + \cdots + \frac{2^{k+1}}{k}\right)$,

当 $n = k+1$ 时，$I_{k+1} = \frac{1}{2} I_k + \frac{1}{2(k+1)} = \frac{1}{2^{k+2}}\left(\frac{2}{1} + \frac{2^2}{2} + \cdots + \frac{2^k}{k}\right) + \frac{1}{2(k+1)}$

$$= \frac{1}{2^{k+2}}\left(\frac{2}{1} + \frac{2^2}{2} + \cdots + \frac{2^{k+1}}{k+1}\right),$$

故结论成立．

8. 设 $f(x)$ 连续，且 $\lim_{x \to 0} \frac{f(x)}{x} = A$（$A$ 为常数），$\varphi(x) = \int_0^1 f(xt) \, dt$，求 $\varphi'(x)$，并讨论 $\varphi'(x)$ 在 $x = 0$ 处的连续性．

解 详细解答过程参见 6.6 节例题分析部分例 21．

9. 设 $f(x) \in C[a, b]$，且 $f(x) > 0$，证明方程 $\int_a^x f(t) \, dt + \int_b^x \frac{1}{f(t)} \, dt = 0$ 在开区间 (a, b) 内有且仅有一个根．

证明 设 $F(x) = \int_a^x f(t) \, dt + \int_b^x \frac{1}{f(t)} \, dt$，由 $f(x) \in C[a, b]$，故 $F(x)$ 于 $[a, b]$ 上可导，且 $F'(x) = f(x) + \frac{1}{f(x)} > 0$，故 $F(x)$ 严格单调上升．

而

$$F(a) = \int_b^a \frac{1}{f(t)} \, dt = -\int_a^b \frac{1}{f(t)} \, dt < 0, \quad F(b) = \int_a^b f(t) \, dt > 0.$$

由连续函数介值定理知，$F(x)$ 在 (a, b) 内有一个零点，再由 $F(x)$ 在 $[a, b]$ 上严格单调上升知，零点唯一．

10. 设 $f(x) \in C[0, 1]$，且 $f(x) \geq 0$，（1）试证 $\exists x_0 \in (0, 1)$，使得在区间 $[0, x_0]$ 上以 $f(x_0)$ 为高的矩形面积，等于在区间 $[x_0, 1]$ 上以 $y = f(x)$ 为曲边的曲边梯形面积；（2）又设 $f(x)$ 在区间 $(0, 1)$ 内可导，且 $f'(x) > -\frac{2f(x)}{x}$，证明（1）中的 x_0 是唯一的．

解 详细解答过程参见 6.6 节例题分析部分例 39．

11. 设 $f(x), g(x) \in C[a,b]$，证明 $\exists \xi \in (a,b)$，使得 $f(\xi)\int_\xi^b g(x)\mathrm{d}x = g(\xi)\int_a^\xi f(x)\mathrm{d}x$.

证明 详细解答过程参见 6.6 节例题分析部分例 29.

12. 设 $f(x) \in C[0,1]$，且 $\int_0^1 f(x)\mathrm{d}x = \int_0^1 xf(x)\mathrm{d}x = 0$，证明在开区间 $(0,1)$ 内存在两个不相等的点 ξ_1 和 ξ_2，使得 $f(\xi_1) = f(\xi_2) = 0$.

证明 详细解答过程参见 6.6 节例题分析部分例 33.

13. 讨论函数 $f(x) = \int_0^x e^{-\frac{t^2}{2}}\mathrm{d}t$ 在 $(-\infty, +\infty)$ 上的单调性、奇偶性和有界性.

解 $f'(x) = e^{-\frac{x^2}{2}} > 0, x \in (-\infty, +\infty)$. 故 $f(x)$ 在 $(-\infty, +\infty)$ 上是单调增的.

$$f(-x) = \int_0^{-x} e^{-\frac{t^2}{2}}\mathrm{d}t \xrightarrow{u=-t} \int_0^x e^{-\frac{u^2}{2}}(-\mathrm{d}u) = -\int_0^x e^{-\frac{t^2}{2}}\mathrm{d}t = -f(x),$$

故 $f(x)$ 于 $(-\infty, +\infty)$ 上是奇函数. $x \geq 1$ 时, $xe^{-\frac{x^2}{2}} \geq e^{-\frac{x^2}{2}} > 0$. 而

$$\int_1^{+\infty} xe^{-\frac{x^2}{2}}\mathrm{d}x = -e^{-\frac{x^2}{2}}\Big|_1^{+\infty} = e^{-\frac{1}{2}}.$$

因此，$\int_0^{+\infty} e^{-\frac{x^2}{2}}\mathrm{d}x$ 收敛，由 $f(x)$ 单调增加，知 $f(x)$ 有上界. 又由 $f(x)$ 是奇函数知, $f(x)$ 也有下界, 从而 $f(x)$ 有界.

14. 设 O 为坐标原点, $A(1,0), B(1,1), C(0,1)$ 求边长为 1 的正方形 $OABC$ 内位于曲线 $y = x^2 + t$ (t 为实数) 下方图形的面积 $S(t)$，讨论 $S(t)$ 在 $[-1,1]$ 上是否满足拉格朗日中值定理的条件.

解 （1）如图 6.38，当 $0 \leq t \leq 1$ 时，由 $\begin{cases} y = 1, \\ y = x^2 + t, \end{cases}$

解得 $x = \sqrt{1-t}$.

故 $S(t) = \int_0^{\sqrt{1-t}} (x^2 + t)\mathrm{d}x + (1 - \sqrt{1-t}) \cdot 1$

$= \int_0^{\sqrt{1-t}} x^2 \mathrm{d}x + t\int_0^{\sqrt{1-t}} \mathrm{d}x + (1 - \sqrt{1-t})$

$= \frac{1}{3}(1-t)^{\frac{3}{2}} + t\sqrt{1-t} + 1 - \sqrt{1-t} = 1 - \frac{2}{3}(1-t)^{\frac{3}{2}}.$

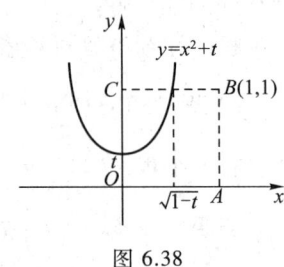

图 6.38

（2）当 $-1 \leq t \leq 0$ 时，由 $\begin{cases} y = 0, \\ y = x^2 + t, \end{cases}$ 解之得 $x = \sqrt{-t}$.

则

$$S(t) = \int_{\sqrt{-t}}^1 (x^2 + t)\mathrm{d}x = \frac{1}{3}x^3\Big|_{\sqrt{-t}}^1 + t(1 - \sqrt{-t})$$

$$= \frac{1}{3} - \frac{1}{3}(-t)^{\frac{3}{2}} + t(1-\sqrt{-t}) = \frac{1}{3} + t + \frac{2}{3}(-t)^{\frac{3}{2}}.$$

（3）当 $t \leq -1$ 时, $S(t) = 0$. 当 $t > 1$ 时, $S(t) = 1$.

因此，

$$S(t) = \begin{cases} 0, & t \leq -1, \\ \dfrac{1}{3} + t + \dfrac{2}{3}(-t)^{\frac{3}{2}}, & -1 \leq t \leq 0, \\ 1 - \dfrac{2}{3}(1-t)^{\frac{3}{2}}, & 0 \leq t \leq 1 \\ 1, & t > 1, \end{cases}$$

由于 $S(0^-) = S(0^+) = S(0)$. 故 $S(t)$ 于 0 点连续,因此 $S(t)$ 于 $[-1,1]$ 上连续.

$$S'_+(0) = \lim_{t \to 0^+} \frac{S(t) - S(0)}{t} = \lim_{t \to 0^+} \frac{\dfrac{2}{3} - \dfrac{2}{3}(1-t)^{\frac{3}{2}}}{t} \xlongequal{\frac{0}{0}} \lim_{t \to 0^+} (1-t)^{\frac{1}{2}} = 1.$$

$$S'_-(0) = \lim_{t \to 0^-} \frac{S(t) - S(0)}{t} = \lim_{t \to 0^-} \frac{t + \dfrac{2}{3}(-t)^{\frac{3}{2}}}{t} = \lim_{x \to 0^-} \left[1 + \dfrac{2}{3}(-t)^{\frac{1}{2}} \right] = 1.$$

因此,$S'(0)$ 存在,从而 $S(t)$ 于 $(-1,1)$ 上可导.

故 $S(t)$ 于 $[-1,1]$ 上满足拉格朗日中值定理的条件.

15. 设有一正椭圆柱体,其底面的长、短半轴分别为 a、b,用过此柱体底面的短轴且与底面成 α 角 $\left(0 < \alpha < \dfrac{\pi}{2}\right)$ 的平面截此柱体,求底面与平面之间的楔形体的体积.

解 分别取底面长轴、短轴为 x 轴、y 轴,则椭圆方程为 $\dfrac{x^2}{a^2} + \dfrac{y^2}{b^2} = 1$,如图 6.39.

垂直于 y 轴截楔形体的横截面为直角三角形,

$$\begin{aligned} V &= \int_{-b}^{b} s(y) \, dy \\ &= \dfrac{1}{2} \tan \alpha \int_{-b}^{b} x^2(y) \, dy \\ &= \dfrac{1}{2} \tan \alpha \int_{-b}^{b} a^2 \left(1 - \dfrac{y^2}{b^2}\right) dy \\ &= \dfrac{2}{3} a^2 b \tan \alpha. \end{aligned}$$

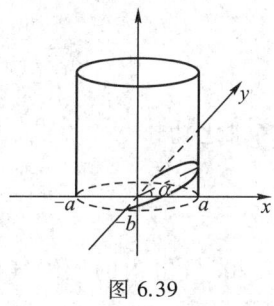

图 6.39

16. 对以 xOy 平面上曲线 $y = x^2$ 和 $y = 8 - x^2$ 所围成的区域为底,垂直于 x 轴的截面为正方形的立体,求其体积.

解 由 $\begin{cases} y = x^2, \\ y = 8 - x^2 \end{cases}$

解得 A_1, A_2 两点坐标分别为 $(2,4), (-2,4)$,如图 6.40.

$$\begin{aligned} V &= \int_{-2}^{2} s(x) \, dx \\ &= \int_{-2}^{2} [(8 - x^2) - x^2]^2 \, dx \\ &\approx 136.5. \end{aligned}$$

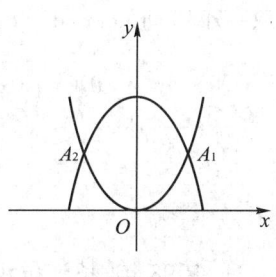

图 6.40

17. 一个均质的物体,高 4 m,水平截面面积是高度 h(从底部算起)的函数 $S = 20 + 3h^2$. 已知物体的密度与水的密度同为 10^3 kg/m^3,此物体沉在水中,上表面与水面平齐,问将此物体水平打捞出水,需做功多少(设重力加速度 $g = 10$ m/s^2)?

解 如图 6.41,将 x 轴设在水平面上,把此物体水平打捞出水,阴影部分 $[y, y+dy]$ 做功微元

$$dW = y\rho g \cdot S(y) \cdot dy,$$

$$W = \int_0^4 y\rho g S(y) dy$$

$$= \int_0^4 y(20 + 3y^2) \times 10^3 \times 10 dy$$

$$= 3.52 \times 10^6 (\text{J}).$$

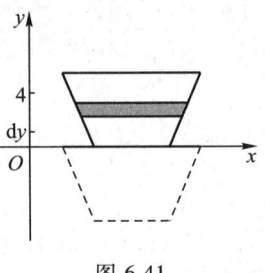

图 6.41

18. 一块 1 000 kg 的冰块要被吊起 30 m 高,而这块冰以 0.02 kg/s 的速度溶化,假设冰块以 0.1 m/s 的速度被吊起,吊索的线速度为 4 kg/m. 求把这块冰吊到指定高度需作的功.

解 把冰吊到指定高度所需时间 $T = 30/0.1 = 300$. 在时间段 $[t, t+dt] \subset [0, 300]$ 对应的功微元 $dW = [(30 - 0.1 \cdot t) \times 4 + (1\,000 - 0.02t)]g dt$

$$W = \int_0^{300} [(30 - 0.1 \cdot t) \times 4 + (1\,000 - 0.02t)] \times 9.8 dt$$

$$= 3.3 \times 10^5 (\text{J}).$$

19. 把质量为 M 的冰块沿地面匀速地推过距离 s,速度是 v_0,冰块的质量在每单位时间减少 m,设摩擦系数为 μ,问在整个过程中克服摩擦力做了多少功?

解 取坐标如图 6.42,冰块在 x 处时重量为 $\left(M - \dfrac{x}{v_0}m\right)g$,此时摩擦力

$$f(x) = \mu \left(M - \dfrac{x}{v_0}m\right)g,$$

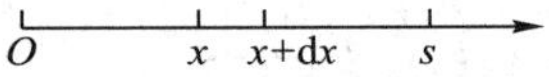

图 6.42

故所求之功

$$W = \int_0^s \mu \left(M - \dfrac{m}{v_0}x\right) g dx = \mu g s \left(M - \dfrac{ms}{2v_0}\right).$$

20. 气缸内的压缩气体推动活塞移动,使气体体积从 V_1 变大到 V_2,求气体压力做的功(等温过程).

解 设活塞面积为 S,当气体体积由 V_1 变大到 V_2 时长度从 x_1 变大到 x_2,如图 6.43,由气体定律知

$$P_1 V_1 = P_2 V_2 = P_x V_x = kT,$$

任取一小区间 $[x, x+dx] \subset [x_1, x_2]$ 时对应的功微元为

$$dW = F(x) dx = P_x S dx = \dfrac{x_1}{x} P_1 S dx.$$

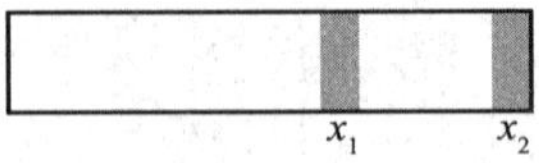

图 6.43

故

$$W = \int_{x_1}^{x_2} \dfrac{x_1}{x} P_1 S dx = P_1 V_1 \ln \dfrac{x_2}{x_1} = kT \ln \dfrac{V_2}{V_1}.$$

21. 1998 年,长江抗洪大军在荆江大坝上筑起了子提,8 月 17 日洪水高出大坝 2.4 m,求

每延长 1 m 子堤受到洪水的静压力(设水的密度 ρ 为 10^3 kg/m³,重力加速度 g 为 10 m/s²).

解 在子堤水下区间段 $[h,h+dh] \subset [0,2.4]$ 中每延长米受到洪水的静压力微元
$$dF = 1 \cdot h\rho g\, dh,$$
故
$$F = \int_0^{2.4} 1 \cdot h\rho g\, dh = 2.88 \times 10^4 (\text{N}).$$

22. 求连续曲线段 $y=f(x)>0, x \in [a,b]$,绕 x 轴旋转一周得到的旋转面的面积 S.并用半径为 r 的球面面积公式验证你的结果.

解 如图 6.44,相应 $[x,x+dx] \subset [a,b]$ 的一段曲线绕 x 轴旋转一周得到旋转面的面积微元
$$dS = 2\pi f(x)\sqrt{1+f'^2(x)}\,dx,$$
$$S = 2\pi \int_a^b f(x)\sqrt{1+f'^2(x)}\,dx.$$

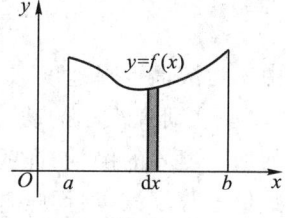

图 6.44

验证 圆心在原点,半径为 r 的球面面积的方程为
$$y = \sqrt{r^2 - x^2}, \quad S = 2\pi \int_{-r}^{r} \sqrt{r^2 - x^2} \cdot \sqrt{1 + \frac{x^2}{(r^2 - x^2)}}\,dx = 4\pi r^2,$$
即,用面积公式计算出的球面面积公式与已知球面面积公式相符.

23. 设有曲线 $y = \sqrt{x-1}$,过原点作其切线,求此曲线、切线及 x 轴围成的平面图形绕 x 轴旋转一周所得到的旋转体的表面积.

解 详细解答过程参见 6.6 节例题分析部分例 41(4).

24. 长为 0.3 m,线密度为 3 kg/m 的细杆,一端固定于 O 点,在水平面内转动,已知角速度是 10π/s,求杆的动能.

解 因质点转动的动能是 $\frac{1}{2}m\omega^2 r^2$,在杆上取 r 到 $r+dr$ 的一段,其质量微元是 $3dr$,动能微元 $dE = \frac{3}{2}(10\pi)^2 \cdot r^2 dr$,故杆的转动动能为
$$E = \int_0^{0.3} \frac{3}{2}(10\pi)^2 r^2\,dr = 50\pi^2 r^3 \Big|_0^{0.3} = 1.35\pi^2 (\text{J}).$$

25. 油通过油管时,中间速度大,越靠近管壁流速减少,实验测定:油管横截面的某点处的流速 v 与该处到油管中心距离 r 之间有如下关系 $v = K(a^2 - r^2)$,其中 K 为比例常数, a 为油管半径,求单位时间内通过油管的油的流量 Q.

解 取 $[r, r+dr] \subset [0, a]$, r 到 $r+dr$ 的圆环上,面积微元 $ds = 2\pi r\,dr$,单位时间的流量微元
$$dQ = v\,ds = K(a^2 - r^2) 2\pi r\,dr = 2K\pi(a^2 - r^2)r\,dr,$$
故流量
$$Q = \int_0^a 2\pi K(a^2 - r^2) r\,dr = \frac{1}{2} K a^4 \pi.$$

26. 平面上什么曲线旋转得到的旋转体的容器才能使流体从底部小孔流出时液面下降是匀速的(提示:液体从容器小孔流出的速度 $v = c\sqrt{2gh}$, h 为液面到孔口的高度, $c = 0.6$).

解 设容器是由 $y=f(x)$ 绕 y 轴旋转而成的,容器底部小孔面积为 S,在 $\mathrm{d}t$ 时间内液面下降了 $\mathrm{d}y$,由题意知:$\dfrac{\mathrm{d}y}{\mathrm{d}t}=-a(k>0)$. 则

$$vs\mathrm{d}t = -\pi x^2 \mathrm{d}y,$$

$$c\sqrt{2gy}\cdot S\mathrm{d}t = -\pi x^2 \mathrm{d}y,$$

$$c\sqrt{2gy}\cdot S = -\pi x^2 \dfrac{\mathrm{d}y}{\mathrm{d}t},$$

$$y = \dfrac{1}{2g}\left(\dfrac{\pi x^2 a}{cS}\right)^2 = \dfrac{1}{0.72g}\pi^2 \left(\dfrac{a}{S}\right)^2 x^4,$$

其中 a 为液面下降速度.

27. 在研究汽车的动力特性时,常常做出专门形式的图表:横坐标为速度 v,纵坐标为相应的加速度 a 的倒数,证明:由此曲线弧即铅直线 $v=v_1$,$v=v_2$ 和横坐标轴围成的图形的面积,在数量上等于汽车行驶速度由 v_1 增加到 v_2 所需要的时间(增速时间).

解 所围图形的面积为 $\displaystyle\int_{v_1}^{v_2}\dfrac{1}{a}\mathrm{d}v$,而由 $a=\dfrac{\mathrm{d}v}{\mathrm{d}t}$ 可知,$\mathrm{d}t=\dfrac{1}{a}\mathrm{d}v$,故速度由 v_1 增加到 v_2 所需要的时间为 $\displaystyle\int_{v_1}^{v_2}\dfrac{1}{a}\mathrm{d}v=\dfrac{v_2-v_1}{a}$.

28. 有一半径为 R,高为 H 的圆柱形无盖容器,由于容器放置倾斜,其轴线与水平面的倾角 $\alpha\geqslant\arctan\dfrac{2R}{H}$,问容器此时所盛液体的体积.

解 $\displaystyle\int_{-R}^{R}2\sqrt{R^2-x^2}\,[H+(x-R)\cot\alpha]\mathrm{d}x = \pi R^2(H-R\cot\alpha)$.

第七章 微分方程

7.1 教学基本要求

1. 了解微分方程及其解、通解、特解和初值条件等概念.
2. 掌握变量可分离的方程及一阶线性方程的解法.
3. 会解齐次方程、伯努利方程和全微分方程,会用简单的变量代换解某些微分方程.
4. 会用降阶法解下列方程: $y^{(n)}=f(x)$, $y''=f(x,y')$ 和 $y''=f(y,y')$.
5. 理解线性微分方程解的性质及解的结构定理.
6. 掌握二阶常系数齐次线性微分方程的解法,并会解某些高于二阶的常系数齐次线性微分方程.
7. 会解自由项为多项式、指数函数、正弦函数、余弦函数以及它们的和与积的二阶常系数非齐次线性微分方程.
8. 了解微分方程的幂级数解法. 会解欧拉方程,会解包括两个未知量的一阶常系数线性微分方程组.
9. 会用微分方程(或方程组)解决一些简单的应用问题.
(注:3 中的全微分方程和 8 中的幂级数解法,都在后面的章节中介绍.)

7.2 内容总结

7.2.1 基本概念

1. **微分方程** 含有未知函数的导数或微分的,联系着自变量、未知函数及其导数或微分的方程,叫做**微分方程**.

未知函数仅依赖一个自变量的微分方程,叫做**常微分方程**. 未知函数依赖多个自变量的微分方程,叫做**偏微分方程**,本章仅讨论常微分方程.

2. **微分方程的阶** 出现在微分方程中的未知函数导数的最高阶数,称为该**微分方程的阶**.

3. **微分方程的解** 凡满足微分方程的函数,都叫做该**微分方程的解**.

   通解 对 n 阶微分方程,含有 n 个彼此独立的任意常数的解,叫该微分方程的**通解**.

   特解 不含任意常数的解.

   积分曲线 特解的图形.

   积分曲线族 通解的图形.

4. **初值条件(初值条件)** 当自变量取某值时,要求未知函数及其导数取给定值的条件,叫做**初值条件**.

   初值问题(Cauchy 问题) 求微分方程满足初始值条件的特解的问题.

7.2.2 基本理论

1. 线性微分方程解的存在唯一性定理 对 n 阶线性微分方程

$$y^{(n)}+a_1(x)y^{(n-1)}+a_2(x)y^{(n-2)}+\cdots+a_n(x)y=f(x),$$

若 $a_i(x),f(x)\in C(I),i=1,2,\cdots,n$,则对任一 $x_0\in I$ 和 n 个任意常数 $y_0^{(i)}(i=0,1,\cdots,n-1)$,方程满足初始值条件.

$$y(x_0)=y_0^{(0)},y'(x_0)=y_0^{(1)},\cdots,y^{(n-1)}(x_0)=y_0^{(n-1)}$$

的解存在且唯一,并在整个区间 I 上有定义.

2. 叠加原理 设 y_1,y_2 依次是线性微分方程

$$y^{(n)}+a_1(x)y^{(n-1)}+\cdots+a_n(x)y=f_1(x),$$
$$y^{(n)}+a_1(x)y^{(n-1)}+\cdots+a_n(x)y=f_2(x)$$

的解,则

$$y=ay_1+by_2$$

是方程

$$y^{(n)}+a_1(x)y^{(n-1)}+\cdots+a_n(x)y=af_1(x)+bf_2(x)$$

的解,其中 a,b 为常数.

注意:三个方程中系数 $a_i(x),i=1,2,\cdots,n$ 是相同的,仅非齐次项最后一个 $af_1(x)+bf_1(x)$ 是前两个的线性组合.

3. 齐次线性微分方程通解结构 齐次线性微分方程

$$y^{(n)}+a_1(x)y^{(n-1)}+\cdots+a_n(x)y=0$$

有 n 个线性无关的解 $y_1(x),y_2(x),\cdots,y_n(x)$,且其任何解 $y(x)$ 都可表为

$$y(x)=C_1y_1(x)+C_2y_2(x)+\cdots+C_ny_n(x),$$

其中 $C_1,C_2,\cdots,C_n$ 为 n 个常数.

齐次线性微分方程的 n 个解 $y_1(x),y_2(x),\cdots,y_n(x)$ 线性无关(称为基本解组)$\Leftrightarrow$ 朗斯基行列式

$$W(x_0)=\begin{vmatrix} y_1(x_0) & \cdots & y_n(x_0) \\ y_1'(x_0) & \cdots & y_n'(x_0) \\ \vdots & & \vdots \\ y_1^{(n-1)}(x_0) & \cdots & y_n^{(n-1)}(x_0) \end{vmatrix}\neq 0,$$

x_0 是区间 I 内任一点.

二阶齐次线性微分方程的两个解 $y_1(x),y_2(x)$ 线性无关$\Leftrightarrow y_1(x)/y_2(x)$ 不是常数.

4. 非齐次线性微分方程通解结构 设 $y_*(x)$ 是非齐次线性微分方程

$$y^{(n)}+a_1(x)y^{(n-1)}+\cdots+a_n(x)y=f(x)$$

的一个特解,而 $y_1(x),\cdots,y_n(x)$ 是对应的齐次线性微分方程的基本解组,则这个非齐次方程的通解为

$$y(x)=C_1y_1(x)+\cdots+C_ny_n(x)+y_*(x),$$

其中 $C_1,C_2,\cdots,C_n$ 为 n 个任意常数.

对于线性微分方程组有与 1~4 完全类似的结论,它们属于了解的内容.

7.2.3 基本方法

1. 一阶微分方程

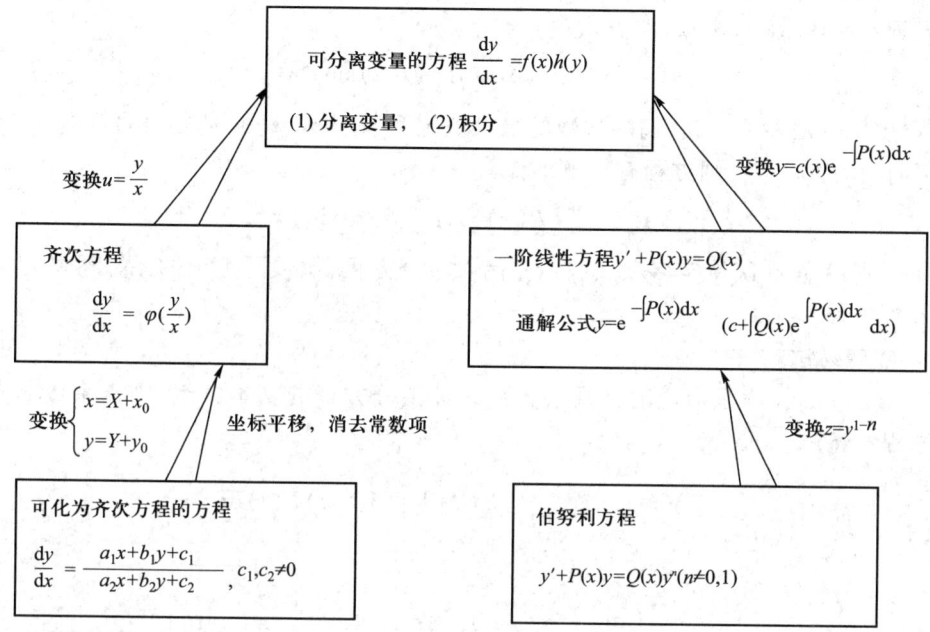

2. 可降阶的高阶方程

(1) $y^{(n)}=f(x)$. 积分 n 次.

(2) $y''=f(x,y')$(缺未知函数 y). 作变换,令 $z=y'$,则 $y''=z'$,方程化为一阶的方程 $z'=f(x,z)$. 求出解 $z=z(x,C_1)$ 后,由 $y'=z(x,C_1)$ 再积分一次.

(3) $y''=f(y,y')$(缺自变量 x). 作变换,令 $z=y'$,视 y 为自变量,则 $y''=z\dfrac{dz}{dy}$. 方程化为一阶的方程 $z\dfrac{dz}{dy}=f(y,z)$. 求出解 $z=z(y,C_1)$ 后,由 $y'=z(y,C_1)$ 分离变量求解.

3. 常系数线性微分方程

(1) 常系数齐次线性微分方程

$$y^{(n)}+a_1(x)y^{(n-1)}+\cdots+a_ny=0.$$

先求特征方程

$$\lambda^n+a_1\lambda^{n-1}+\cdots+a_n=0$$

的根 λ 及重次 k. 然后由表 7.1 可得到基本解组. 基本解组的线性组合就是通解.

表 7.1

特征根情况	基本解组中相关的解
k 重实根 λ	$e^{\lambda x},xe^{\lambda x},\cdots,x^{k-1}e^{\lambda x}$(共 k 个)
k 重共轭复根 $\lambda=\alpha\pm\beta i$	$e^{\alpha x}\cos\beta x,xe^{\alpha x}\cos\beta x,\cdots,x^{k-1}e^{\alpha x}\cos\beta x$ $e^{\alpha x}\sin\beta x,xe^{\alpha x}\sin\beta x,\cdots,x^{k-1}e^{\alpha x}\sin\beta x$ (共 $2k$ 个)

(2) 常系数非齐次线性微分方程
$$y^{(n)}+a_1 y^{(n-1)}+\cdots+a_n y=f(x),$$
它的通解等于对应的齐次线性微分方程的通解加上它自己的一个特解. 特解有两种求法.

① 待定系数法

当方程右端函数(自由项、非齐次项)为
$$f(x)=e^{\alpha x}[P(x)\cos\beta x+Q(x)\sin\beta x],$$
其中 $P(x), Q(x)$ 是多项式,它们的次数的最大值记为 m. 如果 $\alpha+\beta i$ 是方程的 k 重特征值(不是特征值时,认为 $k=0$),则方程有特解形如
$$y_*(x)=x^k e^{\alpha x}[R(x)\cos\beta x+S(x)\sin\beta x],$$
其中 $R(x), S(x)$ 是 m 次待定多项式,将 y_* 代入微分方程,比较同类项的系数可确定两个多项式的系数.

② 常数变易法

设 $y_1(x),\cdots,y_n(x)$ 是对应的常系数齐次线性微分方程的基本解组,则常系数非齐次线性微分方程有特解
$$y_*(x)=[y_1(x),\cdots,y_n(x)]\int_{x_0}^x Y^{-1}(t)F(t)\,\mathrm{d}t.$$
其中
$$Y(x)=\begin{bmatrix} y_1(x) & \cdots & y_n(x) \\ y_1'(x) & \cdots & y_n'(x) \\ \vdots & & \vdots \\ y_1^{(n-1)}(x) & \cdots & y_n^{(n-1)}(x) \end{bmatrix}, \quad F(x)=\begin{bmatrix} 0 \\ 0 \\ \vdots \\ f(x) \end{bmatrix}.$$

4. 常系数线性微分方程组

利用特征方程根求通解的方法,属于了解的内容,这里不再总结. 对类似于解代数方程的"消元法",要求会用.

5. 欧拉方程
$$x^n y^{(n)}+a_1 x^{n-1} y^{(n-1)}+\cdots+a_{n-1} x y'+a_n y=f(x).$$
(a_{n-i} 为常数)作自变量变换,令 $x=e^t$,若用 "D" 表示 $\dfrac{\mathrm{d}}{\mathrm{d}t}$,则 $x^i y^{(i)}=D(D-1)\cdots(D-i+1)y$. 很容易将欧拉方程化为常系数线性微分方程.

6. 已知微分方程的解,求它满足的方程(反问题)

(1) 若已知某微分方程的通解 $y=y(x,C_1,\cdots,C_n)$,求该方程. 则由于通解中含有 n 个任意常数,知道方程是 n 阶的. 求通解的 1 至 n 阶导数,从 $n+1$ 个式子中消去 n 个常数 $C_1,\cdots,C_n$ 就得到一个 y 所满足的 n 阶微分方程.

(2) 若说明了方程是常系数线性微分方程,并给出 n 个线性无关的解,则可根据线性微分方程通解结构定理,通过待定系数法求出方程. 有时给出了表 7.1 中的 n 个解,可以知道特征根,从而知道特征方程,最后得到常系数齐次线性微分方程.

7. 建立微分方程

一般是根据具体问题所服从的客观规律(如几何关系,物理的定律、法则或有关的专业知识),认定其中的常量与变量,并用字母表示,最后通过代数的或分析的方法,用这些字母的算式表达出这些规律,就是建立方程.可见熟悉具体问题的相关专业知识,是建立方程的核心步骤.

7.3 思考与讨论

1. 设 $y=\cos 2x$ 是方程 $y'+P(x)y=0$ 的一个解,则该方程满足初值条件 $y(0)=2$ 的特解为 _____.

分析 (1) 可将解 $y=\cos 2x$ 代入方程,确定 $P(x)=2\tan 2x$,然后求初值问题的解.

(2) 由齐次线性微分方程通解结构知 $y=C\cos 2x$ 是方程的通解,令 $x=0,y=2$,确定 $C=2$.

应填 $y=2\cos 2x$.

2. 设 $P(x)$ 在区间 $[0,+\infty)$ 上非负,连续,且反常积分 $\int_0^{+\infty} P(x)dx$ 发散,则方程 $y'+P(x)y=0$ 的每个非零解 $y(x)$,都有 $\lim\limits_{x\to+\infty} y(x)=$ _____.

分析 将方程分离变量 $\dfrac{dy}{y}=-P(x)dx$,取定积分 $\int_{y_0}^{y} \dfrac{dy}{y}=-\int_0^x P(t)dt$ 得通解

$$y=y_0 e^{-\int_0^x P(t)dt}.$$

其中 y_0 是 $x=0$ 时对应的 y 的初值,是任意常数.因为 $P(x)$ 非负,且 $\int_0^{+\infty} P(t)dt$ 发散,所以当 $x\to+\infty$ 时, $-\int_0^x P(t)dt \to -\infty$,由此可见 $\lim\limits_{x\to+\infty} y(x)=0$.

应填 0.

【注】 将通解用不定积分表示 $y=Ce^{-\int P(x)dx}$ 是无法讨论的.

3. 设 $y=y(x)$ 是二阶常系数微分方程 $y''+py'+qy=e^{3x}$ 满足初值条件 $y(0)=y'(0)=0$ 的特解,则当 $x\to 0$ 时,函数 $\dfrac{\ln(1+x^2)}{y(x)}$ 的极限( ).

(A) 不存在　　(B) 等于 1　　(C) 等于 2　　(D) 等于 3

分析 利用洛必达法则

$$\lim_{x\to 0}\frac{\ln(1+x^2)}{y(x)}=\lim_{x\to 0}\frac{2x}{y'(x)}\frac{1}{1+x^2}=\lim_{x\to 0}\frac{2}{y''(x)}=\frac{2}{y''(0)}.$$

由 $y''+py'+qy=e^{3x}$ 知 $y''(x)$ 连续,且 $y''(0)=1$,故所求极限等于 2.

应选 C.

4. 当 $x\to+\infty$ 时,常系数齐次线性微分方程 $y''+ay=0$ 有趋于零的非零解,则( ).

(A) $a>0$　　(B) $a=0$　　(C) $a<0$　　(D) 与 a 取值无关

分析 由常系数齐次线性微分方程通解来分析.因特征方程是 $\lambda^2+a=0$.其根 $\lambda_{1,2}=$

$\pm\sqrt{-a}$.

当 $a>0$ 时,通解为 $y=C_1\cos\sqrt{a}\,x+C_2\sin\sqrt{a}\,x$.

当 $a=0$ 时,通解为 $y=C_1+C_2x$.

当 $a<0$ 时,通解为 $y=C_1\mathrm{e}^{\sqrt{-a}x}+C_2\mathrm{e}^{-\sqrt{-a}x}$.

可见只有在条件(C)下, $C_1=0$ 时的解 $y=C_2\mathrm{e}^{-\sqrt{-a}x}\to 0$(当 $x\to+\infty$).

应选 C.

5. 已知 $y=\mathrm{e}^x(C_1\cos x+C_2\sin x)$ (C_1,C_2 为两个任意常数) 为某一微分方程的通解,则该方程为____.

分析 (1) 因通解中含有两个任意常数,故它是二阶微分方程的通解. 求导两次

$$y'=\mathrm{e}^x[(C_1+C_2)\cos x+(C_2-C_1)\sin x],$$

$$y''=\mathrm{e}^x(2C_2\cos x-2C_1\sin x),$$

与 $y=\mathrm{e}^x(C_1\cos x+C_2\sin x)$ 联立,消去 C_1,C_2,得方程

$$y''-2y'+2y=0.$$

(2) 注意到 y 是某二阶常系数齐次线性微分方程的通解. 特征根 $\lambda_1=1+\mathrm{i}$, $\lambda_2=1-\mathrm{i}$, 故特征方程为

$$[\lambda-(1+\mathrm{i})][\lambda-(1-\mathrm{i})]=\lambda^2-2\lambda+2,$$

因此,方程为

$$y''-2y'+2y=0.$$

应填 $y''-2y'+2y=0$.

6. 设 y_1,y_2 是方程 $y''+a_1(x)y'+a_2(x)y=0$ 的两个特解,则 $y=C_1y_1+C_2y_2$ 是该方程的通解的充要条件为( ).

(A) $y_1y_2'-y_2y_1'=0$ \qquad (B) $y_1y_2'-y_2y_1'\neq 0$

(C) $y_1y_2'+y_2y_1'=0$ \qquad (D) $y_1y_2'+y_2y_1'\neq 0$

分析 y_1,y_2 线性无关.

(1) 只要 k_1,k_2 不全为零,就有 $k_1y_1+k_2y_2\neq 0$,即 $\dfrac{y_1}{y_2}\neq C$(常数) $\Leftrightarrow \left(\dfrac{y_1}{y_2}\right)'\neq 0$,即

$$\frac{y_1'y_2-y_2'y_1}{y_2^2}\neq 0,$$

亦即 $y_1'y_2-y_2'y_1\neq 0$.

(2) y_1,y_2 线性无关 $\Leftrightarrow \begin{pmatrix}y_1\\y_1'\end{pmatrix},\begin{pmatrix}y_2\\y_2'\end{pmatrix}$ 线性无关 $\Leftrightarrow \begin{vmatrix}y_1 & y_2\\y_1' & y_2'\end{vmatrix}\neq 0$.

应选 B.

7. 设 y_1,y_2,y_3 是 $y''+a_1(x)y'+a_2(x)y=f(x)$ ($f(x)\neq 0$) 的三个线性无关的解, C_1,C_2 为两个任意常数,则该方程的通解是( ).

(A) $C_1y_1+C_2y_2+y_3$ \qquad (B) $C_1y_1+C_2y_2-(C_1+C_2)y_3$

(C) $C_1y_1+C_2y_2-(1+C_1+C_2)y_3$ (D) $C_1y_1+C_2y_2+(1-C_1-C_2)y_3$

分析 由叠加原理知,y_1-y_3,y_2-y_3 是对应的齐次方程的基本解组.再由非齐次线性方程通解结构知(D)正确.

应选 D.

8. 方程 $y''-y=e^x+1$ 的一个特解形式为(下列各式中为 a,b 常数)( ).

(A) ae^x+b (B) axe^x+b (C) ae^x+bx (D) axe^x+bx

分析 特征根 $\lambda_{1,2}=\pm1$. 右端函数 $f_1(x)=e^x,f_2(x)=1.1$ 是单特征根,0 不定特征根. 故根据解常系数非齐次微分方程特解的待定系数法及叠加原理知,该方程有形如

$$y=axe^x+b \quad (a,b \text{ 为待定常数})$$

的特解.

应选 B.

9. 已知方程 $y''+\alpha y'+\beta y=\gamma e^x$($\alpha,\beta,\gamma$ 是非零常数)有一特解 $y=e^{2x}+(1+x)e^x$,则该方程的通解为____.

分析 由常系数非齐次线性微分方程通解结构,及非齐次项 $f(x)=\gamma e^x$,以及已知的特解知 $\lambda_1=1,\lambda_2=2$ 为两个特征值(如果 1 不是特征值,特解中不会出现 xe^x 项)因此该方程的通解为

$$y=C_1e^x+C_2e^{2x}+xe^x.$$

应填 $y=C_1e^x+C_2e^{2x}+xe^x$.

【注】 只有保留有足够信息的特解,才能确定出微分方程和通解,一般一个特解不足以确定它们.

7.4 典型错误纠正

1. 求方程 $y''=2y$ 满足初值条件 $y(0)=0,y'(0)=1$ 的解.

解 这是可降阶的二阶微分方程,设 $y'=z$,则方程化为

$$z'=2y.$$

两边积分得

$$z=y^2+C_1.$$

由初值条件,$x=0$ 时,$y=0,z=1$,代入得 $C_1=1$. 再对方程 $y'=y^2+1$ 分离变量,解得

$$\arctan y=x+C_2.$$

由条件 $y(0)=0$ 知,$C_2=0$. 因此,初值问题的解为

$$y=\tan x, \quad x\in\left(-\frac{\pi}{2},\frac{\pi}{2}\right).$$

问题分析 将 $y=\tan x$ 代入方程 $y''=2y$ 验证,发现它不是解,问题出现在哪里? 因 $y''=2y$ 是缺自变量 x 的方程,求解时除作变换令 $y'=z$ 外,还要视 y 为自变量,这时 $\dfrac{\mathrm{d}z}{\mathrm{d}x}=\dfrac{\mathrm{d}z}{\mathrm{d}y}\times\dfrac{\mathrm{d}y}{\mathrm{d}x}$,即 $y''=z'=z\dfrac{\mathrm{d}z}{\mathrm{d}y}$,方程应化为

$$z\frac{\mathrm{d}z}{\mathrm{d}y}=2y.$$

而在解中,变换后得到的 $z'=2y$,写清楚是 $\frac{\mathrm{d}z}{\mathrm{d}x}=2y$. 含糊地两边积分,左边对 x 积分,右边对 y 积分,所以得到错误的结果.

2. 求二阶线性微分方程 $y''+y=\cos x$ 的特解形式.

解 特征方程 $\lambda^2+1=0$ 的根 $\lambda=\pm\mathrm{i}$.因为 $\alpha=0,\beta=1,\alpha+\beta\mathrm{i}=\mathrm{i}$ 是单特征根,所以 $k=1$,又 $m=0$.故方程有特解形如

$$y_*=b_0 x\cos x.$$

问题分析 结果错了,不应以为非齐次项是 $\cos x$,特解中仅出现 $\cos x$.还应含有正弦 $\sin x$ 的项.正确的特解形式为

$$y_*=b_0 x\cos x+d_0 x\sin x.$$

3. 设 $f(x)$ 连续,且满足关系

$$f(x)=\int_0^{2x} f\left(\frac{t}{2}\right)\mathrm{d}t+\ln 2,$$

求函数 $f(x)$.

解 将积分方程两边对 x 求导,得

$$f'(x)=2f(x),$$

再由分离变量法,解得

$$f(x)=C\mathrm{e}^{2x},$$

其中 C 为任意常数.

问题分析 取 $C=1$,将 $f(x)=\mathrm{e}^{2x}$ 代入积分方程,发现它不满足方程.即它不是所求的函数.取 $C=2,f(x)=2\mathrm{e}^{2x}$ 也不是所求的函数.问题出现在哪里?因为 $f(x)$ 是连续的,未说它可导,积分方程两边求导错了吗?没有.因为 $f(x)$ 满足的关系式右端变上限积分函数可导,说明 $f(x)$ 可导.

问题出在积分方程中蕴含有初值条件 $f(0)=\ln 2$.将它代入 $f(x)=C\mathrm{e}^{2x}$ 中得 $C=\ln 2$,所以函数 $f(x)=\mathrm{e}^{2x}\ln 2$.

通常一个方程求导后,提高了方程的阶数,新方程的通解中任意常数的个数比原方程增加了.所以新方程的通解包含了原方程的通解,但增加了一些函数不是原方程的解,必须根据原方程,把这些增加的函数去掉.

7.5 释 疑 解 惑

1. 微分方程的通解是否包含它所有的解?

答 微分方程的通解不一定包含它所有的解.如方程

$$\mathrm{d}y=\sqrt{1-y^2}\,\mathrm{d}x$$

的通解为
$$y = \sin(x+C), x \in \left(-C-\frac{\pi}{2}, -C+\frac{\pi}{2}\right).$$

显然 $y = \pm 1$ 也是方程的两个解,但它未包含在通解中.然而许多情况下,通解与全部解是一致的.比如,未知函数的导数 y' 等于自变量的已知函数 $f(x)$ 的方程,它的全部解就是 y 的全部原函数 $y = F(x) + C$ ($F(x)$ 是任何一个原函数),恰好是方程的通解.常系数线性微分方程的通解也是全部解,在课程中已有明确的论证.

2. 解可分离变量的微分方程,第一步分离变量得
$$f(x)\,dx = g(y)\,dy,$$
第二步是两边积分,就得到通解.可是两边积分时,左边是对 x 积分,右边是对 y 积分.等式
$$\int f(x)\,dx = \int g(y)\,dy + C$$
怎么成立呢?

答 等式肯定成立.详细说是这样,假设这个方程的解为 $y = y(x)$,代入到分离变量后的式子,得到
$$f(x)\,dx = g(y(x))y'(x)\,dx,$$
两边对 x 积分,得
$$\int f(x)\,dx = \int g(y(x))y'(x)\,dy + C,$$
根据不定积分的换元积分法,就有
$$\int f(x)\,dx = \int g(y)\,dy + C.$$

3. 如何解下面这类方程
$$f'(x) = \cos x - \int_0^x f(t)\,dt,$$
求解时,有什么值得注意的事情?

答 在方程中,又有未知函数的导数,又有未知函数的变限积分,它是微分积分方程.解这类方程通常是通过求导将它化为微分方程.方程两边关于 x 求导(因为等式右边可导,所以左边也可导)得
$$f''(x) + f(x) = -\sin x,$$
是二阶常系数非齐次线性微分方程.其对应的齐次方程通解为
$$y_H = C_1 \cos x + C_2 \sin x.$$
再由待定系数法得到它的一个特解
$$y_* = \frac{1}{2} x \cos x.$$
所以,该二阶方程的通解为

$$y = C_1\cos x + C_2\sin x + \frac{1}{2}x\cos x.$$

注意,它不是给定的积分微分方程的解.因为方程求导一次,方程阶数提高一阶,通解中任意常数增加了一个.还应该从给定的方程中发现条件
$$f'(0) = 1.$$

由于 $y' = -C_1\sin x + C_2\cos x + \frac{1}{2}\cos x - \frac{1}{2}x\sin x$,故将 $f'(0) = 1$ 代入得 $C_2 = \frac{1}{2}$.因此原积分微分方程的解为

$$f(x) = C_1\cos x + \frac{1}{2}\sin x + \frac{1}{2}x\cos x,$$

C_1 为任意常数.

4. 已知二阶齐次线性微分方程

$$y'' + a_1(x)y' + a_2(x)y = 0 \tag{1}$$

的一个非零解 y_1,能否求出它的通解?

答 能求出方程(1)的通解.根据齐次线性微分方程通解结构定理,只要再找到方程(1)另外一个解 y_2,使 y_1, y_2 线性无关,就构成方程(1)的基本解组,可以写出通解.下面介绍找 y_2 的一个方法.因为要 y_2 与 y_1 线性无关,故设

$$y_2 = uy_1,$$

u 不是常数.则

$$y_2' = uy_1' + u'y_1,$$
$$y_2'' = uy_1'' + 2u'y_1' + u''y_1.$$

将它们代入方程(1),注意 y_1 是(1)的解,得

$$y_1 u'' + (2y_1' + a_1 y_1)u' = 0.$$

这是 u 的可降阶的二阶微分方程,令 $z = u'$,方程化为

$$\frac{z'}{z} = -\frac{2y_1'}{y_1} - a_1,$$

两边对 x 积分,得

$$\ln z = \ln y_1^{-2} - \int a_1 dx,$$

于是,有

$$\left(\frac{y_2}{y_1}\right)' = z = \frac{1}{y_1^2}e^{-\int a_1 dx},$$

得到解 y_2 的计算公式

$$y_2 = y_1 \int \frac{1}{y_1^2}e^{-\int a_1 dx} dx. \tag{2}$$

因为只需寻找(1)的一个解 y_2,所以,(2)式中的积分常数取为零便可.于是二阶齐次线性微

分方程(1)的通解为

$$y = C_1 y_1 + C_2 y_1 \int \frac{1}{y_1^2} e^{-\int a_1 dx} dx. \tag{3}$$

对于二阶非齐次线性微分方程,只要知道它对应的齐次线性方程的一个非零解,先用(2)式可得到基本解组.再由齐次线性微分方程通解结构定理,可得到通解(3).最后利用变动参数法,就可得到二阶非齐次线性微分方程的解.

由此可见,求二阶线性微分方程的通解,能得到对应的齐次线性方程一个非零解,问题就可以彻底解决.变系数线性微分方程是没有一般解法的.怎么求 y_1,也无一般方法.当方程比较简单时,凭借着对初等函数导数公式和求导法则的熟悉,猜想、拼凑是一个手段;待学习过幂级数之后,级数解法在条件允许时也是一个手段.

5. 解齐次欧拉方程

$$x^n y^{(n)} + a_1 x^{n-1} y^{(n-1)} + \cdots + a_{n-1} xy' + a_n y = 0$$

是通过变换 $x = e^t$,将方程化为常数齐次线性方程来求解的.由于 $e^t > 0$,这样得到的解在区间 $(0, +\infty)$ 内有意义,问齐次欧拉方程在区间 $(-\infty, 0)$ 内有解吗?

答 有.通过变换 $x = -e^t$,将方程化为常数齐次线性微分方程来求解.有意思的是在变换 $x = e^t$ 或 $x = -e^t$ 下,得到的方程是同一个.因为无论 $t = \ln x$ 还是 $t = \ln(-x)$ 都有

$$\frac{dy}{dx} = \frac{dy}{dt} \frac{dt}{dx} = \frac{dy}{dt} \frac{1}{x},$$

所以,将区间 $(0, +\infty)$ 上方程的通解表达式中的 x,换为 $-x$,就得到 $(-\infty, 0)$ 内方程通解的表达式.

对于非齐次欧拉方程,要根据非齐次项(自由项)$f(x)$ 的定义域确定变换、求解.

如果定义域在 $(0, +\infty)$ 内,方程在 $(-\infty, 0)$ 内无解,取变换 $x = e^t$ 即可;如果定义域在 $(-\infty, 0)$ 内,方程在 $(0, +\infty)$ 内无解,取变换 $x = -e^t$;如果定义域与 $(-\infty, 0)$,$(0, +\infty)$ 交集均非空,就分开求解.

7.6 例题分析

【例 1】 解方程 $\dfrac{dy}{dx} = \dfrac{y^2 + 1}{y^4 - 2xy}$.

思路 对于 y,此方程不是可分离变量的,不是齐次的,不是一阶线性方程和伯努利方程.如果把 x 视为 y 的函数,方程就是线性的.解微分方程关键在寻找两个变量间的关系,不在乎哪个是自变量,哪个是因变量.其解可以是显函数,也可以是隐函数,或者是参数方程.

解 将方程写为

$$\frac{dx}{dy} = -\frac{2y}{y^2 + 1} x + \frac{y^4}{y^2 + 1},$$

由一阶线性方程求解公式得通解

$$x = e^{-\int \frac{2y}{y^2+1} dy} \left[C + \int \frac{y^4}{y^2 + 1} e^{\int \frac{2y}{y^2+1} dy} dy \right] = \frac{1}{y^2 + 1} \left(C + \frac{1}{5} y^5 \right).$$

【例 2】 解方程 $(x\ln x)y'\sin y+\cos y(1-x\cos y)=0$.

思路 变量变换是解方程的重要手段.通过适当的变换,将方程化为熟悉的几类方程便可解了.

解 令 $u=\cos y$,则 $u'=-\sin y\cdot y'$,故方程变为伯努利方程
$$(x\ln x)u'-u=-xu^2.$$
可化为一阶线性方程
$$\frac{du^{-1}}{dx}+\frac{1}{x\ln x}u^{-1}=\frac{1}{\ln x},$$
故有
$$u^{-1}=e^{-\int\frac{dx}{x\ln x}}\left[C+\int\frac{1}{\ln x}e^{\int\frac{dx}{x\ln x}}dx\right]=\frac{1}{\ln x}(C+x).$$
所以,原方程的通解为
$$\cos y=\frac{\ln x}{x+C}.$$

【例 3】 求初值问题 $\begin{cases}\dfrac{dy}{dx}=2x+\tan(y-x^2),\\ y\big|_{x=0}=\dfrac{\pi}{6}\end{cases}$ 的解.

解 作变换,令 $u=y-x^2$,则方程化为可分离变量的方程
$$\frac{du}{dx}=\tan u.$$
分离变量,积分得
$$\ln|\sin u|=x+C,$$
故原方程的通解为
$$y=x^2+\arcsin(Ce^x).$$
将初值 $y\big|_{x=0}=\dfrac{\pi}{6}$ 代入,得 $C=\dfrac{1}{2}$.于是所给的初值问题的解为
$$y=x^2+\arcsin\frac{e^x}{2},\quad 0\leq x\leq\ln 2.$$

【例 4】 已知函数 $f(x)$ 满足关系 $f(x_1+x_2)=\dfrac{f(x_1+x_2)}{1-f(x_1)f(x_2)}$,且 $f'(0)$ 存在,求 $f(x)$.

思路 $f(x)$ 是否可导?

解 令 $x_1=x_2=0$,由题设关系得 $f(0)[1-f^2(0)]=2f(0)$,即有 $f(0)[1+f^2(0)]=0$,因此 $f(0)=0$.由导数定义
$$f'(x)=\lim_{\Delta x\to 0}\frac{f(x+\Delta x)-f(x)}{\Delta x}=\lim_{\Delta x\to 0}\frac{\dfrac{f(x)+f(\Delta x)}{1-f(x)f(\Delta x)}-f(x)}{\Delta x}$$

$$= \lim_{\Delta x \to 0} \frac{f(\Delta x)}{\Delta x} \frac{1+f^2(x)}{1-f(x)f(\Delta x)} = f'(0)[1+f^2(x)].$$

其中用到 $f'(0)$ 存在及由此得到的 $f(x)$ 在 $x=0$ 处连续. 若记 $f'(0)=a$,则 $f(x)$ 满足微分方程

$$y' = a(1+y^2).$$

由分离变量法解得

$$\arctan y = ax + C,$$

因为 $f(0)=0$ 知 $C=0$,故所求函数为

$$f(x) = \tan(ax).$$

【例 5】 求初值问题 $\begin{cases} y' - y\tan x = e^{|\sin x|}, \\ y\left(\dfrac{\pi}{3}\right) = 2 \end{cases}$ 的解.

思路 带有绝对值或分段函数的方程,应分段求解,并注意分段点是否满足方程.

解 由一阶线性方程通解公式

$$y = e^{\int \tan x dx} \left[C + \int e^{|\sin x|} e^{-\int \tan x dx} dx \right] = \frac{1}{\cos x}\left(C + \int e^{|\sin x|} d\sin x \right)$$

$$= \begin{cases} \dfrac{1}{\cos x}(C - e^{-\sin x}), & -1 < \sin x < 0, \\ \dfrac{1}{\cos x}(C_1 + e^{\sin x}), & 0 \leqslant \sin x < 1. \end{cases}$$

注意:(1) 自变量的初值是 $x=\dfrac{\pi}{3}$,所以解的存在范围是 $-\dfrac{\pi}{2} < x < \dfrac{\pi}{2}$;(2) 由方程知在 $x=0$ 处,$y'(0)=1$,说明 $y(x)$ 在 $x=0$ 处连续. 因此在区间 $\left(-\dfrac{\pi}{2}, \dfrac{\pi}{2}\right)$ 上 C_1 和 C 之间满足

$$C - 1 = C_1 + 1,$$

即 $C_1 = C - 2$. 因此原方程在 $\left(-\dfrac{\pi}{2}, \dfrac{\pi}{2}\right)$ 内的通解是

$$y = \begin{cases} \dfrac{1}{\cos x}(C - e^{-\sin x}), & -\dfrac{\pi}{2} < x \leqslant 0, \\ \dfrac{1}{\cos x}(C - 2 + e^{\sin x}), & 0 < x < \dfrac{\pi}{2}. \end{cases}$$

将初值条件 $y\left(\dfrac{\pi}{3}\right) = 2$ 代入知 $C = 3 - e^{\frac{\sqrt{3}}{2}}$,故所论初值问题的解为

$$y = \begin{cases} \dfrac{1}{\cos x}(3 - e^{\frac{\sqrt{3}}{2}} - e^{-\sin x}), & -\dfrac{\pi}{2} < x \leqslant 0, \\ \dfrac{1}{\cos x}(1 - e^{\frac{\sqrt{3}}{2}} + e^{\sin x}), & 0 < x < \dfrac{\pi}{2}. \end{cases}$$

【注】 一阶微分方程在一个区间上的通解中仅含有一个任意常数,不能同时含 C, C_1 两个任意常数.

【例6】 求微分方程 $x^2 y' + xy = y^2$ 满足初值条件 $y(1) = 1$ 的特解.

解法1 将方程写为

$$y' = \frac{y^2 - xy}{x^2}$$

是齐次方程,令 $u = \dfrac{y}{x}$,即 $y = xu$,则方程变为可分离变量的方程

$$x \frac{\mathrm{d}u}{\mathrm{d}x} = u^2 - 2u.$$

分离变量得

$$\left(\frac{1}{u-2} - \frac{1}{u}\right) \mathrm{d}u = 2 \frac{\mathrm{d}x}{x},$$

积分去对数得

$$\frac{u-2}{u} = Cx^2.$$

所以原方程的通解为

$$y = \frac{2x}{1 - Cx^2}.$$

由初值条件 $y(1) = 1$,知 $C = -1$,故所求特解为

$$y = \frac{2x}{1 + x^2}.$$

解法2 将方程写为

$$y' + \frac{1}{x} y = \frac{1}{x^2} y^2$$

是伯努利方程(以下略).

【例7】 设函数 $f(x)$ 在 $[0, +\infty)$ 上可导,$f(0) = 0$,且其反函数为 $g(x)$,若

$$\int_0^{f(x)} g(t) \mathrm{d}t = x^2 \mathrm{e}^x,$$

求 $f(x)$.

解 对给定的等式两边关于 x 求导,得

$$g(f(x)) f'(x) = 2x\mathrm{e}^x + x^2 \mathrm{e}^x,$$

由于 $g(f(x)) \equiv x$,所以上式即

$$x f'(x) = 2x \mathrm{e}^x + x^2 \mathrm{e}^x.$$

当 $x \neq 0$ 时,$f'(x) = 2\mathrm{e}^x + x\mathrm{e}^x$,积分得

$$f(x) = (x+1) \mathrm{e}^x + C.$$

由条件知 $f(x)$ 在 $x=0$ 处连续,上述函数在 $x=0$ 处也连续,所以它就是 $[0,+\infty)$ 上的解.再由 $f(0)=0$,知 $C=-1$,所以
$$f(x)=(x+1)\mathrm{e}^x-1.$$

【例8】 已知函数 $y=y(x)$ 在任意点 x 处的增量 $\Delta y=\dfrac{y\Delta x}{1+x^2}+\alpha$,且当 $\Delta x\to 0$ 时 α 是 Δx 的高阶无穷小,$y(0)=\pi$,则 $y(1)$ 等于( ).

(A) 2π (B) π (C) $\mathrm{e}^{\frac{\pi}{4}}$ (D) $\pi\mathrm{e}^{\frac{\pi}{4}}$

思路 根据微分是增量的线性主部,得 $\mathrm{d}y=\dfrac{y}{1+x^2}\mathrm{d}x$(或者由导数的定义 $y'=\lim\limits_{\Delta x\to 0}\dfrac{\Delta y}{\Delta x}$),得
$$\frac{\mathrm{d}y}{\mathrm{d}x}=\frac{y}{1+x^2}.$$

用分离变量法解得 $y=C\mathrm{e}^{\arctan x}$.再由初值条件 $y(0)=\pi$,知 $C=\pi$.于是 $y=\pi\mathrm{e}^{\arctan x}$,所以 $y(1)=\pi\mathrm{e}^{\frac{\pi}{4}}$.

应选 D.

【例9】 设 $f(x)$ 连续,常数 $\alpha>0$,

(1) 求初值问题 $\begin{cases}y'+\alpha y=f(x),\\ y\big|_{x=0}=0\end{cases}$ 的解 $y=y(x)$;

(2) 若 $|f(x)|\le k$(k 为常数),证明:(1)的解当 $x\ge 0$ 时,有
$$|y(x)|\le\frac{k}{\alpha}(1-\mathrm{e}^{-\alpha x});$$

(3) 若 $f(x)$ 是以 T 为周期的函数,证明方程的通解中有唯一一个以 T 为周期的解.

思路 一阶线性微分方程的通解公式
$$y=\mathrm{e}^{-\int P(x)\mathrm{d}x}\left[C+\int Q(x)\mathrm{e}^{\int P(x)\mathrm{d}x}\mathrm{d}x\right],$$

对具体的一阶线性方程求解是很方便的,但要抽象地讨论一阶线性方程解的性态就困难了.由于约定公式中的不定积分仅表示被积函数的一个原函数,故可以用变上限定积分代替.得到一阶线性微分方程 $y'+P(x)y=Q(x)$ 的通解公式
$$y=\mathrm{e}^{-\int_{x_0}^{x}P(t)\mathrm{d}t}\left[C+\int_{x_0}^{x}Q(t)\mathrm{e}^{\int_{x_0}^{t}P(\tau)\mathrm{d}\tau}\mathrm{d}t\right].$$

其中 x_0 是 P,Q 的连续区间内的一个定点.满足初值条件 $y\big|_{x=x_0}=y_0$ 的解为
$$y=\mathrm{e}^{-\int_{x_0}^{x}P(t)\mathrm{d}t}\left[y_0+\int_{x_0}^{x}Q(t)\mathrm{e}^{\int_{x_0}^{t}P(\tau)\mathrm{d}\tau}\mathrm{d}t\right].$$

因为定积分有许多重要性质可用,这两个公式就显得很方便.

解 (1) 所论初值问题的解为
$$y=\mathrm{e}^{-\int_0^x\alpha\mathrm{d}t}\left[0+\int_0^x f(t)\mathrm{e}^{\int_0^t\alpha\mathrm{d}\tau}\mathrm{d}t\right]=\mathrm{e}^{-\alpha x}\int_0^x f(t)\mathrm{e}^{\alpha t}\mathrm{d}t.$$

(2) 当 $x\ge 0$ 时

$$|y| \leq |e^{-\alpha x}| \int_0^x |f(t)| e^{\alpha t} dt \leq e^{-\alpha x} k \int_0^x e^{\alpha t} dt$$

$$= \frac{k}{\alpha} e^{-\alpha x}(e^{\alpha x} - 1) = \frac{k}{\alpha}(1 - e^{-\alpha x}).$$

（3）因为方程的通解（对一阶线性方程也是所有的解）为

$$y(x) = e^{-\alpha t}\left[C + \int_0^x f(t) e^{\alpha t} dt \right],$$

故

$$y(x+T) = e^{-\alpha T} e^{-\alpha x}\left[C + \int_0^{x+T} f(t) e^{\alpha t} dt \right],$$

对上式右边的积分作变换，令 $t = T+u$，则因 $f(t)$ 以 T 为周期知，$f(t) = f(T+u) = f(u)$，故

$$\int_0^{x+T} f(t) e^{\alpha t} dt = e^{\alpha T} \int_{-T}^x f(u) e^{\alpha u} du = e^{\alpha T}\left[\int_{-T}^0 f(u) e^{\alpha u} du + \int_0^x f(u) e^{\alpha u} du \right],$$

因此

$$y(x+T) = Ce^{-\alpha T} e^{-\alpha x} + e^{-\alpha x}\left[\int_{-T}^0 f(u) e^{\alpha u} du + \int_0^x f(u) e^{\alpha u} du \right],$$

于是

$$y(x+T) - y(x) = Ce^{-\alpha x}(e^{-\alpha T} - 1) + e^{-\alpha x} \int_{-T}^0 f(u) e^{\alpha u} du.$$

由此可见，当且仅当常数 C 取值为

$$C = \frac{1}{1 - e^{-\alpha T}} \int_{-T}^0 f(u) e^{\alpha u} du$$

时，方程的解才是以 T 为周期的.

【例 10】 设区间 $[0, b]$ 上 $P(x)$ 连续，$u(x), v(x)$ 有连续的导数，且分别满足关系

$$u'(x) = P(x) u(x), \quad v'(x) \geq P(x) v(x),$$

又 $u(0) = v(0) = a > 0$，问在区间 $[0, b]$ 上，$u(x), v(x)$ 是否有确定的大小关系？

思路 将微分不等式变为等式，即微分方程，求出 $v(x)$ 的表达式，与 $u(x)$ 表达式比较.

解 由分离变量法得

$$u(x) = a e^{\int_0^x P(t) dt}.$$

将 $v'(x) \geq P(x) v(x)$ 表示为等式

$$v'(x) - P(x) v(x) = Q(x),$$

其中 $Q(x) \geq 0$. 由一阶线性微分方程求解公式得

$$v(x) = e^{\int_0^x P(t) dt}\left[a + \int_0^x Q(t) e^{-\int_0^t P(\tau) d\tau} dt \right].$$

因为在 $[0, b]$ 上，$e^{\int_0^x P(t) dt}$ 和 $\int_0^x Q(t) e^{-\int_0^t P(\tau) d\tau} dt$ 均非负，所以

$$v(x) \geq u(x), \quad x \in [0, b].$$

【例 11】 求双曲线族 $x^2 - 2y^2 = C$ 的正交曲线族.

解 两边关于 x 求导,得双曲线族满足的微分方程为
$$y' = \frac{x}{2y}.$$

因为正交曲线在每一点处的切线与双曲线族过该点的曲线的切线垂直,故其正交曲线族满足的微分方程为
$$y' = -\frac{2y}{x}.$$

由分离变量法解得所求的曲线族的方程为
$$y = \frac{C_1}{x^2}.$$

【例 12】 求 xOy 平面上所有半径为 R 的圆所满足的微分方程.

解法 1 设圆族为
$$(x-a)^2 + (y-b)^2 = R^2, \tag{1}$$

a, b 为两个任意常数. 由隐函数求导法,(1)式两边关于 x 求导,得
$$(x-a) + (y-b)y' = 0, \tag{2}$$
$$1 + y'^2 + (y-b)y'' = 0. \tag{3}$$

由 (3) 式得 $y - b = -\frac{1+y'^2}{y''}$. 由 (2) 知 $x - a = -(y-b)y' = \frac{(1+y'^2)y'}{y''}$. 代入 (1) 式得
$$\frac{(1+y'^2)^3}{y''^2} = R^2,$$

这是可降阶的二阶微分方程
$$y'' = \pm \frac{1}{R}(1+y'^2)^{3/2}.$$

解法 2 这些圆的曲率为 $k = \frac{1}{R}$,由曲率公式 $k = \frac{|y''|}{(1+y'^2)^{3/2}}$,得微分方程
$$y'' = \pm \frac{1}{R}(1+y'^2)^{3/2}.$$

【例 13】 设 $y = y(x)$ 是初值问题 $\begin{cases} (1+x)y'' + y' = e^{-x}, \\ y(0) = 1, \quad y'(0) = -1 \end{cases}$ 的解,证明: $x > 0$ 时,它满足不等式 $e^{-x} < y < 1$.

思路 (1) 求出解,再用导数证明不等式. (2) 不求解,而直接利用导数证明不等式.

证法 1 这是缺未知函数 y 的可降阶的微分方程. 令 $z = y'$,方程化为
$$z' + \frac{1}{1+x}z = \frac{e^{-x}}{1+x}.$$

由一阶线性方程求解公式,得

$$z = e^{-\int \frac{dx}{1+x}} \left[C_1 + \int \frac{e^{-x}}{1+x} e^{\int \frac{dx}{1+x}} dx \right] = \frac{1}{1+x}(C_1 - e^{-x}),$$

由初值条件 $z(0) = y'(0) = -1$, 知 $C_1 = 0$, 从而

$$y'(x) = \frac{-e^{-x}}{1+x}.$$

由 0 到 x 作定积分, 注意 $y(0) = 1$, 得初值问题的解为

$$y(x) = 1 - \int_0^x \frac{e^{-t}}{1+t} dt.$$

显然 $x > 0$ 时, $y(x) < 1$. 设

$$F(x) = y(x) - e^{-x},$$

则

$$F'(x) = -\frac{e^{-x}}{1+x} + e^{-x} = \frac{xe^{-x}}{1+x} > 0, \quad \text{当 } x > 0 \text{ 时}.$$

因此, 在 $x > 0$ 时, $F(x) \uparrow$, $F(x) > F(0) = y(0) - 1 = 0$, 所以 $F(x) > 0$. 于是有

$$e^{-x} < y < 1, \quad \text{当 } x > 0 \text{ 时}.$$

证法 2 由方程得 $[(1+x)y']' = e^{-x}$, 从而, $(1+x)y' = C - e^{-x}$. 根据 $y'(0) = -1$ 知 $C = 0$, 因此

$$y' = \frac{-e^{-x}}{1+x} < 0, \quad \text{当 } x \geq 0 \text{ 时}.$$

故 $y(x) \downarrow$, $y(x) < y(0) = 1$.

设 $F(x) = y(x) - e^{-x}$, 则当 $x > 0$ 时,

$$F'(x) = y'(x) + e^{-x} = \frac{xe^{-x}}{1+x} > 0,$$

故 $F(x) \uparrow$. $F(x) > F(0) = y(0) - e^0 = 0$. 即 $x > 0$ 时, $y(x) > e^{-x}$. 总之有

$$e^{-x} < y < 1, \quad \text{当 } x > 0 \text{ 时}.$$

【例 14】 如图 7.1, 在上半平面有一条下凸曲线, 其上任一点 $P(x,y)$ 处的曲率等于法线长 $|PQ|$ 的倒数, 且在点 $(1,1)$ 处有水平切线, 求此曲线方程.

解 设所求的曲线方程为 $y = y(x)$, 则在点 $P(x,y)$ 处的法线方程为

$$Y - y = -\frac{1}{y'}(X - x).$$

它与 x 轴的交点为 $Q(x + yy', 0)$, 见图 7.1, 故 $|PQ| = y\sqrt{1 + y'^2}$. 由题意得

$$\frac{y''}{(1 + y'^2)^{3/2}} = \frac{1}{y\sqrt{1 + y'^2}}.$$

因此, $y = y(x)$ 是下面初值问题的解.

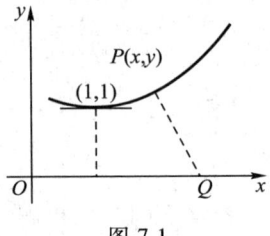

图 7.1

$$\begin{cases} \dfrac{y''}{1+y'^2} = \dfrac{1}{y}, \\ y\big|_{x=1} = 1, y'\big|_{x=1} = 0. \end{cases}$$

这是缺自变量 x 的可降阶的微分方程,令 $z = y'$,并视 y 为自变量,则 $y'' = z\dfrac{\mathrm{d}z}{\mathrm{d}y}$,方程变为

$$\frac{z}{1+z^2}\mathrm{d}z = \frac{1}{y}\mathrm{d}y.$$

两边积分,注意有初值条件:$y = 1$ 时,$z = 0$,得

$$z = \pm\sqrt{y^2 - 1},$$

即

$$\frac{\mathrm{d}y}{\mathrm{d}x} = \pm\sqrt{y^2 - 1}.$$

由分离变量法,并利用初值条件 $y\big|_{x=1} = 1$,得

$$\ln(y + \sqrt{y^2-1}) = \pm(x-1).$$

化简,得到所求的曲线方程为

$$y = \frac{1}{2}[\mathrm{e}^{x-1} + \mathrm{e}^{-(x-1)}].$$

【例 15】 曲线 $y = y(x)$ 满足方程 $y''' - y'' - 2y' = 1$,且在坐标原点处的曲率圆为 $x^2 + y^2 - 2y = 0$,求此曲线方程.

思路 这里需要了解曲率圆概念,它与曲线相切,且有相同的弯曲方向,相同的曲率.通过曲线在原点 $(0,0)$ 处的曲率圆 $x^2 + (y-1)^2 = 1$,给出初值条件,$y(0) = 0$,$y'(0) = 0$,$y''(0) = 1$.

解 这是常系数非齐次线性微分方程.由特征方程 $\lambda^3 - \lambda^2 - 2\lambda = \lambda(\lambda+1)(\lambda-2) = 0$,可知对应的齐次线性方程的通解为

$$y_H = C_1 + C_2\mathrm{e}^{-x} + C_3\mathrm{e}^{2x}.$$

由于非齐次项 $f(x) = 1$,易观察到 $y_* = -\dfrac{x}{2}$ 是非齐次方程一个特解.故通解为

$$y = C_1 + C_2\mathrm{e}^{-x} + C_3\mathrm{e}^{2x} - \frac{x}{2}.$$

利用初值条件:$y(0) = 0$,$y'(0) = 0$,$y''(0) = 1$,知 $C_1 = -\dfrac{1}{4}$,$C_2 = 0$,$C_3 = \dfrac{1}{4}$.故所求曲线方程为

$$y = \frac{1}{4}\mathrm{e}^{2x} - \frac{x}{2} - \frac{1}{4}.$$

【例 16】 求方程 $y''\cos x - 2y'\sin x + 3y\cos x = 2\mathrm{e}^x\sin x$ 的通解.

思路 这是一个变系数的二阶线性方程,解的结构我们很清楚,但这类方程没有通用的解法.想到欧拉方程的处理思想.观察这里的方程知道作一个变换可将方程化为常系数线性

方程.

解 令 $u = y\cos x$,则

$$u' = y'\cos x - y\sin x,$$
$$u'' = y''\cos x - 2y'\sin x - y\cos x,$$

于是,方程化简为

$$u'' + 4u = 2e^x \sin x. \tag{1}$$

特征方程 $\lambda^2 + 4 = 0, \lambda = \pm 2i$,所以

$$u_H = C_1 \cos 2x + C_2 \sin 2x.$$

因为非齐次项 $f(x) = 2e^x \sin x, \alpha = 1, \beta = 1, \alpha + \beta i = 1 + i$ 不是特征根,故 $k = 0$.又 $m = 0$,设特解

$$u_* = e^x(a\cos x + b\sin x),$$

代入方程(1),比较系数,确定 $a = \dfrac{-1}{5}, b = \dfrac{2}{5}$.故方程(1)的通解为

$$u = C_1 \cos 2x + C_2 \sin 2x - \frac{1}{5}e^x(\cos x - 2\sin x).$$

所以,原方程的通解为

$$y = C_1 \frac{\cos 2x}{\cos x} + C_2 \sin x - \frac{1}{5}e^x(1 - 2\tan x).$$

【例 17】 设函数 $y = y(x)$ 在 $(-\infty, +\infty)$ 内具有二阶导数,且 $y' \neq 0$, $x = x(y)$ 是 $y = y(x)$ 的反函数.

(1) 试将 $x = x(y)$ 所满足的微分方程 $\dfrac{d^2 x}{dy^2} + (y + \sin x)\left(\dfrac{dx}{dy}\right)^3 = 0$ 变换为 $y = y(x)$ 满足的微分方程;

(2) 求变换后的微分方程满足初值条件 $y(0) = 0, y'(0) = \dfrac{3}{2}$ 的解.

解 (1) 由反函数导数公式知 $\dfrac{dx}{dy} = \dfrac{1}{y'}$,即

$$y'\frac{dx}{dy} = 1,$$

上式两边关于 x 求导,得 $y''\dfrac{dx}{dy} + \dfrac{d^2 x}{dy^2}(y')^2 = 0$,所以

$$\frac{d^2 x}{dy^2} = \frac{-\dfrac{dx}{dy}y''}{(y')^2} = -\frac{y''}{(y')^3}.$$

代入原方程,得

$$y'' - y = \sin x. \tag{1}$$

(2) 方程(1)所对应的齐次方程 $y'' - y = 0$ 的通解为

$$y_H = C_1 e^x + C_2 e^{-x}.$$

设方程(1)的特解为

$$y_* = a\cos x + b\sin x,$$

代入(1),知 $a=0, b=-\dfrac{1}{2}$,故 $y_0 = -\dfrac{1}{2}\sin x$,从而方程(1)的通解是

$$y = C_1 e^x + C_2 e^{-x} - \dfrac{1}{2}\sin x.$$

由 $y(0)=0, y'(0)=\dfrac{3}{2}$,得 $C_1=1, C_2=-1$,故所求初值问题的解为

$$y = e^x - e^{-x} - \dfrac{1}{2}\sin x.$$

【例 18】 设 $y=y(x)$ 是初值问题

$$\begin{cases} (1-x^2)y'' - xy' + y = 0, & (1) \\ y\big|_{x=0}=1, \quad y'\big|_{x=0}=2 & (2) \end{cases}$$

的解. 试通过自变量变换,令 $x=\sin t$,解出此函数 $y(x)$.

解 令 $x=\sin t$,则 $t=\arcsin x$,

$$\dfrac{dy}{dx} = \dfrac{dy}{dt}\dfrac{dt}{dx} = \dfrac{1}{\sqrt{1-x^2}}\dfrac{dy}{dt},$$

$$\dfrac{d^2 y}{dx^2} = \dfrac{x}{(1-x^2)^{\frac{3}{2}}}\dfrac{dy}{dt} + \dfrac{1}{\sqrt{1-x^2}}\dfrac{d^2 y}{dt^2}\dfrac{dt}{dx} = \dfrac{x}{(1-x^2)^{\frac{3}{2}}}\dfrac{dy}{dt} + \dfrac{1}{1-x^2}\dfrac{d^2 y}{dt^2}.$$

代入方程(1)得 $y=y(\sin t)$ 满足的方程

$$\dfrac{d^2 y}{dt^2} + y = 0. \tag{3}$$

(3)式的特征方程为 $\lambda^2+1=0, \lambda=\pm i$.故(3)式的通解为

$$y = C_1 \cos t + C_2 \sin t.$$

由此可见,方程(1)的通解为

$$y = C_1 \sqrt{1-x^2} + C_2 x.$$

满足初值条件(2)的解

$$y = \sqrt{1-x^2} + 2x,$$

这就是要求的函数.

【例 19】 设 $f(x)$ 的二阶导数连续,并满足方程

$$f(x) = \int_0^x f(\pi - t)\, dt + ax,$$

其中 a 为常数,求函数 $f(x)$.

思路 (1)通过求导将积分方程化为微分方程.(2)调整 $f'(x)$ 与 $f(\pi-x)$ 中自变量为同

一值.(3) 注意挖掘初值条件.

解 将方程两边求导,得
$$f'(x) = f(\pi - x) + a, \tag{1}$$

为统一自变量,再求导得
$$f''(x) = -f'(\pi - x). \tag{2}$$

在(1)式中,将 x 换为 $\pi - x$,得 $f'(\pi - x) = f(x) + a$,代入(2)式,得方程
$$f''(x) + f(x) = -a.$$

显然其通解为
$$f(x) = C_1 \cos x + C_2 \sin x - a.$$

注意,由原积分方程知初值条件 $f(0) = 0$.代入上式知 $C_1 = a$.由(1)式知条件 $f'(\pi) = f(0) + a = 0 + a = a$.又
$$f'(x) = -a \sin x + C_2 \cos x,$$

所以,$C_2 = -a$.因此
$$f(x) = a(\cos x - \sin x - 1).$$

【例 20】 解方程 $x^2 y'' - 2xy' + 2y = x + \cos \ln x$.

解 这是欧拉方程.令 $x = e^t, t = \ln x$,则方程化为
$$[D(D-1) - 2D + 2]y = e^t + \cos t. \tag{1}$$

由于 $D(D-1) - 2D + 2 = (D-1)(D-2)$ 知,$\lambda_1 = 1, \lambda_2 = 2$,故
$$y_H = C_1 e^t + C_2 e^{2t}.$$

设 $f_1(t) = e^t$,
$$y_{1*} = b_0 t e^t,$$

代入方程 $(D-1)(D-2)y = e^t, b_0 = -1$,故
$$y_{1*} = -t e^t.$$

设 $f_2(t) = \cos t$,
$$y_{2*} = d_1 \cos t + d_2 \sin t,$$

代入方程 $(D-1)(D-2)y = \cos t$,得到 $d_1 = -\dfrac{1}{8}, d_2 = \dfrac{3}{8}$,故
$$y_{2*} = -\frac{1}{8} \cos t + \frac{3}{8} \sin t.$$

根据叠加原理 $y_{1*} + y_{2*} = -t e^t - \dfrac{1}{8} \cos t + \dfrac{3}{8} \sin t$ 是(1)式的特解.(1)式的通解为
$$y = C_1 e^t + C_2 e^{2t} - t e^t - \frac{1}{8} \cos t + \frac{3}{8} \sin t.$$

因此,原欧拉方程的通解为

$$y = C_1 x + C_2 x^2 - x\ln x - \frac{1}{8}\cos\ln x + \frac{3}{8}\sin\ln x.$$

【例 21】 设 $y_1 = x\mathrm{e}^x + \mathrm{e}^{2x}, y_2 = x\mathrm{e}^x + \mathrm{e}^{-x}, y_3 = x\mathrm{e}^x + \mathrm{e}^{2x} + \mathrm{e}^{-x}$ 是某二阶非齐次线性微分方程的三个解，求此方程．

思路 （1）非齐次线性方程的两个解之差是对应的齐次线性方程的解．（2）找到齐次线性方程两个线性无关的解，就可以确定这个齐次线性方程．（3）非齐次项，可由一个特解确定．

解 由于
$$y_3 - y_1 = \mathrm{e}^{-x}, \quad y_3 - y_2 = \mathrm{e}^{2x}$$
是对应的齐次线性微分方程的两个线性无关的解．易知
$$(\lambda + 1)(\lambda - 2) = \lambda^2 - \lambda - 2 = 0$$
为特征方程，因此，所求的微分方程形如
$$y'' - y' - 2y = f(x).$$
由于 $y_1 - (y_3 - y_2) = x\mathrm{e}^x$ 是它的一个特解，代入方程，得 $f(x) = (1 - 2x)\mathrm{e}^x$．故所求方程为
$$y'' - y' - 2y = (1 - 2x)\mathrm{e}^x.$$

【例 22】 敌方导弹 A 沿 y 轴正向，以常速 v 飞行，经过点 $(0,0)$ 时，我方设在点 $(16,0)$ 处的导弹 B 起飞追击（拦截），B 飞行方向始终指向 A，速率为 $2v$，求 B 的运动轨迹（称为追线）所满足的微分方程，并写出初值条件．

思路 本质上，这属于几何问题，注意 A,B 的位置关系，见图 7.2．

解法 1 设 B 的运动轨迹为 $y = y(x)$，由弧长公式，$B(x,y)$ 走过的路程为
$$s_B = \int_x^{16} \sqrt{1 + y'^2}\,\mathrm{d}x.$$
由于 B 处的切线方程为
$$Y - y = y'(X - x).$$

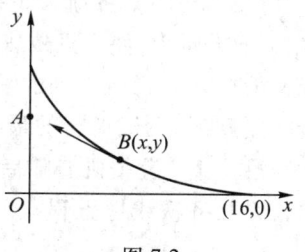

图 7.2

A 位于 y 轴与该切线的交点处，令 $X = 0$，得到 A 的坐标 $(0, y - xy')$．故 A 走过的路程为
$$s_A = y - xy'.$$
根据速度的倍数关系，得
$$2(y - xy') = \int_x^{16} \sqrt{1 + y'^2}\,\mathrm{d}x,$$
两边关于 x 求导，得到所求的微分方程
$$2xy'' = \sqrt{1 + y'^2}.$$
这是缺未知函数 y 的可降阶的二阶微分方程，初值条件为
$$y\big|_{x=16} = 0, \quad y'\big|_{x=16} = 0.$$

解法 2 设 B 的轨迹为 $y = y(x)$，从 B 起飞开始计时，设 t 时刻 B 的位置为 (x,y)，此时 A 位于 $(0, vt)$ 处，由题意两点连线的斜率与 $y = y(x)$ 的切线斜率相等，故

即
$$\frac{dy}{dx} = -\frac{vt-y}{x},$$

$$x\frac{dy}{dx} = y - vt,$$

为消去 t,上式两边关于 x 求导,得
$$x\frac{d^2y}{dx^2} = -v\frac{dt}{dx},$$

其中
$$\frac{dt}{dx} = \frac{dt}{ds}\frac{ds}{dx} = \frac{1}{2v}(-\sqrt{1+y'^2}).$$

注意:从 $(16,0)$ 到 (x,y) 的弧长是 x 的减函数,所以 $\frac{ds}{dx} = -\sqrt{1+y'^2}$,(可从解法 1 的弧长 s_B 中看到.)将 $\frac{dt}{dx}$ 代入前式,得所求的微分方程

$$2xy'' = \sqrt{1+y'^2}.$$

初值条件为
$$y\big|_{x=16} = 0, \quad y'\big|_{x=16} = 0.$$

【例 23】 某种航天飞机降落时,为了减少滑行距离,在着陆的瞬间,飞机尾部张开减速伞,以增大阻力,使飞机减速并停下.已知飞机的质量为 9 000 kg,着陆时水平速度为 700 km/h,减速伞打开后飞机受到的总阻力与飞机滑行速度成正比(比例系数为 $k = 6\times 10^6$ kg/h),问从着陆点算起,飞机滑行的最长距离是多少?

解法 1 设飞机着陆后 t 时刻,滑行的距离为 $x(t)$,速度为 $v(t)$.由牛顿第二定律,得二阶常系数齐次线性方程
$$m\frac{d^2x}{dt^2} = -k\frac{dx}{dt}.$$

其特征方程 $m\lambda^2 + k\lambda = 0$ 的根 $\lambda_1 = 0, \lambda_2 = -\frac{k}{m}$,故通解为
$$x = C_1 + C_2 e^{-\frac{k}{m}t}.$$

由初值条件 $x\big|_{t=0} = 0, x'\big|_{t=0} = v_0 = 700$,代入到通解中,解得 $C_1 = -C_2 = \frac{mv_0}{k} = 1.05$.于是
$$x(t) = 1.05\left(1 - e^{-\frac{2\times 10^3}{3}t}\right).$$

当 $t \to +\infty$ 时,$x(t) \to 1.05$.所以,飞机滑行的最长距离为 1.05 km.

解法 2 由牛顿第二定律,得可分离变量的方程
$$m\frac{dv}{dt} = -kv,$$

其通解为 $v = Ce^{-\frac{k}{m}t}$,将初值条件 $v|_{t=0} = 700$ 代入,确定 $C = 700$,故
$$v(t) = 700e^{-\frac{2 \times 10^3}{3}t}.$$

显然 $t \to +\infty$ 时,$v(t) \to 0$,所以飞机滑行的最长距离为
$$z = \int_0^{+\infty} v(t)\,dt = -1.05e^{-\frac{2 \times 10^3}{3}t}\Big|_0^{+\infty} = 1.05\,(\text{km}).$$

解法 3 将 $\dfrac{dv}{dt} = \dfrac{dv}{dx}\dfrac{dx}{dt} = v\dfrac{dv}{dx}$ 代入解法 2 的方程中,得
$$dx = -\frac{m}{k}dv.$$

两边取定积分
$$\int_0^z dx = \int_{v_0}^0 -\frac{m}{k}dv,$$

得
$$z = \frac{mv_0}{k} = 1.05\,(\text{km}).$$

【例 24】 已知俄罗斯库尔茨克号核潜艇质量为 m,体积为 V. 2000 年演习时,在水下距海底 118 m 高处动力系统发生事故,潜艇从静止状态开始下沉,设海水比重为 ρ,海水对潜艇的阻力与下沉速度成正比(系数为 k),为确定潜艇与海底撞击速度,求潜艇下沉的高度 y 与下沉速度 v 间的函数关系.

解 由于下沉时潜艇受重力 mg,海水阻力 kv,浮力 ρV 作用,根据牛顿第二定律,得
$$my'' = mg - kv - \rho V.$$
因为 $\dfrac{d^2y}{dt^2} = \dfrac{dv}{dt} = \dfrac{dv}{dy}\dfrac{dy}{dt} = v\dfrac{dv}{dy}$,所以,$v$ 满足微分方程
$$mv\frac{dv}{dy} = a - kv,$$

其中常数 $a = mg - \rho V$. 由分离变量法得
$$y = -\frac{ma}{k^2}\ln(a - kv) - \frac{m}{k}v + C.$$

因为潜艇是从静止状态开始下沉,所以有初值条件:$y = 0$ 时,$v = 0$,代入上式知
$$C = \frac{ma}{k^2}\ln a.$$

因此,y 与 v 间的函数关系是
$$y = \frac{m}{k}\left(\frac{a}{k}\ln\frac{a}{a - kv} - v\right).$$

【例 25】 已知曲线 $y = f(x)$,直线 $x = 1$,$x = t(t > 1)$ 与 x 轴围成的平面图形绕 x 轴旋转一周得到的旋转体体积为

$$V(t) = \frac{\pi}{3}[t^2 f(t) - f(1)],$$

且曲线 $y = f(x)$ 有铅直渐近线 $x = -1$. 问曲线是否还有其他渐近线？

思路 先列出方程，求出函数 $f(x)$，再讨论渐近线.

解 由旋转体体积公式和题中条件知

$$\pi \int_1^t f^2(x) \mathrm{d}x = \frac{\pi}{3}[t^2 f(t) - f(1)].$$

两边关于 t 求导，得

$$3f^2(t) = 2tf(t) + t^2 f'(t),$$

由此可见，函数 $y = f(x)$ 是齐次方程

$$y' = \frac{3y^2 - 2xy}{x^2}$$

的解. 令 $y = xu$，则方程变为

$$xu' = 3u(u-1).$$

分离变量，积分得

$$\frac{u-1}{u} = Cx^3,$$

将 $y = xu$ 代入，得齐次方程的通解

$$y = \frac{x}{1 - Cx^3}.$$

因为，$x = -1$ 是它的铅直渐近线，所以，$\lim\limits_{x \to -1^+} \dfrac{x}{1 - Cx^3} = \dfrac{-1}{1+C} = \infty$，知 $C = -1$. 故所求曲线方程为

$$y = \frac{x}{1 + x^3}.$$

因为

$$\lim_{x \to \infty} \frac{x}{1 + x^3} = 0,$$

所以，曲线有一条水平渐近线 $y = 0$，无斜渐近线.

【例 26】 设计厨房用煤气保险器，使泄漏在空气中的煤气浓度达到 0.5% 时报警鸣叫，切断煤气源，并打开排烟罩以 24 m^3/min 向外排气，直到煤气浓度下降到 0.05% 停止鸣叫和排气. 问在面积为 8 m^2，高为 3 m 的厨房内使用，报警一次需多长时间？

思路 "微元法"也是建立微分方程的一个重要手段.

解 设报警后 t min 时，室内煤气量为 Q，浓度为 $\dfrac{Q}{24}$，因为每分钟排出 24 m^3 气体，故在 $[t, t+\mathrm{d}t]$ 内，室内煤气量的微分

$$dQ = -\frac{Q}{24} \cdot 24 dt = -Q dt.$$

这是可分离变量的微分方程. 初值条件为

$$Q\big|_{t=0} = 24 \times 0.5\% = 0.12 \, (\text{m}^3).$$

解此初值问题, 得

$$Q = 0.12 e^{-t}.$$

再由

$$\frac{0.12 e^{-t}}{24} = \frac{5}{10\,000},$$

得到报警一次需要的时间为 $t = \ln 10 \approx 2.3$ min.

【例 27】 1978 年 1 月, 英国某寄宿学校 763 名学生寒假返校, 有一名学生得了流感, 第二天有两个人被传染, 这样流感在学生中传染开. 一般得病后一两天才去医院治疗. 校医统计, 得病学生每天有一半病愈. 请据此建立未得病易感染学生数 $S = S(t)$ 和正在病中学生数 $I = I(t)$ 满足的微分方程组 (病愈学生有了抗体不再受感染).

解 因为有病的学生是传染源, 尚未得病的学生是被传染的对象, 尚未得病者不断减少, 减少速度与病中学生数及未病学生数之积成比例, 故有

$$-\frac{dS}{dt} = KSI,$$

K 为比例常数. 由于第二天有两人被传染, 代入上式, 得

$$2 = K \cdot 762 \cdot 1,$$

知 $K = 0.002\,6$. 所以 $S(t), I(t)$ 满足微分方程组

$$\begin{cases} \dfrac{dS}{dt} = -0.002\,6 SI, \\ \dfrac{dI}{dt} = -0.002\,6 SI - 0.5 I. \end{cases}$$

初值条件为

$$S(0) = 762, \quad I(0) = 1.$$

据此, 可以确定防治流感的最佳措施.

7.7 习 题 解 答

7.1

1. 求下列曲线族满足的微分方程.

(1) $y = Cx + C^2$;
(2) $xy = C_1 e^x + C_2 e^{-x}$;
(3) $(x - C_1)^2 + (y - C_2)^2 = 1$;
(4) $x = \dfrac{1}{t} + C, y = \dfrac{1}{t} - t$;

解 （1）$y'=C$ 代入原方程得 $y=y'x+(y')^2$.

（2）由 $xy=C_1e^x+C_2e^{-x}$ 两端对 x 求导得 $y+xy'=C_1e^x-C_2e^{-x}$，再求导

$$y'+y'+xy''=C_1e^x+C_2e^{-x}=xy.$$

故曲线族满足的微分方程为

$$xy''+2y'-xy=0.$$

（3）对原式两端关于 x 求导得

$$x-C_1+(y-C_2)y'=0 \quad \text{或} \quad x-C_1=-(y-C_2)y',$$

两边平方 $\quad(x-C_1)^2=(y-C_2)^2y'^2,$

因此 $\quad(y-C_2)^2+(y-C_2)^2y'^2=1 \quad$ 或 $\quad (y-C_2)^2(1+y'^2)=1.$ $\qquad$ (1)

又从 $x-C_1=-(y-C_2)y'$ 中对 x 求导有 $1=-(y-C_2)y''-y'^2$. 故

$$y-C_2=-(1+y'^2)/y'',$$

代入(1)有

$$\left[\frac{(1+y'^2)}{y''}\right]^2(1+y'^2)=1.$$

化简后有

$$(y'')^2=(1+y'^2)^3,$$

即为曲线族满足的微分方程.

（4）消去参数 t 有 $y=x-C-\dfrac{1}{x-C}$，故 $y'=1+\dfrac{1}{(x-C)^2}$，又

$$y^2=(x-C)^2+\frac{1}{(x-C)^2}-2,$$

于是有 $y^2=\dfrac{1}{y'-1}+y'-1-2$，即 $(y'-1)y^2=(y'-2)^2$ 为曲线族满足的微分方程.

2. 给定一阶微分方程 $\dfrac{dy}{dx}=2x$，求：(1) 通解；(2) 满足初值条件 $y|_{x=1}=4$ 的特解；(3) 与直线 $y=2x+3$ 相切的积分曲线；(4) $\int_0^1 y\,dx=2$ 的解.

解 （1）$\dfrac{dy}{dx}=2x$ 两边积分得通解 $y=x^2+C$.

（2）由初值条件知 $4=1^2+C$，故 $C=3$，满足初值条件的特解为 $y=x^2+3$.

（3）设所求曲线为 $y=x^2+C$，任意点切线斜率为 $y'=2x$，与直线斜率 2 相等，故 $x=1$，从而切点为 $(1,5)$ 解得 $C=4$，所求曲线为 $y=x^2+4$.

（4）由 $\int_0^1 y\,dx=\int_0^1(x^2+C)dx=\dfrac{1}{3}+C=2$ 知 $C=\dfrac{5}{3}$，所求曲线为 $y=x^2+\dfrac{5}{3}$.

3. 求下列初值问题的解.

(1) $\begin{cases} y'=\sin x, \\ y|_{x=0}=1; \end{cases}$
$\qquad$ (2) $\begin{cases} y''=6x, \\ y|_{x=0}=0, \quad y'|_{x=0}=2. \end{cases}$

解 （1） $y = \int \sin x \mathrm{d}x = -\cos x + C$，由 $1 = -\cos 0 + C$ 得 $C = 2$. 所求方程初值问题的解为 $y = -\cos x + 2$.

（2） 积分 $y'' = 6x$ 得 $y' = 3x^2 + C_1$，再积分得通解为 $y = x^3 + C_1 x + C_2$，由 $y'|_{x=0} = 2$ 知 $2 = 0 + C_1$，故 $C_1 = 2$，再由 $y|_{x=0} = 0$ 易知 $C_2 = 0$. 所以所求方程初值问题的解是 $y = x^3 + 2x$.

7.2

1. 求下列方程的通解.

（1） $y' = \mathrm{e}^{2x-y}$；

（2） $y' = \sqrt{\dfrac{1-y^2}{1-x^2}}$；

（3） $(y+3)\mathrm{d}x + \cot x \mathrm{d}y = 0$；

（4） $y - xy' = a(y^2 + y')$，a 为常数.

解 （1） 分离变量 $\mathrm{e}^y \mathrm{d}y = \mathrm{e}^{2x}\mathrm{d}x$，积分，得通解 $\mathrm{e}^y = \dfrac{1}{2}\mathrm{e}^{2x} + C$.

（2） 分离变量 $\dfrac{\mathrm{d}y}{\sqrt{1-y^2}} = \dfrac{\mathrm{d}x}{\sqrt{1-x^2}}$，积分有 $\arcsin y = \arcsin x + C$. 注意，$y = \pm 1$ 也是方程的解，但它不包含在通解表达式中.

（3） 分离变量有 $\dfrac{\mathrm{d}y}{y+3} = -\dfrac{\sin x}{\cos x}\mathrm{d}x$，积分得 $\ln|y+3| = \ln|\cos x| + C_1$，通解为 $y + 3 = C\cos x$.

（4） 分离变量后为 $\dfrac{\mathrm{d}y}{y(1-ay)} = \dfrac{\mathrm{d}x}{x+a}$，积分有 $\int \left(\dfrac{1}{y} + \dfrac{a}{1-ay}\right)\mathrm{d}y = \int \dfrac{\mathrm{d}x}{x+a}$ 即 $\ln\left|\dfrac{y}{1-ay}\right| = \ln|C(x+a)|$. 通解是 $y = C(a+x)(1-ay)$.

2. 解下列初值问题.

（1） $\begin{cases} y'\sin x = y\ln y, \\ y|_{x=\frac{\pi}{2}} = \mathrm{e}; \end{cases}$

（2） $\begin{cases} y^2 \mathrm{d}x + (x+1)\mathrm{d}y = 0, \\ y|_{x=0} = 1; \end{cases}$

（3） $\begin{cases} \dfrac{\mathrm{d}y}{\mathrm{d}x} = \cos\dfrac{x+y}{2} - \cos\dfrac{x-y}{2}, \\ y(0) = \pi. \end{cases}$

解 （1） 由 $\dfrac{\mathrm{d}y}{y\ln y} = \dfrac{\mathrm{d}x}{\sin x}$，积分有 $\ln|\ln y| = \ln\left|\tan\dfrac{x}{2}\right| + C$，由 $y|_{x=\frac{\pi}{2}} = \mathrm{e}$ 知 $C = 0$.

故初值问题的解为 $\ln y = \tan\dfrac{x}{2} = \csc x - \cot x$.

（2） $-\dfrac{\mathrm{d}y}{y^2} = \dfrac{\mathrm{d}x}{x+1}$ 积分得 $\dfrac{1}{y} = \ln|x+1| + C$，由 $1 = \ln(0+1) + C \Rightarrow C = 1$.

故初值问题的解是 $\dfrac{1}{y} = \ln|x+1| + 1$.

（3） 因为

$$\cos\dfrac{x+y}{2} - \cos\dfrac{x-y}{2} = -2\sin\dfrac{x}{2}\sin\dfrac{y}{2},$$

所以分离变量得 $\dfrac{\mathrm{d}y}{\sin\dfrac{y}{2}} = -2\sin\dfrac{x}{2}\mathrm{d}x$. 积分得通解 $\ln\left|\csc\dfrac{y}{2} - \cot\dfrac{y}{2}\right| = 2\cos\dfrac{x}{2} + C$.

由 $y(0) = \pi$, 知 $C = -2$, 故初值问题的解为: $\ln\left|\csc\dfrac{y}{2} - \cot\dfrac{y}{2}\right| = 2\left(\cos\dfrac{x}{2} - 1\right)$.

3. 设降落伞受到的空气阻力与它的速度成正比,比例常数为 k,求降落速度函数.

解 设空气阻力 $F = kv$, 由牛顿第二定律知 $m\dfrac{\mathrm{d}v}{\mathrm{d}t} = mg - F$, 于是 $\dfrac{\mathrm{d}v}{\mathrm{d}t} = g - \dfrac{k}{m}v$, 分离变量有 $\dfrac{\mathrm{d}v}{g - \dfrac{k}{m}v} = \mathrm{d}t$, 积分有 $-\dfrac{m}{k}\ln\left(g - \dfrac{k}{m}v\right) = t + C$. 由 $v\big|_{t=0} = 0$ 确定 $C = -\dfrac{m}{k}\ln g$. 故 $g - \dfrac{k}{m}v = g\mathrm{e}^{-\dfrac{k}{m}t}$ 即

$$v = \dfrac{mg}{k}\left(1 - \mathrm{e}^{-\dfrac{k}{m}t}\right).$$

4. 求一条曲线,通过点 $(-1,1)$, 且其上任一点处的切线在 x 轴的截距等于切点横坐标的平方.

解 设曲线方程为 $y = f(x)$, 在 (x,y) 处切线方程为 $Y - y = y'(X - x)$. 令 $Y = 0$ 得 $X = x - \dfrac{y}{y'}$, 由已知条件 $x - \dfrac{y}{y'} = x^2$, $\dfrac{\mathrm{d}y}{y} = \dfrac{-1}{x(x-1)}\mathrm{d}x$, 积分有 $\ln|y| = \ln\left|\dfrac{x}{x-1}\right| + C$, 由 $y\big|_{x=-1} = 1$ 知 $C = -\ln\dfrac{1}{2} = \ln 2$, 因此所求曲线方程为

$$y = \dfrac{2x}{x-1}.$$

(注:亦可直接由 $y = \dfrac{Cx}{x-1}$ 算得 $C = 2$.)

5. 一曲线与其上任意两点的向径构成的扇形面积的值等于曲线在这两点间的段长的一半,求此曲线方程.

解 如图 7.3,设所求曲线的极坐标方程为 $r = r(\varphi)$, 于是 $r = r(\theta)$

$$\int_\alpha^\theta \dfrac{1}{2}r^2\mathrm{d}\varphi = \dfrac{1}{2}\int_\alpha^\theta \sqrt{r^2 + r'^2}\,\mathrm{d}\varphi.$$

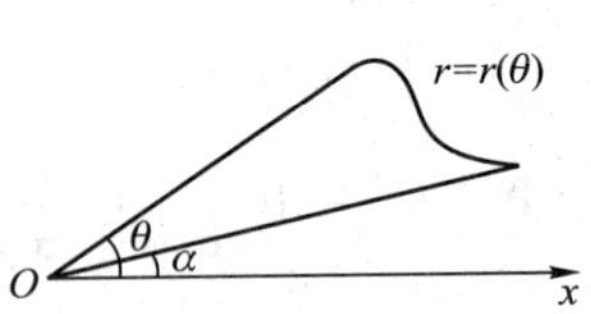

图 7.3

对上限 θ 求导有

$$r^2 = \sqrt{r^2 + r'^2} \quad \text{化为} \quad \dfrac{\mathrm{d}r}{\mathrm{d}\theta} = \pm r\sqrt{r^2 - 1}.$$

显然 $r = 1$ 是解, 且 $r \geq 1$. 当 $r > 1$ 时, $\dfrac{\mathrm{d}r}{r\sqrt{r^2-1}} = \pm\mathrm{d}\theta$, 积分有 $r = \sec(C \pm \theta)$. 故曲线方程为 $r = 1$ 或 $r = \sec(C \pm \theta)$.

6. 圆柱形桶内有 40 000 cm³ 盐溶液,其浓度为每升含溶解盐 0.2 kg, 现以每分钟 4 000 cm³ 的速度加入浓度为 0.3 kg 的盐溶液同时等量地放出混合液,求桶内盐量与时间的

关系.

解 $1 \text{ dm}^3 = 1\,000 \text{ cm}^3$,以下解答溶液数据以 dm^3 为单位.设时刻 t 时,桶内含盐量为 $x = x(t)$.由于桶内盐溶液量为 40 不变,故 t 时刻盐浓度为 $\dfrac{x}{40}$.在时间间隔 $[t, t+\text{d}t]$ 中,加入盐溶液 $4 \cdot \text{d}t$ 升,含盐为 $0.3 \times 4\text{d}t(\text{kg})$,桶内含盐量的微元,为 $\text{d}x = 0.3 \times 4\text{d}t - \dfrac{x}{40}\text{d}t \times 4$,即

$$\frac{\text{d}x}{\text{d}t} = 4\left(0.3 - \frac{x}{40}\right),\text{分离变量后有}$$

$$\frac{\text{d}\left(-\dfrac{x}{40}\right)}{0.3 - \dfrac{x}{40}} = -\frac{1}{10}\text{d}t,$$

积分得 $0.3 - \dfrac{x}{40} = Ce^{-\frac{t}{10}}$.由 $x(0) = 40 \times 0.2 \Rightarrow C = 0.1$,即得桶内含盐量与时间关系为

$$x = 4\left(3 - e^{-\frac{t}{10}}\right)(\text{kg}).$$

7. 求下列方程的通解.

(1) $y' = 2xy - x^3 + x$; (2) $\cos^2 x \dfrac{\text{d}y}{\text{d}x} + y = \tan x$;

(3) $\dfrac{\text{d}y}{\text{d}x} + y\dfrac{\text{d}\varphi}{\text{d}x} = \varphi(x)\dfrac{\text{d}\varphi}{\text{d}x}$,其中 $\varphi(x)$ 是已知的具有连续导数的函数.

解 (1) $P(x) = -2x, Q(x) = x - x^3$;

$$y = e^{-\int P(x)\text{d}x}\left(\int Q(x)e^{\int P(x)\text{d}x}\text{d}x + C\right) = Ce^{x^2} + \frac{x^2}{2}.$$

(2) $P(x) = \dfrac{1}{\cos^2 x}, Q(x) = \dfrac{\sin x}{\cos^3 x}$;

$$y = e^{-\int \frac{1}{\cos^2 x}\text{d}x}\left(\int \frac{\sin x}{\cos^3 x}e^{\int \frac{1}{\cos^2 x}\text{d}x}\text{d}x + C\right) = Ce^{-\tan x} + \tan x - 1.$$

(3) $P(x) = \varphi'(x), Q(x) = \varphi(x)\varphi'(x)$;

$$y = e^{-\int \varphi'(x)\text{d}x}\left(\int \phi(x)\phi'(x)e^{\int \phi'(x)\text{d}x}\text{d}x + C\right) = Ce^{-\phi(x)} + \phi(x) - 1.$$

8. 有一个电阻 $R = 10 \text{ }\Omega$,电感 $L = 2\text{H}$,电源电压 $E = 20\sin 5t$ V 串联的电路,求开关闭合后电路中电流 I 与时间 t 的关系.

解 由回路电压定律知 $L\dfrac{\text{d}I}{\text{d}t} + RI = E$,即

$$\frac{\text{d}I}{\text{d}t} + 5I = 10\sin 5t.$$

这是一个关于 I 的一阶线性方程,由公式可得

$$I = e^{-\int 5\text{d}t}\left(\int 10\sin 5t e^{\int 5\text{d}t}\text{d}t + C\right) = Ce^{-5t} + \sin 5t - \cos 5t.$$

由 $I(0)=0$ 得 $C=1$,故电流

$$I(t) = e^{-5t} + \sin 5t - \cos 5t = e^{-5t} + \sqrt{2}\sin\left(5t - \frac{\pi}{4}\right) \text{ (A)}.$$

(注:$\int e^{ax}\sin bx\,dx = \dfrac{1}{a^2+b^2}e^{ax}(a\sin bx - b\cos bx) + C.$)

9. 解下列方程.

(1) $\dfrac{dy}{dx} = 2\sqrt{\dfrac{y}{x}} + \dfrac{y}{x}$;   (2) $(xy-y^2)dx - (x^2-2xy)dy = 0$;

(3) $(x+y)y' + (x-y) = 0$;   (4) $dy = \left(x^2 y^6 - \dfrac{y}{x}\right)dx$;

(5) $y' + \dfrac{2}{x}y = 3x^2 y^{\frac{4}{3}}$;   (6) $xy' + y = xy^2\ln x$.

解 (1) 令 $u = \dfrac{y}{x}$,得 $\dfrac{dy}{dx} = u + x\dfrac{du}{dx}$,方程化为

$$x\dfrac{du}{dx} = 2\sqrt{u}, \quad \int\dfrac{du}{2\sqrt{u}} = \int\dfrac{dx}{x}, \quad \sqrt{u} = \ln|x| + \ln|C|, u = \ln^2(Cx),$$

通解为 $y = x\ln^2|Cx|$.

(2) 化为 $\dfrac{dy}{dx} = \dfrac{\dfrac{y}{x}\left(1-\dfrac{y}{x}\right)}{1-2\dfrac{y}{x}}$,令 $\dfrac{y}{x} = u$,$\dfrac{dy}{dx} = u + x\dfrac{du}{dx}$,即

$$u + x\dfrac{du}{dx} = \dfrac{u(1-u)}{1-2u}, \quad x\dfrac{du}{dx} = \dfrac{u^2}{1-2u}.$$

$$\int\left(\dfrac{1}{u^2} - \dfrac{2}{u}\right)du = \int\dfrac{dx}{x}, \quad -\dfrac{1}{u} - 2\ln|u| = \ln|Cx|,$$

或改写为 $\ln|e^{\frac{1}{u}} \cdot u^2 \cdot Cx| = 0$ 即 $Ce^{\frac{1}{u}}u^2 x = 1$,通解为 $Cy^2 e^{\frac{x}{y}} = x$.

(3) 化为 $\dfrac{dy}{dx} = \dfrac{\dfrac{y}{x}-1}{\dfrac{y}{x}+1}$,令 $u = \dfrac{y}{x}$,$\dfrac{dy}{dx} = u + x\dfrac{du}{dx}$,代入方程化简为 $x\dfrac{du}{dx} = -\dfrac{1+u^2}{1+u}$,分离变量再积

分得 $\dfrac{1}{2}\ln(1+u^2) + \dfrac{1}{2}\ln x^2 = \ln e^{-\arctan x} + \ln C$,故通解为 $\sqrt{x^2+y^2} = Ce^{-\arctan\frac{y}{x}}$.

(4) 化为 $\dfrac{dy}{dx} + \dfrac{1}{x}y = x^2 y^6$,这是 $n=6$ 的伯努利方程,令

$$z = y^{1-6} = y^{-5}, \quad \dfrac{dz}{dx} = (-5)y^{-6}\dfrac{dy}{dx}.$$

故原式化为 $\dfrac{dz}{dx} - \dfrac{5}{x}z = -5x^2$,通解为

$$y^{-5} = z = e^{-\int -\frac{5}{x}dx}\left(\int -5x^2 e^{\int -\frac{5}{x}dx}dx + C\right) = x^5\left(C + \frac{5}{2}\frac{1}{x^2}\right).$$

(5) 令 $z = y^{1-\frac{4}{3}} = y^{-\frac{1}{3}}$,则 $\frac{dz}{dx} - \frac{2}{3x}z = -x^2$,通解为

$$y^{-\frac{1}{3}} = z = e^{-\int -\frac{2}{3x}dx}\left(\int -x^2 e^{\int -\frac{2}{3x}dx}dx + C\right) = x^{\frac{2}{3}}\left(C - \frac{3}{7}x^{\frac{7}{3}}\right).$$

(6) 化为 $\frac{dy}{dx} + \frac{1}{x}y = \ln x \cdot y^2$,令 $z = y^{1-2} = y^{-1}$,则 $\frac{dz}{dx} - \frac{1}{x}z = -\ln x$,通解为

$$y^{-1} = z = e^{-\int -\frac{1}{x}dx}\left(\int -\ln x e^{\int -\frac{1}{x}dx}dx + C\right) = x\left(C - \frac{1}{2}\ln^2 x\right).$$

10. 求解下列积分方程.

(1) $\int_0^x xy\,dx = x^2 + y$; (2) $f(x) = e^x + e^x \int_0^x f^2(t)\,dt$.

解 (1) 关于 x 求导有 $xy = 2x + y'$ 是一阶线性方程,

$$y = e^{-\int -x\,dx}\left(\int -2x e^{\int -x\,dx}dx + C\right) = e^{\frac{x^2}{2}}(2e^{-\frac{x^2}{2}} + C).$$

又由于 $y|_{x=0} = 0$,因此 $C = -2$.从而积分方程的解为 $y = 2 - 2e^{\frac{x^2}{2}}$.

(2) 方程两端关于 x 求导有

$$f'(x) = e^x + e^x \int_0^x f^2(t)\,dt + e^x \cdot f^2(x) = f(x) + e^x f^2(x),$$

化为 $y' - y = e^x y^2$,$n = 2$ 的伯努利型.令 $z = y^{-1}$,$\frac{dz}{dx} = -\frac{1}{y^2}\frac{dy}{dx}$,原方程化为 $\frac{dz}{dx} + z = -e^x$,解得

$$y^{-1} = z = e^{-\int dx}\left(\int -e^x e^{\int dx}dx + C\right) = e^{-x}\left(-\frac{1}{2}e^{2x} + C\right) = -\frac{1}{2}e^x + Ce^{-x}.$$

由 $f(0) = 1$,便可确定 $C = \frac{3}{2}$.所以原积分方程的解为

$$\frac{1}{y} = \frac{3}{2}e^{-x} - \frac{1}{2}e^x \quad \text{或} \quad y = \frac{2}{3e^{-x} - e^x}.$$

11. 解下列方程.

(1) $y' = (x+y)^2$; (2) $xy' + y = y(\ln x + \ln y)$;

(3) $\frac{dy}{dx} = \frac{y}{2x} + \frac{1}{2y}\tan\frac{y^2}{x}$; (4) $y' = \frac{y+x+1}{y-x+5}$;

(5) $xy'(\ln x)\sin y + \cos y(1 - x\cos y) = 0$; (6) $\sqrt{1+x^2}\,y'\sin(2y) = 2x\sin^2 y + e^{2\sqrt{1+x^2}}$.

解 (1) 令 $x+y = u$,$\frac{dy}{dx} = \frac{du}{dx} - 1 = u^2$,$\frac{du}{dx} = u^2 + 1$,$\frac{du}{u^2+1} = dx$.因此 $\arctan u = x + C$ 即 $x+y = \tan(x+C)$.

(2) 原方程化为 $(xy)' = \frac{xy}{x}\ln xy$,令 $xy = z$,即 $z' = \frac{z}{x}\ln z$,$\frac{dz}{z\ln z} = \frac{dx}{x}$,积分有 $\ln|\ln z| = \ln|Cx|$,$\ln z = Cx$,$z = e^{Cx}$,原方程解为:$xy = e^{Cx}$.

(3) 令 $\dfrac{y^2}{x}=u$, $y^2=xu$, $2yy'=u+x\dfrac{du}{dx}$, 因此

$$\dfrac{dy}{dx}=\dfrac{u}{2y}+\dfrac{x}{2y}\dfrac{du}{dx},$$

代入原式化为 $x\dfrac{du}{dx}=\tan u$, $\dfrac{du}{\tan u}=\dfrac{dx}{x}$, 解得 $\sin\dfrac{y^2}{x}=Cx$.

(4) 令 $\begin{cases}x=t+A,\\ y=z+B,\end{cases}$ 则 $dy=dz$, $dx=dt$ 且 $\dfrac{dz}{dt}=\dfrac{z+t+B+A+1}{z-t+B-A+5}$.

令 $\begin{cases}B+A+1=0,\\ B-A+5=0,\end{cases}$ 解得 $\begin{cases}A=2,\\ B=-3,\end{cases}$ 即 $\begin{cases}x=t+2,\\ y=z-3,\end{cases}$

$$\dfrac{dz}{dt}=\dfrac{z+t}{z-t}=\dfrac{\dfrac{z}{t}+1}{\dfrac{z}{t}-1},$$

令 $u=\dfrac{z}{t}$, $\dfrac{dz}{dt}=u+t\dfrac{du}{dt}$, 代入 $\dfrac{dz}{dt}$ 有 $u+t\dfrac{du}{dt}=\dfrac{u+1}{u-1}$, 化简 $t\dfrac{du}{dt}=\dfrac{1+2u-u^2}{u-1}$, 于是

$$\int\dfrac{2u-2}{u^2-2u-1}du=\int-\dfrac{2}{t}dt,$$

$\ln|u^2-2u-1|=-2\ln|t|+\ln|C|$ 或 $\ln|(tu)^2-2t^2u-t^2|=\ln|C|$.

把 $t=x-2$, $u=\dfrac{z}{t}=\dfrac{y+3}{x-2}$ 代入得通解

$$(y+3)^2-2(x-2)(y+3)-(x-2)^2=C.$$

(5) 令 $z=\ln x\cos y$, $\cos y=\dfrac{z}{\ln x}$.

$$z'=\dfrac{\cos y}{x}-\ln x\sin y\cdot y'\Rightarrow \ln x\sin y y'=\dfrac{\cos y}{x}-z'.$$

将其代入原式有

$$2\cos y-xz'-x\cos^2 y=0 \text{ 及 } \cos y=\dfrac{z}{\ln x},$$

原式化为

$$z'-\dfrac{2}{x\ln x}z=-\dfrac{z^2}{\ln^2 x}$$

或

$$\dfrac{z^{-2}dz}{dx}-\dfrac{2}{x\ln x}\dfrac{1}{z}=-\dfrac{1}{\ln^2 x}.$$

即

$$\dfrac{d\dfrac{1}{z}}{dx}+\dfrac{2}{x\ln x}\dfrac{1}{z}=\dfrac{1}{\ln^2 x},$$

所以
$$\frac{1}{z} = \mathrm{e}^{-\int \frac{2}{x\ln x}\mathrm{d}x}\left(C + \int \frac{1}{\ln^2 x}\mathrm{e}^{\int \frac{2}{x\ln x}\mathrm{d}x}\mathrm{d}x\right) = \frac{1}{\ln^2 x}(C+x).$$

代入 $z = \ln x \cos y$ 化简有
$$(C+x)\cos y = \ln x.$$

（6）原式为
$$\sqrt{1+x^2}\, y' \sin 2y = 2x \cdot \frac{1}{2}(1-\cos 2y) + \mathrm{e}^{2\sqrt{1+x^2}}.$$

令 $z = \cos 2y$，$\dfrac{\mathrm{d}z}{\mathrm{d}x} = -2\sin 2y \dfrac{\mathrm{d}y}{\mathrm{d}x}$. 于是 $\sin 2y \dfrac{\mathrm{d}y}{\mathrm{d}x} = -\dfrac{1}{2}\dfrac{\mathrm{d}z}{\mathrm{d}x}$ 代入方程有
$$-\frac{1}{2}\sqrt{1+x^2}\, z' = x(1-z) + \mathrm{e}^{2\sqrt{1+x^2}}.$$

化简为
$$z' - \frac{2x}{\sqrt{1+x^2}} z = \frac{-2x}{\sqrt{1+x^2}} - \frac{2}{\sqrt{1+x^2}}\mathrm{e}^{2\sqrt{1+x^2}},$$

解得
$$z = \mathrm{e}^{2\sqrt{1+x^2}}\left(C + \mathrm{e}^{-2\sqrt{1+x^2}} - 2\ln(1+\sqrt{1+x^2})\right).$$

代入 $z = \cos 2y = 1 - 2\sin^2 y$，化简为
$$\sin^2 y = \mathrm{e}^{2\sqrt{1+x^2}}(C + \ln|x+\sqrt{1+x^2}|).$$

12. 求曲线族 $A: x^2+y^2 = 2Cx$ 的正交曲线族 B. 所谓两个曲线族 A,B 正交是指通过同一点的分属两族曲线的两条曲线在该点的切线相互垂直.

解 由 $x^2+y^2 = 2Cx$ 化为 $\dfrac{x}{2} + \dfrac{y^2}{2x} = C$，求导有
$$y' = \frac{y^2 - x^2}{2xy}.$$

所以，曲线族 B 在同一点处切线斜率为
$$\frac{\mathrm{d}y}{\mathrm{d}x} = -\frac{2xy}{y^2-x^2} \quad \text{或} \quad \frac{\mathrm{d}x}{\mathrm{d}y} = \frac{x^2-y^2}{2xy} = \frac{1}{2}\left(\frac{x}{y} - \frac{y}{x}\right).$$

令 $u = \dfrac{x}{y}$，$\dfrac{\mathrm{d}x}{\mathrm{d}y} = u + y\dfrac{\mathrm{d}u}{\mathrm{d}y}$，代入上式有
$$2u + 2y\frac{\mathrm{d}u}{\mathrm{d}y} = u - \frac{1}{u}$$

化简得 $\dfrac{u}{u^2+1}\mathrm{d}u = -\dfrac{\mathrm{d}y}{2y}$，积分得 $1+u^2 = \dfrac{C_1}{y}$，代入 $u = \dfrac{x}{y}$ 得 B 曲线族为：$x^2+y^2 = C_1 y$.

13. 2000 年我国人口数为 12.95 亿，人口增长率为百分之一，预算 2020 年我国人口数.

解 设人口数在时刻 t 为 $x(t)$，在 $[t, t+\mathrm{d}t]$ 时段内，人口增加量为
$$\mathrm{d}x = \frac{1}{100} x \mathrm{d}t.$$

解得 $x = 12.95 e^{\frac{t}{100}}$, $t = 20$ 时, $x(10) \doteq 15.80$ 亿.

14. 一次凶杀案后,警员在下午 7 点到现场测得尸体的温度为 33 ℃,一小时后,尸体温度变为 32 ℃,现场的温度一直在 20 ℃,计算凶杀发生的时间.

解 牛顿冷却或加热定律为:将温度为 T 的物体放入处于常温 m 的介质中时,T 的变化速率正比于 T 与周围介质的温度差.

设时刻 t,尸温为 $x(t)$,则

$$\frac{dx}{dt} = -k(x - 20).$$

解得: $x = Ce^{-kt} + 20$,若将下午 7 点定为 0 时刻,则 $x(0) = C + 20 = 33 \Rightarrow C = 13$,且

$$x(1) = 32 = 13 e^{-k} + 20 \Rightarrow k = -\ln \frac{12}{13} > 0.$$

所以 $x(t) = 13 e^{t \ln \frac{12}{13}} + 20$. 当 $x(t) = 37$ 时,解得 $t \doteq -3.353$.

所以,案发时间大约为下午 3 点 38 分左右.

15. 某一新品牌用品开始在市场上的售价为 p 元,如果价格定高了,社会需求就少,导致供给大于需求,必然要降价. 如果价格低了,厂商供货小,社会需求大,必然要提价. 最终有一个供需平衡的价格,记为 p_0. 市场上价格的变化率与当时的销售价同平衡价格之差成正比,写出售价 $p = p(t)$ 满足的微分方程.

解 $p = p(t)$ 满足的微分方程 $\frac{dp}{dt} = k(p_0 - p) \quad (k > 0)$.

16. 在某些化学反应中,某种物质的数量随时间变化率与它的现有量成正比. δ-葡糖内酯变成葡糖酸过程就符合这种规律,问如果 100 g 的 δ-酯开始后 1 h 减为 54.9 g,那么 10 h 后还剩多少?

解 设 t 时刻 δ-酯含量为 $x(t)$,则

$$\frac{dx}{dt} = kx, \quad \text{解得 } x(t) = Ce^{kt}.$$

又 $x(0) = 100 \Rightarrow C = 100$. $x(1) = 54.9 \Rightarrow k \doteq -0.6$.

因此 $x(t) = 100 e^{-0.6 t}$. $x(10) = 100 e^{-6} \doteq 0.248$ g.

17. 某湖泊的水量为 V,每年排入湖泊内含污染物 A 的污水量为 $\frac{V}{6}$,流入湖泊内不含 A 的水量为 $\frac{V}{6}$,流出湖泊的水量为 $\frac{V}{3}$,已知 1999 年底湖中 A 的含量为 $5m_0$,超过国家规定指标. 为了治理污染,从 2000 年初起,限定排入湖泊中含 A 污水的浓度不超过 $\frac{m_0}{V}$,问至多需经过多少年,湖泊中污染物 A 的含量降至 m_0 以内?(注:设湖水中 A 的浓度是均匀的.)

解 设时刻 t,湖中污染物总量为 $x(t)$,此时污物浓度为 $\frac{x}{V}$,在 $t = 0$ 时,污物总量 $x(0) = x_0$ 是要求的 5 倍,所以各单位排污浓度应低于 $\frac{x_0}{5V}$,在时间间隔 $[t, t+dt]$ 内,污物总量的改变

量 dx 可表示为

$$dx = \left(\frac{V}{6} \cdot \frac{x_0}{5V} - \frac{V}{3} \cdot \frac{x}{V}\right)dt.$$

分离变量

$$\frac{dx}{10x - x_0} = -\frac{1}{30}dt,$$

积分有 $\ln(10x - x_0) = -\frac{1}{3}t + C$, 解得 (令 $x(0) = x_0$) $x = \frac{x_0}{10}(1 + 9e^{-\frac{1}{3}t})$. 令 $x = \frac{x_0}{5}$, 解得 $t = 3\ln 9 \doteq 6.6$ 年.

所以,经过 6.6 年湖水净化能达到指标.

18. 在某一人群中推广新技术是通过其中已掌握新技术的人进行的,设该人群的总人数为 N,在 $t=0$ 时刻已掌握新技术的人数为 x_0,在任意时刻 t 已掌握新技术的人数为 $x(t)$(将 $x(t)$ 视为连续可微变量),其变化率与已掌握新技术人数和未掌握新技术人数之积成正比,比例常数 $k>0$,求 $x(t)$.

解 由题设 $\begin{cases} \dfrac{dx}{dt} = kx(N-x), \\ x(0) = x_0, \end{cases}$ 分离变量有

$$\frac{1}{N}\left(\frac{1}{N-x} + \frac{1}{x}\right)dx = k\,dt,$$

积分之

$$\left(\frac{x}{N-x}\right)^{\frac{1}{N}} = Ce^{kt}, 代入 x(0) = x_0 \Rightarrow C = \left(\frac{x_0}{N-x_0}\right)^{\frac{1}{N}}.$$

所以 $x(t) = \dfrac{Nx_0 e^{Nkt}}{N - x_0 + x_0 e^{Nkt}}$.

19. 在制造探照灯的反射镜面时,要求将点光源射出的光线平行地反射出去,以保证探照灯有良好的方向性,试求反射镜面的几何形状.

解 设光源位置在 $(0,0)$ 点,如图 7.4 所示,$\angle \varphi_1 = \angle \varphi_2$.

$$\tan \varphi_1 = \frac{k_2 - k_1}{1 + k_1 k_2} = y'. \tag{1}$$

$$\tan \varphi_2 = \frac{k_3 - k_2}{1 + k_2 k_3} = \frac{\dfrac{y}{x} - y'}{1 + \dfrac{yy'}{x}} = \frac{y - xy'}{x + yy'}. \tag{2}$$

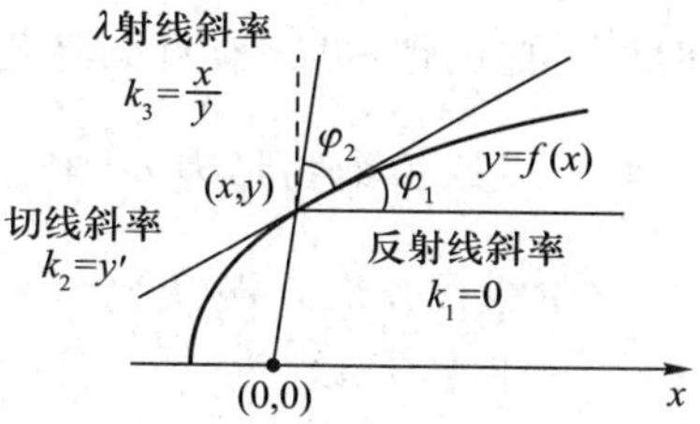

图 7.4

由 (1) = (2) $\Rightarrow y - xy' = y'x + yy'^2$.

所以 $yy'^2 + 2xy' - y = 0$, 解得 $y' = \dfrac{-x + \sqrt{x^2 + y^2}}{y}$, 化简为

$$yy' = \sqrt{x^2 + y^2} - x \text{(假设 } y > 0, y' > 0, \text{由图示, 这是合理的)}.$$

令 $\sqrt{x^2+y}=u, x^2+y^2=u^2$,对 x 求导有 $x+yy'=uu'$,代入原方程为 $uu'-x=u-x$.故 $u'=1, u=x+C$.
即 $\sqrt{x^2+y^2}=x+C$.化简为 $x^2+y^2=x^2+2Cx+C^2$,或 $y^2=C(C+2x)$.

20.设曲线 $y=y(x)$ 上点 $M(x,y)$ 处的切线与 y 轴交于点 A,已知 $\triangle OAM$ 为等腰三角形,求曲线方程.

解 如图 7.5 所示,(注:只就 $AM=AO$ 情形讨论,其余两种情形略)在点 $M=M(x,y)$ 处,切线方程为
$$Y-y=y'(X-x),\ \diamondsuit\ X=0 \Rightarrow Y=y-xy'.$$

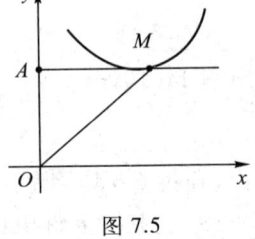

图 7.5

则 A 点坐标为 $A(0, y-xy')$,由已知
$$|y-xy'|=\sqrt{(x-0)^2+(y-(y-xy'))^2}.$$
化简为
$$2yy'-\frac{1}{x}y^2=-x.$$
即
$$\frac{dy^2}{dx}-\frac{1}{x}y^2=-x.$$

解得 $y^2=x(C-x)$ 为所求曲线.

同理,$|OM|=|AM|$ 时,$xy=C$ 或 $y=Cx$;

$|OA|=|OM|$ 时,$y+\sqrt{x^2+y^2}=C$ 或 $y+\sqrt{x^2+y^2}=Cx^2$.

21.设 $f(x)$ 为连续函数.

(1) 求初值问题 $\begin{cases} y'+\alpha y=f(x),\\ y\mid_{x=0}=0 \end{cases}$ 的解 $y(x)$,其中 $\alpha>0$ 为常数;

(2) 若 $|f(x)|\leq k$(k 为常数),证明:当 $x\geq 0$ 时,有 $|y(x)|\leq\frac{k}{\alpha}(1-e^{-\alpha x})$.

解 详细解答过程参见 7.6 节例题分析部分例 9.

22.切尔诺贝利核泄漏的主要污染物之一是锶-90(Sr-90),它以每年 2.47% 的速率连续衰减,初步估计核泄漏被控制后,该地区需要 100 年才能再次成为人类居住的安全区,问到那时原泄漏的锶-90 还有百分之几?

解 设原污染物量为 m,经过 t 年污染物的量为 $S(t)$,则 $\frac{dS(t)}{dt}=-2.47\%S(t)$,$S(0)=m$,由一阶线性齐次方程得 $S(t)=Ce^{-2.47\%t}$.由 $S(0)=m\Rightarrow S(t)=me^{-2.47\%t}$,令 $t=100$,则 $S(100)=m\cdot e^{-2.47}=8.46\%m$.

即原泄露的锶-90 还有 8.46%.

7.3

1. 解下列方程.

(1) $xy''=\ln x$;   (2) $y''=-(1+y'^2)^{\frac{3}{2}}$;

(3) $\dfrac{d^2 x}{dt^2} = \dfrac{1}{2}\dfrac{dt}{dx}$; (4) $y'' + \dfrac{2}{1-y}y'^2 = 0$;

(5) $(x+1)y'' + y' = \ln(x+1)$; (6) $yy'' - y'^2 = 0$.

解 (1) $y'' = \dfrac{\ln x}{x}, y' = \dfrac{1}{2}\ln^2 x + C_1$,分部积分有

$$y = \dfrac{x}{2}\ln^2 x - x\ln x + C_1 x + C_2.$$

(2) 将方程化为 $2y'y'' = -(1+y'^2)^{\frac{3}{2}} 2y'$, 即 $2y'\dfrac{dy'}{dx} = -(1+y'^2)^{\frac{3}{2}} \cdot 2\dfrac{dy}{dx}$. 积分有

$$\int \dfrac{dy'^2}{(1+y'^2)^{\frac{3}{2}}} = -2\int dy;\ \dfrac{1}{(1+y'^2)^{\frac{1}{2}}} = y + C_1 (\text{记住 } y+C_1 > 0)$$

化为

$$\dfrac{1}{(y+C_1)^2} = 1 + y'^2, \dfrac{1-(y+C_1)^2}{(y+C_1)^2} = y'^2, \pm\sqrt{\dfrac{(y+C_1)^2}{1-(y+C_1)^2}}\,dy = dx,$$

积分后有

$$\mp \sqrt{1-(y+C_1)^2} = x + C_2.$$

平方后有

$(x+C_2)^2 + (y+C_1)^2 = 1$, 故所求曲线族为 $y+C_1 = \sqrt{1-(x+C_2)^2}$, 是以 $(-C_2, -C_1)$ 为圆心, 1 为半径的上半圆.

(3) 方程化为 $2x'x'' = 1$ 或 $\dfrac{d}{dt}(x'^2) = 1$. 积分有

$$x'^2 = t + C_1,\quad x = \dfrac{2}{3}(t+C_1)^{\frac{3}{2}} + C_2.$$

(4) 令 $z(y) = y'$, 则 $y''_x = z'(y) \cdot y'_x = z\dfrac{dz}{dy}, z\dfrac{dz}{dy} + \dfrac{2}{1-y}z^2 = 0, \dfrac{dz}{z} = \dfrac{2}{y-1}dy$, 积分有 $z = C_1(y-1)^2, \dfrac{dy}{dx} = C_1(y-1)^2, \dfrac{dy}{(y-1)^2} = C_1 dx$, 再积分

$$\dfrac{1}{1-y} = C_1 x + C_2 \quad \text{或} \quad y = 1 - \dfrac{1}{C_1 x + C_2}.$$

另外, $y = C(C \neq 1)$ 也是方程的解.

(5) $\dfrac{dy'}{dx} + \dfrac{1}{1+x}y' = \dfrac{\ln(x+1)}{1+x}$, 关于 y' 是一阶线性方程.

$$y' = \dfrac{C_1'}{1+x} + \ln(x+1) - 1,$$

通解 $y = C_1'\ln(1+x) + (x+1)\ln(x+1) - (x+1) - x + C_2' = (C_1+x)\ln(x+1) - 2x + C_2$.

(6) 令 $z = y'$, 则 $y'' = z\dfrac{dz}{dy}, yz\dfrac{dz}{dy} - z^2 = 0, \dfrac{dz}{z} = \dfrac{dy}{y}$. 积分有 $z = C_1 y$, 即 $\dfrac{dy}{dx} = C_1 y$, 易知通解为 $y = C_2 e^{C_1 x}$.

2. 解初值问题.

(1) $\begin{cases}(1+x^2)y''=1,\\ y|_{x=0}=1, y'|_{x=0}=-1;\end{cases}$ (2) $\begin{cases}y''-e^{2y}=0,\\ y|_{x=0}=0, y'|_{x=0}=1;\end{cases}$

(3) $\begin{cases}y''=3\sqrt{y},\\ y|_{x=0}=1, y'|_{x=0}=2.\end{cases}$

解 (1) $y'=\arctan x+C_1$, 由 $y'|_{x=0}=-1$ 知 $C_1=-1$.

$$y=x\arctan x-\frac{1}{2}\ln(1+x^2)-x+C_2.$$

由 $y|_{x=0}=1$ 知 $C_2=1$. 故初值问题的解为

$$y=x\arctan x-\frac{1}{2}\ln(1+x^2)-x+1.$$

(2) $y''=e^{2y}, 2y'y''=2y'e^{2y}$, 即 $dy'^2=2e^{2y}dy$. 积分有 $y'^2=e^{2y}+C_1$. 由初值条件 $C_1=0$, 故 $y'=e^y$, 于是 $e^{-y}dy=dx$, 从而 $e^{-y}=C_2-x$, 再由初值条件 $C_2=1$, 故初值问题的解为 $y=-\ln(1-x)$.

(3) 令 $z(y)=y', y''=z'(y)\cdot z$, 原式化为

$$zdz=3\sqrt{y}dy, \quad \frac{1}{2}z^2=2y^{\frac{3}{2}}+C_1.$$

由已知 $C_1=0$, 于是 $z=2y^{\frac{3}{4}}$, 故 $y^{\frac{1}{4}}=\frac{1}{2}x+1$.

3. 在上半平面求一条向下凸曲线, 其上任一点 $P(x,y)$ 处的曲率等于此曲线在该点的法线段 PQ 长度值的倒数(Q 是法线与 x 轴的交点), 且曲线在点 $(1,1)$ 处的切线与 x 轴平行.

解 设 (x,y) 处法线方程为

$$Y-y=-\frac{1}{y'}(X-x).$$

令 $Y=0$, $X=x+yy'$, 法线长为 $\sqrt{(yy')^2+y^2}=y\sqrt{1+y'^2}$, 在 (x,y) 处曲率为

$$k=\frac{y''}{(1+y'^2)^{\frac{3}{2}}}=\frac{1}{y\sqrt{1+y'^2}}.$$

从而有 $y''=\frac{1}{y}(1+y'^2)$.

令 $z=y', y''=z'\cdot z$, 代入上式有

$$z'z=\frac{1}{y}(1+z^2), \quad \frac{zdz}{1+z^2}=\frac{dy}{y}, \quad \ln(1+z^2)=\ln Cy^2, \quad 1+z^2=Cy^2.$$

初值条件 $y|_{x=1}=1, y'|_{x=1}=0$, 从而 $C=1$. 故 $\frac{dy}{dx}=\pm\sqrt{y^2-1}$, $\frac{dy}{\sqrt{y^2-1}}=\pm dx$.

积分为 $\ln(y+\sqrt{y^2-1})=\pm x+C$, 再由 $y|_{x=1}=1$ 知 $C=\pm 1$. 所以所求曲线为

$$\ln(y+\sqrt{y^2-1})=x-1 \quad \text{或} \quad \ln(y+\sqrt{y^2-1})=-x+1.$$

即 $y=\dfrac{1}{2}(e^{x-1}-e^{-(x-1)})$.

4. 敌方导弹 A 沿 y 轴正向，以匀速 v 飞行，经过点 $(0,0)$ 时，我方设在点 $(16,0)$ 处导弹 B 起飞追击，导弹 B 飞行的方向始终指向 A，速度的大小为 $2v$，求导弹 B 的追踪曲线和导弹 A 被击中点.

解 设导弹 B 飞行曲线为 $y=f(x)$，$P(x,y)$ 为曲线上任意一点，即 B 的某时刻位置，则导弹走过的距离弧长 M_0P

$$S_{M_0P}=\int_x^{16}\sqrt{1+y'^2}\,dx.$$

追踪曲线在 P 处的切线方程为

$$Y-y=y'(X-x),$$

因为切线方向指向敌导弹 A，令 $X=0$，从而此时 A 的坐标为 $(0,y-xy')$.

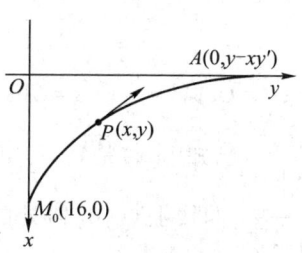

图 7.6

又 A 在 $O(0,0)$ 处被发现，此时所走距离 $|\overline{OA}|=y-xy'$，由速度的倍数关系有

$$2(y-xy')=\int_x^{16}\sqrt{1+y'^2}\,dx. \tag{1}$$

对 x 求导 $2xy''=\sqrt{1+y'^2}$，令 $y'=P$，则有 $2xP'=\sqrt{1+P^2}$，分离变量积分

$$\ln(P+\sqrt{1+P^2})=\ln C\sqrt{x},\quad P+\sqrt{1+P^2}=C\sqrt{x},$$

$$P-\sqrt{1+P^2}=\dfrac{-1}{P+\sqrt{1+P^2}}=\dfrac{-1}{C\sqrt{x}}.$$

故 $P=\dfrac{dy}{dx}=\dfrac{1}{2}C\sqrt{x}-\dfrac{1}{2C\sqrt{x}}$，积分有

$$y=\dfrac{1}{3}Cx^{\frac{3}{2}}-\dfrac{1}{C}x^{\frac{1}{2}}+C_1.$$

由初值条件 $y|_{x=16}=0$，$y'|_{x=16}=0$，此条件也可由 (1) 式得到，得出 $C=\dfrac{1}{4}$，$C_1=\dfrac{32}{3}$. 得曲线方程为

$$y=\dfrac{1}{12}x^{\frac{3}{2}}-4x^{\frac{1}{2}}+\dfrac{32}{3}.$$

当 $x=0$ 时，即为 B 击中 A 点的位置，此时 $y=\dfrac{32}{3}$，故 B 击中 A 的位置坐标为 $\left(0,\dfrac{32}{3}\right)$.

5. 已知曲线 $y=f(x)$（$x>0$）上点 $(x,f(x))$ 处的切线在 y 轴上的截距等于函数 $f(x)$ 在区间 $[0,x]$ 上的平均值，求 $f(x)$ 的一般表达式.

解 $y=f(x)$ 在 (x,y) 处切线方程为

$$Y-y=y'(X-x),$$

令 $X=0$，解得切线在 y 轴截距为

$$Y=y-xy'.$$

由题意

$$\frac{1}{x}\int_0^x y(t)\,\mathrm{d}t = y - xy' \quad 或 \quad \int_0^x y(t)\,\mathrm{d}t = xy - x^2 y',$$

求导化简有

$$xy'' + y' = 0 \quad 或 \quad \frac{\mathrm{d}}{\mathrm{d}x}(xy') = 0.$$

由 $xy' = C \Rightarrow y' = \dfrac{C}{x}$ 即 $y = C\ln x + C_1$.

6. 已知 $y(x)$ 是具有二阶导数的上凸函数, 且曲线 $y = y(x)$ 上任意一点 (x,y) 处的曲率为 $\dfrac{1}{\sqrt{1+y'^2}}$, 曲线上点 $(0,1)$ 处的切线方程为 $y = x+1$, 求该曲线方程, 并求函数 $y(x)$ 的极值.

解 由 $y(x)$ 上凸, 因此 $y'' < 0$, 从而

$$\frac{1}{\sqrt{1+y'^2}} = \frac{-y''}{(1+y'^2)^{3/2}}, \quad 且有 \quad \begin{cases} y'(0) = 1, \\ y(0) = 1, \end{cases}$$

解得 $y'' + y'^2 + 1 = 0$. 令 $y' = P(x), y'' = P'(x)$, 代入方程有 $P' + P^2 + 1 = 0$, 解得 $P = \tan(-x + C)$. 由 $y'(0) = 1 \Rightarrow C = \dfrac{\pi}{4}$. 从而 $\dfrac{\mathrm{d}y}{\mathrm{d}x} = \tan\left(\dfrac{\pi}{4} - x\right)$, 再积分有

$$y = \ln\left|\cos\left(\dfrac{\pi}{4} - x\right)\right| + C.$$

又由 $y(0) = 1 \Rightarrow C = 1 + \dfrac{1}{2}\ln 2$. 因此 $y = \ln\left|\cos\left(\dfrac{\pi}{4} - x\right)\right| + 1 + \dfrac{1}{2}\ln 2$ 且 $x = \dfrac{\pi}{4}$ 时, y 最大, $y_{\max} = 1 + \dfrac{1}{2}\ln 2$.

7. 从船上向海中沉放某种探测仪器, 按探测要求, 需确定仪器的下沉深度 y (从海平面算起) 与下沉速度 v 之间的函数关系, 设仪器在重力作用下, 从海平面由静止开始铅直下沉, 在下沉过程中还受到阻力和浮力的作用. 设仪器的质量为 m, 体积为 B, 海水密度为 ρ, 仪器所受阻力与下沉速度成正比, 比例系数为 $k(k>0)$. 试建立 y 与 v 所满足的微分方程, 并求出函数关系 $y = y(v)$.

解 注意

$$v = \frac{\mathrm{d}y}{\mathrm{d}t} = \frac{\mathrm{d}y}{\mathrm{d}v} \cdot \frac{\mathrm{d}v}{\mathrm{d}t} = \frac{\mathrm{d}y}{\mathrm{d}v} \cdot y''.$$

故 $y'' = v \cdot \dfrac{\mathrm{d}v}{\mathrm{d}y}$, 又由已知 $my'' = mg - kv - \rho B g$, 从而

$$mv\frac{\mathrm{d}v}{\mathrm{d}y} = mg - kv - \rho B g.$$

分离变量

$$\mathrm{d}y = \frac{mv}{mg - kv - \rho B g}\mathrm{d}v,$$

积分有

$$y = \frac{m}{k^2}(\rho B g - mg)\ln(mg - \rho B g - kv) - \frac{mv}{k} + C.$$

由 $y(0)=v(0)=0\Rightarrow C=-\dfrac{m}{k^2}(\rho Bg-mg)\ln(mg-\rho Bg)$.代入上式有

$$y=-\dfrac{m}{k}v+\dfrac{m}{k^2}(\rho Bg-mg)\ln\left(\dfrac{mg-\rho Bg-kv}{mg-\rho Bg}\right).$$

8. 设函数 $y(x)(x\geqslant 0)$ 有二阶导数,且 $y'(x)>0,y(0)=1$,过曲线 $y=y(x)$ 上任意点 $P(x,y)$ 作该曲线的切线及 x 轴的垂线,上述两直线与 x 轴所围成的三角形的面积记为 S_1,区间 $[0,x]$ 上以 $y=y(x)$ 为曲边的曲边梯形面积记为 S_2,并有 $2S_1-S_2\equiv 1$,求此曲线 $y=y(x)$ 的方程.

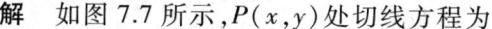

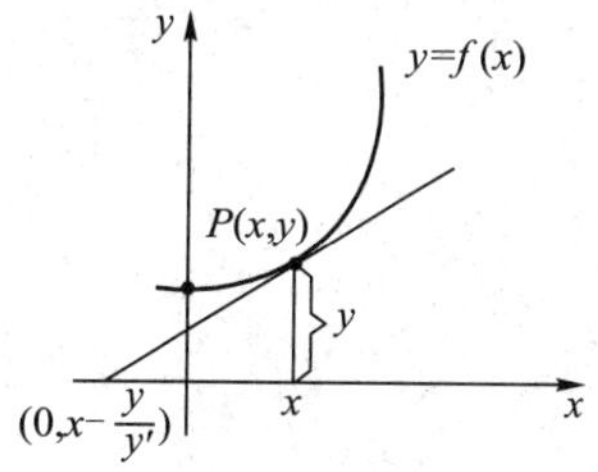

图 7.7

解 如图 7.7 所示,$P(x,y)$ 处切线方程为
$$Y-y=(X-x)y'.$$
令 $Y=0\Rightarrow X=x-\dfrac{y}{y'}$.

又由 $y'>0,y(0)=1\Rightarrow y\uparrow$,故 $y(x)>0(x>0)$,于是有
$$S_1=\dfrac{1}{2}y\cdot\dfrac{y}{y'}=\dfrac{y^2}{2y'}.$$

$S_2=\displaystyle\int_0^x y(t)\mathrm{d}t$,由 $2S_1-S_2=1$ 知
$$\dfrac{y^2}{y'}-\int_0^x y(t)\mathrm{d}t=1.$$

由此式 $y'(0)=y^2(0)=1$,求导整理有 $yy''=(y')^2$.令 $y'=P(y)=\dfrac{\mathrm{d}y}{\mathrm{d}x},y''=P(y)\dfrac{\mathrm{d}P}{\mathrm{d}y}$ 有 $y\dfrac{\mathrm{d}P}{\mathrm{d}y}\cdot P=P^2$,分离变量为 $\dfrac{\mathrm{d}P}{P}=\dfrac{\mathrm{d}y}{y}$,解得 $P=C_1y$.

故 $\dfrac{\mathrm{d}y}{\mathrm{d}x}=C_1y\Rightarrow\dfrac{\mathrm{d}y}{y}=C_1\mathrm{d}x\Rightarrow\ln y=C_1x+C_2\Rightarrow y=C_0\mathrm{e}^{C_1x}$.由于 $y(0)=1$,故 $C_0=1$.

则 $y=\mathrm{e}^{C_1x},y'=C_1\mathrm{e}^{C_1x}$,又 $y'(0)=1$,于是 $C_1=1$.解得 $y=\mathrm{e}^x$.

9. 假设某宇宙飞船的返回舱距离地面 1.5 m 时,下降速度为 14 m/s,为平稳软着陆,返回舱底部的着陆缓冲发动机喷出烈焰产生反推力 $F=ky$,其中 y 为喷焰后下落的距离,使返回舱作减速直线运动,设返回舱质量为 2 400 kg,问 k 为多大时才能使返回舱着陆时速度为零?

解 设物体的位移函数 $y=y(t)$,则 $y(0)=0,y'(0)=14$,由已知
$$my''=mg-ky.$$
即
$$\dfrac{\mathrm{d}^2y}{\mathrm{d}t^2}=g-\dfrac{k}{m}y.$$

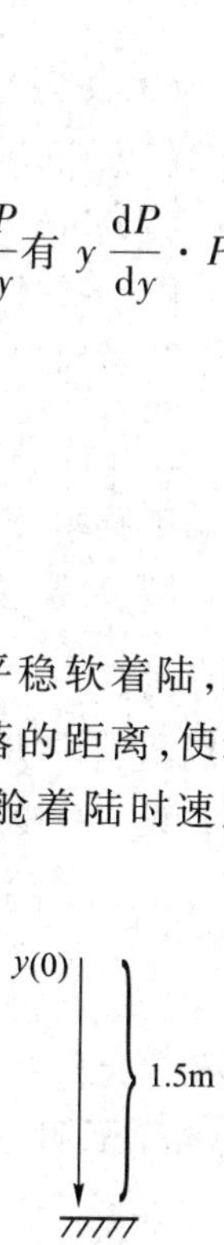

图 7.8

令 $\dfrac{\mathrm{d}y}{\mathrm{d}t}=v$,视 y 为自变量,则 $\dfrac{\mathrm{d}^2y}{\mathrm{d}t^2}=v\dfrac{\mathrm{d}v}{\mathrm{d}y}$,故有
$$v\dfrac{\mathrm{d}v}{\mathrm{d}y}=g-\dfrac{k}{m}y,$$

分离变量得
$$v\,dv = \left(g - \frac{k}{m}y\right)dy,$$

两边取定积分
$$\int_{14}^{0} v\,dv = \int_{0}^{1.5}\left(g - \frac{k}{m}y\right)dy,$$

即
$$-\frac{14^2}{2} = 1.5g - \frac{k}{2m}(1.5)^2.$$

于是
$$k = \frac{2m}{(1.5)^2}\left(1.5g + \frac{14^2}{2}\right) \doteq 240\,427\,(\text{kg/s}^2)$$

7.4

1. 下列函数组在其定义区间内哪些是线性无关的？
   (1) x, x^2;
   (2) $x, 2x$;
   (3) $e^{2x}, 3e^{2x}$;
   (4) e^{-x}, e^x;
   (5) $\sin 2x, \cos x \sin x$;
   (6) $e^x \cos 2x, e^x \sin 2x$;
   (7) $\ln x, x\ln x$;
   (8) $e^{bx}, e^{bx}(a+x)$.

   解 线性无关的函数组有 (1), (4), (6), (7), (8).

2. 验证 $y_1 = x-1, y_2 = x^2-x+1$ 是方程
$$(2x-x^2)y'' + 2(x-1)y' - 2y = 0$$
的基本解组，并写出通解.

   解 y_1, y_2 是解易验证，若它们是基本解组，则通解是
$$y = C_1(x-1) + C_2(x^2-x+1).$$

   所以只须说明 y_1 与 y_2 是线性无关的即可.

   设 $k_1(x-1) + k_2(x^2-x+1) = 0$, 令 $x = 0, x = -1$ 分别有
$$\begin{cases} -k_1 + k_2 = 0, \\ 3k_2 = 0, \end{cases}$$

   解得 $k_1 = k_2 = 0$, 因此 y_1 与 y_2 线性无关.

3. 证明齐次线性微分方程
$$a(x)y'' + b(x)y' + c(x)y = 0, \tag{1}$$

   (1) 当 $b(x) + xc(x) = 0$ 时, 有解 $y = x$;
   (2) 当 $a(x) + b(x) + c(x) = 0$ 时, 有解 $y = e^x$;
   (3) 当 $a(x) - b(x) + c(x) = 0$ 时, 有解 $y = e^{-x}$.

   利用这三个结果求解下列方程:

(1) $(1-x)y''+xy'-y=0$；　　　　　(2) $y''-y=0$；

(3) $y''+\dfrac{x}{1+x}y'-\dfrac{1}{1+x}y=0$.

证明 (1) 当 $b(x)+c(x)\cdot x=0$ 时，令 $y=x$ 代入(1)式有 $b(x)+c(x)x=0$，故 $y=x$ 是解.

(2) 当 $a(x)+b(x)+c(x)=0$ 时，令 $y=\mathrm{e}^x$ 代入(1)式有 $(a(x)+b(x)+c(x))\mathrm{e}^x=0$，故 $y=\mathrm{e}^x$ 是解.

(3) $y=\mathrm{e}^{-x}$ 是解的验证同前.

对 $(1-x)y''+xy'-y=0$，因为 $b(x)+c(x)\cdot x=x+x(-1)=0$，所以 $y_1=x$ 是特解，又
$$a(x)+b(x)+c(x)=1-x+x-1=0,$$
故 $y_2=\mathrm{e}^x$ 是另一个与 y_1 无关的特解. 原方程通解为
$$y=C_1x+C_2\mathrm{e}^x.$$

对方程 $y''-y=0$，因为 $a(x)\pm b(x)+c(x)=0$，所以 $y_1=\mathrm{e}^x,y_2=\mathrm{e}^{-x}$ 是方程两个无关解. 方程通解为
$$y=C_1\mathrm{e}^x+C_2\mathrm{e}^{-x}.$$

对方程 $y''+\dfrac{x}{1+x}y'-\dfrac{1}{1+x}y=0$，$a(x)-b(x)+c(x)=1-\dfrac{x}{1+x}-\dfrac{1}{1+x}=0$，$y_1=\mathrm{e}^{-x}$ 是一个特解，又 $b(x)+c(x)\cdot x=0$，$y_2=x$ 是与 y_1 无关的另一特解. 因此方程通解为 $y=C_1x+C_2\mathrm{e}^{-x}$.

7.5

1. 解下列常系数齐次线性微分方程或初值问题.

(1) $y''-2y'=0$；　　　　　(2) $y''+2y'+10y=0$；

(3) $y''=-4y$；　　　　　(4) $y''-4y'+4y=0$；

(5) $y'''-y''-y'+y=0$；　　　　　(6) $y'''-4y''+y'+6y=0$；

(7) $\begin{cases}y''-4y'+3y=0,\\ y|_{x=0}=6,y'|_{x=0}=10;\end{cases}$　　　(8) $\begin{cases}y''-2y'+y=0,\\ y|_{x=2}=1,y'|_{x=2}=2;\end{cases}$

(9) $\begin{cases}y''+4y'+29y=0,\\ y|_{x=0}=0,y'|_{x=0}=15.\end{cases}$

解 (1) 特征方程为 $r^2-2r=0$，特征根为 $r_1=0,r_2=2$，通解为
$$y=C_1+C_2\mathrm{e}^{2x}.$$

(2) 特征方程为 $r^2+2r+10=0$，特征根为 $r=-1\pm 3\mathrm{i}$，通解为
$$y=\mathrm{e}^{-x}(C_1\cos 3x+C_2\sin 3x).$$

(3) 特征方程为 $r^2+4=0$，特征根为 $r=\pm 2\mathrm{i}$，通解为
$$y=C_1\cos 2x+C_2\sin 2x.$$

(4) 特征方程为 $r^2-4r+4=0$，$r=2$ 为二重根，通解为
$$y=C_1\mathrm{e}^{2x}+C_2x\mathrm{e}^{2x}.$$

(5) 特征方程为 $r^3-r^2-r+1=0$ 或 $(r-1)(r^2-1)=0$，$r=-1$ 为单根，$r=1$ 为重根，通解为

$$y = C_1 e^{-x} + (C_2 + C_3 x) e^x.$$

（6）特征方程为 $r^3 - 4r^2 + r + 6 = 0$ 或 $(r+1)(r-2)(r-3) = 0$，特征根为 $r_1 = -1, r_2 = 2, r_3 = 3$，通解为

$$y = C_1 e^{-x} + C_2 e^{2x} + C_3 e^{3x}.$$

（7）特征方程为 $r^2 - 4r + 3 = (r-1)(r-3) = 0$，特征根为 $r_1 = 1, r_2 = 3$，通解为

$$y = C_1 e^x + C_2 e^{3x}, \quad y' = C_1 e^x + 3 C_2 e^{3x}.$$

由初值条件 $\begin{cases} C_1 + C_2 = 6, \\ C_1 + 3C_2 = 10, \end{cases}$ 解得 $\begin{cases} C_1 = 4, \\ C_2 = 2. \end{cases}$

初值问题的解为 $y = 4 e^x + 2 e^{3x}$.

（8）特征方程为 $r^2 - 2r + 1 = (r-1)^2 = 0$，$r = 1$ 为二重根，通解为

$$y = (C_1 + C_2 x) e^x, \quad y' = C_1 e^x + C_2 e^x + C_2 x e^x.$$

由初值条件 $\begin{cases} 1 = C_1 e^2 + 2 C_2 e^2, \\ 2 = C_1 e^2 + 3 C_2 e^2, \end{cases}$ 解得 $\begin{cases} C_1 = -e^{-2}, \\ C_2 = e^{-2}. \end{cases}$

初值问题的解为 $y = (x-1) e^{x-2}$.

（9）特征方程为 $r^2 + 4r + 29 = (r+2)^2 + 25 = 0$，特征根为 $r = -2 \pm 5i$，通解为

$$y = e^{-2x} (C_1 \cos 5x + C_2 \sin 5x),$$

$$y' = -2 e^{-2x} (C_1 \cos 5x + C_2 \sin 5x) + 5 e^{-2x} (-C_1 \sin 5x + C_2 \cos 5x).$$

由初值条件 $\begin{cases} C_1 = 0, \\ -2C_1 + 5C_2 = 15, \end{cases}$ 解得 $C_2 = 3$.

初值问题的解为 $y = 3 e^{-2x} \sin 5x$.

2. 设 $y = y(x) \in C^2[-1, 1]$，且满足方程 $(1-x^2) y'' - x y' + a y = 0$ $(a = 1$ 或 $-1)$，作自变量变换令 $x = \sin t$，求 y 作为 t 的函数应满足的方程，并求 $y(x)$.

解 令 $x = \sin t$，则 $t = \arcsin x, x \in [-1, 1]$，$\dfrac{dt}{dx} = \dfrac{1}{\sqrt{1-x^2}}$，故

$$\frac{dy}{dx} = \frac{dy}{dt} \cdot \frac{dt}{dx} = \frac{1}{\sqrt{1-x^2}} \frac{dy}{dt},$$

$$\frac{d^2 y}{dx^2} = \frac{x}{(1-x^2)^{\frac{3}{2}}} \frac{dy}{dt} + \frac{1}{1-x^2} \frac{d^2 y}{dt^2},$$

于是原方程化为（即 y 作为 t 的函数所满足的方程）$\dfrac{d^2 y}{dt^2} + a y = 0$.

当 $a = 1$ 时，特征方程为 $\lambda^2 + 1 = 0$，特征根为 $\lambda = \pm i$，其通解为

$$y = C_1 \cos t + C_2 \sin t = C_1 \sqrt{1-x^2} + C_2 x;$$

当 $a = -1$ 时，特征方程为 $\lambda^2 - 1 = 0$，特征根为 $\lambda = \pm 1$，其通解为

$$y = C_1 e^{-t} + C_2 e^t = C_1 e^{-\arcsin x} + C_2 e^{\arcsin x}.$$

3. 一单摆摆长为 l，质量为 m，作简谐运动，假定其摆动的偏角 θ 很小，（从而 $\sin \theta \approx \theta$）试

求其运动方程,并确定摆动周期.

解 设在时刻 t,偏角为 $\theta(t)$,角加速度为 $\theta''(t)$,线加速度为 $l\theta''(t)$,在运动方向的分力为 $mg\sin\theta(t) \doteq mg\theta$,由牛顿第二定律知

$$ml\theta''(t) = -mg\theta(t).$$

化为

$$\theta''(t) + \frac{g}{l}\theta(t) = 0.$$

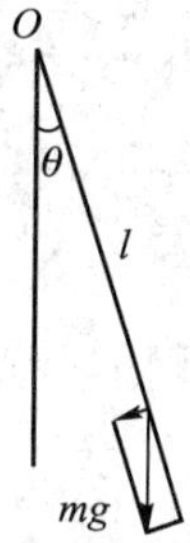

特征方程为 $r^2 + \frac{g}{l} = 0$,特征根为 $r = \pm\sqrt{\frac{g}{l}}\mathrm{i}$.

运动方程为

图 7.9

$$\theta(t) = C_1\cos\sqrt{\frac{g}{l}}t + C_2\sin\sqrt{\frac{g}{l}}t.$$

每振动一次的时间即为周期 $T = \dfrac{2\pi}{\sqrt{\dfrac{g}{l}}} = 2\pi\sqrt{\dfrac{l}{g}}$.

4. 一弹簧的上端固定,下端挂质量为 10 g 的物体时弹簧伸长 4.9 cm,现将质量为 500 g 的物体挂于弹簧下端,并由平衡位置往下拉 4 cm 后放手,假设物体在运动过程中所受阻力与速度成正比.比例系数为 $\sqrt{3}$ N·s/m,求物体的运动规律.

解 取 x 轴垂直向下,平衡点为原点,设所求振动规律为 $x = x(t)$,则可由自由振动方程

$$m\frac{\mathrm{d}^2 x}{\mathrm{d}t^2} + \mu\frac{\mathrm{d}x}{\mathrm{d}t} + kx = 0$$

确定其中质量 $m = 0.5$ kg.

阻尼系数 $u = \sqrt{3}$,由 $0.01 \times 9.8 = k \cdot 0.049$ 及弹性数 $k = 2$.又 $x\big|_{t=0} = 0.04$,$x'\big|_{t=0} = 0$.故物质运动规律满足

$$\begin{cases} x'' + 2\sqrt{3}\,x' + 4x = 0,\\ x(0) = 0.04,\ x'(0) = 0. \end{cases}$$

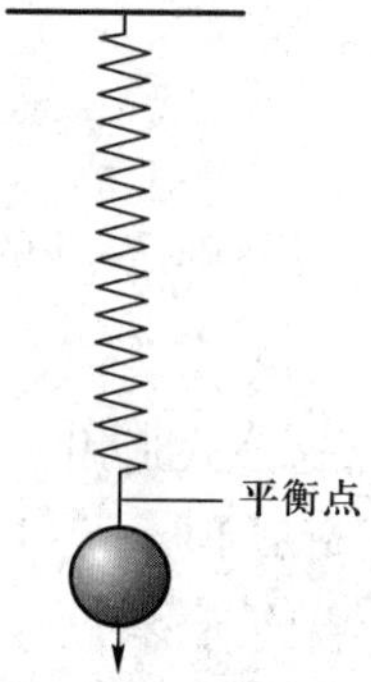

图 7.10

特征方程为 $r^2 + 2\sqrt{3}\,r + 4 = 0$,特征根为 $r = -\sqrt{3} \pm \mathrm{i}$,故通解为

$$x = \mathrm{e}^{-\sqrt{3}\,t}(C_1\cos t + C_2\sin t),$$

$$x' = -\sqrt{3}\,\mathrm{e}^{-\sqrt{3}\,t}(C_1\cos t + C_2\sin t) + \mathrm{e}^{-\sqrt{3}\,t}(-C_1\sin t + C_2\cos t).$$

由初值条件 $C_1 = 0.04$,$C_2 = 0.04\sqrt{3}$,可求振动规律为

$$x = 0.04\mathrm{e}^{-\sqrt{3}\,t}(\cos t + \sqrt{3}\sin t) = \frac{2}{25}\mathrm{e}^{-\sqrt{3}\,t}\sin\left(t + \frac{\pi}{6}\right).$$

5. 设 $f(x)$ 与 $g(x)$ 在 $(-\infty, +\infty)$ 内可导,$g(x) \neq 0$,且有 $f'(x) = g(x)$,$g'(x) = f(x)$,$f^2(x) \neq g^2(x)$,试证方程 $f(x)/g(x) = 0$ 有且仅有一个实根.

证明 因为 $f'' = g' = f$,即 $f'' - f = 0$,又 $g(x) = f'(x)$,故方程组的通解为

$$f(x) = C_1 e^x + C_2 e^{-x}, \quad g(x) = C_1 e^x - C_2 e^{-x}.$$

由于 $f^2 \neq g^2$,所以本题中 C_1, C_2 均不为零,设 $F(x) = \dfrac{f(x)}{g(x)}$,因为

$$F'(x) = \frac{f'g - g'f}{g^2} = \frac{g^2 - f^2}{g^2} \neq 0,$$

所以 $F(x)$ 严格单调,又

$$\lim_{x \to -\infty} F(x) = \lim_{x \to -\infty} \frac{C_1 e^x + C_2 e^{-x}}{C_1 e^x - C_2 e^{-x}} = -1, \quad \lim_{x \to \infty} F(x) = \lim_{x \to +\infty} \frac{C_1 e^x + C_2 e^{-x}}{C_1 e^x - C_2 e^{-x}} = 1,$$

故 $F(x) = \dfrac{f(x)}{g(x)}$ 有且仅有一个实根.

6. 解下列方程.

(1) $2y'' + 5y' = 5x^2 - 2x - 1$;
(2) $y'' - 6y' + 9y = e^{3x}(x + 1)$;
(3) $y'' - 2y' + 5y = e^x \sin(2x)$;
(4) $y'' - 4y' + 4y = 8x^2 + e^{2x} + \sin(2x)$;
(5) $y''' - 2y'' - 4y' + 8y = 16(e^{-2x} + e^{2x})$.

解 (1) 特征方程为 $2r^2 + 5r = r(2r + 5) = 0$,齐次方程 $2y'' + 5y' = 0$ 的通解为 $y_H = C_1 + C_2 e^{-\frac{5}{2}x}$,因为 $\lambda = 0$ 是特征根,故设特解 $y^* = x(Ax^2 + Bx + C)$ 代入原方程,比较同次幂系数解得 $A = \dfrac{1}{3}, B = -\dfrac{3}{5}, C = \dfrac{7}{25}$,原方程通解为

$$y = C_1 + C_2 e^{-\frac{5}{2}x} + \frac{1}{3}x^3 - \frac{3}{5}x^2 + \frac{7}{25}x.$$

注:确定 y^* 的多项式系数可直接代入公式

$$r\theta'' + (2r\alpha + p)\theta' + (r\alpha^2 + p\alpha + q)\theta = p_m(x)$$

中,这公式适用于 $ry'' + py' = p_m(x)e^{\alpha x}$ 形式.而 $\theta(x) = x^k \theta_m(x)$,其中 k 取决于 α 是否是特征根,当 α 是单根,$k = 1$;α 是重根,$k = 2$;α 不是根,$k = 0$.$\theta_m(x)$ 是一个 m 次多项式,当 α 是单根时,$\theta(x)$ 的系数为 0,θ' 的系数不是 0;当 α 是重根时,θ 与 θ' 的系数同时为 0.公式的记忆也是容易的,借助特征多项式,$p(\lambda) = r\lambda^2 + p\lambda + q$,可将公式改写为

$$\frac{p''(\alpha)}{2!}\theta'' + \frac{p'(\alpha)}{1!}\theta' + \frac{p(\alpha)}{0!}\theta = p_m(x).$$

这一结果容易推广到二阶以上形式.

下面利用这一公式具体确定 $A, B, C, \theta(x) = Ax^3 + Bx^2 + Cx$,由于 $\alpha = 0$ 是单根,故 $\theta(x)$ 的系数为 0,将 $\theta(x)$ 代入上式有

$$2(6Ax + 2B) + 5(3Ax^2 + 2Bx + C) = 15Ax^2 + (12A + 10B)x + 4B + 5C = 5x^2 - 2x - 1,$$

可得 $A = \dfrac{1}{3}, B = -\dfrac{3}{5}, C = \dfrac{7}{25}$,计算相对容易一些,以后的习题都将沿用这一方法,对 $f(x) = p_m(x)e^{\alpha x}\cos \beta x$ 型亦将化为 $f(x) = p_m(x)e^{\alpha x}$ 形式计算.

(2) 特征方程为 $r^2 - 6r + 9 = (r - 3)^2 = 0$,$r = 3$ 为二重根,由于 $\alpha = 3$ 为二重根,故设 $y^* = e^{3x} x^2 \theta_1(x) = e^{3x}(Ax^3 + Bx^2) = \theta(x)e^{3x}$,注意到 $\alpha = 3$ 为二重根,故 θ 与 θ' 的系数均为 0,此时公

式为 $\theta''=x+1$，即 $6Ax+2B=x+1$，因此 $A=\dfrac{1}{6}$，$B=\dfrac{1}{2}$，原方程通解

$$y=(C_1+C_2x)e^{3x}+\left(\dfrac{x^3}{6}+\dfrac{1}{2}x^2\right)e^{3x}$$

（3）特征方程 $r^2-2r+5=(r-1)^2+4=0$，特征根为 $r=1\pm 2i$，由于 $1+2i$ 是单根，因此 $y^*=xe^x(A\cos 2x+B\sin 2x)$，先考虑 $f(x)=e^{(1+2i)x}=e^x(\cos 2x+i\sin 2x)$，这里 $\alpha=1+2i$，由于 $1+2i$ 是单根，故 $\theta(x)=x\cdot\theta_0(x)=Ax$ 的系数为 0，θ' 的系数不为 0.

代入公式 $\theta''+(2\alpha-2)\theta'=1$，即 $A(2+4i-2)=1$，$A=-\dfrac{i}{4}$，故对 $f(x)=e^{(1+2i)x}$ 的特解为 $y^*=-\dfrac{i}{4}xe^x(\cos 2x+i\sin 2x)$，取解的虚部，则原方程通解为

$$y=e^x(C_1\cos 2x+C_2\sin 2x)-\dfrac{x}{4}e^x\cos 2x.$$

（注：$y^*=-\dfrac{x}{4}e^x i\cos 2x+\dfrac{x}{4}e^x\sin 2x$，此时方程自由项中若含 $\cos\beta x$，则取解的实部，若含 $\sin\beta x$，则取解的虚部）

（4）特征方程 $r^2-4r+4=(r-2)^2=0$，因 $\lambda=0$ 不是根，所以设 $y_1^*=Ax^2+Bx+C$，代入 $\theta''+(2\cdot 0-4)\theta'+(0^2-4\cdot 0+4)\theta=8x^2$，解得 $A=2$，$B=4$，$C=3$，故

$$y_1^*=2x^2+4x+3.$$

因 $\lambda=2$ 是二重根，设 $y_2^*=Dx^2e^x$，$\theta(x)=Dx^2$，代入 $\theta''=1$，解得 $D=\dfrac{1}{2}$，$y_2^*=\dfrac{x^2}{2}e^{2x}$. 又因为 $\lambda=2i$ 不是根，考虑 $f(x)=e^{2ix}$，其特解设为 $Ee^{2ix}=\theta(x)e^{2ix}$ 代入

$$((2i)^2-4(2i)+4)E=1,\quad E=\dfrac{i}{8},$$

特解为 $\dfrac{i}{8}(\cos 2x+i\sin 2x)=\dfrac{i}{8}\cos 2x-\dfrac{1}{8}\sin 2x$，因此 $y_3^*=\dfrac{1}{8}\cos 2x$.

原方程通解为

$$y=(C_1+C_2x)e^{2x}+2x^2+4x+3+\dfrac{x^2}{2}e^{2x}+\dfrac{1}{8}\cos 2x.$$

（5）特征方程为 $\lambda^3-2\lambda^2-4\lambda+8=(\lambda-2)^2(\lambda+2)=0$，特征根为 $\lambda_{1,2}=2$，$\lambda_3=-2$，$f_1=16e^{-2x}$，故设 $y_1^*=Axe^{-2x}=\theta(x)e^{-2x}$，代入

$$\theta'''+\dfrac{1}{2!}(6(-2)-4)\theta''+\dfrac{1}{1!}(3(-2)^2-4(-2)-4)\theta'+((-2)^3-2(-2)^2$$
$$-4(-2)+8)\theta=16.$$

（注：-1 是单根，因此 θ 的系数为 0，θ'，θ'' 的系数不为 0，又 θ''' 为 0. 故公式变得很简单.）

可知 $A=1$，$y_1^*=xe^{-2x}$，$f_2=16e^{2x}$，设 $y_2^*=Bx^2e^{2x}=\theta(x)e^{2x}$ 代入 $\dfrac{1}{2!}(6(+2)-4)\theta''=16$，解得 $B=2$，

$$y_2^* = 2x^2\mathrm{e}^{2x}.$$

故原方程通解为 $y = \mathrm{e}^{2x}(C_1 + C_2 x) + C_3 \mathrm{e}^{-2x} + x\mathrm{e}^{-2x} + 2x^2 \mathrm{e}^{2x}$.

7. 解下列初值问题.

(1) $y'' + 2y' + 2y = x\mathrm{e}^{-x}, y(0) = y'(0) = 0$;

(2) $y^{(4)} + y'' = 2\cos x, y(0) = -2, y'(0) = 1, y''(0) = y'''(0) = 0$;

(3) $y' = 1 + \int_0^x [6\sin^2 t - y(t)]\mathrm{d}t, y(0) = 0$;

解 (1) 特征方程为 $r^2 + 2r + 2 = (r+1)^2 + 1 = 0, r = -1 \pm \mathrm{i}, \alpha = -1$ 不是特征根,设 $y^* = (Ax + B)\mathrm{e}^{-x} = \theta(x)\mathrm{e}^{-x}$,将 $\theta(x)$ 代入

$$\theta'' + (2(-1) + 2)\theta' + ((-1)^2 2(-1) + 2)\theta = x,$$

即 $Ax + B = x$,解得 $A = 1, B = 0$.故方程的通解

$$y = (C_1 \cos x + C_2 \sin x)\mathrm{e}^{-x} + x\mathrm{e}^{-x},$$

$$y' = -\mathrm{e}^{-x}(C_1 \cos x + C_2 \sin x) + \mathrm{e}^{-x}(-C_1 \sin x + C_2 \cos x) + \mathrm{e}^{-x} - x\mathrm{e}^{-x},$$

由 $y|_{x=0} = y'|_{x=0} = 0$ 得 $\begin{cases} C_1 = 0, \\ C_2 = -1. \end{cases}$

初值问题的解为 $y = -\mathrm{e}^{-x}\sin x + x\mathrm{e}^{-x}$.

(2) 特征方程为 $\lambda^4 + \lambda^2 = \lambda^2(\lambda^2 + 1) = 0, \lambda = 0$ 二重根, $\lambda = \pm\mathrm{i}$,由于 0 是单根,故设 $y^* = x\mathrm{e}^{0x}(A\cos x + B\sin x) = x(A\cos x + B\sin x)$,求 y^* 的各阶导数代入原公式太繁,先考虑 $f(x) = 2\mathrm{e}^{\mathrm{i}x}$,设特解为 $x \cdot A \cdot \mathrm{e}^{\mathrm{i}x}$ 代入

$$\theta^{(4)} + \frac{1}{3!}p'''(\mathrm{i})\theta^{(3)} + \frac{1}{2!}p''(\mathrm{i})\theta^{(2)} + p'(\mathrm{i})\theta' + p(\mathrm{i})\theta = 2,$$

这里 $p(\lambda) = \lambda^4 + \lambda^2$,因为 $\theta(x) = Ax$,故 $\theta^{(4)}, \theta^{(3)}, \theta^{(2)}$ 均为 0,又 i 是单根,于是 $\theta(x)$ 系数为 0,原公式化为 $(4(\mathrm{i})^3 + 2!)A = 2$,即 $-2\mathrm{i}A = 2$,解得 $A = \mathrm{i}$.因此关于 $f(x) = 2\mathrm{e}^{\mathrm{i}x}$ 的特解为 $\mathrm{i}x\mathrm{e}^{\mathrm{i}x} = \mathrm{i}x(\cos x + \mathrm{i}\sin x) = x\mathrm{i}\cos x - x\sin x$.再求 y', y'', y''',利用初值条件,可求得 $C_1 = 0, C_2 = 1, C_3 = -2, C_4 = 0$,从而初值问题的解为

$$y = x - 2\cos x - x\sin x.$$

(3) 原式两端关于 x 求导有 $y'' + y = 6\sin^2 x = 3(1 - \cos 2x)$,初值条件为 $y(0) = 0, y'(0) = 1$,特征方程为 $\lambda^2 + 1 = 0$,特征根 $\lambda = \pm\mathrm{i}, y_1^* = A$ 代入 $y'' + y = 3, A = 3, y_2^* = B\cos 2x + C\sin 2x$ 代入 $y'' + y = -3\cos 2x$ 解得 $B = 1, C = 0$.于是 $y_2^* = \cos 2x$.通解为 $y = C_1 \cos x + C_2 \sin x + \cos 2x + 3$,再由初值条件确定 $C_1 = -4, C_2 = 1$,初值问题的解为

$$y = \sin x - 4\cos x + \cos 2x + 3.$$

8. 设二阶常系数线性微分方程 $y'' + \alpha y' + \beta y = \gamma \mathrm{e}^x$ 的一个特解为 $y = \mathrm{e}^{2x} + (1+x)\mathrm{e}^x$,试确定常数 α, β, γ 并求出该方程的通解.

解 $y' = 2\mathrm{e}^{2x} + (2+x)\mathrm{e}^x, y'' = 4\mathrm{e}^{2x} + (3+x)\mathrm{e}^x$,

$$y'' + \alpha y' + \beta y = (4 + 2\alpha + \beta)\mathrm{e}^{2x} + [(3+x) + \alpha(2+x) + \beta(1+x)]\mathrm{e}^x = \gamma \mathrm{e}^x.$$

于是 $4 + 2\alpha + \beta = 0, 3 + 2\alpha + \beta = \gamma, 1 + \alpha + \beta = 0$,解得 $\alpha = -3, \beta = 2, \gamma = -1$.故方程为 $y'' - 3y' + 2y = -\mathrm{e}^x$,特征方程为 $r^2 - 3r + 2 = (r-1)(r-2) = 0, y'' - 3y' + 2y = -\mathrm{e}^x$ 的通解为

$$y = C_1 e^x + C_2 e^{2x} + x e^x.$$

9. 已知 $y_1 = xe^x + e^{2x}, y_2 = xe^x + e^{-x}, y_3 = xe^x + e^{2x} - e^{-x}$ 是某二阶非齐次线性微分方程的三个解,求此微分方程.

解 设所求方程为

$$y'' + py' + qy = f(x). \tag{1}$$

因为 y_1, y_2, y_3 是(1)的解 $\Rightarrow y_1 - y_2 = e^{2x} - e^{-x}, y_1 - y_3 = e^{-x}$ 是相应于(1)的齐次方程

$$y'' + py' + qy = 0 \tag{2}$$

的两个特解,故(2)式特征方程的特征根为 2 与 -1,特征方程为

$$(\lambda - 2)(\lambda + 1) = \lambda^2 - \lambda - 2 = 0 \Rightarrow p = -1, q = -2.$$

将 $y_1 = xe^x + e^{2x}$ 代入(1)式,求得

$$f(x) = e^x - 2xe^x.$$

所以,(1)式的具体形式为

$$y'' - y' - 2y = e^x - 2xe^x,$$

为所求微分方程.

10. 已知一质点运动的加速度为 $a = 5\cos(2t) - 9x$,其中 t, x 分别表示运动的时间和位移.
(1) 若开始质点静止于原点,求质点的运动方程,并求质点离原点的最大距离;
(2) 若开始质点以速度 $v_0 = 6$ 从原点出发,求其运动方程.

解 (1) 设其位移函数 $x = x(t)$,则有 $x'' + 9x = 5\cos 2t$ 且 $x(0) = x'(0) = 0$. 特征方程为 $\lambda^2 + 9 = 0, \lambda = \pm 3i$,因为 $\alpha = 2i$ 不是特征根,故 $x^* = A\cos 2t + B\sin 2t$,从而确定 $A = 1, B = 0$, $x = C_1 \cos 3t + C_2 \sin 3t + \cos 2t$. 再利用初值条件确定 $C_1 = -1, C_2 = 0$. 故质点的运动方程为 $x = \cos 2t - \cos 3t$,其最大值为 2.

(2) 由 $x(0) = 0, x'(0) = 6$ 可得 $C_1 = -1, C_2 = 2$,此时运动方程为

$$x = 2\sin 3t + \cos 2t - \cos 3t.$$

11. 长 20 m 质量均匀的链条悬挂在钉子上,开始挂上时有一端为 8 m,问不计钉子对链条的摩擦力时,链条自然滑下所需的时间.

解 设时刻 t,链条滑过距离 $s = s(t)$ 且

$$s(t)\big|_{t=0} = 0, s'(t)\big|_{t=0} = 0.$$

又设链条线密度为 ρ,则总质量为 20ρ,链条所受重力为

$$(12 + s(t))\rho g - (8 - s(t))\rho g = 2(2 + s(t))\rho g.$$

由牛顿第二定律

$$20\rho s'' = 2(2 + s(t))\rho g.$$

化为初值问题为

$$\begin{cases} s'' - \dfrac{g}{10}s = \dfrac{g}{5}, \\ s\big|_{t=0} = 0, s'\big|_{t=0} = 0. \end{cases}$$

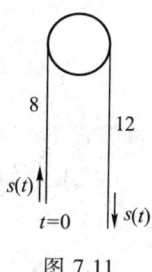

图 7.11

特征方程为 $\lambda^2 - \dfrac{g}{10} = 0$,特征根为 $\lambda = \pm\sqrt{\dfrac{g}{10}}$.特解易求得 $s^* = -2$,通解为

$$s = C_1 e^{\sqrt{\frac{g}{10}}t} + C_2 e^{-\sqrt{\frac{g}{10}}t} - 2.$$

再由初值条件定出 $C_1 = C_2 = 1$,所以 $s = e^{\sqrt{\frac{g}{10}}t} + e^{-\sqrt{\frac{g}{10}}t} - 2$.

当链条滑离钉子时,$s(t) = 8$,从而

$$10 = e^{\sqrt{\frac{g}{10}}t} + e^{-\sqrt{\frac{g}{10}}t} = 2\,\text{ch}\left(\sqrt{\dfrac{g}{10}}\,t\right).$$

所以,$\sqrt{\dfrac{g}{10}}\,t = \ln(5 + \sqrt{5^2 - 1})$,则 $t = \sqrt{\dfrac{10}{g}}\ln(5 + 2\sqrt{6})\,(\text{s}) \doteq 2.06(\text{s})$.

(注:双曲余弦 $y = \text{ch}\,x = \dfrac{e^x + e^{-x}}{2}$ 的反函数为 $y = \ln(x + \sqrt{x^2 - 1})$.)

12. 对方程 $y'' + a_1 y' + a_2 y = f(x)$,由公式(7)具体写出

(1) $f(x)$ 为 n 次多项式 $P_n(x)$ 时,特解 $y^* = \underline{\quad}$;

(2) $f(x) = P_n(x)e^{\alpha x}$ 时,特解 $y^* = \underline{\quad}$;

(3) $f(x) = e^{\alpha x}\sin \beta x$ 时,特解 $y^* = \underline{\quad}$.

解 (1) $y^* = x^k(b_0 + b_1 x + \cdots + b_n x^n)$,0 是特征方程单根时 $k = 1$;是重根时 $k = 2$;0 不是特征方程的根时,$k = 0$.

(2) $y^* = x^k(b_0 + b_1 x + \cdots + b_n x^n)e^{\alpha x}$,$\alpha$ 是单根,$k = 1$;α 重根,$k = 2$;其余 $k = 0$.

(3) $y^* = x^k e^{\alpha x}(A\sin \beta x + B\cos \beta x)$,$\alpha \pm i\beta$ 是单根,$k = 1$,否则 $k = 0$.

13. 指出下列方程的特解形式.

(1) $y'' + y = 2\sin x \sin 2x$; (2) $y'' + y' = (x^2 + 1)\sin^2 \dfrac{x}{2}$.

解 (1) 特征方程 $\lambda^2 + 1 = 0$,特征值 $\lambda = \pm i$.

$$f(x) = 2\sin x \sin 2x = \cos x - \cos 3x, \text{i 是特征值}.$$

特解形式 $y^* = x(a_0 \cos x + a_1 \sin x) + b_0 \cos 3x + b_1 \sin 3x$.

(2) 特征方程 $\lambda^2 + \lambda = 0$,特征根 $\lambda = 0, \lambda = -1$.

$$f(x) = (x^2 + 1)\sin^2 \dfrac{x}{2} = \dfrac{1}{2}(x^2 + 1) - \dfrac{1}{2}(x^2 + 1)\cos x.$$

特解形式 $y^* = x(a_0 x^2 + a_1 x + a_2) + (b_0 x^2 + b_1 x + b_2)\cos x + (d_0 x^2 + d_1 x + d_2)\sin x$.

14. 求解如下的欧拉方程.

(1) $x^2 y'' + 3xy' + y = 0$; (2) $x^2 y'' + xy' + y = x$;

(3) $x^2 y'' + xy' - y = 2\ln x$.

解 (1) 令 $x = e^t$,则方程化为 $D(D-1)y + 3Dy + y = 0$,即 $(D^2 + 2D + 1)y = 0$,特征方程为 $(r+1)^2 = 0$,通解为 $y = (C_1 + C_2 t)e^{-t}$,原方程通解为

$$y = (C_1 + C_2 \ln x)\dfrac{1}{x}.$$

(2) 令 $x=e^t$，则 $D(D-1)y+Dy+y=e^t$，即 $(D^2+1)y=e^t$，特征根为 $r=\pm i$，令 $y^*=Ae^t$，解得 $A=\dfrac{1}{2}$，通解为 $y=C_1\cos t+C_2\sin t+\dfrac{1}{2}e^t$，原方程通解为

$$y=C_1\cos\ln x+C_2\sin\ln x+\dfrac{1}{2}x.$$

(3) 令 $x=e^t$，则 $D(D-1)y+Dy-y=2t$，即 $(D^2-1)y=2t$，特征方程为 $r^2-1=0$，特征根为 $r=\pm 1$，令 $y^*=At$，则 $A=-2$，$y^*=-2t$，通解为 $y=C_1e^t+C_2e^{-t}-2t$，原方程通解为

$$y=C_1x+C_2\dfrac{1}{x}-2\ln x.$$

7.6

1. 将下列微分方程(组)化为等价的标准线性微分方程组.

(1) $\dfrac{d^2x}{dt^2}+a_1(t)\dfrac{dx}{dt}+a_2(t)x=0$； (2) $\dfrac{d^2x}{dt^2}-y=0$，$t^3\dfrac{dy}{dt}-2x=0$.

解 (1) 令 $x=x_1$，$x'=x_2$，则 $x_2'=x''$，$x_1'=x_2$，故得方程组

$$\begin{cases}x_1'=x_2,\\ x_2'=-a_1(t)x_2-a_2(t)x_1.\end{cases}$$

(2) 令 $x_1=x$，$x'=x_2$，$y=x_3$，则有方程组

$$\begin{cases}x_1'=x_2,\\ x_2'=x_3,\\ x_3'=\dfrac{2x_1}{t^3}.\end{cases}$$

2. 验证向量函数组

$$\boldsymbol{y}^{(1)}=\begin{bmatrix}-\sin x\\ \cos x\end{bmatrix},\quad \boldsymbol{y}^{(2)}=\begin{bmatrix}e^x\cos x\\ e^x\sin x\end{bmatrix}$$

是方程组

$$\boldsymbol{y}'=\begin{bmatrix}\cos^2 x & \sin x\cos x-1\\ 1+\sin x\cos x & \sin^2 x\end{bmatrix}\boldsymbol{y}$$

的基本解组，并求出方程组的通解及满足条件 $\boldsymbol{y}(0)=(1,2)^T$ 的特解.

解 分别将 $\boldsymbol{y}^{(1)},\boldsymbol{y}^{(2)}$ 代入方程组

$$\boldsymbol{y}'=\begin{bmatrix}\cos^2 x & \cos x\sin x-1\\ 1+\sin x\cos x & \sin^2 x\end{bmatrix}\boldsymbol{y},\tag{1}$$

易知(1)式成立，故 $\boldsymbol{y}^{(1)},\boldsymbol{y}^{(2)}$ 是(1)式的解. 又朗斯基行列式

$$W(0)=|(\boldsymbol{y}^{(1)}_{(0)},\ \boldsymbol{y}^{(2)}_{(0)})|=\begin{vmatrix}0 & 1\\ 1 & 0\end{vmatrix}=1\ne 0,$$

知 $y^{(1)}$ 与 $y^{(2)}$ 线性无关,所以是(1)式的基本解组,故(1)式的通解为

$$y(x) = \begin{bmatrix} -\sin x & e^x \cos x \\ \cos x & e^x \sin x \end{bmatrix} \begin{bmatrix} C_1 \\ C_2 \end{bmatrix}.$$

将 $y(0) = (1,2)^T$ 代入上式,得 $C_1 = 2, C_2 = 1$.知所求特解为

$$y(x) = \begin{bmatrix} -\sin x & e^x \cos x \\ \cos x & e^x \sin x \end{bmatrix} \begin{bmatrix} 2 \\ 1 \end{bmatrix}.$$

3. 第二次世界大战中,美日硫磺岛战役之初,美军 $x = 54\,000$ 人,守敌日军 $y = 21\,500$ 人,战斗开始后各方伤亡减员速度与对方军人数成正比,$\dfrac{dx}{dt} = -ay, \dfrac{dy}{dt} = -bx$,其中 $a = 0.05, b = 0.01$(由攻守双方战斗力确定),求两军各时刻人数,并说明最终日军失败.

解 由 $x'' = -ay' = abx$,即 $x'' - abx = 0$,又 $y = -\dfrac{1}{a}\dfrac{dx}{dt}$,所以方程组的通解是

$$x = c_1 e^{\sqrt{ab}\,t} + c_2 e^{-\sqrt{ab}\,t},$$

$$y = -\sqrt{\dfrac{b}{a}}(c_1 e^{\sqrt{ab}\,t} - c_2 e^{-\sqrt{ab}\,t}).$$

由于 $a = 0.05, b = 0.01$,初值条件 $x(0) = 54\,000, y(0) = 21\,500$,知美日两军人数

$$\begin{cases} x = 2\,962 e^{\sqrt{5}\times 10^{-2}t} + 51\,038 e^{-\sqrt{5}\times 10^{-2}t}, \\ y = -0.447\,2\times(2\,962 e^{\sqrt{5}\times 10^{-2}t} - 51\,038 e^{-\sqrt{5}\times 10^{-2}t}). \end{cases}$$

由此不难看出日军人数 y 在某一时刻要变为零,此时战斗结束,另外,从

$$\dfrac{dy}{dx} = \dfrac{1}{5}\dfrac{x}{y},$$

解得两军人数关系:$5y^2 = x^2 + C$,由初值条件知 $C = -60\,475\times 10^4$,当战斗结束时($y = 0$),美军人数为 24 591 人.

4. 解下列常系数齐次线性微分方程组或初值问题.

(1) $\begin{cases} x' = -7x + y, \\ y' = -2x - 5y; \end{cases}$
(2) $\begin{cases} x' = x - y, \\ y' = x + 3y; \end{cases}$

(3) $\begin{cases} x' = 3x - y + z, \\ y' = -x + 5y - z, \\ z' = x - y + 3z, \end{cases}$ $\begin{bmatrix} x(0) \\ y(0) \\ z(0) \end{bmatrix} = \begin{bmatrix} 1 \\ 2 \\ 3 \end{bmatrix}.$

(注:对方程组的解法,给出两类,先用矩阵的方法,后用消元法.)

解 (1) $\begin{bmatrix} x \\ y \end{bmatrix}' = \begin{bmatrix} -7 & 1 \\ -2 & -5 \end{bmatrix}\begin{bmatrix} x \\ y \end{bmatrix} = A\begin{bmatrix} x \\ y \end{bmatrix}$,记 $z = \begin{bmatrix} x \\ y \end{bmatrix}$,

$$|\lambda E - A| = \begin{vmatrix} \lambda + 7 & -1 \\ 2 & \lambda + 5 \end{vmatrix} = \lambda^2 + 12\lambda + 37 = 0.$$

$\lambda_1 = -6 + i, \lambda_2 = -6 - i$,相应的特征向量为

$$v_1 = (1, 1+i)^T, \quad v_2 = (1, 1-i)^T.$$

基本解组为

$$z^{(1)} = \begin{bmatrix} 1 \\ 1+\mathrm{i} \end{bmatrix} \mathrm{e}^{(-6+\mathrm{i})t} = \begin{bmatrix} 1 \\ 1+\mathrm{i} \end{bmatrix} \mathrm{e}^{-6t}(\cos t + \mathrm{i}\sin t)$$

$$= \begin{bmatrix} \cos t \\ \cos t - \sin t \end{bmatrix} \mathrm{e}^{-6t} + \mathrm{i} \begin{bmatrix} \sin t \\ \cos t + \sin t \end{bmatrix} \mathrm{e}^{-6t},$$

$$z^{(2)} = \begin{bmatrix} 1 \\ 1-\mathrm{i} \end{bmatrix} \mathrm{e}^{(-6-\mathrm{i})t} = \begin{bmatrix} \cos t \\ \cos t - \sin t \end{bmatrix} \mathrm{e}^{-6t} - \mathrm{i} \begin{bmatrix} \sin t \\ \cos t + \sin t \end{bmatrix} \mathrm{e}^{-6t},$$

取

$$\overline{z}^{(1)} = \frac{1}{2}(z^{(1)} + z^{(2)}) = \begin{bmatrix} \cos t \\ \cos t - \sin t \end{bmatrix} \mathrm{e}^{-6t},$$

$$\overline{z}^{(2)} = \frac{1}{2\mathrm{i}}(z^{(1)} - z^{(2)}) = \begin{bmatrix} \sin t \\ \cos t + \sin t \end{bmatrix} \mathrm{e}^{-6t}.$$

通解为

$$z = C_1 \overline{z}^{(1)} + C_2 \overline{z}^{(2)} = C_1 \mathrm{e}^{-6t} \begin{bmatrix} \cos t \\ \cos t - \sin t \end{bmatrix} + C_2 \mathrm{e}^{-6t} \begin{bmatrix} \sin t \\ \cos t + \sin t \end{bmatrix}$$

或

$$\begin{cases} x = \mathrm{e}^{-6t}(C_1 \cos t + C_2 \sin t), \\ y = \mathrm{e}^{-6t}[C_1(\cos t - \sin t) + C_2(\cos t + \sin t)]. \end{cases}$$

(2) $\begin{bmatrix} x \\ y \end{bmatrix}' = \begin{bmatrix} 1 & -1 \\ 1 & 3 \end{bmatrix} \begin{bmatrix} x \\ y \end{bmatrix}$,记 $A = \begin{bmatrix} 1 & -1 \\ 1 & 3 \end{bmatrix}$, $z = \begin{bmatrix} x \\ y \end{bmatrix}$,

$|\lambda E - A| = (\lambda - 2)^2 = 0$, $\lambda = 2$ 为二重根.

设 $z = \begin{bmatrix} v_{11} + v_{12}t \\ v_{21} + v_{22}t \end{bmatrix} \mathrm{e}^{2t}$ 是方程组的解,代入方程组消去 e^{-2t} 得

$$\begin{bmatrix} v_{12} + 2v_{11} + 2v_{12}t \\ v_{22} + 2v_{21} + 2v_{22}t \end{bmatrix} = \begin{bmatrix} v_{11} - v_{21} + (v_{12} - v_{22})t \\ v_{11} + 3v_{21} + (v_{12} + 3v_{22})t \end{bmatrix}.$$

比较同次幂系数得

$$v_{22} = -v_{12}, \quad v_{21} = -v_{11} - v_{12}.$$

分别取 $v_{11} = 0, v_{12} = 1$ 和 $v_{11} = 1, v_{12} = 0$ 得基本解组为

$$z^{[1]} = \begin{bmatrix} t \\ -1-t \end{bmatrix} \mathrm{e}^{2t}, \quad z^{[2]} = \begin{bmatrix} 1 \\ -1 \end{bmatrix} \mathrm{e}^{2t}.$$

方程组通解为

$$z(t) = C_1 \mathrm{e}^{2t} \begin{bmatrix} t \\ -1-t \end{bmatrix} + C_2 \mathrm{e}^{2t} \begin{bmatrix} 1 \\ -1 \end{bmatrix},$$

即 $x=(C_1t+C_2)\mathrm{e}^{2t}, y=[C_1(-1-t)-C_2]\mathrm{e}^{2t}$.

(3) $\begin{cases} x'=3x-y+z, \\ y'=-x+5y-z, \\ z'=x-y+3z, \end{cases}$ 即 $\begin{bmatrix} x \\ y \\ z \end{bmatrix} = \begin{bmatrix} 3 & -1 & 1 \\ -1 & 5 & -1 \\ 1 & -1 & 3 \end{bmatrix} \begin{bmatrix} x \\ y \\ z \end{bmatrix}$.

$$|\lambda E-A|=(\lambda-2)(\lambda-3)(\lambda-6)=0,$$

故 A 的特征值为 $\lambda_1=2, \lambda_2=3, \lambda_3=6$, 对应的特征向量分别为

$$\boldsymbol{v}_1=(1,0,-1)^{\mathrm{T}}, \quad \boldsymbol{v}_2=(1,1,1)^{\mathrm{T}}, \quad \boldsymbol{v}_3=(1,-2,1)^{\mathrm{T}}.$$

则方程组的通解为

$$\begin{bmatrix} x \\ y \\ z \end{bmatrix} = C_1\mathrm{e}^{2t}\begin{bmatrix} 1 \\ 0 \\ -1 \end{bmatrix} + C_2\mathrm{e}^{3t}\begin{bmatrix} 1 \\ 1 \\ 1 \end{bmatrix} + C_3\mathrm{e}^{6t}\begin{bmatrix} 1 \\ -2 \\ 1 \end{bmatrix}.$$

由 $x(0)=1, y(0)=2, z(0)=3$ 可得初值问题的解为

$$\begin{bmatrix} x \\ y \\ z \end{bmatrix} = \begin{bmatrix} -1 \\ 0 \\ 1 \end{bmatrix}\mathrm{e}^{2x} + 2\begin{bmatrix} 1 \\ 1 \\ 1 \end{bmatrix}\mathrm{e}^{3x}.$$

5. 解下列方程组.

(1) $\begin{cases} x'=2x-5y-\sin t, \\ y'=x-2y+t; \end{cases}$

(2) $y'=\begin{bmatrix} -1 & -2 \\ 3 & 4 \end{bmatrix}y+\begin{bmatrix} 2 \\ 1 \end{bmatrix}\mathrm{e}^{-x}$;

(3) $\begin{cases} \dfrac{\mathrm{d}x}{\mathrm{d}t}+\dfrac{\mathrm{d}y}{\mathrm{d}t}=-x+y+3, \\ \dfrac{\mathrm{d}x}{\mathrm{d}t}-\dfrac{\mathrm{d}y}{\mathrm{d}t}=x+y-3; \end{cases}$

(4) $\begin{cases} \dfrac{\mathrm{d}x}{\mathrm{d}t}=p(t)x+q(t)y, \\ \dfrac{\mathrm{d}y}{\mathrm{d}t}=q(t)x+p(t)y \end{cases}$ (p,q 连续).

解 (1) 设 $z=\begin{bmatrix} x \\ y \end{bmatrix}, A=\begin{bmatrix} 2 & -5 \\ 1 & -2 \end{bmatrix}$,

$$|\lambda E-A|=\begin{vmatrix} \lambda-2 & 5 \\ -1 & \lambda+2 \end{vmatrix}=\lambda^2+1=0.$$

特征根为 $\lambda_1=\mathrm{i}, \lambda_2=-\mathrm{i}$, 对应的特征向量为

$$\boldsymbol{v}_1=(\mathrm{i}+2,1)^{\mathrm{T}}, \quad \boldsymbol{v}_2=(-\mathrm{i}+2,1)^{\mathrm{T}}.$$

复值基本解组为

$$z^{[1]}=\begin{bmatrix} \mathrm{i}+2 \\ 1 \end{bmatrix}\mathrm{e}^{\mathrm{i}x}, \quad z^{[2]}=\begin{bmatrix} -\mathrm{i}+2 \\ 1 \end{bmatrix}\mathrm{e}^{-\mathrm{i}x}.$$

实值基本解组为

$$\bar{z}^{[1]} = \frac{1}{2}(z^{[1]}+z^{[2]}) = \begin{bmatrix} 2\cos t - \sin t \\ \cos t \end{bmatrix}, \quad \bar{z}^{[2]} = \frac{1}{2\mathrm{i}}(z^{[1]}-z^{[2]}) = \begin{bmatrix} \cos t + 2\sin t \\ \sin t \end{bmatrix}.$$

基本解矩阵

$$\mathbf{Z}(t) = \begin{bmatrix} 2\cos t - \sin t & \cos t + 2\sin t \\ \cos t & \sin t \end{bmatrix}, \quad \mathbf{Z}^{-1}(t) = \begin{bmatrix} -\sin t & \cos t + 2\sin t \\ \cos t & \sin t - 2\cos t \end{bmatrix}.$$

故有特解

$$z^{[*]} = \begin{bmatrix} 2\cos t - \sin t & \cos t + 2\sin t \\ \cos t & \sin t \end{bmatrix} \int_0^1 \begin{bmatrix} -\sin t & \cos t + 2\sin t \\ \cos t & \sin t - 2\cos t \end{bmatrix}$$

$$\begin{bmatrix} -\sin t \\ t \end{bmatrix} \mathrm{d}t = \begin{bmatrix} \dfrac{2}{3}\cos 2t + \dfrac{2}{3}\sin 2t - 5t \\ 1 - 2t + \dfrac{1}{3}\sin 2t \end{bmatrix}.$$

通解为

$$z(t) = \mathbf{Z}(t)\mathbf{C} + z^{[*]}, \text{ 其中 } \mathbf{C} = (C_1, C_2)^{\mathrm{T}}.$$

即

$$\begin{cases} x = 2(C_1+C_2)\cos t + (-C_1+2C_2)\sin t + \dfrac{2}{3}(\cos 2t + \sin 2t) - 5t, \\ y = C_1\cos t + C_2\sin t + 1 - 2t + \dfrac{1}{2}\sin 2t. \end{cases}$$

消元法(算子法)将原式写为

$$\begin{cases} (D-2)x + 5y = -\sin 2t, & (1) \\ -x + (D+2)y = t. & (2) \end{cases}$$

$(2) \times (D-2)$ 有 $-(D-2)x + (D^2-4)y = (D-2)t = 1-2t.$ (3)

$(1)+(3)$ 得 $(D^2+1)y = 1-2t-\sin 2t.$ 其特解为 $y = 1-2t+\dfrac{1}{3}\sin 2t.$ 通解为

$$y = C_1\cos t + C_2\sin t + 1 - 2t + \dfrac{1}{3}\sin 2t.$$

代入(2)式有

$$x = (D+2)y - t = (2C_1+C_2)\cos t + (2C_2-C_1)\sin t + \dfrac{2}{3}(\sin 2t + \cos 2t) - 5t.$$

(2) $y' = \begin{bmatrix} -1 & -2 \\ 3 & 4 \end{bmatrix} y + \begin{bmatrix} 2 \\ 1 \end{bmatrix} \mathrm{e}^{-x}.$

特征方程为 $\begin{vmatrix} \lambda+1 & 2 \\ -3 & \lambda-4 \end{vmatrix} = (\lambda-1)(\lambda-2) = 0$,解得 $\lambda_1 = 1, \lambda_2 = 2$,所对应的特征向量为

$v_1 = (1, -1)^T, v_2 = (2, -3)^T$. 基本解组为

$$y^{[1]} = \begin{bmatrix} 1 \\ -1 \end{bmatrix} e^x, \quad y^{[2]} = \begin{bmatrix} 2 \\ -3 \end{bmatrix} e^{2x}.$$

基本解矩阵为

$$Y(x) = \begin{bmatrix} e^x & 2e^{2x} \\ -e^x & -3e^{2x} \end{bmatrix}, \quad Y^{-1}(x) = \begin{bmatrix} 3e^{-x} & 2e^{-x} \\ -e^{-2x} & -e^{-2x} \end{bmatrix}.$$

特解为

$$y^{[*]} = \begin{bmatrix} e^x & 2e^{2x} \\ -e^x & -3e^{2x} \end{bmatrix} \int_0^x \begin{bmatrix} 3e^{-x} & 2e^{-x} \\ -e^{-2x} & -e^{-2x} \end{bmatrix} \begin{bmatrix} 2e^{-x} \\ e^{-x} \end{bmatrix} dx$$

$$= \begin{bmatrix} -2 \\ 1 \end{bmatrix} e^{-x} + 4 \begin{bmatrix} 1 \\ 1 \end{bmatrix} e^x - \begin{bmatrix} 2 \\ -3 \end{bmatrix} e^{2x}.$$

通解为

$$y(x) = C_1 \begin{bmatrix} 1 \\ -1 \end{bmatrix} e^x + C_2 \begin{bmatrix} 2 \\ -3 \end{bmatrix} e^{2x} + \begin{bmatrix} -2 \\ 1 \end{bmatrix} e^{-x}.$$

(3) 设 $\bar{x} = x - 3$, $dx = d\bar{x}$, 从而原方程化为

$$\begin{cases} \dfrac{d\bar{x}}{dt} = y, \\ \dfrac{dy}{dt} = -\bar{x}, \end{cases}$$

又记 $z = \begin{bmatrix} \bar{x} \\ y \end{bmatrix}$, $A = \begin{bmatrix} 0 & 1 \\ -1 & 0 \end{bmatrix}$. 特征方程为

$$|\lambda E - A| = \begin{vmatrix} \lambda & -1 \\ 1 & \lambda \end{vmatrix} = \lambda^2 + 1 = 0.$$

特征值为 $\lambda_1 = i, \lambda_2 = -i$, 特征向量分别为

$$v_1 = [1, i]^T, v_2 = [1, -i]^T.$$

复值基本解组为

$$z^{[1]} = \begin{bmatrix} 1 \\ i \end{bmatrix} e^{it} = \begin{bmatrix} \cos t \\ -\sin t \end{bmatrix} + i \begin{bmatrix} \sin t \\ \cos t \end{bmatrix}, \quad z^{[2]} = \begin{bmatrix} 1 \\ -i \end{bmatrix} e^{it} = \begin{bmatrix} \cos t \\ -\sin t \end{bmatrix} - i \begin{bmatrix} \sin t \\ \cos t \end{bmatrix}.$$

实值基本解组为

$$\bar{z}^{[1]} = \frac{1}{2}[z^{[1]} + z^{[2]}] = \begin{bmatrix} \cos t \\ \sin t \end{bmatrix}, \quad \bar{z}^{[2]} = \frac{1}{2i}[z^{[1]} - z^{[2]}] = \begin{bmatrix} \sin t \\ \cos t \end{bmatrix}.$$

通解为

$$z(x) = \begin{bmatrix} \cos t & \sin t \\ -\sin t & \cos t \end{bmatrix} \begin{bmatrix} C_1 \\ C_2 \end{bmatrix}.$$

即 $\begin{cases} \bar{x} = C_1\cos t + C_2\sin t, \\ y = -C_1\sin t + C_2\cos t, \end{cases}$ 原方程解为 $\begin{cases} x = C_1\cos t + C_2\sin t + 3, \\ y = -C_1\sin t + C_2\cos t. \end{cases}$

消元法

$$\begin{cases} x' + y' = -x + y + 3, & (1) \\ x' - y' = x + y - 3. & (2) \end{cases}$$

$$(1) + (2)\ x' = y, x'' = y'. \tag{3}$$

$$(1) - (2)\ y' = -x + 3. \tag{4}$$

(4)式代入(3)式有 $x'' + x = 3, x = 3$ 是特解显然,故

$$x = C_1\cos t + C_2\sin t + 3.$$

从而由(3)式得 $y = -C_1\sin t + C_2\cos t.$

(4) $\begin{cases} \dfrac{\mathrm{d}(x+y)}{\mathrm{d}t} = (p(t) + q(t))(x + y), \\ \dfrac{\mathrm{d}(x-y)}{\mathrm{d}t} = (p(t) - q(t))(x - y). \end{cases}$

故 $x + y = C_1 e^{\int (p(t)+q(t))\mathrm{d}t}, x - y = C_2 e^{\int (p(t)-q(t))\mathrm{d}t},$

$$x = \frac{1}{2}\left[C_1\exp\left\{\int (p(t) + q(t))\mathrm{d}t\right\} + C_2\exp\left\{\int (p(t) - q(t))\mathrm{d}t\right\}\right],$$

$$y = \frac{1}{2}\left[C_1\exp\left\{\int (p(t) + q(t))\mathrm{d}t\right\} - C_2\exp\left\{\int (p(t) - q(t))\mathrm{d}t\right\}\right].$$

6. 质量为 m_1 和 m_2 的两个小球,穿在一条光滑水平杆上,由一轻质弹簧连接,且可沿杆移动,当弹簧不受力时,两小球中心距离为 l,若用 x_1, x_2 分别表示两球的位移,当 $t = 0$ 时,$x_1 = 0, x_1' = v_0, x_2 = l, x_2' = 0$,试求两球的运动规律.

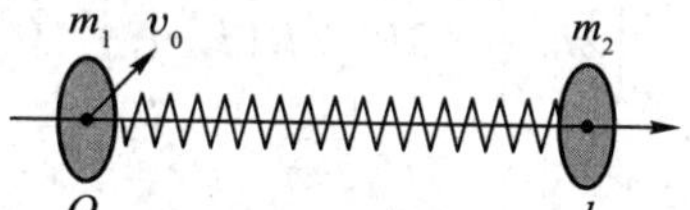

图 7.12

解 设弹簧的弹性系数为 k,则有

$$\begin{cases} m_1 x_1'' = -k(l - (x_2 - x_1)), & (1) \\ m_2 x_2'' = k(l - (x_2 - x_1)), & (2) \\ x_1(0) = 0, \quad x_1'(0) = v_0, \\ x_2(0) = l, \quad x_2'(0) = 0. \end{cases}$$

$(1) \div m_1 - (2) \div m_2$,且设 $x_1 - x_2 = y$,则有

$$y'' + \frac{m_1 + m_2}{m_1 m_2} k y = -kl \frac{m_1 + m_2}{m_1 m_2}, \text{令} \frac{m_1 + m_2}{m_1 m_2} \times k = M > 0, y'' + My = -Ml.$$

特征方程为 $\lambda^2+M=0$, $\lambda=\pm\sqrt{M}\mathrm{i}$, 显然 $y^*=-l$.

$$y=C_1\cos\sqrt{M}t+C_2\sin\sqrt{M}t-l.$$

$$x_1''=-\frac{k}{m_1}(l+(C_1\cos\sqrt{M}t+C_2\sin\sqrt{M}t-l)),$$

$$x_1'=-\frac{k}{m_1}\left(\frac{C_1}{\sqrt{M}}\sin\sqrt{M}t-\frac{C_2}{\sqrt{M}}\cos\sqrt{M}t\right)+C_3,$$

$$x_1=-\frac{k}{m_1}\left(-\frac{C_1}{M}\cos\sqrt{M}t-\frac{C_2}{M}\sin\sqrt{M}t\right)+C_3t+C_4.$$

$x_2=x_1-y$, $x_2'=x_1'-y'$, 故

$$x_2=x_1-C_1\cos\sqrt{M}t-C_2\sin\sqrt{M}t+l,$$

$$x_2'=x_1'+C_1\sqrt{M}\sin\sqrt{M}t-C_2\sqrt{M}\cos\sqrt{M}t.$$

由初值条件, 解得: $C_1=C_4=0$, $C_2=\dfrac{v_0}{\sqrt{M}}$, $C_3=v_0\left(1-\dfrac{k}{m_1M}\right)$.

代入 x_1, x_2 有: $x_1=\dfrac{v_0}{m_1+m_2}\left(m_1t+\dfrac{m_2}{\sqrt{M}}\sin\sqrt{M}t\right)$,

$$x_2=\frac{v_0}{m_1+m_2}\left(m_1t+\frac{m_2}{\sqrt{M}}\sin\sqrt{M}t\right)+l.$$

7. 图 7.13 中所示的电路中, 若开始时电流为零, 且电动势 E 为常数, 试求电流 $i_1(t)$, $i_2(t)$.

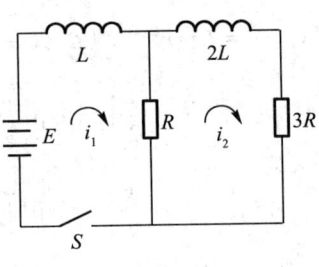

图 7.13

解 由回路电压定律可列出

$$\begin{cases} L\dfrac{\mathrm{d}i_1}{\mathrm{d}t}+R(i_1-i_2)=E, \\ 2L\dfrac{\mathrm{d}i_2}{\mathrm{d}t}+3Ri_2+R(i_2-i_1)=0, \end{cases}$$

初值条件 $\begin{cases} i_1(0)=0, \\ i_2(0)=0. \end{cases}$

即

$$\begin{cases} \dfrac{\mathrm{d}i_1}{\mathrm{d}t}=-\dfrac{R}{L}i_1+\dfrac{R}{L}i_2+\dfrac{E}{L}, \\ \dfrac{\mathrm{d}i_2}{\mathrm{d}t}=\dfrac{R}{2L}i_1-\dfrac{2R}{L}i_2. \end{cases}$$

记 $\dfrac{R}{L}=a$, 并设 $\begin{cases} i_1=\bar{i}_1+\dfrac{4E}{3aL}, \\ i_2=\bar{i}_2+\dfrac{E}{3aL}, \end{cases}$ 则 $\begin{cases} \dfrac{\mathrm{d}\bar{i}_1}{\mathrm{d}t}=-a\bar{i}_1+a\bar{i}_2, \\ \dfrac{\mathrm{d}\bar{i}_2}{\mathrm{d}t}=\dfrac{1}{2}a\bar{i}_1-2a\bar{i}_2. \end{cases}$

特征方程
$$\begin{vmatrix} \lambda+a & -a \\ -\dfrac{1}{2}a & \lambda+2a \end{vmatrix} = \lambda^2 + 2a\lambda + \dfrac{3}{2}a^2.$$

特征根为
$$\lambda_1 = \dfrac{-3+\sqrt{3}}{2}a, \quad \lambda_2 = \dfrac{-3-\sqrt{3}}{2}a,$$

特征向量为
$$v_1 = \left(1, \dfrac{-1+\sqrt{3}}{2}\right)^T, \quad v_2 = \left(1, \dfrac{-1-\sqrt{3}}{2}\right)^T.$$

基本解组为
$$\begin{bmatrix} \bar{i}_1^{[1]} \\ \bar{i}_2^{[1]} \end{bmatrix} = \begin{bmatrix} 1 \\ \dfrac{-1+\sqrt{3}}{2} \end{bmatrix} e^{\frac{-3+\sqrt{3}}{2}at}, \quad \begin{bmatrix} \bar{i}_1^{[2]} \\ \bar{i}_2^{[2]} \end{bmatrix} = \begin{bmatrix} 1 \\ \dfrac{-1-\sqrt{3}}{2} \end{bmatrix} e^{\frac{-3-\sqrt{3}}{2}at}.$$

将 $a = \dfrac{R}{L}$ 回代后得通解为

$$\begin{cases} i_1 = C_1 e^{\frac{-3+\sqrt{3}}{2L}Rt} + C_2 e^{\frac{-3-\sqrt{3}}{2L}Rt} + \dfrac{4E}{3R}, \\ i_2 = C_1 \dfrac{-1+\sqrt{3}}{2} e^{\frac{-3+\sqrt{3}}{2L}Rt} + C_2 \dfrac{-1-\sqrt{3}}{2} e^{\frac{-3-\sqrt{3}}{2L}Rt} + \dfrac{E}{3R}. \end{cases}$$

将初值条件 $i_1(0) = 0, i_2(0) = 0$ 代入

$$i_1(t) = -\dfrac{2+\sqrt{3}}{3R} E \exp\left\{-\dfrac{3-\sqrt{3}}{2L}Rt\right\} - \dfrac{2-\sqrt{3}}{3R} E \exp\left\{-\dfrac{3+\sqrt{3}}{2L}Rt\right\} + \dfrac{4E}{3R},$$

$$i_2(t) = -\dfrac{1+\sqrt{3}}{6R} E \exp\left\{-\dfrac{3-\sqrt{3}}{2L}Rt\right\} - \dfrac{1-\sqrt{3}}{6R} E \exp\left\{-\dfrac{3+\sqrt{3}}{2L}Rt\right\} + \dfrac{E}{3R}.$$

7.7

1. 选择题.

（1）设 $y = y(x)$ 是二阶常系数线性方程 $y'' + py' + qy = e^{3x}$ 满足 $y(0) = y'(0) = 0$ 的特解，则 $\lim\limits_{x \to 0} \dfrac{\ln(1+x^2)}{y(x)} = $ _____.

（A）不存在　　　（B）1　　　（C）2　　　（D）3

（2）设 y_1, y_2 是一阶线性非齐次方程 $y' + p(x)y = q(x)$ 的两个特解，若有常数 λ, μ 使 $\lambda y_1 + \mu y_2$ 是该方程的解，$\lambda y_1 - \mu y_2$ 是该方程对应的齐次方程的解，则 _____.

（A）$\lambda = \dfrac{1}{2}, \mu = \dfrac{1}{2}$　　　　　　（B）$\lambda = -\dfrac{1}{2}, \mu = -\dfrac{1}{2}$

（C）$\lambda = \dfrac{2}{3}, \mu = \dfrac{1}{3}$　　　　　　（D）$\lambda = \dfrac{2}{3}, \mu = \dfrac{2}{3}$

(3) 若 $f(x)=\int_0^{2x} f\left(\frac{t}{2}\right)dt + \ln 2$, 则 $f(x)=$ ____.

(A) $e^x \ln 2$ (B) $e^{2x}\ln 2$ (C) $e^x+\ln 2$ (D) $e^{2x}+\ln 2$

(4) 已知 $y=y(x)$ 在任意点 x 处的增量 $\Delta y = \frac{y\Delta x}{1+x^2}+\alpha$, 且当 $\Delta x \to 0$ 时, α 是 Δx 的高阶无穷小量, $y(0)=\pi$, 则 $y(1)=$ ____.

(A) 2π (B) π (C) $e^{\frac{\pi}{4}}$ (D) $\pi e^{\frac{\pi}{4}}$

(5) 已知 $y=\frac{x}{\ln x}$ 是微分方程 $y'=\frac{y}{x}+\varphi\left(\frac{x}{y}\right)$ 的解, 则 $\varphi\left(\frac{x}{y}\right)$ 的表达式为 ____.

(A) $-\frac{y^2}{x^2}$ (B) $\frac{y^2}{x^2}$ (C) $-\frac{x^2}{y^2}$ (D) $\frac{x^2}{y^2}$

解 (1) 选 C.

详细解答过程参见 7.3 节思考与讨论部分第 3 题.

(2) $(\lambda y_1 - \mu y_2)' + p(x)(\lambda y_1 - \mu y_2) = 0$.

$$\lambda(y_1' + p(x)y_1) - \mu(y_2' + p(x)y_2) = 0.$$

因为 y_1, y_2 是非齐次的解, 因此 $y_1' + p(x)y_1 = q(x), y_2' + p(x)y_2 = q(x)$.
故 $\lambda q(x) - \mu q(x) = 0$, 因此 $\lambda = \mu$.

$$(\lambda y_1 + \mu y_2)' + p(x)(\lambda y_1 + \mu y_2) = q(x).$$

$(\lambda + \mu)q(x) = q(x)$, 因此 $\lambda + \mu = 1$.

故 $\lambda = \mu = \frac{1}{2}$. 选 A.

(3) 选 B.

详细解答过程参见 7.4 节典型错误纠正部分第 3 题.

(4) 选 D.

详细解答过程参见 7.6 节例题分析部分例 8.

(5) 将 $y=\frac{x}{\ln x}$ 代入方程可得 $\varphi\left(\frac{x}{y}\right)=-\frac{x^2}{y^2}$.

2. 已知函数 $f(x)$ 满足方程 $f''(x)+f'(x)-2f(x)=0$ 及 $f''(x)+f(x)=2e^x$. 求

(1) $f(x)$ 的表达式;   (2) 曲线 $y=f(x^2)\int_0^x f(-t^2)dt$ 的拐点.

解 (1) 解齐次方程得 $f(x)=C_1 e^x + C_2 e^{-2x}$, 代入到非齐次方程得 $C_1=1, C_2=0$, 故 $f(x)=e^x$.

(2)
$$y = e^{x^2}\int_0^x e^{-t^2}dt.$$

$$y' = 2xe^{x^2}\int_0^x e^{-t^2}dt + 1.$$

$$y'' = 2e^{x^2}\int_0^x e^{-t^2}dt + 4x^2 e^{x^2}\int_0^x e^{-t^2}dt + 2x.$$

令 $y''=0$, 可得 $x=0$, 此时 $y=0$. 故拐点为 $(0,0)$.

3. 求微分方程 $y\mathrm{d}x+(x-3y^2)\mathrm{d}y=0$ 满足条件 $y|_{x=1}=1$ 的解.

解 $y\dfrac{\mathrm{d}x}{\mathrm{d}y}+x-3y^2=0,\dfrac{\mathrm{d}x}{\mathrm{d}y}+\dfrac{1}{y}x=3y.$

$$x = \mathrm{e}^{-\int\frac{1}{y}\mathrm{d}y}\left[\int 3y\mathrm{e}^{\int\frac{1}{y}\mathrm{d}y}+C\right]$$
$$= \frac{1}{y}[y^3+C] = y^2+\frac{C}{y}.$$

将 $y|_{x=1}=1$ 代入,得 $C=0$,因此 $x=y^2$ 或 $y=\pm\sqrt{x}$.

4. 用变量代换 $x=\cos t(0<t<\pi)$ 化简微分方程 $(1-x^2)y''-xy'+y=0$,并求其满足 $y|_{x=0}=1$, $y'|_{x=0}=2$ 的特解.

解
$$y'=\frac{\mathrm{d}y}{\mathrm{d}x}=\frac{\mathrm{d}y}{\mathrm{d}t}\frac{\mathrm{d}t}{\mathrm{d}x}=-\frac{1}{\sqrt{1-x^2}}\frac{\mathrm{d}y}{\mathrm{d}t},$$
$$y''=\frac{-x}{(1-x^2)^{\frac{3}{2}}}\frac{\mathrm{d}y}{\mathrm{d}t}+\frac{\mathrm{d}^2y}{\mathrm{d}t^2}\frac{1}{1-x^2}.$$

代入原方程得
$$\frac{\mathrm{d}^2y}{\mathrm{d}t^2}+y=0.$$

解得 $y=C_1\cos t+C_2\sin t$.

由 $x=\cos t$,得 $y=C_1 x+C_2\sqrt{1-x^2}$.

将 $y|_{x=0}=1,y'|_{x=0}=2$ 代入可得 $C_2=1,C_1=2$.

故 $y=2x+\sqrt{1-x^2}$.

附录　一元函数微积分总结

一、主要概念框架

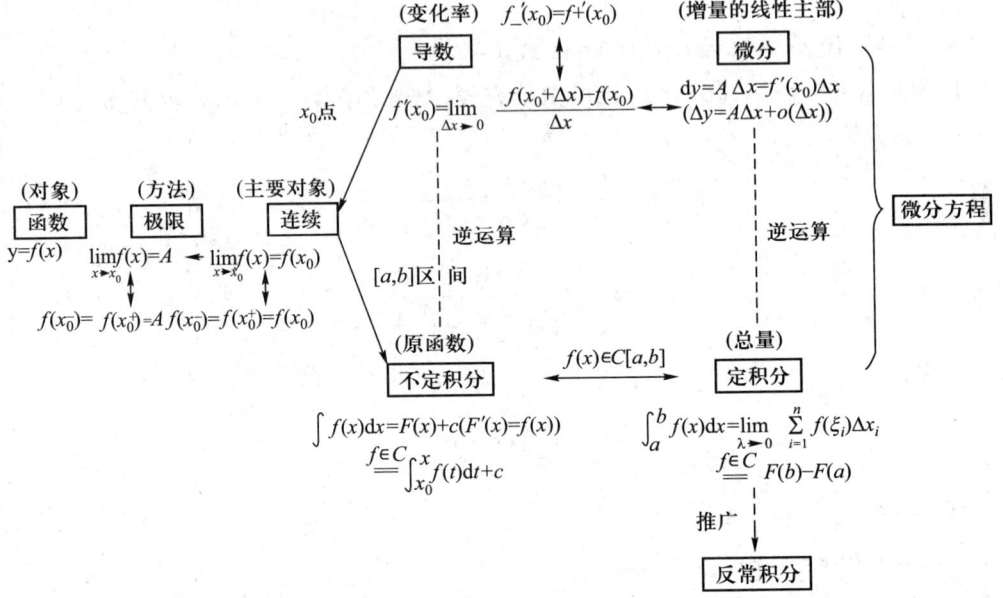

二、基本理论

1. 极限

(1) 线性性、唯一性、局部保序性→夹挤准则.

(2) 单调有界准则 $\begin{cases} 函数\quad 有单侧极限. \\ 数列\quad 有极限→有界→有收敛子列. \end{cases}$

(3) $\lim\limits_{x\to x_0}f(x)=A \Leftrightarrow f(x)=A+\alpha(x)$ ($\alpha(x)$ 是 $x\to x_0$ 时的无穷小)(极限与无穷小的关系).

(4) $\lim\limits_{x\to x_0}f(x)=\infty \Leftrightarrow \lim\limits_{x\to x_0}\dfrac{1}{f(x)}=0$ (无穷大与无穷小的关系).

(5) 无穷大→无界.

2. 连续

(1) 初等函数在有定义的区间连续.

(2) 变限积分函数连续.

(3) $f(x)\in C[a,b] \to \begin{cases} 有界,有最值,介值定理,零点存在定理(f(a)f(b)<0). \\ 有原函数. \\ 可积 \to f(x)有界. \end{cases}$

3. 导数与微分

(1) 线性性.

（2）一阶微分形式不变性．

（3）微分中值定理．

（4）区间 I 上，$f'>0 \to f\uparrow$；$f'<0 \to f\downarrow$；$f' \equiv 0 \to f \equiv c$（常数）．在一点 x_0 处，$f'(x_0)=0 \to x_0$ 是驻点．

（5）区间 I 上，$f''>0 \to f \cup$；$f''<0 \to f \cap$；$f'' \equiv 0 \to f = \alpha x + b$（直线）．

在一点 x_0 处，$f''(x_0)=0 \to (x_0, f(x_0))$ 是拐点的疑点．

"$f'(x_0)=0, f''(x_0)>0$" $\to f(x_0)$ 为极小值；

"$f'(x_0)=0, f''(x_0)<0$" $\to f(x_0)$ 为极大值．

4．不定积分，定积分

（1）不定积分：1）线性性．2）微分（导数）的逆运算性．

（2）定积分：1）有向性，线性性，区间可加性，比较性，估值性，绝对值性．2）积分中值定理．3）微积分学基本定理（变限积分函数的导数与牛顿–莱布尼茨公式）．

5．微分方程（略）

三、基本方法与思想

1．求极限

（1）四则（恒等变形），（2）复合（变换），（3）夹挤，（4）单调有界，（5）两个重要极限，（6）等价无穷小代换，（7）洛必达法则，（8）连续性，（9）导数定义，（10）定积分，（11）泰勒公式，…．

2．连续与间断

（1）连续性判定：1）用定义，2）初等运算（四则，复合），初等函数在有定义的区间内连续，3）可导→连续，4）变限积分函数连续．

（2）间断点分类

$$\begin{cases} \text{第一类} \begin{cases} \text{可去间断} f(x_0^-)=f(x_0^+) \neq f(x_0) \text{ 或 } f(x_0) \text{ 无意义．} \\ \text{跳跃间断} f(x_0^-) \neq f(x_0^+)． \end{cases} \\ \text{第二类} f(x_0^-), f(x_0^+) \text{ 至少有一个不存在．} \end{cases}$$

3．求导数、微分

（1）求导数：1）用定义，2）四则，3）复合（链导法），4）反函数，5）隐函数（含取对数求导法），6）参数方程，7）变限积分函数，8）高阶导数（莱布尼茨公式）．

（2）求微分：1）用定义——增量的线性主部，2）通过导数，$dy = f'(x)dx$，3）用微分法则（四则、复合——一阶微分形式不变性）．

4．求积分

（1）不定积分（牢记基本积分公式）：1）拆项．2）换元．3）分部．

（2）定积分：1）牛顿–莱布尼茨公式．2）奇偶性．3）周期性．4）递推公式．5）换元．6）分部．

（3）反常积分（敛散性）：用定义．

5．应用

（1）无穷小比较（用定义，等价无穷小，洛必达法则，泰勒公式）．（2）渐近线（用极限）．

(3) 切线,法线(用导数).(4) 相关变化率(复合函数求导法).(5) 单调、极值、最值(用导数).(6) 凸向、拐点、分析作图(用导数、极限).(7) 曲率(用一、二阶导数).(8) 方程实根存在性、个数(函数的零点、中值命题)(零点存在定理、微分中值定理、单调性、反证法).(9) 不等式(用微分中值定理、最值法、凸函数法).(10) 积分不等式(比较积分区间、被积函数、积分中值定理、换元积分、变限积分函数比较、柯西不等式).(11) 弧长、面积、体积、平均值(用定积分公式).(12) 力、功、路程、质量(用定积分公式或用微元法推导公式).

6. 基本思想

(1) 动的观念,看变化趋势思想(近似到精确的转化);

(2) 抓主要矛盾(局部线性化);

(3) 类比的创新思想;

(4) 夹挤的思想;

(5) 问题和条件转化,变换的思想;

(6) 借助几何,形象思维的思想;

(7) 归纳、抽象、推广的创新思想;

(8) "大胆猜想,严密论证"的创新思想;

(9) 大问题分解思想.

郑重声明

高等教育出版社依法对本书享有专有出版权。任何未经许可的复制、销售行为均违反《中华人民共和国著作权法》，其行为人将承担相应的民事责任和行政责任；构成犯罪的，将被依法追究刑事责任。为了维护市场秩序，保护读者的合法权益，避免读者误用盗版书造成不良后果，我社将配合行政执法部门和司法机关对违法犯罪的单位和个人进行严厉打击。社会各界人士如发现上述侵权行为，希望及时举报，我社将奖励举报有功人员。

反盗版举报电话　（010）58581999　58582371
反盗版举报邮箱　dd@hep.com.cn
通信地址　北京市西城区德外大街4号　高等教育出版社法律事务部
邮政编码　100120

读者意见反馈

为收集对教材的意见建议，进一步完善教材编写并做好服务工作，读者可将对本教材的意见建议通过如下渠道反馈至我社。

咨询电话　400-810-0598
反馈邮箱　hepsci@pub.hep.cn
通信地址　北京市朝阳区惠新东街4号富盛大厦1座
　　　　　高等教育出版社理科事业部
邮政编码　100029